JN100117

分水嶺の謎

峠は海から生まれた

高橋雅紀 著

技術評論社

はじめに

最近の私は、〝地形の沼〟にはまっています。自宅の2階の8畳間で、パソコン画面の地形図を見ない日はありません。ブラウザを立ち上げると、最初に開くページは国土地理院の地形図です。多分、日本で最も〝地形の沼〟にはまっている人間だと思います。ゴールデンウィークもクリスマスも、大晦日も正月も、誕生日も結婚記念日も、ずっとパソコン画面の地形図とにらめっこしています。朝から晩まで地形図を見続けていたら、3カ月後に階段を下りることができなくなってしまいました。病院に行って膝のレントゲンを撮って、医者に呆れられ家内に叱られて、それでも毎日地形図を見ています。最近変わったことといえば、毎朝家内と体操して、膝の屈伸を欠かさないこと。週2日は近所の体育館に行って、膝まわりの筋トレを続けていること。地形図を見るためなら、どんなことでも我慢できます。定年を控え、研究生活の店じまいを準備しているこの時期に、これほど面白い研究テーマに巡り会えるとは思ってもいませんでした。30年間夢中になって研究してきた地質学と比べても、申し訳ないけれど地形のほうがずっと面白いです。

「地質学は難しい」とよく言われます。確かに、鉱物や岩石の名前を覚えるだけでもため息が出るのに、地層の名前や化石の種類、堆積構造（たいせきこうぞう）や地質

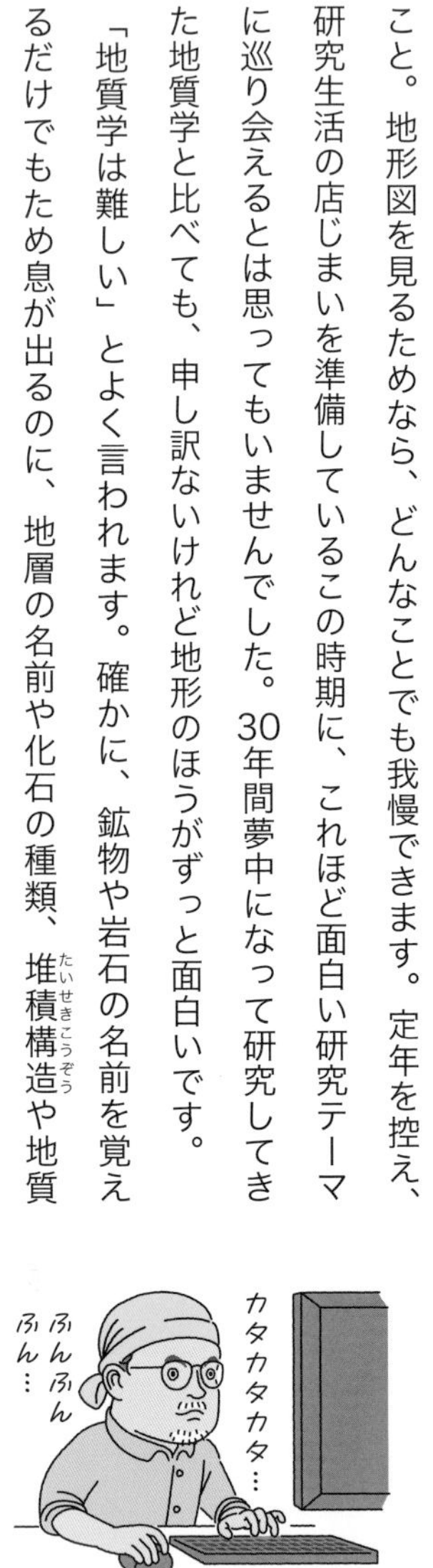

構造などなど、専門用語はきりがありません。覚えなければならない用語が無限にあって、いつ研究のスタートラインに立てるのだろうかと思い続けて30年が過ぎてしまいました。その上、地層や岩石はたいてい地下に埋もれているので、それらを直接見る機会はめったにありません。講演会や普及イベントなどで地質の説明を試みるも、見たことがないものを説明することほど難しいものはないのです。折り紙を知らない人に、折り鶴の折り方を電話で説明するようなものなのです。

それに対し、地形に対して拒否反応を示す人はいないでしょう。なぜなら、人はいつも地形を見ているから。人はどこでも、地形の上に立っているから。都心では、坂道くらいしか地形を意識しないかもしれません。それでも、有給休暇をとって温泉や観光地に出かければ、自然がつくった絶景を見ないことはないでしょう。近所の坂道から観光地の絶景まで、それらはすべて目に見える地形なのです。難解な専門用語を覚える必要もなく、理解不能な概念を勉強する必要もなく、ただ目の前に広がっている景色そのものが地形なのです。地形は見て楽しむもの、登って楽しむもの、滑って楽しむもの。楽しくないはずはありません。地質学者である私にとって、地形はちょっとうらやましい世界なのです。

それでも、地形を研究するとなると、二の足を踏んでしまいます。地形は難しいのです。地質学とは比べものにならないくらい難しいのです。見えない地質より見える地形のほうが、研究対象としてははるかに難しいのです。その理由は、地形は常に侵食作用によって、消滅し続ける運命にあるから。いま目の前にある風景は、１００万年とか２００万年といった地質学的な時間が経過すると、ほとんど消滅してしまうでしょう。地形は刻一刻と変化して行く運命なのです。もちろん私たちの日常生活の感覚では、１００万年は気の遠くなるような時間スケールです。しかし、自然の目線で考えれば、地形は変わりゆくもの。目の前の景色は、たまたま現在、この瞬間にだけ存在するスナップショットなのです。

例えば、電車が写っている一枚の写真を見たとしましょう。この電車は動いているのでしょうか。あるいは停車しているのでしょうか。動いているとしたら、どちらに向かって進んでいるのでしょうか。徐々にスピードを上げているのでしょうか。それとも減速しているのでしょうか。つまりスナップショットを見ただけでは、電車が動いているのか止まっているのか、判断することは難しいのです。物言わぬ地形を見て、その地形の成り立ちを探る難しさです。

それでも丁寧に地形を観察し続けていれば、なんらかの手がかりを得ることができるかもしれません。一本のクヌギの木からさまざまな大きさの葉っぱをとって、小さいほうから順に並べていけば、葉の成長過程を推定することができるでしょう。葉が大きくなっていく途中で、突起の数が突然増えることに気が付きます。同じように、さまざまな段階にある地形を並べれば、地形の成り立ちを復元することができるかもしれません。

この本では、ずっと気になっていた日本列島の分水嶺（ぶんすいれい）をたどり、その成り立ちの謎に迫ってみたいと思います。分水嶺とは、太平洋に流れ出る河川と日本海に流出する河川を分ける尾根で、中央分水嶺（ちゅうおうぶんすいれい）とか中央分水界（ちゅうおうぶんすいかい）と呼ばれています。本州には、青森県の下北半島から山口県の下関（しものせき）まで続く中央分水嶺が一本だけ存在しています。そのなかでも、今回は多くの地形学者を魅了してきた中国地方の分水嶺を、東から西に観察していきます。かつて地形学者は何を見てどのように考えてきたのか、みなさんには同じ地形がどのように見えるのか、私と一緒に考えてください。一つの景色が、実は観察者のそれぞれに対して、さまざまな表情を見せてくれることに気が付くでしょう。そして最後に、私にだけ見える地形の姿をお話しします。

高橋雅紀

どうぞ
お楽しみに！

もくじ

第2章　分水嶺の謎

本書の本文中に登場する山の標高は、小数点以下を四捨五入して表記しました。また、地名の読み方は原則として「角川日本地名大辞典」に基づいています。

本書で扱う、地形図・地質図について

例

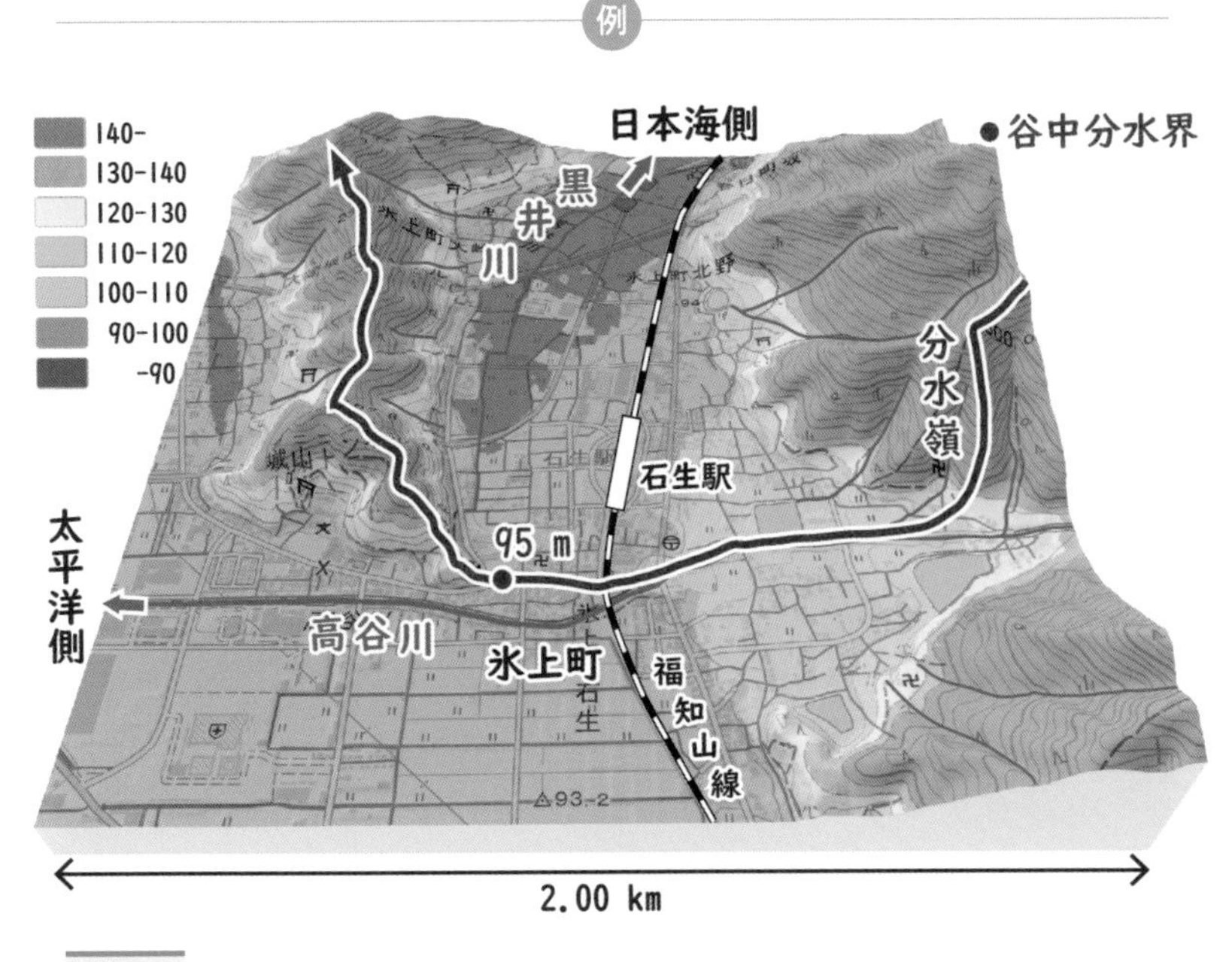

図 3-11 本州で最も低い分水嶺。〔35.15,135.06〕

①本書に掲載した地形図は国土地理院がインターネットで公開している地理院地図（電子国土Web）を使って作成しました。また、地質図は、産業技術総合研究所地質調査総合センターの20万分の1日本シームレス地質図® V2を使用しました。

②地形図の向きは、とくに断りがない限り、上あるいは奥が北です。

③地形図中の➡は、とくに断りがない限り、川の流れる向きを示しています。

④峠の高さは、地理院地図の標高区分を1mずつ変えては表示を繰り返し求めました。そのため、数m以下の不確実性が含まれています。

⑤標高の凡例について、同じ色分けでも、図によって標高の区分が異なるので注意してください。

⑥キャプションの最後に記載している〔35.15,135.06〕は、図3-11の緯度・経度情報です。地理院地図（電子国土Web）やGoogleEarthのウェブサイトを開くと、画面左上に検索ウィンドウがあります。ここに、35.15,135.06を半角で入力しリターンを押すと、図3-11の場所に移動できます。

第1章

分水嶺の旅

地形の基本を知る

「分水嶺の旅」の目的は、私たちが暮らすこの大地がどのようにしてつくられたのかを探ることです。分水嶺、谷中分水界、河川の争奪など、地形の基本を解説しましょう。

地形図――等高線から三次元へ

本書では、読者のみなさんに少し変わった体験をしていただこうと思っています。分水嶺の謎を解く旅に出かけますが、旅といっても地形図の上のバーチャルな旅です。つまり、エア旅。旅先に選んだのは中国地方です。なぜここを選んだのか、それはこの謎を解くには最適の場所だからです。

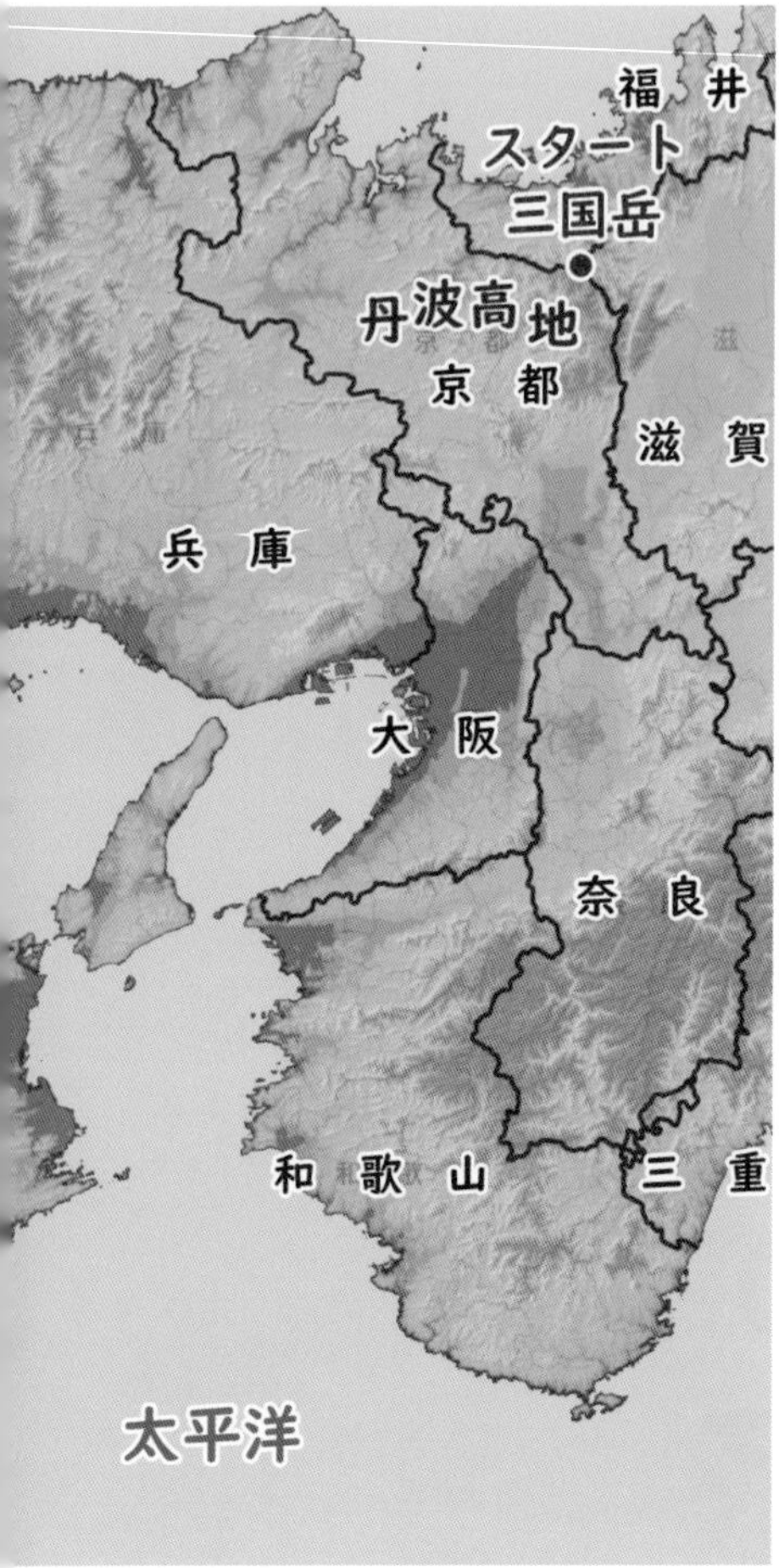

さて、明日から9日間の分水嶺の旅にでかけます。スタート地点は京都府と福井県、そして滋賀県の境にある三国岳（776m）にしました（図1-1）。三国岳や三国山という名前は、日本の各地にありますね。スタート地点の三国岳は、昔の丹波と若狭、そして近江の国境にあたるので、そのように名付けられたそうです。

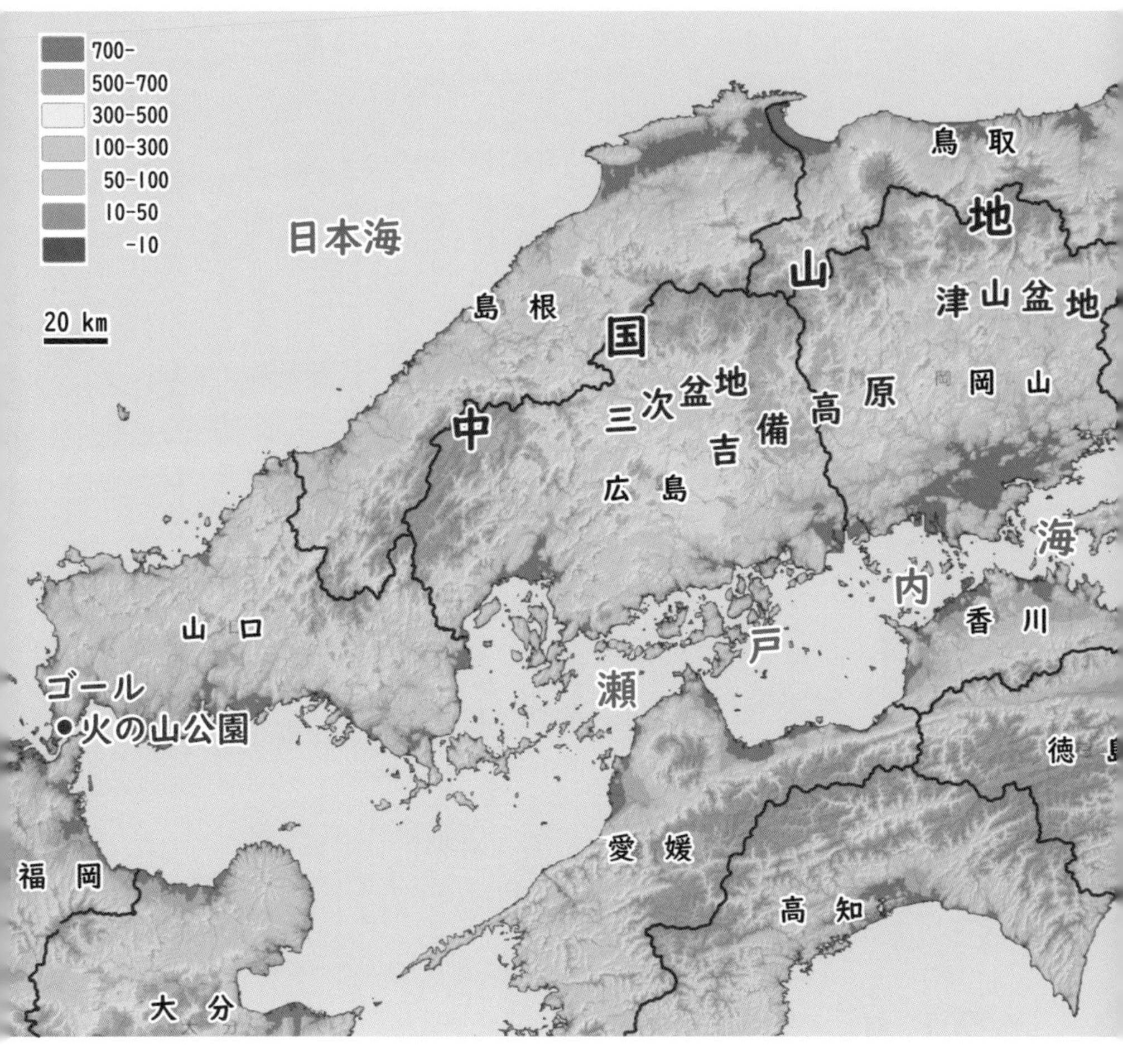

図 1-1 分水嶺の旅の出発地と目的地。

ところで、中国地方の分水嶺をたどる旅といいながら、スタート地点はずいぶん手前です。地形の変わり目は、必ずしも行政区の境界と一致しているわけではないので、地形の変化を確認するために、近畿地方から出発することにしました。

さて、実際の旅行でもそうですが、旅に出かける前には準備が必要です。今回の分水嶺の謎解きの旅でも、地形に関する事前の勉強をしておかなければなりません。難しいところもあるかもしれませんが、みなさん頑

張って読んでください。もちろん、旅の途中で気になったり分からなかったりしたとき、もう一度戻って読み返してもいいでしょう。明日からの旅は、なんといってもバーチャルなエア旅です。いつでもトイレに行けるし、電話がかかってきても平気だし、忘れ物を取りにスタート地点に戻ることも簡単です。

地形図は地図の一つです。私が調査して論文や書籍で公表してきた地質図も、地図の一つです。地形図や地質図には、必ず等高線が描かれています。等高線は地表の起伏、すなわち地形を表すために不可欠な情報です。

この旅では、地形図の上で分水嶺を追跡していきます。使用する地図は、国土地理院の縮尺2万5千分の1の地形図。でも今回は、紙の地図は使いません。国土地理院のホームページに無料で公開されている地理院地図（電子国土Web）を使います。私は4K表示できる43インチの液晶モニターを購入して、毎日この地形図を見ています。紙の地形図と異なり地図の切

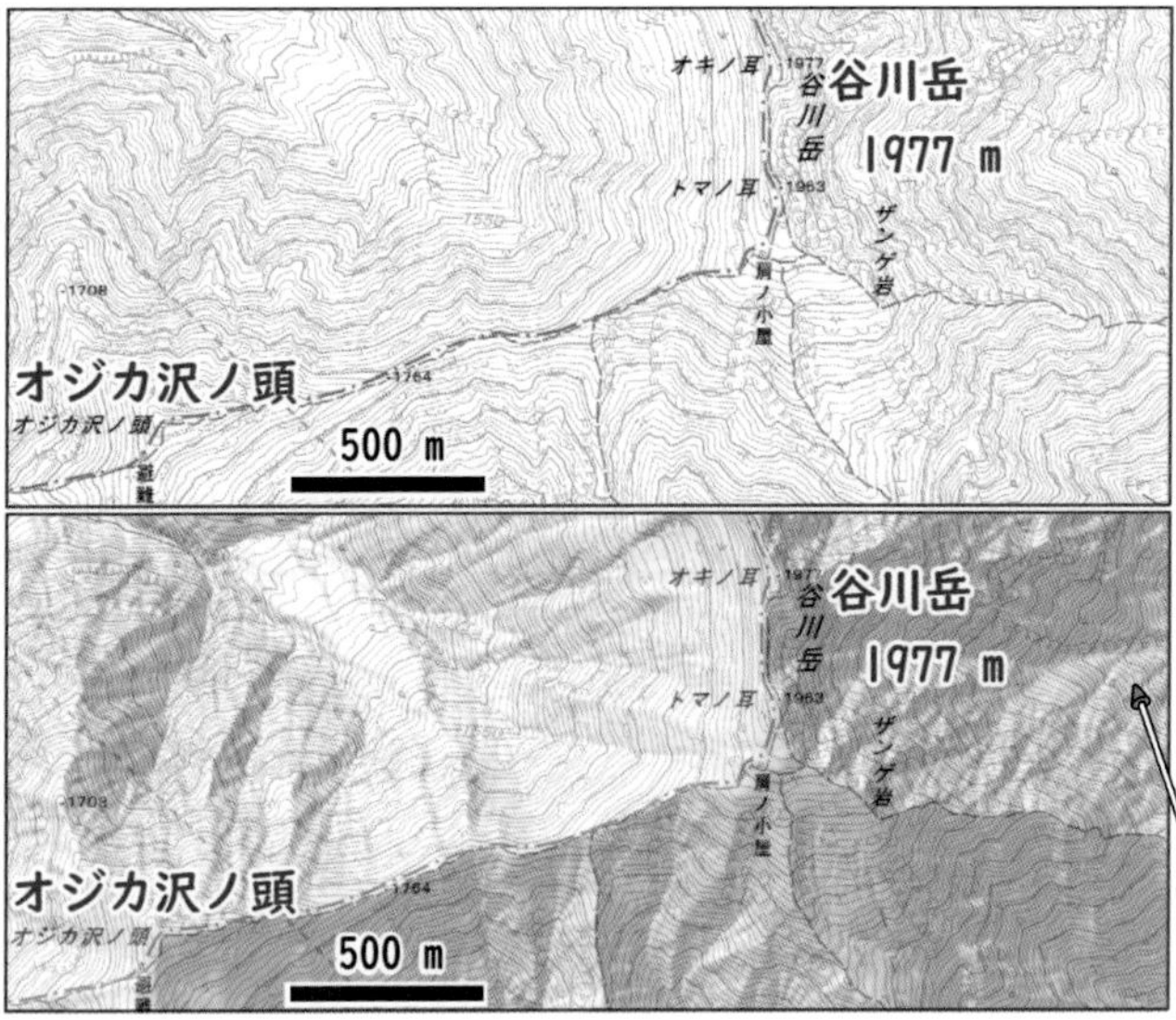

図 1-2
等高線のみ表示した地形図（上）と、陰影（透過度70%）を重ねた地形図（下）。
〔36.83,138.93〕

れ目がなく、拡大や縮小が連続的にできるので本当に便利です。

　また、地理院地図にはさまざまな機能が付いています。例えば、図1-2は群馬県北部の谷川岳周辺で、上の図は等高線による通常の地形図、下の図は陰影（透明度70％）を重ねた地形図です。登山される方は地形図を見慣れているでしょうから、等高線だけの地形図でも容易に尾根と谷を区別できるでしょう。反対に地形図をあまり見たことがない人にとっては、等高線から三次元の起伏を頭の中に描くのはとても難しいはずです。それでも下の図のように陰影を重ねれば、地形の起伏を感覚的に理解できるでしょう。

　地理院地図には、ほかにも素晴らしい機能があります。図1-3のように3D機能を使えば、斜め上空から眺めた鳥瞰図として描写することもできます。これなら地形の起伏や特徴を容易に理解できますね。さっそく、表示画面を手持ちのドロー（お絵かき）ソフトに貼り付けて、主要な川や分水嶺を描き足してみました。谷川

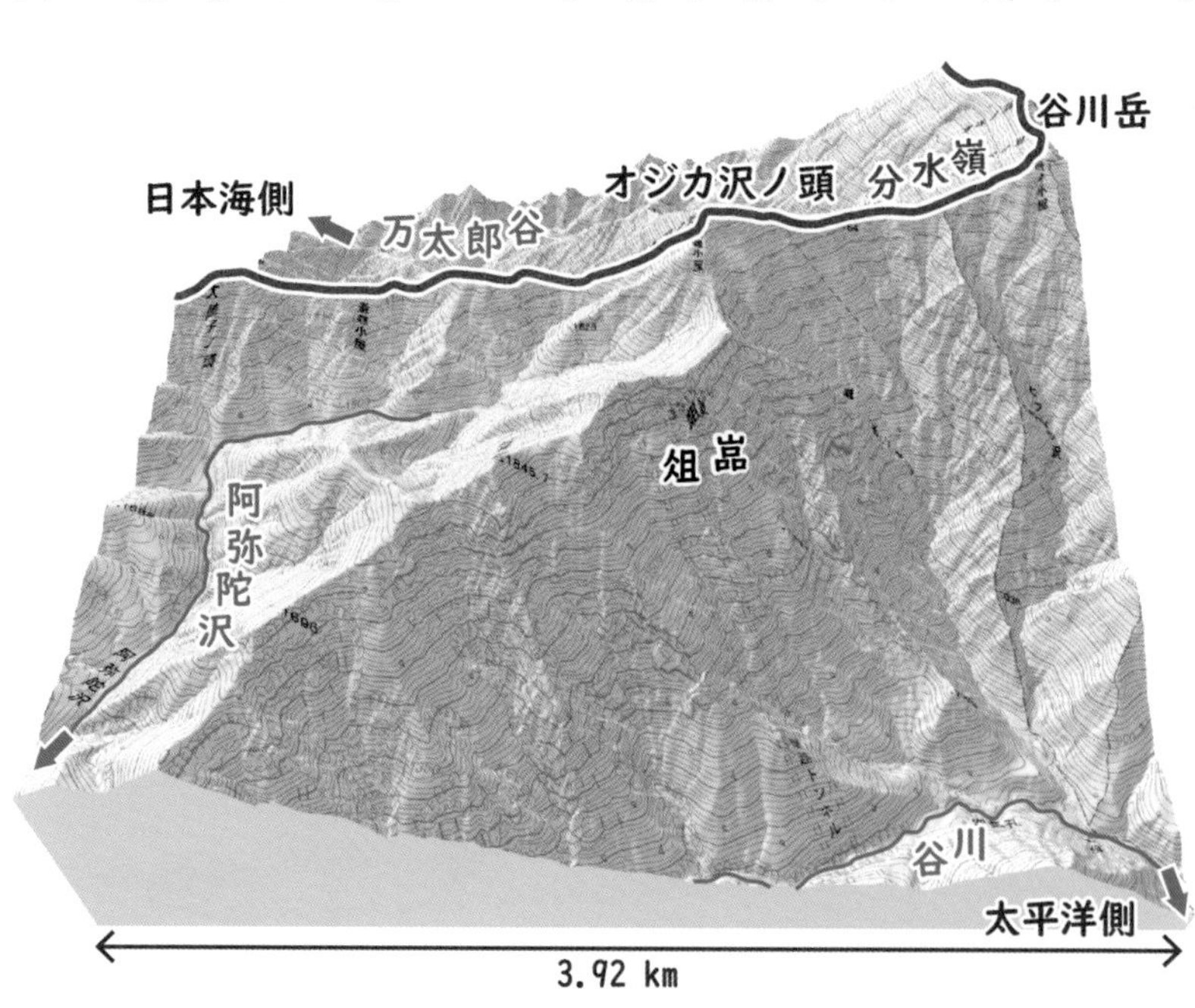

図1-3　地理院地図の3次元表示機能を使って作成した、谷川岳周辺の鳥瞰図（奥が北）。

岳周辺の険しい地形が手に取るように理解できます。

さらに、図１-３の鳥瞰図には色を付けることもできます。図１-４には、標高を7段階に色分けした鳥瞰図を2枚示しました。それぞれの図の左上に示されているカラーチャートの数字は、区分した標高（ｍ）を表しています。右の図のように標高を２００ｍごとに区分して着色するだけでなく、左の図のように標高１５００ｍ以上を細かく分けて着色することもできます。本書ではこの機能を使って分水嶺を特定し、観察地点ごとに私が着目している地形の詳細を伝えていきます。

このように、国土地理院が公開している地理院地図（図１-５上）を使えば、日本中のどこへでも地形のエア旅に出かけることができます。木や草が邪魔をしてよく見えない場所や、人がたどりつけない尾根、谷底の地形まで見ることもできます。さらに、産業技術総合研究所が公開している20万分の1日本シームレス地質図を

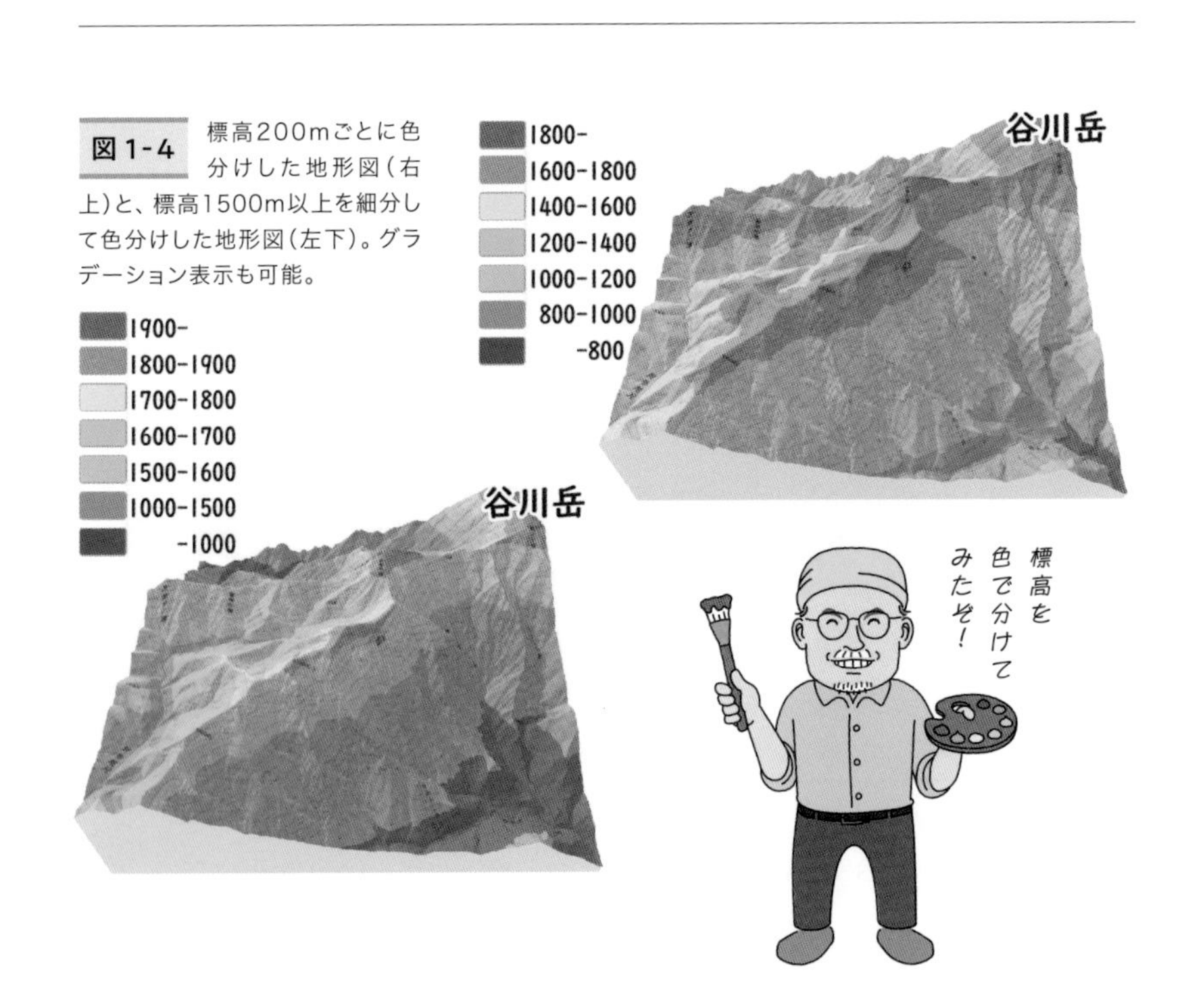

図1-4 標高200mごとに色分けした地形図（右上）と、標高1500m以上を細分して色分けした地形図（左下）。グラデーション表示も可能。

活用すれば、レントゲンで写した体内のように、地面の下まで知ることができます（図1-5下）。地形を読むためには、実はエア旅のほうがいいのです。

図1-5 地理院地図（上）と、地質図ナビで表示した筑波山（下）。

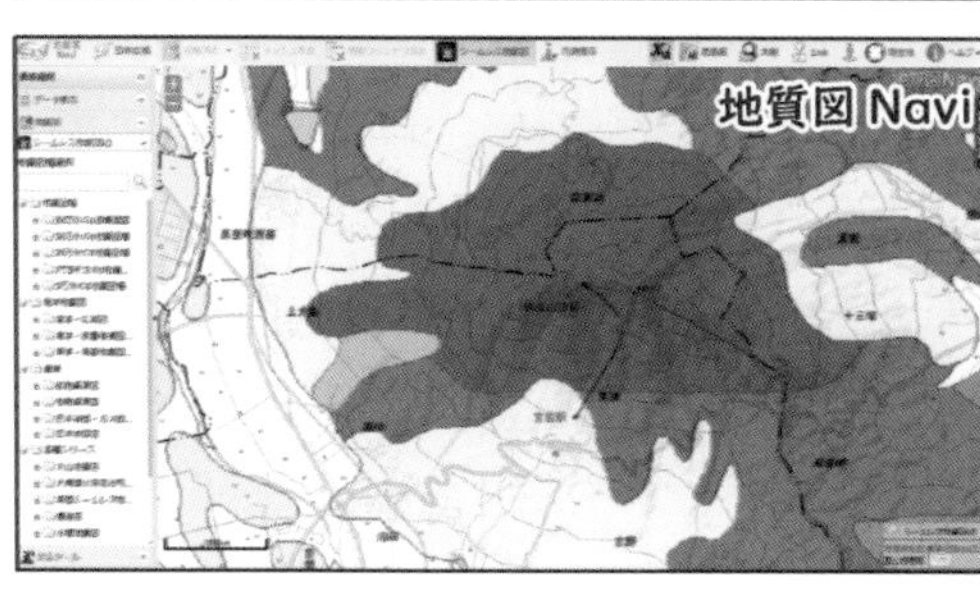

侵食フロント――大地を穿つ彫刻家

みなさんは、山は雨水によって高い場所から侵食されていくと思っていませんか？　もちろん、私もそう信じてきました。子供の頃、海水浴に連れて行ってもらって、砂浜で小山をつくってはジョーロで水をかけて、砂山を崩して遊んだことを思い出します。山はてっぺんから削られて、どんどん低くなっていく。これは地形の出来方の一般常識と言えるでしょう。

雨水によって削られた土砂は川によって運ばれ、その土砂が川底を削って谷を深くしていきます。重力に従って、川が川底を下へ下へと侵食する作用を下刻（かこく）といいます。ただし、川はどこでも一様に川底を削っているわけではありません。下刻がとくに進行している場所は、滝とか瀬（急流）になっています。

滝や瀬は、川底が侵食されると徐々に上流に移動していきます。例えば、アメリカとカナダの国境にあるナイアガラの滝は、1年間に1m

図1-6　上流(南)に向かって前進するナイアガラの滝の落口。
松倉(2021)より作成。

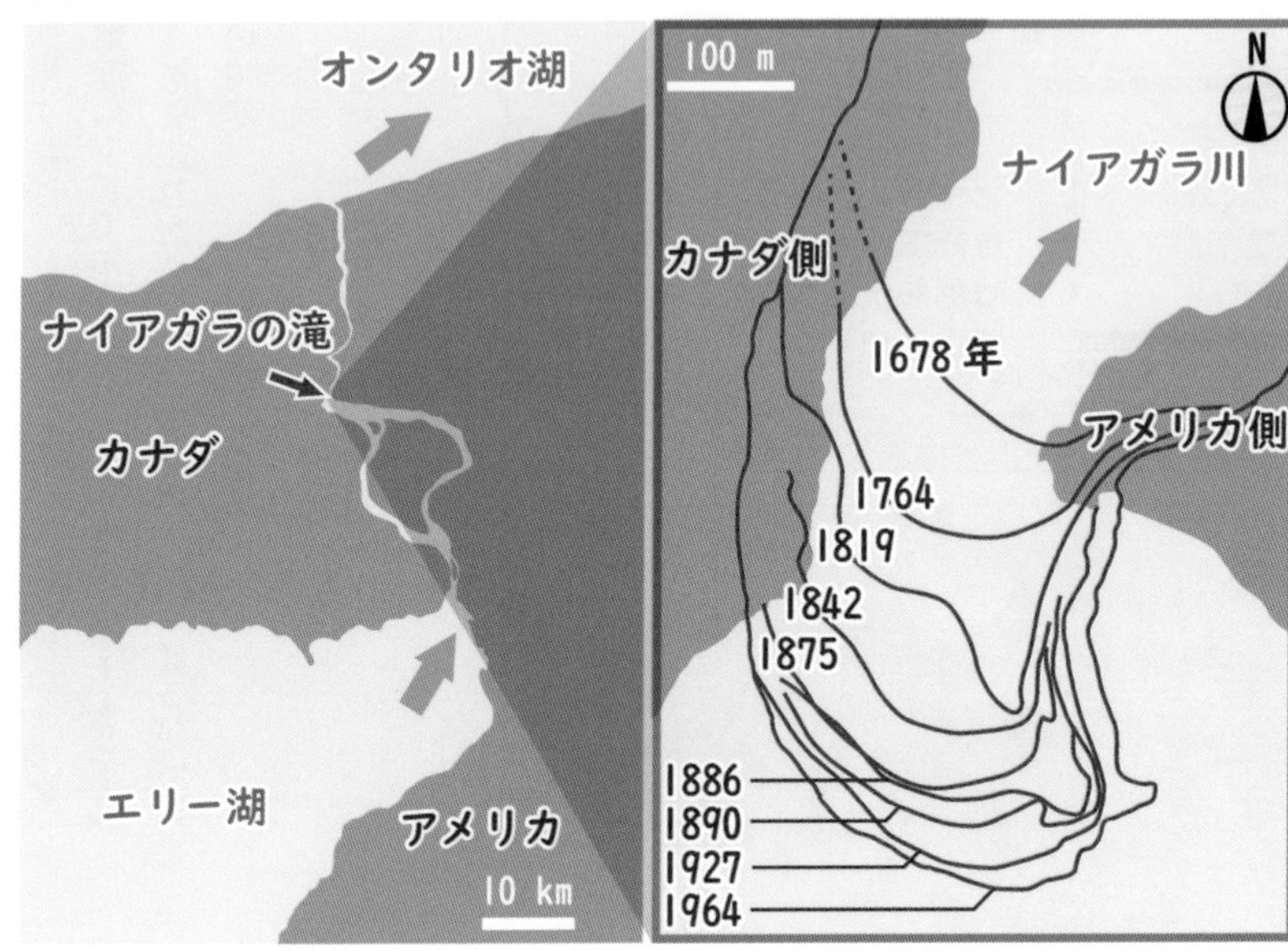

ほど上流に移動しているといわれています（図1-6）。ここでは川による侵食について確認しておきましょう。

ケース1　河岸段丘を侵食する河川

図1-7は、新潟県の十日町市を流れる信濃川と清津川の合流付近の地形です。信濃川に沿って発達する河岸段丘(かがんだんきゅう)はとても見事ですね。段丘面に降り注いだ雨水は平坦な段丘の上を流れ、段丘の端の段丘崖(だんきゅうがい)で滝となり、信濃川や清津川に流出しています。段差である段丘崖の滝は、今まさに下刻が進行している最前線です。

滝の落口(おちぐち)の岩盤は急流によって削られるので、滝は少しずつ上流側へ移動していきます。すなわち、侵食の最前線が上流に向かって移動していくのです。信濃川や清津川から平坦な段丘面に侵入している幾筋もの谷地形は、侵食作用が下流から上流に向かって前進していることを表しています。

ここで、地理院地図のツールから断面図作成

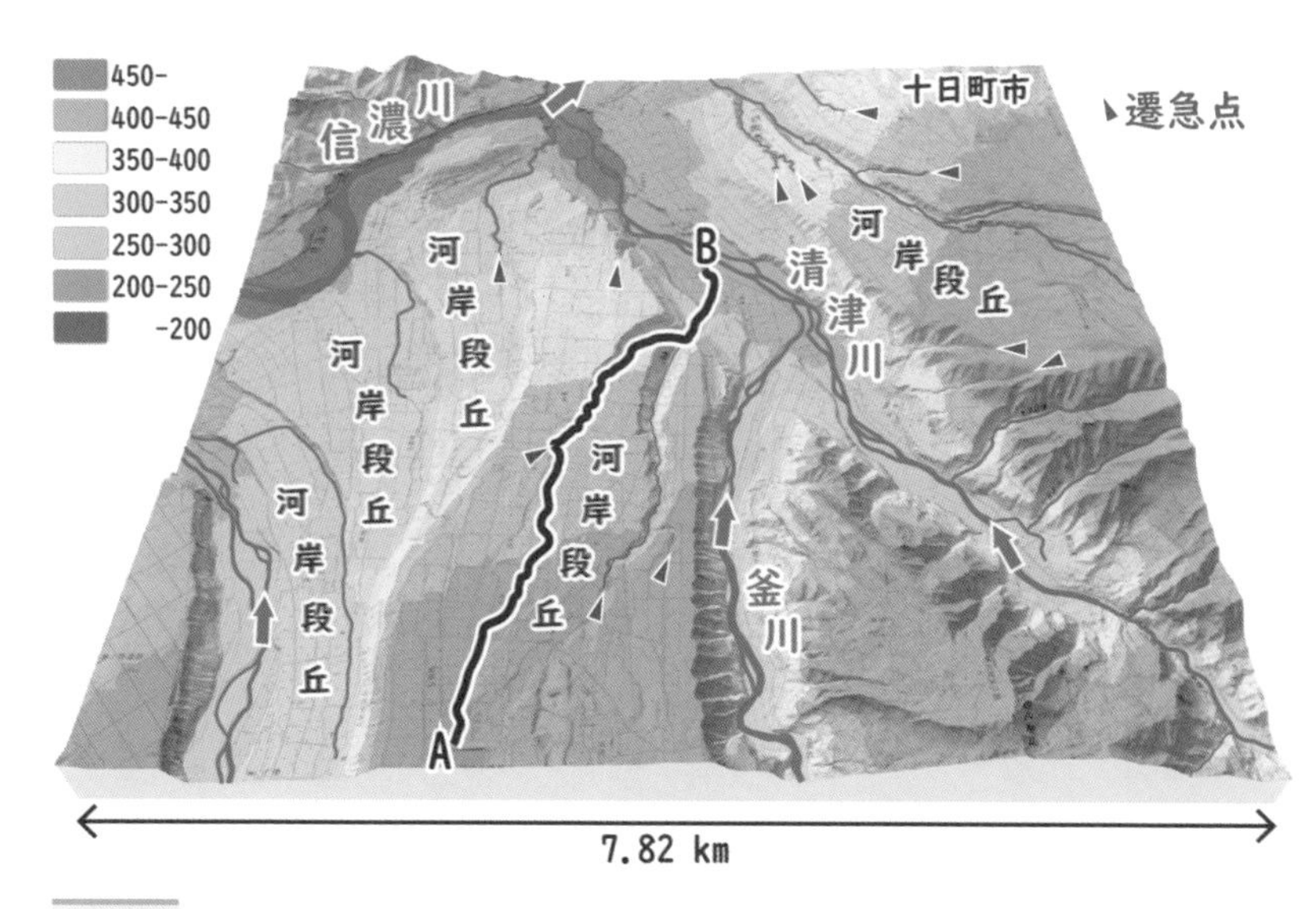

図1-7 信濃川の右岸に発達する河岸段丘（上）と、A~Bの河床断面図（下）。〔37.03,138.68〕

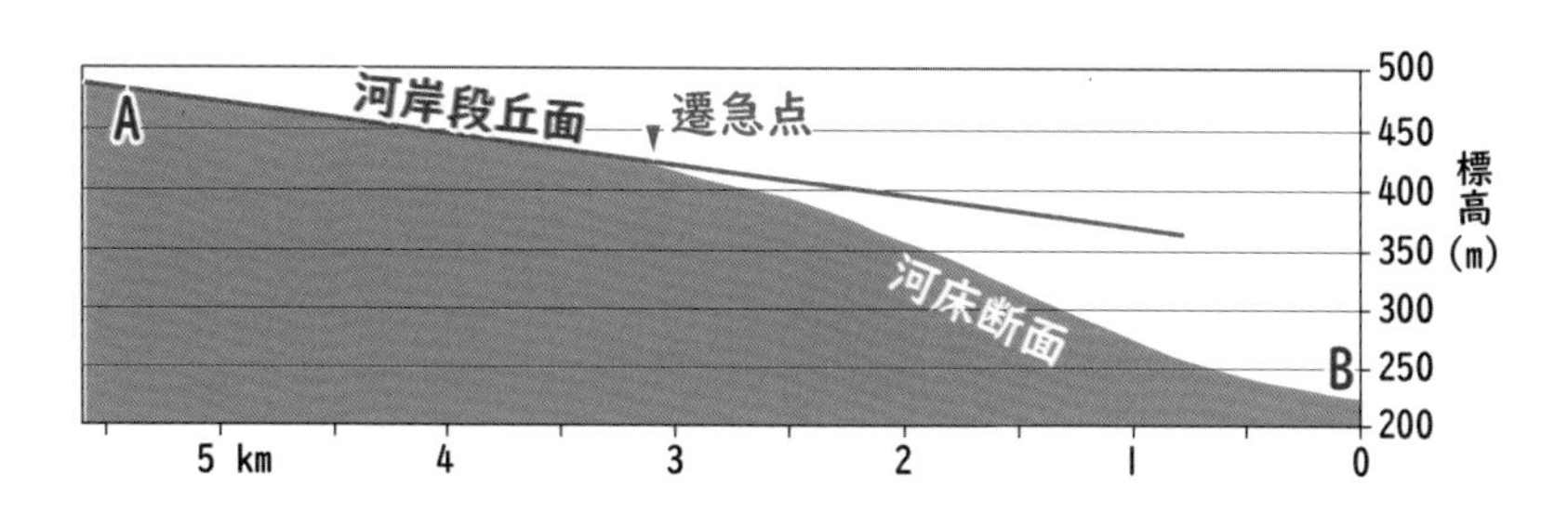

機能を選び、清津川から段丘面に侵入している谷のA－Bについて、河床断面図を（かしょうだんめんず）つくってみました（図1－7下）。緩やかに傾斜した平坦な段丘面を下る河床は、途中で傾斜が大きくなっていることが分かります。このポイントは遷急点（せんきゅうてん）と呼ばれ、地形図を見ると谷が急に深くなっていることが分かります。この遷急点は、段丘崖からスタートした侵食作用がここまで前進してきたことを表しています。この小さな川は、今まさにこの場所を下刻しているの

「侵食フロント」、覚えておこう！

です。

　本書では、川による侵食作用が進行している最前線を、「侵食フロント」と呼びましょう。下流からやってくるこの侵食フロントによって、古い地形は蝕まれていきます。そのため、下流から前進してきた侵食フロントが到達するまで、その上流域の地形が流水によって大きく削られることはありません。

　ということは、この侵食フロントがまだ到達していなければ、古い地形が温存されていると予想することができます。このように、川の侵食は下流から上流に向かって前進していくことを覚えておいてください。山は必ずしも、山頂から侵食されていくわけではないのです。

ケース2　海成段丘を侵食する河川

　侵食フロントが発生するのは、河川と河岸段丘の組み合わせだけではありません。図1-8は、岩手県北東部の侍浜周辺に発達する海成段丘と、段丘の上を流れる3本の川の河床断面図を示したものです。岩手県の久慈市から青森県の八戸市にかけての太平洋沿岸には、平坦な海成段丘からなる階段状の地形が発達しています。この平坦な地形は、東に流れ太平洋に流出する川によって下刻されています。波浪によって侵食された平坦な海底（海食台）が地殻変動により隆起して陸化し、川によって侵食され始めているのです。大地は誕生した瞬間から、川によって侵食される運命なのです。

　ここで河床断面図を見ると、いずれの川でも上流から下流に向かって傾斜が急になる遷急点が認められます（図1-8下）。滝の落口と同様に、遷急点も上流に向かって少しずつ移動していきます。川に見られる複数の遷急点は、異なるタイミングで発生したものでしょう。

　このように、地殻変動によって陸地と海面との間に高度差（比高）ができると、川による下刻作用が河口付近で発生し、侵食フロント（遷急点）は上流に向かって移動していきます。河

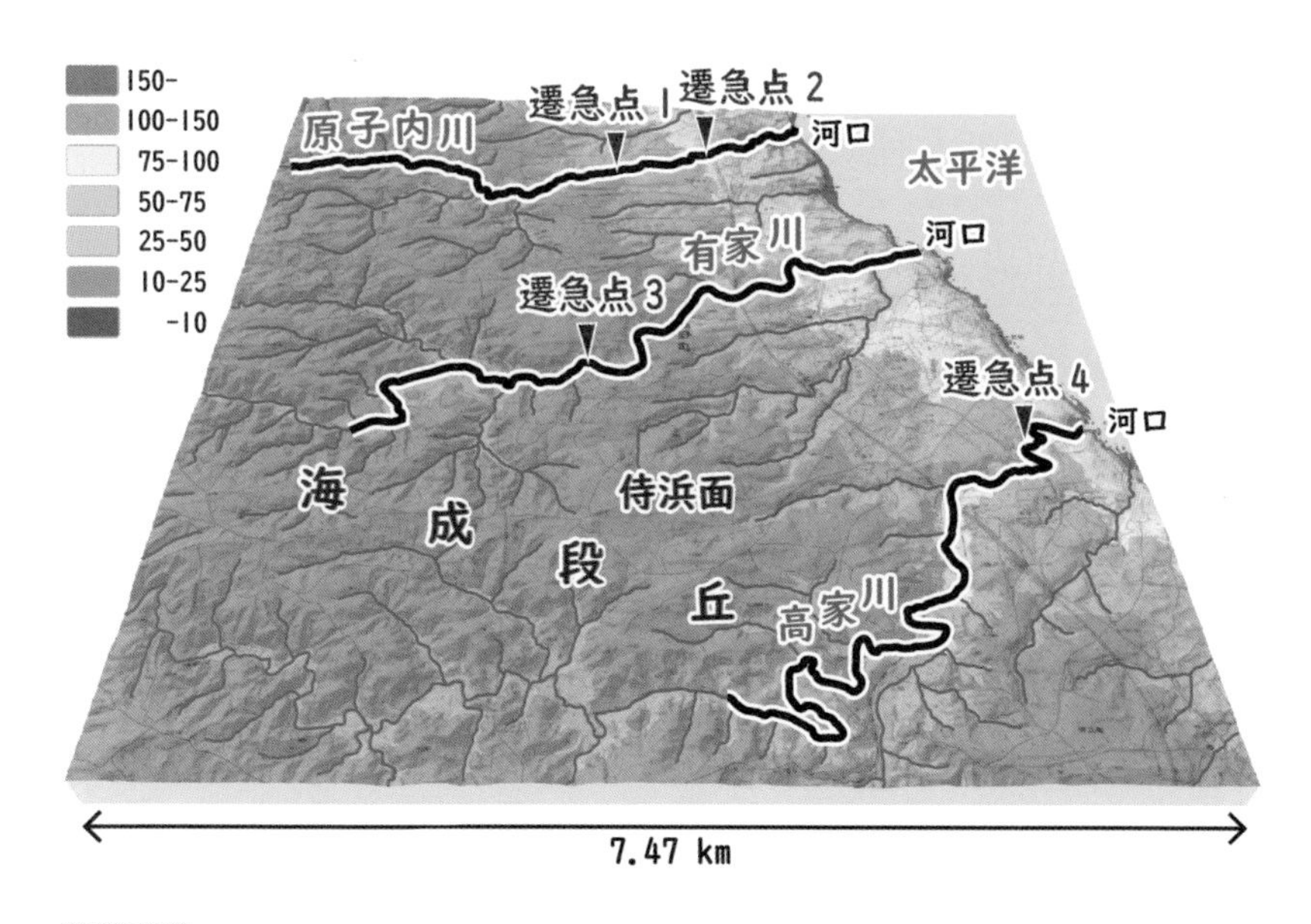

図1-8 岩手県北東部の海成段丘を下刻する3本の川(上)と、それらの河床断面図(下)。発生時期と遷急点の移動量から、水量の多い高家川では遷急点は1年間に3.3㎜以上、有家川では5.4㎜で、水量の少ない原子内川では2.0㎜の前進速度が見積もられている(大上、2015)。(40.29,141.75)

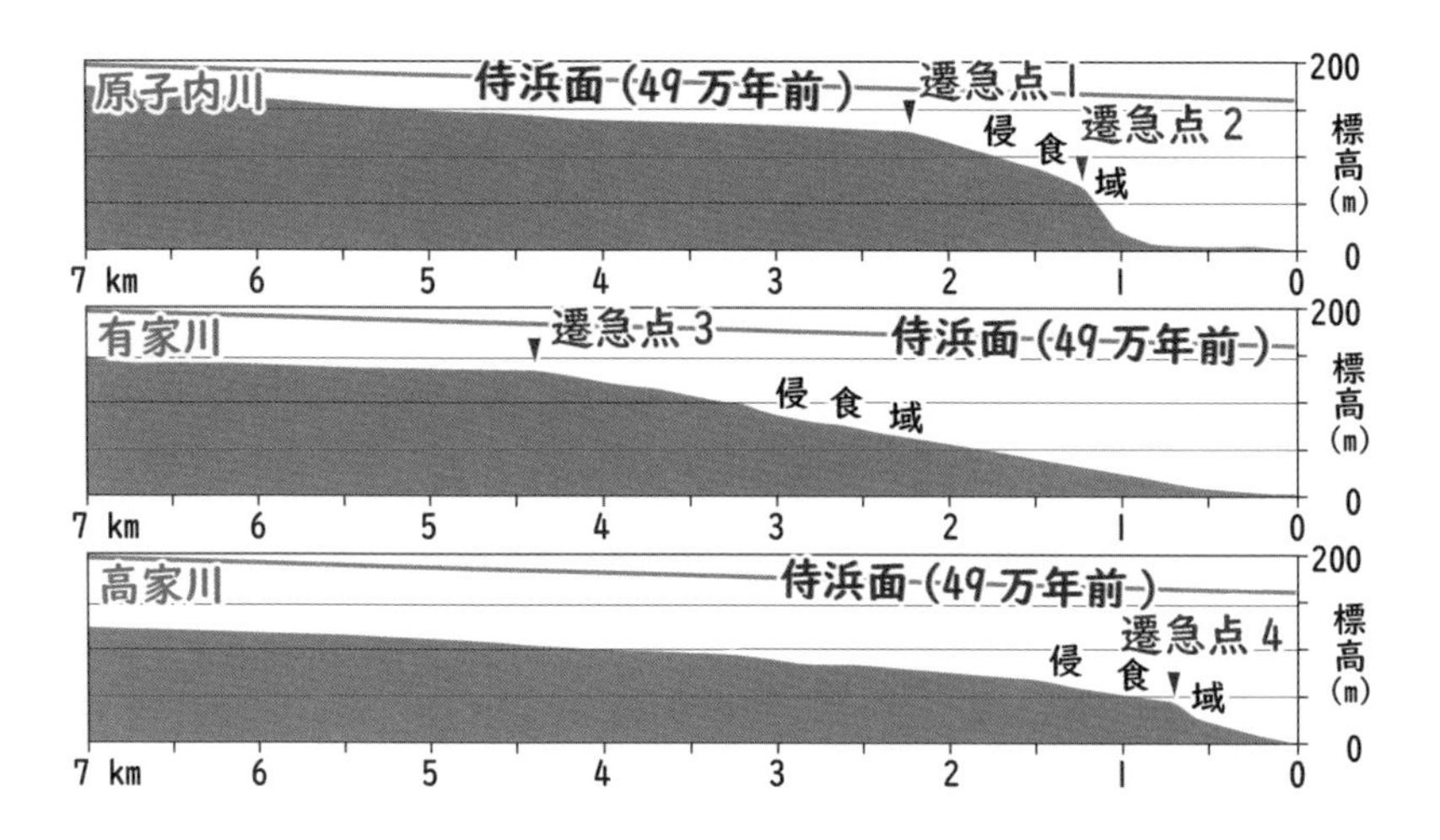

岸段丘と海成段丘のどちらのケースも、侵食フロントが最上流域まで到達していなければ、源流域にはもともとの地形が保存されていると期待できます。これから出発する分水嶺の謎解きの旅では、この侵食フロントが重要な役割を演じています。

分水嶺──雨滴をふるい分ける閻魔大王

分水嶺という用語を小学校や中学校で習った記憶はなくても、一度は聞いたことがあるはずです。降った雨は尾根によって両側の斜面に流れ下るので、〝雨水を分ける嶺〟という意味で分水嶺と呼ばれています。もちろん、分水嶺という言葉を目にするのは「人生最大の分水嶺」とか「天下分け目の分水嶺」など、人や社会の営みにおける重大な岐路を表す場合がほとんどでしょう。あるいは、小説のタイトルなどでしょうか。ネットで検索すると、西村京太郎さんの『生死の分水嶺・陸羽東線』（新潮社）や笹本稜平さんの『分水嶺』（祥伝社）など、たくさんの書名がヒットします。

高田博厚さんが書かれた『分水嶺』（岩波書店）は、フランスに生きた芸術家の記録だそうです。森村誠一さんも、『分水嶺』（角川書店）というタイトルの長編小説を書かれています。『第二の産業分水嶺』（マイケル・J・ピオリ／チャールズ・F・セーブル著：筑摩書房）や『分水嶺にたつ市場と社会』（斎藤修・古川純子著：文眞堂）、河合香織さんの『分水嶺 ドキュメント コロナ対策専門家会議』（岩波書店）など、分水嶺という言葉がタイトルに含まれている書籍は多種多様です。1977年には、『分水嶺』というタイトルのテレビドラマが放映されたそうです。

堀公俊さんが書かれた『日本の分水嶺』（山と渓谷社）は、本州を縦断する分水嶺をたどりながら、訪れた地域ごとのさまざまな話題や疑問を取り上げています。堀淳一さんの『意外な水源・不思議な分水 ドラマを秘めた川たち』（東京書籍）の中にも分水嶺を横切る不思議な地形が取り上げられていて、〝分水〟をテーマにした地形のロマンを多くの人に伝えました。高見沢賢司さんがまとめられた『那須岳と白山を結ぶ中央分水嶺を歩く』（信濃毎日新聞社）や、日本山岳会中央分水嶺踏査委員会の『日本列島中央分水嶺踏査報告書』（日本山岳会）などは、分水嶺を実際に踏査した記録です。自宅のパソコンでエア旅を楽しんでいる私としては、ちょっとうしろめたい気持ちになります。

一般的に広く知られた分水嶺ですが、学術的には分水嶺ではなく分水界という用語が用いられます。この本で紹介するように、雨水を分ける境界が、必ずしも山稜や尾根など〝嶺〟の形になっていないケースがあるからかもしれません。降った雨を両側に分ける境界なので、分水界と名付けているわけです。ここでは、分水界と集水域の関係について確認しておきましょう。

図1-9は、埼玉県の秩父盆地の地形の鳥瞰図です。図の中央部には、青い線で水の通り道を描き足しました。これらは川というには短く水流も少ないので、一般的には沢と呼ばれています。ここでは尾根とセットで考えているので、谷と呼んで話しを進めましょう。

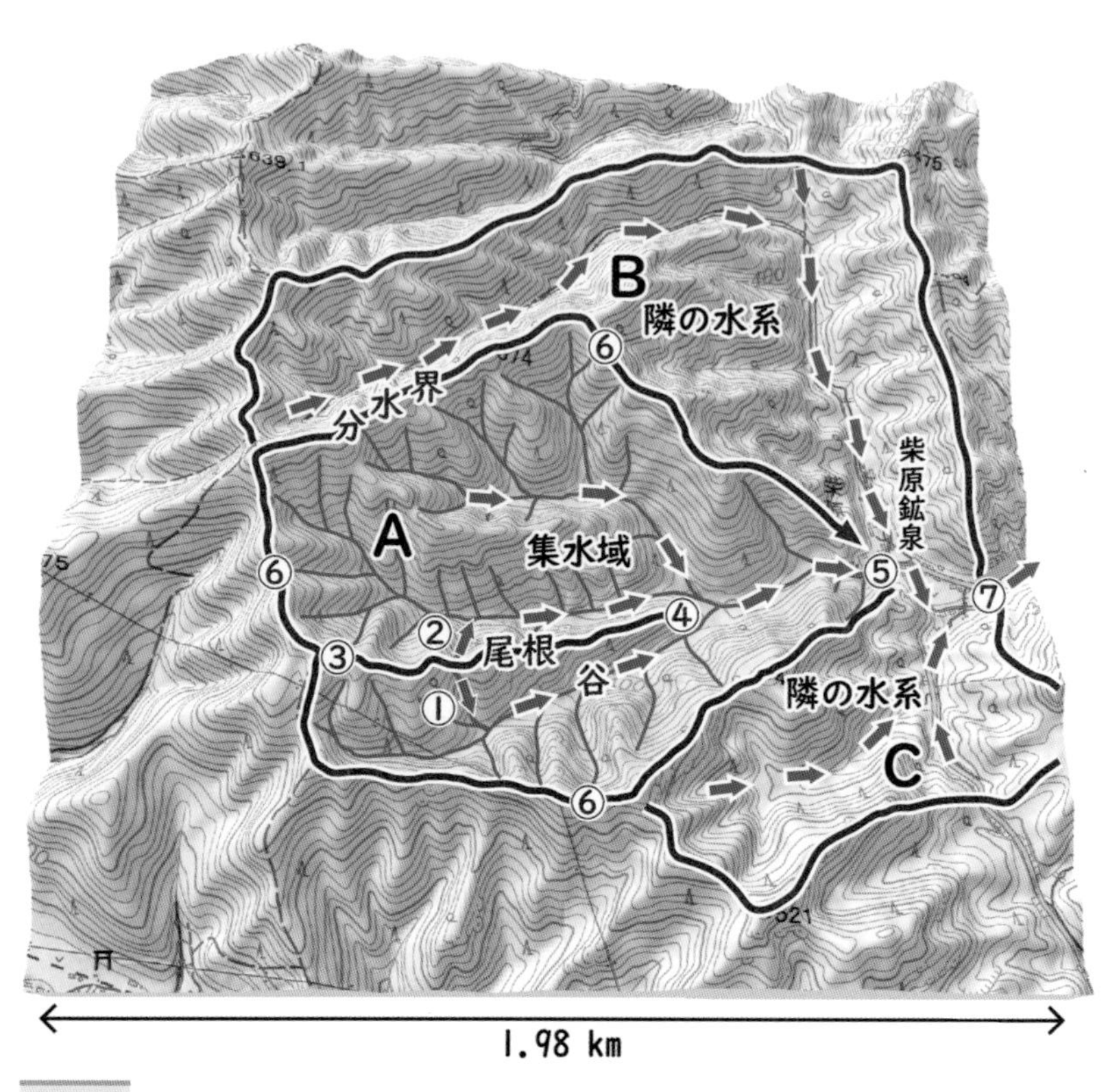

図1-9　水系と集水域、分水界の関係。〔35.97,139.00〕

分水界で囲まれた集水域

谷は流水によって山の斜面が侵食された溝状の凹地形です。降った雨は谷に集まり、谷底に沿って流下するので、谷は少しずつ下刻されていきます。その谷の先端を谷頭といいます。谷頭は侵食の最前線（侵食フロント）ともいえますが、水源近くなので水量が少なく、侵食作用はそれほど進行していません。水の通り道である谷や川は、木の幹から分岐した枝のように広がっているので水系と呼ばれています。

ここで図1-9の淡い水色で色付けした範囲（A）を見ると、西から東に下る谷が3本確認できます。それぞれの谷にはさらに小さな支谷（①や②）が分岐し、それらは尾根（③～④）に向かって延びています。支谷の①と②は尾根を挟んで反対側に傾斜しているので、降った雨は尾根の両側に流れ下っていきます。この尾根は、降った雨を別々の斜面に分けるので分水界です。とても小さな分水界ですね。

この尾根を両側に追跡していくと、地点③で別の尾根（分水界）に接合し、反対側の地点④では尾根が消滅しています。地点④は、尾根の手前側の谷と向こう側の谷を流れる水流の合流点です。つまり、二つの谷を分ける分水界は、谷の合流点で消滅します。もはや、雨水を二つの領域に分けることができないからです。

さらに合流したこの谷を東に下っていくと、地点⑤のすぐ先で今度は別の谷と合流します。そこでこの地点⑤を起点に、この場所を通過する雨水が降った範囲を求めてみましょう。すると、地点⑤から時計回りに一周する尾根⑥をトレースすることができます。この尾根⑥に囲まれた範囲（A）は、地点⑤に対する集水域です。そして、尾根⑥は周囲の集水域との境界、すなわち分水界です。つまり、川に沿って任意の場所を選ぶと、その地点を通過する雨水が降った範囲（集水域）が決まります。そして、その集水域を囲む分水界を描くことができます。

一方、地点⑤に対する集水域Aの北側には別の集水域Bがあり、そちら側に降った雨はそちらの水系に沿って集められ、地点⑤で二つの谷は合流します。さらに下流の地点⑦では、南隣の集水域Cに降った雨を集めた谷が合流します。

このように、分水界に囲まれた範囲に降った雨は次々と合流して、谷や川は段階的に流量を増やしていきます。それとともに、集水域を分けていた尾根は合流点で分水の役目を終え、一回り大きな分水界に囲まれた範囲の中の、一つになるわけです。そして、小さな谷のわずかな流れから始まった川は、本州であれば最終的に太平洋か日本海に流れ出てその一生を終えるのです。

集水域を獲得し日本一になった利根川

海に流れ出た川の集水域は、河口を起点として一周する分水界に囲まれた範囲です。例えば、銚子から太平洋に流れ出る利根川は、合流を繰り返すごとに隣の集水域を取り込んで、日本で最大の集水域（流域面積）を獲得しました。ただし、江戸時代に行われた利根川の東遷事業によって、鬼怒川の集水域をいただいた上で得た日本一です。

試しに、東遷事業以前の川の流れに基づいて、銚子から流れ出る旧鬼怒川水系と、東京湾に注ぐ旧利根川や旧荒川、旧多摩川水系の分水界を描いてみました（図1-10）。利根川の東遷以前、利根川は渡良瀬川とともに東京湾に注いでいました。いずれの集水域も、鬼怒川よりも狭かったようです。

一方、現在の水系をもとに利根川の分水界を描いてみると、かつての流路である大落古利根川や利根川から分水している江戸川などの流域

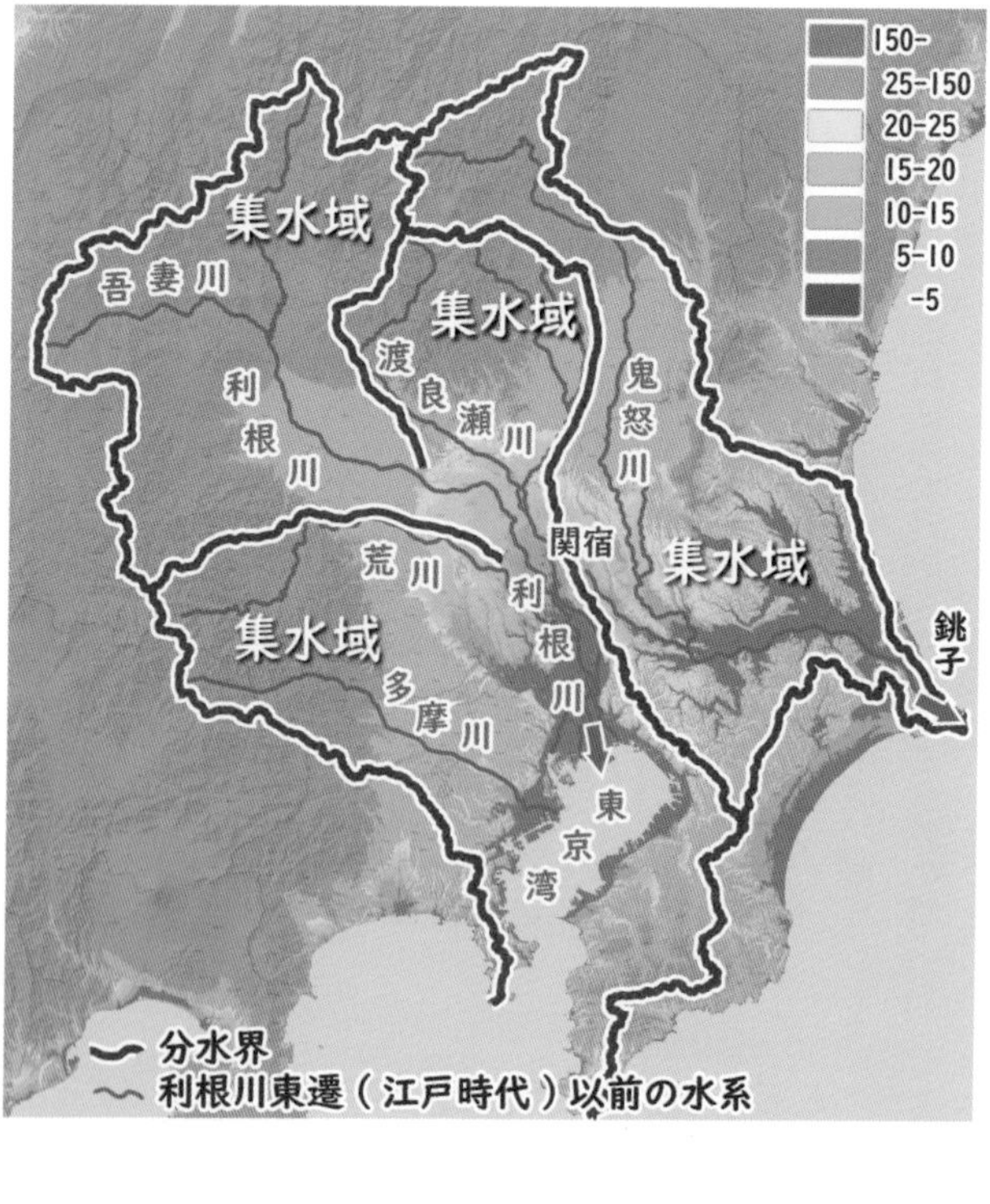

図1-10
利根川の東遷事業以前の主要な河川と集水域。鬼怒川は銚子から太平洋に流出し、利根川は東京湾に注いでいた。

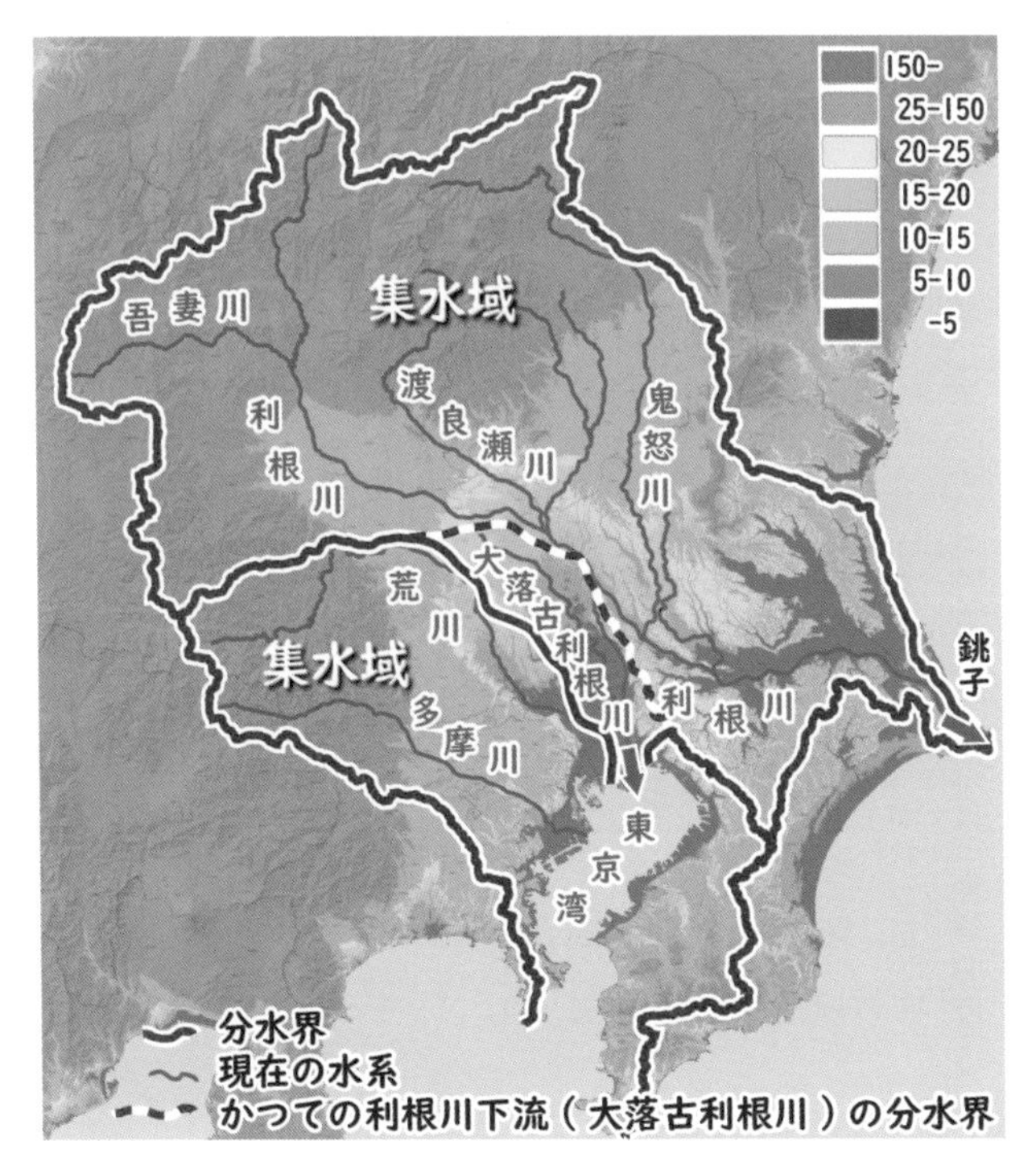

図1-11

関東地方の現在の主要な河川と集水域。利根川は関宿付近で鬼怒川に付け替えられ、銚子から太平洋に流出している。

を削除しても、現在の利根川が広大な集水域を持っていることが分かります（図1-11）。江戸の町の治水・利水を目的に利根川を鬼怒川に瀬替えした結果、利根川は日本一の集水域を獲得したのです。流域面積を基準にしたら、現在の利根川は鬼怒川の名称を踏襲すべきだったのかもしれません。

　河川の流路が別の河川に付け替えられると、その上流の集水域はすべて付け替えられた河川に集約されます。その結果、集水域を得た河川は水量を一気に増加させ、しばしば暴れ川として下流域の住民を悩ませました。実際、広大な集水域を獲得した鬼怒川の下流域は大雨になるとまさに鬼のごとく怒る暴れ川で、かつて広がっていた*香取海（かとりのうみ）は、霞ケ浦を残してほとんど埋め立てられてしまいました。河川の流路の変更は、その下流域の状況を大きく変えてしまったのです。反対に、かつての利根川の下流部は水量を減じ、現在では大落古利根川として穏やかな流れが残されているのです。

利根川の東遷事業によって、関東平野の水理環境は大きく変わりました。かつての利根川の下流域は広大な集水域を失い、土砂の供給が一気に減少したはずです。その結果、遠浅の東京湾は埋め立てられることなく、江戸時代から現在まで、日本の首都に隣接し続けることができたのでしょう。もちろん、人為的な付け替えだけでなく、自然現象によって河川の流路が別の河川に合流しても、大規模な集水域の転換がおこります。その結果、それぞれの河川の下流域も、大きく環境が転換するはずです。

このように、降った雨は尾根によって両側に分水され、尾根を連ねた分水界によって集められて川となり、合流を繰り返して海を目指します。そして、本州に降り注いだ雨は、最終的に太平洋か日本海のいずれかに注いで川の一生を終えます。二つの海を目指すそれぞれの川が、交わることはありません。したがって、本州には太平洋側と日本海側に分ける尾根（分水界）が一つだけ存在します。その尾根を本書では分

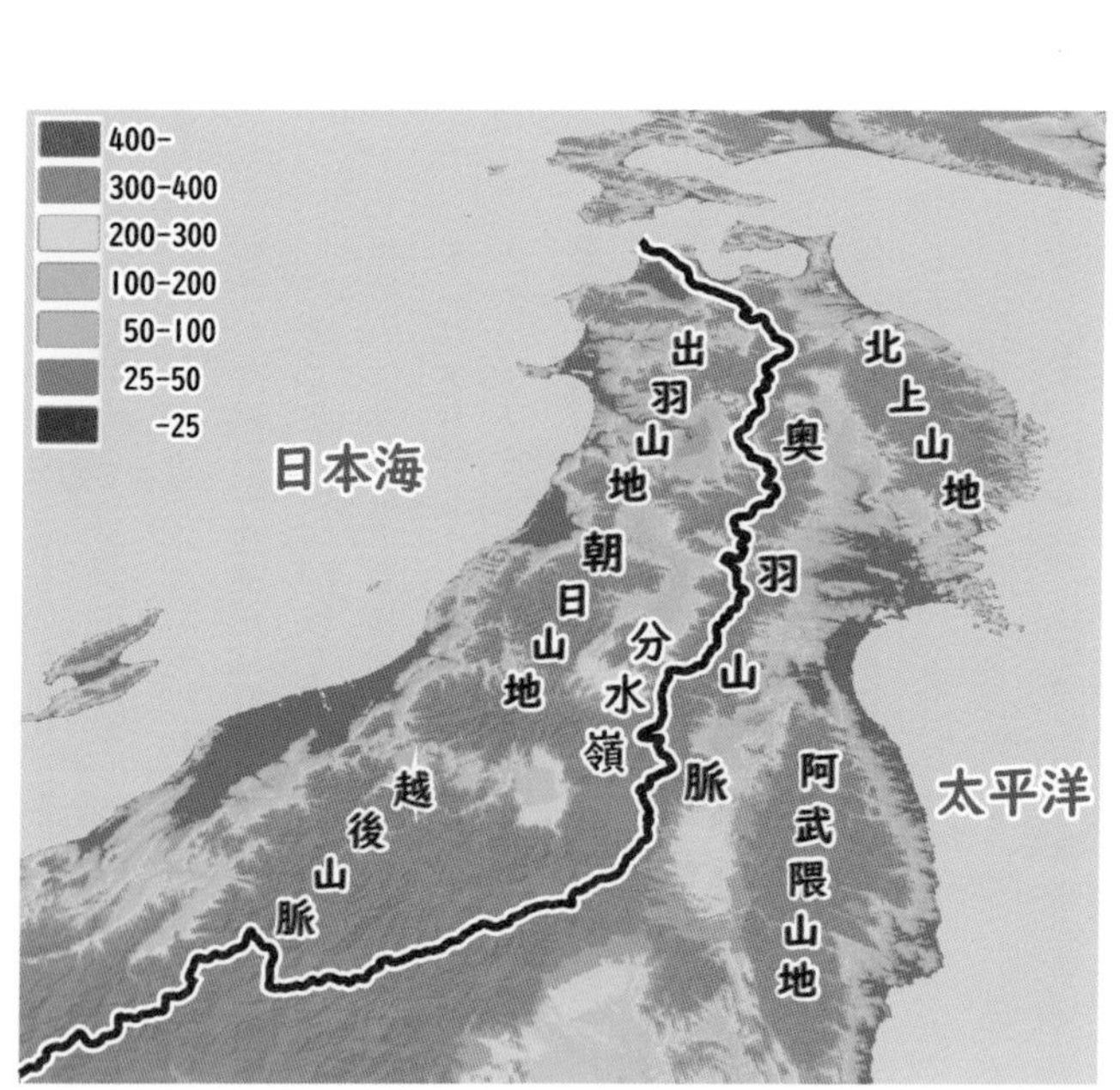

図 1-12

東北地方を縦断する分水嶺。

水嶺と呼ぶことにしました。

例えば、東北地方を太平洋側と日本海側に分ける分水嶺は、奥羽山脈に沿って南北に続いています（図1-12）。また、北海道は、太平洋と日本海、そしてオホーツク海に囲まれているので、3本の分水嶺が存在していることになります。一方、大井川と天竜川や多摩川と相模川など、隣接する二つの川の水系を分ける境界は、分水嶺ではなく分水界と呼びます。名前が付いていない小さな川や谷の分水境界（尾根）も、分水界として取り扱います。

分水嶺
分水界
分かったかな？

補足

＊香取海（p.29）はるか昔、関東地方に広がっていた巨大な内海のこと。縄文人が暮らしていた6000年前に最も広がり、現在は霞ケ浦を残して消滅してしまった。

谷中分水界——人には見えない峠

谷中分水界の谷中は〝こくちゅう〟と読みます。初めて聞く方も、少なくないと思います。大丈夫、私も3年前に初めて知りました。最初は読み方すら分かりませんでした。

地質学者である私は関東地方の地層を30年間調べてきましたが、谷中分水界は一度もお目にかかったことがない不思議な地形です。でも、その気になって地形図を調べると、日本中に結構たくさんあります。意識がないと、気が付かないものですね。とくに、中国地方には至る所にあることも、今回の旅先に選んだ理由の一つです。

分水嶺がどのようにしてできたのか、その謎を解く鍵を握っているのがこの谷中分水界です。それでは、実際の谷中分水界を地理院地図で見てみましょう。

図1-13上は東北地方・阿武隈山地（高地）の中央部、福島県石川郡の石川町と古殿町の境界付近にある、飛鳥川と組矢川を分ける谷中分水界です。南北方向にのびる平坦で幅の広い谷地形が明瞭ですね。

竹ノ花を境に北に流れる飛鳥川は、社川を経て阿武隈川に合流します。一方、組矢川は南に流れ、鎌田で鮫川に合流して太平洋を目指します。つまり、ここ竹ノ花は、阿武隈山地を横切る標高333mの立派な峠なのです。

今度は実際に、阿武隈川水系と鮫川水系を分ける分水界をトレースしてみましょう。図1-13上の赤線で示したように、分水界が竹ノ花の谷底を通過していることが確認できます。

太平洋岸のいわき市湯本からここ石川町を経て阿武隈山地を横断し、白河市に至る街道は御斎所街道と呼ばれています。阿武隈山地を越える峠はこの竹ノ花の谷中分水界で、川の流れを確かめなければ峠であることなど気が付かないでしょう（図1-14）。

谷中分水界は確かに峠なのですが、尾根ではなく平坦に見える谷の真ん中を横切る分水界なのです。これでは、分水〝嶺〟と呼ぶのをためらって

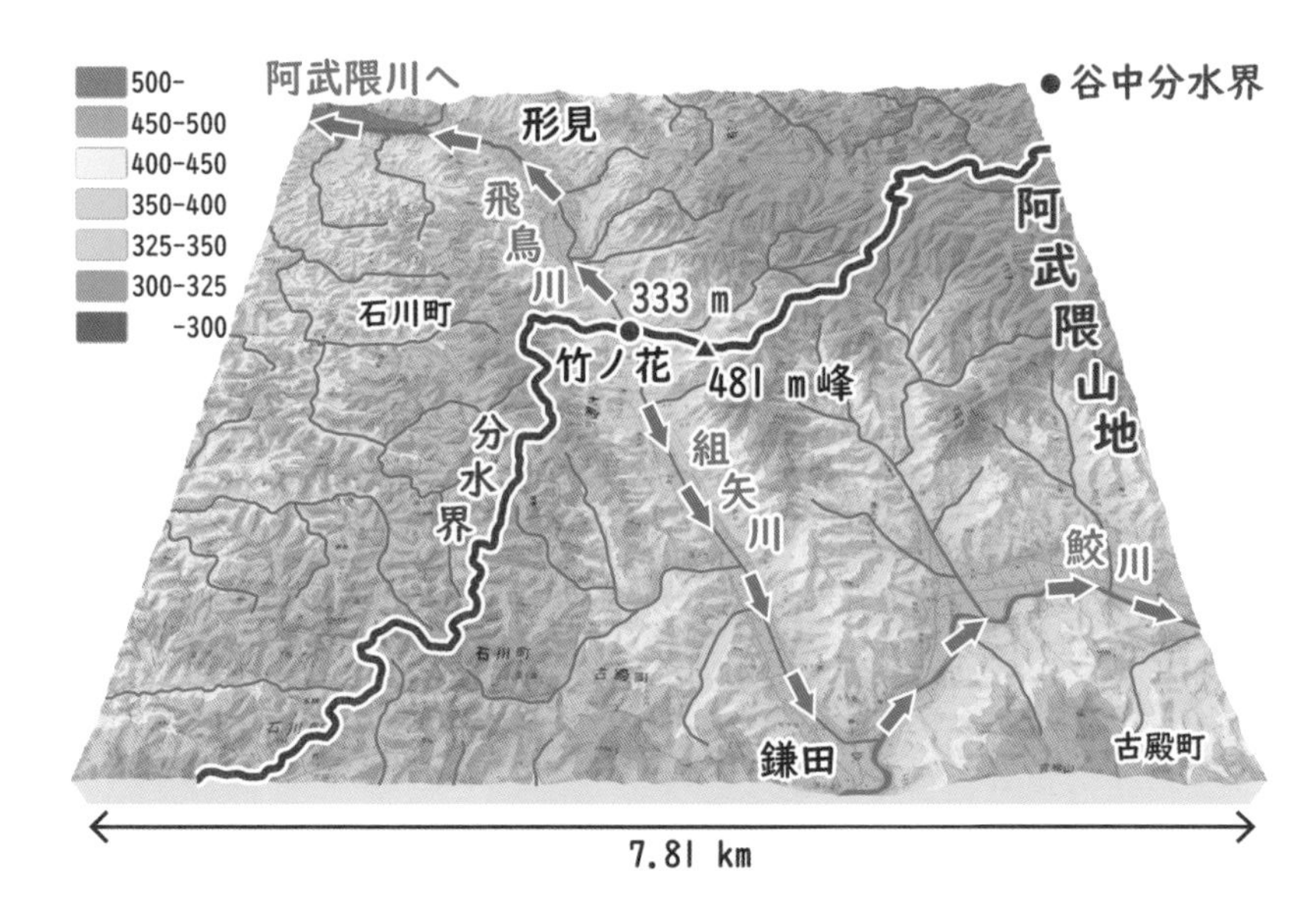

図1-13 飛鳥川（阿武隈川水系）と組矢川（鮫川水系）を分ける竹ノ花谷中分水界（上）、および竹ノ花谷中分水界の成り立ちが掘られた石碑（下）。〔37.12,140.50〕

しまいますね。地元には、竹ノ花分水界の成り立ちが彫られた碑が置かれています（図1-13下）。

481m 峰
分水界
竹ノ花谷中分水界
これが峠?

図 1-14 竹ノ花の谷中分水界。雨水を分けるわずかな高まりが、平坦に見える谷の真ん中を横切っている。

地形研究者を魅了する谷中分水界

　どうして地形研究者は、谷中分水界に関心を持っているのでしょうか。その理由をお話ししましょう。地形の基本は尾根と谷で、それらが組み合わさってさまざまな地形が形づくられています。図1-15は、地形の基本的な形態とその組み合わせを表した概念図です。図の①はまだ山や谷がつくられる前の平坦な地形です。この平坦な地形が地殻変動によって隆起すると、河川によって大地が削られて、さまざまな地形がつくられると考えられています。

　平坦な地形が河川の侵食によって削られると凹状の谷（図の②）がつくられ、谷と谷に挟まれた凸状の高まりが尾根です（図の③）。切妻屋根のように尾根の両側の斜面は下っているので、降った雨は尾根の両側に流れ下っていきます。したがって、尾根は分水界です。

　反対に谷の両側の斜面は高くなっているので、降った雨は谷の一番低い所に集められて川になります。尾根と谷は、普通はほぼ並行に並んで交互に繰り返しています。そして、水が流れる谷は下流に向かって合流し、合流点で尾根が消滅することはすでに話しました。

　ところが、谷と尾根が組み合わさって、図の④のような地形がつくられることがあります。谷が尾根を横切っていますね。このような地形は先行谷（せんこうこく）とよばれています。

　例えば、平らな大地の上を川が流れていて、大地の一部が断層運動などによって隆起したとしましょう。河川の侵食が大地の隆起に勝ると、川は同じ場所を侵食しながら流れ続けるので、川が尾根を横切ることになるのです。先行谷は山が隆起する前から、川がその場所を流れていたことを表しています。先に山があったら、川は山を迂回するように流れたはずですから。

　そして、図の⑤が谷中分水界です。図の④の先行谷とそっくりですね。しかし、大きな違いがあります。先行谷では、川は1方向に流れていました。ところが谷中分水界では、川は谷の

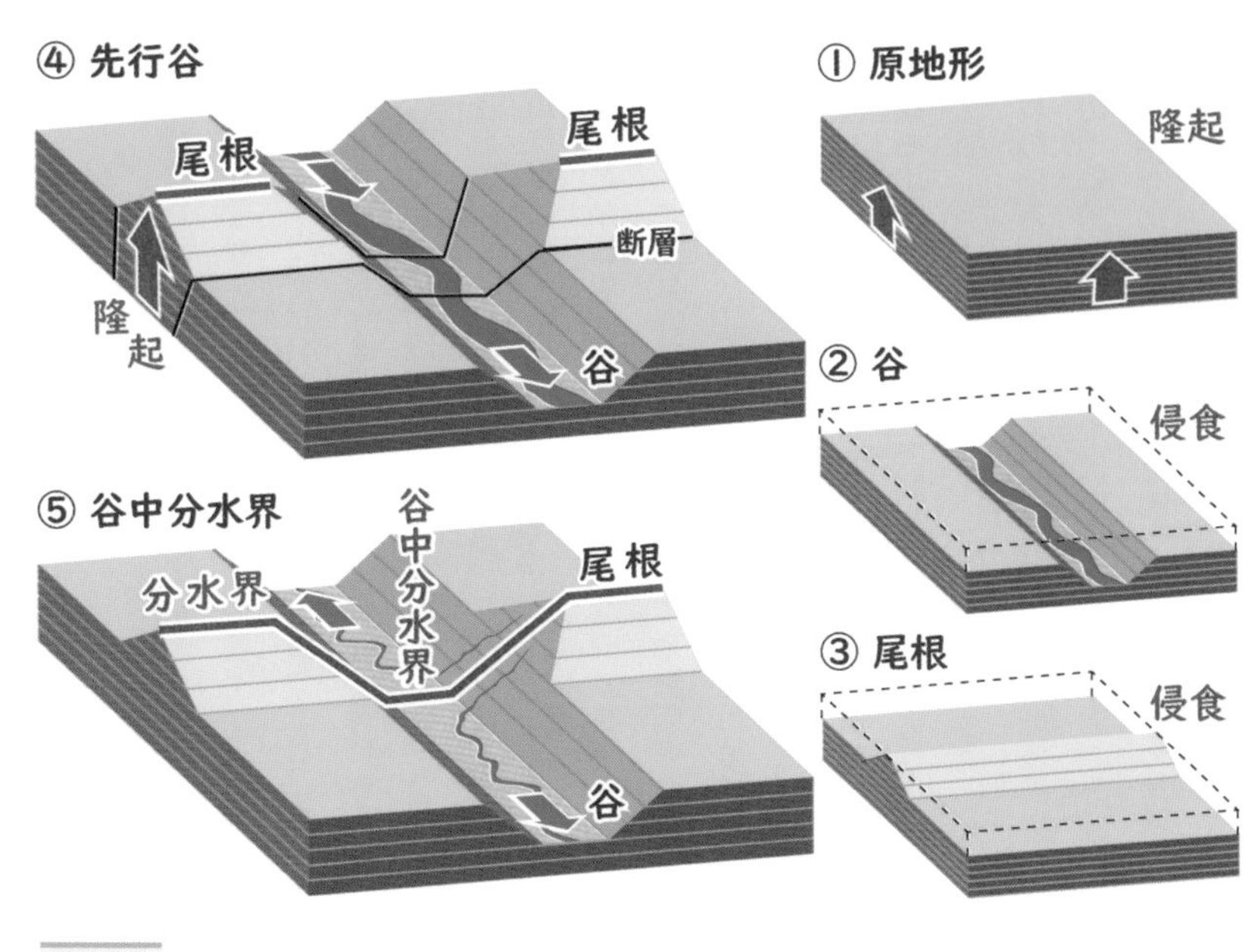

図1-15 谷中分水界の地形概念図。

途中で反対方向に流れ下っています。そのため、二つの川の間には、二つの水系を分ける分水界が存在します。分水界は、普通は尾根に沿って続いています。ところが谷中分水界では、分水界が平らな谷の真ん中を横切っているのです。

さらに、谷中分水界は二つの川の水源域なので、どちらの川も水量がほとんどありません。幅の広い谷に比べて水量が貧弱なことも、谷中分水界の特徴です。

この地形はどのようにつくられたのでしょうか。『分水嶺の謎』は、谷中分水界の謎解きの旅でもあるのです。

河川の争奪——川と川の国盗り合戦

峠である谷中分水界を歩いて越えるのはたやすいですが、本書における最大の難所が「河川の争奪」と呼ばれる学説です。ひと言で言うと、ある川が隣接するほかの川の上流域を奪い取ることです。河川の争奪を聞いたことがある人も、それほど多くはないでしょう。私も3年前まで知りませんでした。

あとから思い起こせば……、なのですが、今を去ること40年前、仙台の大学で地質学を学んでいたとき、「広瀬川の河川の争奪によって竜の口渓谷ができた」といった話を聞いた記憶があります。その河川の争奪が、分水嶺の謎を解く最も重要な鍵になるので詳しく説明しましょう。

図1-16は、先ほど紹介した竹ノ花の谷中分水界の南西側に隣接する、福島県の棚倉(たなぐら)地域周辺の地形図です。図の上は広い範囲を、図の下は赤枠で示した範囲の拡大図です。いずれの地形図にも、北側の阿武隈川水系と南側の久慈川水系の分水界を赤線で示しました。

この地域の地形で注目すべきは、上の図の北端に位置する中里から殿内(とのうち)を経由し、さらに金堀沢に続く幅の広い谷地形です。拡大した下の地形図で確認してみましょう。分かりやすいように、大草川の流れる向きを青色の矢印で、殿川支流の流れの向きを緑色の矢印で描き加えました。

殿川の支流が流れる谷地形を浜井場からさらに南に追っていくと、か細い水量のわりに幅の広い谷が板倉あたりまで連続しています。一方、大草川の流路を西からさかのぼって行くと、深く下刻された幅の狭い谷は北東へ続いています。ところが、殿内の手前で突然向きを90度変えて、先ほどの幅の広い平らな谷を蛇行しながら下刻しています。幅の広いこの谷は大草川の上流であって、実は殿川支流の上流ではないのです。

一見すると、南北に続く幅の広い谷は、殿川の支流が流れる谷のように見えます。しかし実際には、殿内より南側は、大草川が流れる谷に

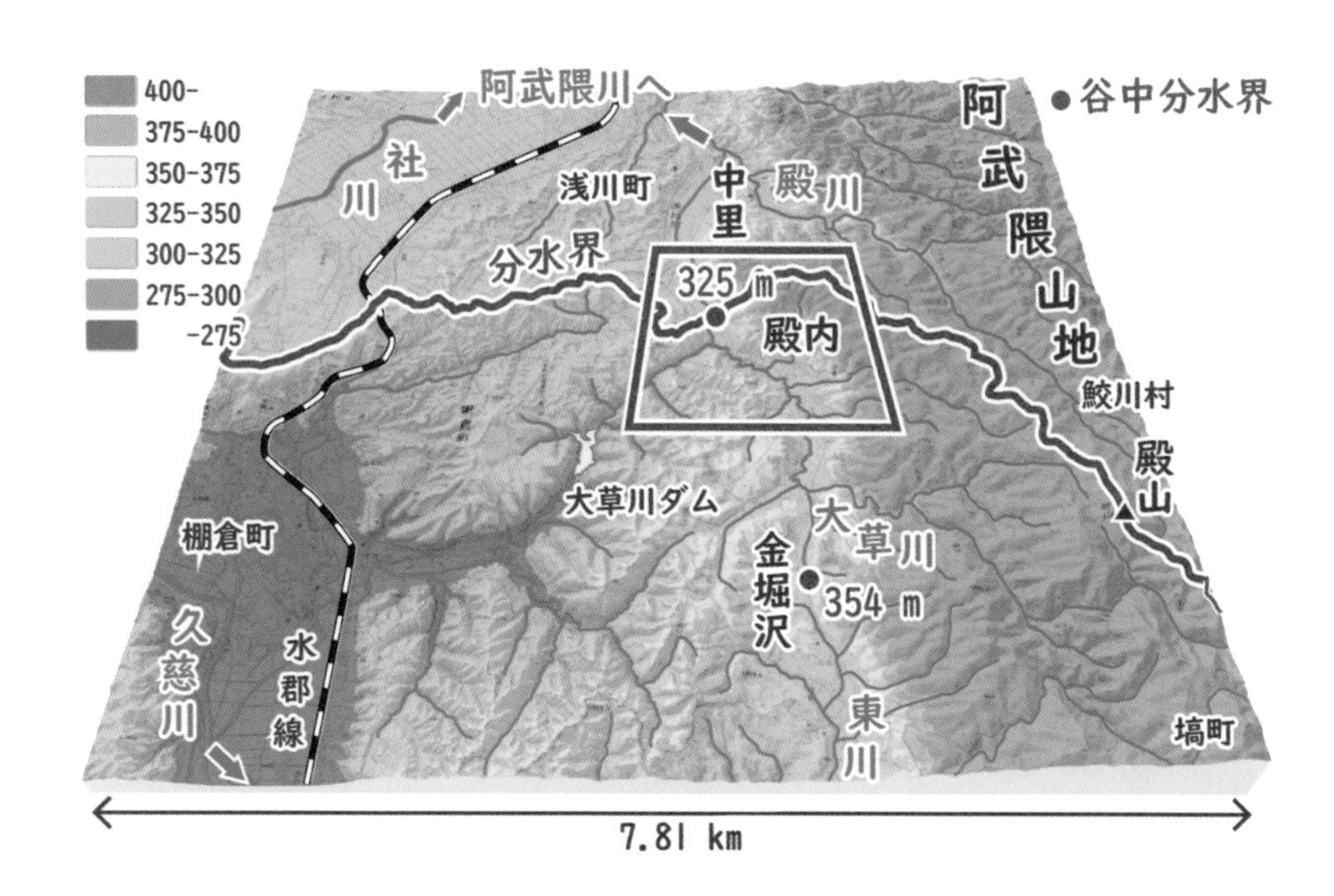

図1-16 阿武隈川水系に属する殿川の支流と久慈川水系に属する大草川とを分ける谷中分水界（上）、および殿内周辺の拡大図（下）。〔37.04,140.43〕

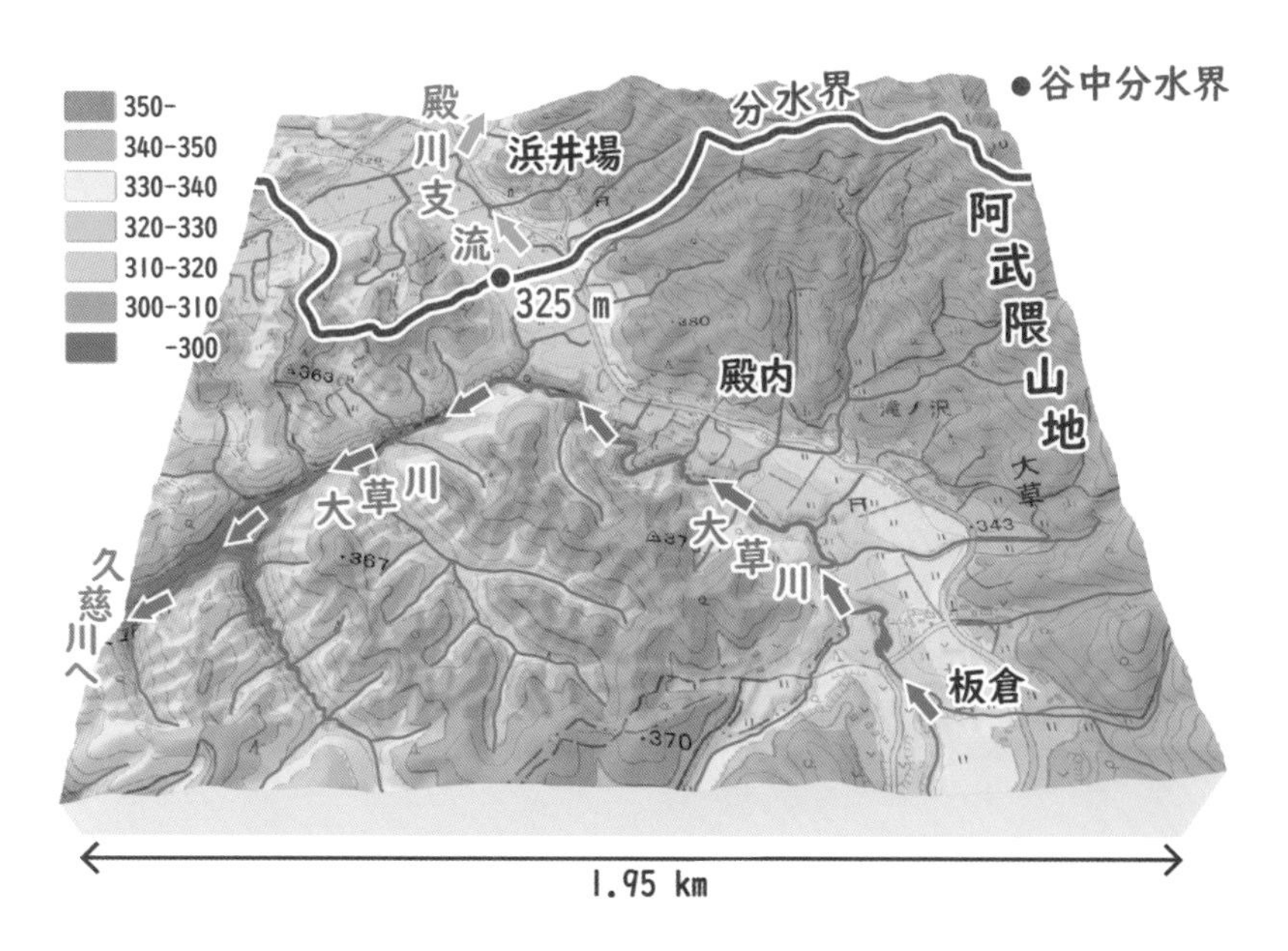

なっているのです。そして、殿川支流の水源は浜井場付近にあって、大草川が直角に流れの向きを変えた地点との間には、標高325mの谷中分水界が横切っているのです。ここでは殿内の谷中分水界と呼ぶことにしましょう。

竹ノ花の谷中分水界では、川は北と南に向かって離れるように流れ下っていました。ところがここでは、殿川の支流は谷中分水界から離れるように流れ下っていくのに対し、大草川は谷中分水界に向かって流れてきたのち、谷中分水界の手前で突然向きを90度変え、南西に流れ下っていきます。また、竹ノ花では細い流れが平坦な谷の表面を流れているのに、殿内の谷中分水界では大草川が谷を深く下刻しています。

実は大草川のこの奇妙な地形は古くから知られていて、河川の争奪によってつくられたと考えられています。その過程は、堀淳一さんの著書『意外な水源・不思議な分水 ドラマを秘めた川たち』(堀、1996)の中に紹介されています。

それによると、「南北に続く幅の広いこの谷には、最初は殿川の支流が南から北へ流れていました(図1-17A)。豊富な水量によって、幅の広い谷がつくられたと考えられるからです。一方、大草川の谷頭(侵食フロント)はずっと西にあって、二つの川の間には、地形的な高まりが存在していました」。

つまり、殿川支流と大草川の谷頭の間には、二つの川を分ける分水界が存在していたわけです。

「その後、侵食力の強い大草川の谷頭が北東に前進し、殿内に向かって徐々に流域を広げていきました。そして、大草川の谷頭が殿川支流のすぐ脇に到達すると、いよいよ河川の争奪が始まります(図1-17B)。大草川の谷頭が殿川支流に侵入すると、その地点より上流を流れていた殿川支流の水は、今度は大草川のほうへ流出することになります(図1-17C)。殿川支流の上流域を争奪(獲得)した大草川は一気に水量が増え、平らな谷を深く穿(うが)ちながら、侵食の手を上流へと延ばしていきます(図1-17D)。こ

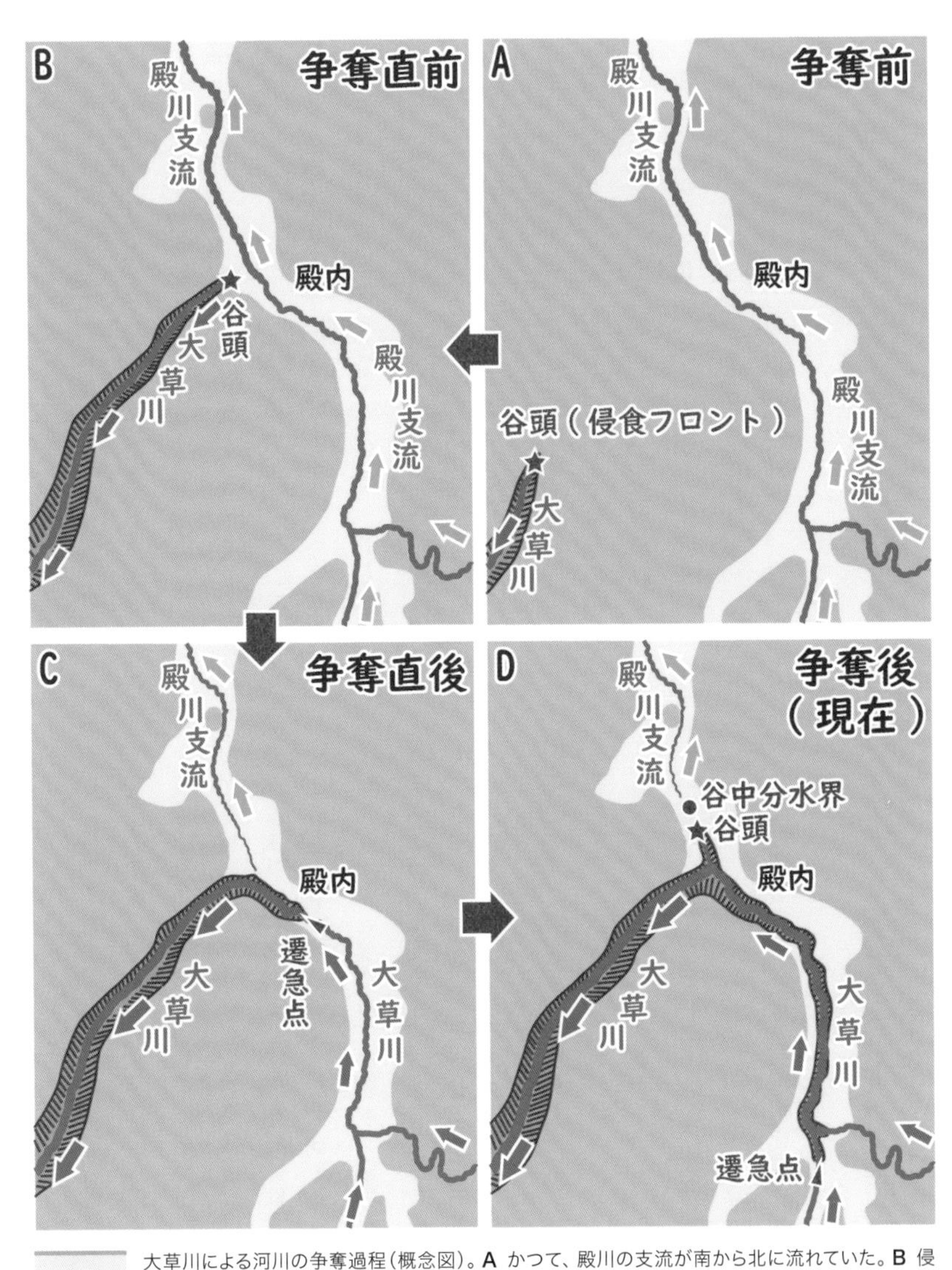

図 1-17 大草川による河川の争奪過程（概念図）。A かつて、殿川の支流が南から北に流れていた。B 侵食力の強い大草川の谷頭が殿川支流のすぐ脇に到達。C 大草川の谷頭が殿川支流に侵入すると、その地点より上流を流れていた殿川支流の水は大草川のほうへ流出。D 殿川支流の上流域を争奪した大草川は一気に水量が増え、反対に上流部を争奪された殿川支流は水量を失った。

れに対し、上流部を争奪された殿川支流は水量を一気に失い、争奪された地点付近を水源とする、か細い川になってしまいました。そして、わずかに北に侵入した大草川の支谷との間に、平らな谷を横切る殿内の谷中分水界ができたのです」

　これが殿川支流の上流部を、大草川が争奪したストーリーです。かつてこの場所で、川と川との壮絶な国盗り合戦が起こったのです。地形に残された、〝兵どもが夢の跡〟なのです。

　堀さんの著書によって、河川争奪説は地形が大好きな人たちに広まりました。ＮＨＫ番組「ブラタモリ」の効果か、最近では地図や地形に関する一般向けの本が書店にたくさん並べられています。その多くにも、河川の争奪が紹介されています。[*1] ネットで検索すると、河川争奪の現場を訪れるツアーなども行われています。谷中分水界と河川争奪のストーリーは、少しずつ市民権を得てきているようです。

　しかしながら、大草川による殿川支流の河川争奪は、堀さんのオリジナルの説ではありません。殿内の谷中分水界など、この地域の地形が河川の争奪によってつくられたとする考えは、実は１９７０年頃にはすでに地形研究者によって指摘されています。堀さんの著書は１９９６年に出版されていて、本の謝辞には北海道大学と日本大学の地形を専門とする先生方にご教授いただいたと書かれています。堀さん自身は物理学が専門の研究者で、北海道大学を退官されてから、各地の地形を訪れて著書にまとめられました。生粋の地形ファンですね。本をまとめる過程で、地形に関する知見を専門の研究者に教えてもらっていたのでしょう。

上り切っても下らない片峠

　急な坂道を上り切り、尾根を越えたら今度は坂を下っていくのが峠です。それに対して、竹ノ花の谷中分水界は確かに水系を分ける峠ですが、人にとっては上り下りが感じられない不思議な地形です。他方、殿内の谷中分水界も水を分ける峠ですが、平らな谷を横切る竹ノ花の谷中分水界とは地形がずいぶん異なります。谷中分水界の殿川支流側は平坦ですが、大草川のほうは深く切れ落ちた谷になっています。このように、分水界を挟んで片側だけが深く切れ落ちた非対称な峠を片峠（かたとうげ）といいます。

例えば、群馬県と長野県の境の碓氷峠（うすいとうげ）は、典型的な片峠です（図1-18）。ＪＲ信越本線の群馬県側の上り口は、駅弁「峠の釜めし」で有名な横川駅です。北陸新幹線の開業に伴い現在では終着駅ですが、当時の風情は残されていて、多くの鉄道ファンが訪れています。その横川駅の脇には碓氷関所跡（標高４００ｍほど）があり、国道18号線に沿って標高９６２ｍの碓氷峠まで、高度差５００ｍの九十九折り（つづらおり）を一気に上ると突然視界が開け、広大な高原・軽井沢に到着します。

碓氷峠を上り切ると、険しい上り道が嘘のように、ほとんど下らないまま平坦な地形に移行するので、通常の峠のイメージとはずいぶん異なります。「山を上って下る」と書いて峠の漢字は構成されていますが、下りがないので片峠なのです。片峠も日本の各地に存在していて、「河川の争奪」と関連した地形であると考えられています。片峠も、分水嶺の謎を解く鍵の一つなので、頭の隅に留めておいてください。

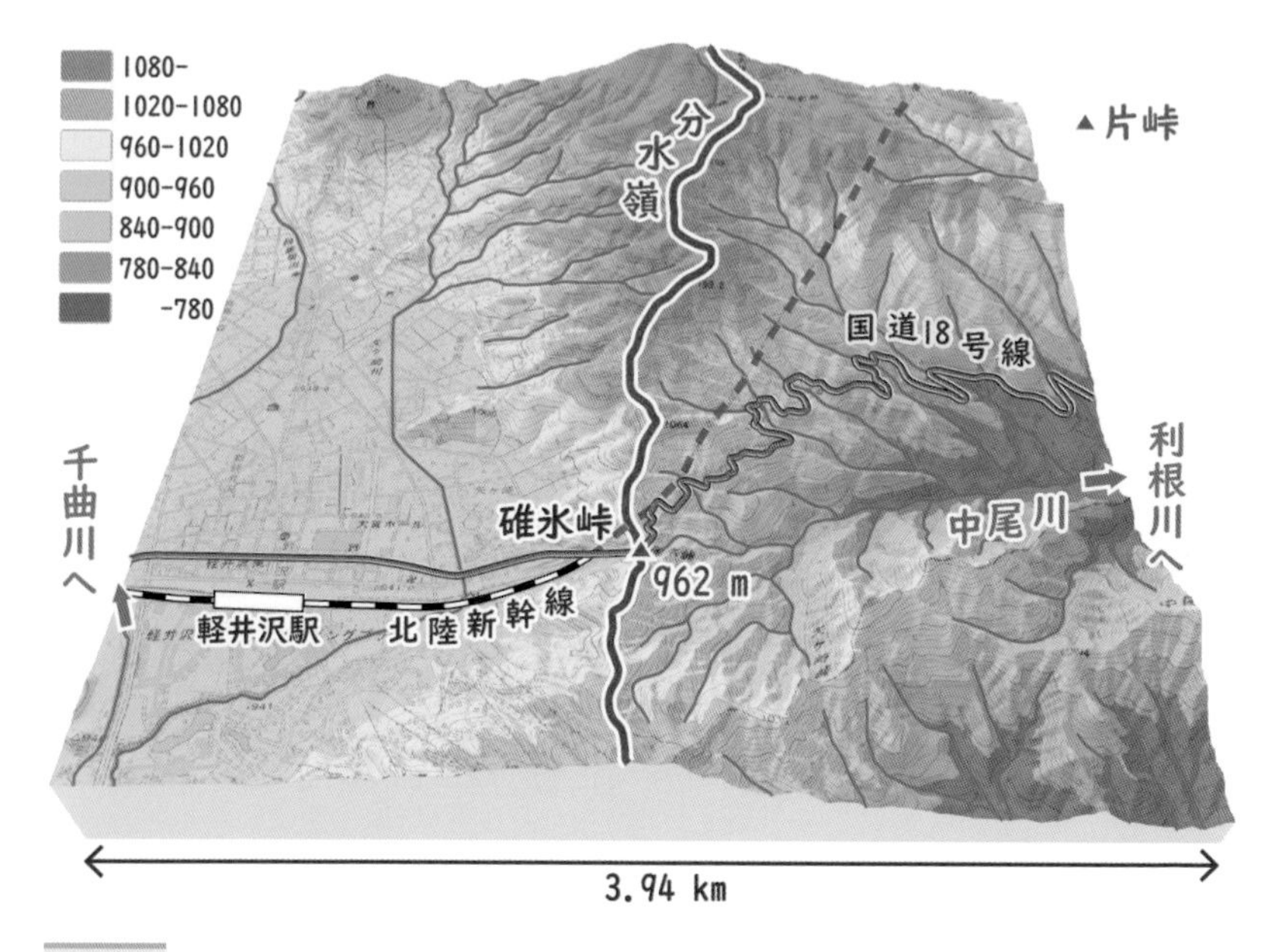

図 1-18 典型的な片峠(碓氷峠)。〔36.34,138.65〕

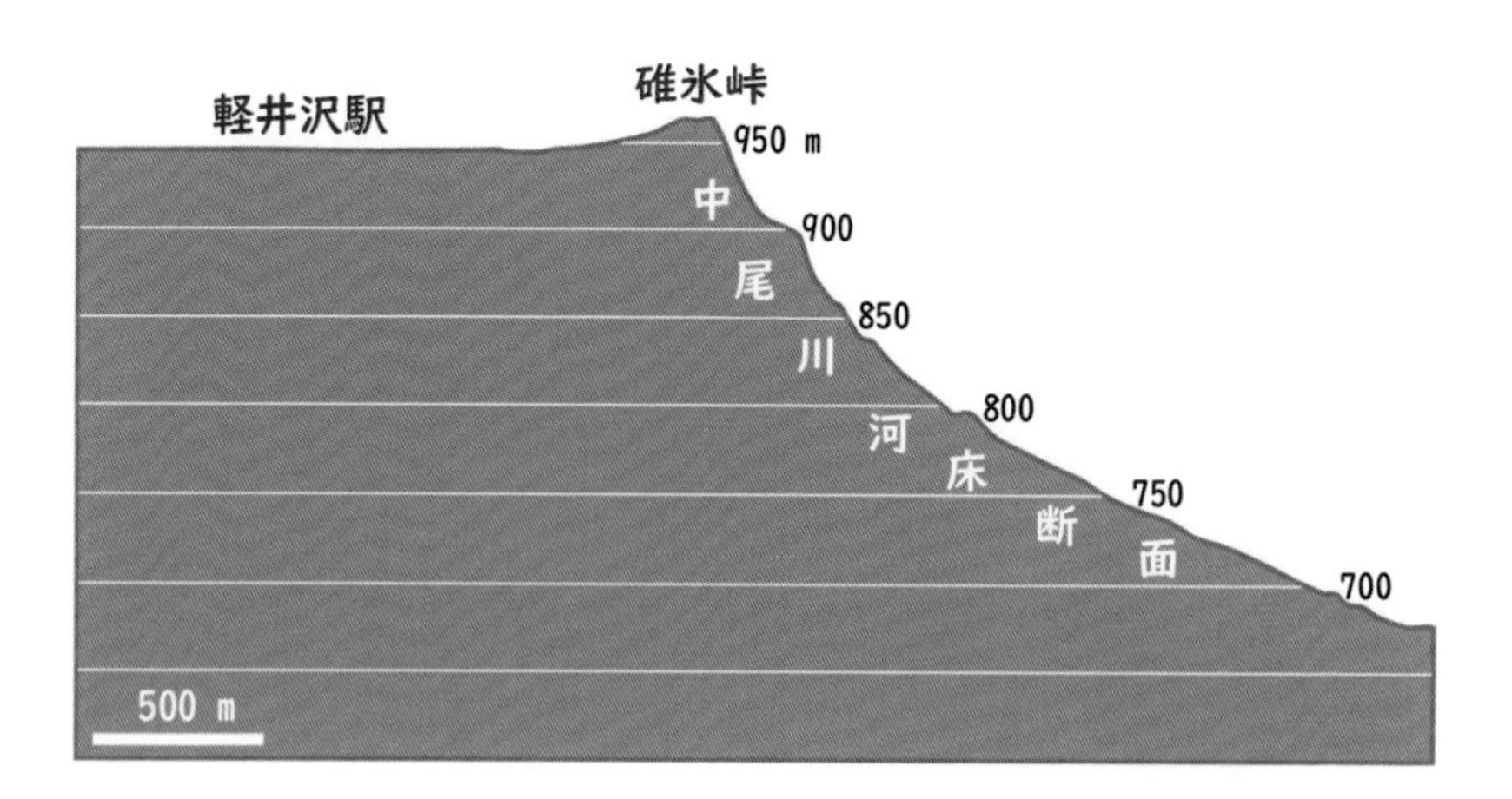

デービスの河川争奪説

大草川の河川争奪説は、日本の地形研究者によって1970年頃には指摘されました。そもそもこの河川争奪説は、アメリカの地形学者ウイリアム モリス デービスによって、100年以上も前に提唱された仮説です。デービスの名前を知る人も少ないでしょう。しかし、高校で地理を学んだ人は、デービスが提唱した「侵食輪廻説」の概念図を、地図帳の片隅で見たことがあるはずです（図1-19）。

デービスは、大地が川によって侵食される前の平坦な地形を「原地形」と呼んでいます。地殻変動によって隆起した平坦な大地は川によって侵食されていきます。侵食された土砂は川によって運ばれて、最終的には海の底に堆積します。川の役割である侵食・運搬・堆積作用ですね。川は海面よりも高い部分を削って海まで運ぶので、川の役割は大地を海面の高さにそろえることです。

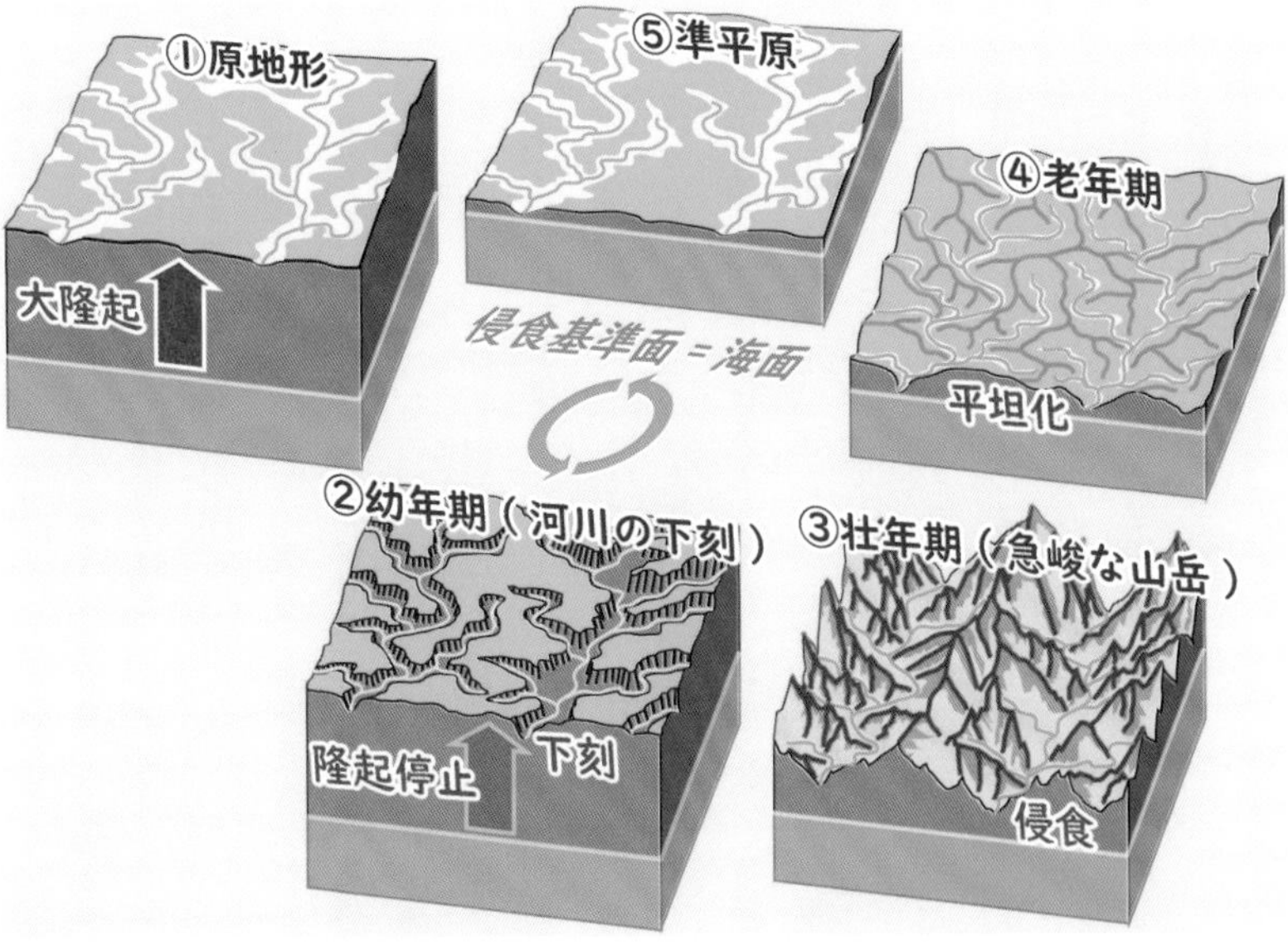

図1-19 デービスの侵食輪廻説（概念図）。平坦な大地が地殻変動によって急速に隆起すると、大地は河川によって侵食されて急峻な山地が形成される。地殻変動が停止すると侵食基準面（海面の高さ）まで削られ、最終的になだらかな地形（準平原）に至る。

　気の遠くなるような時間を要するでしょうが、隆起を伴う地殻変動がなければ、大地は海面の高さまで削り取られ、広大な平原になるとデービスは考えました。この平坦な地形がなんらかの原因で一気に隆起すれば、あとは川による侵食・運搬・堆積作用によってさまざまな地形がつくられる。その考え方を概念的に示したものが、図1-19の侵食輪廻説です。

　地殻変動によって大地が隆起すると、平坦な原地形は河川によって下刻され始めます。大地の隆起がゆっくりだと、河川の下刻によって隆起した分が侵食されてしまい、高く険しい山をつくることができません。そのため、デービスは急激な隆起を想定しました。デービスは、標高が2000mを超す真っ平な大地がコロラド川によって深く下刻され、グランドキャニオンが形成されていることを目の当たりにし、このように急激な隆起を想定したのでしょう。川によって谷は深く下刻されていますが、平坦な原地形が広く残されているので、デービスはこの状況を幼年期と呼びました。

　隆起した原地形は、地殻変動が停止すると一方的に川によって侵食されていきます。谷が深くなると谷の両側の斜面も侵食されて、ついには平坦な地形がなくなります。原地形が消滅したこの状況を、デービスは壮年期と呼びました。地形が最も急峻な時期です。日本では日高山脈や飛騨山脈、赤石山脈などが、壮年期に相当するといわれています。

　さらに侵食が続くと高く険しい山地も削られて、低くなだらかな老年期の地形へと変化していきます。尾根は丸みを帯び、谷底との高度差も小さくなっていきます。そして、最終的に平坦な地形に戻ると一回の侵食輪廻が終了します。川によって海面の高さまで侵食され尽くされた平坦な地形を、デービスは「準平原」と呼びました。この準平原が次の地殻変動によって隆起すると、原地形（隆起準平原）を海面まで削る新たな侵食輪廻が始まるわけです。

　この「侵食輪廻説」を提唱したデービスは、

1908～1909年にベルリン大学で行った一連の講義を、『地形の説明的記載』（1913年）」としてまとめています。日本語にも翻訳され、昭和44年に『デービス 地形の説明的記載』（水山・守田訳、1969：大明堂）として出版されています。そのなかに河川の争奪過程が2枚の概念図として示されていて、『地形学事典』（町田他編、1981）にも、同じ図が掲載されています。図1-20はその図をもとに、情報を書き加えてつくりました。デービスの概念図は争奪する側の谷の幅が広く描かれていますが、河川の争奪の基本的な考え方は大草川のケースと全く同じです。

河川の争奪が起きると、特徴的な地形がつくられます。争奪した川（B争奪河川）の流路は、争奪された川（A被奪河川）の争奪地点で向きを大きく変えるため、この流路の転向を〝争奪の肱〟といいます。

一方、争奪された川は上流部を奪われたので、斬首あるいは截頭河川とも呼ばれるそうです。ずいぶんと物騒ですね。争奪河川と被奪河川の間には、水流のない平らな谷が残されるので、その地形は風隙と呼ばれます。また、水量の減った被奪河川は細流となり、幅の広い谷をつくるには水流が足らず、無能河川と呼ばれるそうです。身も蓋もないいい方です。そして、これらの地形学的な特徴が認められれば、かつて河川の争奪が起こったと解釈されるわけです。

このデービスの河川争奪説を学んだ日本の地形学黎明期の研究者は、国内で同様の地形を発見しては河川争奪説で説明してきました。そして現在でも、河川の争奪は日本の地形研究者に広く受け入れられています。『地形学事典』だけでなく、私が勉強した地形学の専門書の多くに河川争奪の解説[*2]が掲載されています。なかでも、小畑浩先生が書かれた『中国地方の地形』（小畑、1991：古今書院）では、中国地方の河川争奪が詳しく考察されています。デービスの河川争奪説は、日本では100年以上も受け入れられているのです。

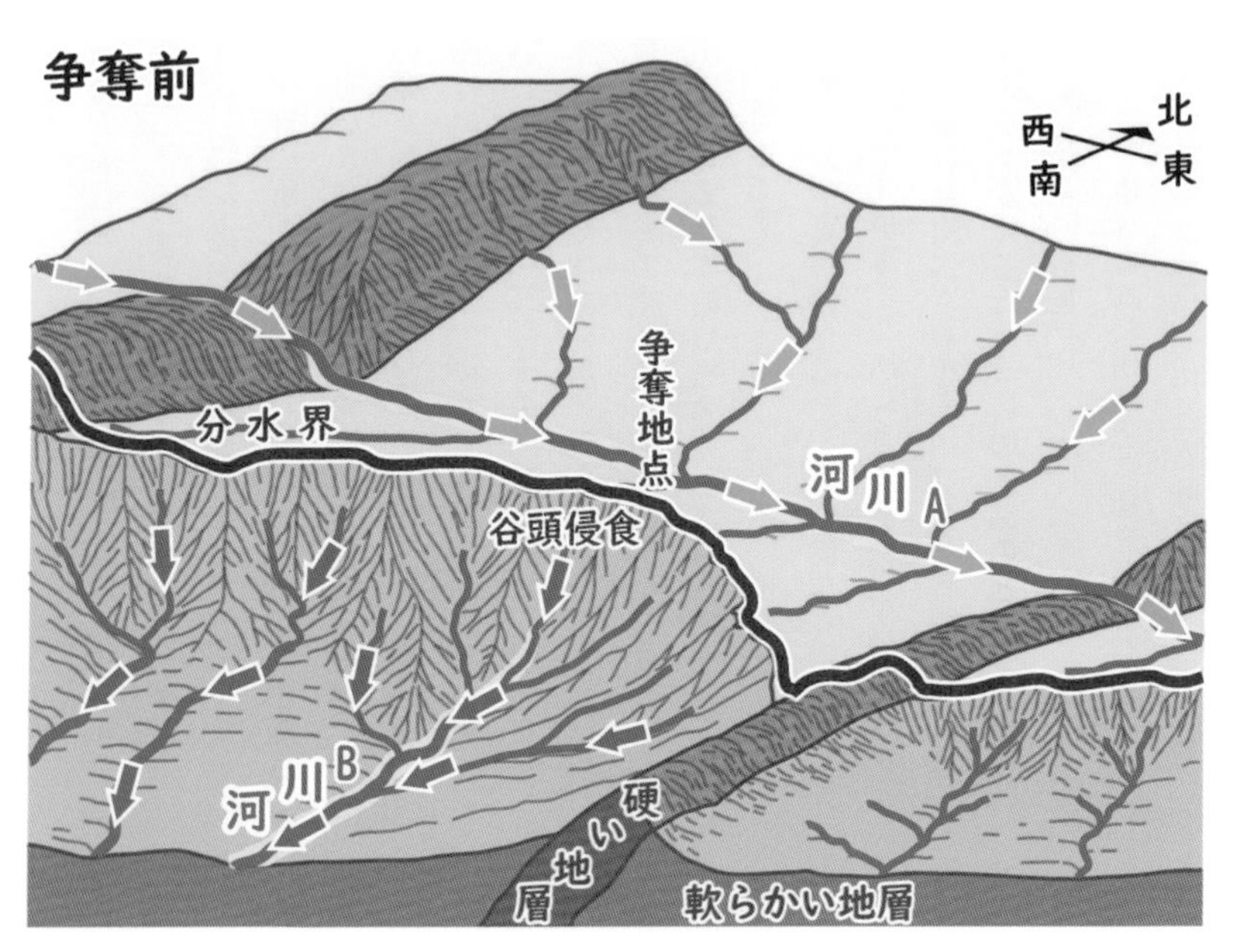

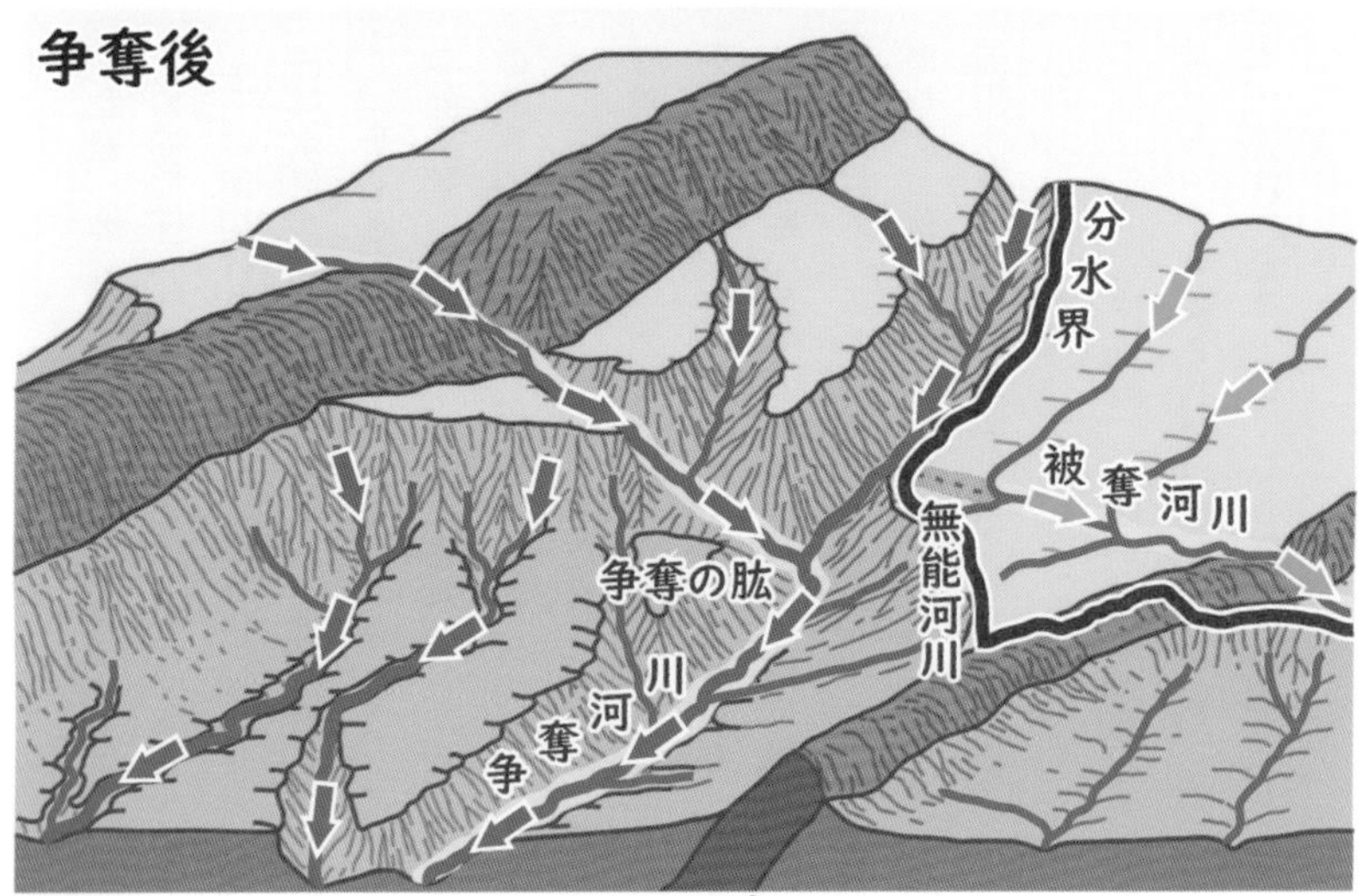

図1-20　デービスが考えた河川争奪の概念図。

河川争奪――十分な状況証拠

せっかくですから、もう一つ例を示しましょう。図1-21は、琵琶湖の北西の野坂山地を流れる百瀬川(ももせがわ)と石田川の河川争奪とされる地形です。2014年に出版された藤岡換太郎さんの『川はどうしてできるのか』(講談社)にも紹介されている地形ですが、『写真と図でみる地形学　増補新装版』(貝塚他編、2019:東京大学出版会)や松浦旅人さんの論文(松浦、1999)で詳しく解説されています。

図を見ると、地形の特徴は大草川と殿川支流の関係と全く同じですね。百瀬川の流れを青色の矢印で、石田川の流れを緑色の矢印で示しました。百瀬川の上流には南北に続く幅の広い谷(川原谷)があり、途中で突然流路を東に変えています。いわゆる争奪の肱です。百瀬川は谷を深く穿ちながら東に下っていきますが、幅の広い平らな谷地形は、争奪の肱の南側にある平池(だいらいけ)まで続いています。平池周辺は池や湿地が広が

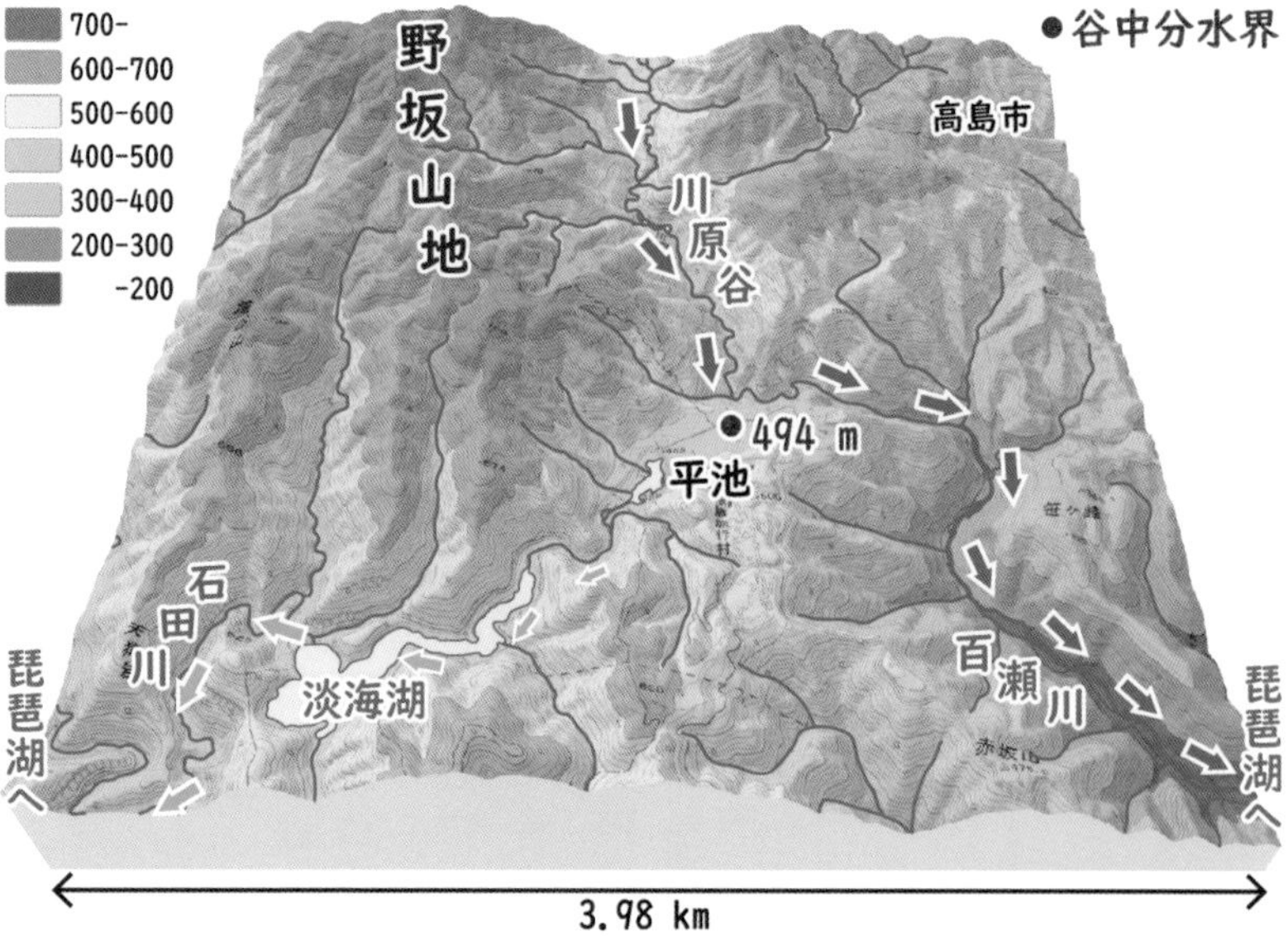

図1-21　百瀬川と石田川の間の谷中分水界(片峠)。一見すると、川原谷の幅の広い谷は淡海湖に連続しているが、実際には川原谷は平池の手前で流向を変え、百瀬川に流れ下っている。(35.46,135.99)

り、雨水は百瀬川ではなく石田川へと流れ下っていいます。そして、この平坦な地形の北端は百瀬川によって深く下刻され、二つの河川の間は標高494mの谷中分水界（片峠）になっています。

平池付近の幅の広い平坦な谷をつくるには、あまりにも水量の少ない石田川の源流（無能河川）。その平坦な谷地形を横切るように下刻する百瀬川（争奪河川）。突然脇から谷に侵入してきたように、直角に流れの向きを変える百瀬川の争奪の肱。そして、二つの川の間には、かつての平らな谷地形を横切る谷中分水界(片峠)。デービスが提唱した河川争奪のすべての条件が当てはまります。百瀬川が石田川を争奪したことを疑う余地はなさそうです（図1-22）。

このように、日本列島の各地には、ダイナミックで不思議な地球の営みが地形に残されています。どうやってその地形ができたのか、その現場を見た人は誰もいません。歴史の結果である現在の地形を観察して、歴史そのものを推定し

図1-22 百瀬川による河川の争奪過程（概念図）。

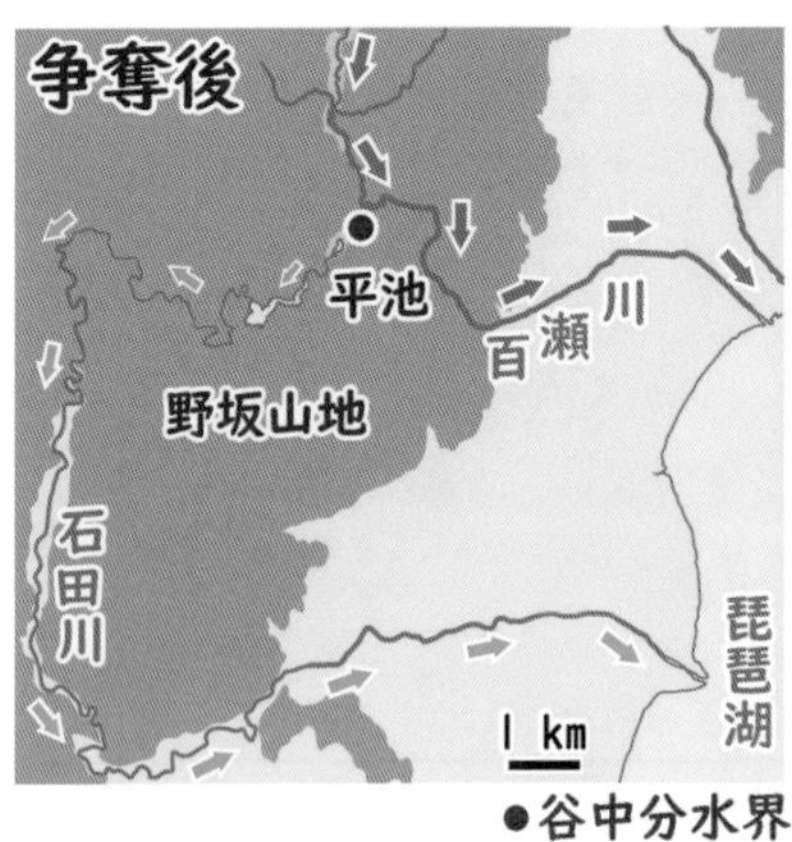

ているのです。

「密室で遺体が発見された。部屋のドアは内側から鍵がかかり、遺体の横には血のついたナイフが落ちている。自殺か、それとも他殺か。犯人は一体誰なのか」

地形の成因を解明することは、ミステリー小説の謎解きと同じです。ほんのわずかな違和感を糸口に、探偵のように目を皿にして見落とされた証拠を見つけ出し、繊細かつ大胆に推理を進める。100年以上にわたって、研究者の誰も疑わなかった地形学の常識。その常識を根底から見直す分水嶺の謎解きの旅に備え、今晩はゆっくり休みましょう。

補足

＊1 河川の争奪（p・42）地図研究家として有名な今尾恵介さんの『地図でたどる日本の風景』（日本加除出版）や『日本地図のたのしみ』（筑摩書房）、堀公俊さんの『日本の分水嶺』（ヤマケイ文庫）にも記述されています。藤岡換太郎さんの『川はどうしてできるのか』（講談社）や橋本純さんの『教養としての日本列島の地形と地質』（PHP研究所）のほか、高田将志さん監修の『3D地図でわかる日本列島地形図鑑』（成美堂出版）や藤田哲史さんの『ドローン空撮で見えてくる日本の地理と地形』（実業之日本社）では、カラーの鳥瞰図を添えて河川の争奪によってできた地形が紹介されています。野坂勇作さんの『たくさんのふしぎ　分水嶺さがし』（福音館書店）は、小学3年生以上対象の科学絵本です。そのなかでも河川争奪は紹介されているので驚きです。

＊2 河川争奪の解説（p・47）『日本列島の地形学』（太田他、2010：東京大学出版会）や『新編　日本地形論』（吉川他、1973：東京大学出版会）では具体例は示されていないものの、『写真と図でみる地形学　増補新装版』（貝塚他編、2019：東京大学出版会）や『建設技術者のための地形図読図入門　第3巻 段丘・丘陵・山地』（鈴木、2000：古今書院）、『地形学』（松倉、2021：朝倉書店）では、概念図を添えた解説が示されています。

第1日

不思議な地形が目白押し

ピークというにはなだらかすぎる山頂、高さのそろった尾根、そして平らな谷を通過する分水嶺。旅先で待ち受けていたのは、関東地方ではめったにお目にかかれない不思議な地形でした。

高さがそろった不思議な尾根

夕べはぐっすり眠れたでしょうか。旅の前日は興奮していて、なかなか寝つけないものです。それではさっそく、分水嶺の旅に出かけましょう。舞台となる中国地方は、行政的には岡山県、鳥取県、広島県、島根県、そして山口県の5県からなります。しかし、今回の旅は少し東の、近江・丹波・若狭（現在の滋賀県・京都府・福井県）の国境にある三国岳（776m）からスタートします（図2-1）。その三国岳の山頂はピークというにはなだらかで、登山道でもないとルートを間違えそうです。と、見てきたようなことを言いますが、もちろん行ったことはありません。

図2-1 近畿地方から中国地方東部にかけての大地形。

日本海
若狭湾
豊岡盆地
円山川
三国岳
福知山盆地
由良川
丹波高地
中国山地
篠山盆地
亀岡盆地
京都
桂川
京都盆地
市川
加古川
武庫川
宇治川
播磨平野
六甲山地
兵庫
大阪
淀川
瀬戸内海
大阪平野
奈良
400-
200-400
100-200
50-100
25-50
10-25
-10
10 km
大阪湾
奈良盆地

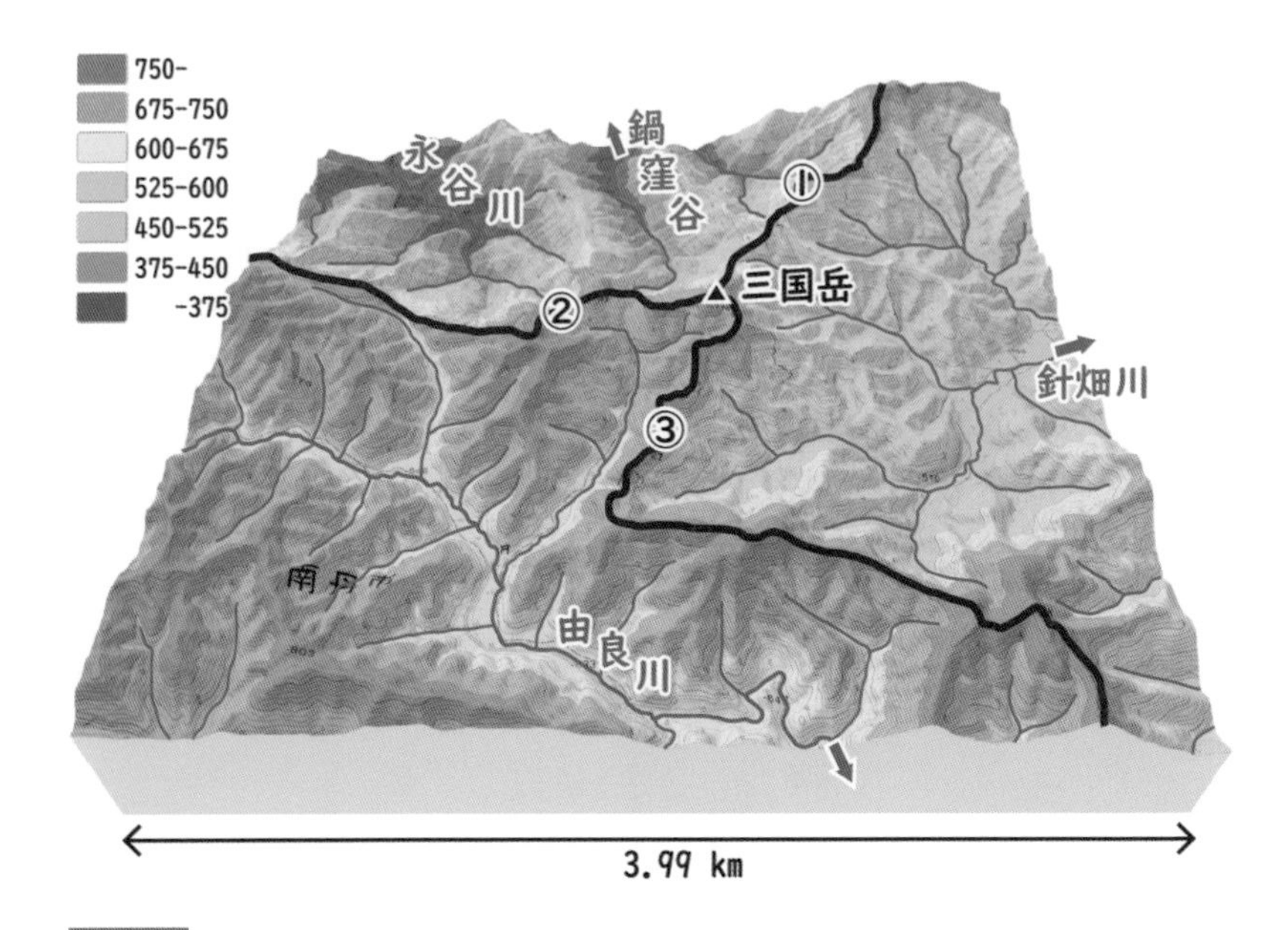

図2-2 三国岳周辺の地形。(35.35,135.77)

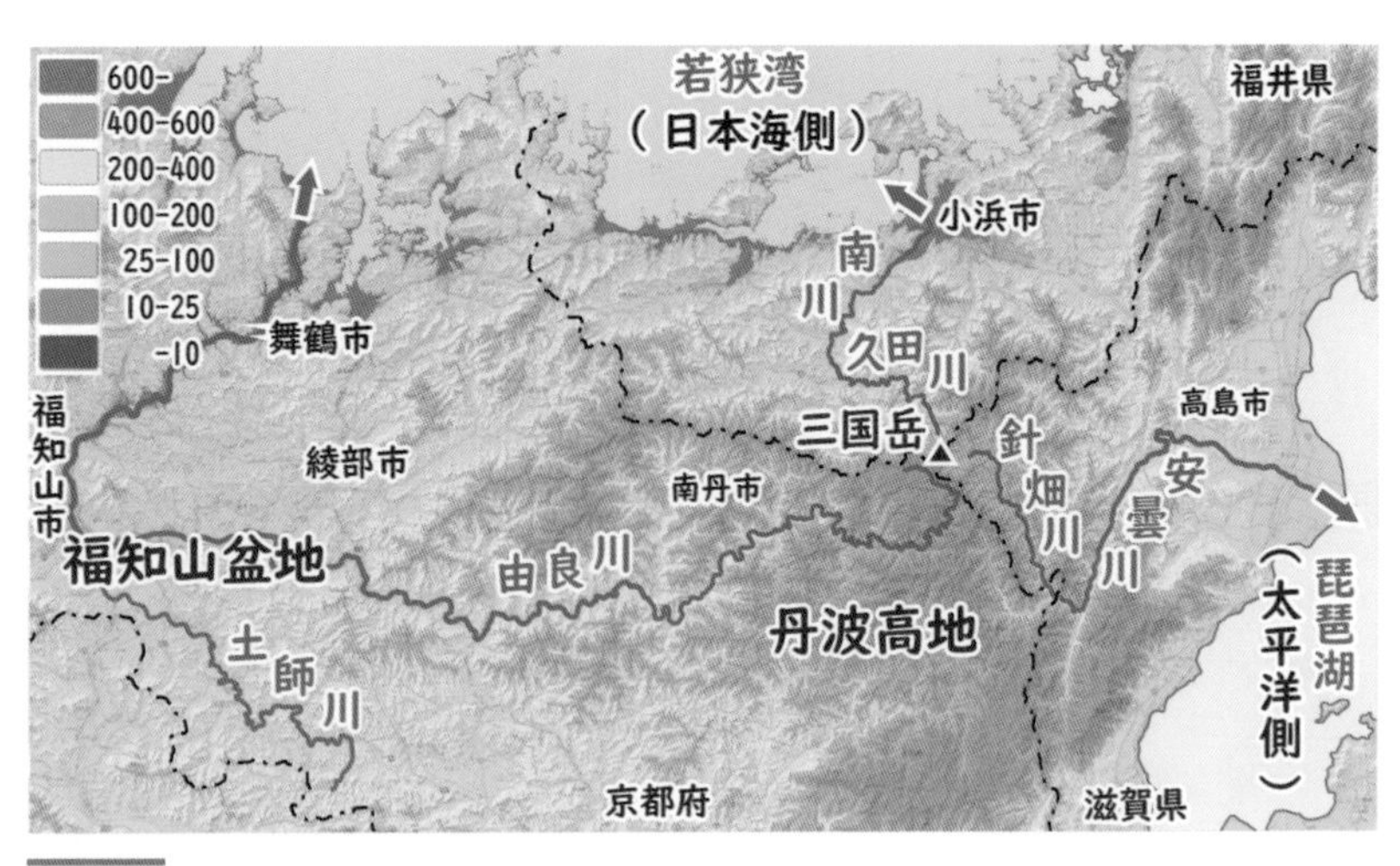

図2-3 三国岳周辺の広域地形図。

三国岳周辺の地形図を見ると、北（①）と西（②）、そして南（③）に3本の尾根が続いています（図2-2）。3方向に尾根が延びているということは、3本の分水界が一点に会合していることを意味しています。このうち、私たちが進むべき分水嶺、つまり雨水を太平洋側と日本海側に分ける尾根はどれでしょうか。みなさんもインターネットの地理院地図を開いて、一緒に考えてみてください。ちなみに図2-2の説明文に示した緯度と経度（35.35,135.77）を地理院地図の検索窓に入力すれば、いま私たちがいるこの場所に一瞬で移動できます。

とはいえ、地理院地図で三国岳付近の地形を表示しても、どの尾根が分水嶺なのか判断するのは難しいでしょう。分水嶺を確認するためには、少し広い範囲を表示しなければなりません。実際に私は頻繁に地理院地図をズームアウトして、尾根の両側の川が太平洋と日本海のいずれに流れていくのか確認しています。その一例を示しましょう（図2-3）。この地形図なら、三国岳周辺に降った雨が、太平洋に流れ出るのか日本海に注ぐのか判断できますね。

まず、三国岳の東側に降った雨は針畑川となり、安曇川に合流したあと北に流れ、琵琶湖に注いでいます。琵琶湖からは瀬田川、そして宇治川と名前を変え、桂川と木津川が合流して淀川となり、大阪湾から瀬戸内海（太平洋側）に流れ出ます。

一方、三国岳の北西側に降った雨は鍋窪谷を流下して久田川となり、南川に合流したあと若狭湾（日本海側）に流れ出ます。山頂から若狭湾の小浜漁港までの道のりは32kmほどで、海までの旅路は思いのほか短いですね。

そして、南西側に降った雨はそのまま由良川となり、蛇行しながらひたすら西に流れ、福知山盆地で土師川が合流したあと若狭湾（日本海側）に流出します。こちらは140kmほどと長い旅路です。ということで、三国岳から南に続く稜線が、本州に降った雨水を太平洋側と日本海側に分ける分水嶺です。それでは、南の尾根

に沿って進んでいきましょう。

さらに6㎞ほど進むと、先ほどとは別の三国岳（959m）が出てきました（図2-4）。こちらの三国岳は、近江と丹波、そして今度は山城との国境です。当然ながら名前の通り尾根が3方向に分かれています。ここで、もう一度質問です。三国岳で二股に分かれる尾根のうち、どちらが分水嶺でしょうか。地理院地図で確認してみましょう。

三国岳の西側は由良川が流れているので日本海側ですね。スタート地点の三国岳で確認しました。一方、東側には針畑川が流れているので太平洋側です。こちらも最初の三国岳を出るときに、琵琶湖に注いでいることを確かめました。では、南側に降った雨は、太平洋と日本海のどちらに流れているのでしょうか。久多川（くたがわ）の先を確かめてみましょう。

図2-5に、少し広い範囲の地形図を示しました。この図を見ると、久多川はその先で針畑川に合流し、安曇川となって琵琶湖に注いでいることが分かります。ということは、三国岳の南側は太平洋側です。したがって、私たちが進むべきルートは南東の経ヶ岳（889m）に続く尾根ではなく、天狗岳（てんぐだけ）（929m）に続く南西の尾根です。

このように、尾根の両側が太平洋側と日本海

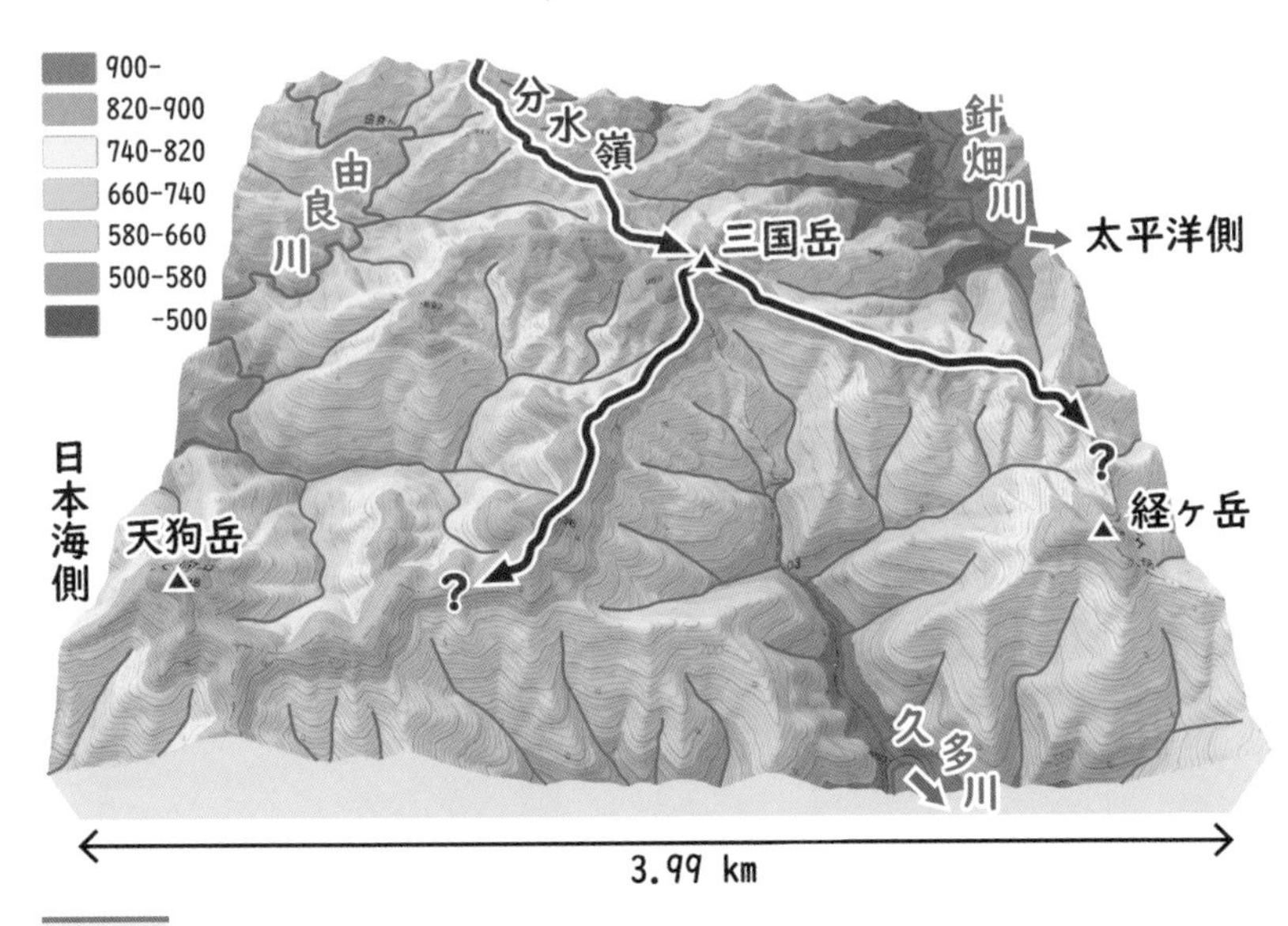

図2-4　二つ目の三国岳周辺の地形。(35.32,135.79)

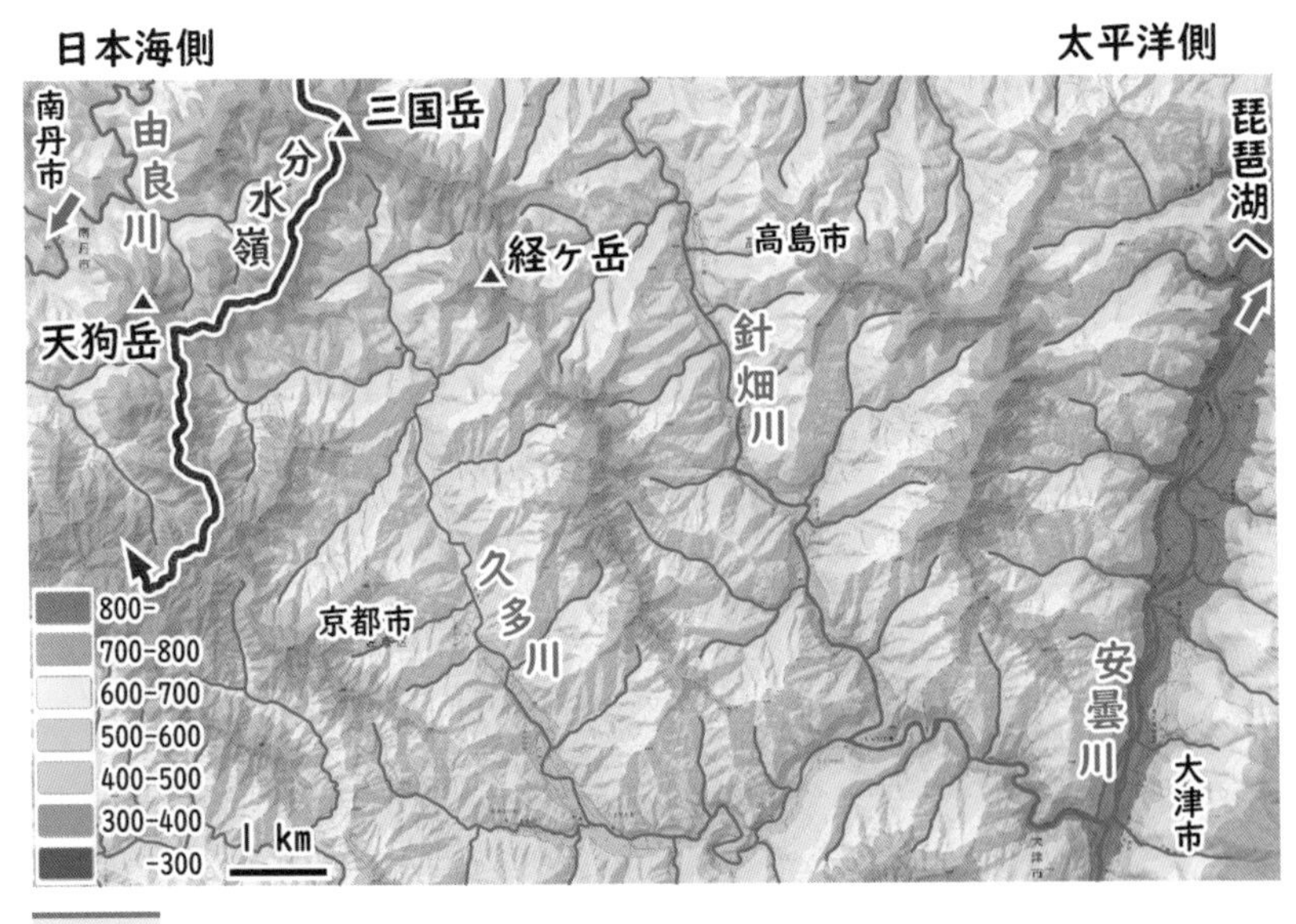

図2-5　二つ目の三国岳周辺の広域地形図。

側のいずれかを確認するためには、海岸まで追跡しなくても、すでに確認している主要な河川まで確かめれば十分です。分水嶺のルート選びが不安になったらときどき地理院地図をズームアウトして、太平洋側と日本海側に注ぐ主要な河川とのつながりを確認すればいいのです。

さて、二つ目の三国岳を出発したら天狗岳を右手に通過し、さらに地形図を確認しながら進んでいきましょう。このあたりは、尾根の高さがずいぶんとそろっていますね（図2-6）。地理院地図のツールから断面図作成機能を選択して、分水嶺に沿った高低図を作成してみました（図2-7）。分水嶺が通過するこの尾根は、東から西に向かって緩く傾いていることが分かります。高さがそろっているこのような尾根を、定高性（ていこうせい）のある尾根といいます。

定高性のある尾根は、平坦な地形の名残、つまりデービスのいうところの「原地形（げんちけい）（準平原（じゅんぺいげん））」ではないかといわれています。このような尾根なら上り下りが少な

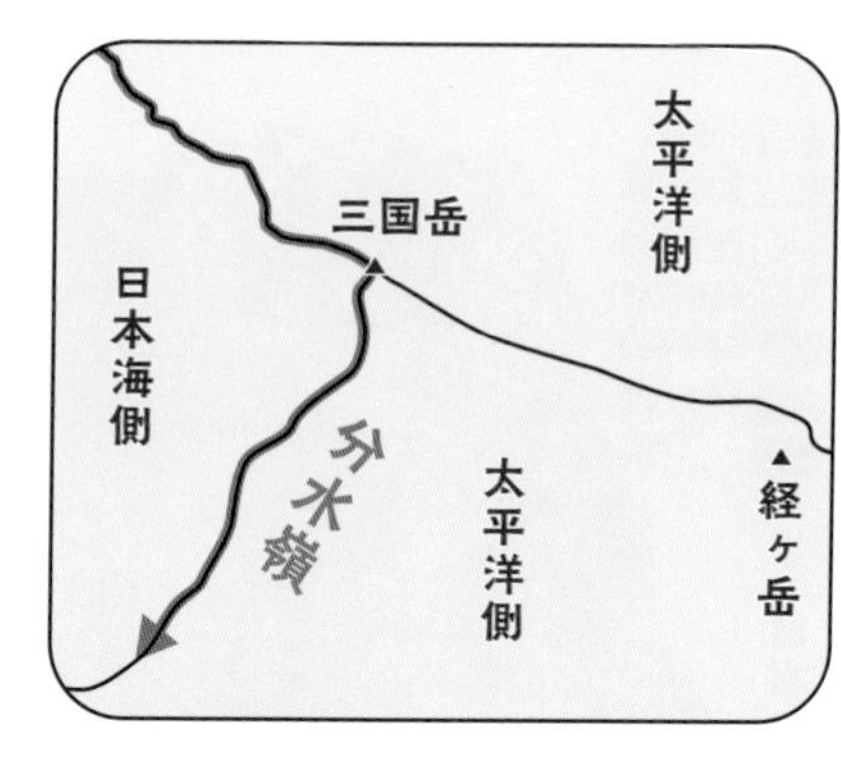

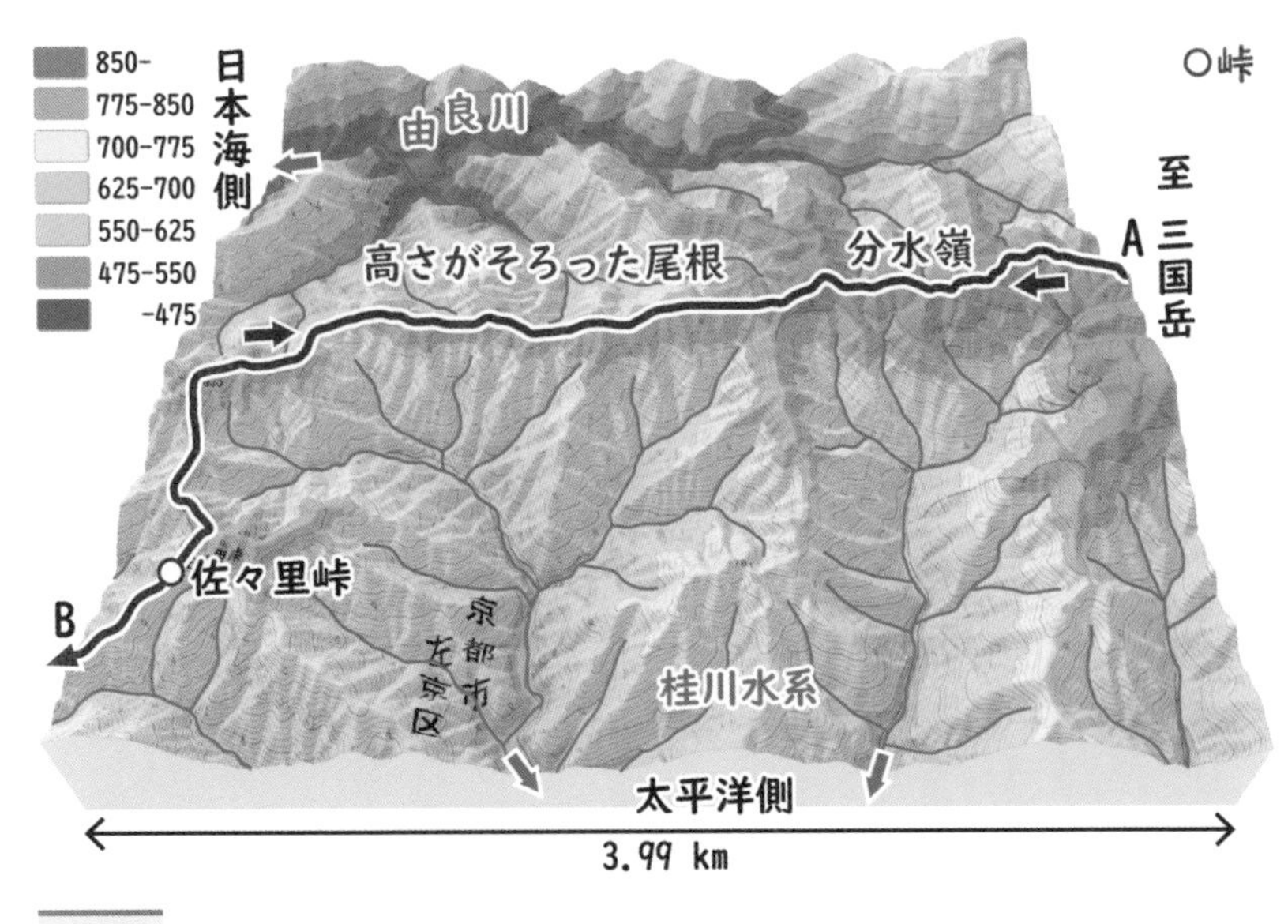

図2-6 定高性のある尾根。(35.29,135.74)

いので、息が切れることもなく快適な山歩きが楽しめますね。

図2-7 定高性のある尾根の高低図。

深さが異なる非対称な谷

分水嶺は徐々に高度を下げて、佐々里峠（ささりとうげ）で731mまで下ります。佐々里峠周辺の地形はちょっと気になります（図2-8）。佐々里峠から南に向かって尾根を登っていくと、分水嶺の西側（日本海側）は谷が深く、尾根から谷底までの高度差が200m以上の急斜面になっています。ところが、分水嶺の東側（太平洋側）の谷は浅いのです。つまり、分水嶺の両側で、谷の深さが非対称なのです。

さらに、東側の谷を下流からさかのぼっていくと、分水嶺の手前で谷は直角に向きを変え、そのまま分水嶺と平行に南に続き、最終的には稜線付近まで延びています。谷は斜面の最大傾斜方向に刻まれるので、たいてい谷の向きは尾根と直交するか大きく斜交するはずです。それがなぜ、尾根と平行に谷が刻まれているのでしょうか。記憶に留めておいて、ひとまず旅を続けましょう。

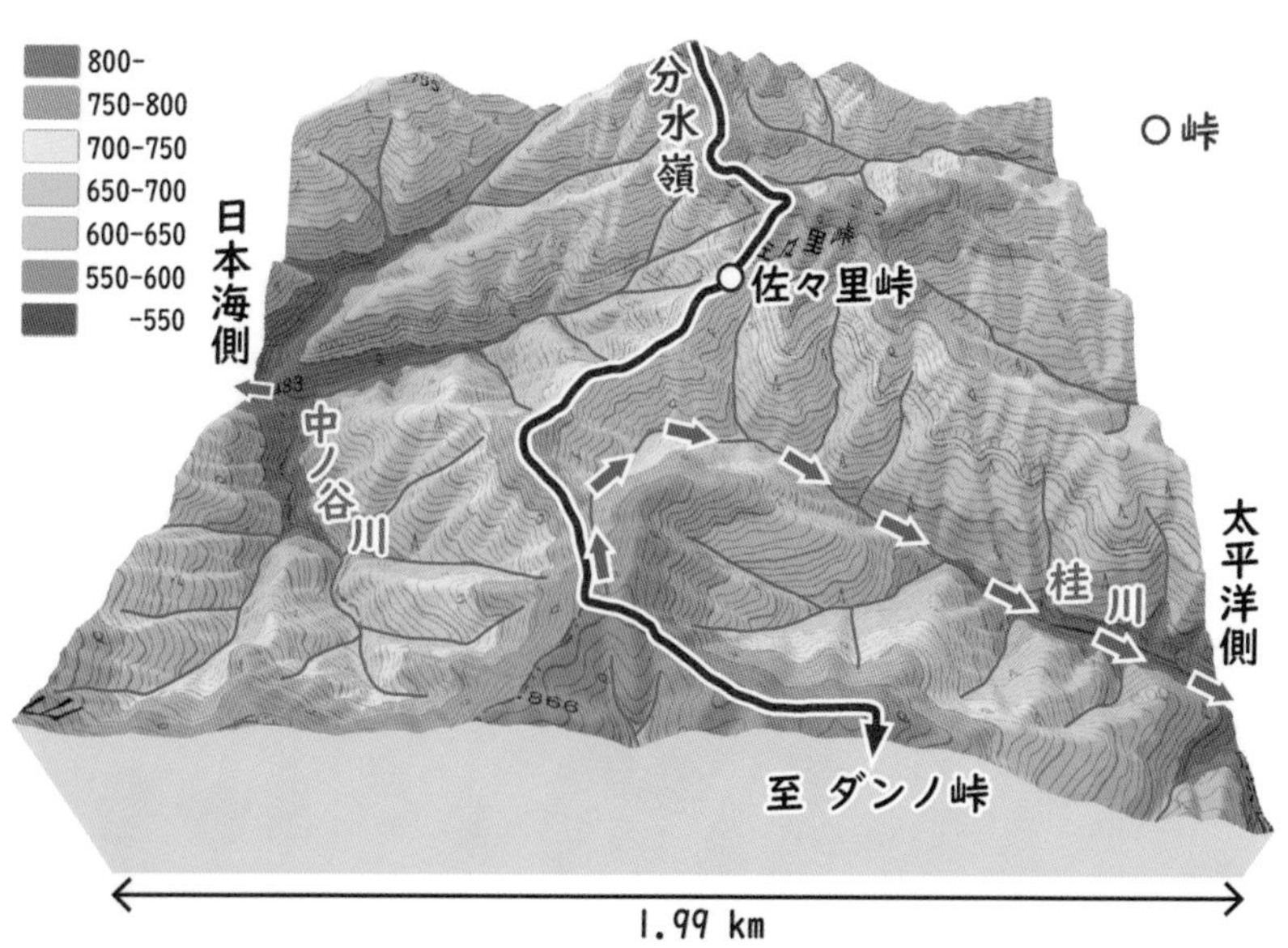

図2-8 佐々里峠の非対称な谷地形。〔35.27,135.73〕

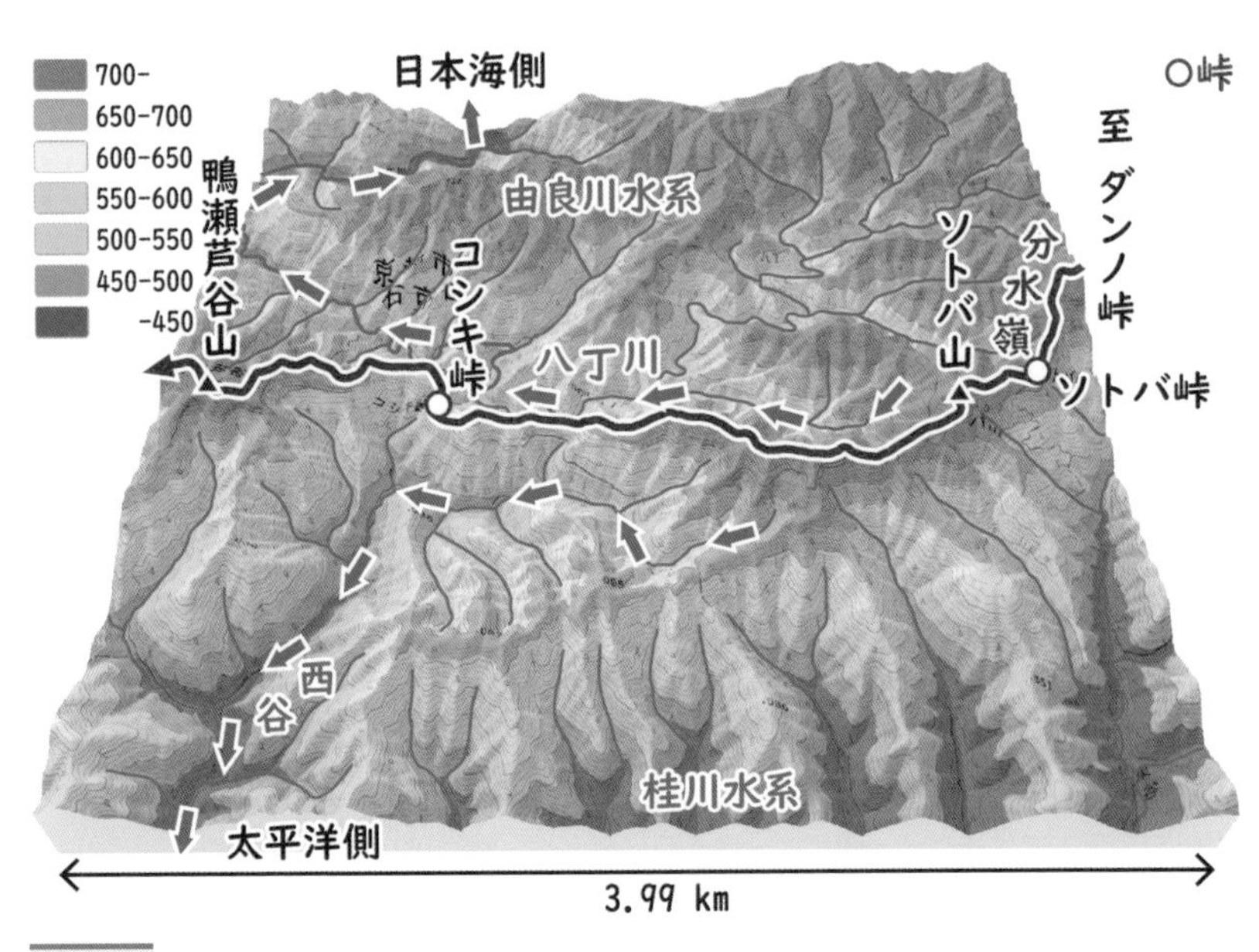

図2-9 太平洋側が深く下刻されているコシキ峠付近の地形。〔35.24,135.70〕

ダンノ峠（762m）から尾根を南に進んで行き、ソトバ峠（704m）まで来ると尾根に沿って林道が整備されています。ソトバ山（806m）を過ぎると分水嶺の標高は600～650mほどで、少しずつ西に下っているようです（図2-9）。このあたりの尾根は定高性があるので、尾根に沿って林道がつくられているのもうなずけます。

分水嶺の南側は桂川水系なので太平洋側、北側の八丁川は由良川水系なので日本海側です。

このあたりは分水嶺を挟んで日本海側よりも太平洋側の谷が深く、日本海側のほうが深かった先ほどの佐々里峠とは逆です。細かく蛇行している八丁川が、分水嶺とほとんど平行に流れているのも気になります。また、西谷の流路がコシキ峠（600m）のところで90度向きを変えているのも、佐々里峠の地形と似ています。なんとなく、地形の特徴に規則性がありそうな気がするのですが……。先を急ぎましょう。

送電線は地質調査の道しるべ

分水嶺は鴨瀬芦谷山から男鹿峠（663m）を越え、深見トンネルの上を通過したら知谷峠（504m）を目指します（図2-10）。尾根に沿って立派な林道が整備されているので、一気に距離が稼げますね。ときどき地形図をズームアウトして尾根の両側が太平洋側か日本海側か確認していれば、ルート選びも安心です。

分水嶺は知谷峠から原峠（429m）、さらに海老坂（479m）へと続き、標高が500mほどの定高性のある尾根を快調に進んでいきます。そうそう、途中の知谷峠の手前と、知谷峠と原峠の中間付近の2カ所で送電線の下を通過します。実は送電線は、地質調査の際に自分のいる場所を確認できるのでとても重要なのです。

地質学者である私は、30年以上にわたって関東地方を中心に地質を調べてきました。研究対象である地層や岩石は表土に覆われているので、流水によって表土が洗い流されている川や沢に

図2-10　男鹿峠から原峠に至る定高性のある尾根。〔35.23,135.62〕

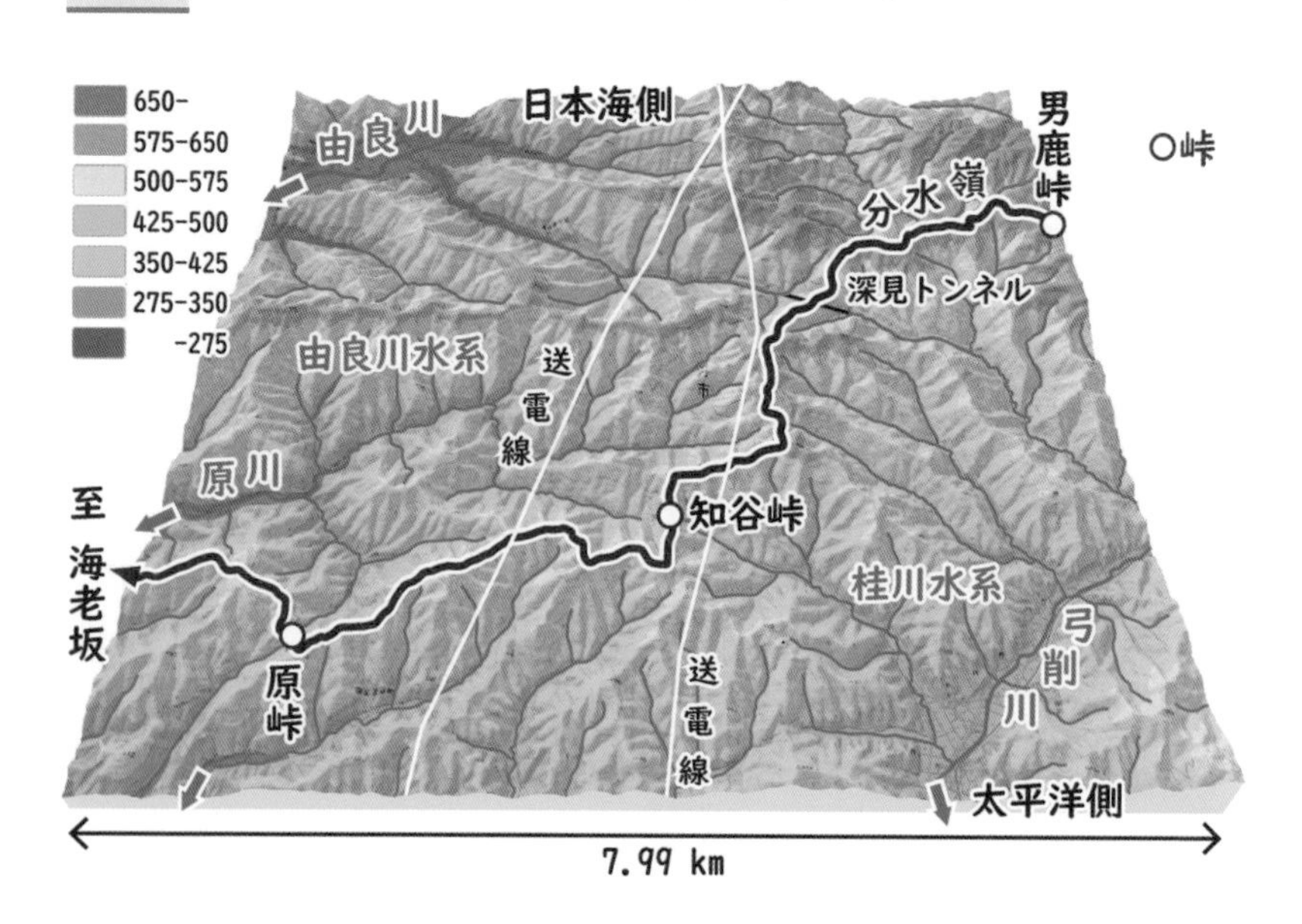

図 2-11 埼玉県秩父盆地で行った、日本人宇宙飛行士を対象とした地質学訓練(2021年夏)。
写真提供/JAXA

沿って、ひたすら歩いて調べます。岩石が露出している部分を露頭（ろとう）といいますが、露頭が対岸にあれば川を渡って調べなければなりません（図2-11）。流れが速い場合、腰まで浸かると体が浮いてしまうので、橋のある場所まで戻るしかありません。どれほど技術が進歩しても、地質の調査はロボットには不可能です。地質の調査は典型的な3K（きつい・汚い・危険）ですが、途中から快感に変わるのは男の性（さが）でしょうか。

その地質調査では、自分がいる場所を正確に把握していなければなりません。場所は地形図とコンパス、そして目視だけで確認します。現在ではGPSがありますが、私は使いません。深い谷の奥では衛星が捕まらない場合があるだけでなく、GPSに頼ると地球科学者としての能力が退化してしまうからです。とはいえ、困ることもあります。それは、目印のない真っすぐな谷や林道を調査するときです。

深い谷底では目印となる山が見えないので、右岸や左岸から流れ込む枝沢を地形図で確認しながら調査します。ところが、長い距離にわたって枝沢がない真っすぐな谷もあります。こうなると、自分のいる場所が分かりません。

地質研究者は、真っすぐ歩いたときの歩数から、おおよその距離を測ることができます。しかし、大きな岩を回り込み、倒木の下を潜りながら進む地質調査では、歩数による距離測定など全く当てになりません。そもそも歩数を数えていたりしたら、足下への注意がおろそかになって危険です。そのようなときに頼りになるのが送電線なのです。

狭い谷底から空を見上げ、送電線の真下に来たら位置を確認できます。地質研究者は、たとえ川の曲がり具合や枝沢の入り方で場所が確認できていても、送電線の下に来たら無意識に地図で位置をチェックします。これは地質研究者の性なのです。

さて、地質研究者のうんちくはこれくらいにして、地理院地図でルートを確認しましょう。海老坂を過ぎると林道が狭くなっているようで

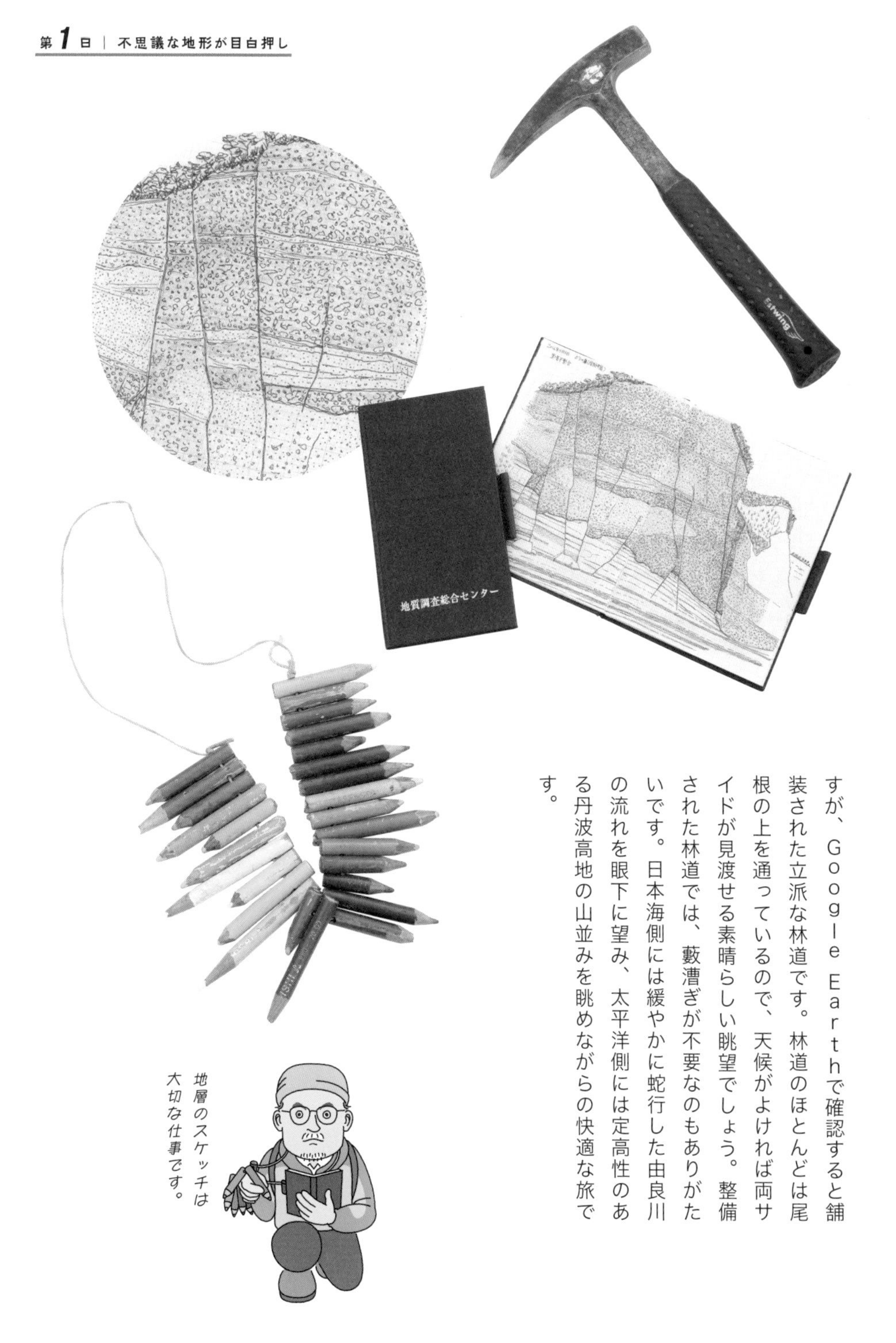

すが、Google Earthで確認すると舗装された立派な林道です。林道のほとんどは尾根の上を通っているので、天候がよければ両サイドが見渡せる素晴らしい眺望でしょう。整備された林道では、藪漕ぎが不要なのもありがたいです。日本海側には緩やかに蛇行した由良川の流れを眼下に望み、太平洋側には定高性のある丹波高地の山並みを眺めながらの快適な旅です。

尾根に穿たれた〝天空の池〟

景色を見ながら定高性のある尾根に沿って歩いてくると、鏡峠（562m）を過ぎたその先で奇妙な地形に遭遇しました（図2-12）。尾根の真ん中に、ぽっかりと空いた丸い池があるのです（図2-13）。しかも、なんと送電線の真下です。池の直径は50mほどで、地形図を詳しく見ると、あふれた水は南側（太平洋側）に流れ出ているようです。ということは、分水嶺は池の北側を迂回していることになります。

それにしても、不思議な地形です。この池には上流がないのに、池の水はどこから池に注いでいるのでしょうか。まさか、池の真下から、湧き出してるわけではないでしょう。さっそくGoogle Earthで確認すると……、水は貯まっていないようです。

どうしてこんな場所に、丸い凹みがあるのでしょうか。水が流れる川底は下流側に傾斜しているので、川が削った地形とは思えません。仮

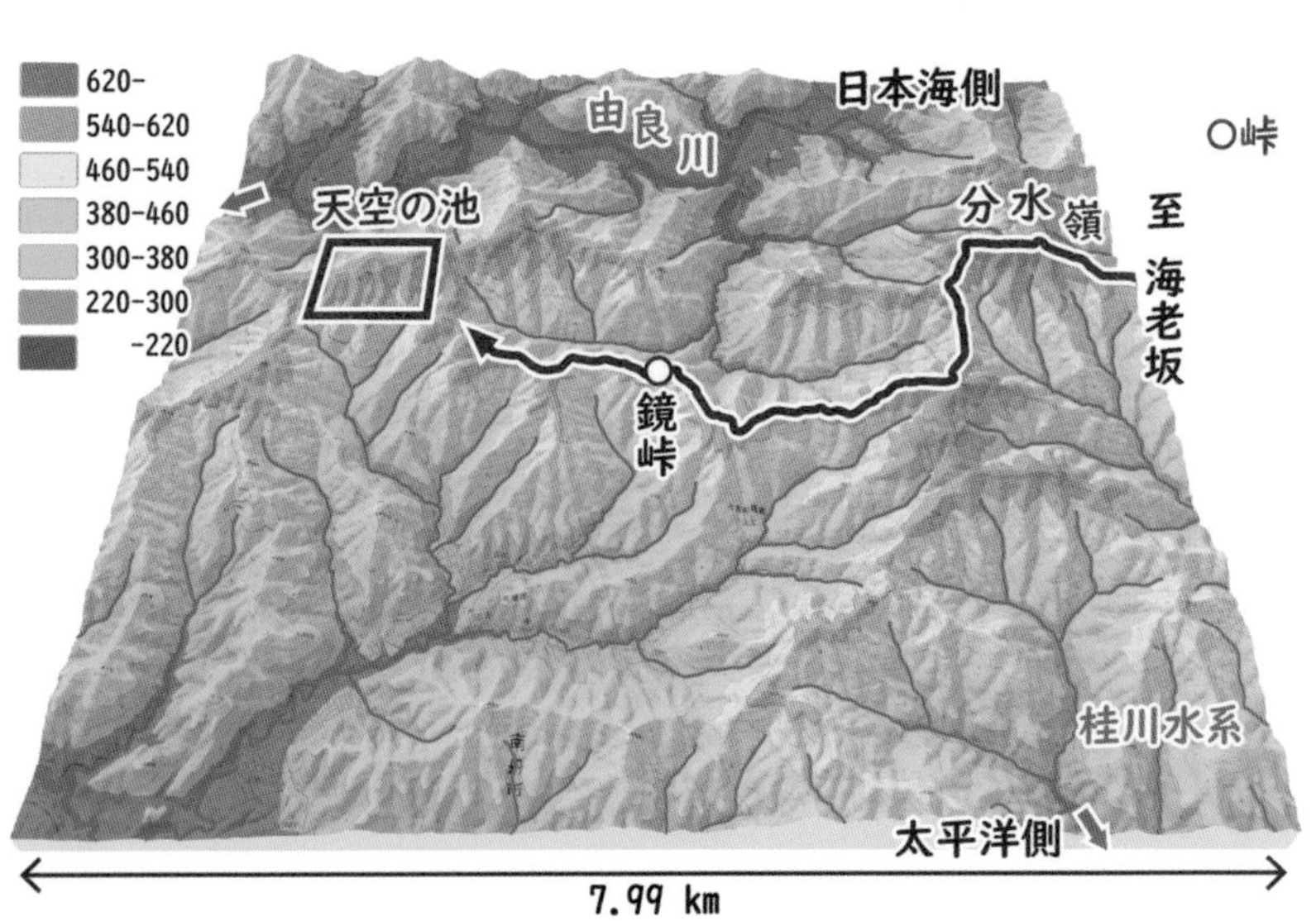

図 2-12 鏡峠付近の地形。〔35.24,135.49〕

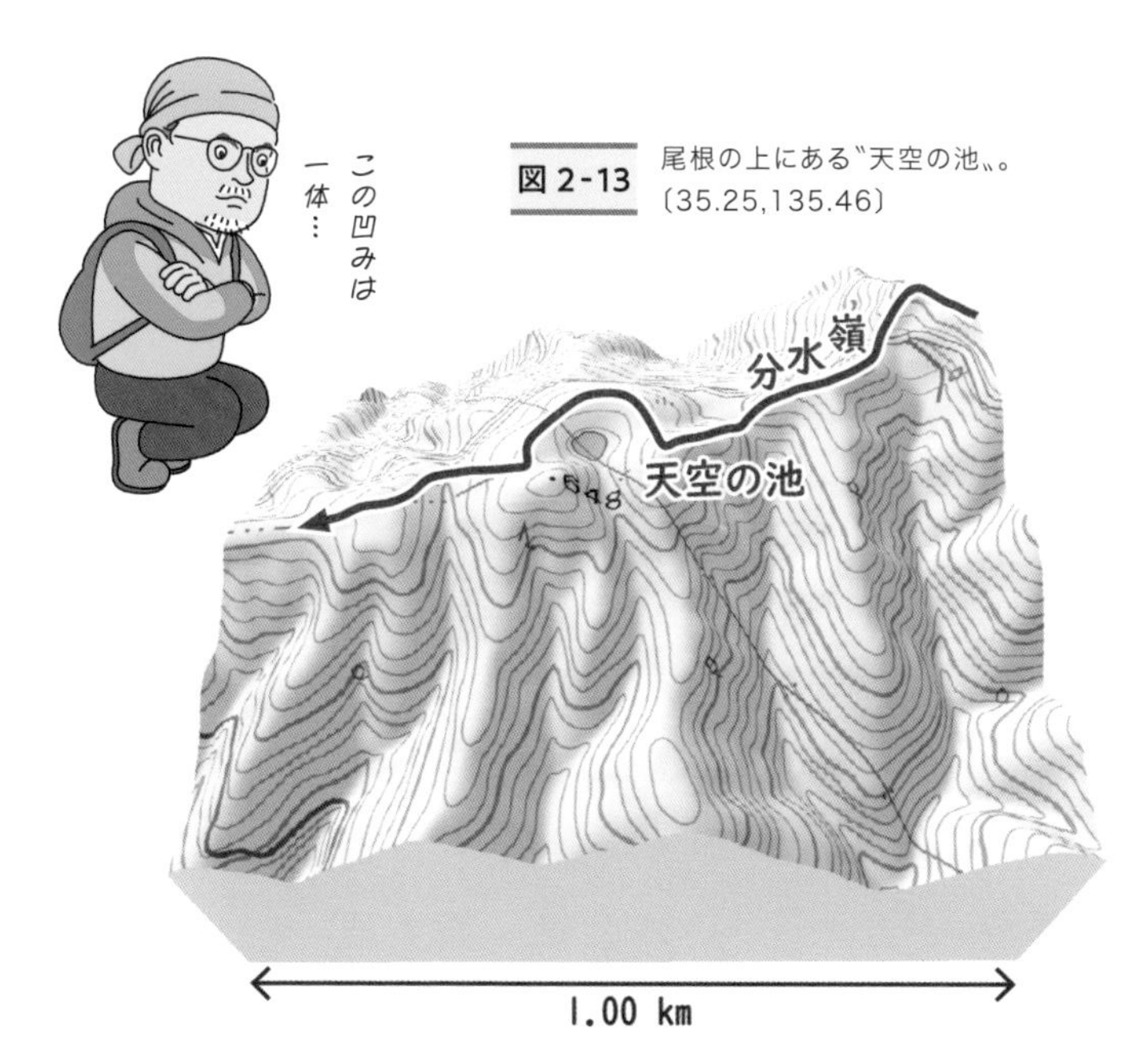

図2-13 尾根の上にある〝天空の池〟。〔35.25,135.46〕

に川がつくった地形だとしたら、凹んだ地形で考えられるのは滝壺くらいでしょう。あるいは、水流によって石ころが川底を丸く掘り込んでできる、ポットホール（甌穴（おうけつ））の可能性も考えられます（図2-14）。ポットホールをネットで検索すると、日本中のあちこちで見られます。大きなポットホールは、天然記念物に指定されている場合が少なくありません。

ただし、日本最大のポットホールは直径がせいぜい数mです。そもそもこの場所は尾根です。かつて川が流れていたとは思えません。この池は、どのようにしてつくられたのでしょうか。とりあえず〝天空の池〟と名付けて先に進みましょう。

図2-14 国の名勝・天然記念物「長瀞（ながとろ）」の紅簾石片岩（こうれんせきへんがん）を掘り込んでできたポットホール。紅簾石片岩は深紅色の美しい岩石で、東京帝国大学の小藤文次郎博士が1888年に世界で初めて報告した。〔36.08,139.11〕

分水嶺は行き止まり？

　尾根に沿って整備された林道が続いているので、考え事をしながらでも分水嶺の旅は快調です。〝天空の池〟からルートは南西に続き、林道は徐々に高度を下げていきます。南側に町並みが見えてきたら……、えっ、町？　高屋川（たかやがわ）まで一気に下りてしまいました。慌てて地形図を確認すると、高屋川はその先で由良川に合流しています。ということは、この場所は日本海側。どこかでルートを間違えたようです。

　再び地形図を確認すると、鏡峠の3㎞ほど手前の峰（686m）で、南に進むべきでした（図2-15）。整備された林道が快適すぎて、確認を怠ったのが失敗でした。そういえば、686m峰のすぐ脇には送電線が通っています。横を通り過ぎたとき、地形図で場所をチェックし忘れたのが敗因だったかもしれません。

　仕方なく686m峰まで戻ってGoogle Earthを覗いてみると、南に続く尾根には

図 2-15　〝天空の池〟の周辺の広域地形図。（35.22,135.49）

登山道すらありません。尾根に沿って送電線が見えるので、点検用の小道があるかもしれません。送電線を右手に確認しながら展望のきかない尾根に沿って南に進んでいくと……、とうとう尾根がなくなって、平地に降りてしまいました。地形図には、南丹市（京都府）日吉町胡麻とあります。小さな盆地で、JR山陰本線が東西に走っています。どこかに分水嶺が続いていないか、現地の地形をもう少し詳しく見てみましょう。（図2-16）

線路に沿って、胡麻川が東に流れています。地理院地図で確認すると、胡麻川は桂川に合流したあと亀岡盆地、保津峡、京都盆地を経て、淀川となって大阪湾に注いでいます。つまり、太平洋に流れ出る川です。一方、胡麻の西側を流れる畑郷川は、由良川の支流の高屋川に合流するので日本海側です。ということは、胡麻の盆地の真ん中を、太平洋側（桂川水系）と日本海側（由良川水系）を分ける分水嶺が通過していることになります。分水嶺といっても畑ばかりで、尾根など全く見当たりません。ここで早くも分水嶺の旅は終了してしまうのでしょうか。まさか、送電線の祟りでしょうか。

とりあえず標高205.2mの三角点あたりを横切って南側の山に乗り移り、東に続く高度差がせいぜい数十mほどの高まりをそろりそろりと通過していきます。実際の地質調査や登山では、高度差のある痩せた尾根（岩稜）を通過するときほど緊張します。一歩足を踏み外したら何十mも転落して、ヘルメットをかぶっていても命の保証はありません。安全のためにザイルをつなぎ、三点確保で慎重に進むのです。

ところが、今回の分水嶺の旅では、尾根のない平坦な場所で息が詰まります。ザイルもヘルメットも必要ありません。登山装備は不要で、長靴でもスニーカーでも滑落することはありません。それでも緊張します。ルート選びを誤ると、それは旅の終了を意味するからです。

まだ慣れていないせいか、旅の初日は疲れました。初めて見る地形もたくさんあって、夢中になって考えていたら道を間違えてしまいました。それでも、不思議な地形に出会えました。忘れないうちに、気になったことを整理してお

尾根を下ると そこは、胡麻の 谷中分水界だった

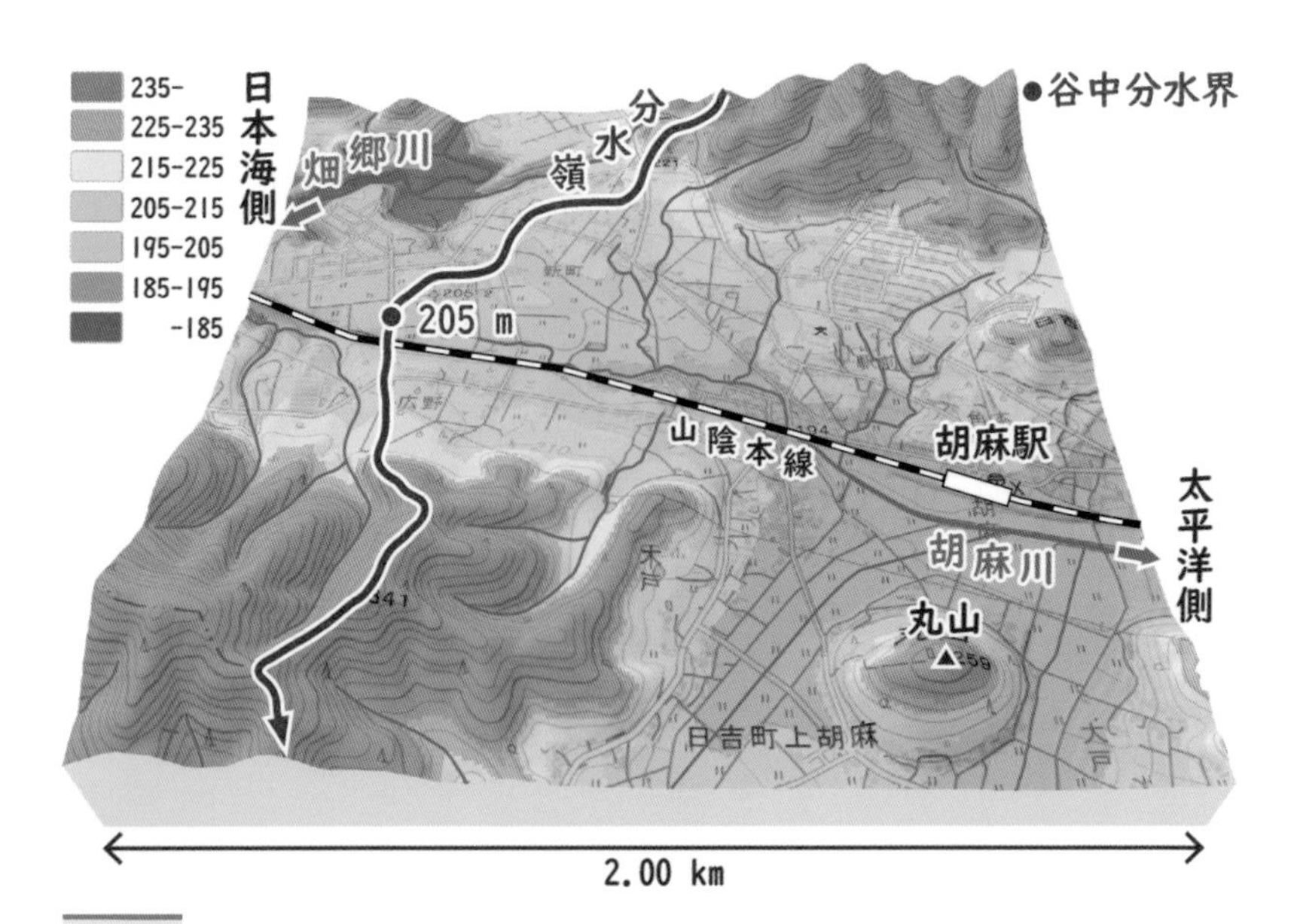

図 2-16 胡麻の谷中分水界。〔35.20,135.46〕

きましょう。

①高さがそろった定高性のある尾根は、どのようにしてできたのでしょうか。
②尾根の両側の谷の深さが異なるのは、なぜでしょうか。
③峠の手前で谷の向きが90度変わるのは、どうしてでしょう。
④天空の池は、どのようにしてできたのでしょうか。
⑤分水嶺はなぜ、尾根から平らな谷に下りてしまうのでしょうか。

気になったらつい立ち止まって、考え込んでしまいます。そのせいか、初日はあまり距離を稼げませんでした。今夜の宿は胡麻の町にします。宿に入ってひと風呂浴びたら、今日歩いたルートのまとめをしておきましょう（図2-17）。

図 2-17　初日に踏査した分水嶺。

太平洋側

日本海側

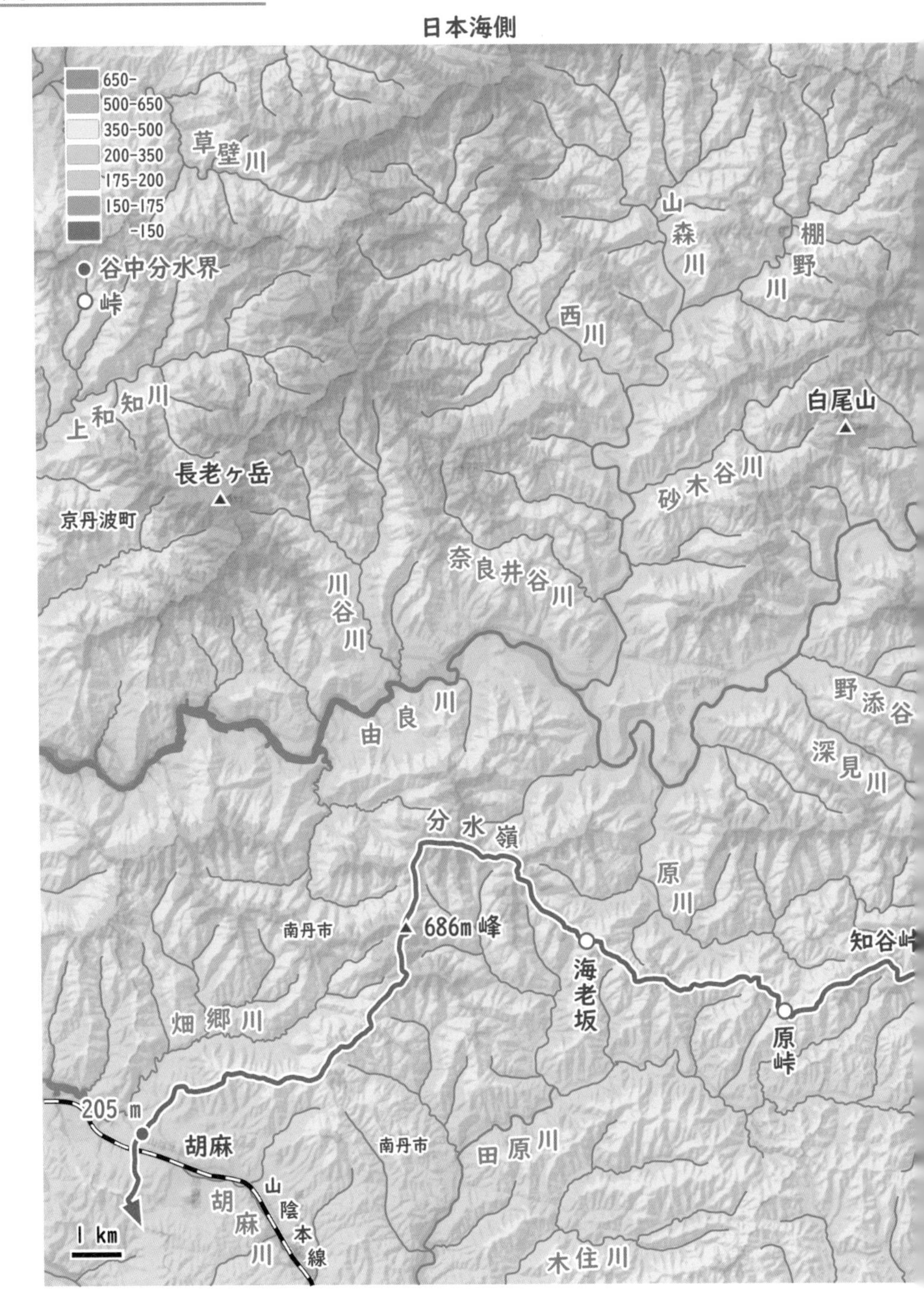
650-
500-650
350-500
200-350
175-200
150-175
-150
谷中分水界
峠
草壁川
山森川
棚野川
西川
上和知川
白尾山
長老ヶ岳
砂木谷川
京丹波町
奈良井谷川
川谷川
由良川
野添谷
深見川
分水嶺
原川
南丹市
686m峰
海老坂
知谷峠
畑郷川
原峠
205m
胡麻
南丹市
田原川
山陰本線
胡麻川
1km
木住川

初日の宿で河川争奪を復習

今日の旅では、太平洋に流れ出る胡麻川と日本海に注ぐ畑郷川を分ける分水嶺が、ここ胡麻の町を通過していることが分かりました。胡麻の周辺は東西に延びる幅の広い平らな谷地形で、その谷を横切る分水嶺は典型的な谷中分水界です。谷中分水界の最も低い場所は標高が205mほどで、本州では2番目に低い分水嶺といわれています。そのため、JR山陰本線がここを通過しているのですね。苦労して高い峠を上る必要も、長いトンネルをつくる必要もないからです。ここ胡麻の谷中分水界は地形研究者の世界ではよく知られているようで、本に詳しい解説がありました。それが結構難しく、何回か読んでようやく理解できました。今晩のうちに、復習しておきましょう。

「この分水界では、由良川支流の畑郷川が平原面を40m以上も掘り込んだ深い谷を形成しているのに対し、胡麻川は平原上の緩やかな細流にすぎない。また、胡麻付近には、丸山を取り囲む平地の地形がかつての蛇行流路の跡を思わせたり、瓦製造のため採掘された粘土層の分布をみたりする。このような特色はここで何か大きな事件があったことを予想させる（植村、1995）」

簡単に説明すると、これらが胡麻の谷中分水界の成因の主要な根拠です。これらの観察事実から、かつてここで何か大きな事件が発生したと地形研究者は考えました。それが胡麻の河川争奪です。最初に指摘したのは上治寅次郎という人で、1927年に地理教育という学術雑誌に寄稿しているそうです（上治、1927）。それによると、胡麻の谷中分水界の成り立ちは次のようなストーリーです。

「かつて畑郷川の上流は胡麻川として胡麻の盆地を東に流れ、桂川に合流して瀬戸内海（太平洋側）に流れ出ていました（図2-18上）。そして、胡麻の町に沿って幅の広い平らな谷（谷底低地）をつくり、蛇行した胡麻川によって、丸山の南側を迂回する旧河道がつくられました。ところが、日本海に流れ出る高屋川の支流（畑郷川）が西側から侵食してきて、その谷頭（侵食フロント）がついに胡麻川に到達すると、胡麻川の上流部は高屋川のほうへ流れるようになった」というのです（図2-18下）。つまり、由良川水系（高屋川）が桂川水系（胡麻川）の上流部を斬首した（奪った）。それが現在の畑郷川だというのです。そして、「上流部を奪われた胡麻川は水量が減って、広い谷地

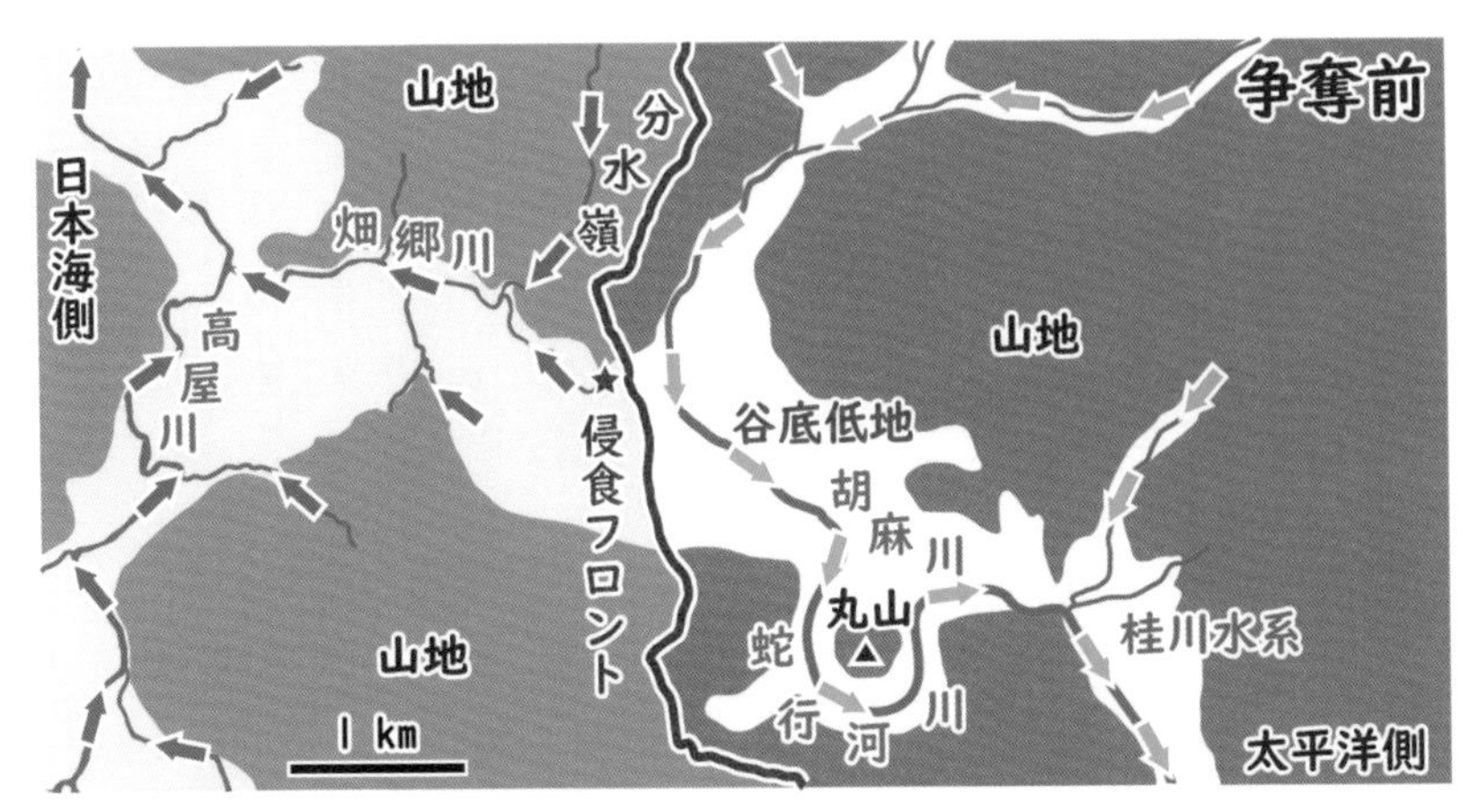

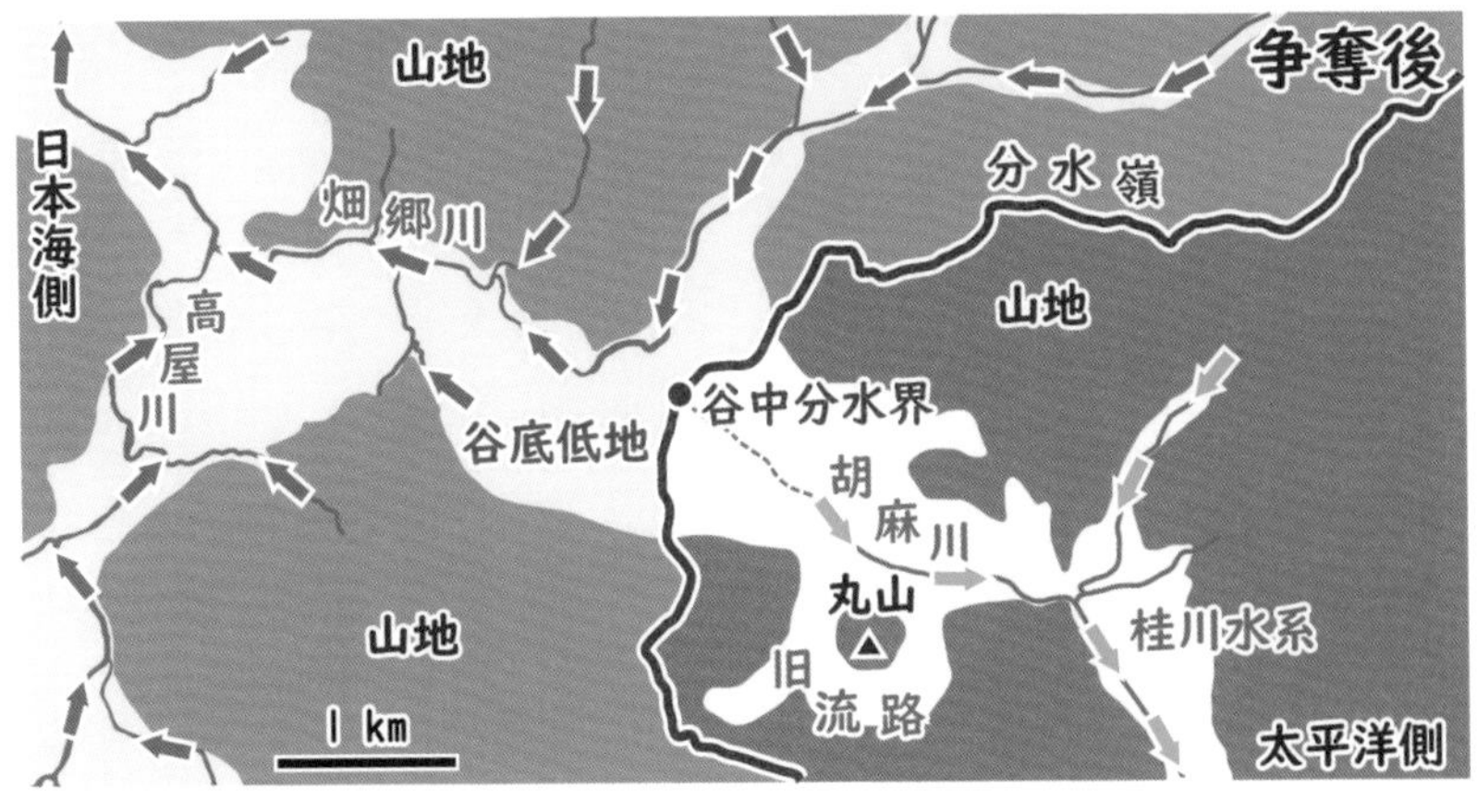

図2-18　上治（1927）が推定した、畑郷川の河川争奪の概念図。

形だけが残された」というのです。

これは、「旅の準備」で勉強した、殿川支流を争奪した大草川と同じですね。争奪した川（畑郷川）は水量を増して谷を深く下刻し、争奪した地点で川の流路が大きく転向する争奪の肱も一緒です。さらに、争奪地点のすぐ脇に谷中分水界（片峠）がつくられたことも、争奪された胡麻川が無能河川になっていることも全く同じです。

ところが、そのあと全く逆の説が提案されました。デービスの『地形の説明的記載』を翻訳した水山高幸先生が、１９６４年に発表した仮説です（水山、１９６４）。それによると、「かつて胡麻川は畑郷川と一緒に由良川に合流して、日本海に注いでいました。ところが、瀬戸内海（太平洋側）に流れ出る桂川が、胡麻川を含むいくつもの水系を東側からどんどん争奪していった」というのです。その後はこちらの説が支持されているようなので、その根拠をもう少し詳しく見てみましょう。以下は１９９５年に出版された『日本の自然 地域編5 近畿』（大場他編、１９９５：岩波書店）に紹介されている、植村善博先生の見解です（植村、１９９５）。

谷に秘められた壮大な河川争奪劇

「現在、胡麻の谷中分水界の北を流れる畑郷川は、胡麻の谷中分水界で流れの向きを西に変えたあと、高屋川、さらに由良川に合流して日本海に注いでいます（図2-19）。一方、谷中分水界を水源とする現在の胡麻川は南東に流れ、殿田付近で田原川が北から合流したあと桂川上流部（旧大堰川）に合流します。その後、桂川は渓谷〝船岡峡谷〟を穿って南に流下し、園部川と合流します。そして、亀岡盆地から保津峡を経由して京都盆地に入り、最終的には淀川となって大阪湾に流れ出ています」

ここで鍵になるのが河岸段丘です。「旅の準備」では、信濃川の河岸段丘を紹介しました。河岸段丘はどのようにしてつくられるのか、模型を

図2-19　胡麻の谷中分水界周辺の地形。太平洋に流れ出る桂川水系と日本海に流出する由良川水系の流れをそれぞれ緑色と青色の矢印で示す。

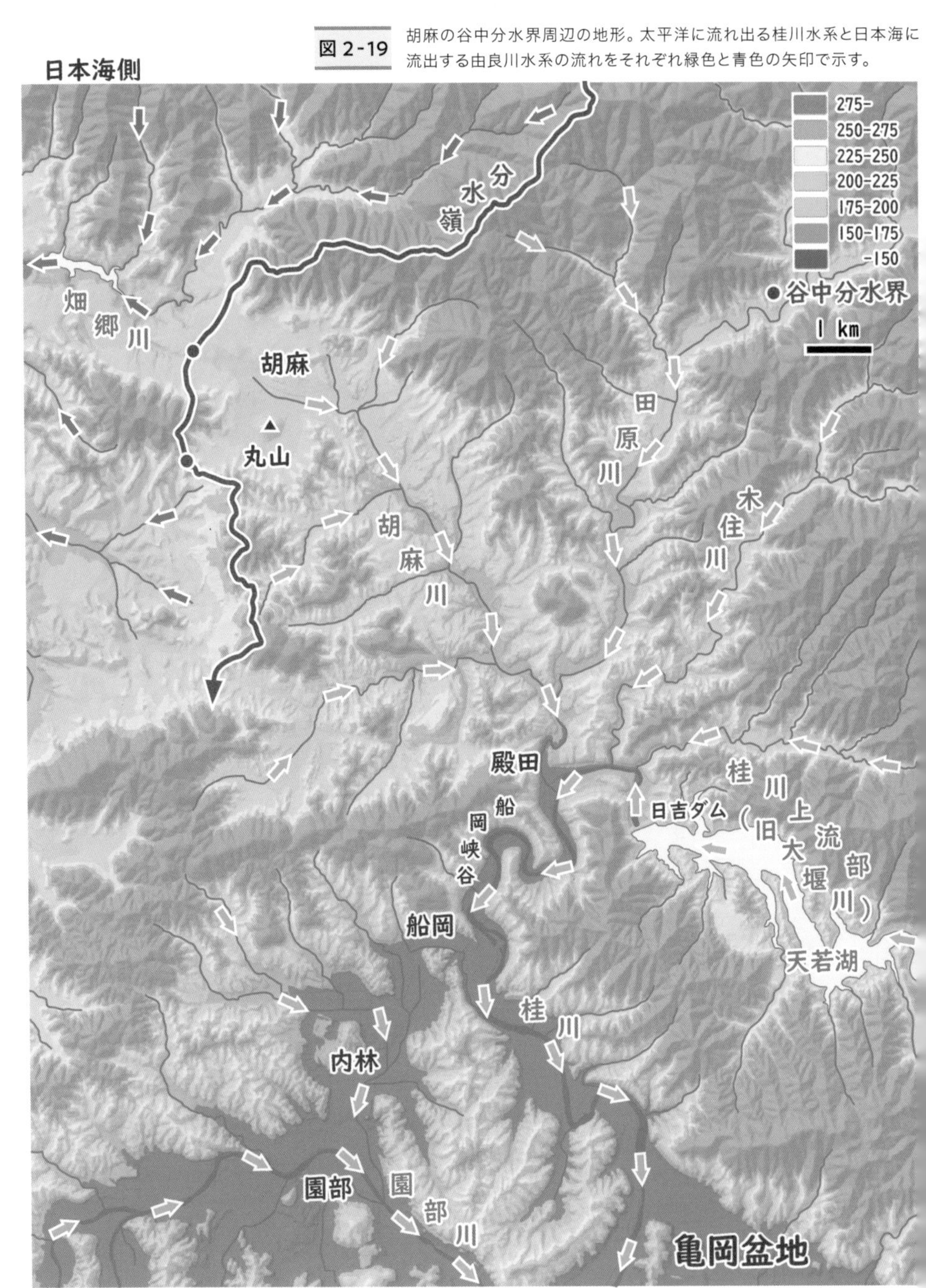

図2-20 河岸段丘の形成過程を再現した模型。川が下刻と側刻を繰り返すと、川に沿って階段状の地形がつくられる。段丘面と段丘面の境界の崖は段丘崖。

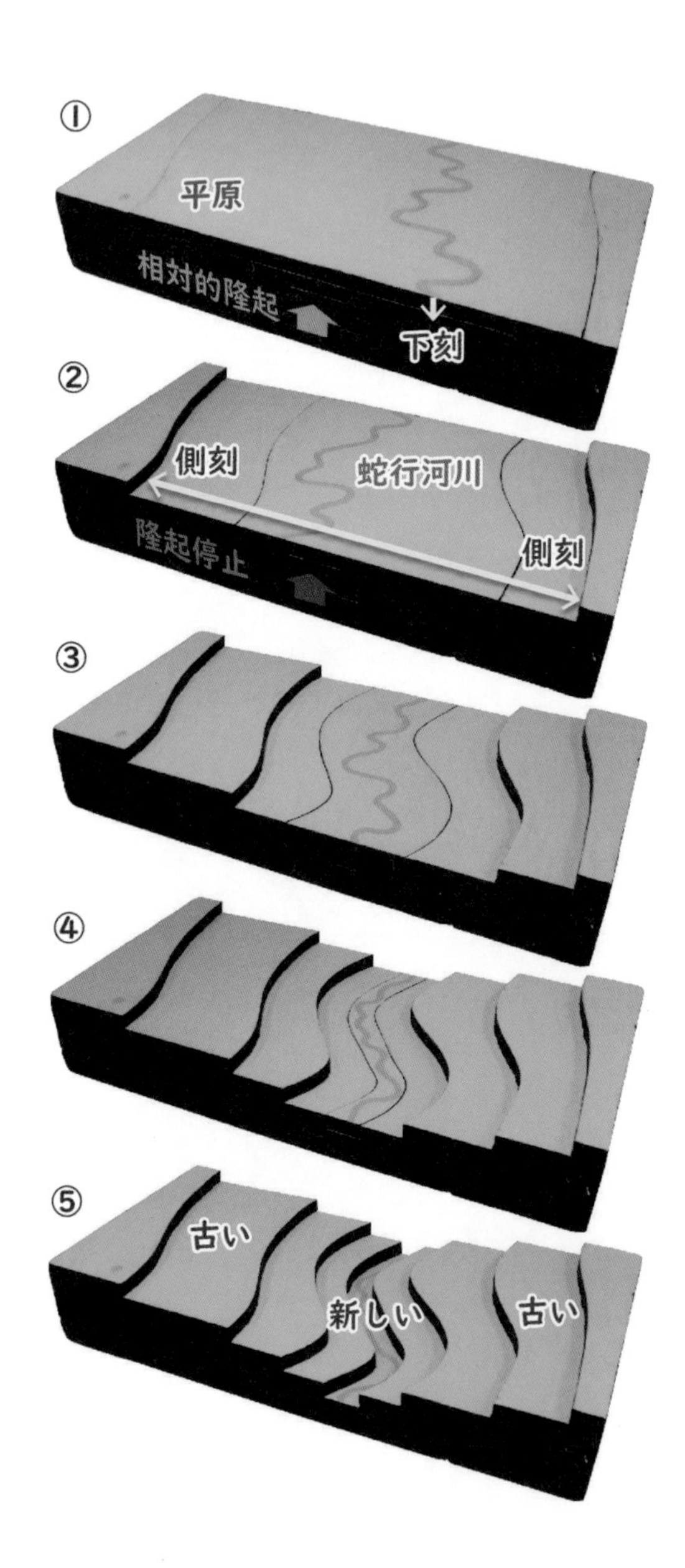

使ってもう少し詳しく解説しましょう（図2-20）。

河岸段丘は、地殻変動による隆起運動と、規則的な気候変動に伴う海水準の変動の重ね合わせによってつくられると考えられています。そこで、二つの要因を分けて考えてみましょう。

まず温暖で海水準の高い時期に、平原の上を蛇行した川が流れていた状況から考え始めましょう。このとき、蛇行河川はときどき氾濫することはありますが、大地を下刻して深い谷をつくることはありません。その後、この大地は地殻変動によってゆっくり隆起し始めたとします。すると、侵食基準面（しんしょくきじゅんめん）である海面との高度差が少し増加するので、わずかですが川の下刻作用が働きます（図2-20①）。さらに、気候が寒冷化して海水準が一気に低下すると、侵食基準面との高度差が大きく増加するので、川が平原を深く下刻して深い谷がつくられます。

ところが、気候が温暖になって海水準が高くなると、侵食基準面との高度差が小さくなるので川の下刻作用は減衰し、今度は蛇行を繰り返して谷幅を広げていきます。この作用を側刻（そっこく）といいます（図2-20②）。そして、最初の平原よりも1段低い新たな平坦面（幅の広い谷底低地）がつくられました。一方、当初の平原は谷底低地に対して1段高いため、川の氾濫を被ることがなくなって段丘として平坦な地形が残されます。この間の地殻変動によって、当初の平原は隆起しているわけです。

再び気候が寒冷化するとまた下刻作用が増して河川は谷底低地を穿（うが）ち、再度温暖化に移行すると側刻作用によってさらに1段低い谷底低地がつくられます（図2-20③）。これが繰り返されることによって、川に沿って階段状の地形である河岸段丘がつくられると考えられています（図2-20④）。したがって、古い段丘ほど高い場所に残されます（図2-20⑤）。言い換えるなら、かつて川は、高い位置にある段丘面の上を流れていたわけです。

もちろん、川が河床（かしょう）を下刻するためには、その場所が隆起するか侵食基準面が低下しなければなりません。気候変動に伴う海水準の上昇・下降の振幅はせいぜい120mほどなので、河岸段丘が何段もつくられ続けるためには、大地の隆起すなわち山地の上昇が必要です。そして、この河岸段丘の検討によって、河川の争奪の様子が復元されました。

ここからが最大の難所。私は植村先生の本を何回も読んで、ようやく理解できました。一つずつ順を追って説明しましょう。

河岸段丘に残された痕跡

まず、胡麻を含む広い範囲の河岸段丘を調べ、区別された段丘面についてそれぞれ高さを調べます（図2-21上）。次に胡麻の谷中分水界を中心にして、右側に太平洋に向かう胡麻川から桂川に至る河床の高度断面を、左側に日本海に向かう畑郷川から高屋川の河床の高度断面を描きます（図2-21下）。現在の河床の高度は谷中分水界を境に左右に低くなっているので、胡麻川は右に、畑郷川は左に流れ下っているわけです。

続いて、それぞれの川の低位段丘と中位段丘の高度分布をこの断面図に投影します。すると、いずれも谷中分水界を境に左右に傾斜しています。つまり、以前の河床（低位段丘面）も、さらに古い河床（中位段丘面）も胡麻の谷中分水界を境に両側へ傾斜しているので、胡麻川は右に畑郷川は左に流れ下っていたことが分かります。少なくとも、中位段丘を形成していた頃には、胡麻の谷中分水界は存在していたわけです。ここまでは大丈夫ですね。

ところが、さらに古い高位段丘の高度分布をこの図に重ねると、古い河床の傾斜方向が異なるというのです。すなわち、胡麻川に発達する高位段丘面は左（北西）に傾斜しているので、胡麻川はかつて北西（図では左）に流れていたと判断されました。そして、高位段丘面の連続性から、その川の上流は現在の桂川の上流につながっていたと考え、かつて桂川の上流は胡麻

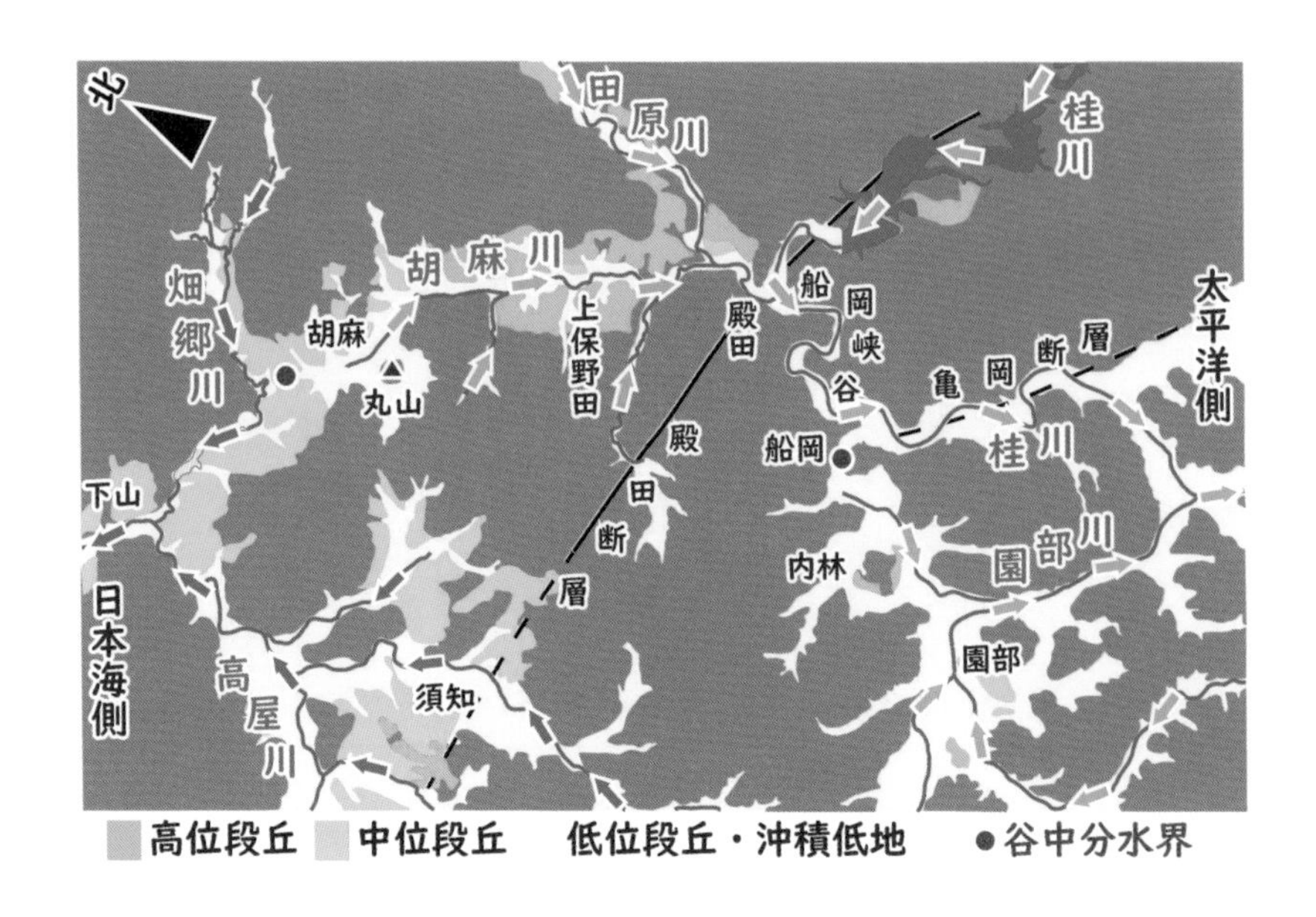

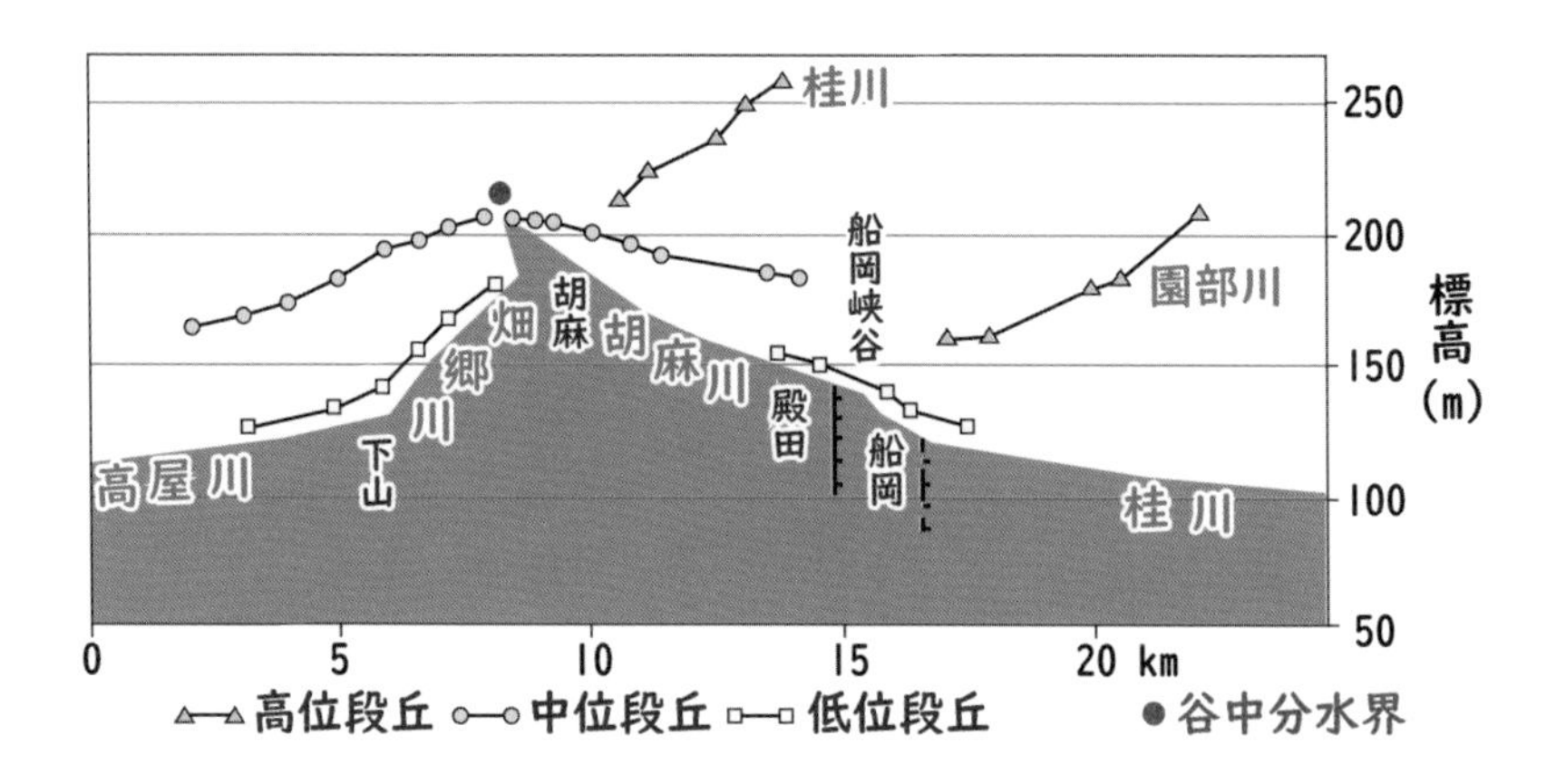

図2-21 胡麻の谷中分水界周辺の水系(上：方位に注意)と河岸段丘の高度分布(下)。植村(1995)より作成。

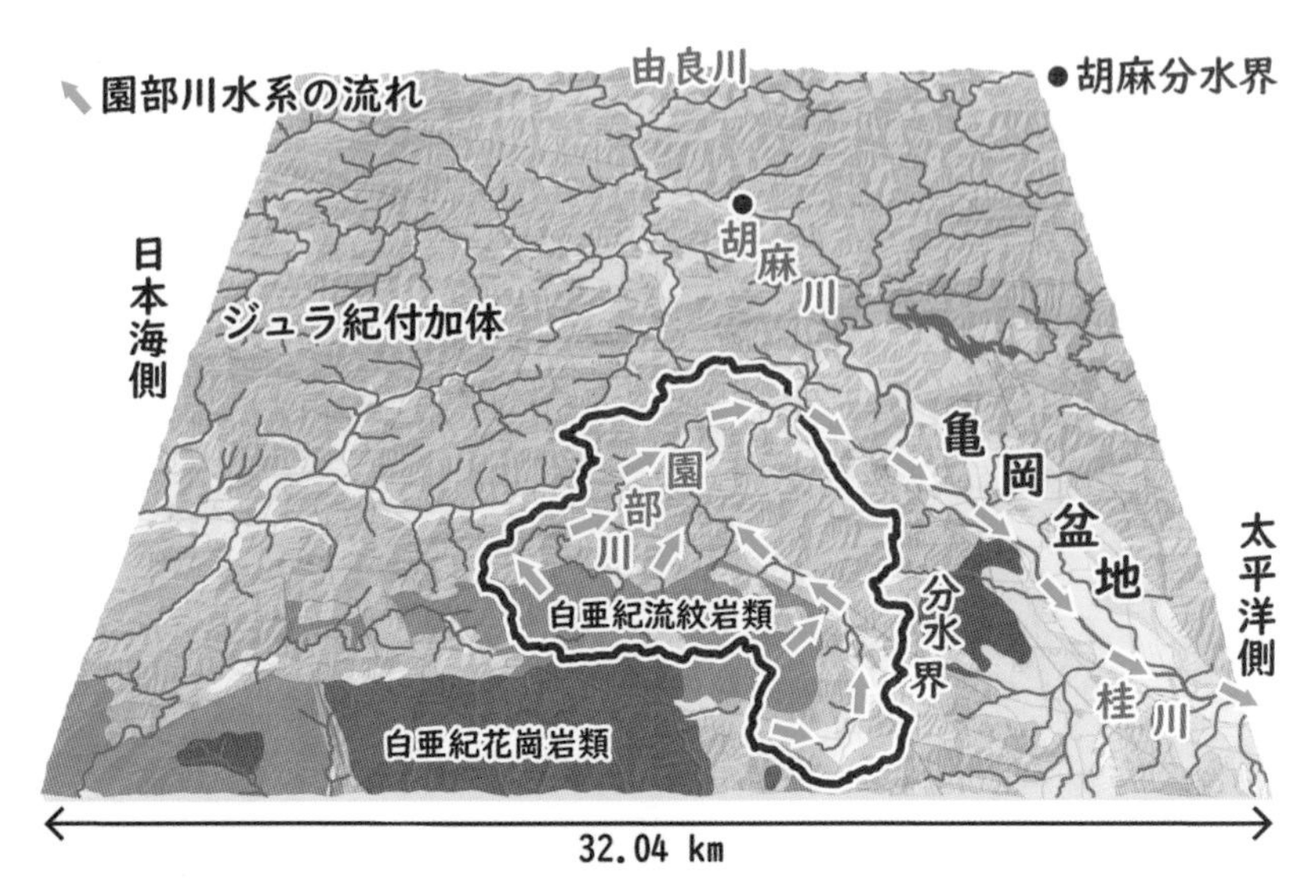

図 2-22　園部川の集水域（分水界で囲んだ範囲）に分布する流紋岩類。地理院地図に20万分の1日本シームレス地質図®V2を重ねて作成。

を通って高屋川に合流していたと考えたのです。すなわち、桂川の上流はもともと胡麻の谷を西に流れ、日本海に注いでいたというのです。

　また、北に傾斜する園部川の高位段丘面の延長線上には内林から船岡へ抜ける幅の広い谷が続いていて、かつて水量の多い河川が北に向かって流れていたことを示唆しています（図2－21上）。

　そして、高位段丘の堆積物には、〝くさり礫〟とよばれるボロボロに風化した流紋岩の礫が多数含まれています。この流紋岩の〝くさり礫〟は、当時の川が上流から運んできたことを示しています。つまり、この川の上流には、流紋岩が分布していたはずです。そして、同様の流紋岩の〝くさり礫〟は、胡麻付近の高位段丘にも少量含まれているのです。

　ところが、地質図を調べると、園部川の上流域には流紋岩類が広く分布しているのに、現在の胡麻川の上流には流紋岩類の露出が全くありません（図2－22）。胡麻付近の流紋岩の〝くさ

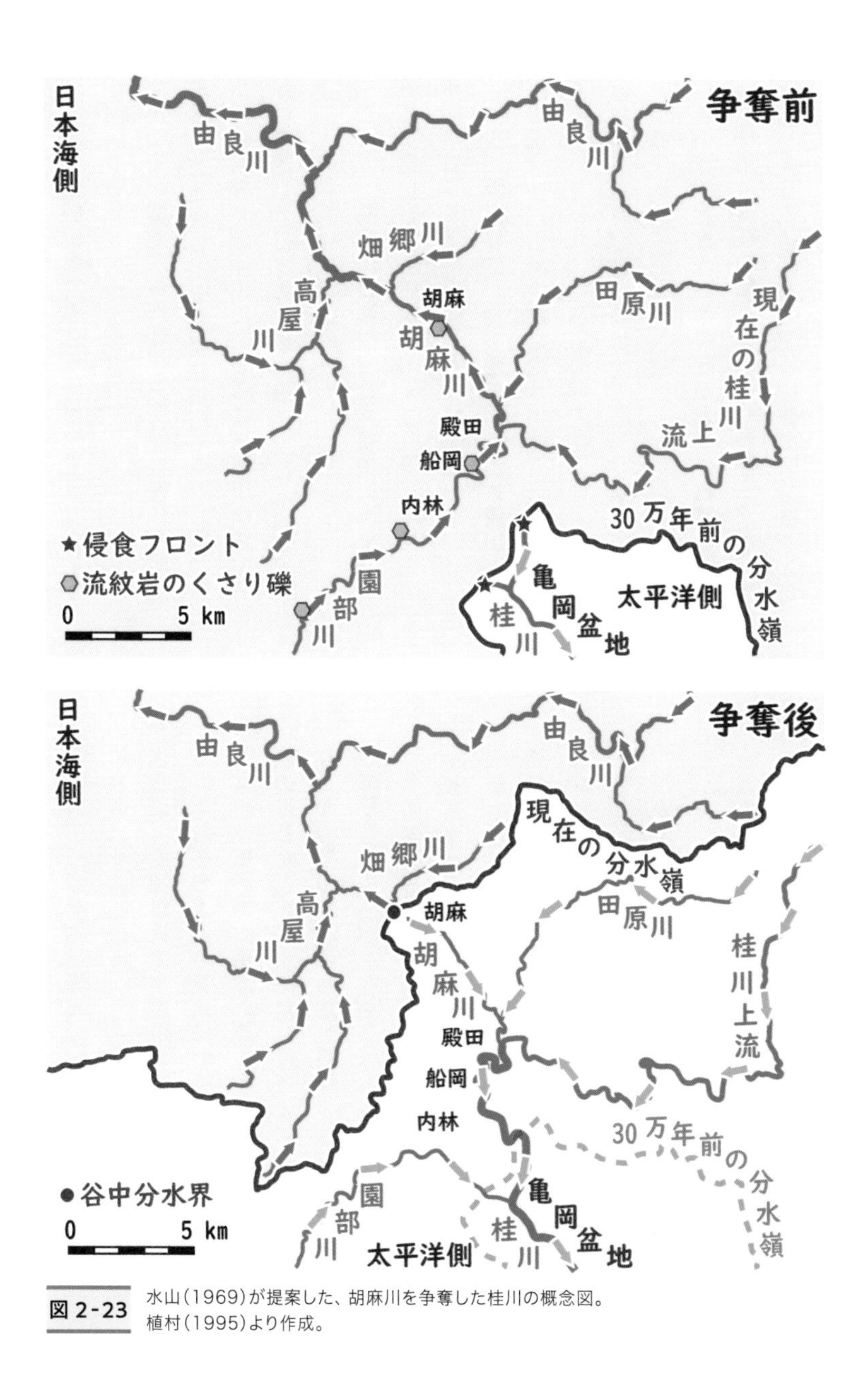

図2-23　水山（1969）が提案した、胡麻川を争奪した桂川の概念図。植村（1995）より作成。

り礫〟は、どこから運ばれて来たのでしょうか。

これらの観察事実から、植村先生は次のような河川の争奪を推定しました。

「かつて、園部川は内林から船岡に抜け、〝船岡峡谷〟を通過したのち胡麻川に沿って北流し、胡麻分水界で畑郷川に、さらに高屋川から由良川に合流して日本海に流れ出ていた（図2-23上）」

これで、胡麻川の高位段丘堆積物に含まれている、風化した流紋岩の〝くさり礫〟の存在が説明できます。

「一方、殿田に向かって西に流れる大堰川（桂川の上流部）も胡麻川に沿って北に流れ、日本海に注いでいた。これらの河川によって、北に傾斜する胡麻付近の高位段丘面や、幅の広い河床が形成された」

ということは、高位段丘が形成されていた当時、桂川は現在の亀岡盆地の北西端を源流とし、園部や内林、船岡との間には分水嶺があったことになります（図2-23上）。

「その後、地殻変動に伴って亀岡盆地が沈降する一方、丹波高地は隆起した。その結果、桂川の谷頭は北西へ前進し、ついに園部川を争奪。さらに、船岡付近で大堰川（桂川上流）を争奪し、それらの上流の集水域に降った雨を、すべて桂川に集めて太平洋に流すことになった。水源のほとんどを失った胡麻付近の河床は干上がり、かつての大河の名残が胡麻の谷中分水界として残された（図2-23下）」。

その年代は、高位段丘面が形成されたおよそ30万年前と考えられています。そして、その後も胡麻の谷中分水界の成因については研究が進められ、河川の争奪の詳しい様子が復元されているのです（植村、2001・山内、2002）。

何の変哲もない平坦な谷の中に、壮大なドラマがあったのですね。まるで戦国時代の国盗り合戦のようです。「谷中分水界」と「河川争奪」のキーワードをネットで検索すると、結構たくさん引っかかります。国土地理院のホームページにも、谷中分水界と河川の争奪の例がいくつも紹介されています。河川の争奪は、男心をくすぐるのでしょう。

興奮の初日が終わりました。まだまだ長丁場なので、今日はこのくらいにして寝ることにします。

そろそろ寝ますか。

気まぐれな分水嶺

快適な尾根の旅を楽しんでいたと思ったら、突然谷底に下りて隣の尾根に乗り移ってしまう。分水嶺の気まぐれに、謎は深まるばかりです。

小さくても立派な谷中分水界

初日は結構ハードでした。地理院地図はいつでも晴天なので、さっそく分水嶺の旅を再開しましょう。胡麻の谷中分水界からいったん南の山に登り、南東に下ると標高が217mの小さな谷中分水界を通過します（図3-1）。あまりにも小さな峠なので名前はついていませんが、真っすぐの谷を横切る立派な谷中分水界です。峠の標高は、胡麻の谷中分水界と10mほどしか違いません。

さらにその先にも、標高222mの小さな谷中分水界があって、真っすぐな道路が横切っています。この道路を通行する自動車のドライバーは、このわずかな高まりが、まさか太平洋と日本海を分ける分水嶺とは思いもしないでしょう。峠の標高は、先ほどの谷中分水界と数mしか違いません。

さらに南に進んでいくと、観音峠（288m）と中山峠（255m）を通過します。いずれの峠も、峠の西側（日本海側）はすぐ近くまで水田が広がる平坦な地形なのに、峠の東側（太平洋側）は100m以上も一気に下る片峠です。

分水嶺の西側は須知盆地で、東側（太平洋側）は園部盆地です。分水嶺は二つの盆地を分けるように連なっているのですね。日本海側の須知盆地よりも、太平洋側の園部盆地のほうが低く

図3-1 須知盆地と園部盆地を分ける分水嶺。〔35.15,135.44〕

日本海側
290-
260-290
230-260
200-230
170-200
140-170
-140
谷中分水界
片峠
山陰本線
205 m
胡麻
胡麻川
丸山
217 m
船井郡
高屋川
送電線
須知川
須知盆地
222 m
美女山
分水嶺
観音峠
288 m
山陰本線
南丹市
中山峠
255 m
園部川
園部盆地
丹波篠山市
三国岳
1 km
太平洋側

なっています。そのため、片峠は太平洋側が落ちこんでいるわけです。

盆地と盆地を分ける分水嶺

中山峠から標高400m前後の尾根を西に進むと、京都府南丹市と京丹波町、兵庫県丹波篠山市の境にある三国岳（508m）にたどりつきます（図3-2）。現在の行政区分では三つの〝丹〟が会合しています。今回の旅で出合う三つ目の三国岳ですね。名前の通り山頂から稜線が3方向に延びていますが、三国岳のすぐ東から南東に続く尾根もあってちょっと複雑です。ルート選びを間違えないように、地形図を確認しておきましょう。

三国岳から東に続く尾根は今歩いてきた分水嶺なので、北東側は日本海側ですね。一方、三国岳の南側は籾井川の源流で、籾井川は西に流れて篠山川に合流し、さらに加古川に合流したあと瀬戸内海に注いでいるので太平洋側です。

さらに、三国岳の北西側に降った雨は、その先で篠山川に合流するのでこちらも太平洋側です。ということで、三国岳の北東側だけが日本海側なので、進路は北に続く尾根です。篠山川と加古川が太平洋側の河川であることも覚えておきましょう。分水嶺はここから、京都府と兵庫県の県境を進むことになります。

三国岳から北に進んで行くと、東側（日本海側）が切れ落ちた小さい片峠をいくつか横切ります(図3-3)。東側は須知盆地でしたね。一方、西側（太平洋側）には篠山盆地が広がっています。つまり、分水嶺は須知盆地と篠山盆地を分けるように続いているわけです。

三国岳までは、須知盆地のほうが園部盆地よりも高いので、分水嶺が横切る片峠は園部盆地側が落ちこんでいました。今度は須知盆地よりも篠山盆地のほうが高いので、須知盆地側が落ちこんだ片峠になっています。分水嶺が通過する片峠は、太平洋側が落ちこんでいたり日本海側が切れ落ちていたり、突然変わるようです。

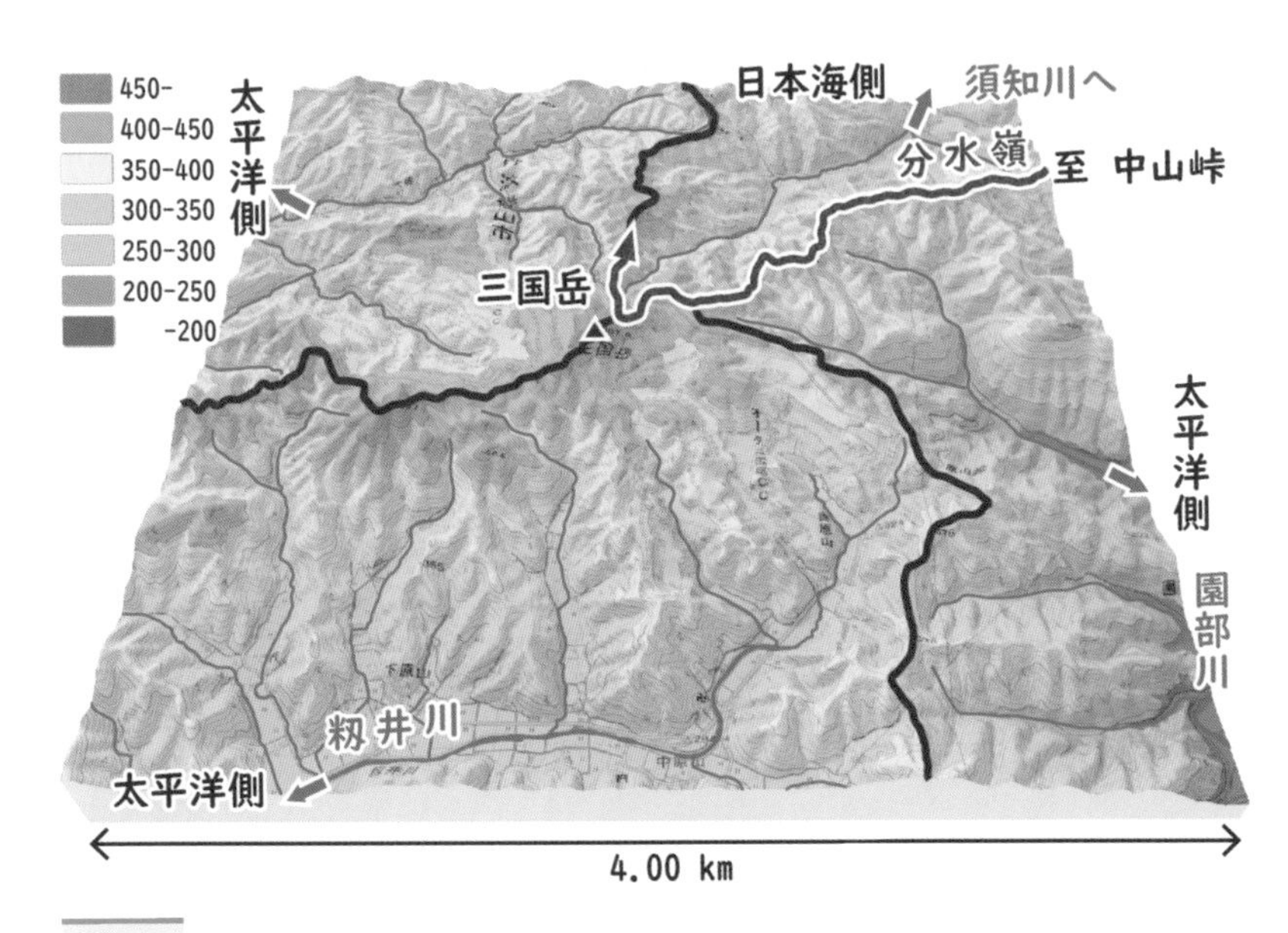

図3-2 三国岳周辺の地形。(35.10,135.39)

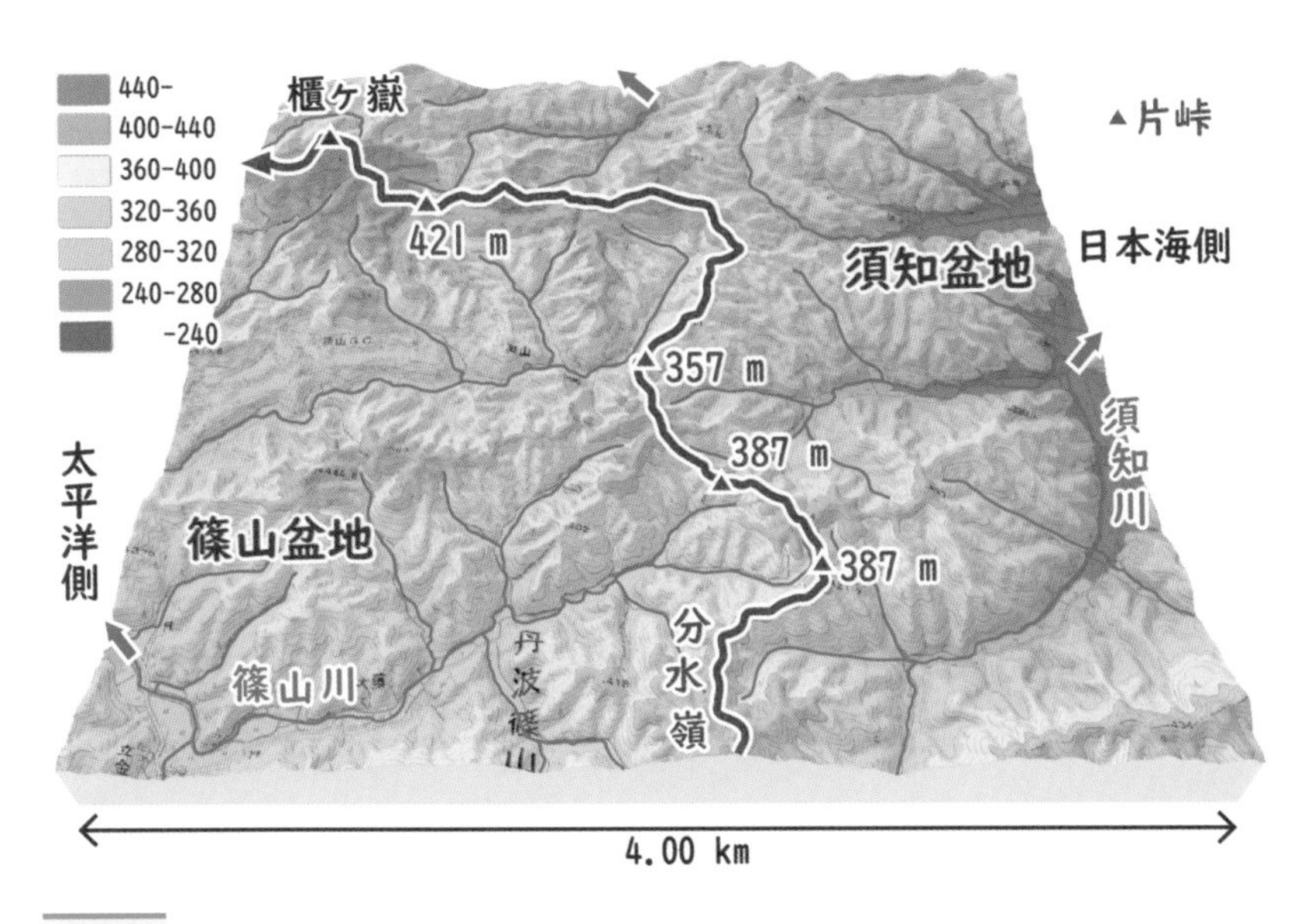

図3-3 須知盆地と篠山盆地を分ける分水嶺。(35.12,135.38)

峠のはじめは谷中分水界？

櫃ヶ嶽（582m）から一つ峠を越えて、東西に延びる雨石山（611m）の稜線を西に進むと、尾根が突然なくなってしまいます（図3-4）。地形図を確認すると、目の前の藤坂川は篠山川の支流なので太平洋側です。したがって、藤坂川の北側を迂回しなければなりません。いったん北に下って板坂峠（328m）を横切り、西山（560m）から西に続く隣の尾根に乗り移ります。板坂峠は峠の両側とも坂になっているので普通の峠です。片峠に対して、仮に〝両峠〟と呼びましょう。

そういえば、「旅の準備」で調べた竹ノ花の谷中分水界は、分水嶺の両側が全く侵食されていませんでした。一方、胡麻の谷中分水界は、片側が侵食されて片峠になりかけていました。谷中分水界の両側とも侵食されれば、片峠ではなく普通の峠（両峠）になるのでしょうか。つまり、侵食が進めば「谷中分水界」➡「片峠」➡「峠（両

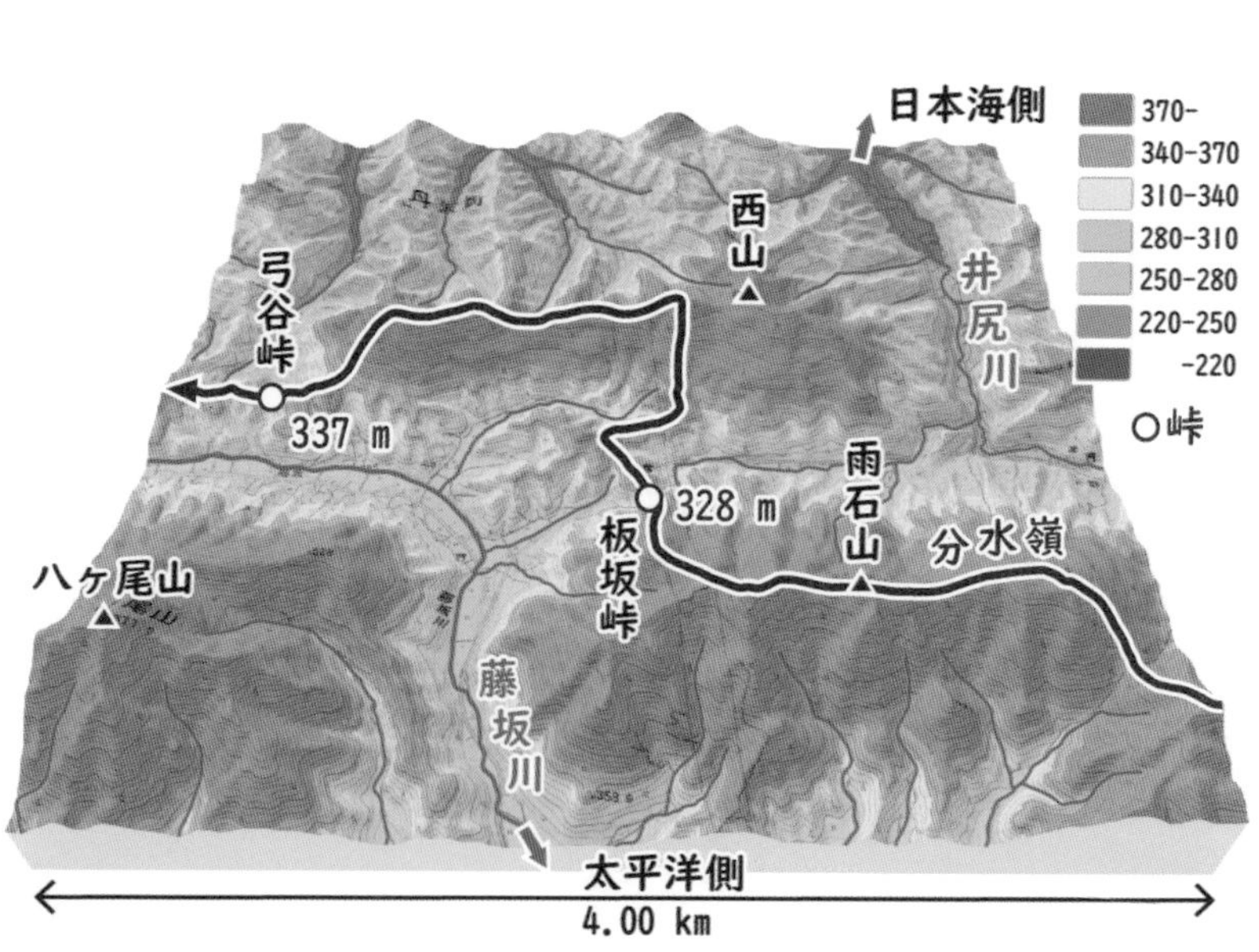

図3-4 板坂峠を介して隣の尾根に乗り移る分水嶺。〔35.14,135.34〕

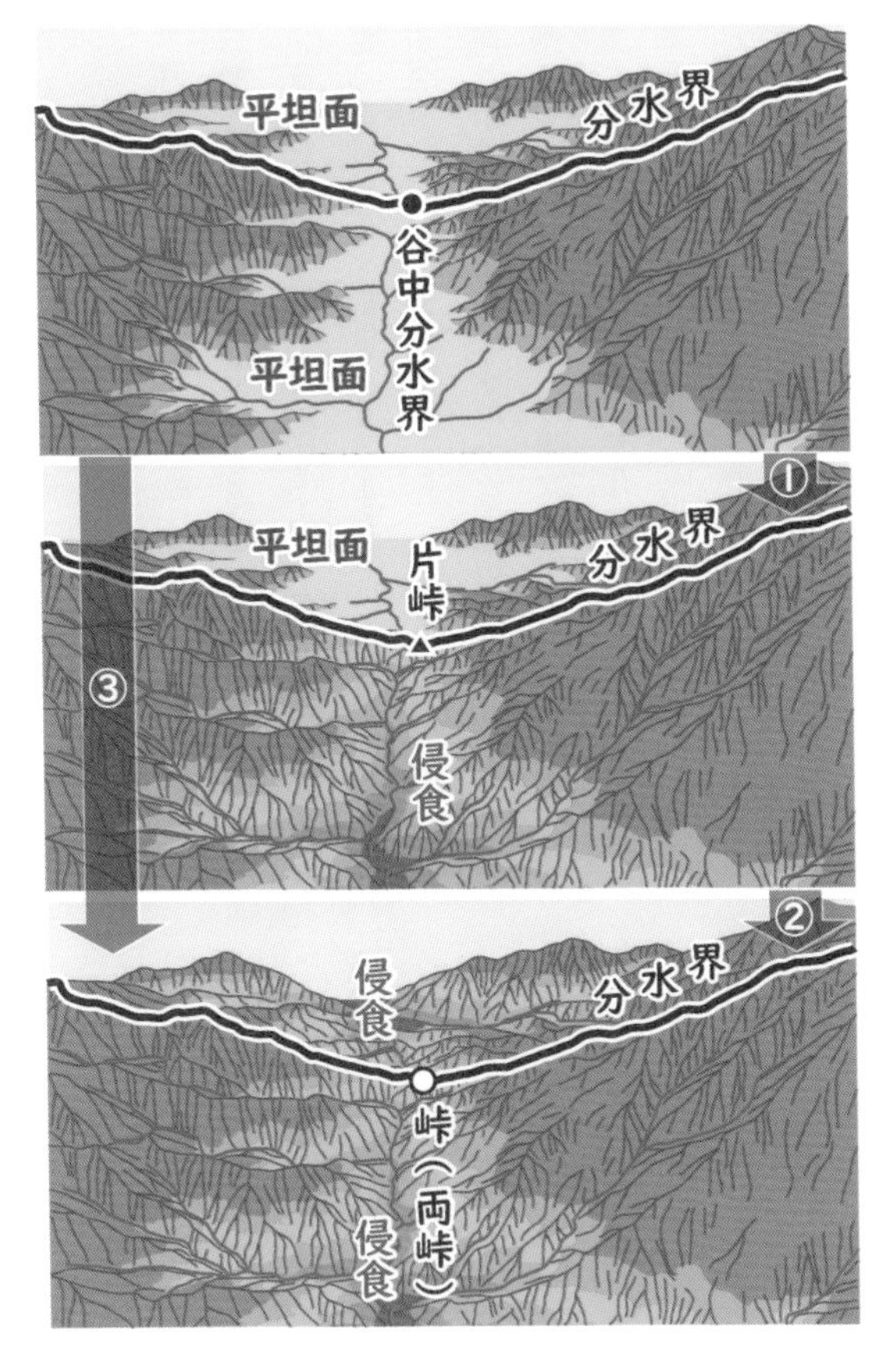

図3-5

谷中分水界➡片峠➡峠(両峠)の変遷概念図。

峠)」へと変化していくと予想できます(図3-5)。もちろん、谷中分水界から片峠を経ず、そのまま両峠になることもあるでしょう。もしかすると、峠(両峠)の始まりは谷中分水界だったのかもしれません。これを頭の片隅において、旅を続けましょう。

尾根を離れる分水嶺の不思議

弓谷峠（３３７m）を通過して尾根を西に進むと、分水嶺と平行に流れる藤坂川の河床は徐々に高度を上げてきます（図３-６上）。定高性のある直線状の尾根は、そのまま西に続いていますが……、嫌な予感がします。藤坂峠から東に流れ下る藤坂川は、篠山川の支流なので太平洋側でしたね。ところが、藤坂峠から西に流れる友渕川は、土師川から由良川に合流するので日本海側です。つまり、藤坂峠が分水嶺なのです。ということは、ここで東西に続く稜線に別れを告げ、南斜面を下って藤坂峠を横切り、南隣の尾根に乗り移るしかありません。

でも、どうして分水嶺は突然尾根を下りて谷を横切り、隣の尾根に乗り移ってしまうのでしょうか。櫃ヶ嶽から藤坂峠の先までの高低図をつくってみると、分水嶺の不可思議な特徴が浮かび上がります（図３-６下）。

標高５８２mの櫃ヶ嶽（図３-６A）から１００m以上も下って峠を横切ったら、すぐ標高６１１mの雨石山まで一気に登ります。ところが、東西に延びる雨石山の稜線は藤坂川に切断されていて、八ヶ尾山（６７８m）にはつながっていません。仕方がないので、いったん北に下って板坂峠（３２８m）を伝い、西山（５６０m）から続く稜線に乗り移ります。

そのまま尾根に沿って西に進み、弓谷峠（３３７m）まで１００mほど一気に下ります。弓谷峠の先は、標高が４００mほどの定高性のある尾根が西に続いています（図３-６C）。ところが、尾根は東西に延びているのに、分水嶺は突然尾根を離れ、斜面を80mほど下って藤坂峠（３４９m）を横切ります。そして、八ヶ尾山から続く標高６００m前後の稜線まで一気に登って西を目指しているのです（図３-６B）。

太平洋側の藤坂川を迂回するように、分水嶺が北の尾根にいったん乗り移るのは理解できます。ところが、西山から続く尾根は西に真っすぐ続いているのに、どうして分水嶺は突然尾根

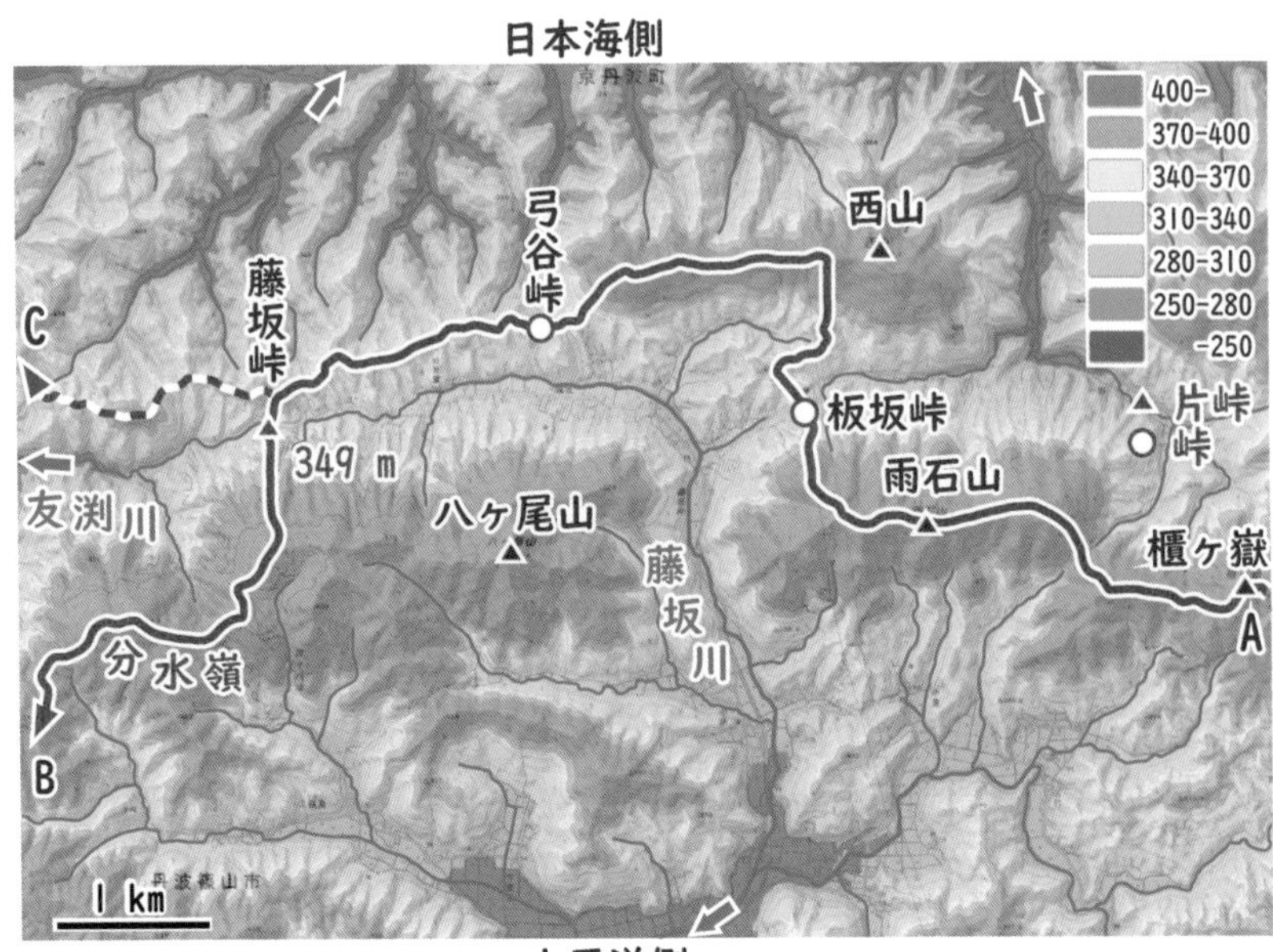

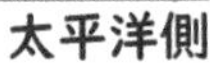

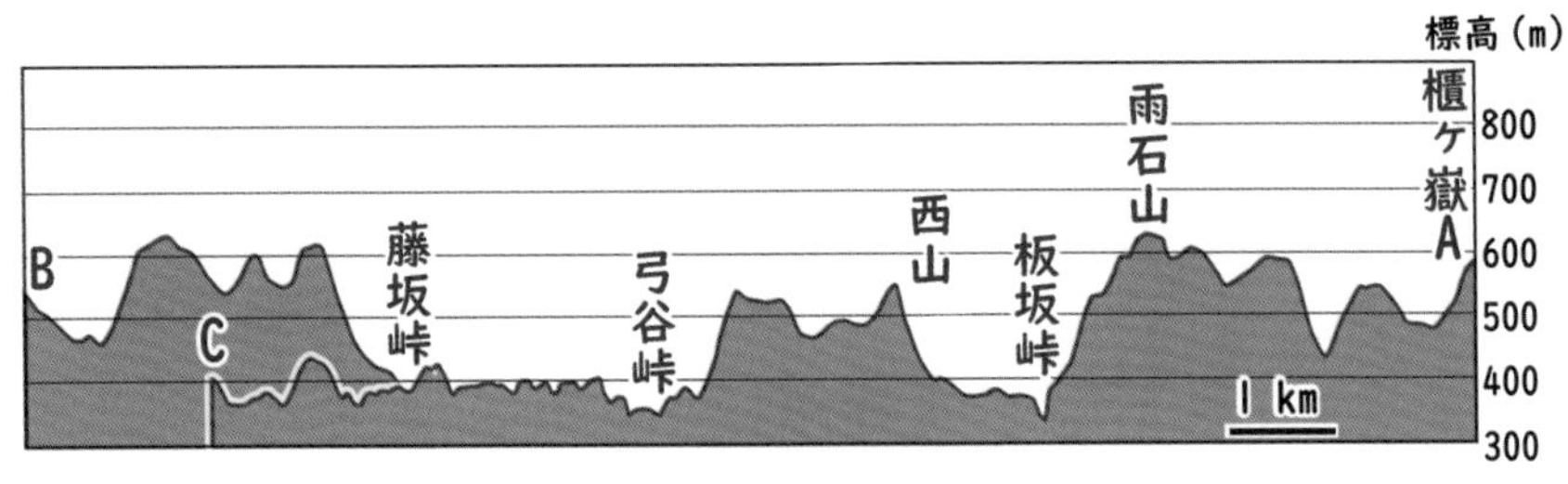

図3-6

峠を伝って隣の尾根に乗り移る分水嶺(上)と分水嶺の高低図(下)。〔35.15,135.33〕

に別れを告げて南の稜線に乗り移るのでしょうか。まさに、分水嶺の気まぐれです。

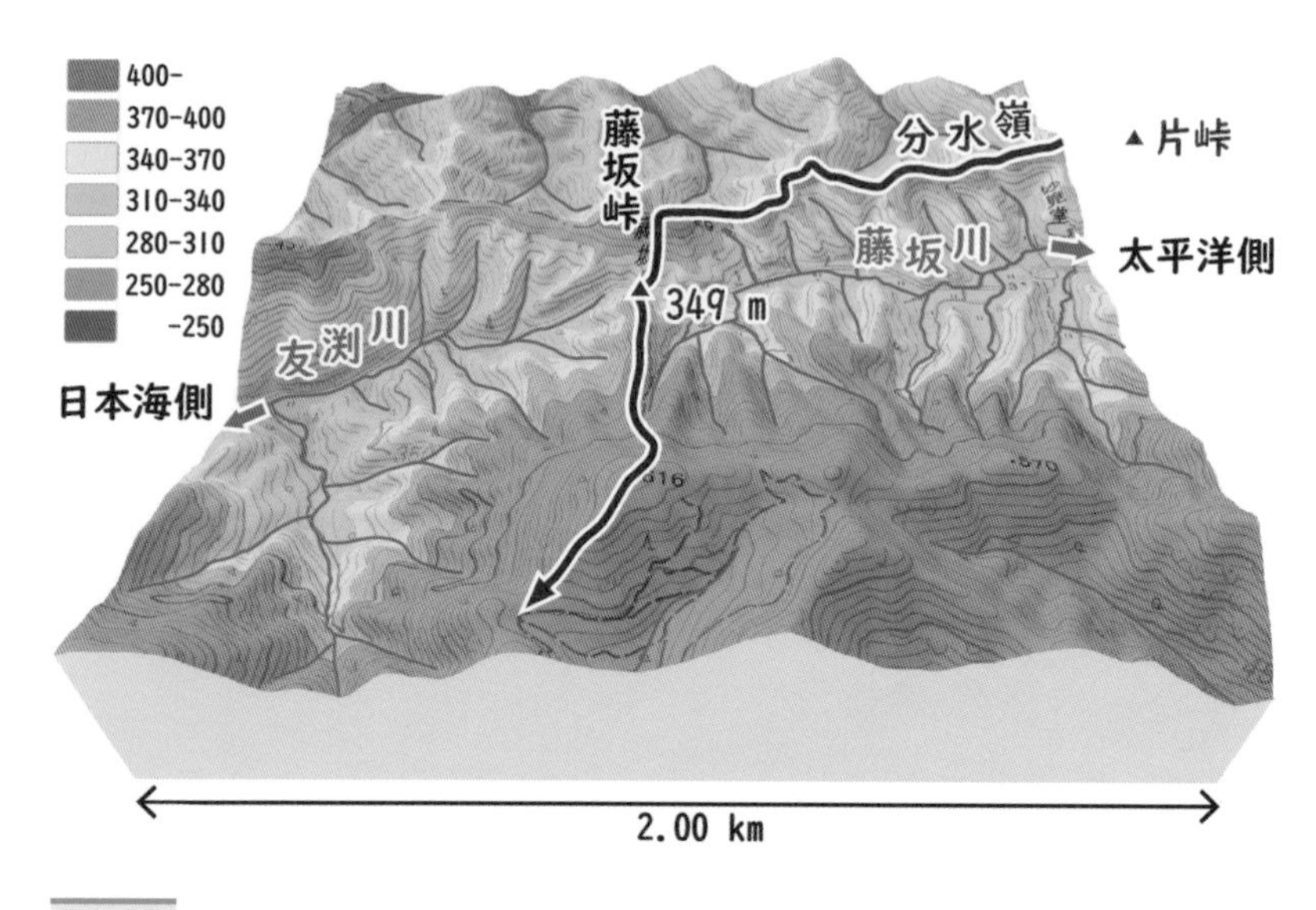

図3-7 藤坂峠の片峠。(35.14,135.30)

今度は、藤坂峠をもう少し詳しく見てみましょう（図3-7）。東側（太平洋側）を流れる藤坂川は水量が少ないのに谷の幅が広く、深く下刻された西側（日本海側）の友渕川とは対照的です。そして、二つの川の間を分水嶺が通過しています。とくに、藤坂川の流れが気になります。

水源から藤坂峠までは、水は分水嶺に沿った浅い谷を北に下り、藤坂峠に到達するやいなや、突然向きを90度変えて東に流れていきます。これは争奪の肱なのでしょうか。そうすると、藤坂峠の谷中分水界（片峠）は、河川の争奪のできたということなのでしょうか。初日に見た佐々里峠の非対称な谷地形を思い出します。なんらかの関係があるのかもしれません。悶々としてばかりもいられません。旅を続けましょう。下関ははるかかなたです。

分水嶺は京都府に別れを告げ、起伏のある尾根に沿って西に続いていきます。小金ケ嶽（725m）から三嶽（793m）を経て、西ケ嶽（727m）へ続く厳しい上り下りの連続です。

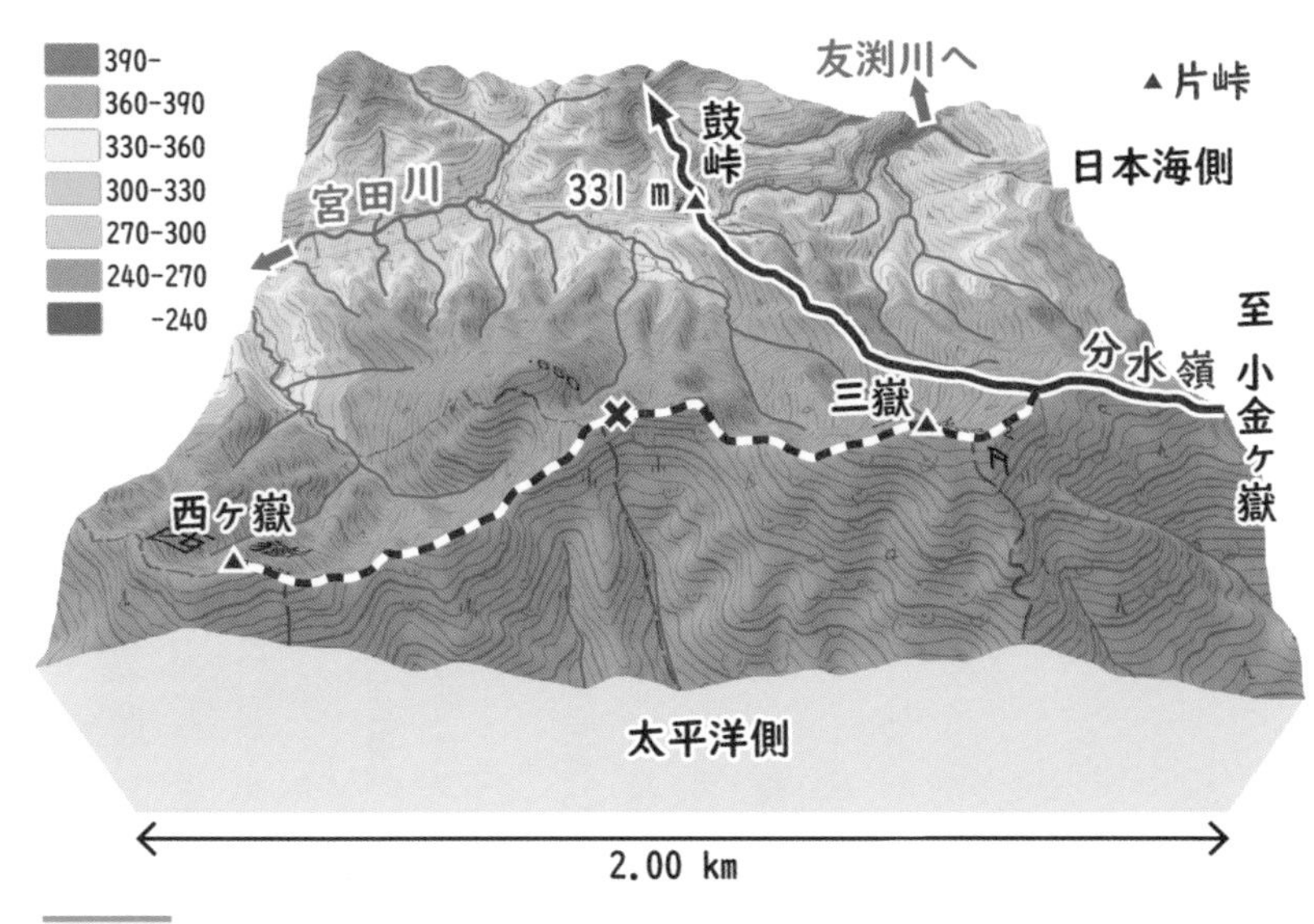

図3-8 鼓峠の片峠。〔35.14,135.24〕

このあたりの地質はチャートと呼ばれる硬い岩石からできていて、急峻な山並みは多紀連山（たきれんざん）、あるいは多紀アルプスと呼ばれています。両側が切れ落ちた痩（や）せた尾根が連続し、息つく暇がありません。西ヶ嶽の山頂で水分を取ってひと休みしたら、地図を確認しましょう。

このまま西に進んでいくと……、エッ、尾根は徐々に低くなって、篠山川とその支流の宮田川の合流点で尾根が消滅してしまいます。つまり、太平洋側に降りてしまいます。ということは、分水嶺は西に続く尾根の途中で逸れているはずです。地形図を確認すると、分水嶺は三嶽の手前で突然斜面を北に下り、鼓峠（つづみとうげ）（331m）を通過しています（図3-8）。藤坂峠のときと同様に、分水嶺は尾根の途中で突然谷底に下りて、隣の尾根に乗り移っているのです。どうして分水嶺は、連続する尾根の途中で横道に逸れて、隣の尾根に乗り移るのでしょうか。分水嶺の気まぐれに、何かヒントが隠されているのかもしれません。

標高が331mの鼓峠は、間違いなく谷中分水界（片峠）です。何度も見てきたからはっきり分かります。ここも太平洋側（西側）は平坦な谷で、日本海側（東側）は侵食フロントが峠まで到達している片峠です。胡麻の谷中分水界も藤坂峠の谷中分水界も、そしてここ鼓峠の谷中分水界も、いずれも日本海側だけ侵食フロントが到達している片峠です。

鼓峠の西を流れる宮田川の流れも不思議です。三嶽から分水嶺に沿って谷を北に下った宮田川の源流は、鼓峠で突然向きを90度変えて西に流れています。河川争奪の肱でしょうか。谷中分水界（片峠）で出会うや否や、プイッと顔を反らし、日本海側の友渕川の支流とここで永久の水分かれです。藤坂峠のときと同じで、片峠の特徴の一つです。

栗柄峠の河川争奪

鼓峠の先にも悩ましい峠がいくつもあります。

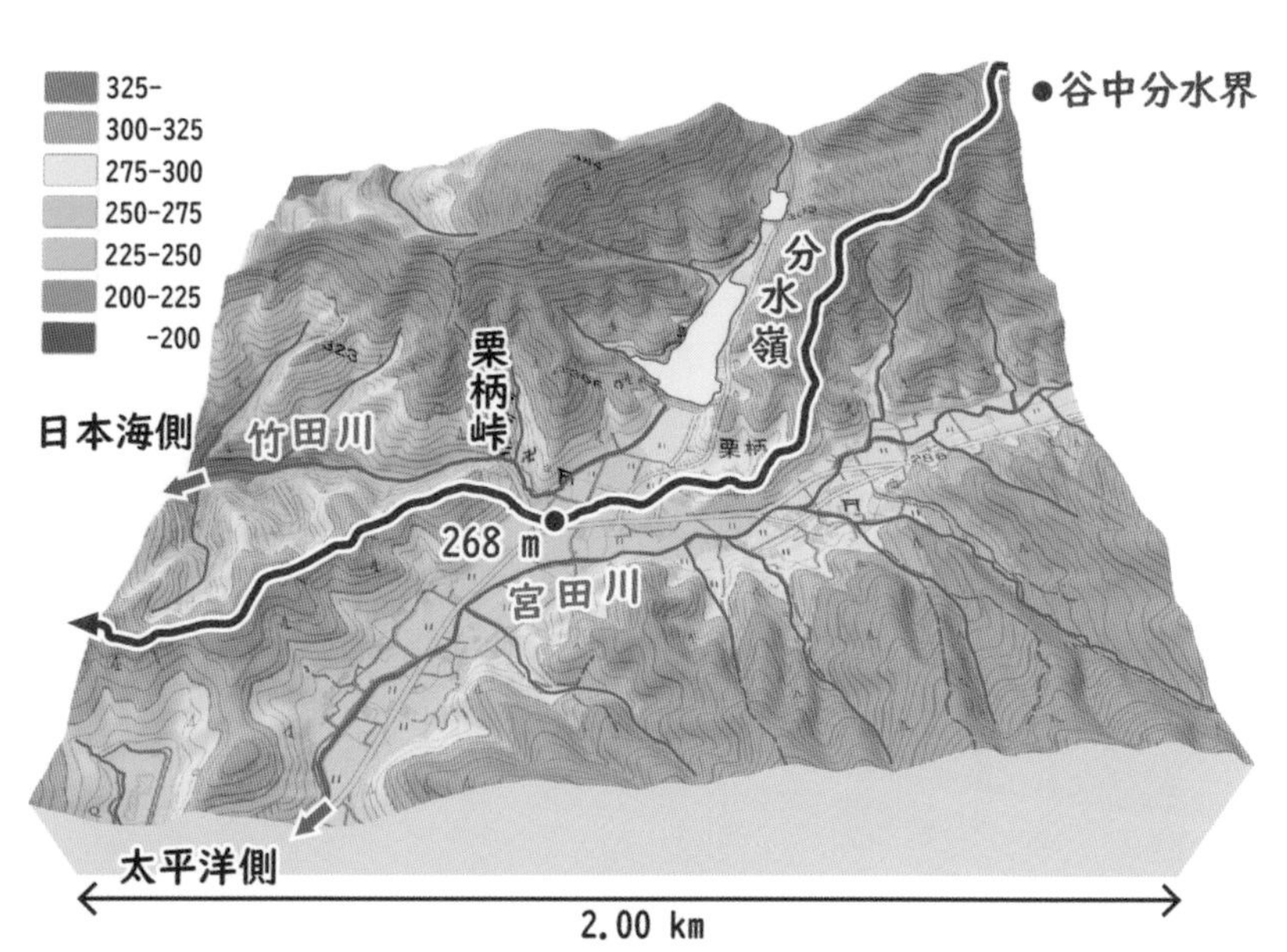

図3-9　栗柄峠の谷中分水界。〔35.14,135.22〕

分水嶺の気まぐれにだまされないようにもう一度地形図を確認すると、分水嶺は栗柄峠（くりからとうげ）の横の平らな水田地帯を通過しているようです。ここもまた谷中分水界です（図3-9）。しかも、栗柄峠は南北に続く尾根が少し下がった鞍部（あんぶ）ですが、その峠を竹田川が横切っています。峠は両側が反対側に傾斜する尾根状の地形なので、水は峠の両側に流れ下るはずです。ところが、栗柄峠を横切る竹田川は、すぐ横の平坦な水田地帯を流れる宮田川（みやだがわ）には目もくれず、わざわざ栗柄峠を横切って西に流れているのです。

この谷中分水界も、河川の争奪によってできたと考えられているようです（堀、1996：田中、2007）。それによると、「かつて竹田川の上流は、宮田川（太平洋側）に合流して南に流れていた。ところが、その先の篠山盆地が湖となって水位が上がる。そして、湖水の一部が栗柄峠を越えて、現在の竹田川（日本海側）のほうへあふれ出した」というのです。

つまり、太平洋に流れていた宮田川の一部が日本海側に流れ出て竹田川となり、栗柄峠の谷中分水界ができたというのです。その説が正しいのなら、なぜ宮田川の上流部は、そのまま竹田川のほうに一緒に流れ出ていかなかったのでしょうか。河川の争奪が起こったのなら、現在の竹田川はなぜ宮田川を争奪していないのでしょうか。それとも、これから宮田川を争奪するというのでしょうか。

尾根にばかり集中していると、またルートを間違えてしまいそうです。注意すべきは尾根ではなく、尾根の両側の川のつながりだと気が付きました。川がつながっている限り、その間の尾根を進んでいけばいいのです。別の川に置き換わったとき、地理院地図をズームアウトして確認すればいいのです。

気を取り直して、西に続く尾根を進んでいきましょう（図3-10）。ときどき木々の間から、北に竹田川（日本海側）、南に宮田川（太平洋側）を確認しながら分水嶺を進んでいきます。鏡峠（427m）を越え、三尾山（みつおさん）（586m）の手前

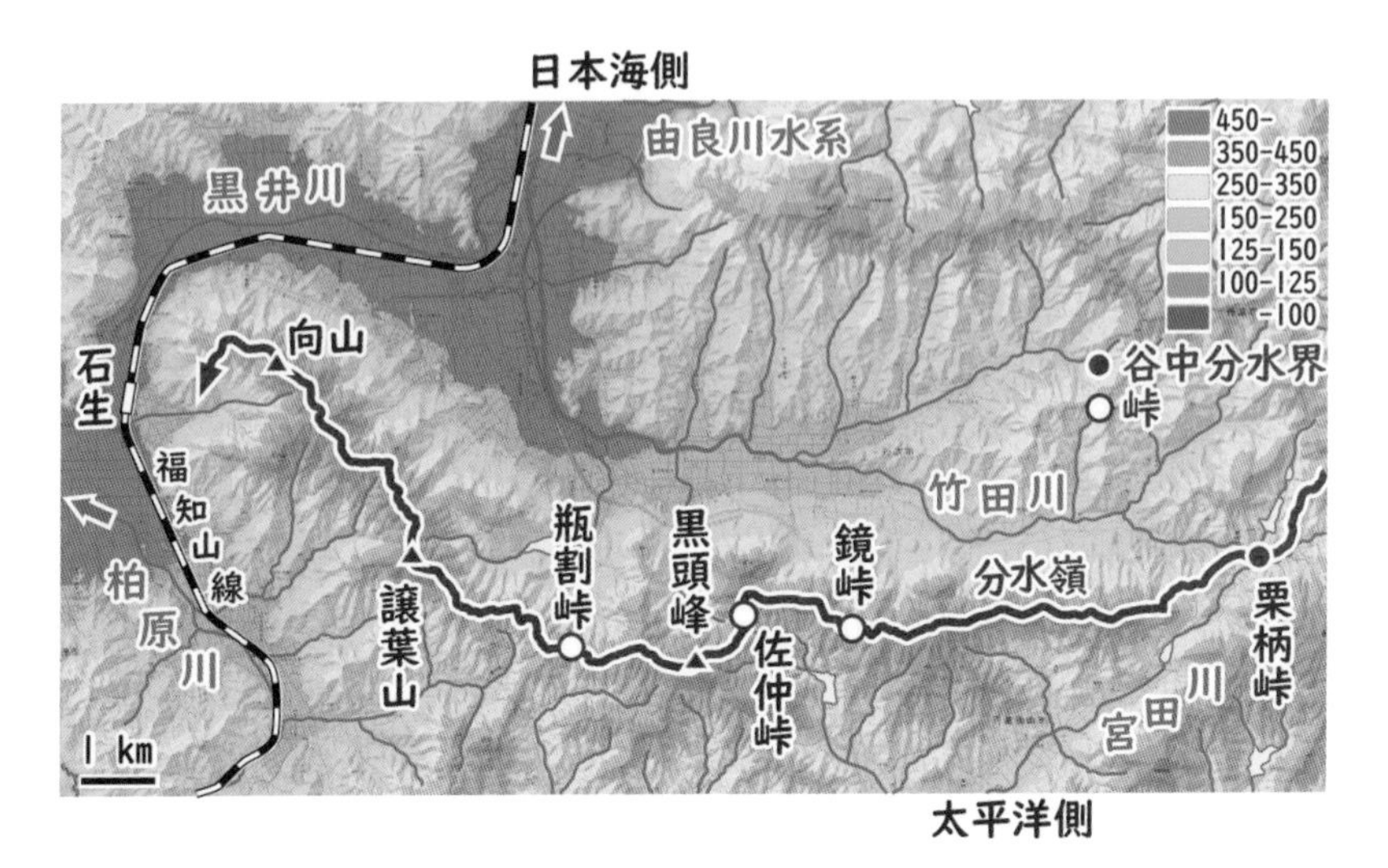

図 3-10　栗柄峠から西に続く分水嶺。〔35.12,135.14〕

で佐仲峠（４４５ｍ）を横切ったら、南隣の山並みに乗り移ります。黒頭峰（６２１ｍ）から西に進んで瓶割峠（３９８ｍ）を越え、定高性のある平坦な尾根を西に進んでいきます。さらに北西に向かって譲葉山（５９４ｍ）まで一気に距離を稼ぎます。ここまでは、とくに気になる地形は見当たりません。

　ところが、向山（５６９ｍ）を過ぎると、３方向を幅の広い谷に囲まれて冷や汗。またどこかでルートを見誤ったのかと再び地形図を確認すると、ここがあの有名な、本州で最も低い分水嶺でした。

本州で一番低い石生の谷中分水界

ＪＲ福知山線の石生駅を境に、由良川水系（日本海側）の黒井川は北に、加古川水系（太平洋側）の高谷川は西に流れています（図３-11）。谷中分水界の標高は95ｍほど。確かに低いです。そのため、ここにＪＲ福知山線が通過しているのですね。ＪＲ山陰本線が分水嶺を横切っている、胡麻の谷中分水界と同じです。

ここ兵庫県丹波市氷上町にある石生の谷中分水界は、これまでの谷中分水界と異なり全く片峠になっていません。旅の準備で学んだ、福島県の竹ノ花の谷中分水界と同じです。幅が数百ｍはある平坦な水田地帯のど真ん中を通過する分水嶺なので、言われなければ峠とは全く気が付かないでしょう。実際、○○峠などと言った地名は見当たりません。

ここから瀬戸内海と日本海に続く谷は、両側を山に挟まれた、幅が広く真っ平な地形になっているので、地質学者の藤田和夫先生は〝氷上回

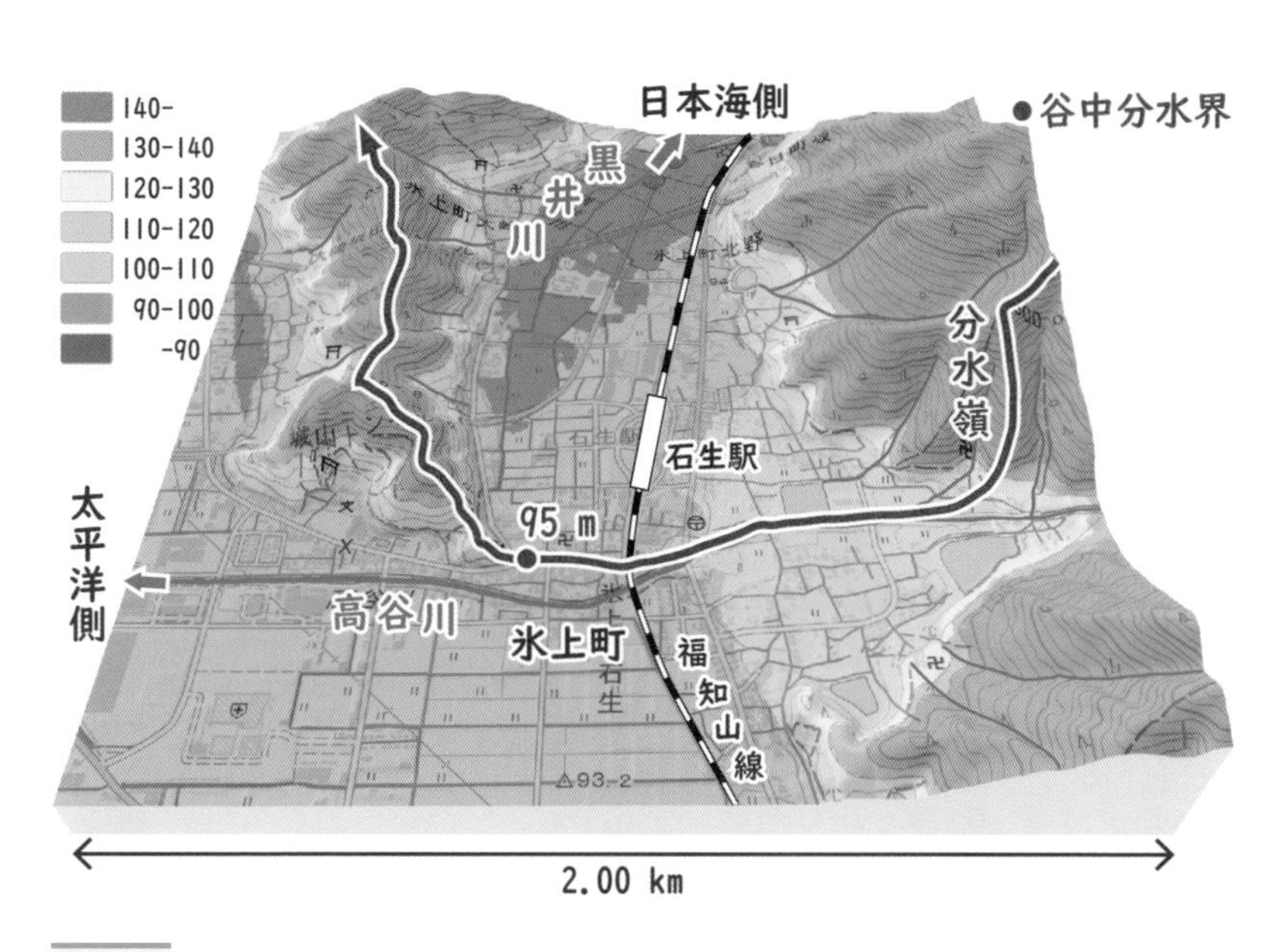

図 3-11 本州で最も低い分水嶺。(35.15,135.06)

図 3-12 2日目に踏査した分水嶺。

廊（ろう）″と名付けました。本州を横切る最も低い回廊です。

ここも河川の争奪でできたのでしょうか。一体、どちらの川がどちらの川を争奪したのでしょうか。阿武隈山地（あぶくまさんち）の殿川支流を争奪した大草川は、水量が増加して谷底を下刻し片峠をつくりました。一方、胡麻の谷中分水界では、争奪された側（畑郷川）がその後も上流に向かって河床を下刻し、非対称な片峠になりました。争奪した側か争奪された側かは異なりますが、河川の争奪の後、片側の川が下刻を続けて片峠をつくっています。

石生の谷中分水界も河川の争奪でできたのかな？

ところが、ここ石生の谷中分水界は、境界を挟んでどちらも幅の広い平坦な地形です。この谷中分水界が河川の争奪によってできたのであるならば、争奪した河川と争奪された河川のいずれかが、上流に向かって河床を下刻し続けているはずです。しかし、そのような気配は全くありません。

反対に、石生の谷中分水界が河川の争奪によってできたのではないとすると、黒井川と高谷川は最初から日本海と太平洋に向かって流れていたことになります。ところが、

日本海側

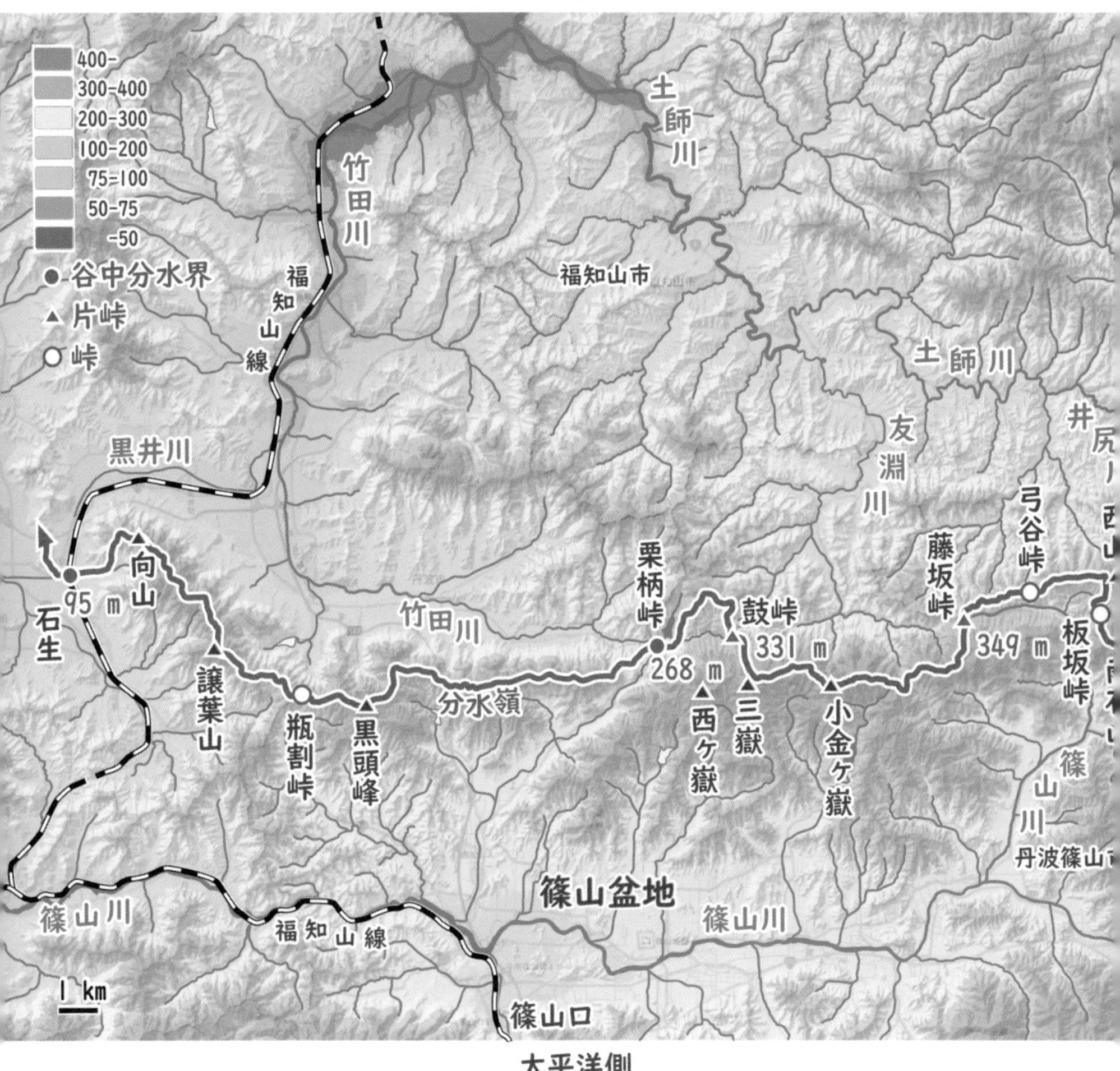

太平洋側

幅の広い平坦な谷を流れている二つの河川は、水量が少なくあまりにも貧弱です。この広い谷をつくったかつての大河川は、一体どこに消えてしまったのでしょうか。

今日は、尾根が続いているのに突然谷底に下りて隣の尾根に乗り移るなど、分水嶺の気まぐれに翻弄(ほんろう)された一日でした。いったんは解決したかと思われた谷中分水界も、謎は深まるばかりです。今晩は石生に宿を取り、今日のまとめを済ませたら、ゆっくり休んで明日に備えることにします(図3-12)。

断層を横切る分水嶺

兵庫県の山中で出合ったのは、ちょっと変わった谷中分水界。断層が原因でできた真っすぐな谷を横切り、分水嶺は尾根から尾根へと渡っていきます。

いまさら
気づいた
ことがある…

地質学者のちょっと戯言

この2日間の旅を振り返っていたら、一つ気が付きました。出発前にこれから進むルートを地形図で確認しておけば、途中で迷子になったり、ルートを間違えたりすることはありません。何をいまさらと思われるかもしれませんが、気が付かないときはおかしいくらい気が付かないものです。

分水嶺の旅の3日目は、JR福知山線の石生駅からスタートです（図4-1）。加古川の流れを左に見ながら尾根を北に進み、天王坂と由良坂を越えると五大山（569m）に到着。さらに北に続く痩せた尾根を進み、鷹取山（566m）から五台山（655m）へと高度を上げると、鴨内峠（438m）、穴裏峠（332m）、蓮根峠（348m）、塩久峠（317m）、榎峠（267m）、梨木峠（278m）といくつもの峠を横切ります。いずれも片峠ではなく普通の峠で、とくに気になる地形は見当たりま

図 4-1　石生から北西に続く分水嶺。〔35.22,135.00〕

日本海側

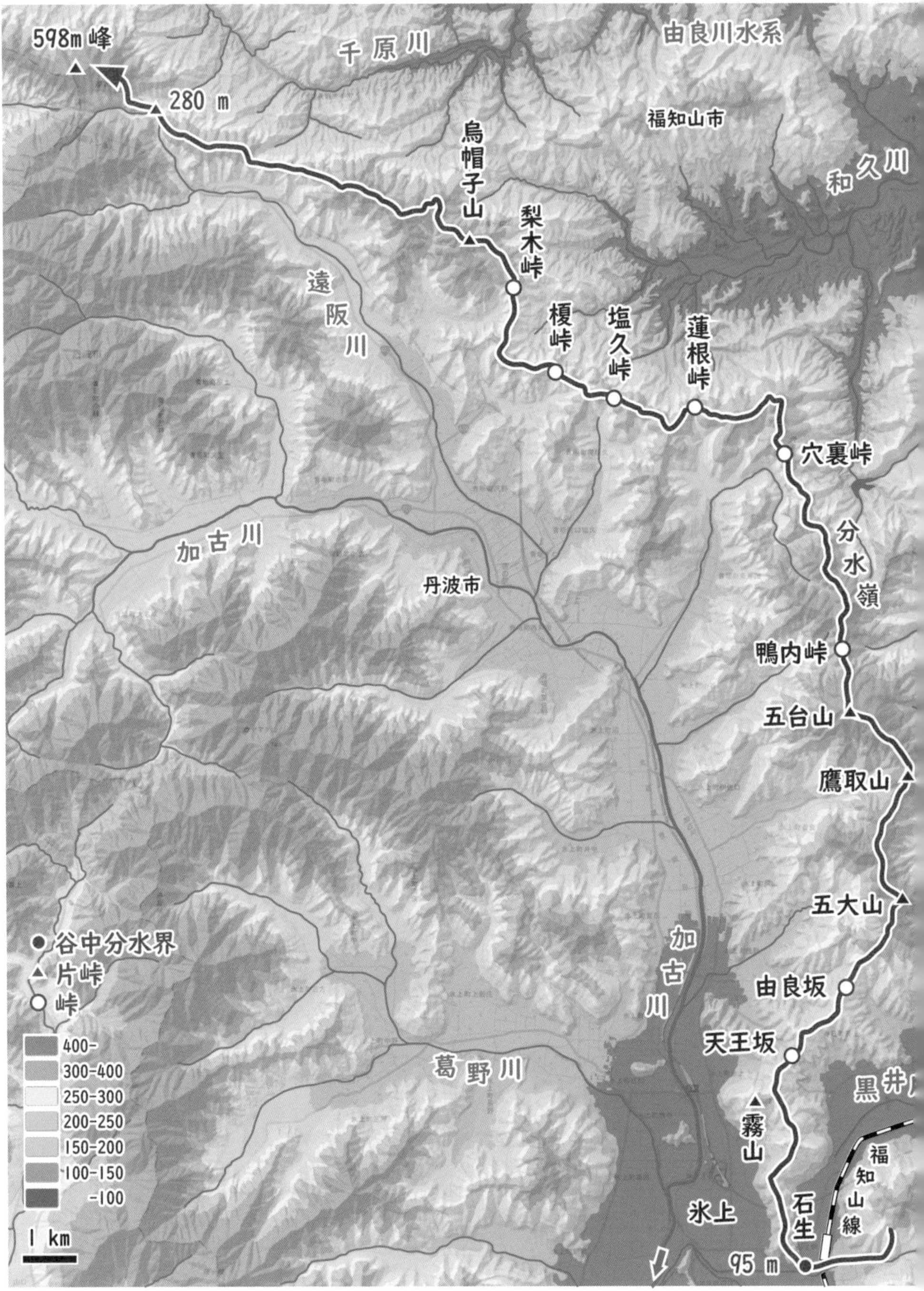

598m峰
千原川
由良川水系
280 m
福知山市
烏帽子山
梨木峠
和久川
遠阪川
榎峠
塩久峠
蓮根峠
穴裏峠
分水嶺
加古川
丹波市
鴨内峠
五台山
鷹取山
五大山
● 谷中分水界
▲ 片峠
○ 峠
加古川
由良坂
天王坂
黒井
葛野川
霧山
福知山線
石生
氷上
95 m

400-
300-400
250-300
200-250
150-200
100-150
-100

1 km

太平洋側

せん。峠の標高も、何か規則性があるようにも思えません。なので、所要時間は10分くらいです。

烏帽子山（512m）を越え、西に続く定高性のある尾根を進むと、標高が280mの見事な片峠を通過します。そして、標高598mの山頂まで登って周囲を見渡すと、なんとなくどこかで見た景色。

東西に続く定高性のある尾根、徐々に西に向かって高度を上げる川、その川は峠（遠阪峠）の手前で流れの向きを90度変えている。そうです、2日目に見た藤坂峠の片峠にそっくりです。地形図を確認してみましょう（図4-2）。

南側を流れる川は、加古川支流の遠阪川なので太平洋側です。一方、北側は福知山盆地の西の端で、高度差数百mを一気に下った先には由良川支流の牧川が東に流れています。すなわち、北側は日本海側です。そして、目の前には遠阪峠（377m）があって、その南側には高い山並みが続いています。一方、遠阪峠の西側の柴川は……、与布土川、円山川となって日本海に注いでいます。ということは、遠阪峠が分水嶺です。南の急斜面を下っていきましょう。

地質図Naviを開いてシームレス地質図で確認すると、遠阪峠の周辺には古生代ペルム紀の玄武岩類が分布しています（図4-3）。そして、分水嶺の北側には、玄武岩マグマが地下深部でゆっくり冷えて固まった斑れい岩類が分布しています。どちらも海洋底の地殻を構成するオフィオライトと呼ばれる岩石です。いずれも2億年くらい前の古い岩石です。

オフィオライトを聞いたことがある人は、かなりの地質マニアでしょう。地球の表面は大陸と海洋に大別されますが、それらの地下を構成している岩石は全く異なるのです。例えば、大陸を構成するのは花崗岩や玄武岩などの火成岩、あるいはそれらが地表で風化して雨水に流され、湖底や海底にたまって固まった堆積岩などです。普段私たちが目にする岩石の大部分は、大陸を構成する多種多様な物質で、それら

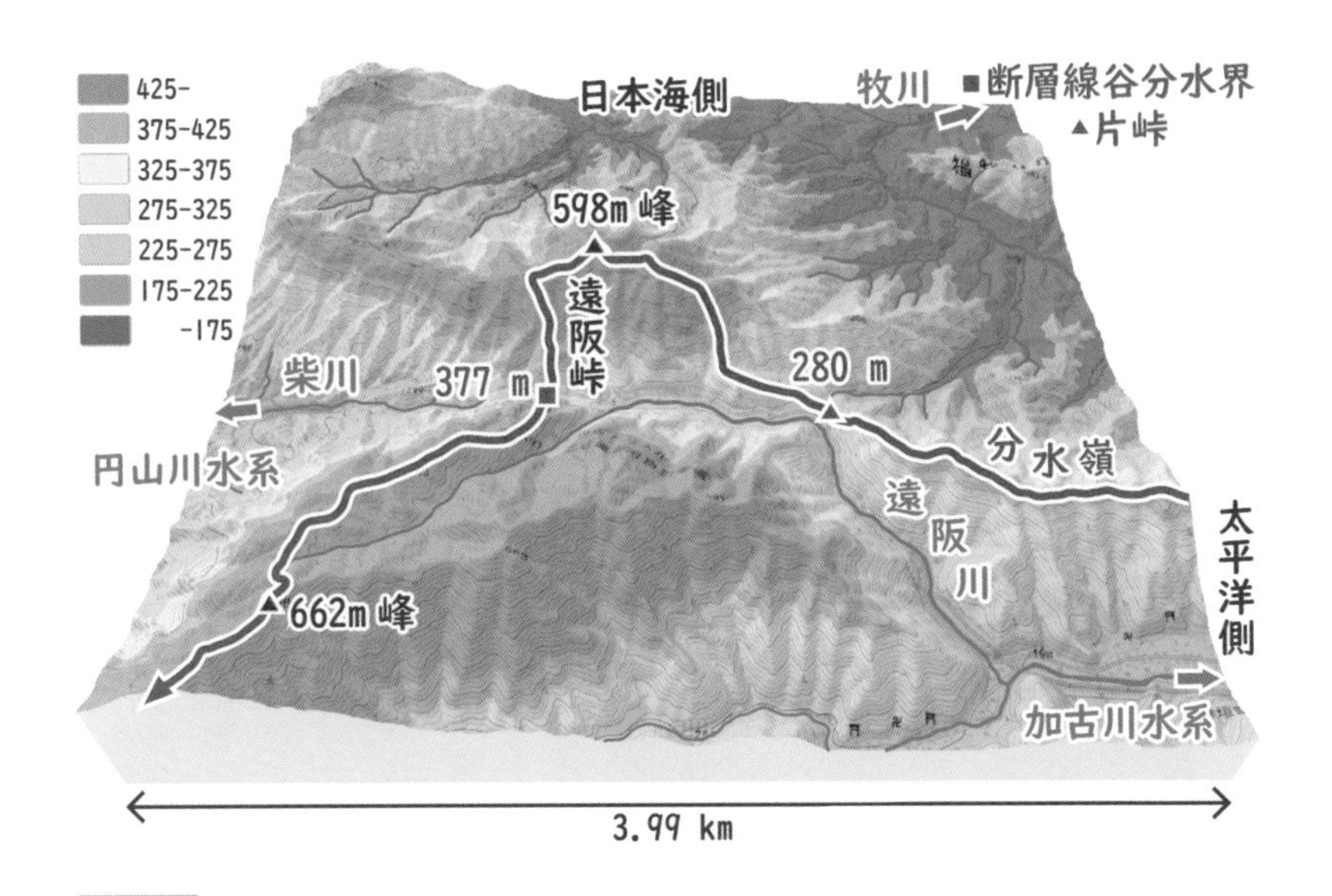

図4-2 遠阪峠周辺の地形。〔35.30,134.94〕

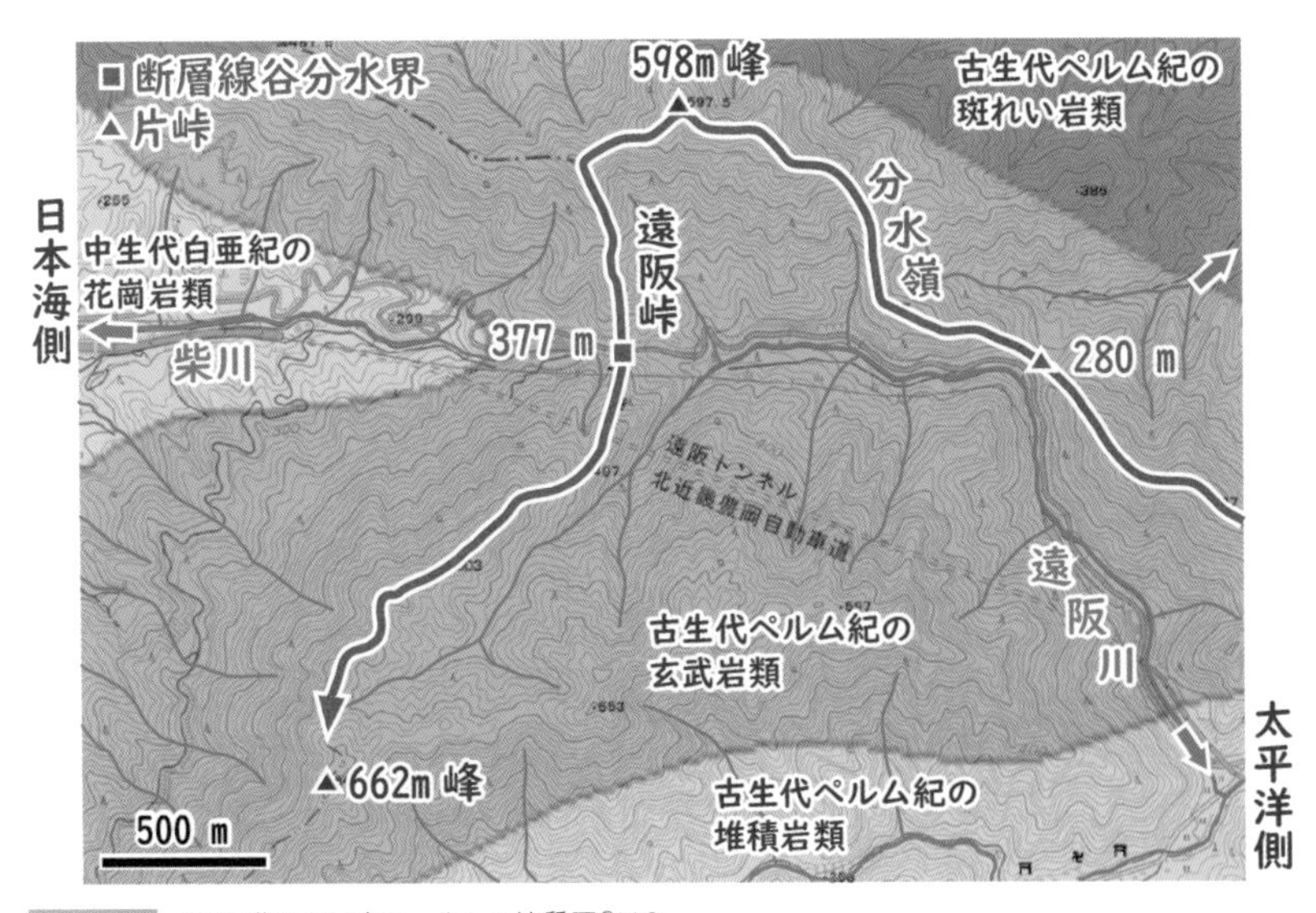

図4-3 20万分の1日本シームレス地質図®V2による遠阪峠周辺の地質。

をまとめて大陸地殻といいます。

一方、海洋底を構成するのは海洋地殻で、中央海嶺で形成された玄武岩や斑れい岩など、大陸地殻に比べて種類はシンプルです。この海洋地殻とその直下の冷えたマントルを合わせたものが海洋プレートです。海洋地殻の厚さはせいぜい6～7㎞、一方、海洋プレートの厚さは数十から100㎞なので、海洋プレートの大部分はマントルを構成するかんらん岩です。そして、地表に露出した海洋プレートがオフィオライトなのです。実際に地表に現れるのは海洋地殻と、ほんのわずかなマントルかんらん岩だけ。重い（密度の大きい）かんらん岩は、めったに地表には露出しません。そのため、「好きな岩石はかんらん岩」と答える地質学者が多いのです。

ところで、海洋プレートは海面下にあるので、直接観察することはできません。さらに、海洋プレートは海溝から地球の深部に沈み込んでしまうので、目にすることもめったにありません。海洋プレートは地球にたくさんありますが、オフィオライトを除いて直接手に取ることはめったにないのです。地質研究者がオフィオライトに注目する理由です。

蛇紋岩（じゃもんがん）という岩石名を聞いたことがある人も、いるかもしれません。マントルを構成するかんらん岩に水が加わると岩石が変質し、密度が小さくなって浮力を得て、地表まで浮上してきた岩石が蛇紋岩です。蛇紋岩を見つけると地質研究者が興奮するのは、蛇紋岩がマントルからやって来た配達員だからです。蛇紋岩の中には、地下深部から運ばれてきた、めったに手に入らない珍しい岩石（高圧型変成岩）が混ざっているかもしれないからです。

このように、オフィオライトを地上で観察できる場所は非常に限られています。遠阪峠の北側に広がる福知山市夜久野町（やくのちょう）の文字を地形図で目にすれば、たいていの地質研究者は論文で読んだ夜久野オフィオライトを連想し、一度はその岩石を見てみたいと思うでしょう。

ところで、私はいつも新生代の中頃、日本海が拡大していたおよそ2500〜1500万年前を研究しているので、2億年くらい前の古い地層や岩石を手に取ると、悠久の地球史を感じます。反対に新生代の第四紀（およそ260万年前以降）になるとあまりにも最近過ぎて、地質学のロマンはちょっと薄いです。さらに、第四紀の完新世はおよそ1万2000年前以降なので、考古学や文献に基づく歴史研究と年代が重なります。

概して、地質研究者は、研究対象が古ければ古いほどロマンを感じます。ところが、古くなるほど情報（証拠）が少なくなるので、研究者は徐々に〝推定〟から〝想像〟、そして〝空想〟の世界へ引き込まれていきます（場合によっては〝妄想〟）。だからでしょうか、古生代の研究者が新生代の研究に手を伸ばしてきた例を私は知りません。

断層がつくった直線状の地形

話をもとに戻しましょう。この古い岩石を侵食してできた東西に延びる真っすぐな谷は、断層による地形の可能性が高いでしょう。断層は柴川を通って遠阪峠を横切り、その東方延長にある片峠を通過していると考えられます。もちろん活断層ではなく、古傷として残された断層です。地殻変動の激しい日本列島にはこのような断層が無数あって、その一部が活断層です。これらの断層は、地形にもよく現れています。

例えば、本州最長の断層である中央構造線に沿っては、こうした谷地形がたくさん見られます。断層の周囲の岩石は断層運動によって破砕（はさい）されているため、断層に沿って選択的に侵食されて直線状の谷地形がつくられます。このような谷を断層線谷（だんそうせんこく）といいます。

一例を紹介すると、地質研究者なら誰でも知っている棚倉破砕帯（たなくらはさいたい）は中央構造線に匹敵する日本有数の断層で、茨城県常陸太田市（ひたちおおたし）の山田川は、驚くほど真っすぐに流れています（図4－4）。棚倉破砕帯は平行に走る複数の断層からなり、山田川が流れる直線状の谷は、棚倉破砕帯西縁断層による断層線谷です。

普通、川は蛇行しながら海に向かって流れています。例えば、北海道の石狩川や濃尾平野の長良川、あるいは筑紫平野の筑後川は、平原の中を勝手気ままに蛇行しています。一方、峡谷を穿ち、急流となって山地を流れる河川でさえも、自由気ままに蛇行しています。中国山地を横切る江の川や四国山地を流れる四万十川の蛇行を見れば、川の流れは大地を構成する地質（岩石）の束縛をものともせず、重力にのみ従って海を目指しているように思えます。ところが、直線状の断層線谷を見ると、川に対する地質の強烈な抵抗を感じるのです。

地形には、直線などの幾何学的な形態はまれです。それなのに、人工衛星で撮影した画像でも、はっきりと見える真っすぐな地形。放牧・放任・放し飼いを日々切望している研究者と、何かと

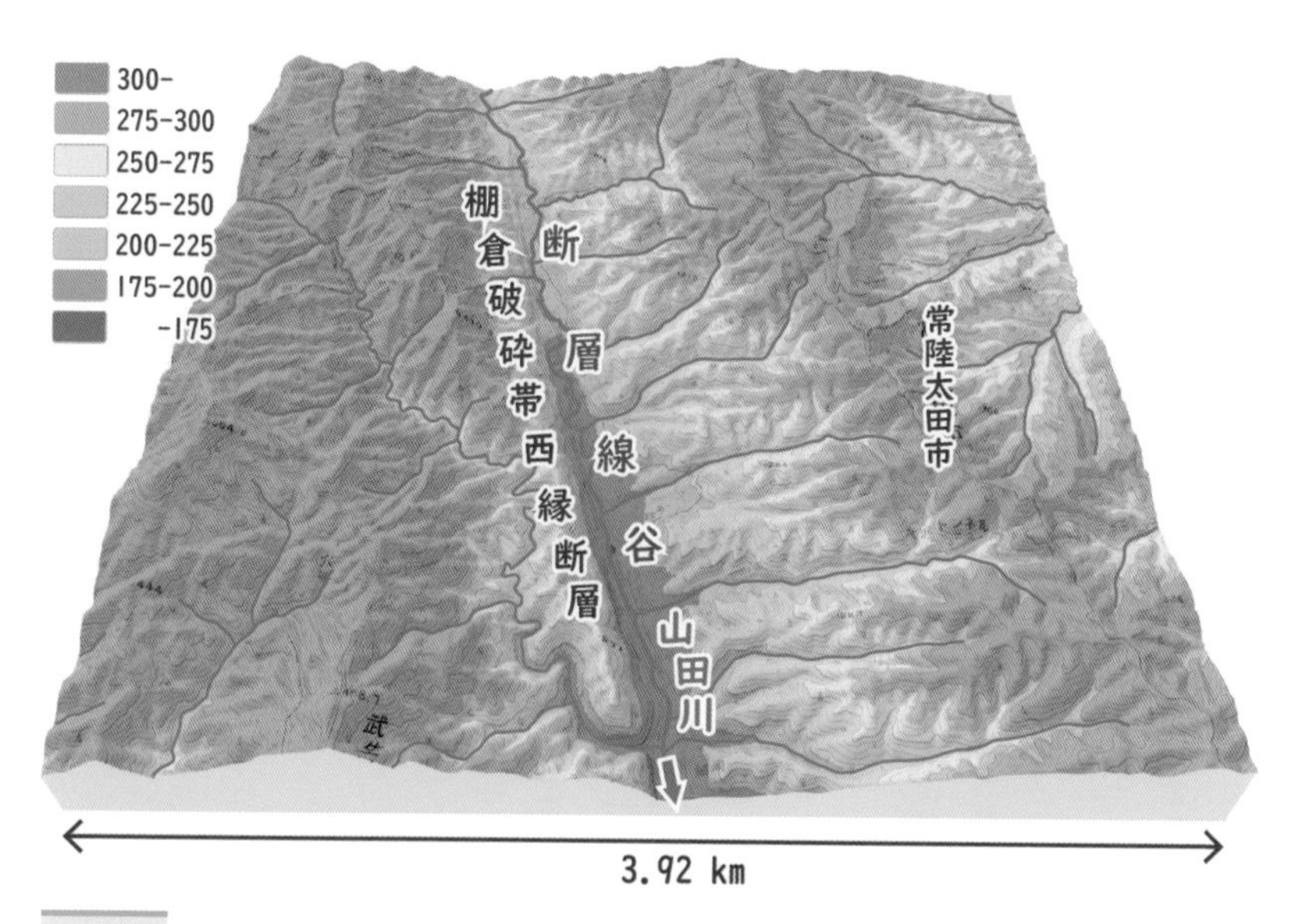

図 4-4　棚倉破砕帯西縁断層に沿って流れる山田川の断層線谷。〔36.71,140.47〕

管理を主張する組織との攻防を感じてしまうのです（個人の感想です）。

また話が脱線してしまいましたね。遠阪峠を横切る東西方向の谷は、断層線谷でしょう。遠阪峠は、胡麻や石生の谷中分水界のような、幅の広い平らな谷を横切る峠ではありません。それでも、峠の両側はなだらかに下っています。東西に延びる直線状の谷を分水嶺が横切っているので、ここも谷中分水界といえます。仮に断層線谷分水界と名付けましょう。分水嶺の謎を解く鍵になるかもしれません。

ところで、遠阪峠の東に流れ下る遠阪川は、分水嶺に平行な浅い谷が山頂（６６２ｍ峰）まで続いています。片峠で何度も見てきた奇妙な地形です。そして、水源から北に下った水流が、遠阪峠で流れの向きを大きく変えていることも片峠と同じです。これも、争奪の肱なのでしょうか。断層線谷分水界も、河川の争奪でできたのでしょうか。

さらに、東に流れ下った水流は、標高が２８０ｍの片峠を越えて、そのまま日本海側へ越流してしまいそうです。ところが、遠阪川はこのわずかな高まりを越えることはせず、さらに向きを南に変えて太平洋へと流れていきます。片峠に出会うごとに、川は流路の向きを大きく変えています。とても気になる地形です。

日本海側が大きく落ち込んだ片峠のほんのわずかな高まりは、日本海側の斜面を刻む谷の谷頭（侵食フロント）によってすぐにでも侵食され、あっという間に河川（遠阪川）が争奪されてしまいそうです。しかし、実際にはそのようになってはいません。もし、河川の争奪がありふれた自然現象であるとしたら、片峠はほとんど存在しないのではないでしょうか。謎解きのヒントになりそうな予感がします。

リニアメントのオンパレード

さて、稜線を南下して粟鹿山（９６２ｍ）まで登り切ると四方を山に囲まれて、いよいよ中

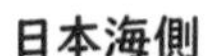

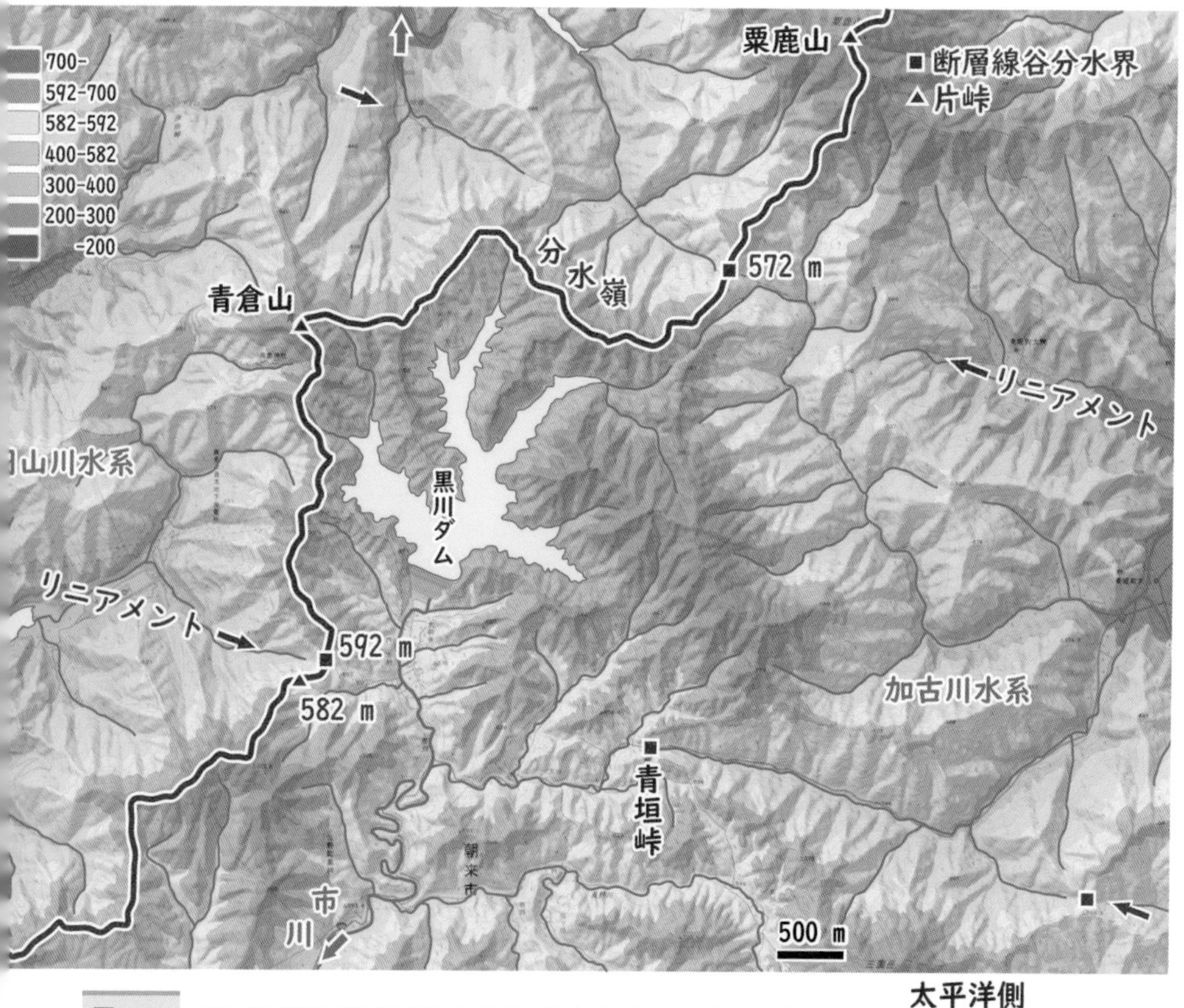

図 4-5 黒川ダム周辺の断層線谷分水界とリニアメント。〔35.24,134.88〕

国山地に入ってきました（図4-5）。小さな峠を横切ると、ここからは断層地形の連続です。せっかくですから、地形を詳しく観察していきましょう。黒川ダムの周辺は、西北西-東南東方向の直線的な地形が明瞭です。このような直線状の地形をリニアメントといいます。

先ほど紹介した棚倉破砕帯の断層線谷は、直線状の谷地形そのものがリニアメントでした。ところが、粟鹿山周辺のリニアメントは、ちょっと様子が違います。例えば、粟鹿山から南に下ると、標高572mの断層線谷分水界を横切ります。峠の両側の谷は一直線状に続いていますが、その先で尾根を横切った後も直線状の谷が続いています。リニアメントが通過する尾根は鞍部となり、峠になっています。つまり、峠が一直線に連なっているのです。

黒川ダムの南側にも、同じ方向に延びる明瞭なリニアメントが認められます。標高592mの断層線谷分水界から東南東に尾根の鞍部が並び、青垣峠から東側では真っすぐな谷になっています。さらにその東側の尾根の鞍部も、典型的な断層線谷分水界です。

このようなリニアメントは、中国地方でたくさん観察することができます。例えば、図4-6は岡山県東部の備前市周辺の地形を陰影起伏図で示したものです。赤矢印で示した西北西-東南東方向に続くリニアメントと、緑の矢印で示した東北東-西南西方向のリニアメントが明瞭です。リニアメントの方向がそろっているだけでなく、2方向のリニアメントで一つの系統をつくっているようですね。

図 4-6　岡山県東部の吉備高原に発達するリニアメント。(34.82,134.29)

だから断層は面白い

これらのリニアメントのほとんどは、断層に起因する侵食地形です。なぜこのように、一組の系統がつくられたのでしょうか。断層はどのようにずれるのか、それを理解すれば、リニアメントの方向から大地に働く大きな力の向きを推定することができます。

断層には正断層と逆断層、そして横ずれ断層の3種類があります（図4-7）。傾斜した断層面の上側のブロックが断層面に沿ってずり落ちた場合、この断層を正断層といいます。正断層によって、地表には断層崖による段差がつくられます。また、傾斜方向が向き合った一組の正断層がずれると、挟まれたブロックがずれ落ちて凹地（おうち）がつくられます。この凹地を地溝（ちこう）（グラーベン）、反対に正断層に挟まれた高まりを地塁（ちるい）（ホルスト）といいます。アフリカの大地溝帯（だいちこうたい）や本州を分断する北部フォッサマグナは、長大な正断層群の活動によってつくられた巨大な地溝帯

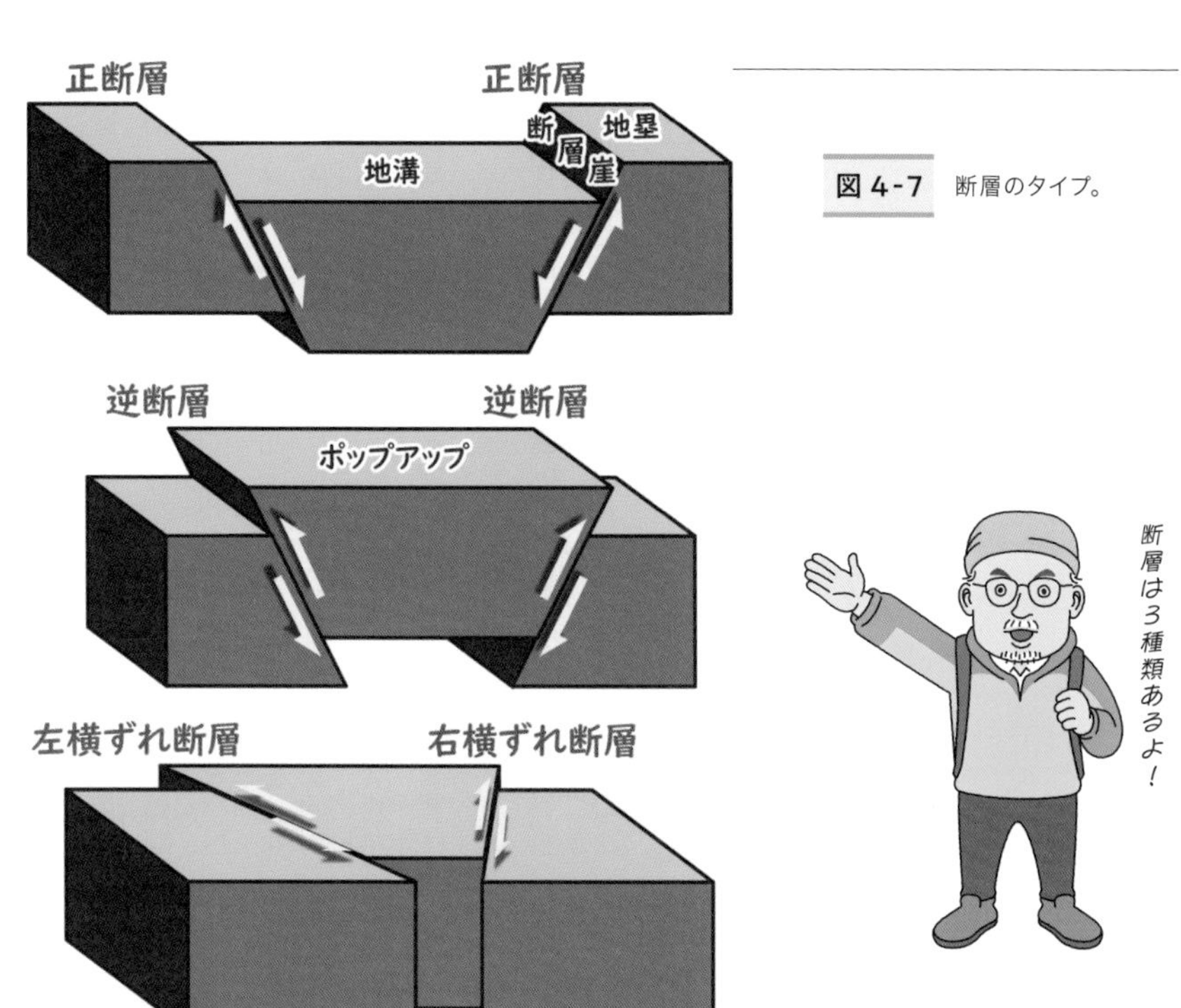

図4-7 断層のタイプ。

なのです。

　一方、正断層とは逆の動きをした場合、その断層を逆断層といいます。逆断層も地表に段差をつくりますが、のし上がったブロックの両端はオーバーハングしているので、すぐ崩れてしまいます。そのため、断層崖は断層面そのものではなく、崩落斜面になります。一組の逆断層に挟まれて隆起したブロックは、ポップアップといいます。

　これらに対し、横ずれ断層は大地が水平にずれるタイプで、正断層や逆断層のような地形の起伏をほとんどつくりません。アメリカ西海岸のサンアンドレアス断層はトランスフォーム断層という特殊なプレート境界ですが、断層の動きは横ずれ断層そのものです。段差をつくらない代わりに、断層を横切る河川や尾根などの目印をずらすので、地形を調べると断層の動きを知ることができます。

　この横ずれ断層は、断層を挟んで向こう側が左にずれる左横ずれ断層と、右にずれる右横ずれ断層に二分されます。2種類の横ずれ断層は斜交していて、ずれ方から大地に働いた力の向き（応力場(おうりょくば)という）を知ることができます。日本列島は、およそ300万年前から東西方向に押されてきました（東西圧縮）。中国地方も東西方向から押されていて、おおよそ北西－南東方向の左横ずれ断層と北東－南西方向の右横ずれ断層が活動しています。このように、リニアメントは日本列島に働いている力によって、規則的に配列する断層が地形として現れたものなのです。

断層線谷分水界に挟まれた凸地形

　そろそろ分水嶺の旅に戻りましょう。黒川ダムは姫路市から瀬戸内海に流れ出る市川の源流域なので太平洋側です（図4－8）。一方、黒川ダムの西隣の多々良木(たたらぎ)ダムの湖水は、兵庫県の豊岡市から日本海に注ぐ円山川に合流しています。したがって、分水嶺は西側の円山川水系と

図 4-8　黒川ダムから生野北峠までの分水嶺。
〔35.20,134.83〕

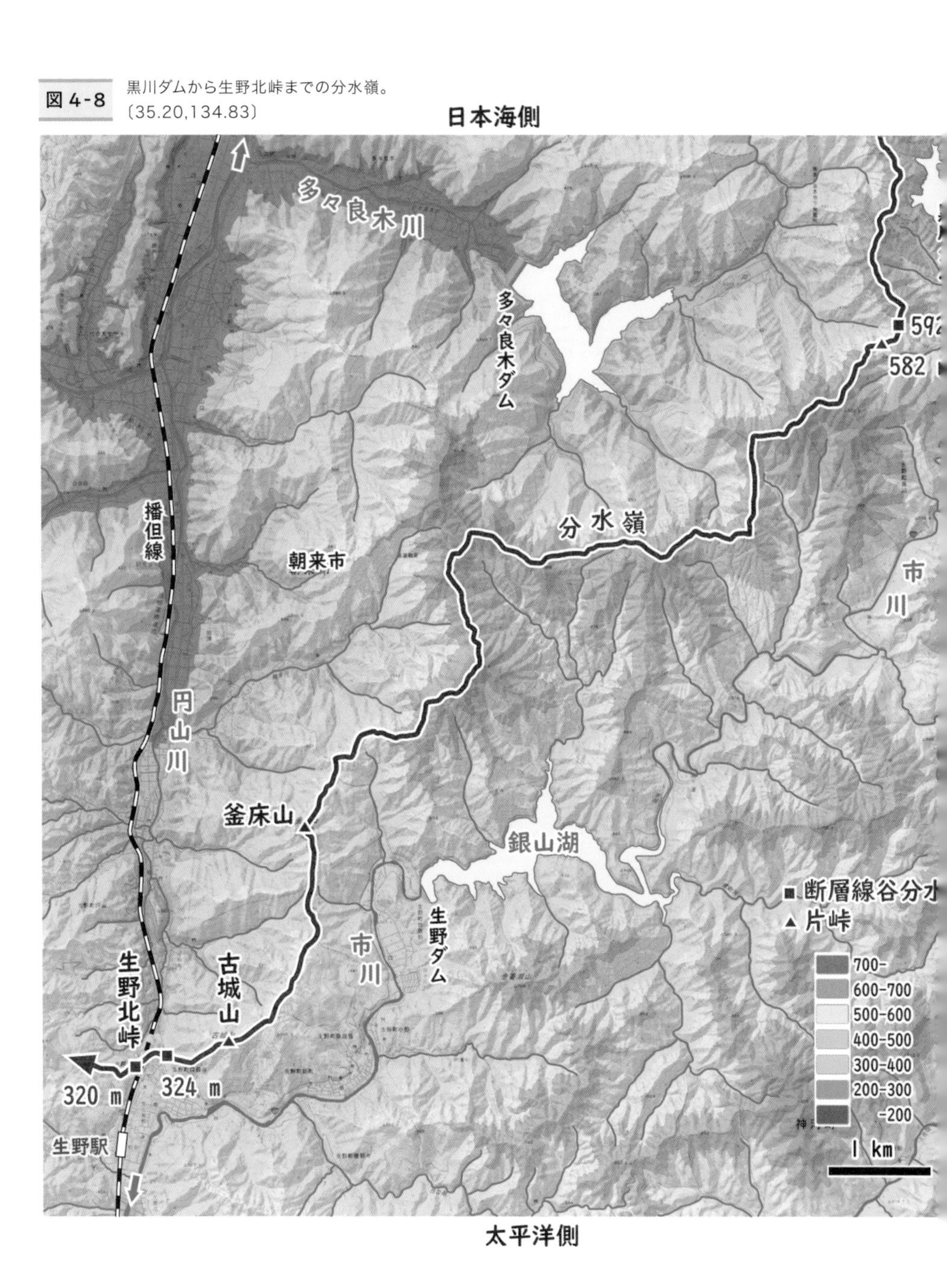

東側の市川水系の間を南下していくことになります。

　多々良木ダム湖を右手に見下ろしながら標高８００ｍ前後の尾根を南西に進むと、今度は生野ダムがせき止めた銀山湖が左手に見えてきました。気になる地形は見当たらないので、分水嶺を間違えないよう注意しながら先を急ぎましょう。釜床山（６４９ｍ）を通過して古城山（６０９ｍ）を過ぎると、尾根は一気に下って生野北峠（３２０ｍ）に到着です。

　生野北峠はＪＲ播但線の生野駅のすぐ脇で、幅の狭い平坦な谷の標高は３００ｍほど。黒川ダムの上流域に降った雨は市川に集まり、生野北峠の所で流れの向きを大きく南に変えていて……、ということは、もうお分かりですね、生野北峠は谷中分水界です（図４-９）。

　一方、生野北峠を水源とする円山川も峠の手前で流路を真北に変え、「天空の城」として話題の竹田城の脇を通り、日本海に流れていきます。つまり、ここ生野北峠の谷中分水界は、南北に

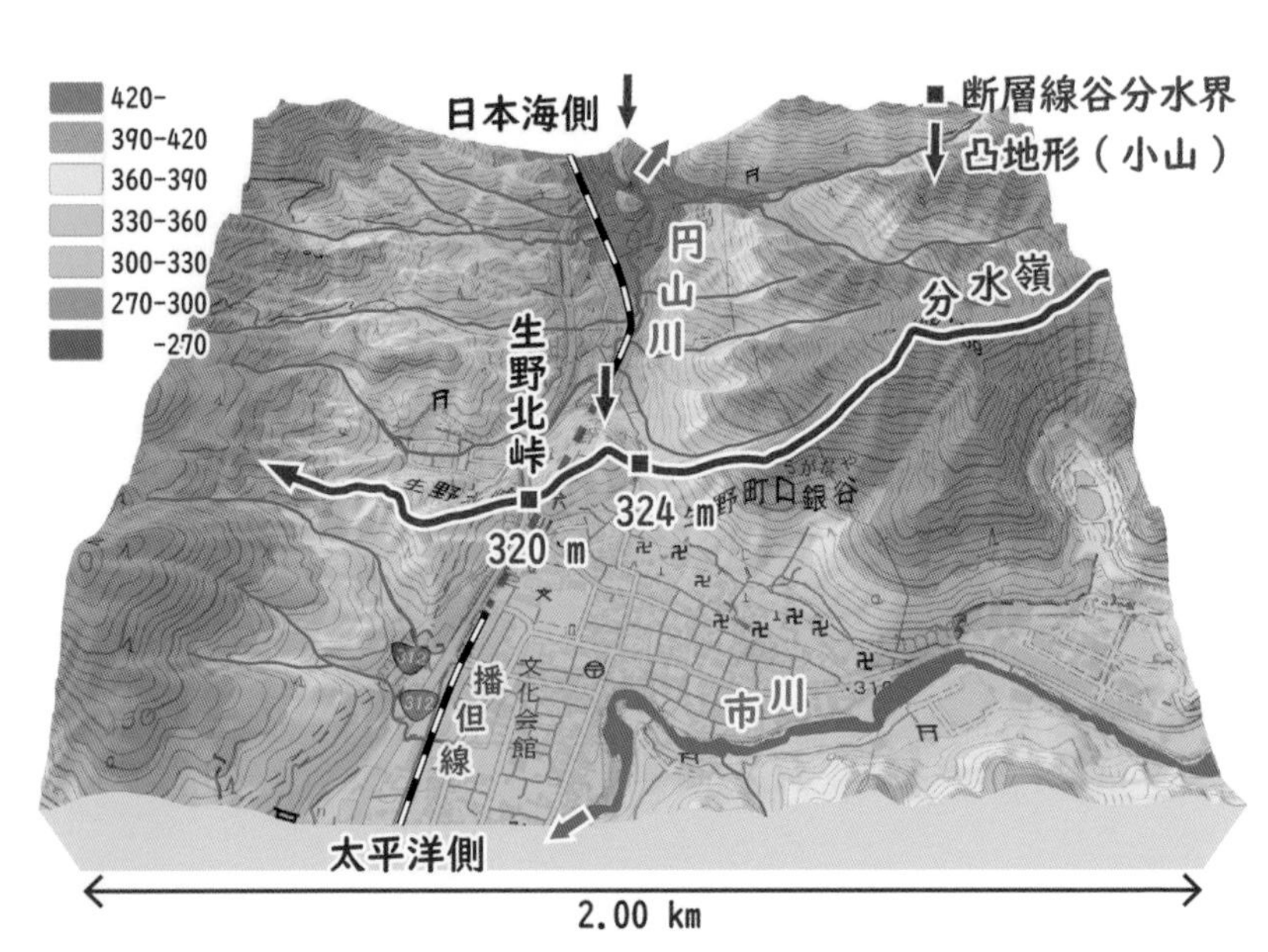

図 4-9　生野北峠の断層線谷分水界。
〔35.17,134.79〕

延びた直線状の谷地形を分かつ分水嶺なのです。

　南北に走るこの谷地形は、明らかに断層線谷です。シームレス地質図を見てみると、生野北峠の北側に分布する古生代ペルム紀の斑れい岩体は、南北方向に走る複数の断層によって分断されています（図4-10）。そして、生野北峠のすぐ東側にも、双子のように標高324mの峠（断層線谷分水界）があります（図4-9）。つまり、二つの峠に挟まれて小山が残されています。

　さらに、そのまま北に向かって地形を観察すると、同じようなレンズ状の小山が谷の真ん中に居座っています。つまり、南北に続くこの谷には併走する複数の断層が走っていて、直線状の谷地形が形成されました。そして、断層と断層に挟まれた部分は破砕をまぬがれ、小山となって残っているのでしょう。

　ということで、生野北峠の谷中分水界は、典型的な断層線谷分水界です。

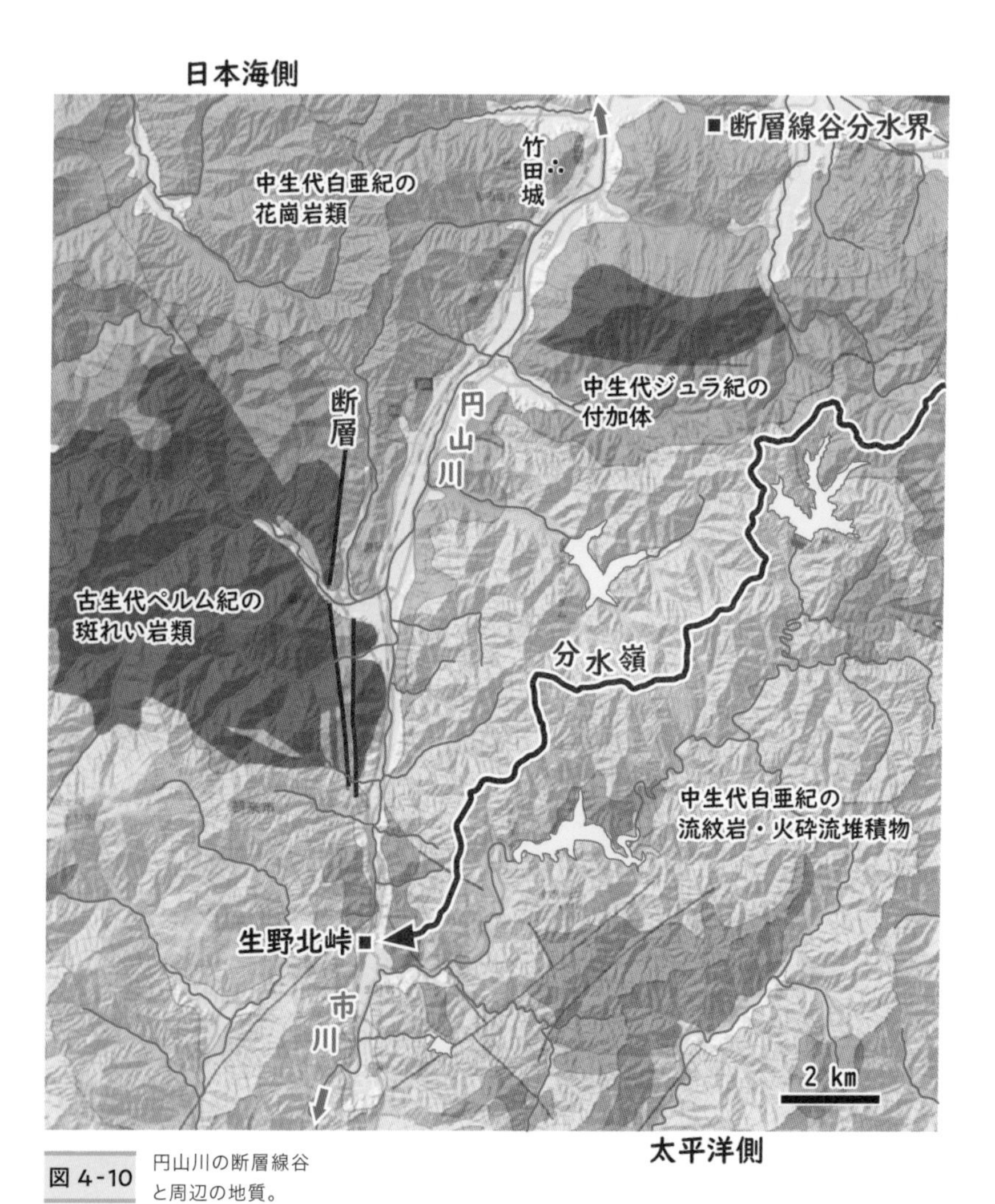

図 4-10 円山川の断層線谷と周辺の地質。

column

ちなみにちなみにチバニアン

ここで少し話は変わりますが、竹田城のさらに先、円山川の河口の手前には城崎温泉がありますね。志賀直哉の私小説『城の崎にて』の舞台の一つですが、私はまだ読んでいません。「城崎温泉で小説でも読みながら、ゆったりと時間を過ごせたらなあ」などと妄想しています。

最寄り駅のJR山陰本線・城崎温泉駅の一つ手前には、玄武洞駅があります。玄武洞は玄武岩の名前の由来で、およそ160万年前に噴出した溶岩の柱状節理が有名です。残念ながら、私は写真でしか見たことがありません。

玄武岩は、東京帝国大学の地質学者・小藤文次郎が、玄武洞にちなんで1884年に命名しました。小藤は、日本に近代地質学を導入した、あのナウマンの最初の教え子です。日本地質学会で賞を受賞すると、小藤文次郎博士の肖像メダルがもらえます。私は二つ持っています。ちょっと自慢です（図4-11）。

ちなみに、玄武洞の溶岩といえば、京都帝国大学の松山基範博士が、世界で初めて地磁気の逆転を発見したことでも有名です。地球には地磁気がありますが、過去の地磁気は岩石に保存されています。そこで、松山博士は東アジア各地の岩石について残留磁化を測定し、かつて地球磁場が反転していたとする説を1929年に提唱しました。20年以上も学会で無視されていましたが、1950年代に認められました。

地球史において最後の地磁気が逆転していた期間は、松山博士の功績を称えて「松山逆磁極期」とされ、世界の基準になっています。英語ではMatsuyama ChronではなくMatuyama Chronとされているのも時代を感じさせます。

ちなみに、最近話題になったあのチバニアンは、77万4000年前から12万9000年前の期間に与えられた世界基準の地質年代名です。地球史で最新（最後）の地磁気の逆転によって定義される松山逆磁極期とブルン正磁極期の境界（77万4000年前）が、千葉県市原市の養老川に露出している地層で確認されて認定されました。ちなみに……、いや、このくらいにして先を急ぎましょう。

図4-11

日本地質学会論文賞を受賞したときにいただいたメダル。

本流と支流の争奪合戦？

最後にもう一つ、興味深い谷中分水界を紹介しましょう。生野北峠の南側にある生野峠（361m）は、典型的な断層線谷分水界ですね（図4-12）。地形を見れば、一目瞭然です。

黒川ダムから流れ下ってきた市川は生野峠の手前で流路を西に変え、山地を横切る先行谷として蛇行しながら南に流れています。これに対し、生野峠の南には幅の広い平坦な谷が南に続き、水量の少ない猪篠川が南に向かって流れています（図4-12上）。つまり、生野峠は断層線谷に由来する谷中分水界です。

ところが、猪篠川は13㎞ほど南に下ると市川に合流してしまいます（図4-12下）。つまり、市川と猪篠川は本流と支流の関係です。これまで見てきた谷中分水界は、すべて太平洋と日本海を分ける別個の水系の分水界でした。一方、生野峠は同一の水系の中の谷中分水界です。

もしこのような谷中分水界が河川の争奪によって形成されたとしたら、どちらがどちらを争奪したのでしょうか。そもそも親子で争奪する必要があるのでしょうか。谷中分水界が河川争奪によってできたとする説は本当なのでしょうか。

今日は一日、断層三昧でした。中国山地に突入したら、断層線谷を横切る分水界がたくさん出てきました。谷中分水界は河川の争奪によってつくられたと学びましたが、少しずつ疑問が膨らんでいます。今日もすっきりしないまま、夕方になってしまいました。分水嶺の旅も3日目、疲れもそろそろたまり始めました。

今夜は銀山で栄えた古い街並が残る、生野の宿で一晩を過ごすことにします。

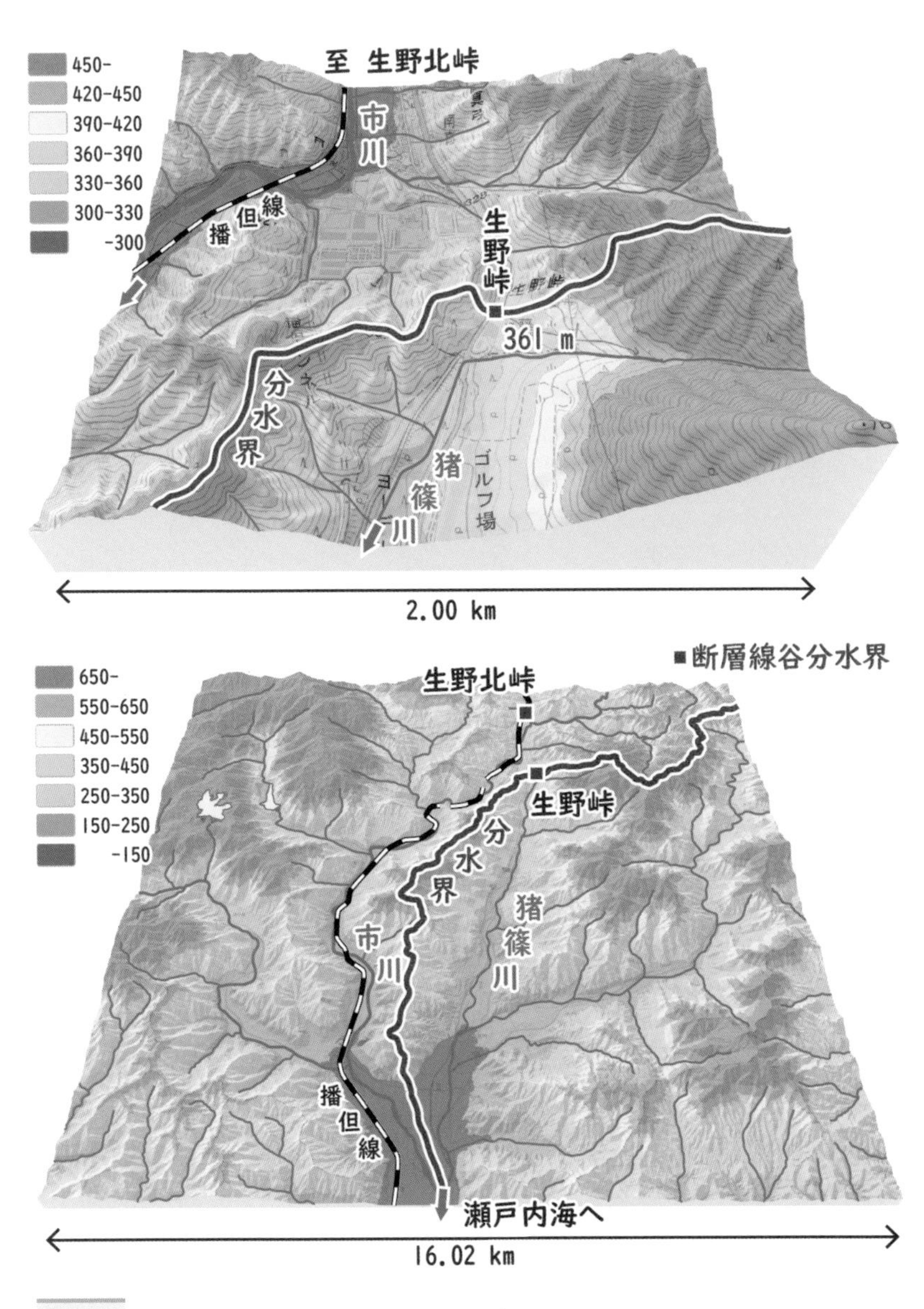

図 4-12 生野峠の断層線谷分水界。〔35.14,134.79〕

第4日

標高がそろう峠の不思議

三国岳（京都市南丹市）から始まった分水嶺の旅は、ついに中国山地の核心部へ突入。標高1000m超えの峠たちは、いまだに何も語ってくれません……。

もれなくセットの片峠と争奪の肱

今日も快晴、頑張って下関を目指しましょう。出発前に、今日のルートを確認しておきましょう（図5-1）。生野北峠を出発すると、分水嶺は北西へと続いています。フトウガ峰（1082m）の手前で90度向きを変えると、見事な片峠を通過します。今日最初のチェックポイントですね。そのまま段ヶ峰（1103m）から笠杉山（1032m）を越えていくと断層線谷分水界を横切りますが、藤無山（1139m）の先の若杉峠は見事な

図5-1 フトウガ峰から若杉峠までの分水嶺。

ので、2番目のチェックポイントは若杉峠にします。午前中にできるだけ距離を稼いでおきましょう。

最初のチェックポイントは、フトウガ峰の手前の片峠（909m）です（図5-2上）。日本海側は円山川の支流の田路川源流域で、分水嶺から田路川本流までは、高度差が400m以上の急斜面になっています。一方、太平洋側（南側）は市川の支流の栃原川で、傾斜の緩い浅い谷が、分水嶺に沿って山頂近くまで続いています。谷が片峠の所で90度向きを変えるのは、昨日見た遠阪峠（図5-2下）と全く同じです。これも争奪の肱でしょうか。

フトウガ峰の片峠は、「旅の準備」で学んだ阿武隈山地の大草川の河川争奪地形と似ています。ところが、争奪した大草川に見られる争奪の肱が、ここでは争奪されそうな栃原川に見られます。太平洋側の栃原川が日本海側の河川（田路川）の上流部を争奪した後、田路川のほうの侵食が進んでしまったのでしょうか。河川の争奪説には、なかなかスッキリと合致しません。

そういえば、初日に見た佐々里峠の非対称な谷地形も、峠の手前で谷が90度向きを変えていました。佐々里峠は、もともと片峠だったのでしょうか。河川の争奪によって、片峠になったのでしょうか。

これらの片峠は、谷中分水界のなれの果てなのでしょうか。侵食フロントが到達している日本海側だけ深く侵食されたために、見事な片峠になっているのでしょうか。2日目に見た藤坂峠が隆起して日本海側の侵食が進めば、フトウガ峰や遠阪峠のような片峠になるのかもしれません。

ということは、片峠と90度向きを変える谷の組み合わせは、その場所で河川の争奪が起こったということなのでしょうか。そもそも、片峠の前段階と推定している谷中分水界の成因そのものがよく分かりません。いまひとつ、すっきりと理解できません。

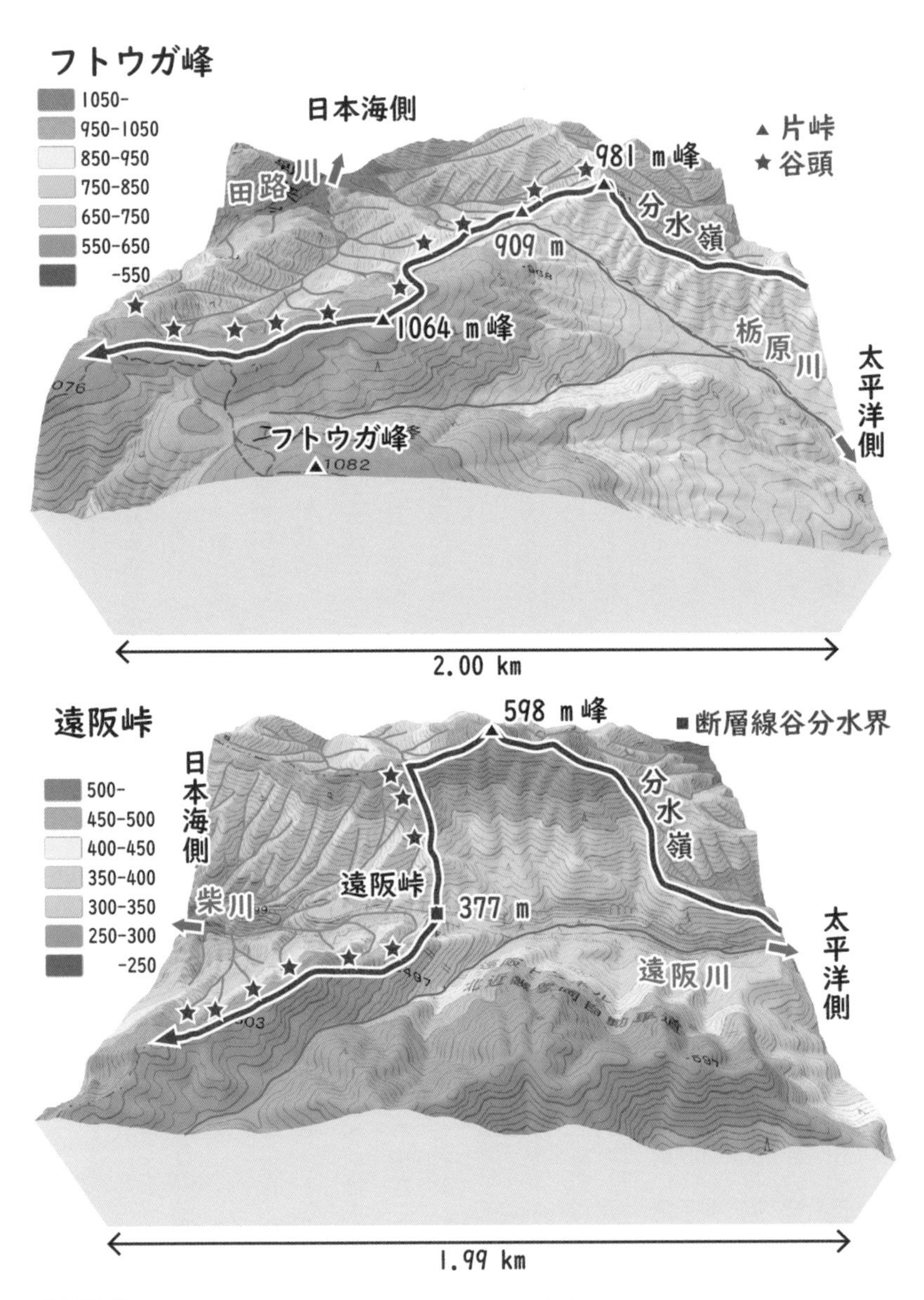

図 5-2 遠阪峠の地形（下）とそっくりなフトウガ峰の片峠（上）。〔35.20,134.74〕

片峠を越えない侵食フロント

ところで、この片峠と太平洋側を流れる栃原川の河床との高度差は10mほどしかありません。一方、日本海側の急斜面に発達する谷の谷頭（侵食フロント）は、いずれも尾根付近まで到達しています（図5-2★印）。それにもかかわらず、日本海側からの侵食フロントは、片峠を越えて栃原川を争奪していません。2日目に見た栗柄峠の片峠や3日目に見た遠阪峠の手前の片峠もそうでした。

そもそも河川の争奪によって、谷中分水界と片峠ができたといわれているのに、その片峠が争奪されそうで争奪されていないのをどう考えればいいのでしょうか。あるいは、争奪されてできた片峠が、今度は争奪され返されてしまったのでしょうか。そうだとしたら、河川の争奪は永遠に終わりません。「やぎさんゆうびん♪」の歌詞のように、いつまでたっても河川の争奪が繰り返されてしまいます。それはさすがにないでしょう。悶々としながらも、先に進みましょう。

遠く離れた片峠の高さがそろうのは偶然？

分水嶺は西側の揖保川水系（太平洋側）と、東側の円山川水系（日本海側）を分ける尾根に続いています。笠杉山を越えると、分水嶺は蛇行河川のように右に左に行ったり来たり。侵食の進んだ断層線谷分水界はありますが、とくに気になる地形は見当たりません（図5-1）。「谷中分水界かなぁ」と思える富士野トンネルの上を通過して藤無山（1139m）を越えると、典型的な片峠の若杉峠に到着します（図5-3）。

若杉峠（719m）は、日本海側が深く切れ落ちた典型的な片峠ですね。太平洋側は引原川の支流で、若杉峠の手前で流路が90度向きを変えることも、これまで見てきた片峠の特徴と同じです。若杉峠の手前にも、引原川の支流の源流部に片峠の名残があります。標高は897m

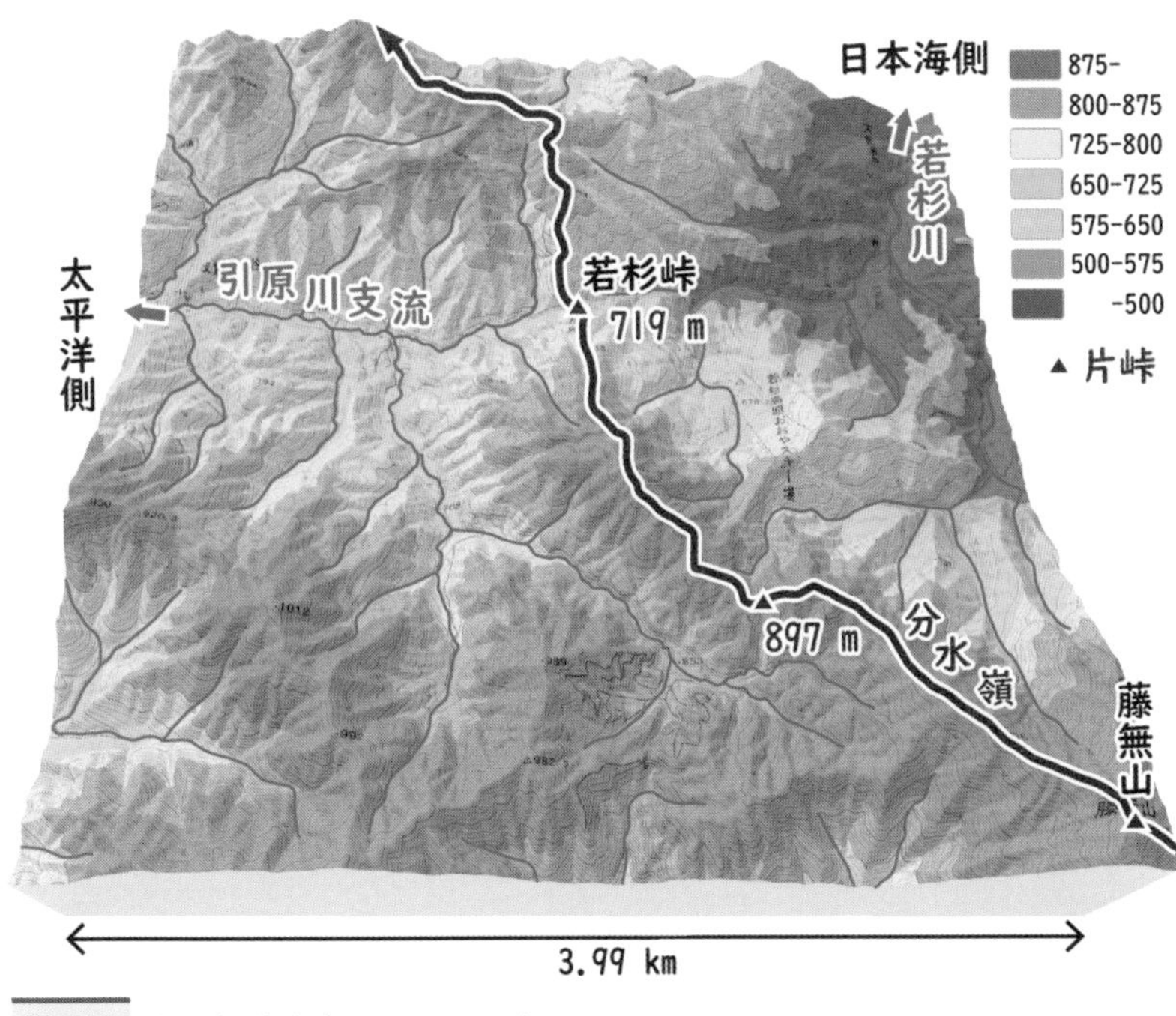

図5-3　若杉峠の片峠。(35.29,134.58)

で、先ほど見たフトウガ峰の片峠の標高（909m）とほとんど変わらないのは偶然でしょうか。

さらに、この先のルートを確認しておきましょう（図5-4）。若杉峠を過ぎると、分水嶺は北西に真っすぐ延びる尾根に沿って徐々に標高を上げていきます。両側の斜面が落ちこんだ稜線は、途中から南西側（太平洋側）だけ緩斜面に変わっています。そのまま標高1464mのピークまで一気に登ると、目の前には高度差が500mに達する馬蹄形の急斜面が切れ落ちています。この急斜面はつく米川（よねがわ）の源流域で、降った雨は八東川から千代川を経て、鳥取砂丘の脇から日本海に流れ出ます。ということは、この先は鳥取県、ようやく中国地方です。

谷底から湧き上がる涼風を受けると、一気に汗が引きます。風に飛ばされないよう、シームレス地質図を広げて確認しましょう。この緩斜面は、およそ300〜200万年前に活動した氷ノ山（ひょうのせん）（1510m）の火山噴出物がつくる地形です。確かに、氷ノ山の山頂を中心に放射状に刻む谷を

図5-4

20万分の1日本シームレス地質図®V2をもとに作成した、氷ノ山を構成する火山噴出物（照来層群）の分布（オレンジ色の部分）。

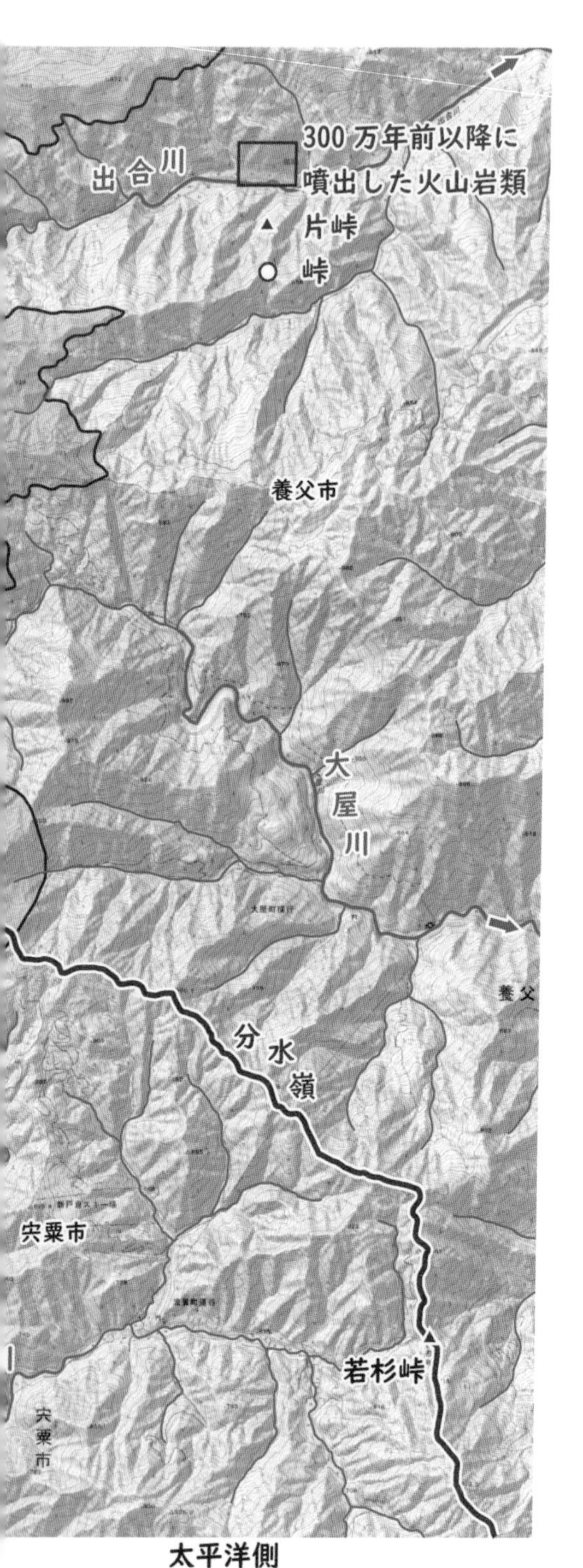

見ると、円錐形だったかつての火山地形を想像することができます。馬蹄形にえぐれた鳥取県側の広い凹地（おうち）は、山体崩壊の痕跡なのでしょうか。

第四紀の火山は要注意

ところで、分水嶺の旅では、第四紀の火山は要注意です。地下から噴出した大量のマグマによってつくられる火山は、地形を大きく変えてしまうからです。その結果、かつての分水嶺はルートを変えてしまっているかもしれません。

例えば、富士山は日本一の高さを誇る巨大な

日本海側

成層火山ですが、分水嶺から遠く離れた富士山によって分水嶺のルートは変わりません。分水嶺の太平洋側に誕生した富士山に降った雨は、すべて太平洋に流れ出るからです。

一方、分水嶺に接するように巨大な火山が形成されると、新たな分水嶺は火山の中を通過してしまう場合があります。ただし、新たな分水嶺は、火山に降った雨水を太平洋側と日本海側に分ける分水界につながるだけなので、この場合も大きな問題にはなりません。

ところが、火山によって分水嶺との間に大きな湖ができてしまうと問題です。あふれ出した水が他方の海洋側に流出すると、分水嶺は大きく変更されてしまうからです。

実際、札幌の北から日本海に注いでいる石狩川は、4万年前まで石狩低地帯を南流し、苫小牧から太平洋へ流出していたと考えられています（図5-5）。

ところが、支笏火砕流堆積物によって浅い谷が埋められ、広大な堰止湖がつくられました。その後、上昇した湖面は北側の野幌丘陵の鞍部を越えて日本海側に流出し、現在の石狩川の流れができと推定されています（松下他、1972）。

その結果、石狩川の広大な集水域は太平洋側から日本海側に転換し、分水嶺は石狩川水系の北縁から南縁に大きく変更になりました。分水嶺の旅において、第四紀の火山には注意が必要なのです。

地質図から読み解く太古の地形

ここでもう一度、図5-4を見てみましょう。氷ノ山の火山岩類の分布を地形図に重ねると、興味深い特徴が見えてきます。私が何に注目しているのか、分かりますか？　図が小さいので等高線は読み取れませんが、陰影を重ねているのでおおよその地形の起伏は判別できると思います。

図を見ると、火山岩類は標高の高い所だけに分布していますね。色を塗っていない周囲の地

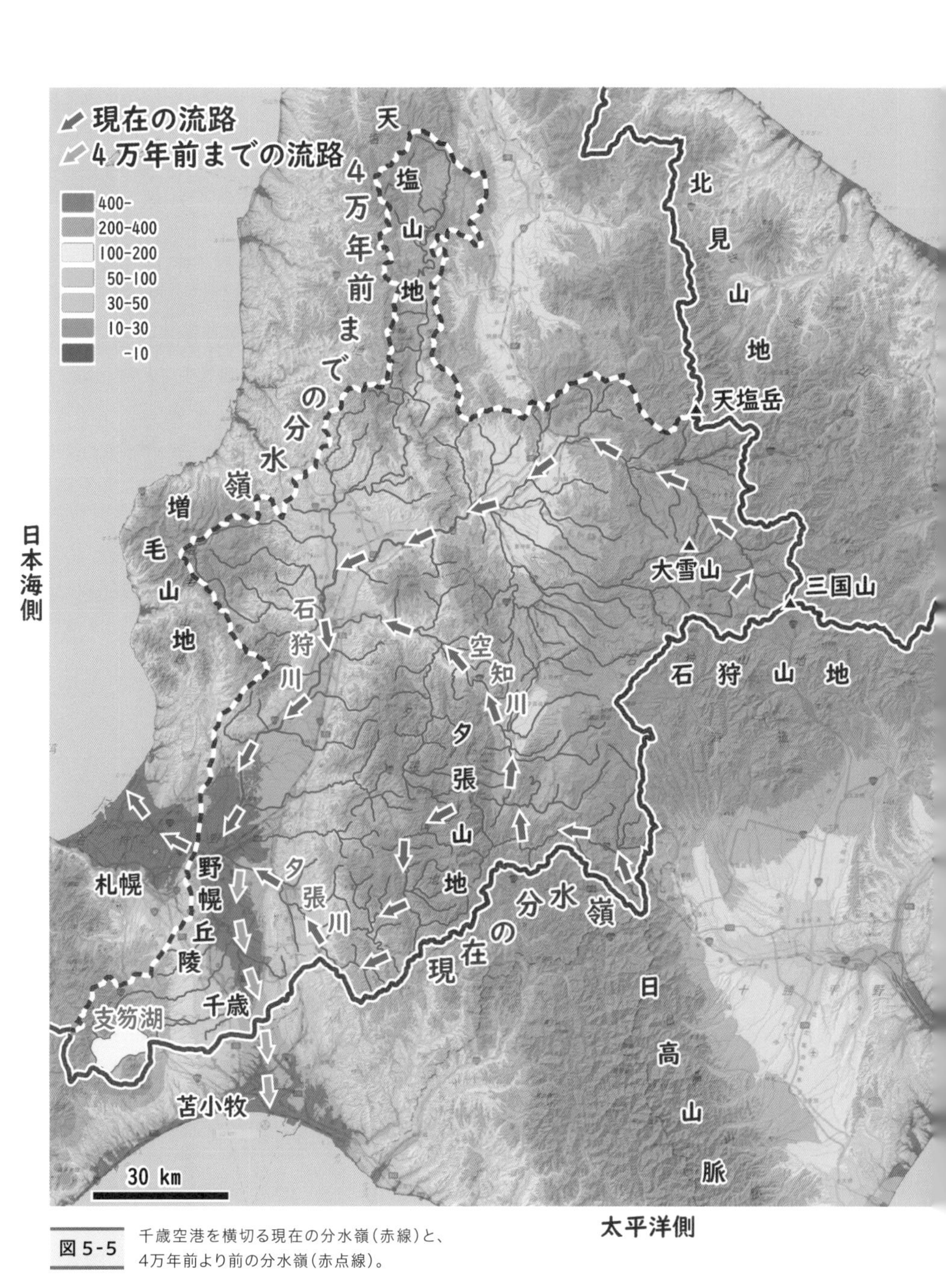

図5-5 千歳空港を横切る現在の分水嶺（赤線）と、4万年前より前の分水嶺（赤点線）。

層や岩石は、これらの火山岩類よりも古いため火山岩類に覆われています。地質学において唯一ともいえる『地層累重の法則』です。新しい地層は、古い地層の上に重なっているのです。言い方を変えれば、古い地層は新しい地層の下に覆い隠されているのです。

しかし、私が気にしているのは、オレンジ色に着色している部分と色を塗っていない部分の境界、つまり火山岩類が古い地層や岩石を覆っている境界なのです。その境界は、おおよそ標高が1000mの等高線に沿っていますね。このことは、古い岩盤がつくるほぼ水平で平坦な大地の上に、火山岩類が堆積したことを意味しています。せっかくですから、地質図の見方を簡単に説明しましょう。

地層の曲がり具合は傾斜が鍵

図5-6は、発泡スチロールでつくった地層の模型です。図の上（A1とB1）は四角柱の各面に地層を色分けして塗色したもの、下（A2とB2）は波形に切断した断面にも地層を塗色したものです。

四角柱の模型を見ると、A1よりもB1のほうが、地層の傾斜が大きいことが分かりますね。この状態で四角柱を手前の面に平行に縦に輪切りにした場合、断面はすべて同じ縞模様になることは容易に予想できるでしょう。ところが、図の白線のように、少し右側に傾いた波状にこの四角柱を切断したとしたら、その断面（凹凸面）に現れる縞模様を想像するのはなかなか難しいでしょう。下の図（A2とB2）はそれぞれの解答ですが、上の図と何度も見比べれば、波状の断面に折れ曲がった縞模様が現れることを理解できると思います。これが、地質図判読の基本です。

ここでA2とB2の凸凹した上面を地形と考えてください。出っ張っている部分が尾根で、凹んでいる部分が谷です。谷は右側に傾斜しているので、水を流せば右に向かって流れ下りま

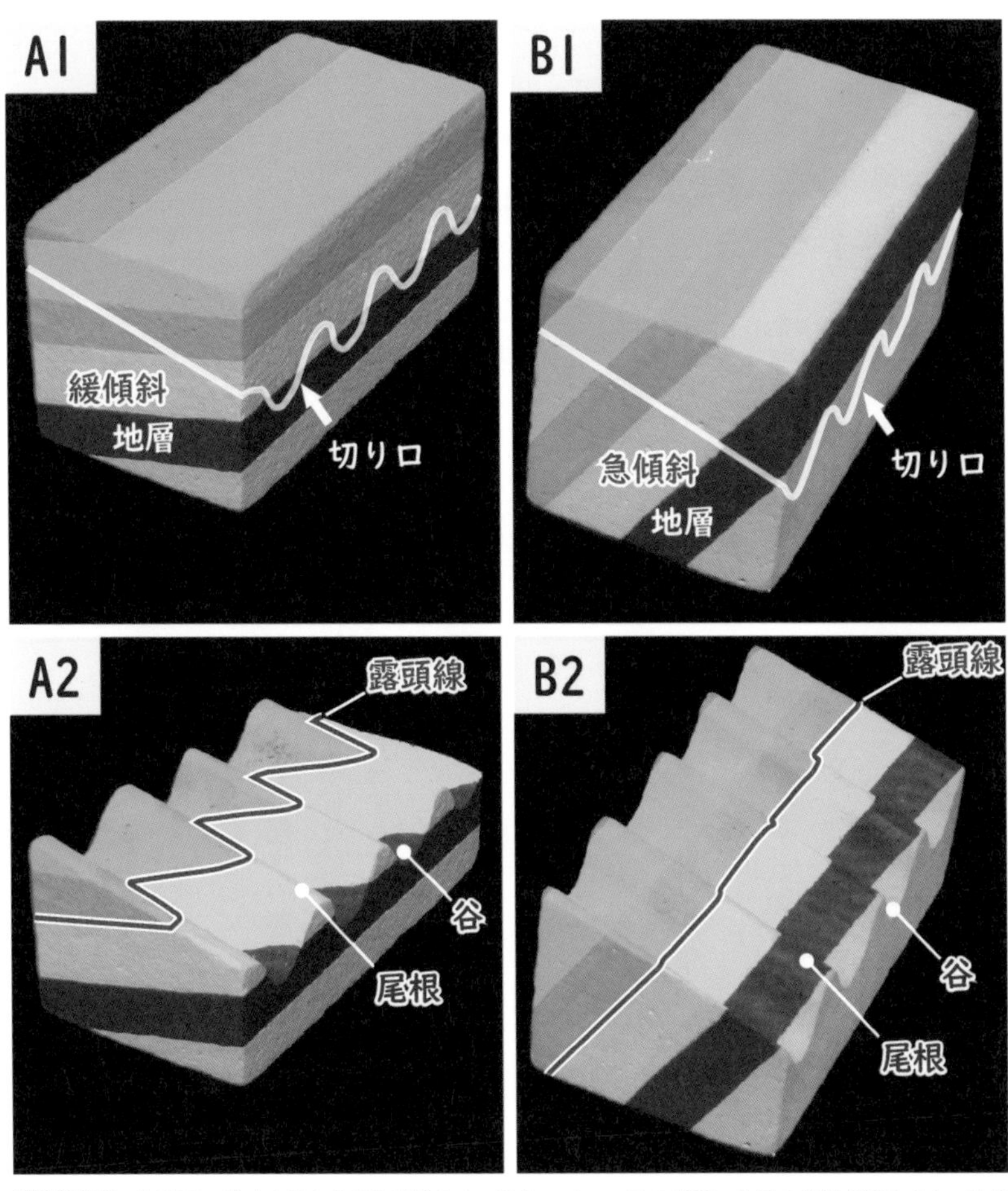

図5-6 地質図の基本を学ぶために製作した、発泡スチロールの模型。地層の傾斜が変わると、地質図の曲がり具合が変わる。

す。そして、A2とB2の地表に現れた地層は、いずれもくねくねと折れ曲がっています。地層面は平らなのに地表に現れた地層が曲がっているのは、実は地形の効果による見かけです。そして、この地表に現れた地層を真上から見た図が地質図なのです。

さて、A2とB2を比べると、A2の地層の境界線（露頭線（ろとうせん）という）のほうが大きく曲がっていますね。二つの模型の切断面は同じなので、地層の曲がり具合の違いは地形の影響ではなく、地層の傾斜の違いに起因しています。例えば、地層の傾斜が90度、つまり鉛直だったら、地質図は平行で直線状の縞模様として表されます。反対に、地層が水平だったら、地層の境界線は等高線と平行になります。

つまり、地形の効果によって地層の境界線は曲がりますが、この曲がり具合によって地層が緩傾斜なのか急傾斜なのかを判断することができます。もちろん、地層がどちら側に傾いているのかも分かります。

なぜ地質図は、このように複雑な図として描かれるのでしょうか。例えば地表が真っ平だと、地質図に表現された地層は平行で真っすぐな縞模様になってしまいます。その結果、地層がどちら側に傾いているのか分かりません。地質研究者は起伏のある地形図に描かれた地質図を見た瞬間に、地層の傾斜方向やおおよその傾きを判読することができます。ところが、地質を専門としない人にとっては、地質図は単なるカラフルな墨流しにしか見えません。地質学は難しく、一般の方にはハードルの高い学問だと思われてしまう理由です。

300万年前の大地は真っ平

それでは、このことを念頭に、図5-4をもう一度見てみましょう。オレンジ色に塗った火山岩類の基底が等高線とほとんど一緒なので、火山岩類がほぼ水平に重なっていることは理解できますね。ただし、重要なのはここからです。

氷ノ山を構成する火山岩類は、およそ３００万年前の大地の上に堆積し始めました。そのときの大地は、どのような地形だったのでしょうか。そうです。かなり平坦な地形だったはずです。

例えば、いまこの地域に大量の火砕流堆積物が降り積もったとしたら、火砕流堆積物の基底の標高は場所によって大きく異なるはずです。なぜなら、深い谷底の標高は４００ｍ以下なのに、尾根の標高は１０００ｍを超えています。つまり、火砕流堆積物の基底の標高は数百ｍ以上もばらつくはずです。言い換えるならば、同じ地層の基底の標高が近い場所で大きく異なっている場合、その地層が堆積した当時の大地は起伏の大きい凸凹した地形だったことが分かります。

このように、地質図を丁寧に判読すれば、太古の地形である古地形を復元することができます。そして、氷ノ山の火山岩類の分布から、３００万年前の大地は驚くほど平坦な地形だったことが推定できます。その地形はデービスのいう準平原（じゅんへいげん）なのでしょうか。中国地方の地形に関する最大で未解決の難問、準平原の謎を解く鍵になるかもしれません。

目的地である下関ははるかかなた、分水嶺の旅をいつ終えられるのか分からない状況ですが、すでに新たな旅のテーマが見つかりました。

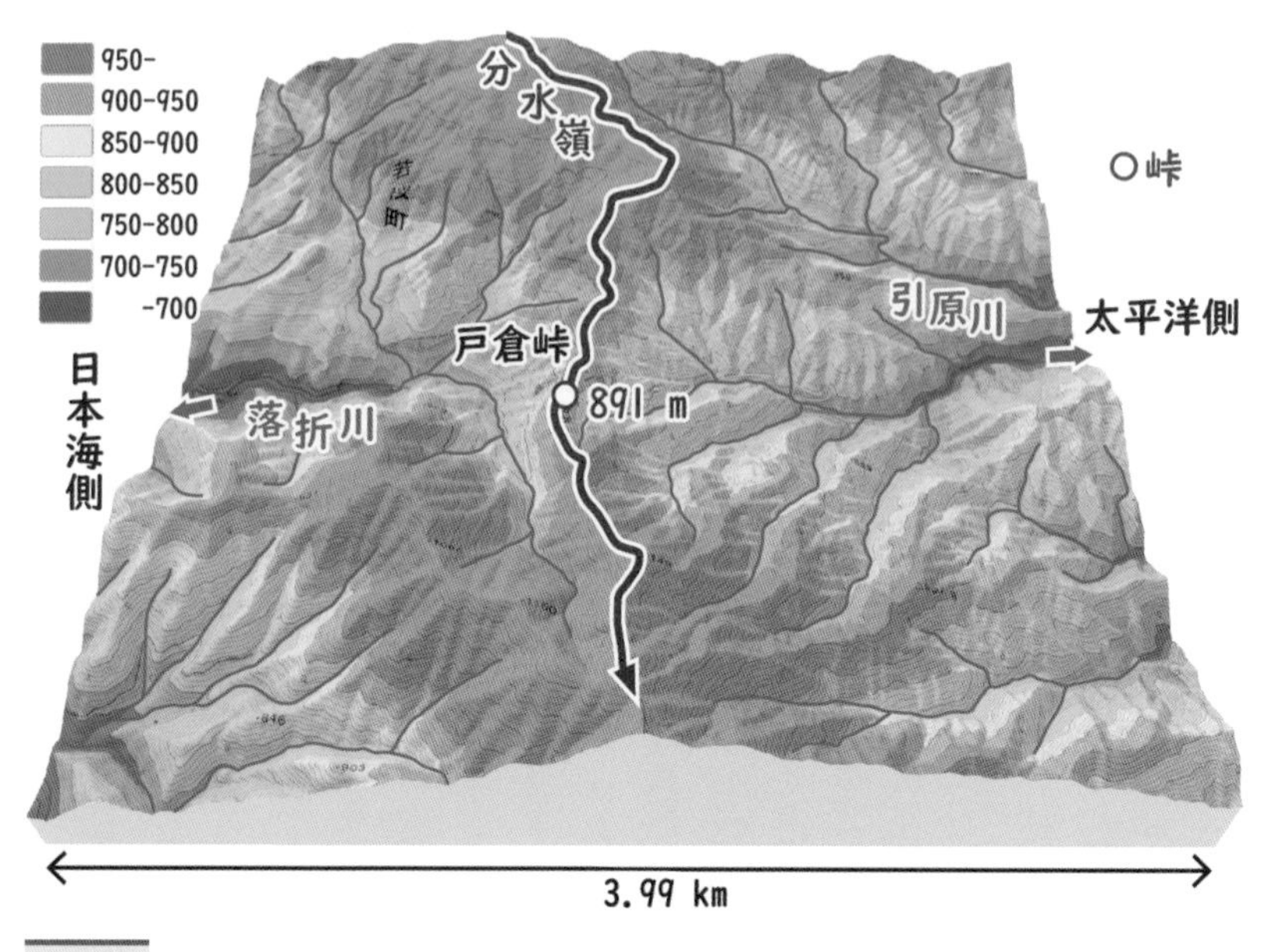

図 5-7 戸倉峠周辺の地形。落折川は峠の手前で流れの向きを90度変えている。〔35.30,134.51〕

両峠の手前で流れの向きを変える川

さて、火山噴出物からなる氷ノ山から南に下り切ると、戸倉峠（とくらとうげ）に到着します（図5-7）。戸倉峠は谷中分水界でも片峠でもなく、峠の両側が傾斜する普通の峠〝両峠〟です。でも地形をよく観察すると、戸倉峠の西側（日本海側）の落折川は、峠の手前で流れの向きを90度変えています。これは、これまで見てきた片峠の特徴です。戸倉峠もかつては谷中分水界で、片峠を経たのちに両側とも侵食されて、普通の峠になったのでしょうか。こうしてみると私には、「谷中分水界」➡「片峠」➡「両峠」の図式が成り立つように思えるのです。戸倉峠の標高(891m)が、若杉峠の手前の片峠の標高（897m）にほとんど一致するのも何か意味がありそうです。

高さのそろった峠たち

ここから尾根の標高は1000mを超え、尾根の両側とも侵食が進んでいるのでルートを間違えることはないでしょう。三室山（1358m）に登ったらルートを西にとり、大通峠（1032m）を越えると、江浪峠（1106m）を通過します（図5-8）。江浪峠は、白亜紀の花崗岩を切る、北北東-南南西方向の断層線谷と分水嶺の交差点です。江浪峠を過ぎると岡山県と鳥取県の県境を進んで行くので、ここで兵庫県ともお別れです。

しばらく進むと、若杉峠（1047m）の片峠を横切ります（図5-8）。その手前にも、標高が1047mの片峠があります。片峠の太平洋側は瀬戸内海に注ぐ吉野川の源流で、谷は峠の手前で流れの向きを90度変えています。一方、日本海側は八東川支流の吉川川の源流域で、太平洋側とは対照的に深く落ちこんでいます。

図5-8 江浪峠周辺の地形。〔35.24,134.40〕

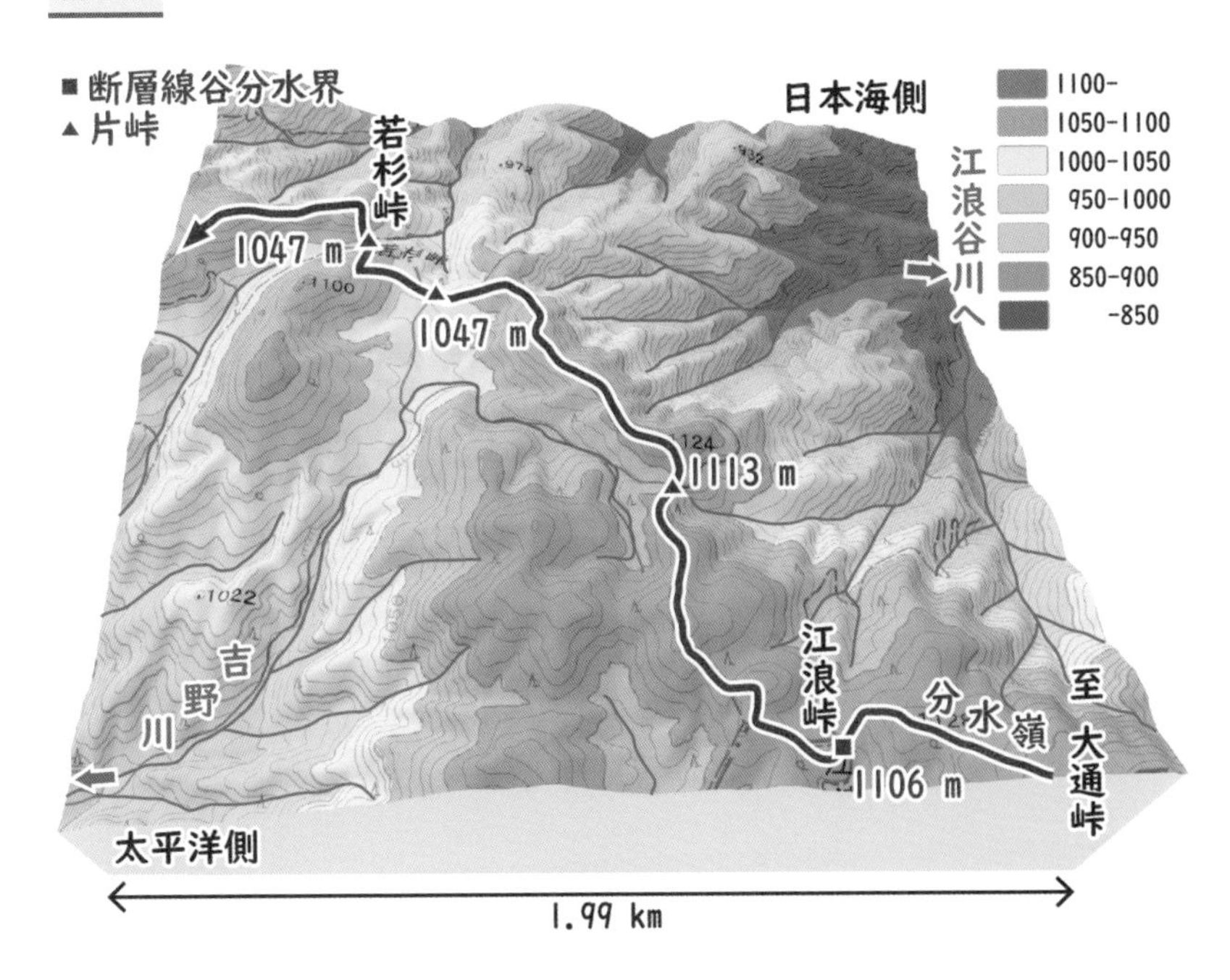

尾根も峠も高さがほぼ一緒

若杉峠から先のルートを確認しておきましょう（図５-９）。若杉峠から西の尾根に沿って標高１２００ｍまで登ると、沖ノ山（１３１８ｍ）へ高い山並みが続いています。しかし、分水嶺は突然南の尾根に逸れて、１段低い標高８００ｍ前後の定高性のある痩せた尾根へ下ってしまいます。尾根の南側は吉野川、北側は千代川で、徐々に高度を下げると、幅が狭く短い谷を横切る志戸坂峠（５８９ｍ）の断層線谷分水界を通過します。

分水嶺はそのまま西に続いていますが、気になるような地形はとくに見当たりません。いったん１０００ｍまで分水嶺は高度を上げ、ルートを北にとると、木地山（９０８ｍ）を左手に見過ごして右手峠（６２８ｍ）に到着します。

図 5-9　若杉峠から右手峠までの分水嶺。

右手峠は典型的な片峠です（図5-10）。その先で尾根は二股に分岐し、大師峠（627m）から北へ穂見山（976m）に続く稜線は日本海側なので、西に続く定高性のある尾根を進んで行くと、標高が647mの黒尾峠に到着します。ちょっとひと休みして、いま歩いてきたルートを振り返ってみましょう。

右手峠（628m）と黒尾峠（647m）は、いずれも日本海側の侵食が進んだ片峠です。数km以上も離れているのに、二つの片峠の標高の差が20mしかないのは何か理由があるのでしょう。分水嶺の途中にある〝両峠〟の標高も、630mほどにそろっています。別の水系を分ける大師峠の標高（627m）も、右手峠にほとんど一致しています。

谷中分水界の片側が侵食されれば片峠に、両側の侵食が進めば峠（両峠）になると予想しました。定高性のある尾根や、隣接する峠の標高がそろうのは、何か理由があるはずです。分水嶺の謎を解く鍵になるかもしれません。

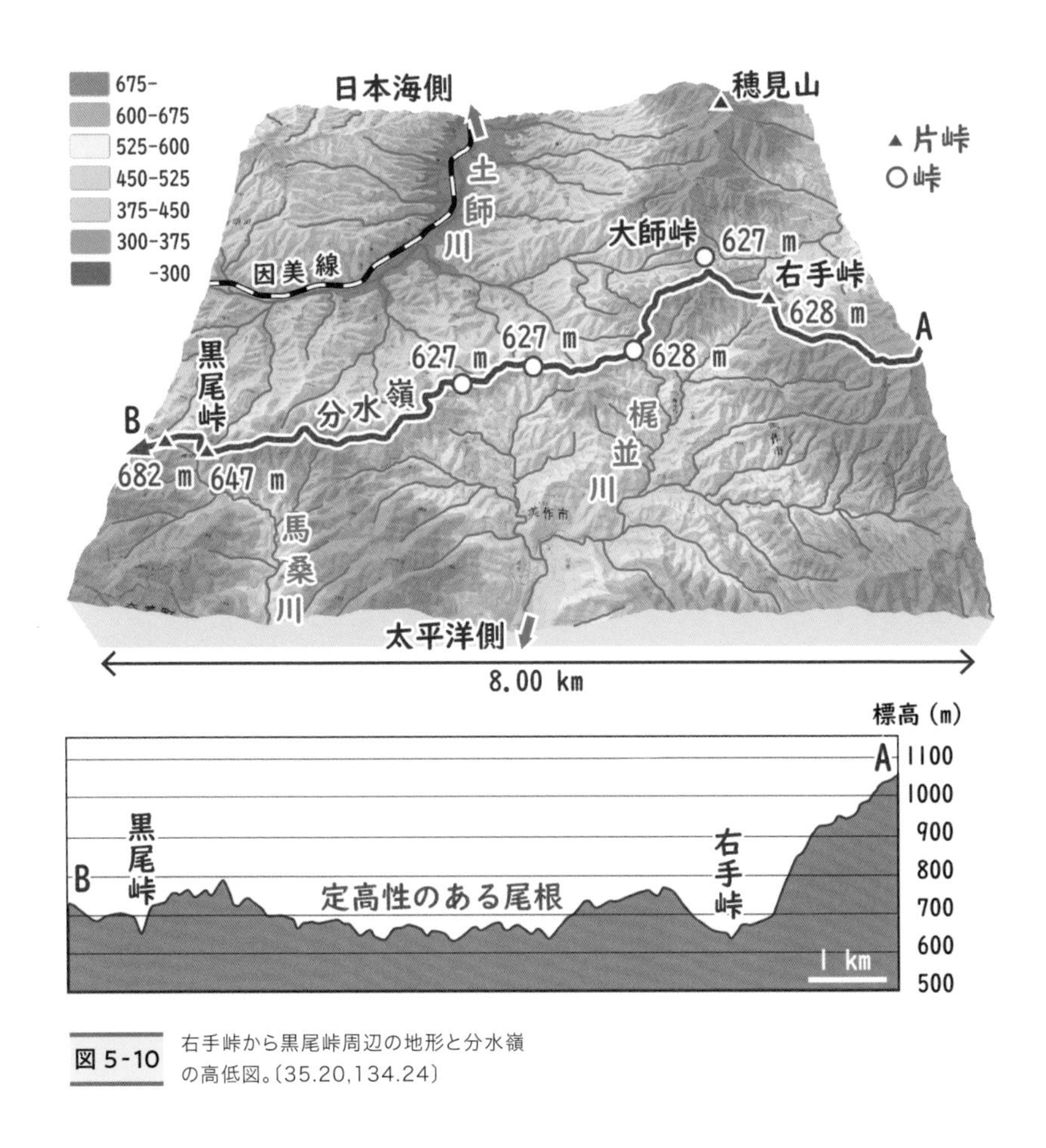

図 5-10 右手峠から黒尾峠周辺の地形と分水嶺の高低図。〔35.20,134.24〕

高い山並みを通過しない分水嶺

黒尾峠の先を確認しておきましょう。分水嶺は高度を一気に６００ｍ上げると、那岐山（１２５５ｍ）から滝山（１１９７ｍ）、さらに広戸仙（１１１５ｍ）に続く稜線にたどりつきます（図５-11）。東西に連続する痩せた尾根と、南側に広がる平坦な津山盆地との高度差は１０００ｍを超えています。爽快な尾根をそのまま西に進むと太平洋側の加茂川にぶつかるので、滝山の手前で北に続く尾根を下りていかなければなりません。連続する尾根の途中で分水嶺が突然斜面を下ってしまうのは、これまで何度も経験してきました。必ずしも、一番高い山並みを分水嶺が通過しないことも、中国地方の地形の不思議な特徴の一つです。

釈山（７５３ｍ）から物見峠（６２７ｍ）を越え、桜尾山（９５６ｍ）で北に続く尾根に乗り換えます。すると、前方に標高が９００ｍ前後の奇妙な平坦地が広がっています。黒岩高原と呼ばれる平原で、シームレス地質図で確認すると、数百万年前に噴出した流動性のある玄武岩の溶岩台地のようです。溶岩は固く侵食に強いため、このように平坦な地形（メサ）が残されるのでしょう。溶岩台地の縁辺部には片峠がいくつか見られます。

黒岩高原を過ぎると定高性のある尾根が北西に続き、分水嶺は険所峠（８９２ｍ）から向きを西に変えています。八本越（１０１７ｍ）の手前とその先では、ほとんど標高が変わらない（なんと、８８７ｍと８７８ｍ）片峠を横切ります。

分水嶺の両側は、日本海側だけでなく太平洋側も侵食が進んだ急斜面です。そして、太平洋側が加茂川水系から吉井川水系に変わると、太平洋側は突然なだらかな地形に変わります。そのため、分水嶺は深く切れ落ちた日本海側と、なだらかな太平洋側の対照的な地形の境界に沿って続いています。分水嶺は徐々に高度を下げ、下りきった所で辰巳峠（７８９ｍ）に到着

日本海側

太平洋側

図 5-11 黒尾峠から辰己峠までの分水嶺。

です（図5-12）。

辰己峠は日本海側が深く侵食された見事な片峠で、その手前にも標高が837mの片峠があります。分水嶺の日本海側は千代川支流の佐治川の源流域で、佐治川から延びる無数の谷の谷頭（侵食フロント）は、すでに稜線近くまで到達しています。仮に佐治川による侵食が進んでいなかったとしたら、分水嶺の日本海側には、太平洋側と同じような平坦な地形が広がっていたでしょう。そのときは、辰己峠の片峠はまだ平坦な谷中分水界だったと推定されます。

標高1000mの片峠たち

さて、辰己峠を後にして、500m以上も切れ落ちた深い谷を右手（東側）に見ながら非対称な稜線を北上すると、因幡・伯耆（鳥取県）・美作（岡山県）を分ける、標高1213mの三国山に到着します（図5-13）。

三国山から西に続く尾根を下っていくと、日

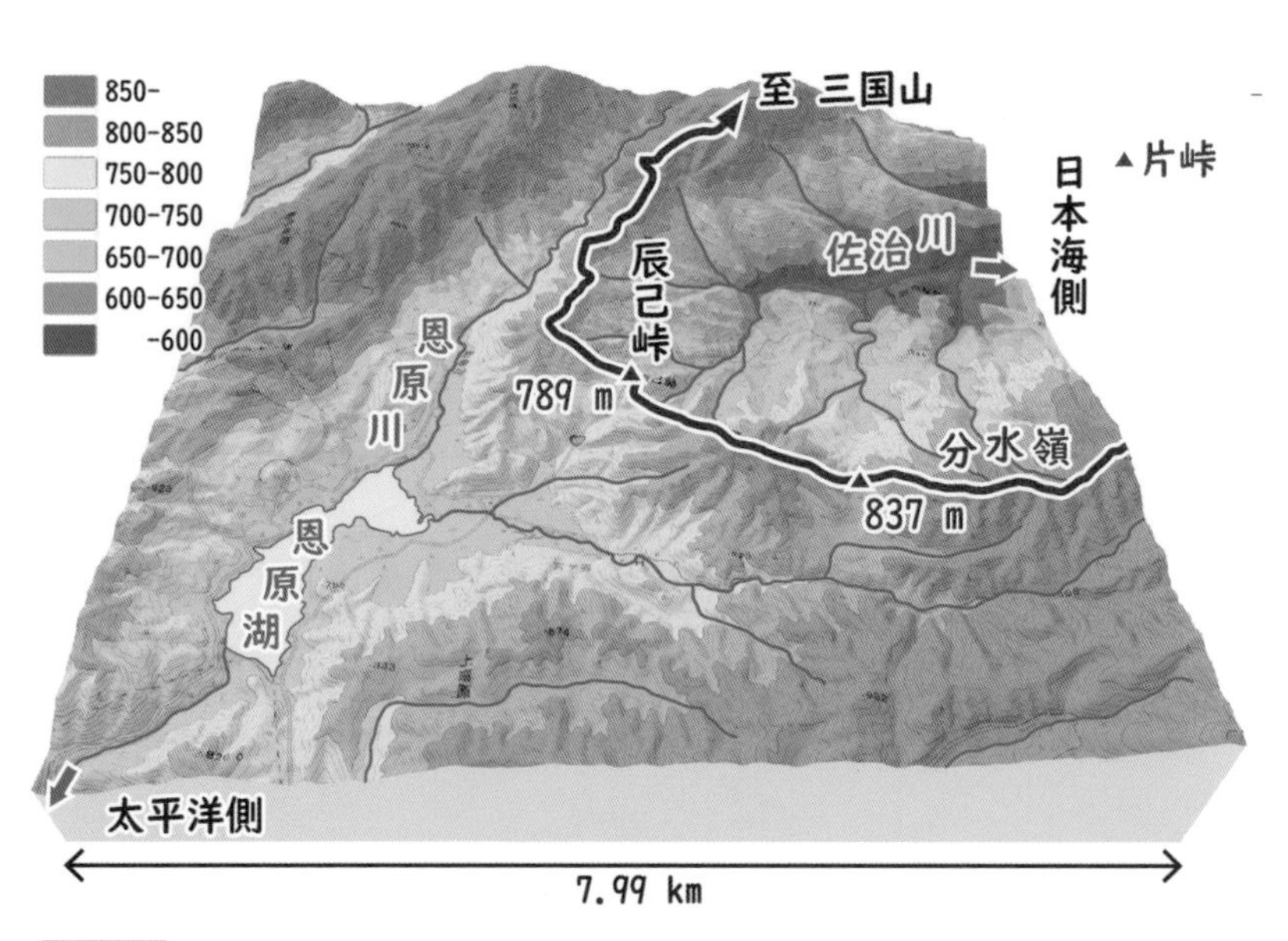

図5-12 辰己峠の片峠。〔35.31,134.00〕

本海側が深く侵食された片峠をいくつも通過します。その一つ、中津河川(なかつこうがわ)に沿って北に上っていくと、なだらかな谷は標高1008mの分水嶺を越えたとたん、バッサリ切断されています(図5-13)。太平洋側からこの谷を上ってきたら、ちょうどプールの飛び込み板の先端のように、目の前の地面が突然消えてしまうでしょう。片峠にたどりつくまでは、谷はそのまま北に続いていると思っていたはずです。

標高が低くても標高が高くても、片峠に立つと違和感を覚えます。そのまま続いていると思っていたら、なだらかな谷が突然消えてしまうからです。河川の争奪によって、片峠の向こう側は奪われてしまったのでしょうか。日本海側の侵食によって、奪った川もろとも証拠はすべて消失してしまったのでしょうか。

そのまま西に続く長い尾根を下っていくと、ついに本日のゴール、人形峠(742m)に到着します(図5-14)。人形峠も日本海側が落ちこんだ片峠ですね。峠の手前で川の流れが大

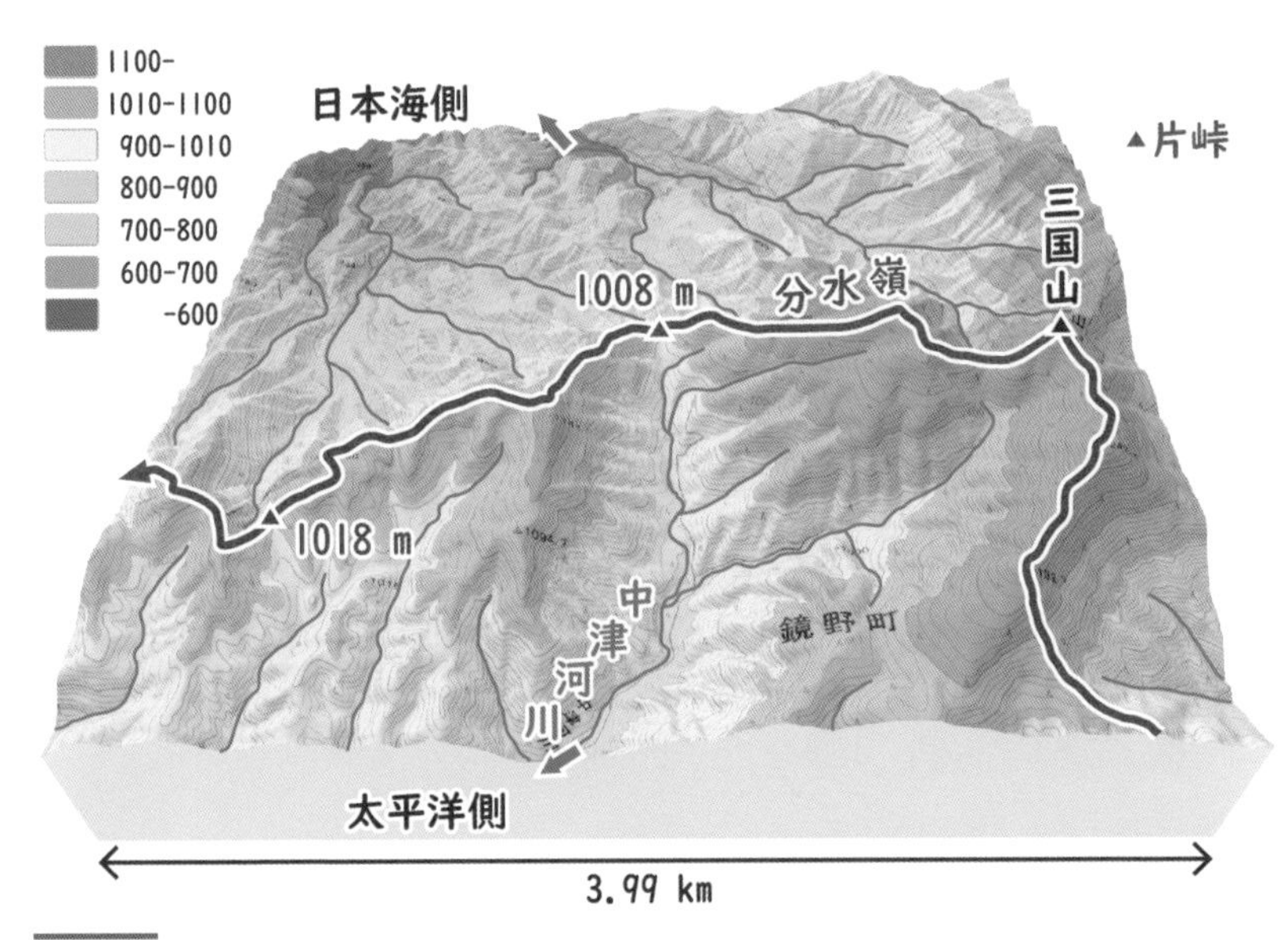

図5-13 三国山周辺の片峠。(35.35,134.00)

きく向きを変えています。

　地質図を見てみると、このあたりには数百万年前の火山岩の上に、より新しい第四紀の火山岩がほぼ水平に重なっています。そのため、三国山から尾根を下っていくほど、下側の古い地層が順々に露出してくるのです。そして、下りきった人形峠では、数百万年前の火山岩の下に、さらに古い地層がわずかに顔を出しています。それは、数百万年前の湖に堆積した礫（れき）や砂、泥からなる地層（人形峠層）です。この地層にウランが濃集されているので、こんな山奥に原子力機構の人形峠環境技術センターがあるのですね。

なだらかな地形に秘められた太古の湖

　どうして数百万年前の湖の地層が、ここ人形峠周辺にだけ分布しているのでしょうか。20万分の1の縮尺のシームレス地質図では細かい部分が分からないので、今度は5万分の

図5-14　人形峠の片峠。(35.31,133.93)

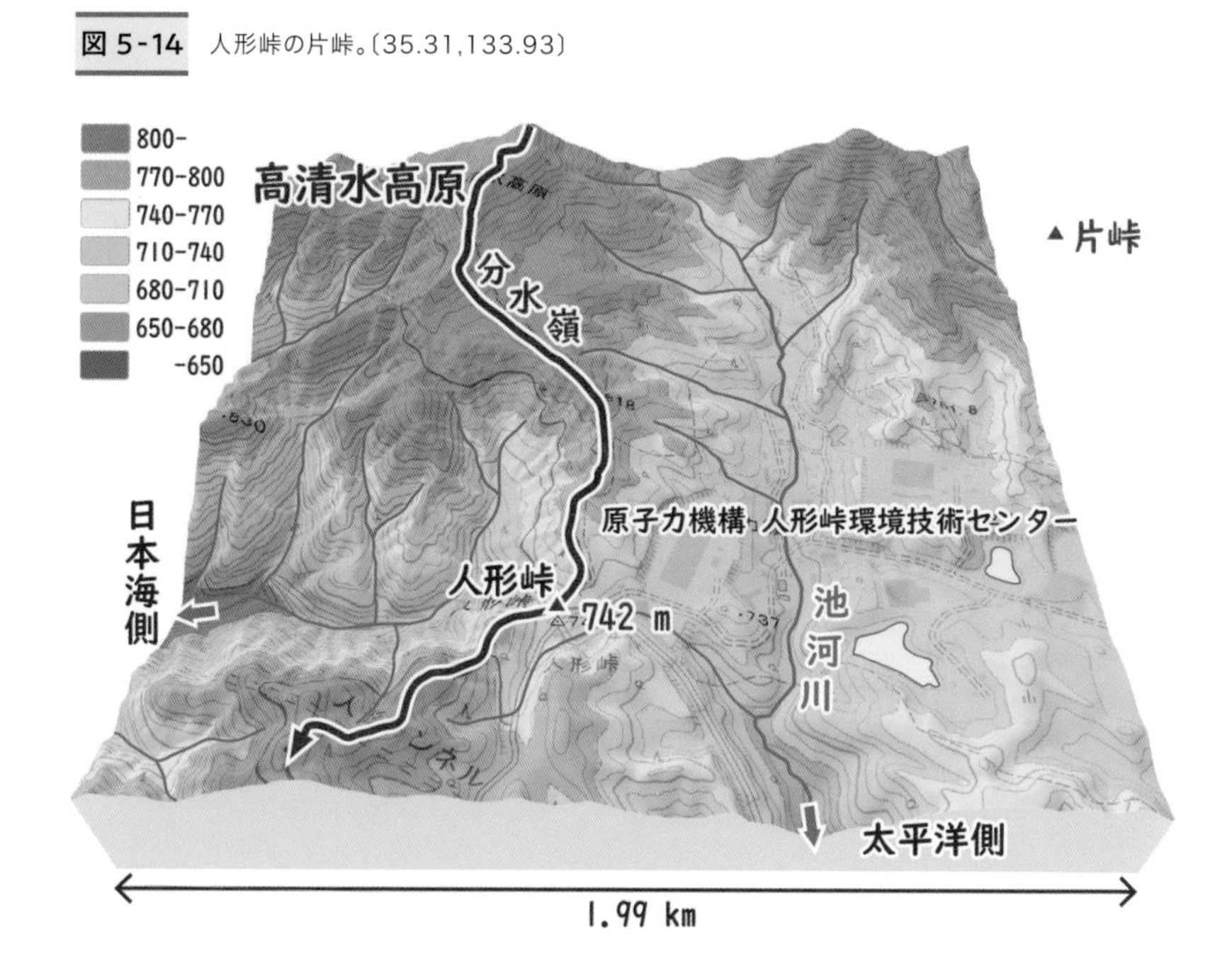

1の地質図幅をもとに地質図をつくってみました（図5-15）。使用した地質図幅は、「倉吉（1961年）」、「鳥取南部（1963年）」、「奥津（1961年）」、「智頭（1966年）」で、これら隣接する地質図幅の刊行時期が近いのは、昭和30年11年12日に地質調査所が人形峠周辺で堆積型ウラン鉱床を発見したからです（高瀬、1981）。国策として、精力的に調査していたのでしょう。

ウラン鉱床は、白亜紀から古第三紀の花崗岩類の上に堆積した湖の地層の基底部分に濃集しています。これは堆積型（性）ウラン鉱床と呼ばれています。ネットで調べると、基盤の花崗岩に含まれていたウランが地下水や低温の熱水に溶け出して、植物遺体などの有機物が介在する条件で、その直上の地層の中に沈殿・濃集したと考えられているようです。ウランを含む花崗岩とウランを沈殿・濃集するための有機物、その両方の条件を備えていたのが数百万年前の湖だったのです。ただし、もう一つ条件があります。それは、湖の堆積物を覆う火山岩類です。

図5-15を見ると、湖に堆積した地層（人形峠層）は、その上に覆いかぶさった厚い火山岩類の脇に分布していることが分かります。火山岩類が蓋をしてくれたおかげで、その下の比較的軟らかい堆積岩は侵食をまぬがれたのです。火山岩類が侵食され尽くされるまで、その下の堆積岩が侵食されることはありませんから。

一方、火山岩類が分布していない所にも、湖の地層が所どころ残っています。それらは恩原湖周辺の平原と、人形峠環境技術センター周辺の小山の上です。地形がなだらかだと川の流れは穏やかなので、侵食作用はほとんど働かないか、場合によっては堆積作用が進行します。そのため、太古の湖の地層のすべてが運び去られることはなかったのでしょう。

他方、尾根や小山のてっぺんには、それより高い場所、すなわち上流がありません。そのため、尾根や小山に降った雨水が勢いよく流れることはないのです。したがって、尾根や山の

図 5-15 数百万年前の湖の堆積物（人形峠層）と、それらを水平に覆う火山岩類。

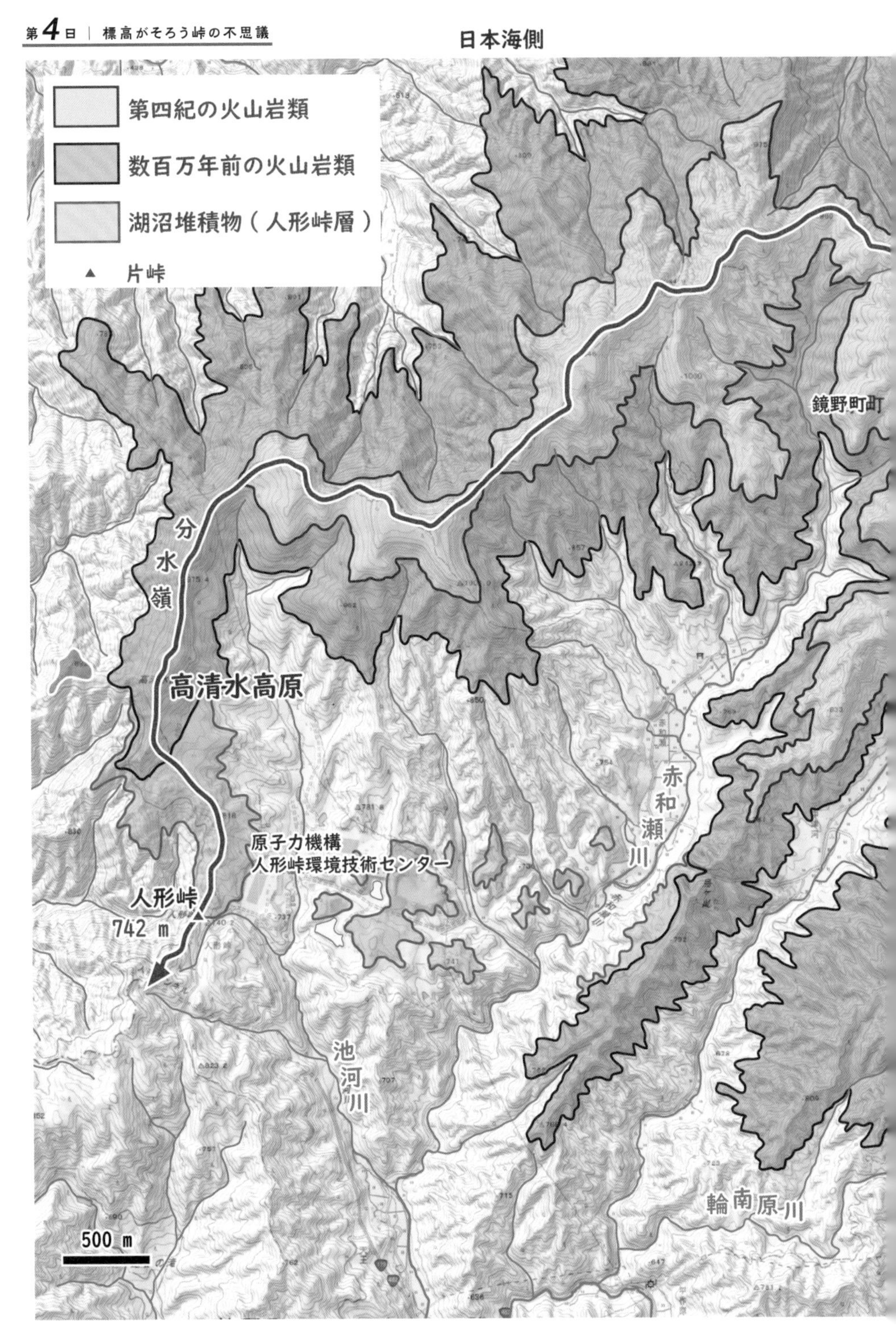
日本海側
第四紀の火山岩類
数百万年前の火山岩類
湖沼堆積物（人形峠層）
▲ 片峠
分水嶺
高清水高原
鏡野町
赤和瀬川
原子力機構
人形峠環境技術センター
人形峠
742 m
池河川
輪南原川
500 m

てっぺんでは、流水による侵食作用はほとんど働いていないはずです。大地は高い所から侵食されるわけではありません。下流からやってくる侵食フロントが到達するまで侵食されることなく、ずっとそのまま、その場所で待ち続けているのです。

今日はずいぶん頑張りました。生野から人形峠まで、直線距離で80㎞もあります。今日はここまでにしましょう。といっても、周囲に宿は全くありません。原子力機構の研究所に泊めてもらえるはずもありません。仕方がないので、今日はその辺で野宿です。

幸い季節は暑くもなく寒くもなく、天気も快晴です。山奥なので街の明かりも届かないでしょうから、今晩は満天の星の下で休めます。そういえば、野宿するのは修士課程のときに調査した、谷川連峰の赤谷川源流域以来ですから36年ぶりです。

周囲の地質は古第三紀の花崗岩なので、今宵は石の声が聞こえるかもしれません。バイオタ

（黒雲母）とホルンブレン（角閃石）は、まだ言い争っているのかな？　ジッコ（磁鉄鉱）さんやプラジョ（斜長石）さんとは、今日が初対面です。コングロメレート（礫岩）さんに聞けば、中国山地の〝山砂利の謎〟を教えてくれるかもしれません。それではみなさん、おやすみなさい。

column

石の声を聞く

〝石っこ賢さん〟として知られる宮沢賢治の作品には、地質に関するさまざまな知識が登場しています。『楢の木大学士の野宿』は、蛋白石（オパール）採取に出かけた大学士（地質学者）が山奥で野宿していたとき、転がっていた石ころから鉱物同士の会話を聞く不思議な体験を作品にしたものです。

角閃石のホルンブレン（ホルンブレンド）は、高い温度ですでに結晶として晶出していました。そこに黒雲母のバイオタ（バイオタイト）が、後から結晶として入り込んできた。最初は新入りらしく謙虚だったのに、最近は少しのさばりすぎだとホルンブレンは不満。その言い争いを、正長石のオーソクレ（オーソクレス）が仲裁しているシーンなのです。

この会話は、マグマから鉱物が順番に結晶化する岩石学的知識がもとになっています。岩石学を学ぶ学生は、必ず岩石薄片を偏光顕微鏡で観察します。岩石薄片とは、岩石を薄く切断してスライドグラスに貼り付け、光が透けるくらいまで薄く磨いたもの。2枚の偏光板の間に岩石薄片を挟んだ偏光顕微鏡を覗くと、そこはまさに万華鏡の世界。岩石薄片を観察した賢治は、〝目〟で〝石の声〟を聞いていたのです。

もちろん私も、大学の火成岩岩石学を受講した際、偏光顕微鏡実習を行いました。そして、岩石薄片の美しい世界を丁寧にスケッチしました。しかし私には、石の声など全く聞こえませんでした。賢治の感性の鋭さを改めて感じます。

まあ静かになさい。
僕たちは実に実に長い間 堅く堅く結び合って
あのまっくらなまっくらなとこで一緒に
まはりからのはげしい圧迫や すてきな強い熱に
こらへて来たではありませんか。

――「楢の木大学士の野宿」（『宮沢賢治全集』6 筑摩書房）より

阿武隈山地の白亜紀花崗岩の偏光顕微鏡写真。

分水嶺を越えられない

片峠をよく見てみると、その手前には90度に曲がるおなじみの川。もう少しで河川を争奪しそうなのに、その手前で踏みとどまっている川ばかり。河川の争奪は、本当に起こったのでしょうか？

高所に残された谷中分水界

誰もいない山奥での野宿は自然の迫力に押しつぶされそうで、なかなか寝付けませんでした。石の声は聞こえなかったけれど、満天の星を眺めながらこの4日間を振り返っていたら、地形の声が聞こえるような気がしてきました。地形はいつ、語ってくれるのでしょうか。もっと自分の感覚を研ぎ澄まさないと、地形の声は聞こえないのでしょうか。

今日の前半は、岡山県屈指の観光地、蒜山あたりまで調べておきましょう（図6-1）。人形峠から西に続く尾根の登りでは、片峠をいくつも通過しますね。どの峠も日本海側が切れ落ちています。人形仙（1004m）を越えると尾根の上り下りが連続して、その先の田代峠（938m）で北西-南東方向の断層線谷を横切ります。大谷峠（911m）は普通の峠で、津黒山（1118m）への登りはきつそうです。

シームレス地質図で確認すると、田代峠から

図6-1 人形峠から津黒山までの分水嶺。

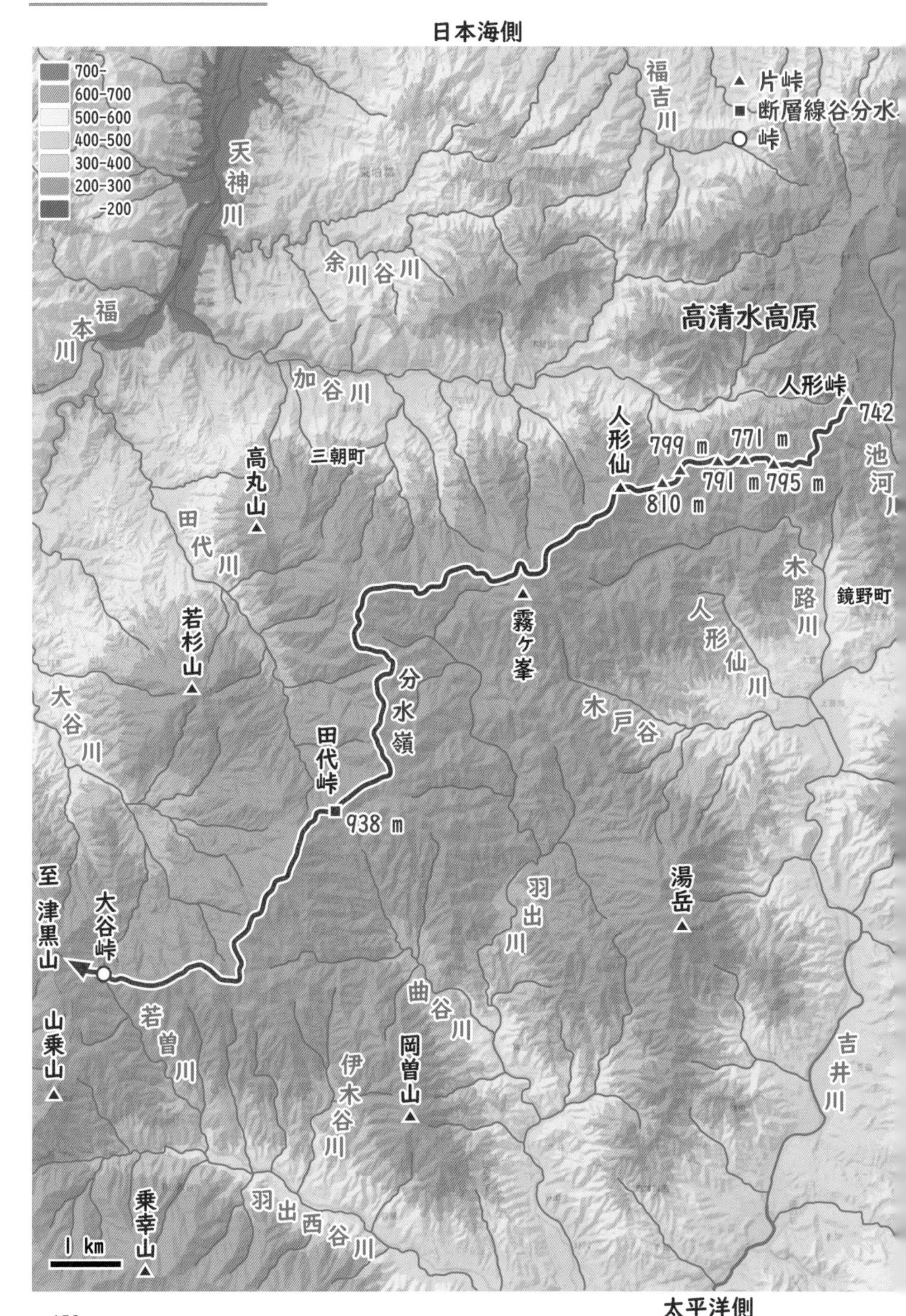
日本海側
700-
600-700
500-600
400-500
300-400
200-300
-200
片峠
断層線谷分水
峠
天神川
福吉川
余川谷川
福本川
高清水高原
加谷川
人形峠
742
人形仙
799 m
771 m
791 m
795 m
810 m
池河川
三朝町
高丸山
田代川
霧ケ峯
木路川
鏡野町
人形仙川
若杉山
分水嶺
木戸谷
大谷川
田代峠
938 m
至津黒山
大谷峠
羽出川
湯岳
曲谷川
若曽川
岡曽山
伊木谷川
山乗山
吉井川
乗幸山
羽出西谷川
1 km
太平洋側

大谷峠までは白亜紀の花崗岩類ですが、津黒山は白亜紀の安山岩溶岩や火砕岩なので、地形の違いは地質の違いを反映しているのでしょう。花崗岩は風化するとサラサラの真砂になって、容易に雨水に流されてしまうので、花崗岩地帯は比較的なだらかな地形をつくります。

津黒山では南に続く尾根にだまされそうですが、北に下る尾根が分水嶺です（図６-２）。ここから、岡山市から瀬戸内海に流れ出る旭川の源流域を、大きく北に迂回するように進んでいきます。津黒山から険しい稜線に沿って高度差５００ｍを一気に下ると、太平洋側のなだらかな地形と日本海側の切れ落ちた斜面の縁に沿って分水嶺は続いていきます。分水嶺というよりも、〝分水縁〟といった表現が適切でしょう。地名は蒜山別所と書かれています。周囲の地質は再び花崗岩類に戻ってなだらかな地形に変わりますが、今度は中生代の白亜紀ではなく新生代の古第三紀の岩石です。

〝分水縁〟を過ぎて仏ヶ仙（７４４ｍ）と高松山（６６１ｍ）を越えると、南北方向の断層線谷をいくつか横切ります。このあたりの地質は、数百万年前の流紋岩の溶岩や火砕岩類です。なだらかな地形をつくる花崗岩の上に侵食に強い火山岩類が重なっているので、地形が少し険しくなっているのでしょう。その先に、犬挟峠と書かれた見事な片峠があります。〝いぬばさりとうげ〟と読むようです。まずは犬挟峠まで行ってみましょう。

図 6-2 津黒山から犬挟峠までの分水嶺。

日本海側
700-
600-700
500-600
400-500
300-400
200-300
-200
倉吉市
浅井川
下蒜山
高松山
518 m
579 m
犬挟峠
543 m
仏ヶ仙
618 m
谷中分水界
片峠
福本川
三朝町
分水嶺
511 m
大谷川
蒜山別所
509 m
516 m
537 m
537 m
蒜山盆地
十六仙
旭川
高張山
下和川
真庭市
津黒川
津黒高原
津黒山
深谷川
山乗川
植杉川
毛無山
山乗山
田羽根川
湯原湖
入道山
1 km
太平洋側

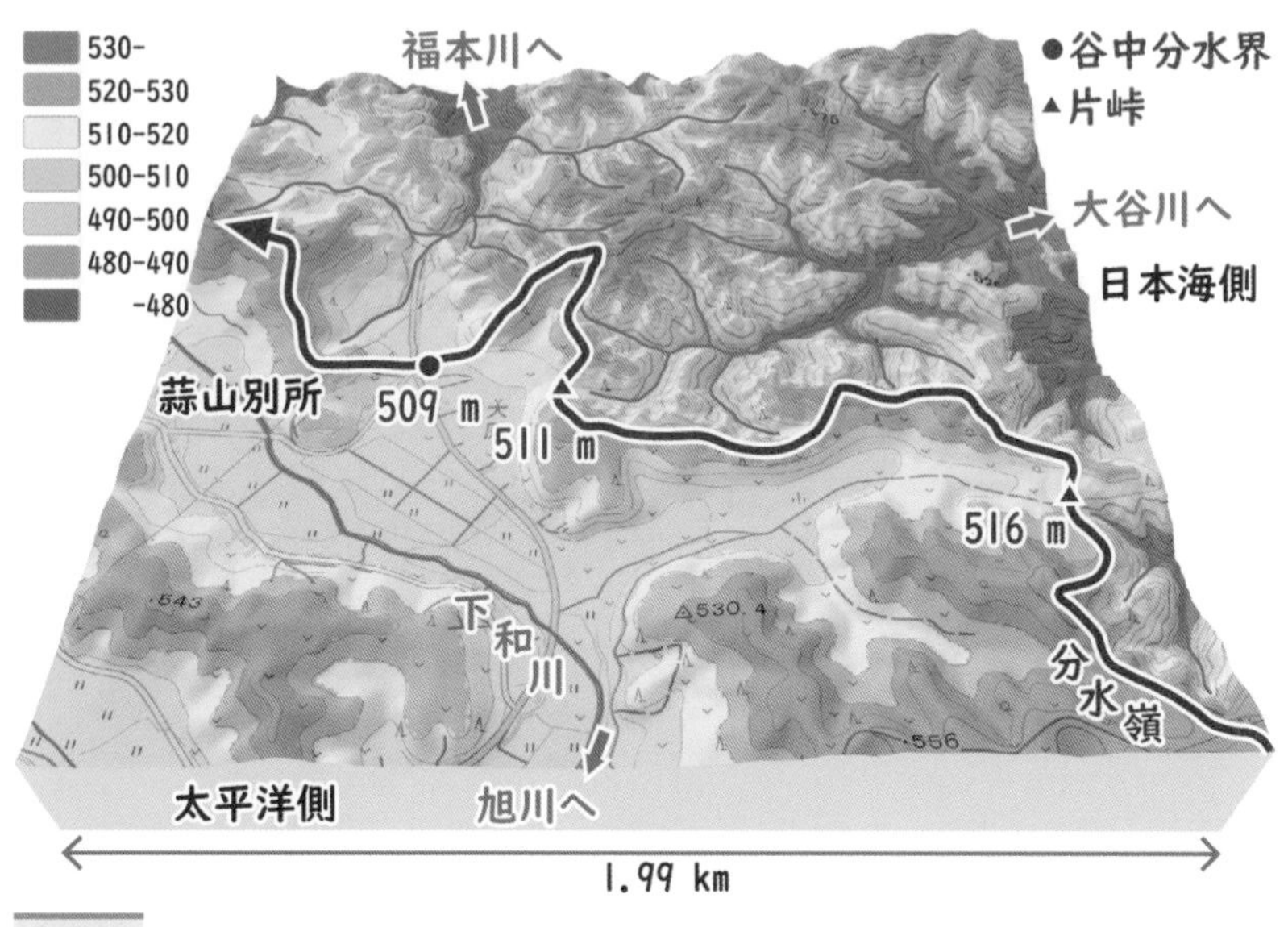

図6-3 蒜山別所の谷中分水界と片峠。〔35.29,133.79〕

河川の争奪が始まらない

最初のチェックポイントは、蒜山別所の谷中分水界（５０９ｍ）です（図６-３）。太平洋側は水田が広がる幅の広い平坦な谷で、旭川支流の下和川がゆったりと流れています。のどかな光景は、地形図から読み取ることができるでしょう。一方、日本海側は一転して険しく、深く落ちこんだ谷が集まって福本川や大谷川に続いています。侵食フロントは分水嶺の手前まで迫っていますね。蒜山別所の谷中分水界は標高がこれほど高いのに、初日に見た標高２０５ｍの胡麻の谷中分水界と地形の雰囲気が同じです。日本海側の侵食フロントが分水嶺に到達すれば、蒜山別所の谷中分水界も典型的な片峠になるのでしょう。周囲には、ほとんど同じ標高の片峠をいくつも確認することができます。

次のチェックポイントは犬挟峠です（図６-４）。犬でも通るのが狭いというのが語源の一つのようです。峠の標高は５１８ｍで、先ほどの

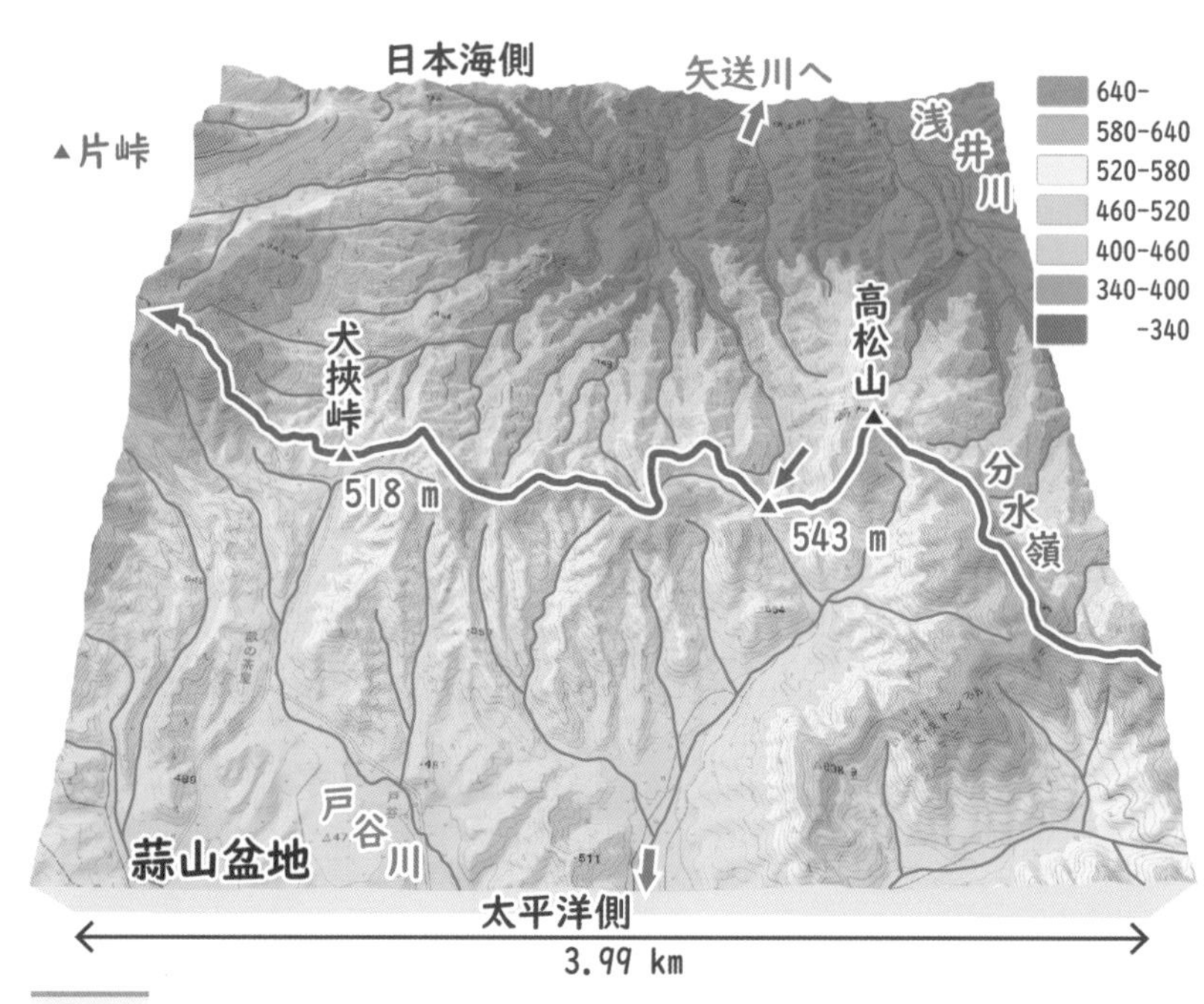

図 6-4 犬挟峠の片峠。〔35.32,133.72〕

蒜山別所の片峠群とほとんど変わりません。蒜山別所の谷中分水界は下和川と福本川の境界でしたが、犬挟峠は戸谷川(とだにがわ)と矢送川(やおくりがわ)の分水界で、水系の組み合わせが異なります。さらに、両者は6㎞以上も離れていて、間には峠より200mも高い山並みが連なっています。それなのに、片峠の標高の差が10mもないのは何か理由があるはずです。

もちろん、範囲を広げれば、それぞれ旭川（太平洋側）と天神川(てんじんがわ)（日本海側）の支流なので、同じ水系の組み合わせになります。さらに視野を広げれば、どちらも太平洋と日本海に流れ出ます。太平洋と日本海の海面の高さは、一緒と考えてよいでしょう。だからといって、なぜ峠の高さがほとんど同じなのでしょうか。海から最も遠く離れた分水嶺の、片峠の高さがそろう理由が知りたいのです。

さらに興味深いのは、犬挟峠の東にある片峠です（図6-4の赤矢印）。太平洋側（南側）の谷は、片峠にさしかかると流路の向きを大きく変えています。一方、日本海側の川の侵食フロントはすでに片峠に到達しているのに、侵食はそこで止まっているように見えます。片峠と太平洋側の河床との高度差は10ｍもないでしょう。ところが、河川の争奪が発生しているようには見えません。ここまで見てきた片峠のほとんどは、すぐにでも河川争奪が起こりそうなのに、実際には一つも争奪されていないのです。河川争奪は本当に起こるのでしょうか。

悩ましい火山地帯に突入

犬挟峠を過ぎると、蒜山火山群と呼ばれる第四紀の火山地帯に突入です。出発する前に、少し先まで地形図を調べておきましょう（図6-5）。犬挟峠から一気に地形が険しくなるのは、火山岩が侵食に強いからです。急峻な蒜山火山群とは対照的に、南側には古第三紀の花崗岩からなるなだらかで広大な蒜山高原が広がっています。山地に囲まれた凹地状の地形は蒜山盆地とも呼ばれています。

シームレス地質図で確認すると、蒜山火山群は東西に連続する複数の火山から構成されているようです。主なピークは、東から順に下蒜山（1100ｍ）、中蒜山（1123ｍ）、上蒜山（1202ｍ）、皆ヶ山（1159ｍ）、擬宝珠山（1110ｍ）で、それらは90～50万年前に噴出した溶岩でできています（津久井他、1985）。上蒜山と皆ヶ山の間には、標高669ｍの蛇ヶ乢の片峠があるので、高度差500ｍの上り下りがきつそうです。

分水嶺は山陰の名峰、大山（1729ｍ）には続かず、擬宝珠山から南斜面を下っていきます。内海乢（648ｍ）は日本海側が少し侵食された片峠で、蛇ヶ乢と20ｍしか標高が違いません（図6-5）。その先で火山地帯を脱出するので、基盤岩からなる朝鍋鷲ヶ山（1074ｍ）まで頑張りましょう。

図6-5 蒜山火山群を通過する分水嶺。

日本海側
800-
700-800
600-700
500-600
400-500
300-400
-300
片峠
峠
倉吉市
大山
加勢蛇川
小鴨川
泉谷川
象山
擬宝珠山
皆ケ山
アゼチ
蒜山火山群
669 m
蛇ケ乢
上蒜山
中蒜山
下蒜山
518 m
犬挟峠
分水嶺
蒜山高原
内海乢
648 m
保野川
蒜山盆地
三平山
旭川
穴ケ乢
丸山
真庭市
朝鍋鷲ケ山
土用ダム
笠杖山
土用川
中国山地
粟谷川
湯原湖
湯原ダ
野土路川
笹ケ山
新庄川
1 km
鉄山川
太平洋側

河川争奪が起こる三つの条件？

最初のチェックポイントは蛇ヶ乢の片峠です(図6-6)。太平洋側から湯船川に沿って上っていくと、蛇ヶ乢にさしかかってもほとんど高度を上げず、峠を過ぎると突然一気に下る見事な片峠です。蛇ヶ乢の手前で川の流れが90度向きを変えているのはいつも通りです。

日本海側は福原川の源流で、侵食フロントは分水嶺まで迫っています。しかし福原川は、段差がほとんどない蛇ヶ乢の片峠を越えて、湯船川の源流を争奪していません。

そもそも、河川の争奪がないと、片峠はできないのでしょうか。デービスが指摘した

①水流に比べて幅の広い谷（無能河川(むのうかせん)）
②争奪(そうだつ)の肱(ひじ)
③片峠

の三つの条件がそろっているのに、ここで河川

図6-6　蛇ヶ乢の片峠。〔35.34,133.65〕

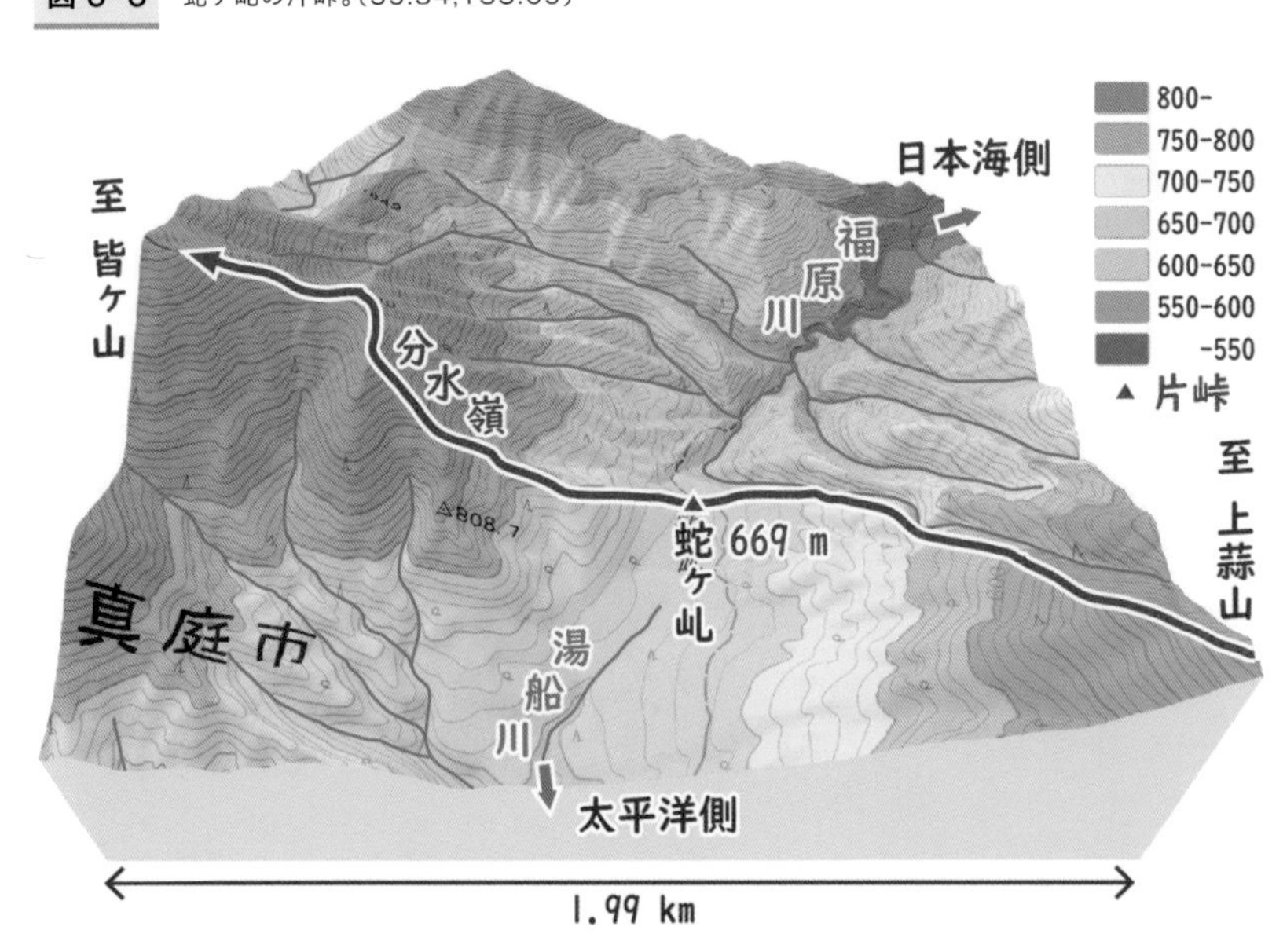

の争奪が起こったとは、にわかに受け入れられません。分水嶺の謎を解くためには、さらに河川争奪の真偽を明らかにするためには、片峠の成因を一から考え直さなくてはなりません。

分水嶺を変えてしまう火山噴火

蛇ヶ乢を出発してアゼチ（1116m）から皆ヶ山、さらに擬宝珠山の上り下りを繰り返し、内海乢まで南下します（図6-5）。第四紀の溶岩ドームと思われる三平山（1010m）を越え、穴ヶ乢（あながたわ）（778m）を過ぎるとようやく中生代のジュラ紀（およそ2億年前）の付加体がつくる尾根になります。すなわち、火山を載せている基盤岩がつくる地形です。

ここまで来るとひと安心です。なぜなら、火山は突然噴火して地形を大きく変えてしまうので、過去の分水嶺を移動させてしまう可能性があるからです。実際、北海道で起こった可能性を昨日紹介しました。なので、第四紀の火山地帯を通過するときは気をつかうのです。

それに対し、基盤岩がつくる地形で考慮すべきはゆっくり進行する地殻変動くらいで、あとは侵食作用が主役です。そのため、問題になるのは河川の争奪です。河川の争奪によって、分水嶺が大きく変わったかどうかが重要なのです。

古蒜山湖の誕生

もう一度、蒜山盆地の地形を見直してみましょう。図6-7は蒜山盆地を含む少し広い範囲の地形図です。図の陰影だけを表示した部分は、およそ100万年前より新しい火山噴出物の範囲です。一方、標高ごとに彩色した範囲には100万年前よりも古い岩石が分布していて、それ以降に堆積した地層にとっては基盤(容器)に相当します。蒜山火山群が噴出する以前の古地形を推定するために、火山岩類の分布範囲はあえて標高ごとの彩色を外しました。さらに、およそ50万年前に蒜山盆地に堆積した湖の地層(蒜山原層)が分布する範囲を、縁取りを加えた緑色で描き加えました。蒜山原層は基盤(容器)の中にたまった中身に相当します。

蒜山火山群の南側(太平洋側)には、蒜山高原と呼ばれる緩斜面が広がっています。蒜山高原といえば、岡山県有数の観光地ですね。夏はキャンプをしたり牧場でソフトクリームを食べたり、冬は温泉に浸かったりと一年中楽しめます。秋から冬にかけて寒くなると雲海が広がり、その光景は、かつて存在した湖を彷彿させるでしょう。

といっても、瀬戸内海に面した岡山市からは直線距離で80㎞も離れています。反対に、日本海までは30㎞もないので、アクセスは鳥取県からのほうが容易でしょう。これは、分水嶺が大きく日本海側に偏っていることが原因です。

さて、蒜山高原の斜面の先(南側)には旭川の緩やかな流れが東に下り、その両側には水田が広がる平坦な低地が広がっています。低地といっても、標高は400mを超えています。平坦な地形の南縁に沿って、標高が数百mから1000mを超える中国山地の山並みが連なっているので、蒜山盆地と呼ばれているのもうなずけます。

シームレス地質図を見ると、蒜山盆地には第四紀の非海成層が広く分布していることが分かります。この地層(蒜山原層)はかつて存在した湖の湖底堆積物で、植物プランクトンの珪藻(けいそう)をたくさん含んでいます。地形図を見ると、珪藻土の採土場が確認できます。珪藻土は加工して、濾過(ろかざい)材や保湿剤、耐熱材などに利用されているそうです。

この珪藻が繁茂したおよそ50万年前の湖は、古蒜山湖(あるいは古蒜山原湖)と呼ばれています。地質図を見ると、蒜山盆地の低地には古第三紀の花崗岩が所どころ露出しているので、古蒜山湖は起伏のない浅く広いお盆のような凹地(おうち)に雨水が貯まってできたのでしょう。

図 6-7 蒜山盆地周辺の地形と地質。

古蒜山湖の誕生は、次のように考えられています（蒜山原団体研究グループ、1975a）。

「かつて蒜山盆地（当時は平原）は南側に中国山地の脊梁部が連なっていて、分水嶺の日本海側に位置していました。また盆地の東側も、基盤岩がつくる山並みによって遮られていました。ところが、およそ90万年前に噴火し始めた蒜山火山群によって盆地の北側が遮られ、さらに数十万年前の大山の火山噴出物によって、盆地の西側も堰き止められてしまいました。その結果、蒜山盆地に雨水が集まって、大きな湖・古蒜山湖が誕生したのです。その後、湖面は徐々に上昇し、ついに湖水が太平洋側に排出。その結果、湖底に堆積した珪藻土が、盆地の底に露出した」というのです。

このストーリーは、2日目に見た栗柄峠（くりからとうげ）の河川争奪と同じ解釈ですね。「篠山盆地（ささやまぼんち）に湖水がたまり、ついに日本海側にあふれたために、かつて太平洋に流れ出ていた竹田川が日本海に流出して、栗柄峠の谷中分水界がつくられた」とするストーリーです。

湖はどこからあふれ出したのか？

でも気になる点があります。このストーリーでは、「分水嶺はかつて蒜山盆地よりも南側の中国山地に位置していた」と考えています。つまり、「古い基盤岩が侵食されてできた蒜山盆地のなだらかな平原は、数十万年前まで日本海側だった」というのです。

仮に当時の分水嶺が、図6-7の赤点線の①か②に沿って続いていたと仮定しましょう。かつての分水嶺が②のラインだったとしたら、古蒜山湖の湖水は②の牧付近の峠から、分水嶺を越えてあふれ出したことになります。牧付近の旭川の標高は300mほどですが、湖水が越流したあと旭川によって下刻（かこく）されて低くなっているでしょう。したがって、分水嶺だった頃の牧付近の峠は、それよりも標高が高かったはずです。

では、当時の峠の標高は、どのくらいだったのでしょうか。蒜山盆地について詳しく調査された論文（蒜山原団体研究グループ、1975b）をもとに作成した断面図を、図6-8に示しましょう。蒜山原層はクレープのような薄い泥が幾重にも重なった、厚さが100mに達する珪藻土と、その上に重なる砂礫層(30~50m)で構成されています。これらの地層は古蒜山湖に堆積したので、当時の湖面は少なくとも現在の蒜山原層の分布の標高よりも高かったはずです。

そこで、断面図から蒜山原層の露出部分の上限を調べてみると、およそ標高が500mであることが分かります。とくに、図6-8Dの測線をみると、蒜山原層(砂礫層)は標高515mくらいまで露出していて、偶然でしょうか、犬挟峠の標高(518m)とほとんど同じです。珪藻土はほとんど水平に堆積しているので、堆積後の傾動運動は無視できるでしょう。したがって、湖面が犬挟峠の標高より高くなるはずはありません。それ以上に湖面が上昇したら、湖水は犬挟峠から日本海側にあふれ出してしまいますから。

このように、古蒜山湖の湖面が最も上昇したとき、その標高は515m程度だったと考えられます。したがって、かつての分水嶺が図6-7のライン②に沿って続いていたとしたら、牧付近の峠の標高も湖面の高さ(515m)とほぼ同じだったはずです。もしそれより低かったら、古蒜山湖の湖面は牧付近の峠の高さまで低下してしまい、標高515mくらいまで露出している蒜山原層の分布が説明できません。湖の湖面よりも高い場所まで、地層(湖底堆積物)が堆積するはずはありませんから。

それ以上に問題なのは、かつての分水嶺がライン②の場合、古蒜山湖は現在の湯原湖から蒜山別所のほうまで浸水域を広げたはずです。すると、蒜山別所の谷中分水界の標高は509mなので、湖水はそこから日本海側にあふれ出てしまいます。なぜなら、牧付近の峠の標高は、515mくらいでなければならないと先ほど説明しました。ところが、蒜山別所の谷中分水界から湖水があふれ出すと、その標高(509m)よりも高い場所(およそ515m)に蒜山原層が分布していることが説明できません。

図 6-8　蒜山盆地の地質断面図。

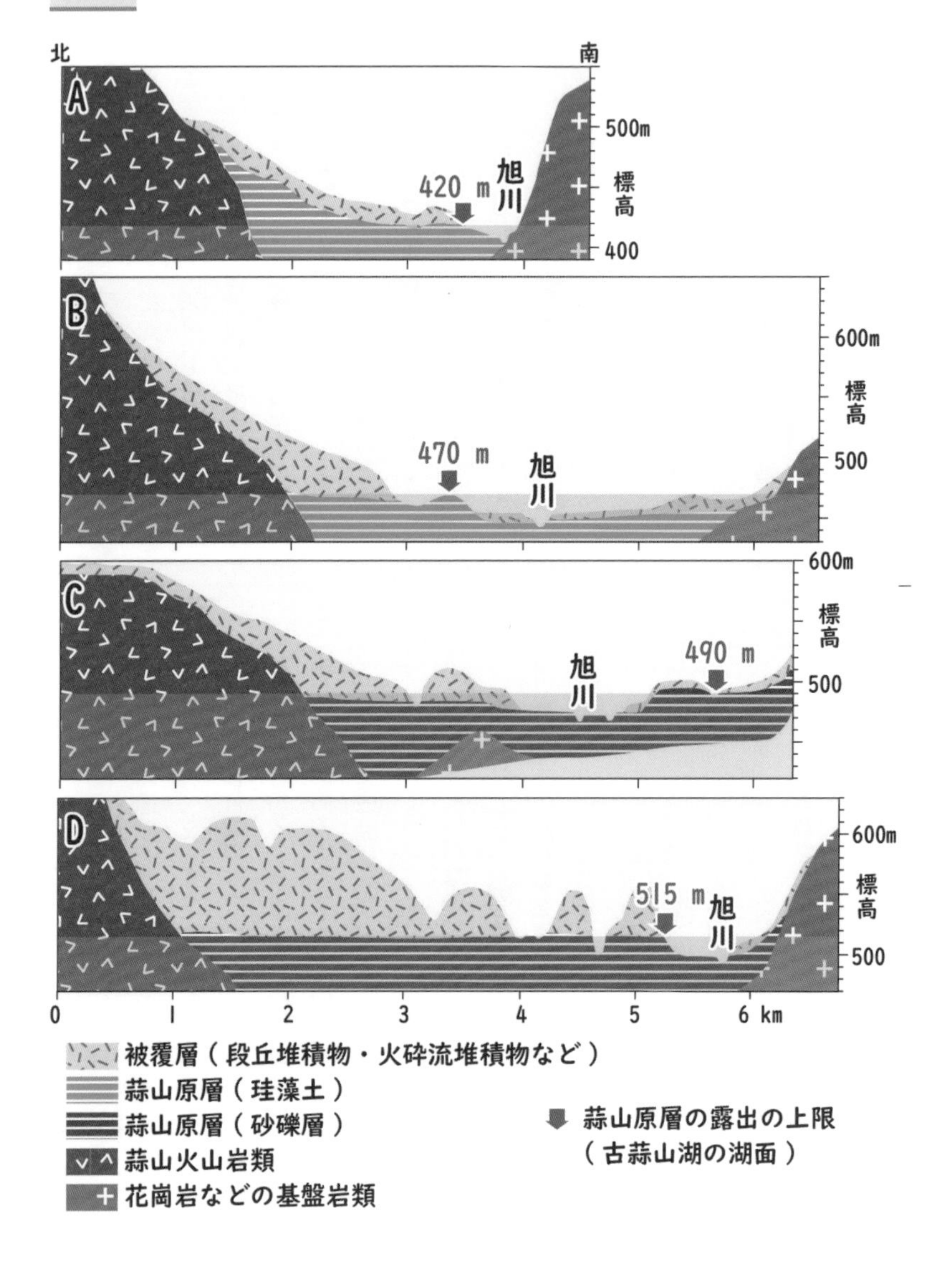

そもそも、蒜山別所から湖水があふれ出したら、蒜山盆地は現在日本海側に位置していることになります。言い換えるなら、現在の分水嶺はライン②に続いていなければなりません。したがって、この解釈は成り立ちません。加えて、湯原湖周辺の広大な水系に湖沼堆積物の痕跡が全くないことも、かつての分水嶺がライン②に沿って続いていなかったことの根拠になります。

分水嶺は転換したのか？

それでは、かつての分水嶺は図6-7のライン①だったのでしょうか。その場合、古蒜山湖の湖水は旭川が流れる野田付近からあふれ出したことになります。その地点の現在の標高は400mほどです。その場所には、古蒜山湖の湖水があふれ出すまで峠が存在し、その標高は犬挟峠(518m)より低く、蒜山原層の分布高度の上限(515mほど)よりは高くなければなりません。

なぜなら、野田付近にあった峠が犬挟峠(518m)より高いと、古蒜山湖の湖水は犬挟峠から日本海側にあふれ出し、蒜山盆地は日本海側になってしまいます。反対に、野田付近の峠が蒜山原層の分布高度の上限(515mほど)よりも低いと地層の分布が説明できません。

このように、唯一の可能性として考えられるライン①の分水嶺説を採用したとしても、野田付近に存在したであろう峠の標高が、515〜518mの極めて限られた範囲でなければなりません。それはあまりにも可能性の低い仮定の上で、ようやく成り立つ解釈です。にわかに受け入れられるものではありません。

さらに考察を続ければ、蒜山火山群にある蛇ヶ乢(669m)の片峠は、どのようにしてできたのでしょうか。片峠は河川の争奪でつくられたと考えられています。蛇ヶ乢にかつて川が流れていたとしたら、それは古蒜山湖の湖水があふれて流れ出た流路なのでしょうか。

仮に蛇ヶ乢から湖水があふれ出せば、ほかに古蒜山湖から流出する河川は不要です。湖水は一番低い場所から流れ出すのですから。2番目に低い場所から湖水があふれ出すことはありません。ところが、犬挾峠(５１８ｍ)や犬畑峠(５２８ｍ)など蛇ヶ乢より低い峠はいくつもあるので、蛇ヶ乢から湖水があふれ出ることはありません。蛇ヶ乢をつくった川は、一体どこへ行ってしまったのでしょうか。

　気になる点はほかにもあります。蒜山原層(中身)を堆積させた古蒜山湖は、広さに比べて底が浅かったはずです。容器に相当する花崗岩などの基盤岩が、所どころ蒜山盆地の低い場所に露出しているからです。ということは、蒜山原層が堆積する以前、言い換えるなら古蒜山湖の湖水がたまる前、このあたりには広大な平原が広がっていました。それは、いわゆる中国山地の準平原(じゅんへいげん)といわれている地形です。その平坦な地形はいつ、どのようにしてつくられたのでしょうか。

　これまで見てきたように、中国地方の分水嶺は日本海側に偏っているため、河口が近い日本海側では、分水嶺の近くまで侵食フロントが到達しています。その結果、日本海側が深く切れ落ちた片峠が、いくつもつくられていました。

　もしこの平原がかつて日本海側に位置していたとしたら、日本海側からやって来た侵食フロントによって、平坦な地形は蝕(むしば)まれてしまったでしょう。その結果、深い谷と痩(や)せた尾根からなる、起伏の大きい山地になっていたはずです。デービスのいうところの壮年期の地形です。それではキャンプをしたり温泉を楽しんだり、牧場で美味しい牛乳を飲んだりすることはできなかったと思うのです。

　大山火山の噴火によって、古蒜山湖が誕生したのでしょうか。古蒜山湖の湖水があふれ出るまで、分水嶺は蒜山盆地の南側に続いていたのでしょうか。湖面より高い場所にある片峠に川が流れていたとは、一体どのように考えればよいのでしょうか。蒜山盆地のなだらかな地形は、どうして保存されているのでしょうか。片峠を観察すればするほど、謎が深まってしまいます。

曲がる角には片峠

あれこれ考え事をしていたら、あっという間に午後になってしまいました。今日はどこまで行けるでしょうか。地形図を開いて先の様子を確認しておきましょう（図6-9）。

白馬山（1060m）と毛無山（1219m）を越え1000m級の明瞭な稜線を南下すると、分水嶺は四十曲峠（777m）付近で字のごとく大きく曲がっています。四十曲峠付近は、日本海側が切れ落ちた片峠の宝庫のようで楽しみです。西に延びる分水嶺は二子山（1075m）の先で、断層線谷に由来する片峠を二つ横切ります。さらに、瀬戸内海に注ぐ高梁川の源流域を大きく迂回するように、分水嶺は向きを変えて花見山（1188m）へと南下します。このあたりも、明地峠や茗荷峠など興味深い地形が続きます。

桑平峠（818m）を通過すると、分水嶺は東西に延びる痩せた尾根に合流し、真っすぐ西に進むと谷田峠の谷中分水界を横切ります。JR伯備線が通過しているので、このあたりでは最も低い谷中分水界なのでしょう。さらに、典型的な片峠を一つ横切り高畑山（776m）の山頂まで急登すると、分水嶺は休む間もなく南の急斜面を下ります。幅の広い谷を横切ると、分水嶺は鷹ノ巣山（710m）を登っていきます。高畑山と鷹ノ巣山をつなぐ分水嶺は典型的な谷中分水界なので、野原の谷中分水界と名付けましょう。

事前に地形図を確認していなかったら野原の谷中分水界に気が付かず、高畑山からそのまま西に続く稜線を進んでいたでしょう。分水嶺の気まぐれに、危うくだまされるところでした。頑張って、日のあるうちに野原まで進みましょう。

図 6-9 白馬山から野原までの分水嶺。

日本海側

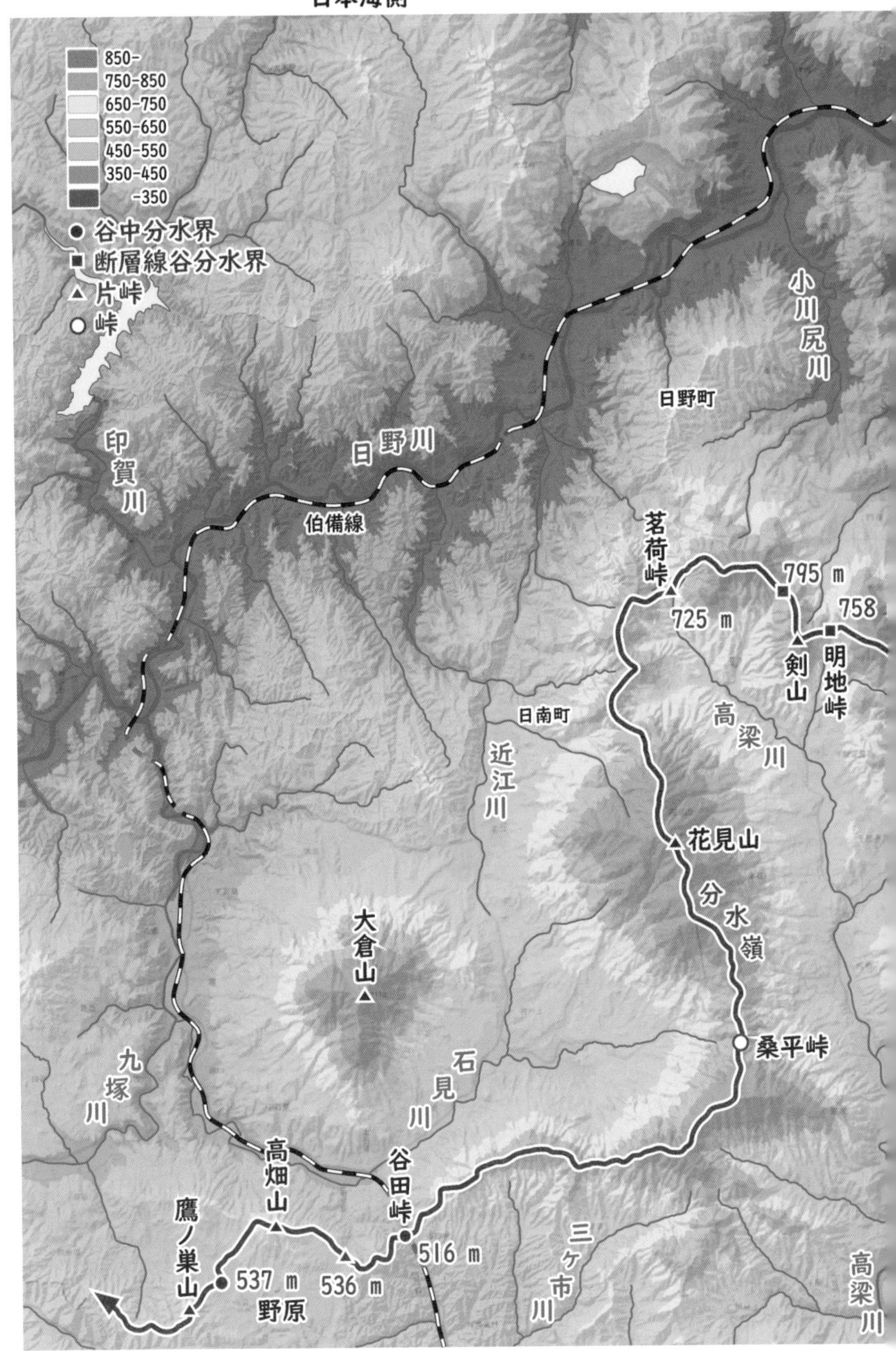
850-
750-850
650-750
550-650
450-550
350-450
-350
谷中分水界
断層線谷分水界
片峠
峠
小川尻川
日野町
印賀川
日野川
伯備線
茗荷峠
795 m
758
725 m
剣山
明地峠
高梁川
日南町
近江川
花見山
分水嶺
大倉山
桑平峠
石見川
九塚川
高畑山
谷田峠
鷹ノ巣山
516 m
537 m
536 m
野原
三ヶ市川
高梁川

河川争奪は繰り返される？

後半戦の最初のチェックポイントは、四十曲峠周辺の片峠群です（図6-10）。四十曲峠の太平洋側は旭川支流の新庄川に合流する二ツ橋川で、日本海側は日野川支流の板井原川の源流域です。四十曲峠のすぐ北にある片峠（755m）は、日本海側が一気に下る見事な片峠ですね。峠の標高は、四十曲峠（777m）と20mほどしか違いません。

四十曲峠を越えて板井原川の源流を迂回するように半周すると、標高737mと763mの片峠を通過します。いずれも日本海側は板井原川ですが、太平洋側は高梁川支流の小坂部川の源流域に変わりました。旭川は岡山市から、高梁川は倉敷市から瀬戸内海に流れ出ています。そのため、二ツ橋川と小坂部川に集められた雨水は、そのあと全く異なる川の旅を経て太平洋に注ぎます。にもかかわらず、片峠の標高はそれほど大きく異なっていません。下流からの侵食フロントが、まだ到達していない分水嶺の片峠の高さがそろうのはなぜなのでしょう。

それにもまして不思議なのは、片峠の成因です。これらの片峠が河川の争奪によってつくられたとしたら、どのような成り立ちを考えればいいのでしょうか。例えば、胡麻の谷中分水界と同様に考えるのであれば、「当初、二ツ橋川は西に流れ、板井原川に沿って日本海に流れ出ていた。ところが、現在の二ツ橋川の下流で河川の争奪があって、西への流れが東に転向した」ことになります。一方、南に流れる小坂部川の支流は、「かつて北に流れ板井原川に沿って日本海へ流れ出ていたが、現在の小坂部川の下流で河川の争奪が起こり、北への流れが南に転向した」ことになります。ということは、板井原川は上流域を2回も争奪されたことになります。

しかし、地形図を見ると、河川の争奪があったとしたら、板井原川が二ツ橋川と小坂部川の上流部を争奪したように見えます。ところが、板井原川の水源の侵食フロントは、すべて分水嶺の手前

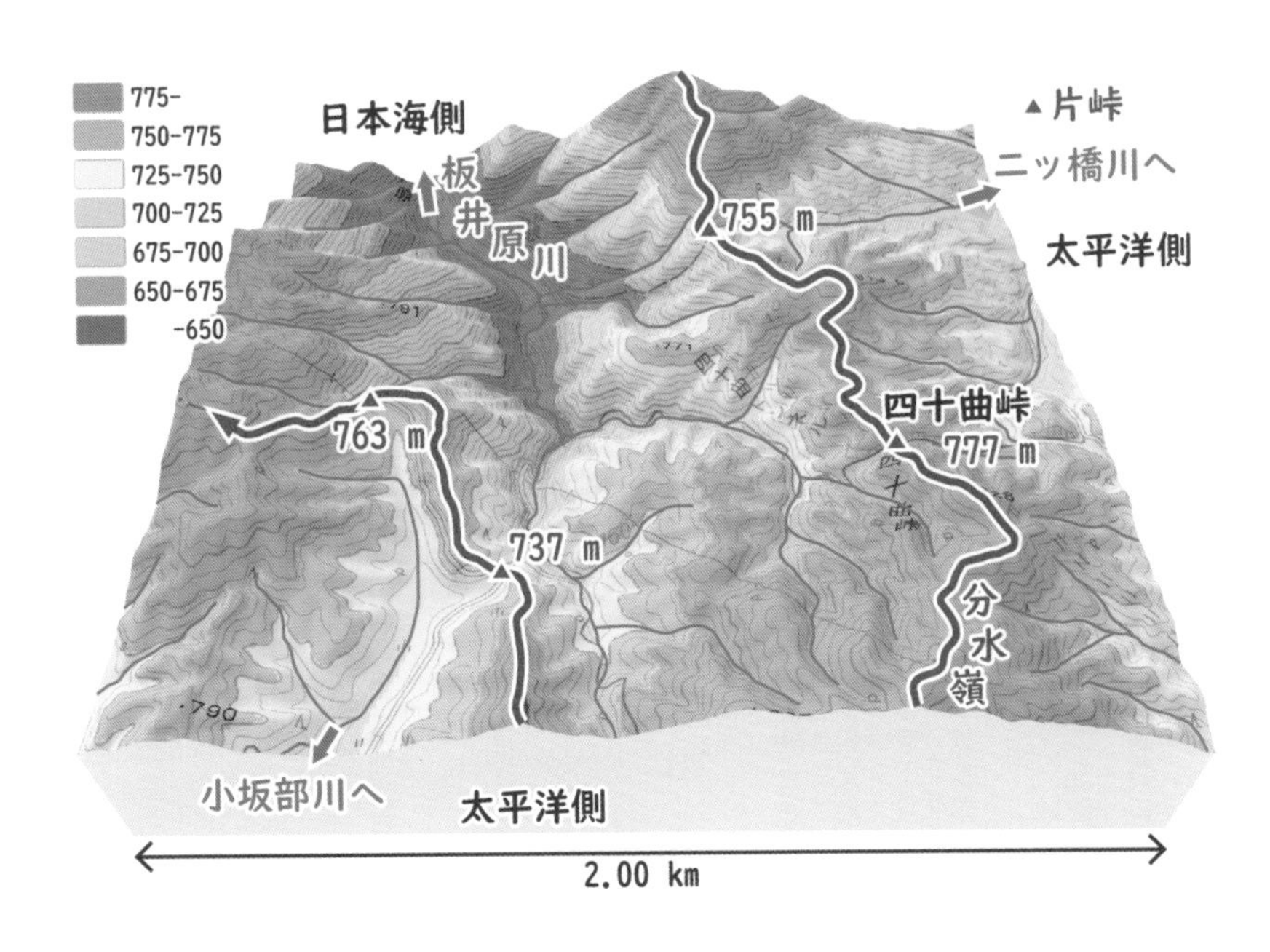

図 6-10 四十曲峠周辺の片峠。(35.19,133.53)

で止まっています。かつて河川を争奪したのに、現在では争奪する気配すらありません。

さて、分水嶺は四十曲峠から西に続き、二子山(1075m)など標高が1000mを越える山並みを進んでいきます。山と山の間の鞍部(あんぶ)は峠となり、そのほとんどは南北方向の断層線谷に起因する片峠です。いずれも日本海側(北側)が深く侵食されています。そして、東西に続く稜線の西端で、明地峠(758m)と茗荷峠(725m)を通過します(図6-11)。いずれも断層線谷に由来する谷中分水界で、これまでいくつも見てきました。

分水嶺に囲まれた太平洋側には、なだらかな地形が広がっています。このあたりは高梁川の源流域なので、侵食基準面から最も離れているからでしょう。それに対し、片峠の日本海側は一気に下り、真住川(まなすみがわ)の谷底とは300mも高度差がありまず。真住川は8kmほど下ると日野川の中流に合流し、鳥取県の米子市から日本海に流れ出ています。そのため、侵食フロントはすでに分水嶺にまで到達し、明地峠は片峠になりかけているのでしょう。

他方、茗荷峠は日本海側の日野川の支流と、太平洋側の高梁川源流を分ける分水界です。日野川支流と高梁川のいずれも、茗荷峠の手前で90度向きを変えています。しかし、どちらかが他方の川を争奪している様子は感じられません。河川の争奪は本当にあるのでしょうか。それとも、ここまで見てきた片峠は、河川の争奪とは関係のない地形なのでしょうか。

分水嶺はやっぱり気まぐれ

茗荷峠から花見山を越えて桑平峠を通過すると、分水嶺は急斜面に挟まれた痩せた尾根に沿って西に続いていきます。その尾根を下りきった所で、谷田峠（516m）の谷中分水界を通過します（図6-12）。

谷田峠の谷中分水界は南北方向に延びる直線状の谷を通過しているので、断層線谷に起因する分水界でしょう。今日歩いてきた分水嶺のな

図 6-11　明地峠の断層線谷分水界と茗荷峠の片峠。(35.18,133.41)

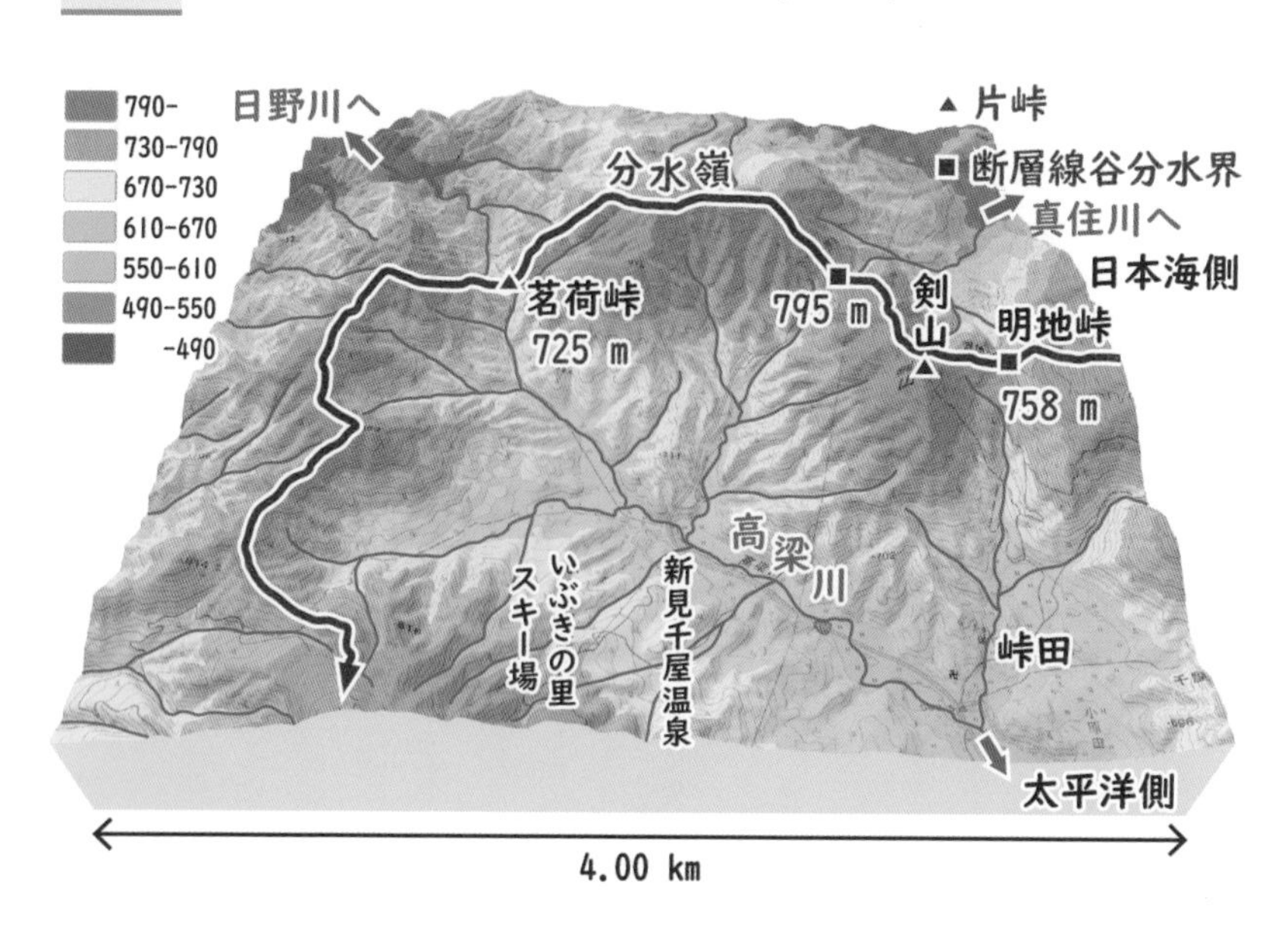

かでは蒜山別所の谷中分水界（509m）に次いで標高が低く、犬挾峠（518m）とほぼ同じ高さです。本州を横切る鉄道は、必然的にできるだけ低い分水嶺を通過します。JR伯備線がここ谷田峠を通過している理由も、山陰本線が通過する胡麻の谷中分水界（205m）や福知山線が通過する石生の谷中分水界（95m）、播但線が通過する生野北峠の断層線谷分水界（320m）と同様に、それらの周辺では最も標高が低いからです。

谷田峠のすぐ西には、標高が536mの典型的な片峠があります。峠の日本海側（北側）は日野川支流の石見川の上流域で、幅の広い平坦な谷の標高は450mほど。一方、太平洋側（南側）は高梁川水系の高瀬川の支流域で、極めてなだらかな地形の標高は500mほどです。つまり、峠を挟んだ段差は50mほど。その後、分水嶺は高畑山（776m）の山頂まで一気に直登します。そのまま分水嶺を西に追跡していくと……、突然、分水嶺は高畑山の尾根から南側

図6-12　谷田峠と野原の谷中分水界。〔35.10,133.34〕

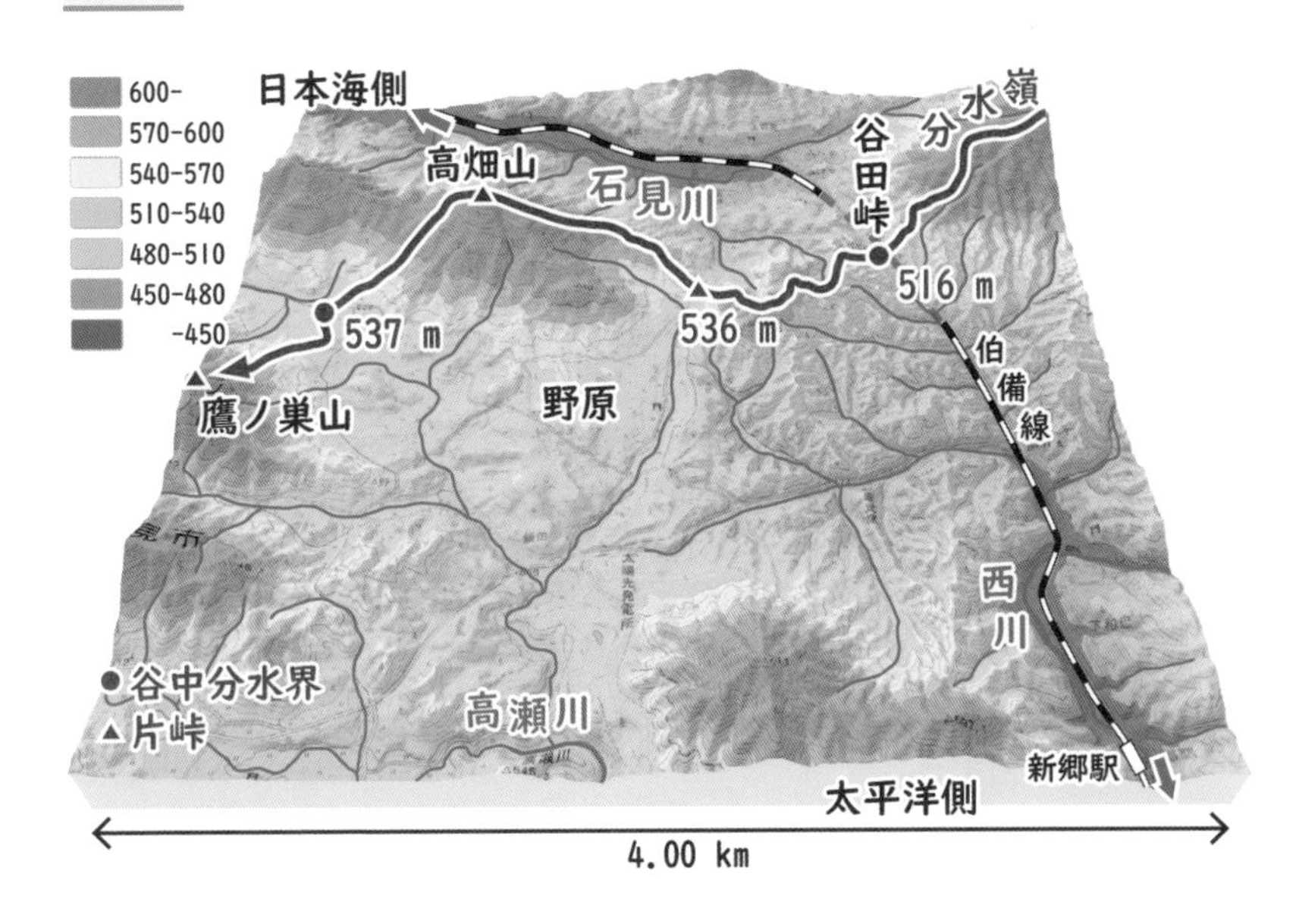

斜面を下ってしまいます。

　分水嶺は〝嶺〟なのだから、普通はそのまま尾根に沿って西に続いていくと考えがちです。ところが、ここでも分水嶺は尾根を離れて急斜面を下り、わざわざ平坦で幅の広い谷底を通過していきます。2日目に見た藤坂峠や鼓峠の片峠、3日目に見た遠阪峠の断層線谷分水界でも、分水嶺は連続する尾根から突然谷底に下ってしまいました。分水嶺は、どうしてそのまま標高の高い尾根に沿って続いていかず、低い谷底に下ってしまうのでしょうか。

　谷中分水界の手前で流れの向きが90度変わることも、隣接する片峠の標高が大きく異ならないことも、もはや定石です。ここ野原の分水界（537m）は、見事な谷中分水界です。でもどうして分水嶺は、わざわざ谷中分水界を横切るのでしょうか。まさに謎だらけの分水嶺です。

　周囲はすでに薄暗くなってきました。人形峠から直線距離で60km近く歩いてきたのでくたくたです。また野宿するのはつらいので、今晩は宿に泊まりたいです。幸いすぐ横にJR伯備線が通っているので、新郷駅で電車に乗り、四つ先の新見駅まで移動して宿を探すことにします。17時41分発の次は……、20時18分発!? 急いで駅に向かいましょう。

column

地質の研究 地形の研究

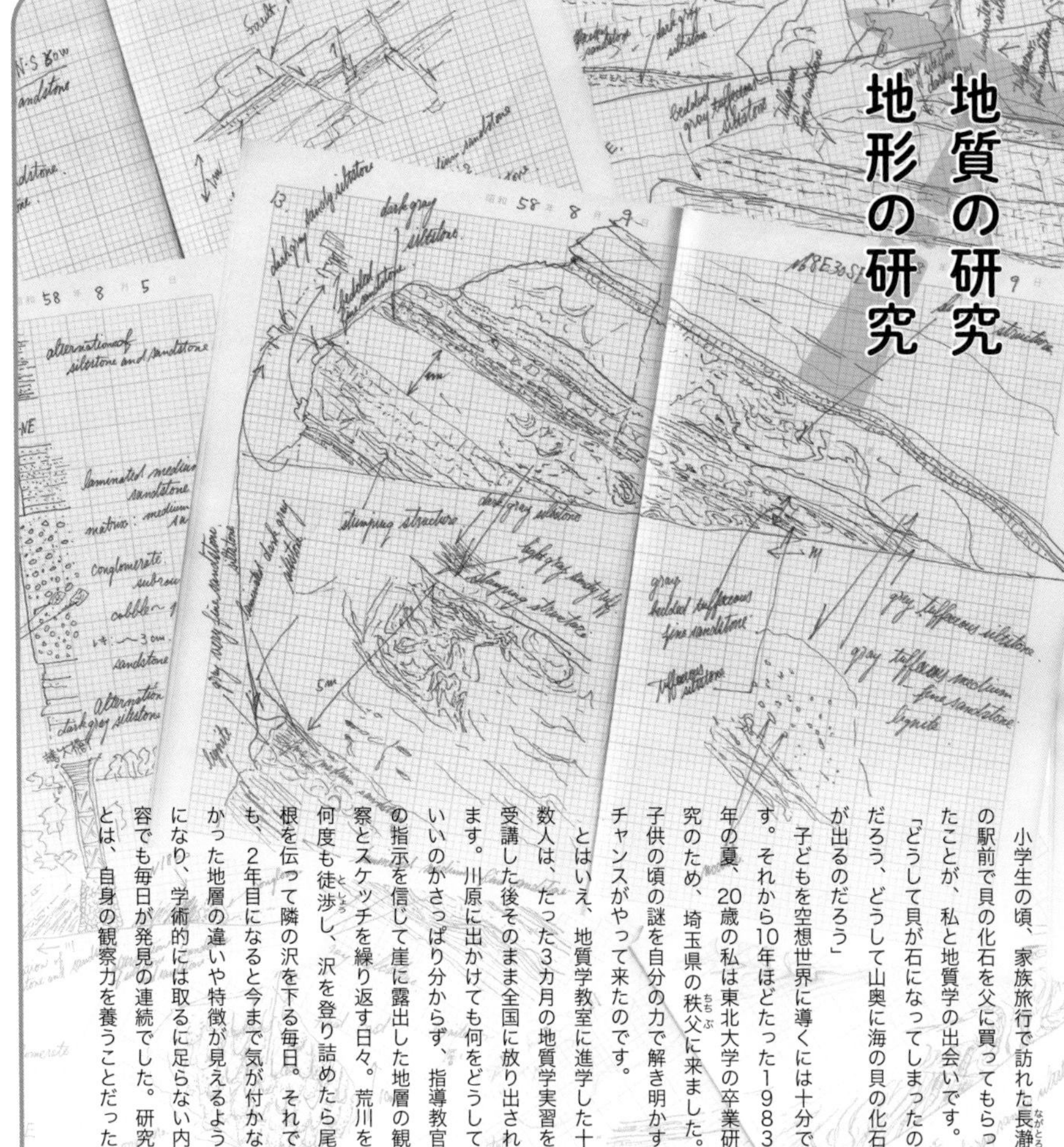

小学生の頃、家族旅行で訪れた長瀞の駅前で貝の化石を父に買ってもらったことが、私と地質学の出会いです。

「どうして貝が石になってしまったのだろう、どうして山奥に海の貝の化石が出るのだろう」

子どもを空想世界に導くには十分です。それから10年ほどたった1983年の夏、20歳の私は東北大学の卒業研究のため、埼玉県の秩父に来ました。子供の頃の謎を自分の力で解き明かすチャンスがやって来たのです。

とはいえ、地質学教室に進学した十数人は、たった3カ月の地質学実習を受講した後そのまま全国に放り出されます。川原に出かけても何をどうしていいのかさっぱり分からず、指導教官の指示を信じて崖に露出した地層の観察とスケッチを繰り返す日々。荒川を何度も徒渉し、沢を登り詰めたら尾根を伝って隣の沢を下る毎日。それでも、2年目になると今まで気が付かなかった地層の違いや特徴が見えるようになり、学術的には取るに足らない内容でも毎日が発見の連続でした。研究とは、自身の観察力を養うことだったのです。

それから30年以上にわたって地質の研究に没頭してきました。地学オリンピックの指導のため毎年秩父にやって来ますが、今でも初めて気が付くことがあります。去年までは気が付かなかったのに、今年になって気がつく。それはこれまで何千年も何万年もずっとその場所にあったのに、私は気が付いていなかっただけ。目に見えるものだけで世界がつくられているわけではない。目に見えないものにこそ、本質が隠されている。老眼と闘いながら、目を皿のようにして毎回地層を観察しています。

この『分水嶺の謎』も、地形の観察を繰り返す毎日から導き出されたもの。いくら技術が進歩しても、どれだけ高画質のカメラで撮影しても、視点がなければ見えないものがある。それでも、ひとたび気が付いてしまえば、その先には全く別の世界が広がっている。もしかすると、30年以上にわたって研究してきた地質学は、実は地形の謎を解くための準備期間だったのかもしれません。

卒業研究の露頭スケッチ。

匍匐前進する分水嶺

低い山と浅い谷が密集する地形を、這うように進む分水嶺。小さな川が太平洋と日本海のいずれに流れていくのか、確認しながらそろりそろりと進んで行きます。

中国山地の核心部を通過する分水嶺

新見駅6時59分発のＪＲ伯備線に乗らないと、次の列車は11時19分発なので慌てました。新郷駅で下車したら、今日の予定を地形図で確認しておきましょう（図7-1）。

高畑山から野原（537ｍ）の谷中分水界を横切り、鷹ノ巣山を越えたら西に進んで妙見山（725ｍ）を目指します。気になる峠はとくに

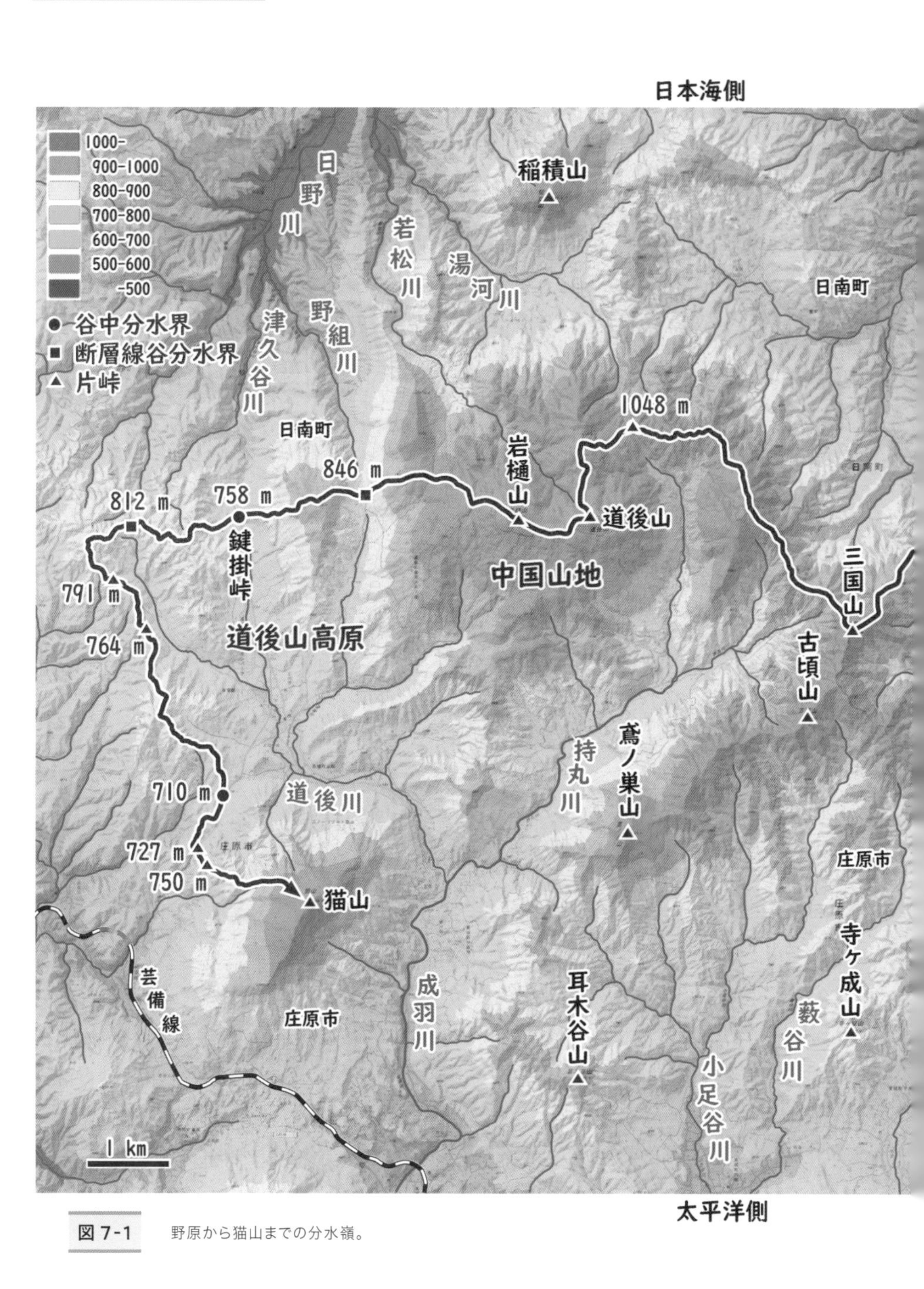

図 7-1　野原から猫山までの分水嶺。

なさそうです。妙見山から下ると、典型的な片峠を二つ通過します。今日最初のチェックポイントですね。

　南に向かって尾根を上っていくと、標高1129mの三国山に到着です。三国山は、備中（岡山）・備後（広島）・伯耆（鳥取県）の国境なので、ここでようやく広島県に入ります。三国山も名前のごとく、尾根が3方向に延びています。西側の急斜面は高梁川に合流する成羽川の上流域なので太平洋側です。よって、分水嶺は北西に続く尾根です。

　持丸川の源流域を北に迂回し、道後山（1271m）や岩樋山（1271m）など1200m級の山並みを越えていきます。分水嶺の北側は日本海に注ぐ日野川の源流域で、分岐した支流はいずれも谷を深く下刻しています。一方、南側にはなだらかな道後山高原が広がっています。分水嶺は起伏の少ない道後山高原の縁に沿って南に続いていますが、突然、猫山（1195m）の山頂に向かって一気に高度を上げていきます。まずは猫山まで進んでいきましょう。

誰も気が付かない小さな片峠

今日最初のチェックポイントは、妙見山の片峠です（図7-2）。二つの片峠は標高が570mほど。太平洋側は高瀬川の源流、日本海側は九塚（くづか）川（がわ）の源流です。高瀬川は合流を繰り返し、岡山県の倉敷市で瀬戸内海に注ぎます。一方、九塚川は日野川に合流して、鳥取県の米子市で日本海に流れ出ます。分水嶺の日本海側は標高が太平洋側より数十mほど低く、分水嶺が通過する片峠は、いずれも日本海側が急斜面になっています。

とはいえ、実際にこの片峠に立ち寄ったとしても、この峠が本州を太平洋側と日本海側を分ける分水嶺とは思わないでしょう。どこにでもある地形の段差を、狭い道が下っているだけですから。それでも、片峠の手前で川の向きが90度変わる特徴は、これまで見てきた片峠と同じです。片峠の標高は、今朝出発した野原の谷中分水界の標高（537m）と、30mほどしか違いません。

図7-2 妙見山の片峠。〔35.10,133.29〕

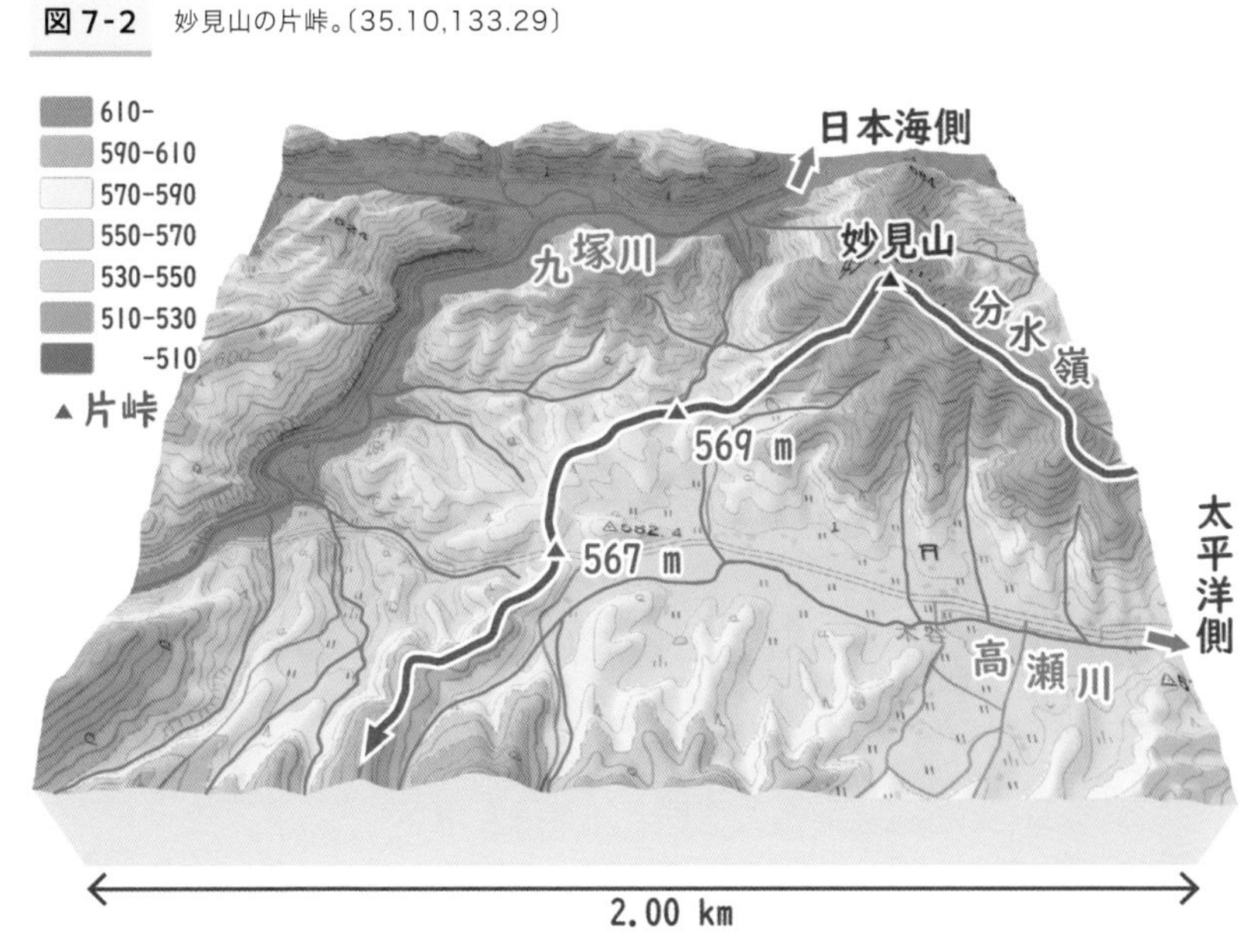

岩石の違いが地形の違い

次のチェックポイントは、広島県と鳥取県の境の道後山周辺です（図7-3）。道後山に続く稜線の登り口で、日本海側が急斜面になっている片峠（1048m）を通過します。標高は1000mを越えていますが、峠の手前で川の向きが変わるのはいつも通りです。

今度は地理院地図で5万分の1地質図幅（ちしつずふく）を選択し、詳しい地質図を見てみましょう（図7-4）。このあたりは白亜紀の花崗閃緑岩（かこうせんりょくがん）（デイサイト質の深成岩）です。地下の深い場所で冷えて固まった岩石が、現在は標高1000mを超える山になっているのですから、大地を隆起させた地殻変動のエネルギーを感じてしまいます。この岩石ができてから1億年くらい時間がたっているでしょうから、長い年月をかければ高い山脈がつくられるのもあり得るのです。

しかし、1億年前から現在まで、ゆっくり隆起してきたわけではないでしょう。もしかすると、

図7-3 道後山の片峠。(35.08,133.24)

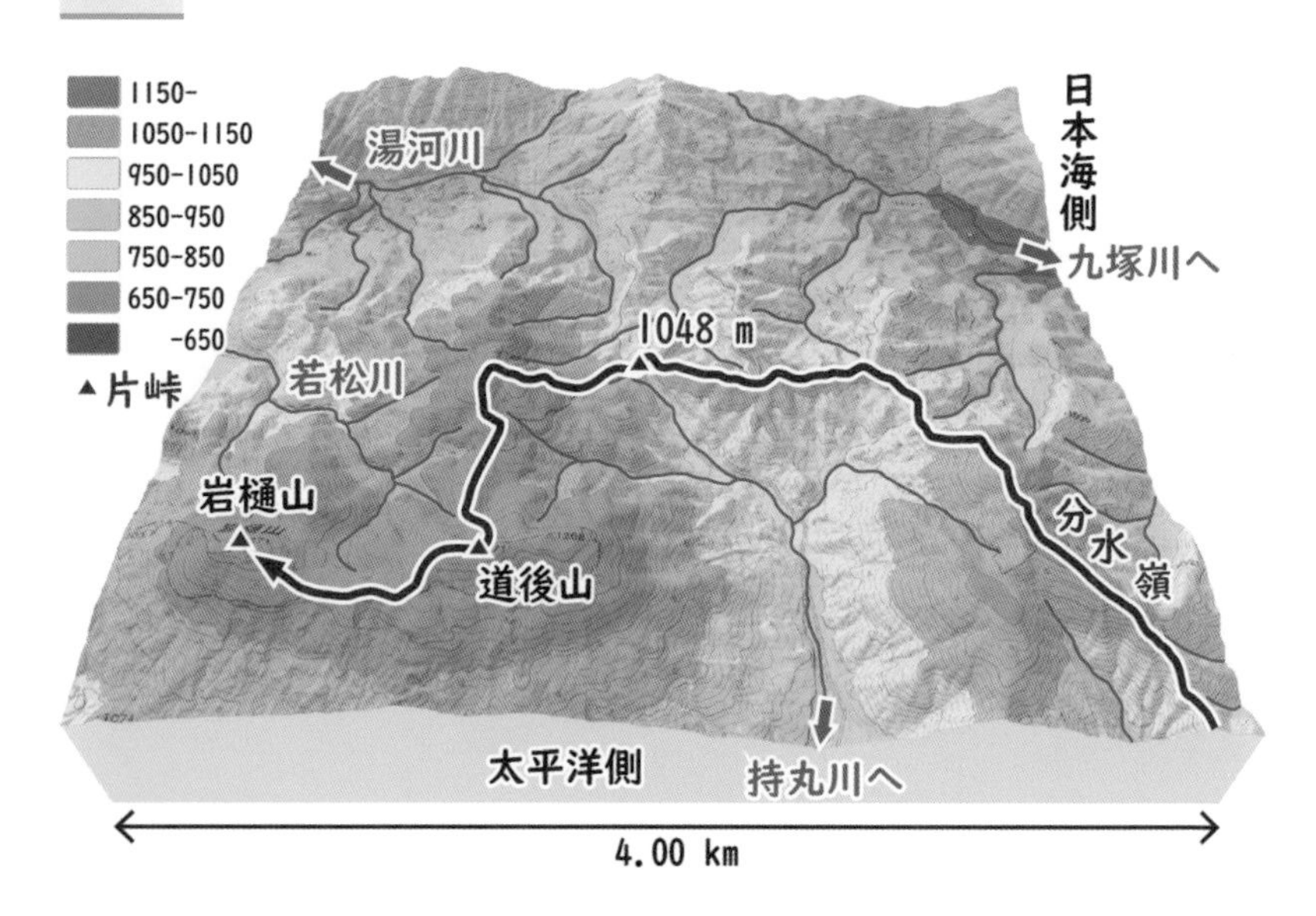

図7-4 道後山周辺の地質図。5万分の1地質図幅「上石見」と「多里」より作成。

最近の100万年間に一気に隆起して、中国山地ができたのかもしれません。岩石が誕生した1億年前のスタートと、ゴールである現在の山地までの生い立ちをつなぐ学問が地質学です。そして、その過去と未来の間のスナップショットが目の前に広がる地形です。なので、いつどのようにして中国山地がつくられたのか、それをひもとくためには地質学の視点が不可欠なのです。

　さて、道後山まで登ると、なだらかな尾根が続いています。Google Earthで覗いてみると、植生が少ない稜線に沿って登山道が整備されているようです。道後山は、白亜紀の花崗閃緑岩から成る山でしたね。いわゆる花崗岩類は、マグマが地下の深い所でゆっくり冷えて固まった結晶だらけの岩石です。もともと非常に硬いのですが、地表近くで風化して鉱物がバラバラになってしまい、サラサラな真砂に変化します。真砂は容易に風雨に流されてしまうので、花崗岩地帯はなだらかな地形をつくります。

　道後山の西隣はポッコリした岩樋山で、こちらは白亜紀の斑れい岩でできています。斑れい岩は、玄武岩質のマグマが地下でゆっくり冷えて固まった深成岩です。陸上に噴出すれば、急冷した火山岩である玄武岩になります。

　斑れい岩については、3日目の遠阪峠で解説しましたね。遠阪峠の周辺に分布している斑れい岩は、海洋底で形成されたオフィオライトでした。一方、岩樋山の斑れい岩は、日本列島がまだユーラシア大陸の一部だったときに形成された岩石です。同じ斑れい岩ですが、海洋起源と大陸起源の岩石が日本列島に混在しているのです。日本の地質が複雑なのは、何億年も大陸と海洋の境界に位置してきたからなのです。

　ところで、斑れい岩は玄武岩と同じ組成ですが、ゆっくり冷えた花崗岩と同じように、大粒の結晶だらけの岩石です。ところが、真砂化してしまう花崗岩とは対照的に、侵食に強く塊状に割れるため、険しい地形をつくります。

私が勤めていた研究所からは、名峰・筑波山を眺めることができました。筑波山は、なだらかな裾野部分は花崗岩で、山頂付近の突起（女体山・男体山）は斑れい岩でできています（図7-5）。関東では「西の富士、東の筑波」と言われますが、日本百名山で最も低く、標高は877m（女体山）しかありません。

峠がフルセットの道後山高原

岩樋山を西に下ると、またまた不思議な地形が出てきます。南北方向に延びる山並みの境は、すべて断層線谷に起因する侵食地形です（図7-6）。地質図（図7-4）で確認すると、標高846mの断層線谷分水界は、まさに南北に走る多里断層に位置しています。蛇紋岩と白亜紀の流紋岩凝灰岩が、南北方向の多里断層を挟んで接しているのです。

蛇紋岩はマントルを構成するかんらん岩が、水と反応してできた岩石ですね。3日目の遠阪峠で、蛇紋岩についても説明しました。重いマントルは、厚さが数十km前後の軽い地殻の下にあるので、めったに地表には現れません。一方、

図7-5 桜川にかかる中貫橋から見た筑波山。〔36.20,140.07〕

マントルが変質してできた蛇紋岩も、厚い地殻を通過しないと地上に出ることはできません。ということは、地表に現れた蛇紋岩が通過した通り道は、地殻を分断する大断層です。地質研究者が蛇紋岩を発見すると興奮するのは、その場所に巨大な断層が推定されるからです。

地質図（図7-4）を見ると、白亜紀の花崗岩や花崗閃緑岩、斑れい岩が、蛇紋岩を広い範囲で貫いています。蛇紋岩は地滑りしやすい岩石ですが、ここではマグマの熱による接触変成作用をこうむって、ダナイトという硬質な岩石に変化しているでしょう。

その西にある鍵掛峠の谷中分水界（758m）も見事です。日本海側から侵食フロントが迫っていて、片峠になりかけています。こちらも古傷である南北方向の断層に起因した侵食地形でしょう。

それにしても、水流がほとんどないのに、ずいぶんと幅の広い平坦な谷です。この谷にもかつて大きな川が流れていて、河川の争奪によっ

図7-6 鍵掛峠の谷中分水界。〔35.07,133.19〕

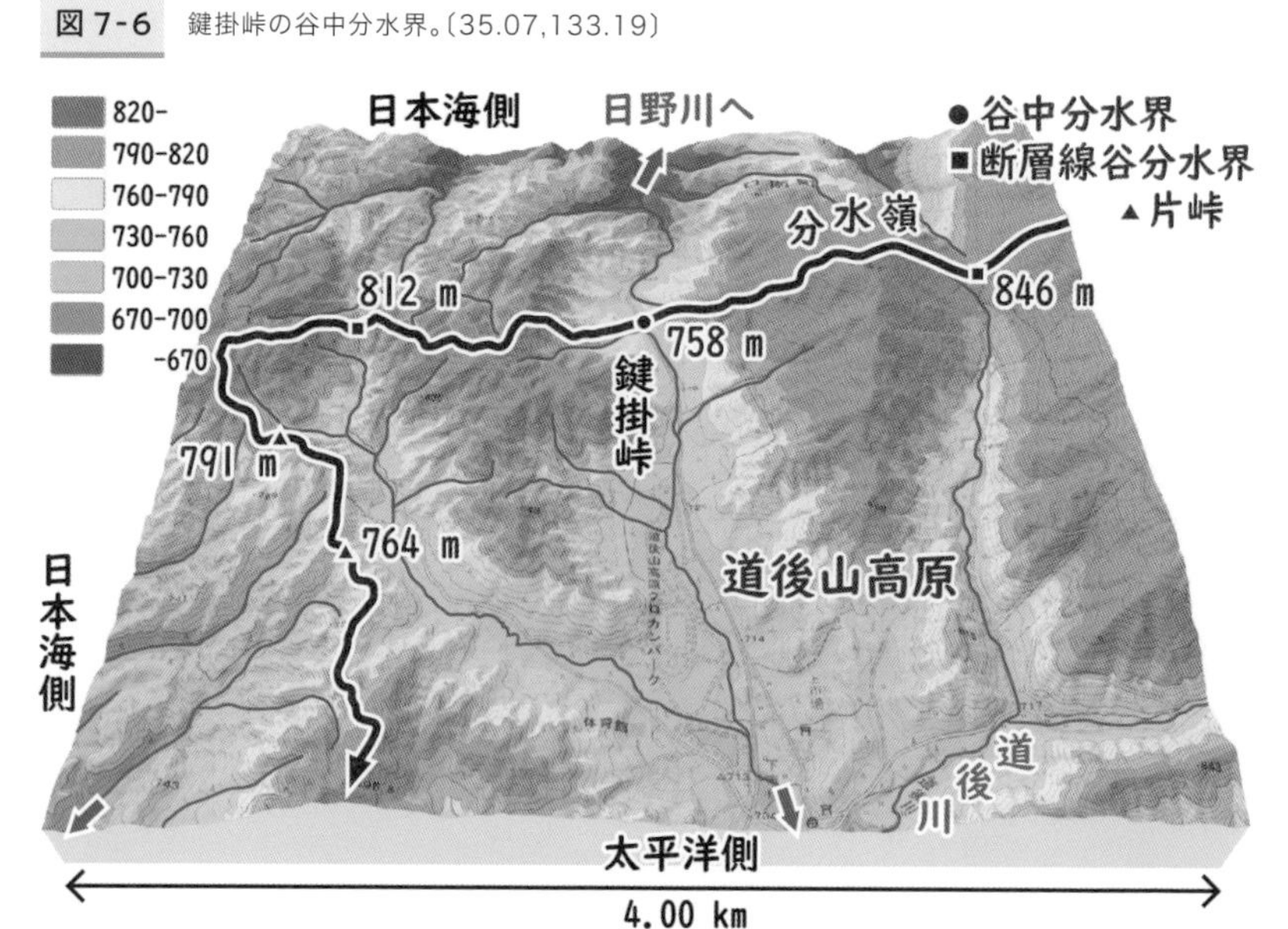

て無能河川になったのでしょうか。よく見ると、谷中分水界の手前で川の流れが90度向きを変えています。これは争奪の肱なのでしょうか。

西に続く分水嶺は、もう一つ断層線谷分水界（812m）を横切ったあと、道後山高原を回り込むように南に向きを変え、徐々に高度を下げていきます。日本海側（西側）が落ち込んだ片峠をいくつか通過すると、標高が710mの見事な谷中分水界を横切ります（図7-7）。ここでは三坂の谷中分水界と呼ぶことにしましょう。

西側は日本海に注ぐ西城川の支流で、侵食フロントはすぐそこまで迫っています。一方、東側は瀬戸内海に流れ出る道後川の源流域で、幅の広い谷はそのまま平坦な地形に連続しています。分水嶺と平行に流れ下る川が片峠の手前で流れの向きを変える特徴も、これまで見てきた谷中分水界と同じです。日本海側が侵食された片峠を二つ越えたら、猫山の山頂まで急斜面を一気に登りましょう。

図7-7 三坂の谷中分水界。〔35.04,133.19〕

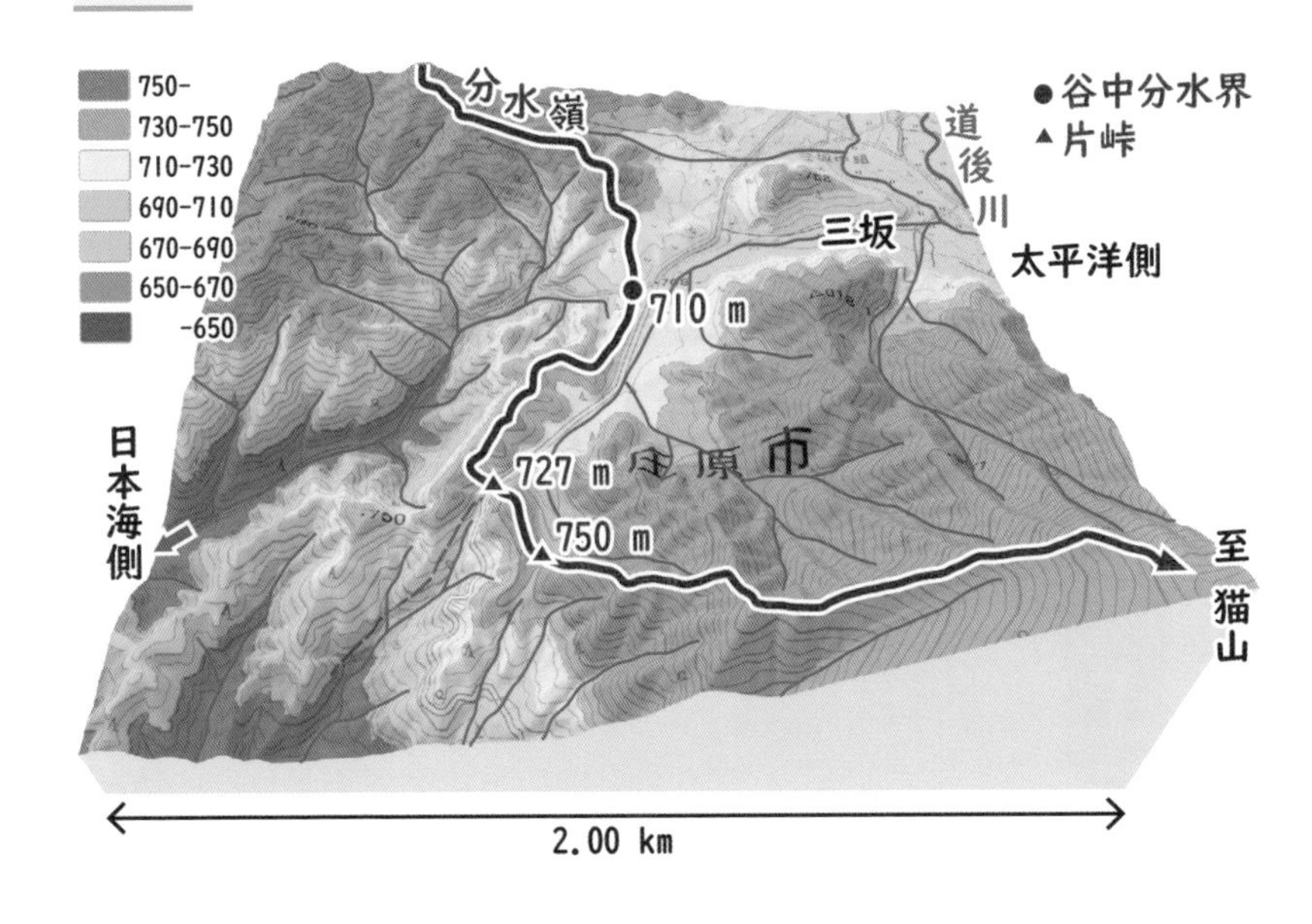

分水嶺は中国山地から吉備高原へ

猫山の山頂は展望が開けているので、その先の分水嶺を地形図で確認しておきましょう（図7-8）。せっかく猫山山頂まで500mも登ってきたのに、すぐ急斜面を600mも下らなければなりません。すると、分水嶺は日野原の幅の広い谷に出ます。どこを通過したらいいのか悩みそうです。

再び白滝山（1053m）まで急登し、飯山（1009m）に向かって稜線を南下していきます。ところが、分水嶺は南北に連続する尾根の途中で西斜面を下ってしまうので、通り過ぎないように注意が必要です。断層線谷分水界と谷中分水界を一つずつ横切り、ひたすら南下して権現峠（659m）の谷中分水界を目指します。

権現峠から中山峠（608m）までは、ルート選びが難しそうです。ここから吉備高原に突入するので、地形の起伏が小さいからです。分水嶺の気まぐれに注意しながら、丁寧にたどっていくしかありません。猫山から中山峠まで直線距離で18㎞ほどですが、見るべき地形は日野原と中山峠周辺の谷中分水界くらいです。

図7-8 猫山から中山峠までの分水嶺。

日本海側

725-
650-725
575-650
500-575
425-500
350-425
-350
谷中分水界
片峠
断層線谷分水界
727 m
猫山
中国山地
小鳥原川
木次線
635 m
日野原
成羽川
耳木谷山
624 m
熊野川
白滝山
分水嶺
833 m
743 m
飯山
田黒川
芸備線
西城川
庄原市
権現峠
659 m
芸備線
成羽川
四天蓋山
かしや風呂山
吉備高原
仮屋原
549 m
国広山
612 m
帝釈川
中山峠
608 m
1 km

太平洋側

秘境駅のある日本一の谷中分水界

最初のチェックポイントは、日野原の谷中分水界です（図7-9）。地形図を見ただけでは、分水嶺がどこを通過するのか全く分かりません。北は猫山、南は白滝山に挟まれた、深いけれど幅の広い谷の真ん中を分水嶺が通過しています。ここにJR芸備線（げいびせん）が走っているのも、鉄道が通過するほかの谷中分水界と同じ理由です。しかし、標高は600mを超えています。

分水嶺が横切る幅の広い日野原の谷は、水系図を描けないほど高度差が小さく、複雑な起伏からなる地形です。あちらこちらに小さな丘とため池がある特異な景観です。

JR芸備線の道後山駅は一日の乗降客が1名を下回る秘境の無人駅だそうで、かろうじて分水嶺の西側なので日本海側に位置しています。駅舎の標高は610mほどで、直線距離で3.5kmほど離れた隣の小奴可（おぬか）駅との高度差は60mほどです。

図7-9　日野原の谷中分水界。〔35.01,133.19〕

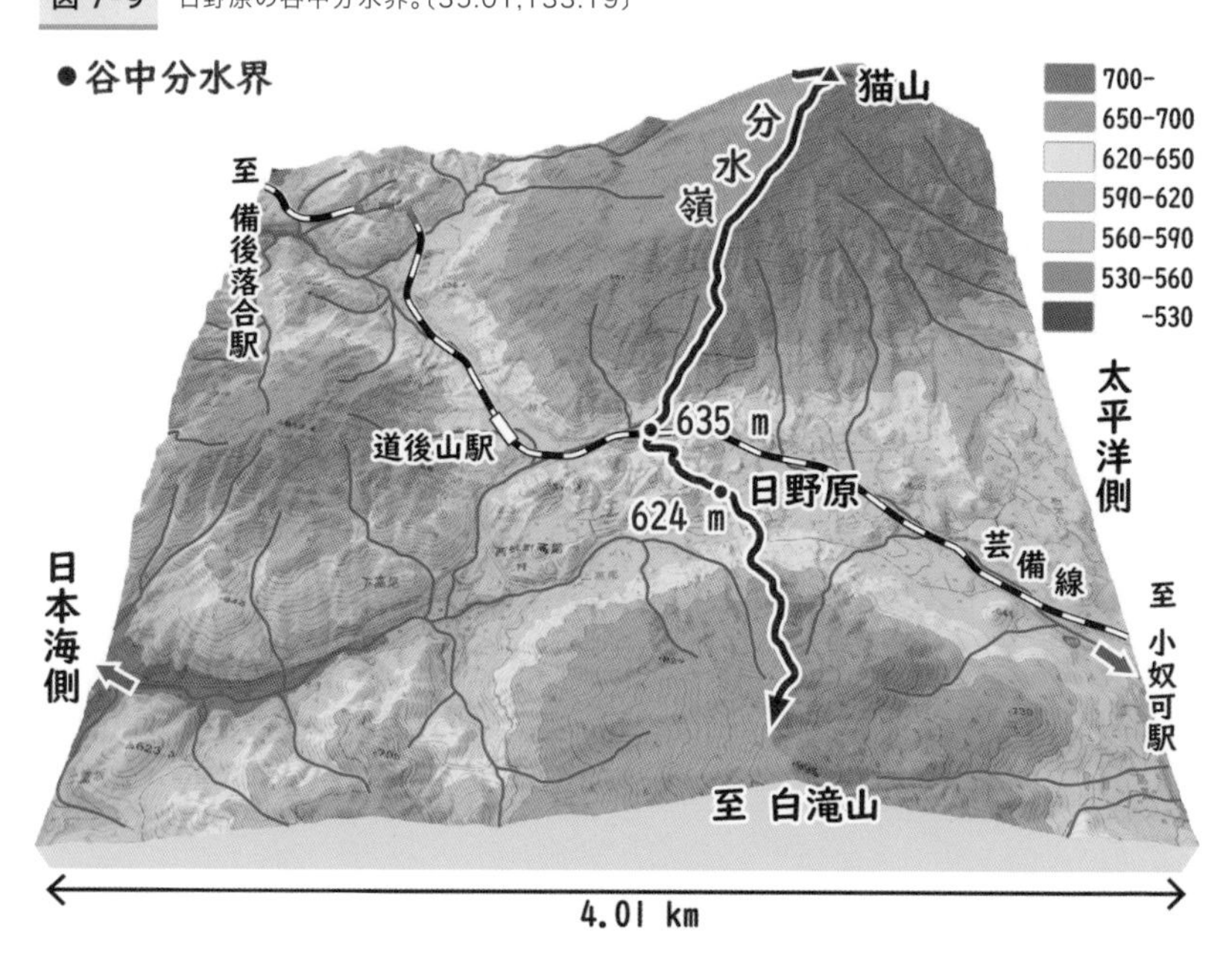

一方、日本海側の備後落合駅は、道後山駅と直線距離でおよそ3㎞離れていますが、駅舎の標高は450mほどなので、道後山駅との高度差は150mを超えます。日本海側の侵食フロントが日野原の谷中分水界に迫っているため、太平洋側よりも100mほど谷底が低いのでしょう。芸備線はいったん北に大きく迂回することによって、線路の傾斜を緩くしています。

日野原の谷中分水界を観察したら、中山峠まで一気に移動しましょう（図7-10）。中山峠の谷中分水界は、北東-南西方向の断層線谷に起因する分水界でしょう。その手前にも標高612mの谷中分水界がありますが、このあたりでは仮屋原の谷中分水界が見事です。

標高は549mで、日野原の谷中分水界より100mほど低くなりました。

それ以上に対照的なのは、日野原の谷中分水界は、谷の両側の山稜との高度差が400～600mに達する分水嶺の鞍部なのに、仮屋原の谷中分水界では、両側の尾根との高度差が

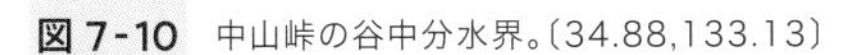
図7-10　中山峠の谷中分水界。〔34.88,133.13〕

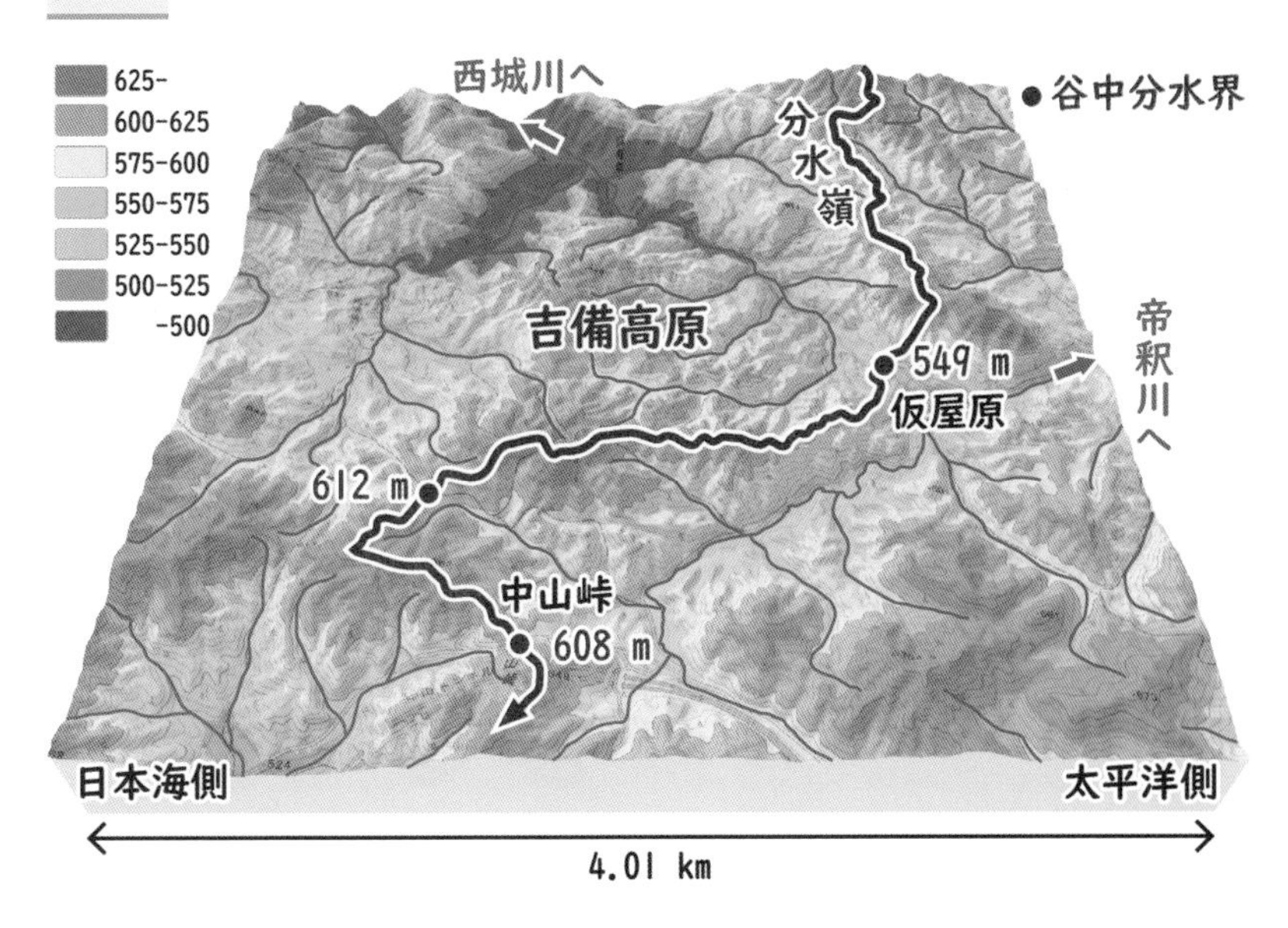

100mくらいしかありません。片や深い谷底を、片や浅い谷間を、本州を縦断する分水嶺が通過しているのです。深い谷底と浅い谷間を横切る分水嶺はどちらのほうがすごいのか、だんだん分からなくなってきました。

図 7-11 中山峠から上下までの分水嶺。

芸備線
西城川
大黒目山
中山峠
608 m
大仙山
748 m
御神山
723 m
741 m
大行山
小行山
802 m
813 m
大山
本村川
580 m
575 m
630 m
637 m
領家川
564 m
552 m
庄原市
田総川
鷹志風呂山
565 m
570 m
515 m
503 m
日本海側
高山
亀谷川
555 m
影信山
分水嶺
龍王山
三次盆地
府中市
548 m
543 m
萩目谷
547 m
558 m
三次市
徳楽山
498 m
497 m
504 m
上下川
福塩線
弘法山
上下
388 m
矢多田
384 m
翁山
世羅台地
空山
1 km

吉備高原は谷中分水界のラビリンス

中山峠の先を地形図で確認しておきましょう（図7-11）。中山峠までとは対照的に、ここからは谷中分水界のオンパレードです。片峠あり、断層線谷分水界あり、あまりにもたくさんあって……さっそく大行山（おおぎょうさん）まで歩いて行ってみましょう。

中山峠を出発すると、分水嶺は標高881mの大行山に向かって高度を上げていきます。谷中分水界や片峠、断層線谷分水界の標高も、700〜800mと結構高いですね。一つ一つの尾根は南北方向なのに、分水嶺は北西から南東に向かって斜めに続いていきます（図7-12）。横に並べて浮かべたボートを乗り移りながら、川の対岸に渡ろうとしているようです。ボートを踏み外したら、太平洋か日本海まで流されてしまいそうです。

大行山を過ぎても谷中分水界や片峠の連続です（図7-13）。垰（たお）という地名は峠のことですね。

図7-12 大行山周辺の谷中分水界や片峠。〔34.85,133.14〕

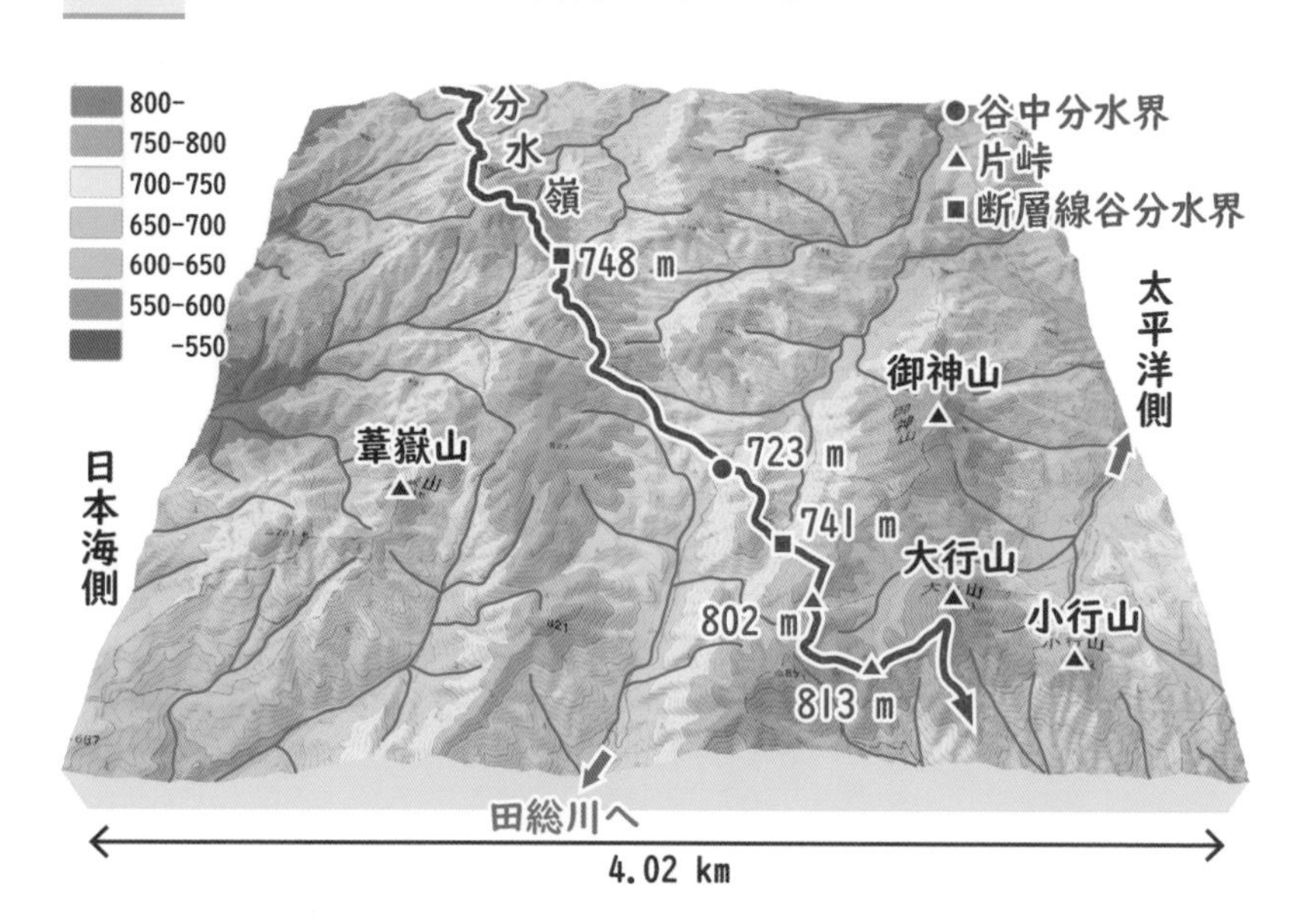

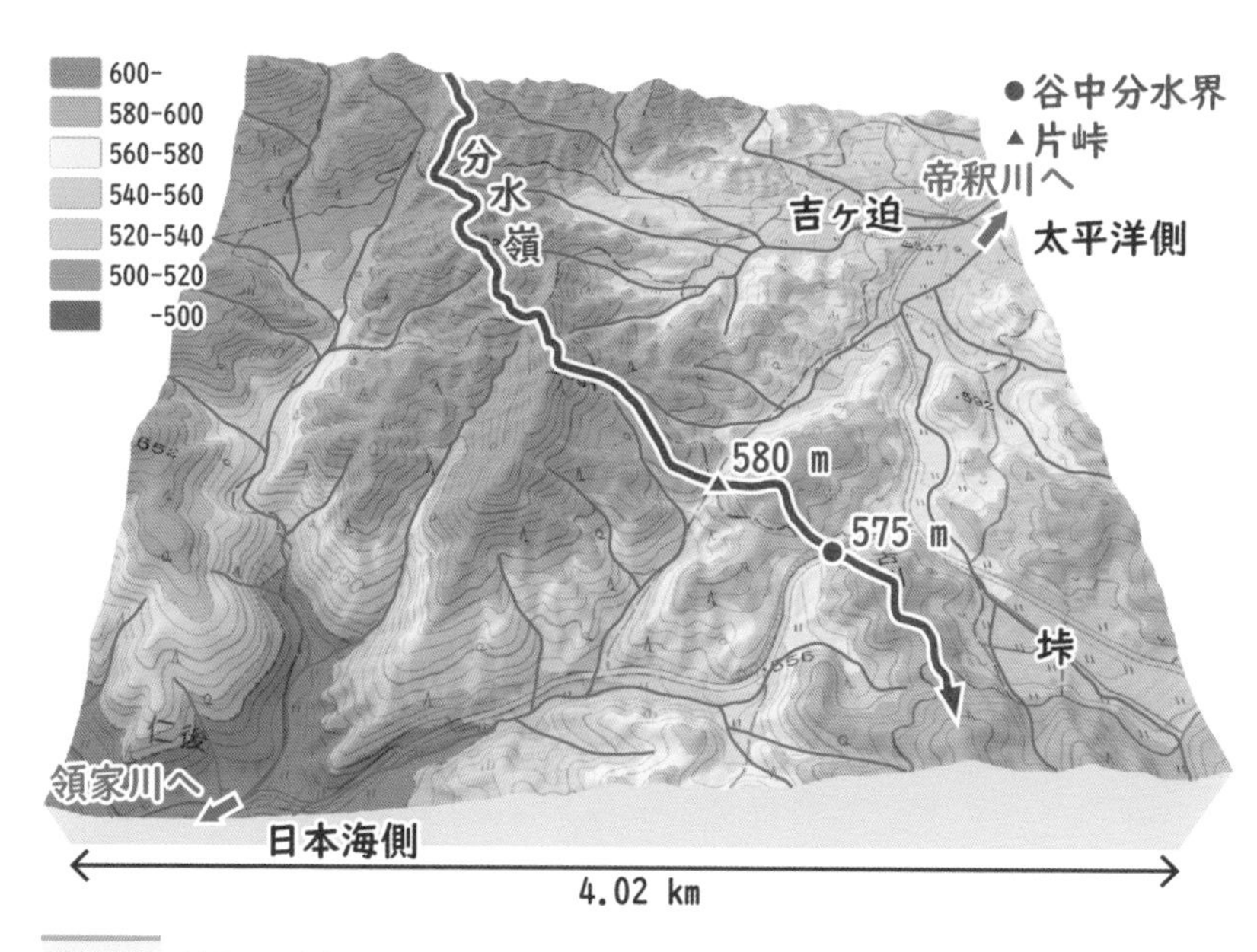

図 7-13 垰周辺の谷中分水界や片峠。〔34.82,133.16〕

確かに、垰周辺のなだらかな盆地と領家川（りょうけがわ）の支流の源流域との境界は、間違いなく太平洋側と日本海側を分ける峠です。ただし、上り下りを意識させない谷中分水界や、上っても下らない片峠を通り過ぎたとしても、これらの峠が分水嶺だとは思わないでしょう。

標高は600mほどと日野原の谷中分水界（624m）とほぼ同じですが、周囲の景色は全く異なります。深い谷底の日野原とは対照的に、垰付近にはどこにでもある日本の農村の風景が広がっています。

次に地質学者である私の目に止まったのは、〝岩

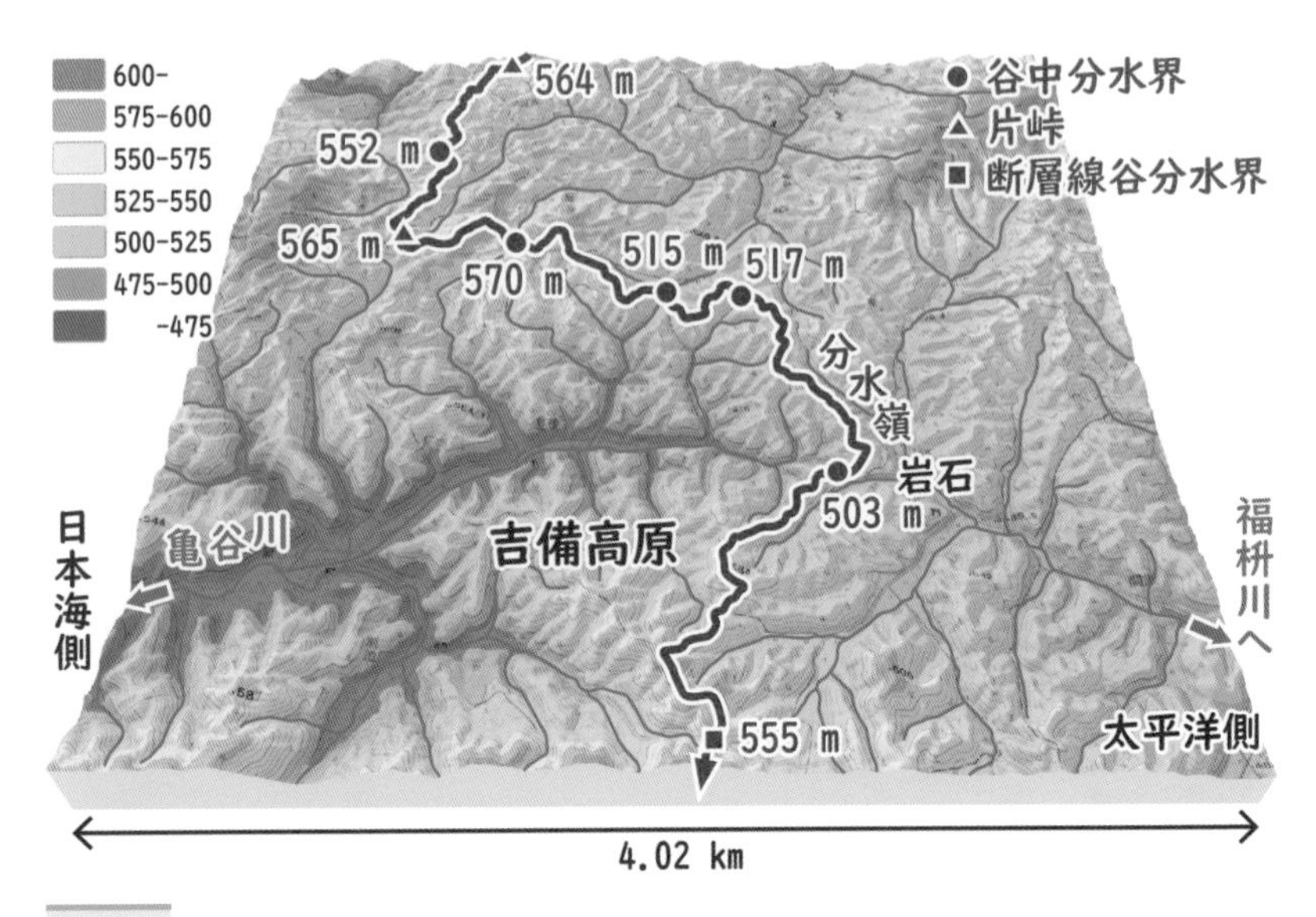

図 7-14 岩石周辺の谷中分水界や片峠。〔34.78,133.17〕

石〟と書かれた地名とその周辺の谷中分水界です（図7-14）。峠の標高は、560m前後と510m前後の2グループに分かれているようです。脳のしわかシダの葉っぱような低く短い尾根と葉脈のように密集する浅い谷は、吉備高原の地形の特徴です。

このような地形だと、分水嶺の追跡は我慢の連続です。短い尾根は谷の合流点で消滅してしまうので、それまでに隣の尾根に乗り移らなければなりません。乗り移る際に谷を横切るその場所が谷中分水界なのですが、これまた場所の特定が困難です。

中国山地のように、高く険しい山の上り下りはありません。しかし、分水嶺がどちらに続いているのか、1m刻みで地形図を色分けし、何度も何度も確かめながら進むしかありません。匍匐前進しながら、ゆっくり進んで行くしかないのです。

地元に住んでいる方は、これらの峠が分水嶺だとは思いもしないでしょう。そもそも、峠との認識すらないかもしれません。すべて、太平洋側と日本海側を分ける分水嶺を越える峠なのに、○○峠などと書かれた地名は見当たりません。分水嶺が持つ多様

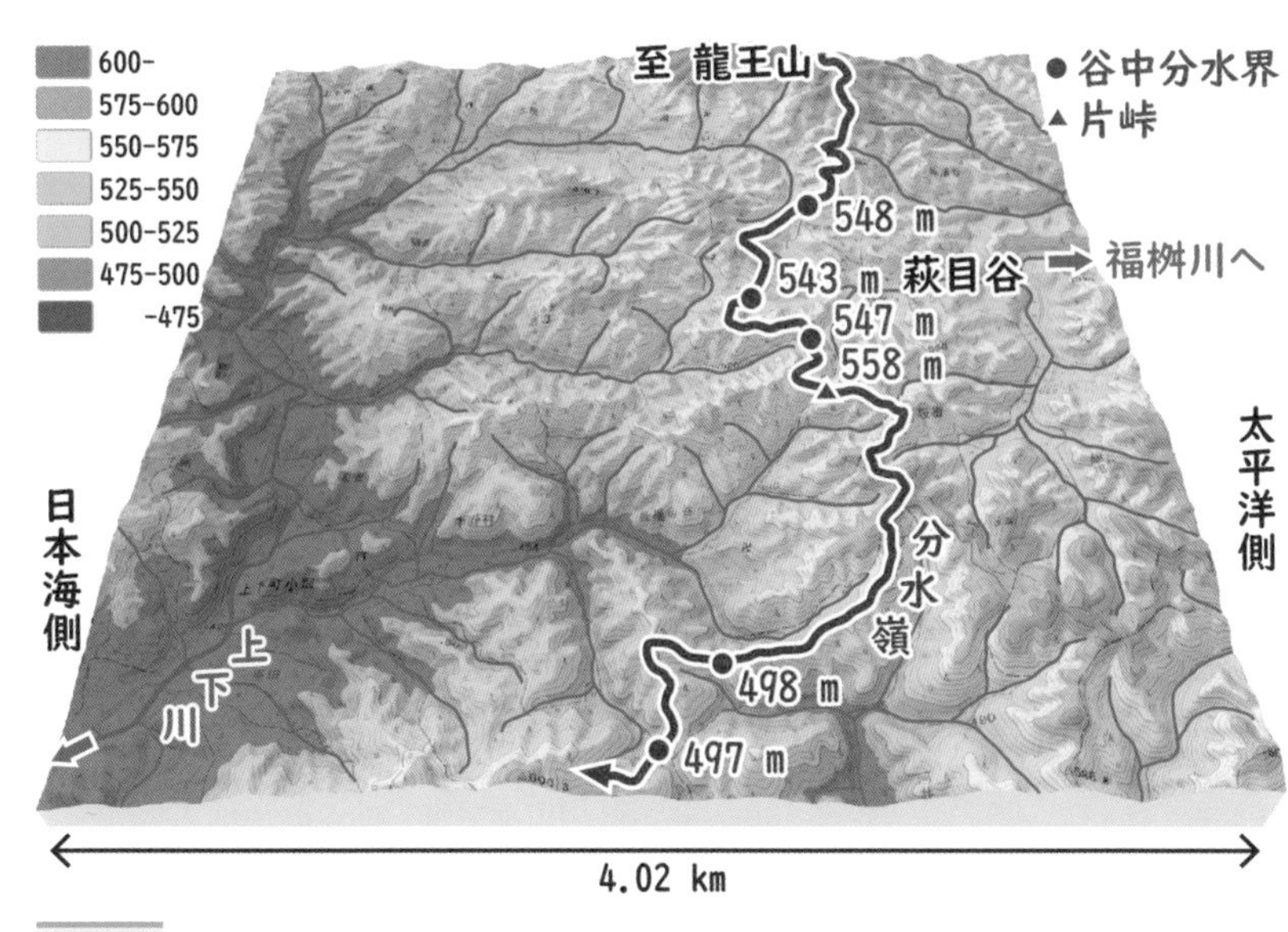

図7-15 萩目谷周辺の谷中分水界。〔34.73,133.16〕

な表情の一つなのです。

迷路のような地形に沿って地を這うように分水嶺を追跡し、やっとのことで龍王山（768m）にたどり着くと、一息つく間もなくまた匍匐前進です（図7-15）。その先はさらに地形が複雑で、地形図の拡大と縮小を繰り返しながらルートを選んで進みます。いずれの谷中分水界も、胡麻や石生、野原や日野原ほどの迫力はありません。

しかし、このあたりは谷中分水界の数が多く、標高が500~550mにそろっているので、その意味は分からないけれどワクワクします。そういえば、昨日見た谷田峠（516m）や野原（537m）の谷中分水界は、吉備高原の谷中分水界の標高にほぼ一致していますね。何らかの関係がありそうです。

分水嶺は、谷中分水界を飛び石のように伝っては、隣の尾根に何度も何度も乗り移ります。ところが、大局的に見ると、分水嶺は南北方向になめらかにつながっています。細かく見ると、ブラウン運動のように複雑に蛇行する分水嶺が、全体としてはなめらかに続いている。分水嶺の謎を解くヒントになりそうな予感がします。

山がないのに上り下り

分水嶺の西方に上下川が見えるようになったら、今日のゴールまであとわずかです。分水嶺は徐々に向きを西に変え、小さな翁山（５３６ｍ）を越えるとＪＲ福塩線の上下駅にたどりつきます。鉄道が横切っているので、このあたりでは最も低い分水嶺でしょう。

上下駅の北側を流れる上下川は、馬洗川から江の川へと合流し、島根県の江津市から日本海に流れ出ます。一方、駅の南側を流れる矢多田川の支流は、芦田川に合流したあと広島県の福山市から瀬戸内海に流れ出ます。したがって、分水嶺が横切る平坦な上下の町は、標高３８４ｍの典型的な谷中分水界です（図7-16）。

峠なのに地形が平らなこの町は、峠の漢字から山偏を除いたので名前が上下になったのでしょうか。ネットで検索すると、上野村と下野村に挟まれていたから上下村になったとも書かれています。個人的には、山がないのに峠なので上下の地名になったほうが嬉しいです。地名から、昔の人の自然に対する繊細な感覚を垣間見ることができるからです。

ところで、鉄道が通過している立派な谷中分水界は、これまでいくつも見てきました。そして、ここ上下では、分水嶺は二つの谷中分水界に挟まれた小山を通過しています。３日目の最後に見た生野北峠の断層線谷分水界と同じ地形です。上下の町の谷中分水界も、南北方向の断層線谷に起因する分水界なのでしょう。

そういえば、今朝野原（５３７ｍ）の谷中分水界を出発した後、道後山高原の鍵掛峠（７５８ｍ）で一気に標高が上がりました。そのあと、日野原（６２４ｍ）から中山峠（６０８ｍ）にかけて谷中分水界の標高は６００ｍほどに低下し、さらに吉備高原では６００～５００ｍへと段階的に下がってきました。そして、ここ上下の谷中分水界の標高は３８４ｍなので、さらに１００ｍほど標高が下がっています。隣接する谷中分水界の標高は概ねそろっているので、谷中分水界の標高は、いくつかのグループに分かれているようです。分水嶺の謎解きの大きなヒントになるかもしれません。

今日は中国山地から南に離れ、吉備高原に突入しました。明日は吉備高原のど真ん中を進んでいくことになるでしょう。分水嶺の旅の、最大の難所になるかもしれません。今宵は白壁の街並みが残るここ上下の町に宿を取り、明日に備えて早めに休みましょう。

図 7-16 上下の谷中分水界。〔34.69,133.12〕

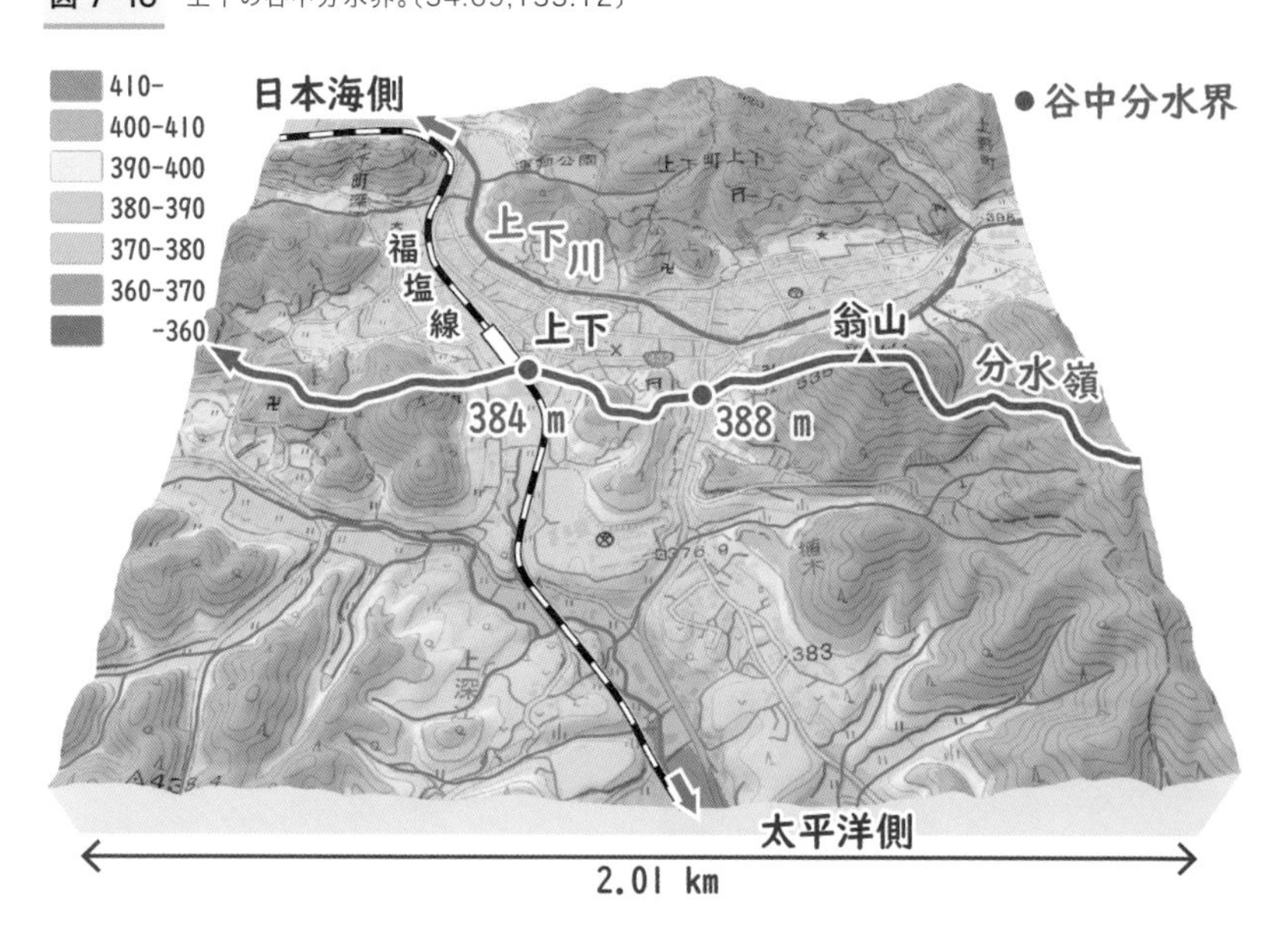

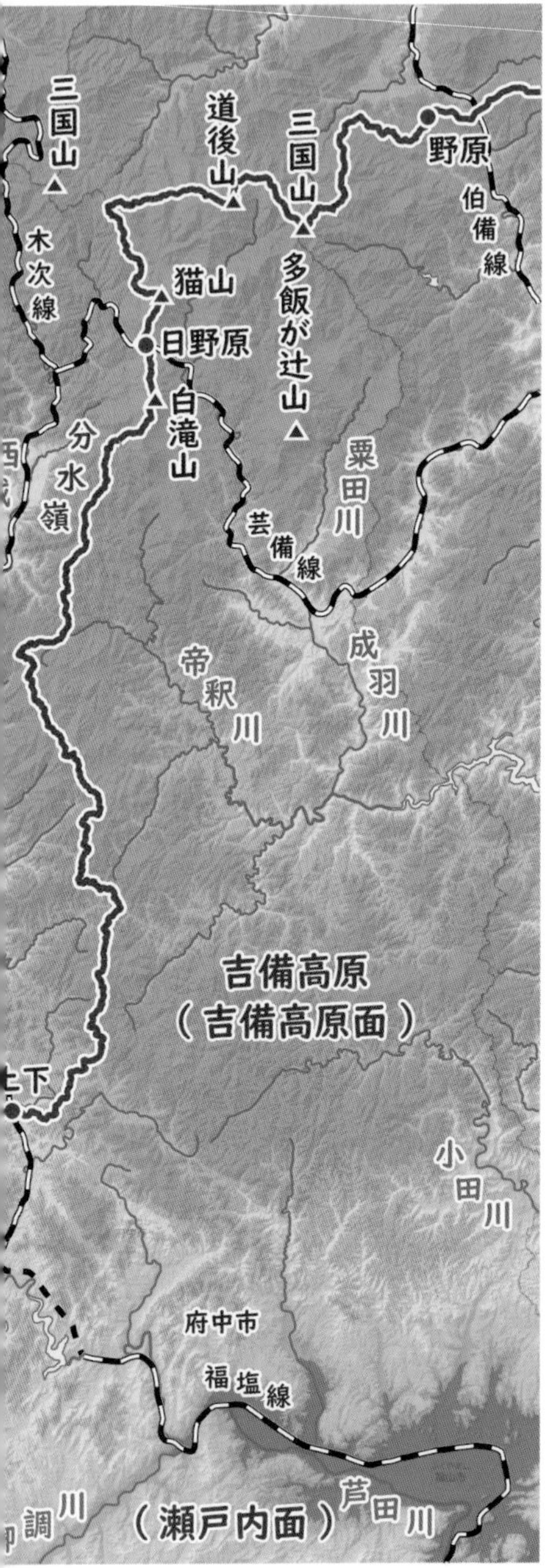

図8-1 中国地方中央部の大地形。

最大の難所の世羅台地

雨水は紛うことなく確実に海に向かって流れ、確固とした分水嶺がつくられています。水は地形を裏切りません。

準平原を通過する分水嶺

今日は覚悟の一日です。出発前の確認は、少し広い範囲の地形図を見ておきましょう（図8-1）。今いる場所は、上下の街ですね。地形図では真ん中あたりです。昨日までの分水嶺も、赤線で示しました。分水嶺の旅は、今から最大の難所に突入します。

中国地方の地形を最も特徴付けるのは、吉備高

日本海側
太平洋側
500-
400-500
300-400
200-300
100-200
50-100
-50
谷中分水界
三瓶山
毛無山
大万木山
猿政山
吾妻山
琴引山
毛無山
庄原市
中国山地
比和川
神野瀬川
江の川
三次市
三次盆地
寒曳山
唐代山
雛子の目山
上平山
犬伏山
中国山地
芸備線
美波羅川
馬洗川
上下
龍頭山
安芸高田市
江の川
大土山
海見山
世羅台地
（世羅台地面
向原
鷹ノ巣山
世羅台地
（吉備高原面）
三篠川
芦田
3 km
東広島市
椋梨川
太田川
沼田川

原であると言っても過言ではないでしょう。中国山地と瀬戸内海に挟まれた、標高数百ｍの広大でなだらかな地形です。その成因は、日本の地形学黎明期から多くの研究者によって議論されるも、一定の見解には至っていません。私が読んだ論文や書籍のすべてにおいて、吉備高原のなだらかな地形は隆起した準平原であると述べられています。

繰り返しになりますが、準平原とは、アメリカの地形学者デービスが、侵食輪廻説のなかで提唱した概念です。地殻変動によって大地が隆起すると河川の侵食によって大地は下刻（幼年期）され、元の平坦な地形面が侵食し尽くされると急峻な山地（壮年期）がつくられます。その後、地殻変動が停止すると山地は河川によって侵食されるのみなので、長い時間を経たあとには、海面付近まで侵食されたなだらかな大地に戻ります。この平坦な大地を、デービスは準平原と名付けました。中国地方の吉備高原は隆起した準平原であると、日本の地形研究者はずっと信じてきたのです。

しかし、中国地方の平坦な地形は、吉備高原だけではありません。中国山地の高い場所にもなだらかな地形が残っていて、それらも隆起準平原の名残であると言われています。これらは侵食作用によってつくられた起伏の小さい地形なので、侵食小起伏面とも呼ばれています。現在では、標高の高いほうから脊梁山地面（１０００ｍ前後）、吉備高原面（４００〜６００ｍ）、世羅台地面（３００〜４５０ｍ）、そして瀬戸内面（２００ｍ前後）に分けられています。しかし、それらの中間的な標高の侵食小起伏面もあって、細かく観察すればするほど分類そのものが破綻してしまうというジレンマを抱えています。

今回の旅では、準平原の謎解きには挑戦しません。今の私にとって、挑戦しても容易に跳ね返されてしまう難問だからです。今回の旅で、何かしらヒントが見つかったらいいと思っています。まずは分水嶺の謎を解くこと。準平原の謎を頭の片隅に置きながら、世羅台地の分水嶺を無事通過することに集中しましょう。

世羅台地はくしゃくしゃのアルミ箔

もしかすると、みなさんはすでに気が付いているかもしれません。３日目から出発前にその日の踏査ルートを地形図で確認して、気になった地形を順番に観察してきました。でも白状すると、分水嶺がどこにつながっていくのか、事前にルートを確認することはできません。広い範囲をカバーする地形図では、分水嶺がどこを通過しているのか全く分からないのです。

結局、地形図を拡大して分水嶺を確かめながら、その日の目的地までルートを選んでいるのです。それをきれいにまとめて、出発前に紹介しているのです。とくに吉備高原のルート選びは、地形図を拡大しても難航しました。

そもそも、吉備高原や、これから通過する世羅台地の分水嶺を追跡することは、どうしてこれほど大変なのでしょうか。その理由は、世羅台地と群馬・新潟県境にある谷川岳（たにがわだけ）周辺の陰影地形図を比べれば一目瞭然です（図８－２）。二つの地域の陰影地形図が、全く同じ縮尺とは思えないでしょう。

世羅台地の標高は３００～４５０ｍほどで、尾根と谷の高度差が小さいことが最大の特徴です。言葉を換えるなら、地形の起伏が小さいのです。まるでアルミ箔をくしゃくしゃに丸めたあと、机の上に広げたような状態です。この陰影地形図から分水嶺を追跡するのは不可能でしょう。

世羅台地に対して谷川岳周辺は一つ一つの山が大きく、尾根も谷もくっきりとした直線の組み合わせになっています。標高２０００ｍ前後の稜線と谷底の高度差は１０００ｍを超え、尾根は痩（や）せ尾根で谷は深いＶ字谷です。起伏が大きいということは、尾根から谷底までの斜面が広いということ。斜面が広ければ、谷を挟んで両側の尾根と尾根の間隔は広くなります。その結果、陰影図で表現された地形は大雑把で単純なのです。この図から分水嶺を追跡することは容易でしょう。

図 8-2　世羅台地（上）と谷川岳周辺（下）の陰影地形図。

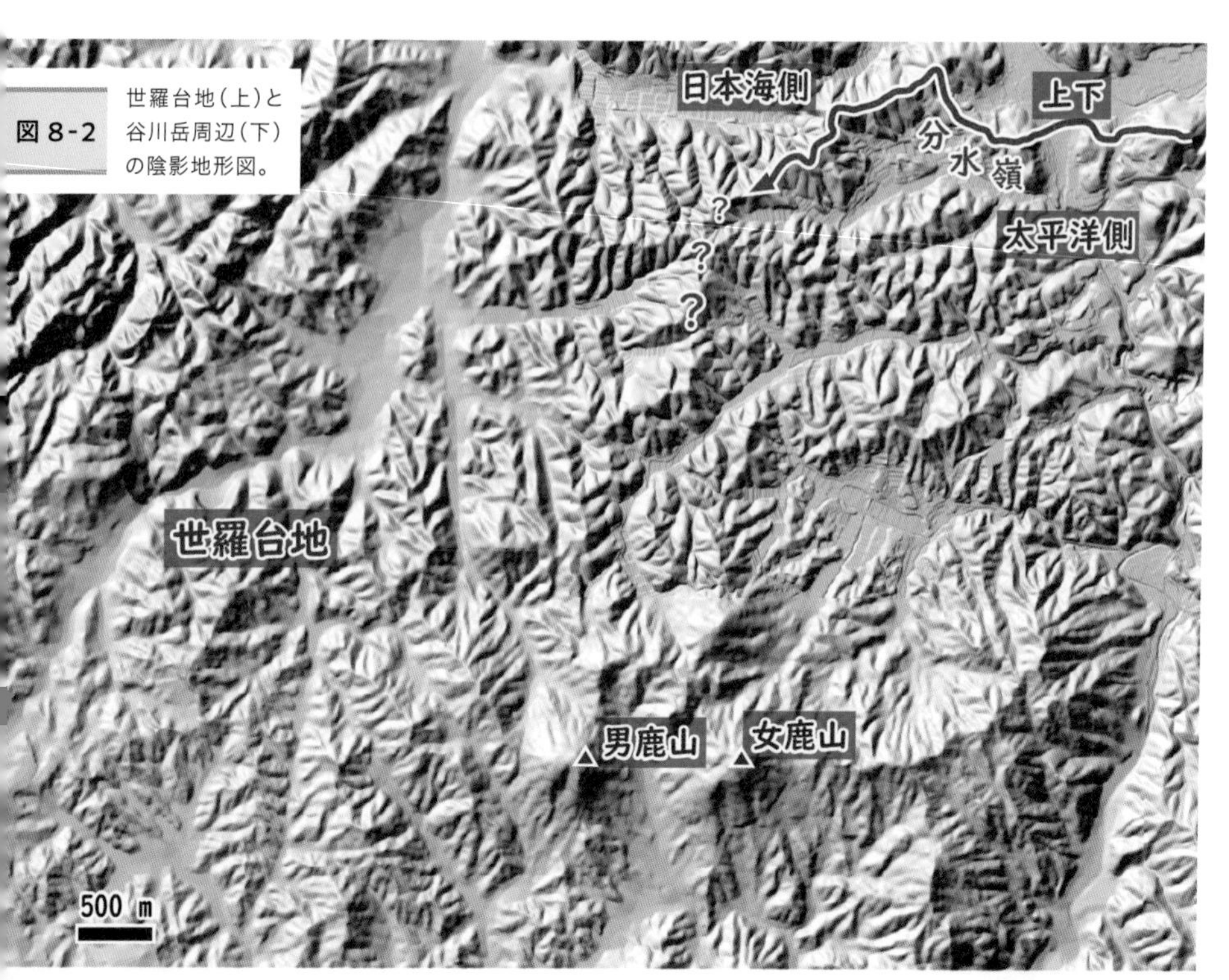

自然に見られるフラクタル

世羅台地の陰影地形図も、拡大すれば谷川岳周辺のように見えるでしょうか。どちらも、侵食という自然の摂理にしたがってつくられた彫刻作品です。その摂理とは、フラクタルという概念です。

例えば、Google Earthで南アメリカ大陸のアマゾン川を見てみると、血管のように枝分かれし、細かく蛇行した川の流れが見事です（図8-3）。図の一番上（A）はアマゾン川とその支流を描き写したものですが、その一部（B）を拡大してみると、支流もアマゾン川の本流と同じように蛇行した流れであることが分かります。さらに、その支流（C）を拡大すると再び蛇行した河川が現れ、その支流（D）も拡大すれば同じような蛇行河川になっています。

つまり、一部を拡大（あるいは縮小）すると、同じような形が繰り返し現れるのです。フランスの数学者マンデルブロは、この自己相似な幾何学をフラクタルと名付けて一般化しました。私が大学院生だった1980年代のことです。血管はもちろん、海岸線や入道雲、カリフラワーの仲間のブロッコロマネスコやシダの葉っぱなど、自然界にはあらゆる所にフラクタル（自己相似）が認められます（図8-4）。そのため、世羅台地の地形図を拡大すれば、谷川岳周辺のような地形が浮かび上がるのではないかと想像しているのです。

反対に、私たちが虫くらい小さくなれば、世羅台地の野山は谷川連峰のような山岳地帯に見えるのでしょうか。なおさら、空から降ってきた水滴にとっては、起伏の小さい世羅台地の地形は十分急峻です。雨は大地に着地した瞬間に、悩むことなく海を目指して流れ始めるはずです。

人には小さすぎる地形の起伏

前置きが長くなってしまいました。吉備高原

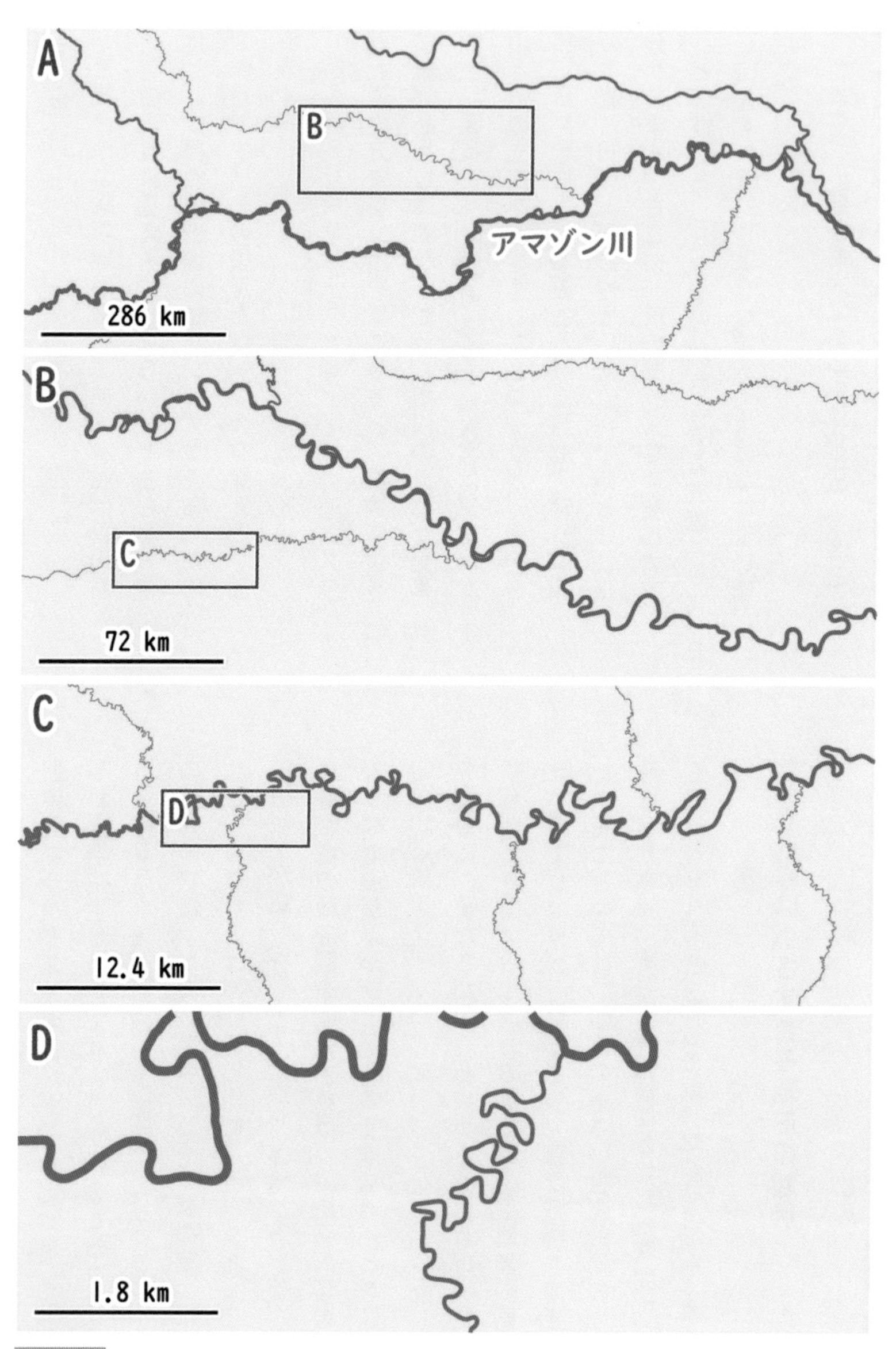

図 8-3　アマゾン川とその支流の蛇行の自己相似性。

図8-4 ブロッコロロマネスコ（右）やシダの葉っぱ（左）の形に見られる自己相似性。

や世羅台地で分水嶺を追跡するのが困難な理由は、私たちにとって地形の起伏が小さすぎるからなのです。谷川岳のような地形なら、分水嶺を追跡するのは容易です。しかし、吉備高原や世羅台地は地形の起伏が小さく、川がどちらに流れていくのか容易には判断できません。

ならば、地形の起伏が十分理解できるくらいまで私たち自身が小さくなれば、問題は解決できるでしょう。しかし、実際に小さくなることはできないので、代わりに地形図を拡大しているのです。すると、蟻にとって画用紙がテニスコートになるくらい、確認すべき大地が一気に広くなってしまいます。

くしゃくしゃのアルミ箔の中に放たれた一匹の蟻が、水がどちらに流れていくのか一つ一つ確認する。そして、細かい凹凸の中から分水嶺を探し出して追跡する。それは骨の折れる作業なのです。

例えば図8-5は、これから歩く世羅台地の地形図（右）と同じ範囲を標高ごとに色分けした地形図（左）です。右の図は陰影を施していますが、この状態で分水嶺を探すのは至難の業でしょう。まして、陰影を加えていない等高線だけの地形図で分水嶺を追跡することは、ほとんど拷問です。

一方、左の図のように標高ごとに色分けすると、分水嶺がどこを通過するのかずいぶん分かりやすくなりました。それでも、分水嶺が浅い谷のどこを通過するのか、言い換えるなら谷中(こくちゅう)

分水界がどこなのか、判断に困ることは少なくありません。その場合には、色分けする標高を1mずつ変えて地形の起伏を確認しています。分水嶺が通過する小さな谷の一つ一つについて、この作業を繰り返しているのです。

それでも、昨日歩いた吉備高原の分水嶺は、巨視的に見るとなめらかにつながっていました。それは、アマゾン川の支流が細かく蛇行しながらも、全体としては合流地点に向かって進んでいる様に似ています。この方向は何を意味しているのでしょうか。何がこのなめらかな連続性を生み出しているのでしょうか。その理由が知りたいのです。

一方、急峻な谷川連峰も、かつては低い大地だったはずです。それが地殻変動によって隆起し、侵食されて現在の地形をつくったと考えられます。谷川連峰は、かつては吉備高原や世羅台地のように、くしゃくしゃなアルミ箔状態だったのでしょうか。結晶が徐々に大きく成長するように、侵食される過程で尾根と谷が集約され

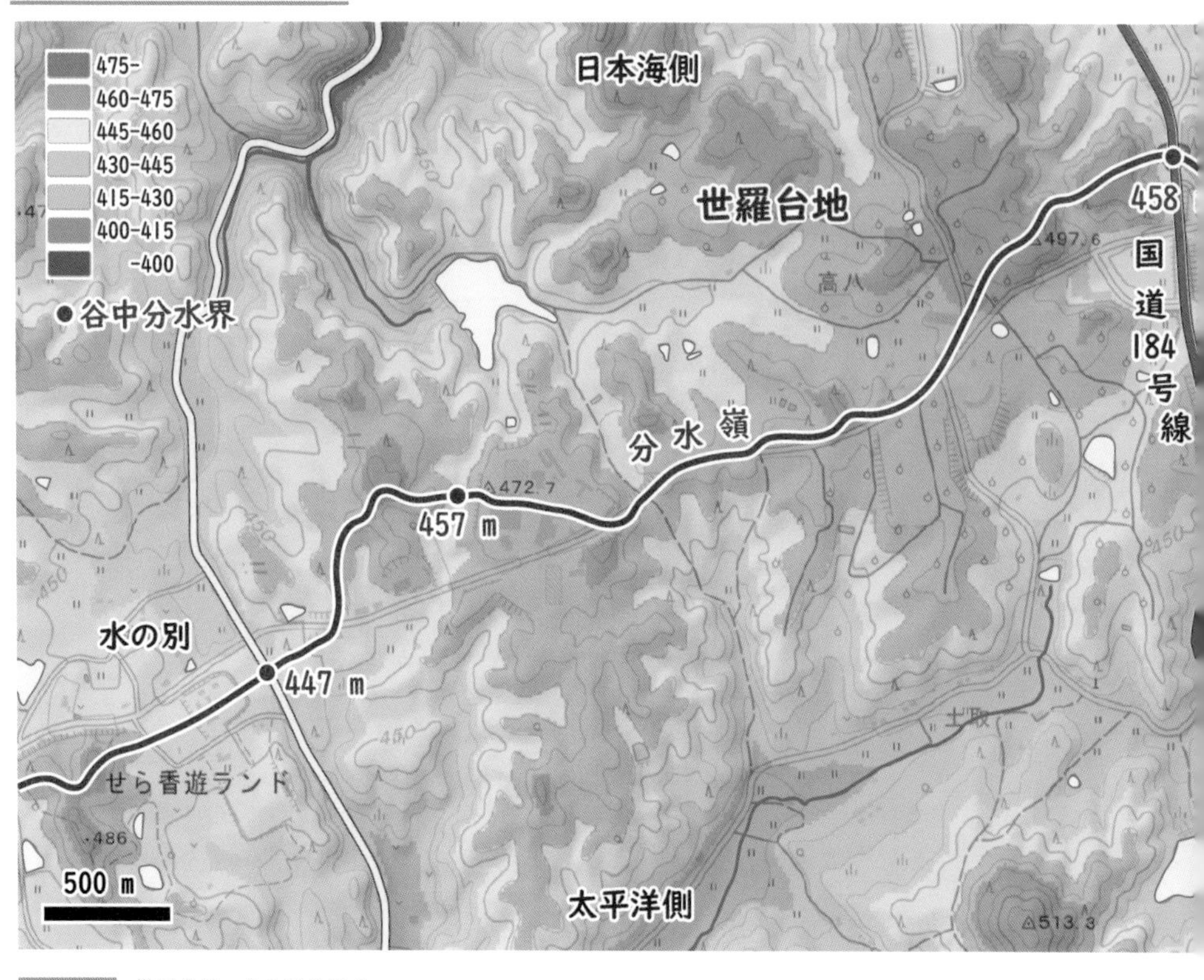

図8-5 世羅台地、水の別付近の地形。〔34.62,133.00〕

て、このような山地に成長したのでしょうか。

もしかすると谷川連峰の現在の分水嶺は、くしゃくしゃなアルミ箔の中に、すでに設計図として準備されていたのかもしれません。あるいは、二つの大河川の境の〝大〟谷中分水界や、支流と支流を分ける〝中〟谷中分水界、さらに支谷と支谷を境する〝小〟谷中分水界を丁寧に区別したら、吉備高原や世羅台地が2000mまで隆起したときの山並みを、予想することができるのかもしれません。

妄想の連鎖が止まらなくなってしまいました。下関に着くまでに、答えは見つかりそうもありません。『分水嶺の謎』が完結するまでに、腑に落ちる仮説を組み上げたいです。

さらなる難所は世羅台地

朝から話題が重かったですね。気を取り直して、今日の予定を確認しましょう（図8-6）。上下の街を出発したら、まず男鹿山（634m）を目指しましょう。隣の女鹿山（624m）や高山（562m）、新山（635m）などあちこちに見える円錐形の山は、1200〜770万年前（角縁他、1995）に噴出した硬い溶岩が侵食され残った地形です。平坦で単調な世羅台地では、これらの孤立峰はよいアクセントになっています。

このあたりは分水嶺に沿って谷中分水界が多く、それらの標高は450mくらいです。昨日歩いた吉備高原より低いので、世羅台地面に相当するのでしょう。しばらくは丘陵地帯なので、

図8-6　上下から青水までの分水嶺。

日本海側
500-
460-500
420-460
380-420
340-380
300-340
-300
● 谷中分水界
■ 断層線谷分水界
馬洗川
三次市
三次市
黒渕川
戸張川
山福田川
頭士山
468
449
分水嶺
波多古屋山
世羅町
458 m
477 m
457 m
水の別
447 m
459 m
世羅台地
早山ヶ城
美波羅川
439 m
449 m
449 m
433 m
青水
406 m
417 m
418 m
414 m
419 m
423 m
芦田川
芦田川
2 km
三原市
太平洋側

分水嶺は追跡しやすいです。

しかし、その先は、机の上にばらまいた小銭の上に、ハンカチを被せたような地形です。分水嶺の追跡は、匍匐前進どころか、米粒に小筆で〝分水嶺〟の文字を書くような作業の連続です。実際、今日歩くために用意したこのルート図は、完成までに3日もかかってしまいました。

それでも谷中分水界がたくさんあって、それらの標高が450m前後にそろっているので、貯金が貯まるような楽しさがあります。まずは太平洋側の芦田川と日本海側の美波羅川の源流を分ける、青水あたりまで進んでいきましょう。

谷中分水界が目白押し

最初は男鹿山付近を詳しく見てみましょう（図8-7）。わずかに日本海側が侵食された片峠もありますが、大部分は分水界の両側がほとんど侵食されていない谷中分水界です。北西-南東方向に延びる細長い丘陵を浅い谷が分けていて、

図8-7 男鹿山周辺の谷中分水界。〔34.65,133.07〕

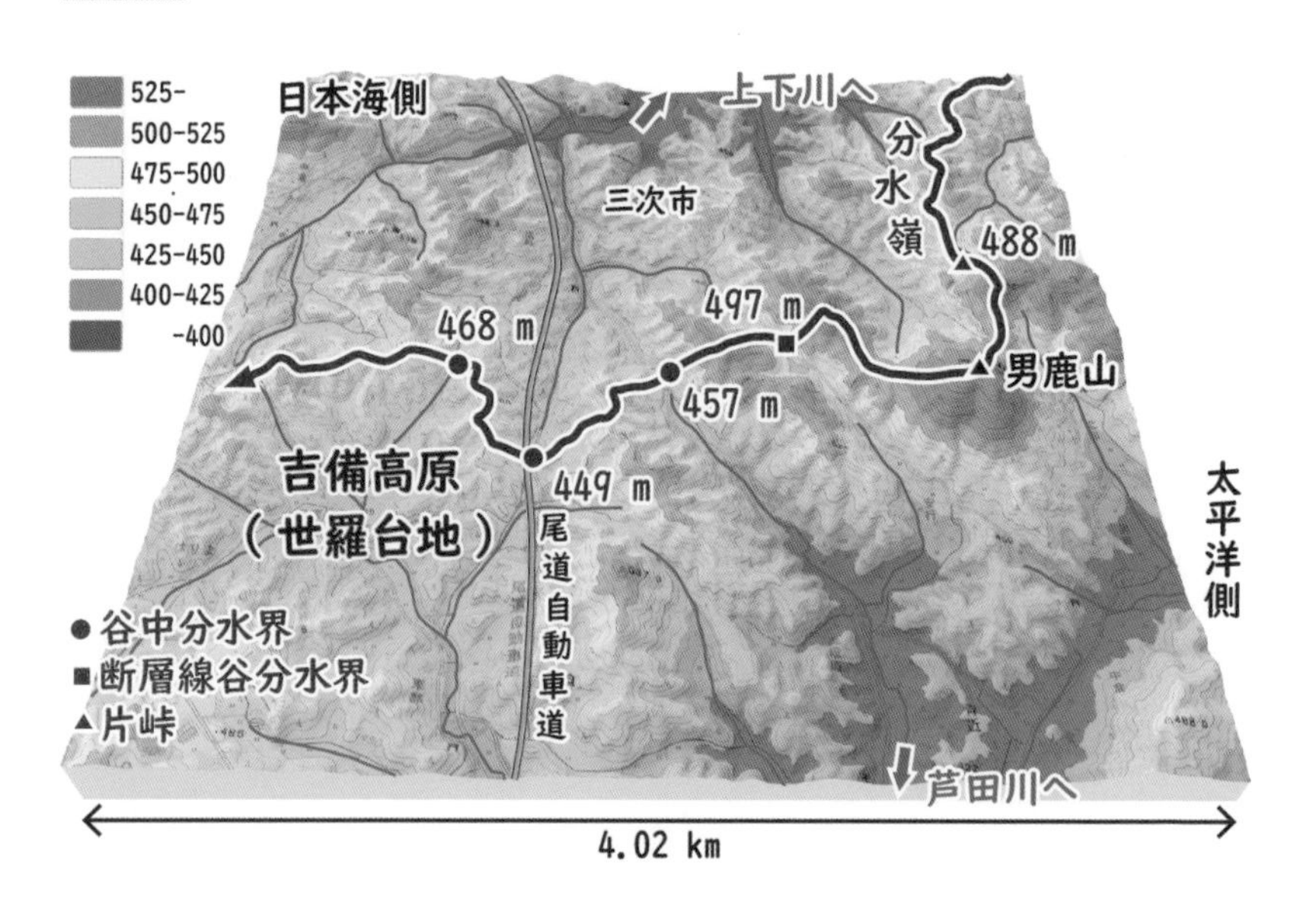

その谷の真ん中を分水嶺が通過しています。分水界の両側の谷は一直線状に続いているので、もともとは断層に起因する侵食地形なのでしょう。平行に並ぶ山並みを、分水嶺は谷中分水界を伝って乗り移っています。谷中分水界の標高もそろっていますね。

尾道自動車道を通過する自動車の運転手は、この場所が太平洋側と日本海側を分ける分水嶺とは思いもしないでしょう。自動車のナビは、県境を越えると「広島県に入りました」などと音声で知らせてくれます。どうせなら、「日本海側に入りました」と案内したら、へぇーと思ってくれるのではないでしょうか。あるいは、「この先に踏切があります」ではなく、「この先に分水嶺があります」とか。太平洋側と日本海側を分ける本州で唯一の境界、分水嶺を、真っすぐに続く平らな道路の途中で通過したと知ったら、ちょっと驚いてもらえるのではないかと思うのです。

男鹿山の次は、出発前に地形図で紹介した水(みず)の別(わかれ)付近を観察してみましょう（図8-5）。なだらかにカーブする国道184号線は、標高458mの谷中分水界を横切っています。先ほどの尾道自動車道の谷中分水界は標高が449mだったので、高さが10mも違いません。その先の水の別の周辺も、谷中分水界のオンパレードです。

といっても、谷中分水界は緩やかな丘と丘の境の単なる凹みなので、峠のイメージにはほど遠い地形です。それでも、牧場のように緩く起伏した平原を横切る分水嶺は、間違いなく雨水を太平洋側と日本海側に分ける尾根です。この場所に水の別という地名を与えた昔の人の、自然に対する繊細な眼差しを感じてしまいます。

さらに進むと、芦田川の手前で青水と野原の谷中分水界を横切ります（図8-8）。野原の地名は、5日目に続いて二つ目ですね。いずれも太平洋に流れ出る芦田川源流のほんの小さな支流と、日本海に流れ出る美波羅川の源流部を分ける分水界です。

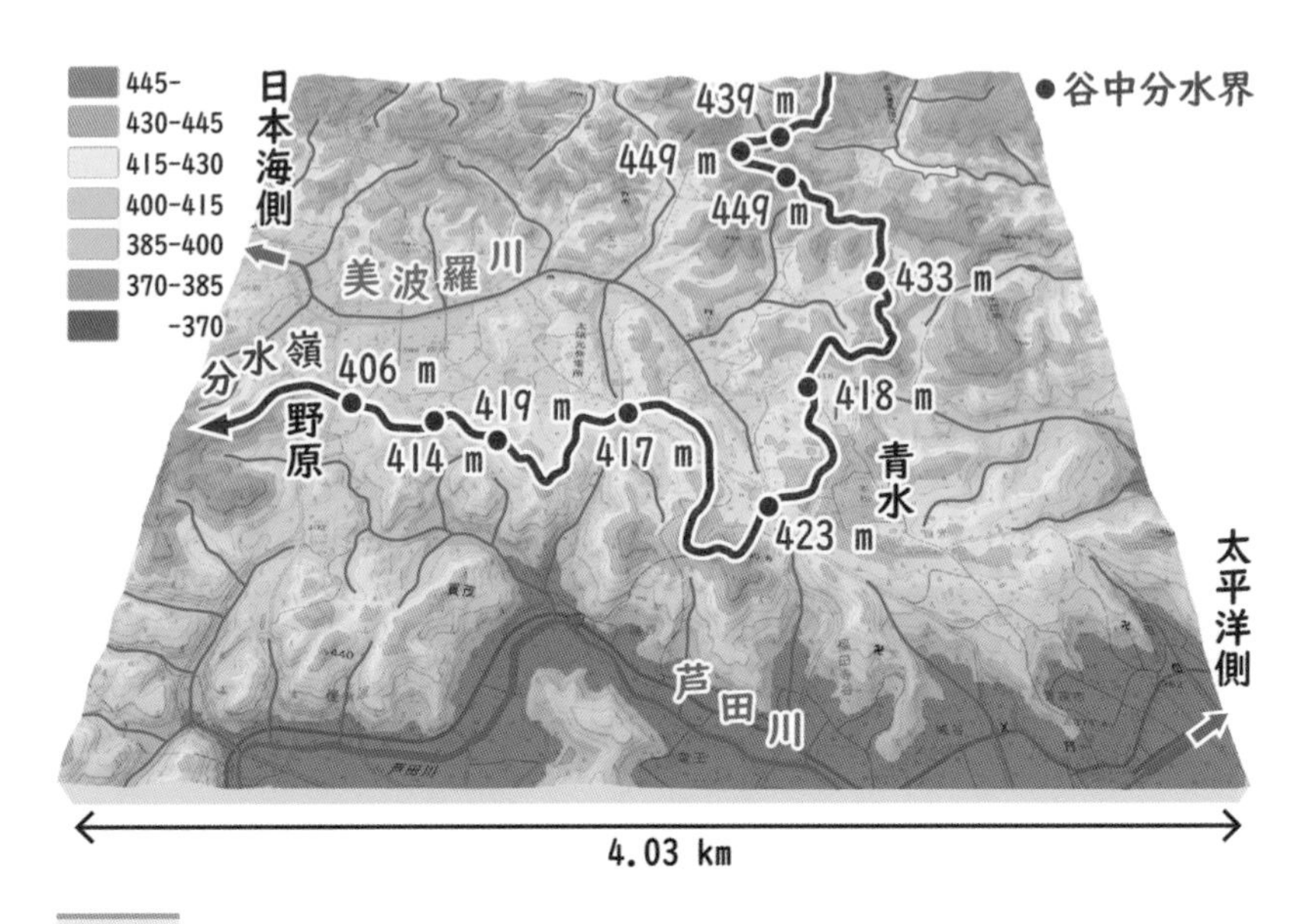

図 8-8　青水と野原の谷中分水界。〔34.59,132.97〕

青水の谷中分水界の標高は４１８ｍで、野原のほうは４０６ｍです。その前後にもいくつも谷中分水界がありますが、周囲の山との高度差は数十ｍ程度しかありません。太平洋側と日本海側を分かつ分水嶺と言われない限り、立ち止まる人はいないでしょう。１ｍ刻みで地形図を着色して確認しないと、分水嶺がどこを通過するのか全く分かりません。

海から最も遠く、水がほとんどない水源なのに青水と呼ばれ、太平洋側と日本海側を分ける峠なのに、野原とされた地名の由来は何でしょうか。この地に住み始めた人にとって、生きることと水や土地を得ることは、同じ意味だったのかもしれません。

column

私が地質模型をつくるわけ

2011年の東日本大震災によって被災した茨城大学で、その年の秋に日本地質学会が開催されました。自分の研究を社会に役立てたいと思い、私は初めて地質の普及イベントに参加しました。会場を訪れた市民の方は、講堂の床に貼った水戸市周辺の巨大な地質図の上にしゃがんで、まずは自宅の場所を確認。そして、地質図について私にいろいろ質問してくれるのですが……、なかなかうまく説明できないのです。

三次元の地質の広がりを二次元の図として表しているのが地質図です。等高線で示された二次元の地図から三次元の地形の起伏を頭の中に描くように、この二次元から三次元のハードルは結構高いのです。しかも、地質図に描かれている地層は年代ごとに色分けされているので、地質図は時間軸を加えた四次元の情報です。四次元の情報を無理矢理二次元に表しているので、市民の方にとって地質図は複雑で、きれいな墨流しにしか見えないのです。もどかしい気持ちでイベントを終えた私は、二次元の地質図ではなく、せめて三次元の模型をつくろうと決めました。ハードルを二次から一次に減らすだけでも、かなり理解しやすくなるはずです。

上司に見つからないようにと研究室の鍵を閉め、仕事の合間に模型を作り始めて4カ月。最初につくった模型が「地質ジオラマ」です。さっそく研究所の公開イベントで展示すると大騒ぎ。子どもたちが模型の中の電車や街並に夢中になっている間、保護者の方の質問を「地質ジオラマ」を使ってゆっくり説明。効果はてきめんで、地質の専門家すら「へぇー、そうなんだ！」と納得する様子。地層を鳥のように上空から俯瞰することなどないので、頭の理解から感覚的理解に置き換わった瞬間です。その状況を見ていた上司は、「隠れてつくらなくてもいいよ」のひと言。その後「あったらいいなぁ」と思ったら、迷わず模型をつくっています。

そして、2017年のNHK番組「ブラタモリ」長瀞(ながとろ)編では、ロケの3日前にアイディアが浮かんで模型を製作。リハーサルの前の晩にディレクターに見せると一発採用。タモリさんが荒川になった気持ちで洗い流した〝岩畳の模型〟は無事放送されました。ブラタモリには10回出演しましたが、毎回勝手に模型を製作してはディレクターに提案しています。番組に模型が採用される率は、イチローの打率くらいでしょうか。それでも、タモリさんをはじめ、模型は見る人を笑顔にします。私が地質模型をつくり続けるもう一つの理由です。

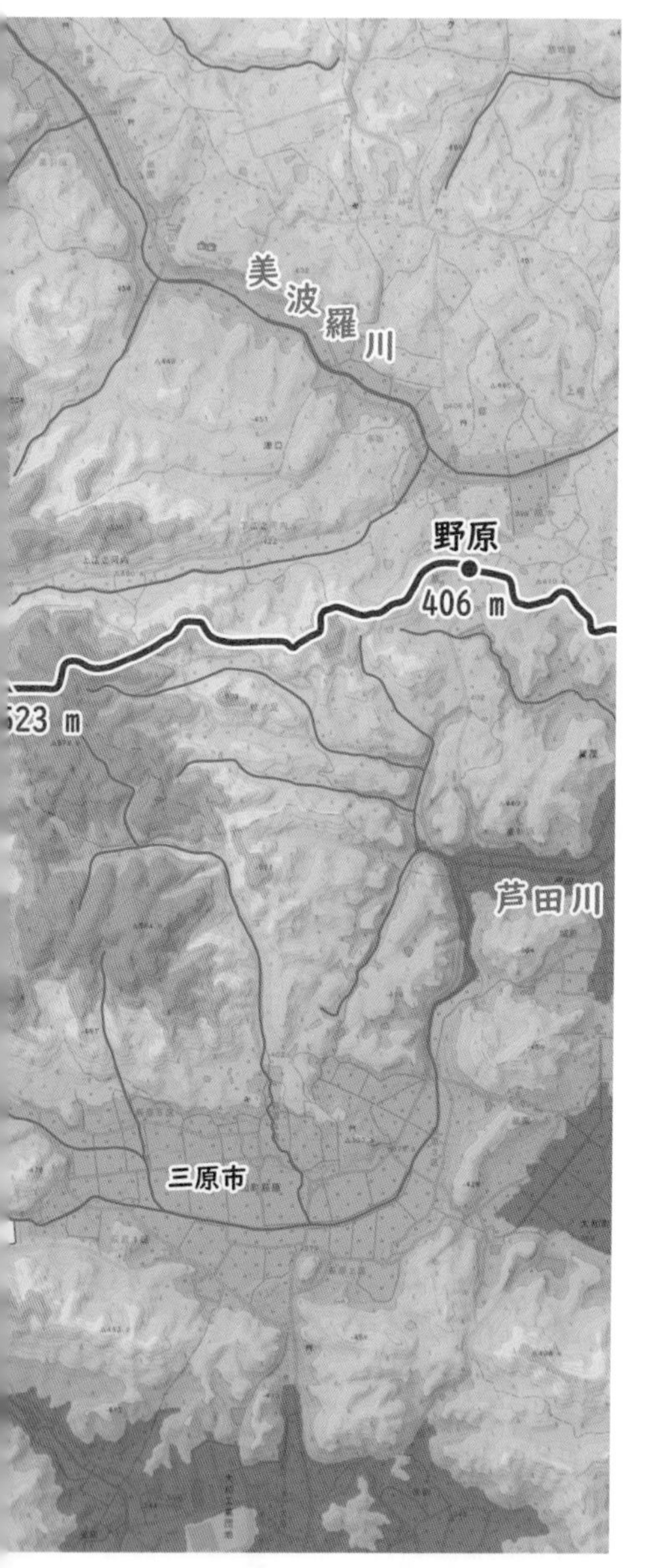

図8-9　野原から天神嶽までの分水嶺。

お好み焼きはソースが決めて

　野原から天神嶽（757m）までは、広域の地形図を見ながら進んでいきましょう（図8-9）。分水嶺の南側は瀬戸内海に注ぐ芦田川ですが、途中で沼田川支流の椋梨川に変わります。一方、北側は美波羅川から吉原川に変わりますが、吉原川は美波羅川の支流なので同じ水系です。美波羅川は馬洗川に合流したあとすぐ江の川に合流して、島根県の江津市から日本海に注ぎます。

　野原を過ぎると地形の起伏が大きくなり、尾根が明瞭になったのでずいぶん歩きやすくなりました。分水嶺はくねくねと曲がっていますが、谷中分水界も適当にあって楽しい地形の旅が続きます。谷中分水界は直線状の谷を横切っているので、いずれも断層に起因する侵食地形でしょう。断層線谷は南北方向と北西-南東方向の2系統が認められます。

日本海側

520-
490-520
460-490
430-460
400-430
370-400
-370
谷中分水界
片峠
断層線谷分水界
吉原川
世羅町
世羅台地
分水嶺
三原市
508 m
天神嶽
世羅町
509 m
東広島市
501 m
499 m
569 m
509 m
568 m
椋梨川
500 m

太平洋側

先ほどの青水と野原の谷中分水界は、標高が410m前後でした。そこを過ぎると谷中分水界の標高は500m前後になるので、100mほど高くなりました。周囲の丘陵も、明らかに標高が高くなりました。地形全体が1段高くなったことが体感できます。ここで、昨日歩いた中国山地と吉備高原、そして今日歩いてきた世羅台地の高低図を並べてみましょう（図8-10）。

中国山地の核心部に位置する日野原の谷中分水界は、高度差が500～600mに達する急峻な山に挟まれた深い谷底を通過していて迫力がありましたね(A)。そのあとに吉備高原に入ってくると地形の起伏が小さくなって、分水嶺の追跡は一気に難しくなりました（B）。

大行山から龍王山（りゅうおうざん）の間の吉備高原は南に向かって高度が下がっていましたが、標高は500～600mなので吉備高原面に相当します。吉備高原（地域）の吉備高原面（地形区分）です。

そして、今日は吉備高原から世羅台地を歩いてきました（C）。国道184号線から水の別を通

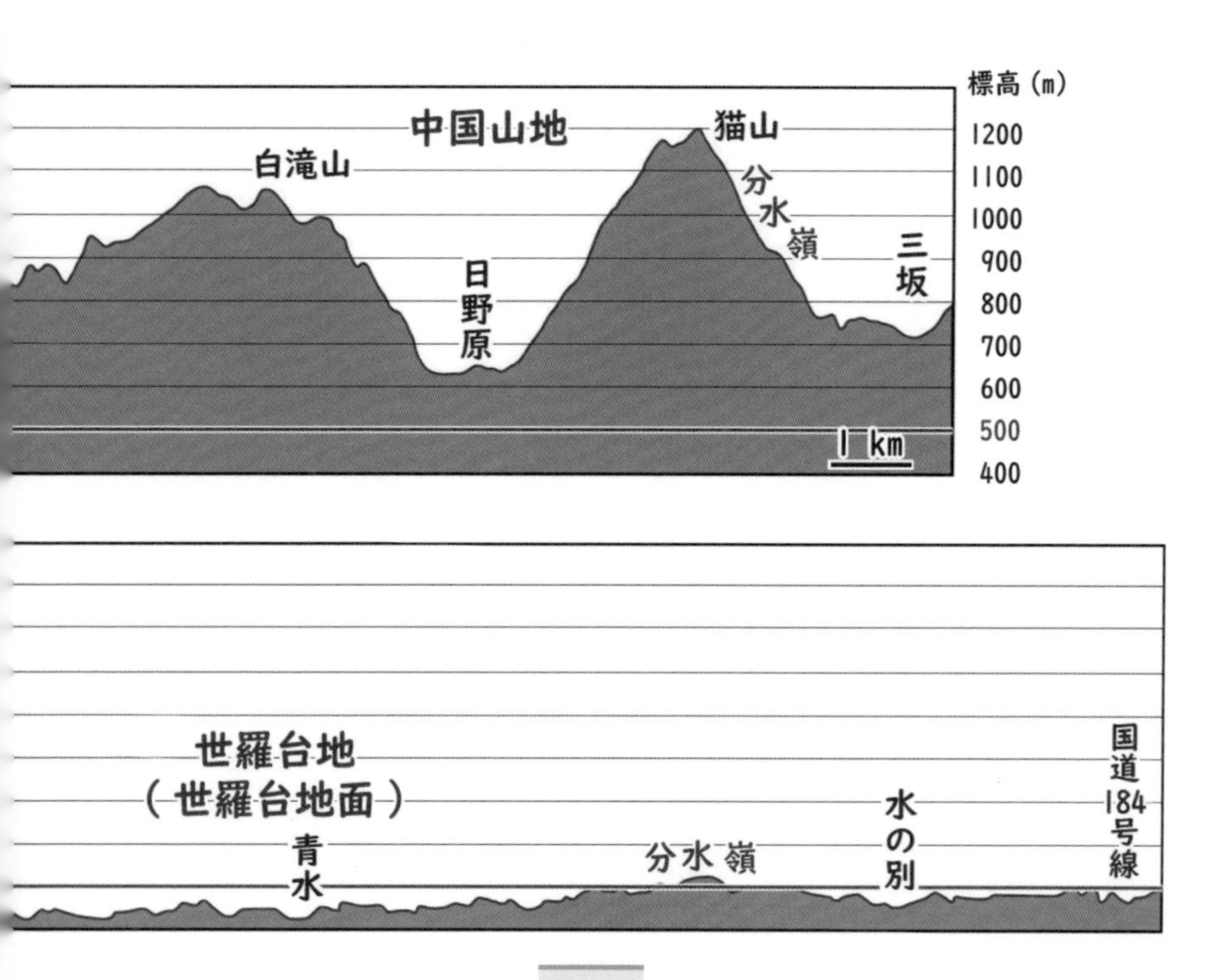

図 8-10 中国山地、吉備高原、世羅台地の分水嶺の高低図。

過し、青水から野原までは地形の起伏が最も小さく、分水嶺の追跡に四苦八苦しました。分水嶺の高低図を見ると標高は450m前後なので、世羅台地面に相当します。世羅台地（地域）の世羅台地面（地形区分）です。最も低いのは野原の谷中分水界で、標高は406mでした。

ところが、野原を過ぎると標高は500〜600mになり、明らかに1段高い侵食小起伏面に上りました（D）。このあたりは、地域としては世羅台地と呼ぶのが適切でしょう。しかし、標高は世羅台地面ではなく1段高い吉備高原面に相当します。ちょっとややこしいですが、世羅台地（地域）の吉備高原面（地形区分）ということになるのでしょう。

図8-9の吉備高原面と世羅台地面の二つの侵食小起伏面の境界は、直線状ではなく複雑に入り組んでいて、断層らしき地形は見当たりません。吉備高原面と世羅台地面は、同一の平坦面が地殻変動に伴う断層によって異なる高さに分離したのではなく、異なる時期に形成された

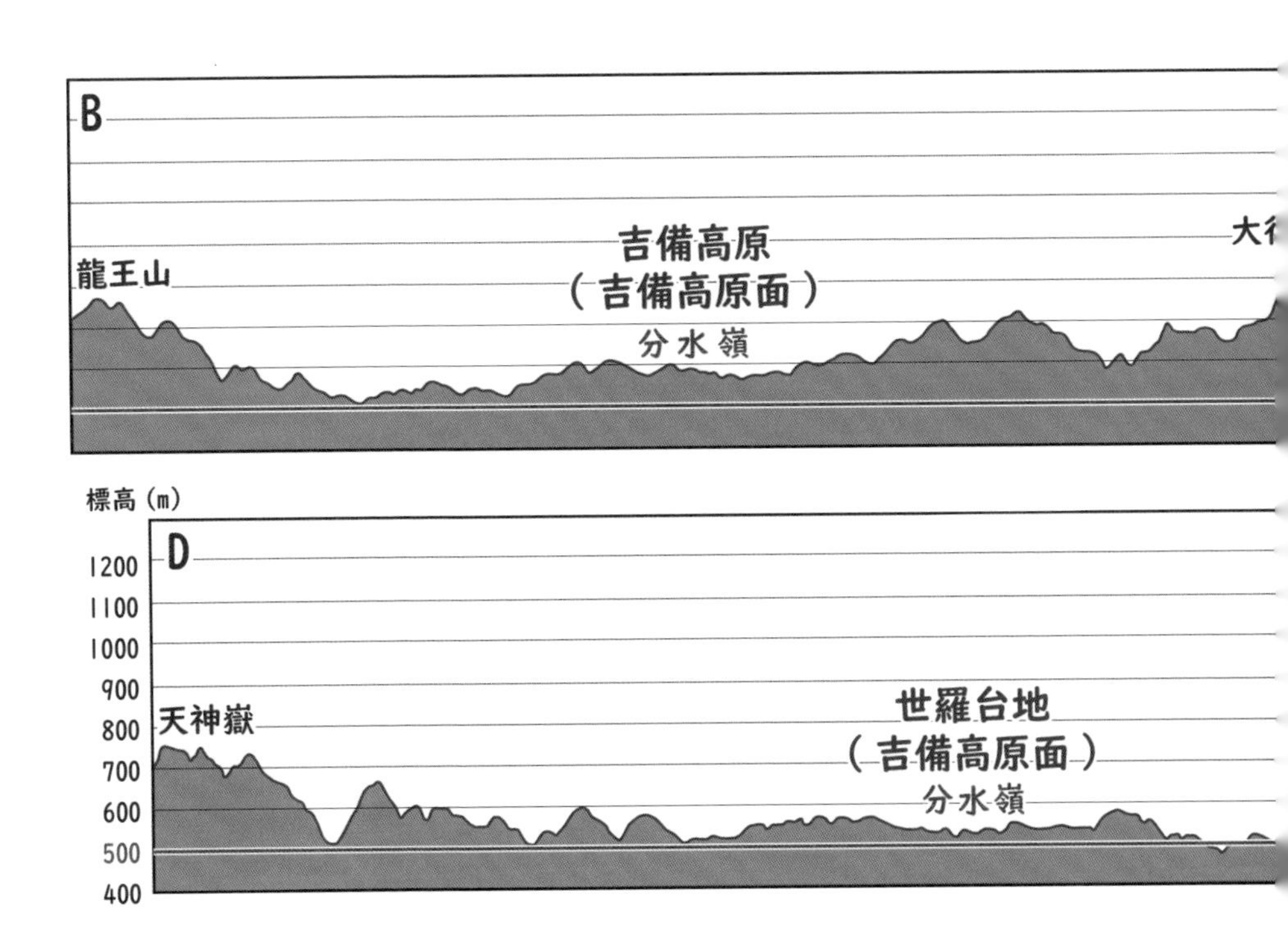

別個の侵食小起伏面なのでしょう。

ところで、図8-9の吉備高原面の地形は、なんとなくお好み焼きに見えませんか。標高が400mほどの鉄板（世羅台地面）の上に乗った、厚さが100mほどのお好み焼き（吉備高原面）には、へら（断層）によって縦横に切れ目（断層線谷）が入っています。上からソース（雨水）を垂らせば、切れ目に沿ってソースは四方に流れて行くでしょう。両側に流れ下るソースとソースの境界が分水界です。

そのいくつかは、本州を太平洋側と日本海側に二分する分水嶺です。谷中分水界は河川の争奪によって形成されたというよりも、凸凹のあるお好み焼きの上から垂らしたソースが四方に流れるように、はじめから両側に傾いていた谷だったのではないでしょうか。重要なのは、最初の川が流れたときの地形は、どのようであったのかということです。

人には見えない大地の起伏

天神嶽まで登り切ると最大の難所である世羅台地を通過して、ようやく一息つくことができました。この先を地形図で確認すると、不思議な形の山並みを横切っていくようです（図8-11）。

天神嶽の西斜面を下り切ると、垰田（410m）と飯田（420m）で典型的な谷中分水界を横切ります（図8-12）。谷中分水界の標高は青水（418m）や野原（406m）とほぼ同じなので、吉備高原面から再び世羅台地面に戻ったのでしょう。幅が100〜200mほどの真っ平な谷と、高度差が数十mほどの低山が繰り返し、起伏の小さいなだらかな高原状の地形です。

太平洋と日本海に流れ出る川は、いずれもこの分水嶺を水源としているために、水量はほとんどありません。間違いなく谷中分水界ですが、実際に現地で見たらがっかりするでしょう。似たような地形は、日本中の至る所にありますから。

図 8-11　天神嶽から向原までの分水嶺。

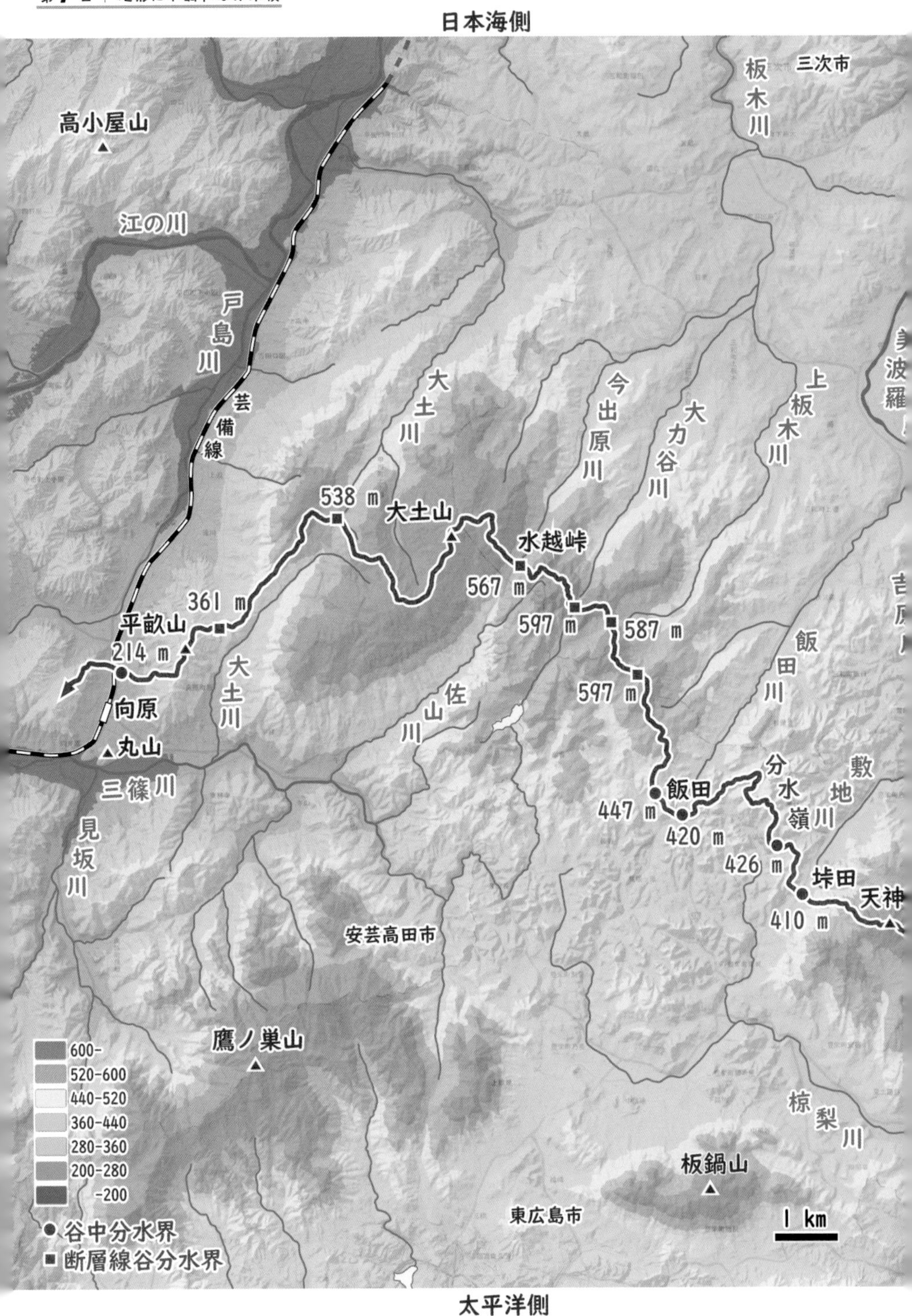
日本海側
三次市
板木川
高小屋山
江の川
戸島川
芸備線
大土川
今出原川
大カ谷川
上板木川
538 m
大土山
水越峠
567 m
361 m
平畝山
214 m
597 m
587 m
597 m
向原
大土川
佐山川
飯田川
丸山
三篠川
飯田
447 m
420 m
分水嶺
敷地川
426 m
埣田
天神
410 m
見坂川
安芸高田市
鷹ノ巣山
600-
520-600
440-520
360-440
280-360
200-280
-200
谷中分水界
断層線谷分水界
椋梨川
板鍋山
東広島市
1 km
太平洋側

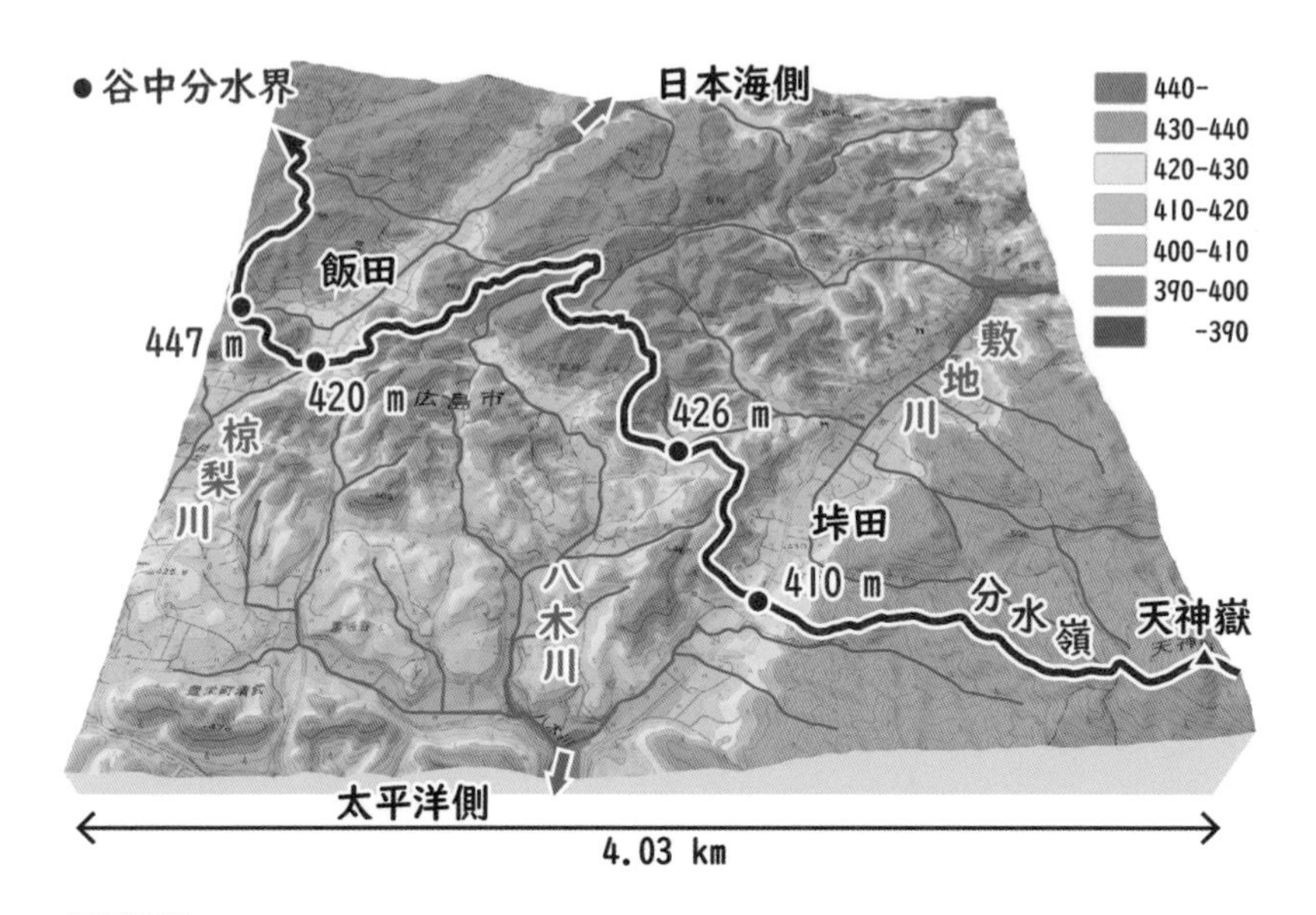

図 8-12　垰田と飯田の谷中分水界。〔34.59,132.84〕

それでも、垰田という地名には惹かれます。垰とは峠のことですね。水田に引く水がここを境に分かれていくので、垰田という地名（字）が宛てられたのでしょうか。水量の豊富な川がなく、標高が４００ｍほどの平坦な高原では、稲作に必要な水はとても貴重だったはずです。昔の人は水の流れで、ほんのわずかな地形の起伏を理解していたのですね。

もう一つの谷中分水界の地名は飯田。やっぱりご飯が一番だったのでしょう。天神嶽から下る谷の流路が、垰田の谷中分水界の所で90度向きを変えるのも、これまで多くの谷中分水界で見てきた通りです。

踏み石を伝って渡る分水嶺

さらに北西に分水嶺を追跡して、断層線谷分水界をいくつか越えると水越峠（567m）に到着します（図8-11）。このあたりの地質は白亜紀の流紋岩や火砕流堆積物なので、目の前に広がる景色は侵食地形です。

標高が650mほどの定高性のあるなだらかな山並みは、中国地方の侵食小起伏面の名残でしょうか。バナナというか鰹節というか、緩く湾曲した山稜と非対称な斜面が気になります。いずれの山稜も北東-南西方向に延びていて、へらで1方向だけ切れ目を入れたお好み焼きのようです。

分水嶺は峠（断層線谷分水界）を踏み石にして、尾根から尾根へと乗り移っています。一つ一つの山並みは大きさが異なるのに、分水嶺が南東から北西へとなめらかに続いているのが不思議です。断層線谷分水界の標高がおおよそそろっていることも、これまで見てきた片峠や谷中分水界と同じです。分水嶺が誕生したとき、中国地方はどのような地形だったのでしょうか。

谷中分水界が通過する垰田や飯田の幅の広い平らな谷は、いずれも北東-南西方向に延びた直線状の地形でした。それらは水越峠の断層線谷に平行なので、これらはもともと併走する断層に沿って侵食された谷地形なのでしょう。成因が同じ谷に沿って、現在では谷中分水界と断層線谷分水界が、太平洋側と日本海側に水系を分けています。この地域の分水嶺は、同じ成因の異なる段階の峠を通過しているのでしょう。侵食が進まず堆積物に覆われた幅の広い平らな谷と、侵食が進んで谷底が狭くなった直線状の谷。分水界の片側の侵食が進めば片峠になるわけです。

3番目に低い谷中分水界

水越峠を出発し、オムレツのような形の大土山（800m）を越えると、標高が538mの断層線谷分水界を横切って、一回り小さなオムレツ形の山に乗り移ります（図8-11）。尾根に沿って南に下っていくと、さらに小さなオムレツ形の平畝山（478m）に乗り移ります。オムレツとオムレツの間は断層線谷分水界です。そして、平畝山の西斜面を下ったら、昨日見た日野原の谷中分水界を通過しているJR芸備線に再会です。鉄道が走っているということは……、ここも立派な谷中分水界です（図8-13）。

向原の谷中分水界の標高は214mなので、日野原の谷中分水界（624m）より400mも低くなりました。芸備線は江の川に沿って三次市の中心部まで50mほどいったん下り、そこから日野原に向かって500m近く上るのですね。

向原の谷中分水界の標高（214m）は、本

図8-13 向原の谷中分水界。〔34.62,132.72〕

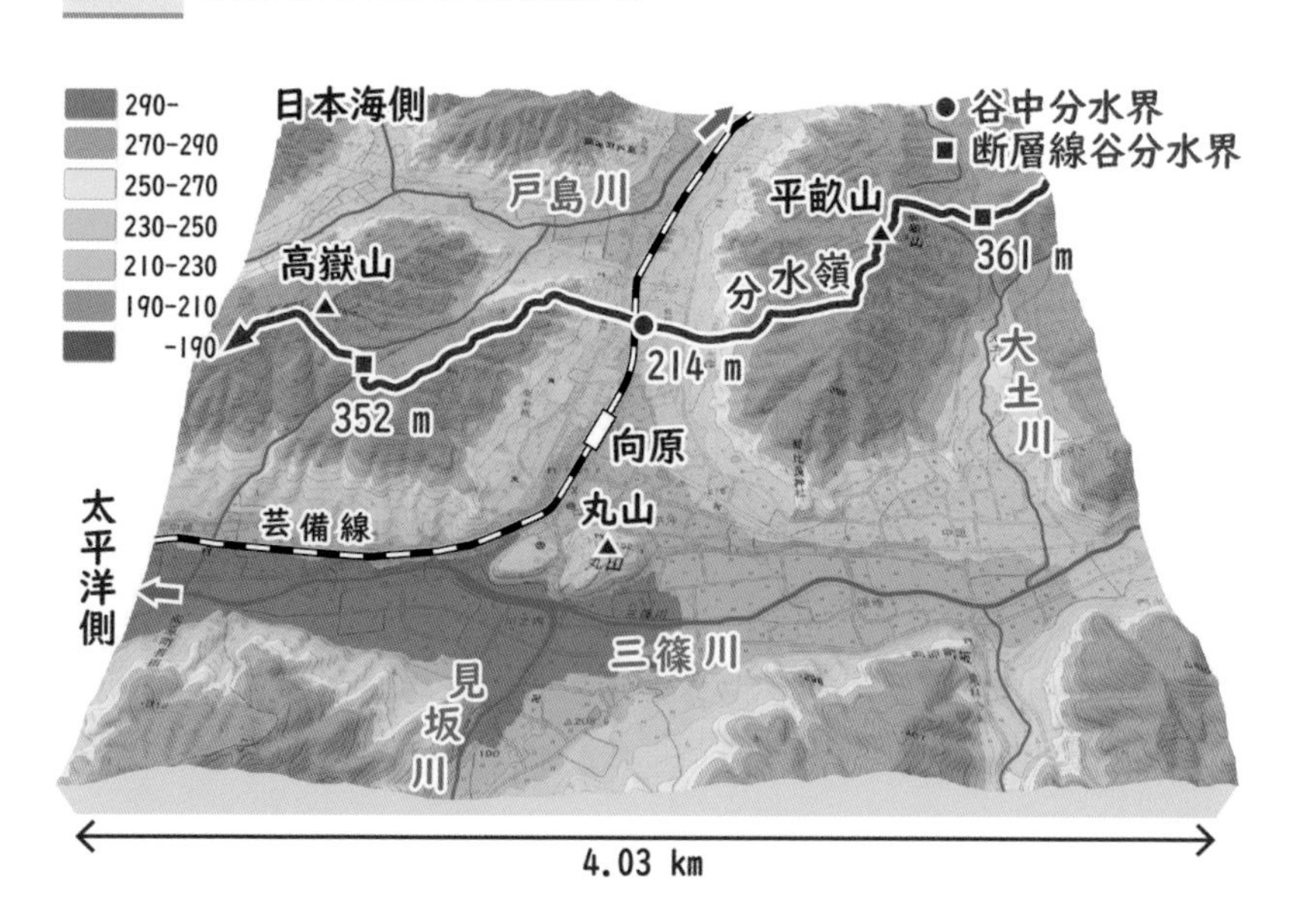

州で2番目に低い胡麻の谷中分水界（205m）の標高とほとんど同じです。JR芸備線が通る谷の幅は500〜600mもあって、地形図と睨めっこしても、分水嶺がどこを通過するのかさっぱり分かりません。

平坦な谷の真ん中には、名前の通り丸い山（丸山：252m）がポツンとあるのが奇妙です。3日目に見た生野北峠の断層線谷分水界（図4-9）や、昨日見た上下の谷中分水界（図7-16）でも、分水嶺が横切る二つの谷の間に小山が残されていました。どちらの分水界も、断層が関与していました。向原の谷中分水界も、南北方向の断層破砕帯に起因する分水界なのでしょう。

谷中分水界で
ときどき見かける
丸い山が気になる！

三次盆地を丸く縁取る分水嶺

今日は三次盆地の南を大きく迂回するように、平らな世羅台地を通過する分水嶺を追ってきました。吉備高原にしろ、世羅台地にしろ、起伏が小さく地形がなだらかなため、分水嶺の追跡にはずいぶん時間をとられてしまいました。平坦な台地の上を流れる川とその支流は蛇行し、細かく枝分かれした丘陵では、分水嶺がしばしば谷を跨いで隣の尾根に乗り移るからです。それでも、遠く離れて分水嶺を概観すると、分水嶺は三次盆地の南縁を縁取るように、なめらかにつながっていることが分かります。

三次盆地と分水嶺の関係は、ちょうど丸いお盆とお盆の縁のようですね（図8-14）。どれほど縁が低くても、お盆に降った雨は縁を越えず、お盆の中に集まります。今日見てきた分水嶺は、降った雨が三次盆地の外に流れ出さないよう、お盆の縁の役割をしているのでしょう。標高が高くても低くても、盆地の底との高度差が大きくても小さくても、分水嶺は水系を分ける境界として機能しているのです。しかも、分水嶺は必ずしも標高の高い中国山地に続いていません。それどころか、標高の低い吉備高原や世羅台地では、起伏の小さい小山をつないで太平洋側と日本海側を分けています。どうして分水嶺は、標高の高い中国山地ではなく、わざわざ標高の低い吉備高原へつながっているのでしょうか。なぜ、標高が200mほどしかない向原の谷間を通過しているのでしょうか。標高が1200mを超える中国山地ではなく、標高が200mほどの向原の谷底を選択した理由があるはずです。

分水嶺の謎解きも、いよいよ佳境に入ってきました。明日は再び中国山地に突入します。標高が高くなると侵食が進んでいるので、谷中分水界はそれほど多くはないかもしれません。それでも、ここまで見てきた視点を駆使すれば、分水嶺の謎解きの手がかりが得られるかもしれません。今日は向原に宿を取り、明日に備えて早めに休むことにします。

図 8-14 三次盆地を取り囲む分水嶺の概念図。

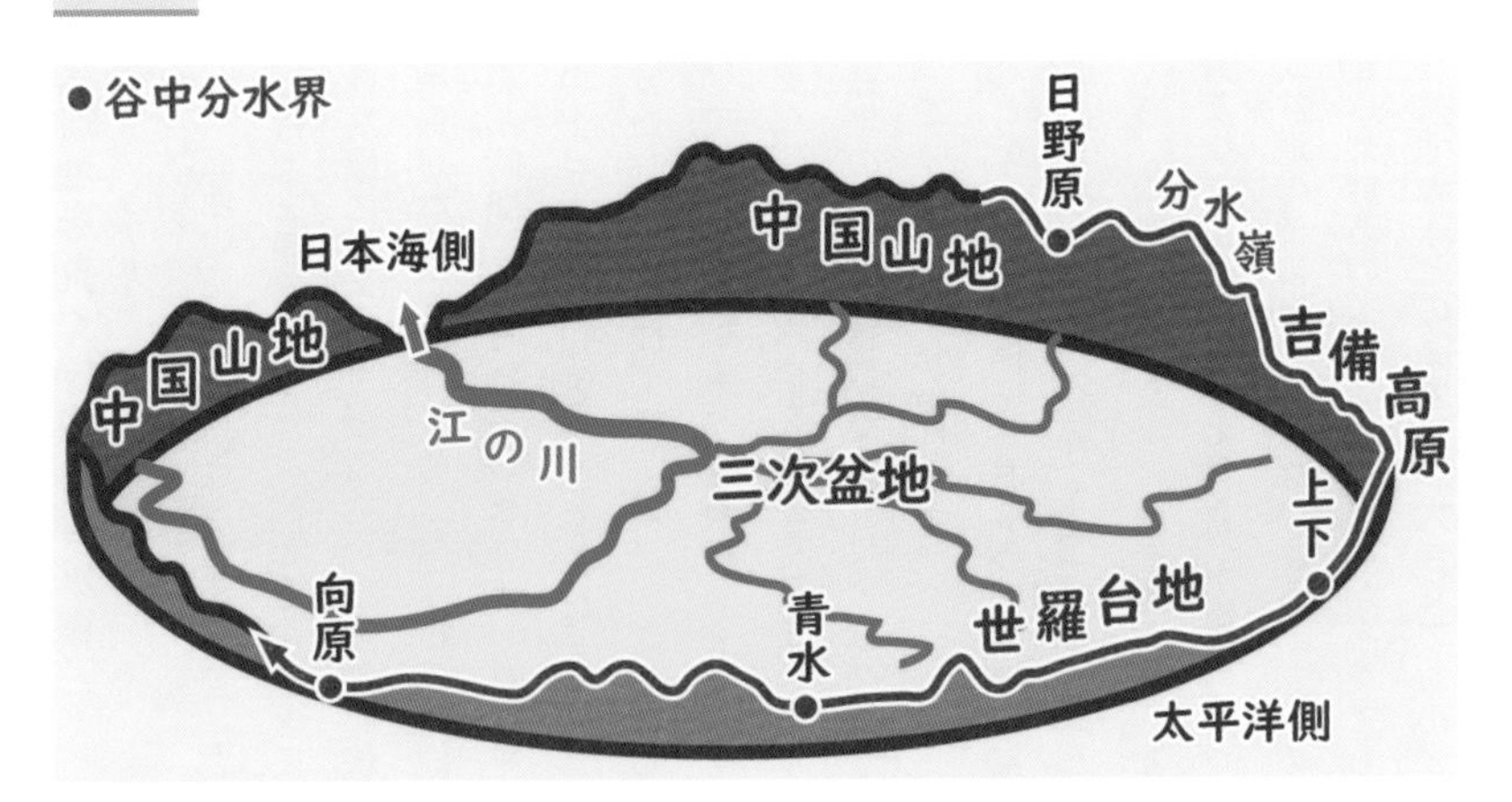

column

地学オリンピック勉強と研究の違い

私は毎年5月に、国際地学オリンピックの日本代表高校生4名を埼玉県の秩父（ちちぶ）に集め、地質学の野外実習を行っています。ナウマンや宮沢賢治が訪れた秩父は、「日本地質学発祥の地」として古くから有名です。そして、私にとっては地質研究者としての原点であり第2の故郷です。どこにどんな地層が露出しているのか、どの沢の奥にワサビがあるのか、大学の卒業研究として2年間調査した秩父については、誰よりも詳しいのです。

国際地学オリンピックは国際科学オリンピックの一つで、日本代表の選抜試験は毎年行われています。地球や宇宙に関心のある多くの高校生や中学生が挑戦し、予選と本選を突破して、最終面接を経て選ばれた4名がこの合宿に参加できます。

概して、科学を学ぶにあたり、事実や理論についての知識と理解が必要と考えられています。しかし地学では、実際に自然の中に出かけていって地層を見たり、岩石を手に取って観察するなどの体験がとても重要です。頭の理解と感覚的な理解の違いです。まあ、分水嶺の謎解きを、パソコン画面のエア旅で済まそうとしている私が言うのもなんですが……。

優秀な高校生を指導する際に、心がけていることがあります。それは、勉強と研究の違いを実感してもらうこと。研究を探求と言い換えてもいいでしょう。勉強とは、すでに明らかにされていることを、教科書等で学んで理解し覚えること。これに対し研究とは、教科書に書いてある内容のうち、気になった〝違和感〟の理由をしつこく何度も探り続けること。研究とは、教科書の内容を疑うことから始まるのです。

2泊3日の秩父の合宿を終え解散場所の西武秩父駅で見送るとき、2日前に初めて会ったときとは全く異なり、高校生たちの目がキラキラ輝いています。彼らの目の輝きは、私自身を映す鏡。それが何よりのご褒美で、もう十年も続けています。

第8日

川は川を奪わない？

河川争奪が起こりそうで起こらない。侵食フロントは分水嶺を越えない。そんな地形を前に、謎は深まるばかりです。100年来の学説、その常識を疑うべきときがきたのでしょうか。

分水嶺は中国山地へ再突入

今日も快晴です。今日の前半を、地形図で確認しておきましょう（図9-1）。向原を出発したら、分水嶺は西の尾根に続いています。高嶽山（444m）から荒谷山（620m）を越え、いくつか片峠を通過すると、太田川支流の根谷川と江の川支流の簸川を分ける、上根峠の片峠（267m）を横切ります。幅の広い谷を切断する見事な片峠で、今日最初のチェックポイントですね。その後、分水嶺は冠山（736m）と海見山（870m）に挟まれた幅の広い谷の真ん中で、典型的な谷中分水界（430m）を通過します。ここも要チェックです。

海見山を過ぎると、江の川によって東西に分断された中国山地に向かっ

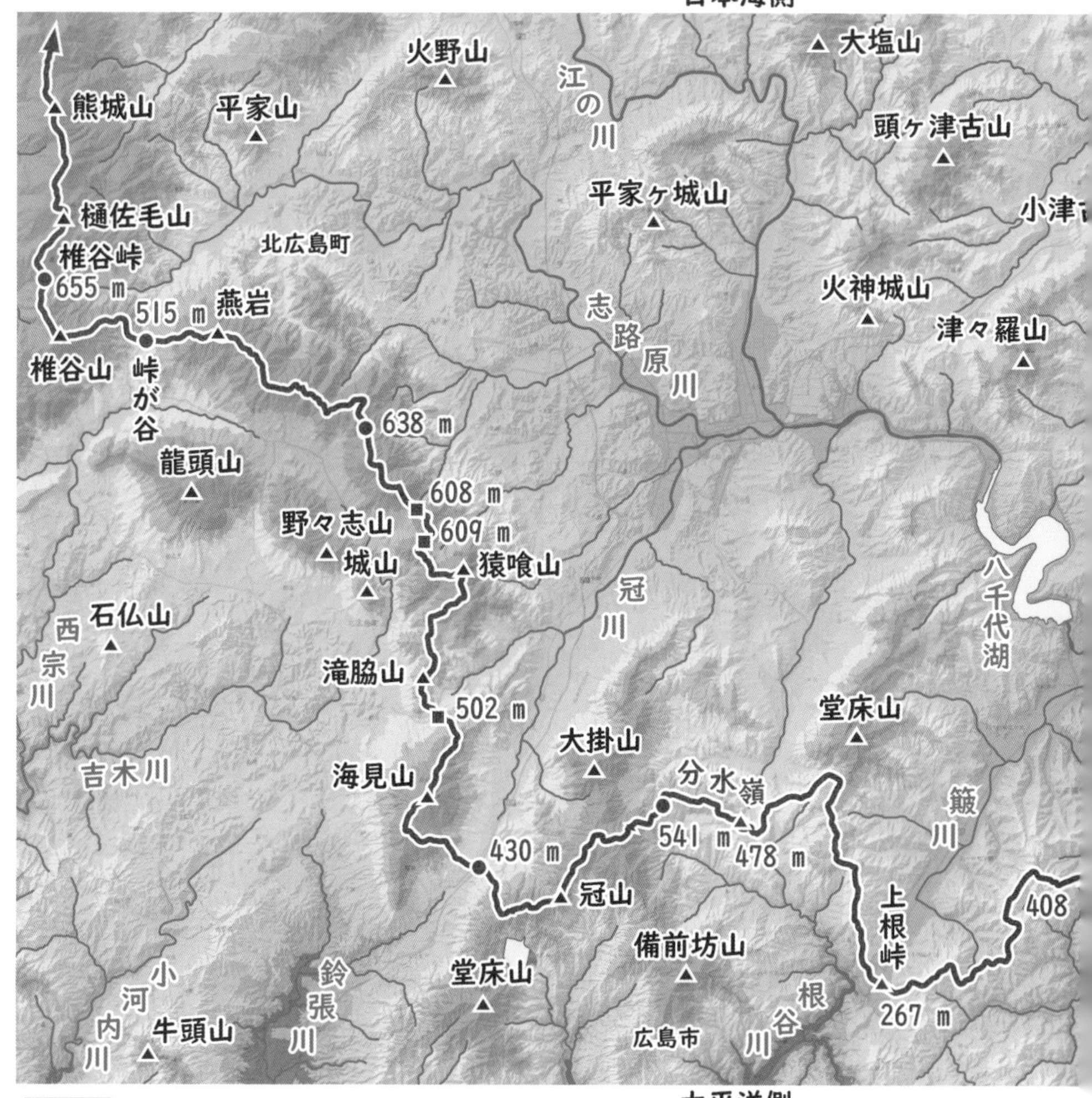

図 9-1

向原から峠が谷までの分水嶺。

て、徐々に高度を上げていきます。山と山の間の鞍部は標高500〜600mほどの谷中分水界や断層線谷分水界になっていて、燕岩（843m）から一気に下ると、標高515mの峠が谷の谷中分水界を横切ります。峠の西側は標高が954mの椎谷山で、峠が谷の谷中分水界は高度差が300〜400mに達する深い谷を横切る見事な谷中分水界です。峠が谷を越えると、分水嶺は中国山地の核心部へと進んでいきます。

地形図に載らないマニアの聖地

最初のチェックポイントは上根峠の片峠です（図9-2）。地形図には示されていませんが、上根峠（267m）と呼ばれる谷中分水界（片峠）です。地理院地図で標高を細かく区分して着色すると、分水界は上根峠の1.4㎞ほど北の場所（赤点線）のようです。しかし、簸川の水流は、その場所を越えて南に続いているので、実際の水源は上根峠付近でしょう。

Google Earthのストリートビューで国道に降りてみると、その場所には上根峠（267m）と書かれた看板の横に、分水嶺と書かれた看板も立っています。太平洋側の侵食フロントがすぐ横まで迫っていて、堀公俊さんの著書『日本の分水嶺』では、「瀬戸内海の近くにある完璧な片峠」として紹介されています。

上根峠の日本海側（北側）を流れる簸川は、水源なので水量がほとんどありません。にもか

図9-2　上根峠の片峠。〔34.58,132.58〕

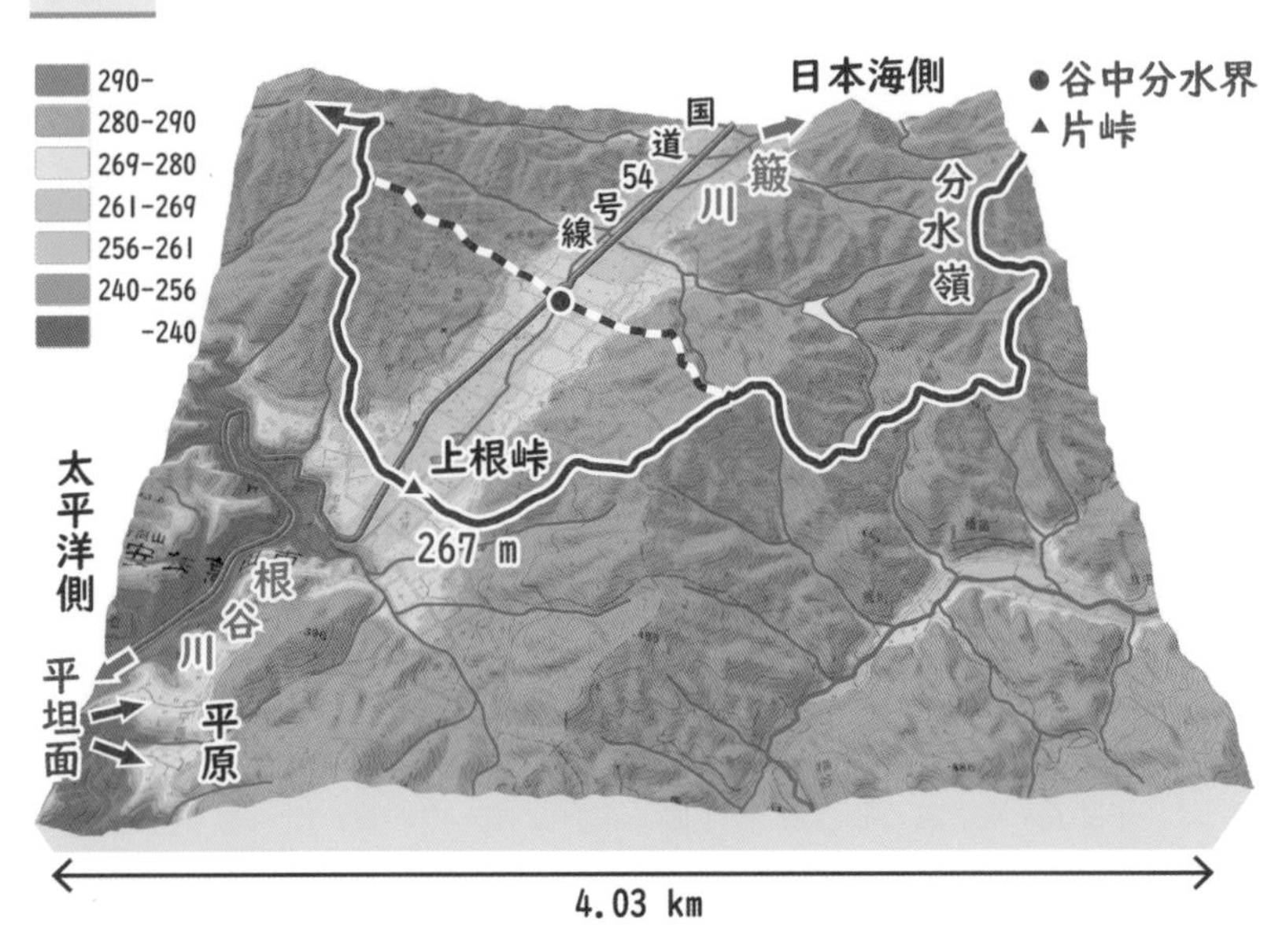

かわらず、平坦な谷底は幅が500mを超えています。一方、太平洋側の根谷川は、狭く深い渓谷になっていて対照的です。簸川と根谷川の河床の高度差は、上根峠を挟んで80m以上もあります。この地形は、「旅の準備」で学んだ大草川とそっくりです。

　上根峠から根谷川を下って太田川との合流点まではおよそ13㎞、そこから河口まではさらに18㎞と、侵食基準面(海面)の瀬戸内海(太平洋側)までずいぶん近くなってきました。これに対し、簸川は江の川に合流したあと三次盆地(みよしぼんち)まで東に流れ、さらに蛇行しながら北西に向かい、島根県の江津市(ごうつし)から日本海に流れ出ます。つまり、上根峠と日本海は、非常に離れています。

　また、簸川の谷底（標高260m）と三次盆地の河床（およそ150m）は、直線距離で35㎞も離れているのに、高度差は110mほどしかありません。そのため上根峠の簸川側はほとんど侵食が進まず、太平洋側が深く削り込まれた片峠になっているのでしょう。これまでは、ほとんどの片峠は日本海側が落ち込んでいました。

　広島市から根谷川に沿って走る国道54号線（旧道）は、上根峠の手前で大きく迂回しながら高度を稼ぎ、簸川の谷底まで上った後は、ほとんど平坦な地形に沿って三次市まで続いています。崖のような斜面を上り切ってもほとんど下らず、まさに典型的な片峠です。

　上根峠は確かに見事な谷中分水界ですが、ここを分水嶺が通過していなかったら、この峠に注目する人もいなかったでしょう。

河川争奪、深まる疑惑

　上根峠の谷中分水界が河川の争奪によってできたとする可能性は、100年近く前にはすでに指摘されていたようです（下村、1928）。水量の少ない簸川が、これほど幅の広い谷地形をつくったとは思えないからです。そして、上根峠の太平洋側には、平原や草田など、簸川の河床面に続くと思われる平坦面（河岸段丘）が見られます（図9-3上）。これらの平坦な地形は、簸川がかつて根谷川に沿って北に流れていた証拠の一つと考えられています。その後、根谷川の侵食フロントが南から侵入してきて、現在では上根峠の手前まで、簸川が争奪されてしまったと考えられているのです（堀、1996）。

　この説は、「旅の準備」で学んだ大草川の河川争奪説と全く同じですね。争奪河川（根谷川）は深く下刻を続け、争奪された河川（簸川）は水量を失って無能河川になっている。しかも、片峠の脇には、争奪の肱がちゃんとあります。

　一方、段丘面の連続性を根拠に河川の争奪が起こったとする点は、胡麻の谷中分水界と一緒です。しかし、争奪河川と争奪された河川（被奪河川）の組み合わせが逆です。胡麻の谷中分水界では、争奪された河川（畑郷川）が深い谷をつくっていました。ところが、上根峠の片峠では、争奪した河川（根谷川）のほうが渓谷になっています。一体どうなっているのでしょうか。

　それ以上に不思議なのは、なぜ根谷川は、上根峠の所で簸川の争奪を止めてしまったのでしょうか。これまで見てきた片峠と同様に、根谷川の流路は峠の手前で90度向きを変えていて、簸川の河床そのものを侵食し続けているようには見えません。そもそも、上根峠から瀬戸内海までは直線距離で30㎞ほどです。幅の広い谷をつくったかつての大河（簸川）に水を供給した山地は、一体どこに消えてしまったのでしょうか。

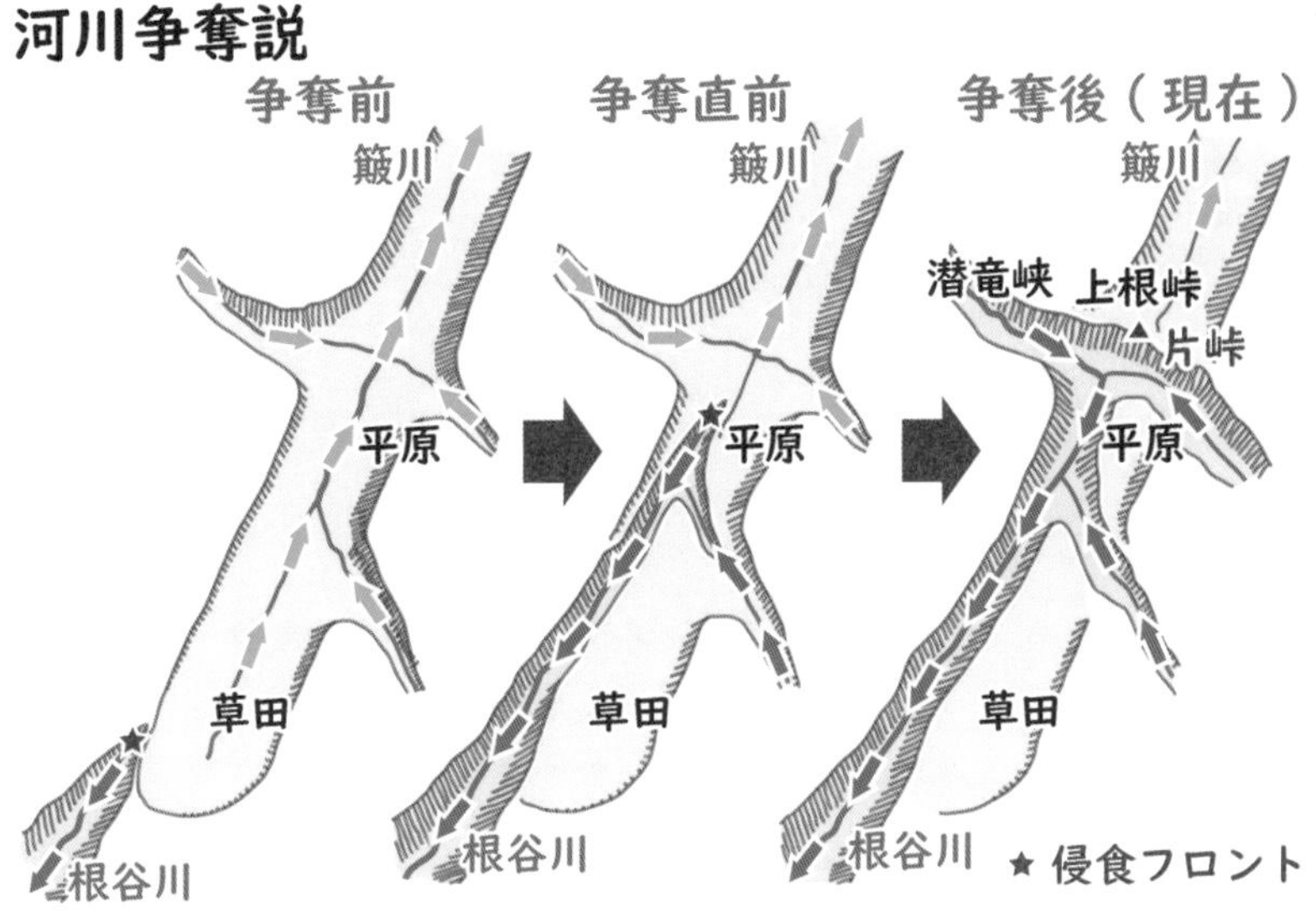

図9-3　上根峠周辺の地形（上）と、簸川を争奪する根谷川の概念図（下）。
堀（1996）より作成。

高さがそろう谷中分水界の不思議

次のチェックポイントは、海見山（870m）の手前の谷中分水界（430m）です（図9-4）。直線状のこの谷は、間違いなく断層線谷ですね。南北方向に延びたバナナのような形の海見山は、昨日見た水越峠の横の大土山に形が似ています。断層線谷に分断された短冊状の山並みが侵食されると、このような地形ができるのでしょう。

この谷中分水界の標高（430m）は、昨日歩いた世羅台地の谷中分水界や、垰田（410m）や飯田（420m）の谷中分水界の標高とおおよそ一致しています。吉備高原の谷中分水界の標高は500~550m、世羅台地の谷中分水界の標高は400~450mでした。準平原と呼ばれている中国地方の侵食小起伏面と谷中分水界はセットとなって、いくつかのグループに分かれているように思えます。遠く離れていても、同じ高さにそろう谷中分水界には何らかの理由があるのでしょう。

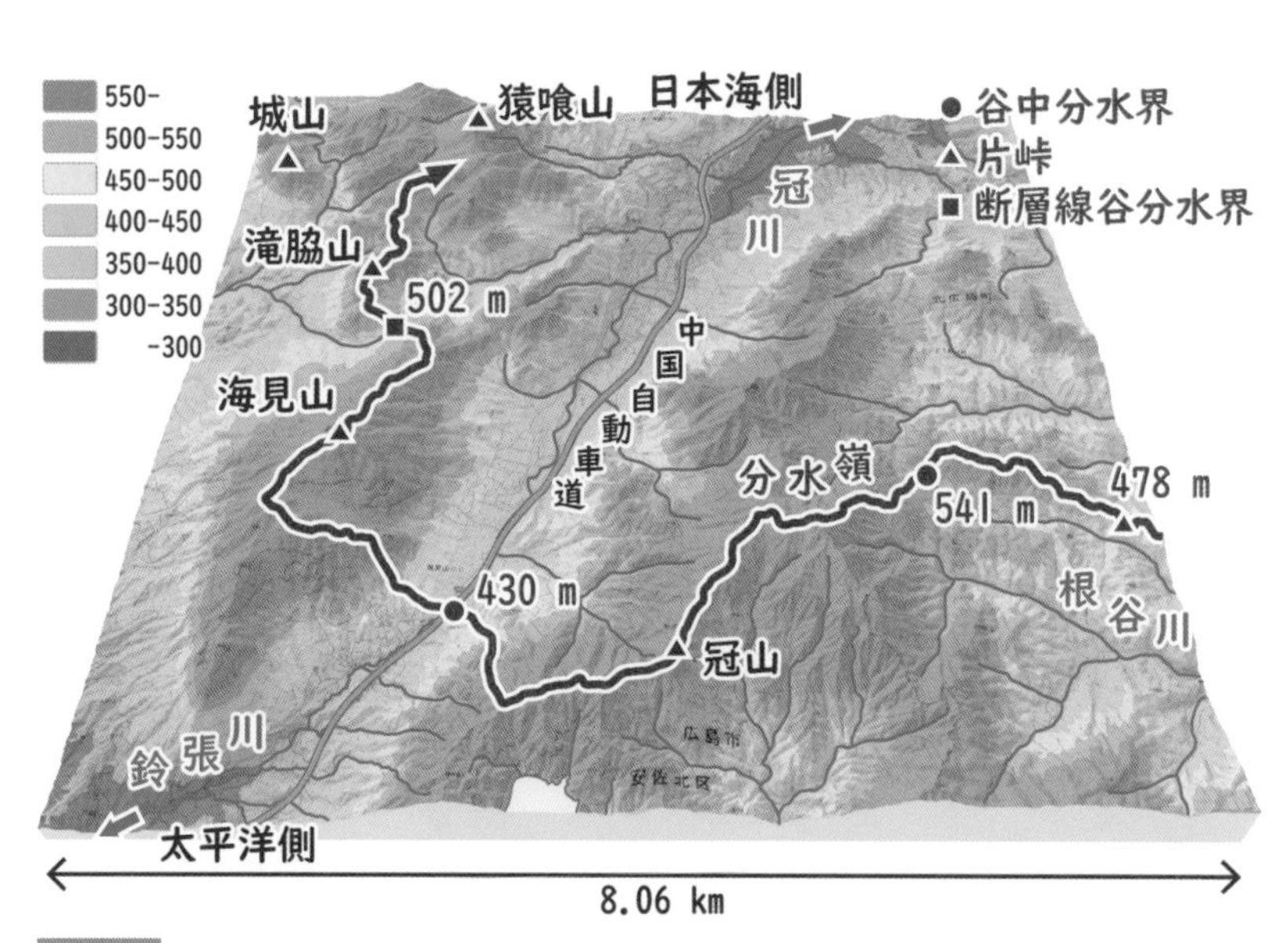

図 9-4 海見山の谷中分水界。〔34.60,132.49〕

山陰と山陽を分ける陰陽分水嶺

燕岩から西に下ると、標高が515mの谷中分水界を通過します（図9-5）。地形図に峠の名称は書かれていませんが、谷中分水界のすぐ横には「峠が谷」と地名が記されています。東の燕岩（843m）と西の椎谷山（954m）に挟まれた幅の広い谷を横切る谷中分水界は、6日目に見た日野原の谷中分水界を彷彿とさせます。

Google Earthのストリートビューで覗いてみると、国道433号線沿いには、陰陽分水嶺（いんようぶんすいれい）の道路標識と分水嶺と彫られた石碑があるようです。石碑には、標高509mと彫られていますね。表面が風化した花崗岩でしょうか、石碑には山県郡豊平町（現在の北広島町）中原と示されています。山陰と山陽を分けるので陰陽分水嶺とされ、東日本で生活してきた私にとっては新鮮な響きの谷中分水界です。

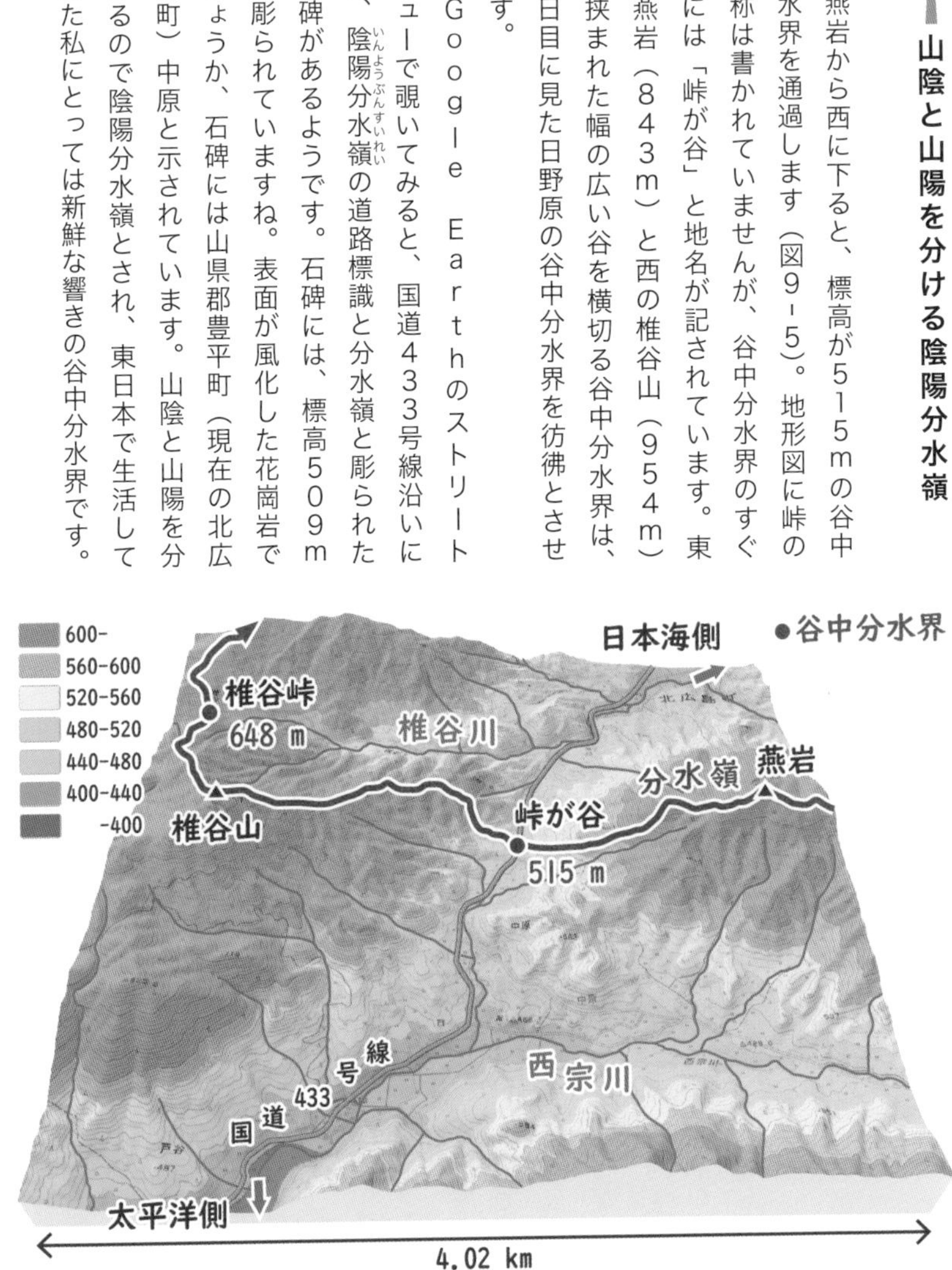

図9-5　峠が谷の谷中分水界。〔34.69,132.42〕

滝山川源流域を大きく迂回する分水嶺

さらに先を確認しておきましょう。峠が谷の谷中分水界を過ぎると分水嶺は標高を上げていって、中国山地の核心部を通過していきます（図9-6）。

椎谷山を越え、椎谷峠（648m）の谷中分水界を通過したら、北に向かって阿佐山（1218m）を目指します。途中の狼峠（885m）付近で谷中分水界をいくつも通過するので、最初のチェックポイントです。阿佐山を過ぎると分水嶺は雲月山（911m）まで西に続き、そこから南西へと続いています。太田川の支流の滝山川や柴木川の源流域を大きく北に迂回するためです。見どころは来尾峠（798m）と、大平山（863m）の手前の典型的な片峠（678m）、雲月山にかけての標高735mの片峠や雲月山の先の片峠（710m）、そして傍示峠（706m）の片峠です。いずれも日本海側の侵食が進んでいます。

その先にある八幡盆地は、中国地方で最も標高の高い盆地の一つです。谷中分水界や

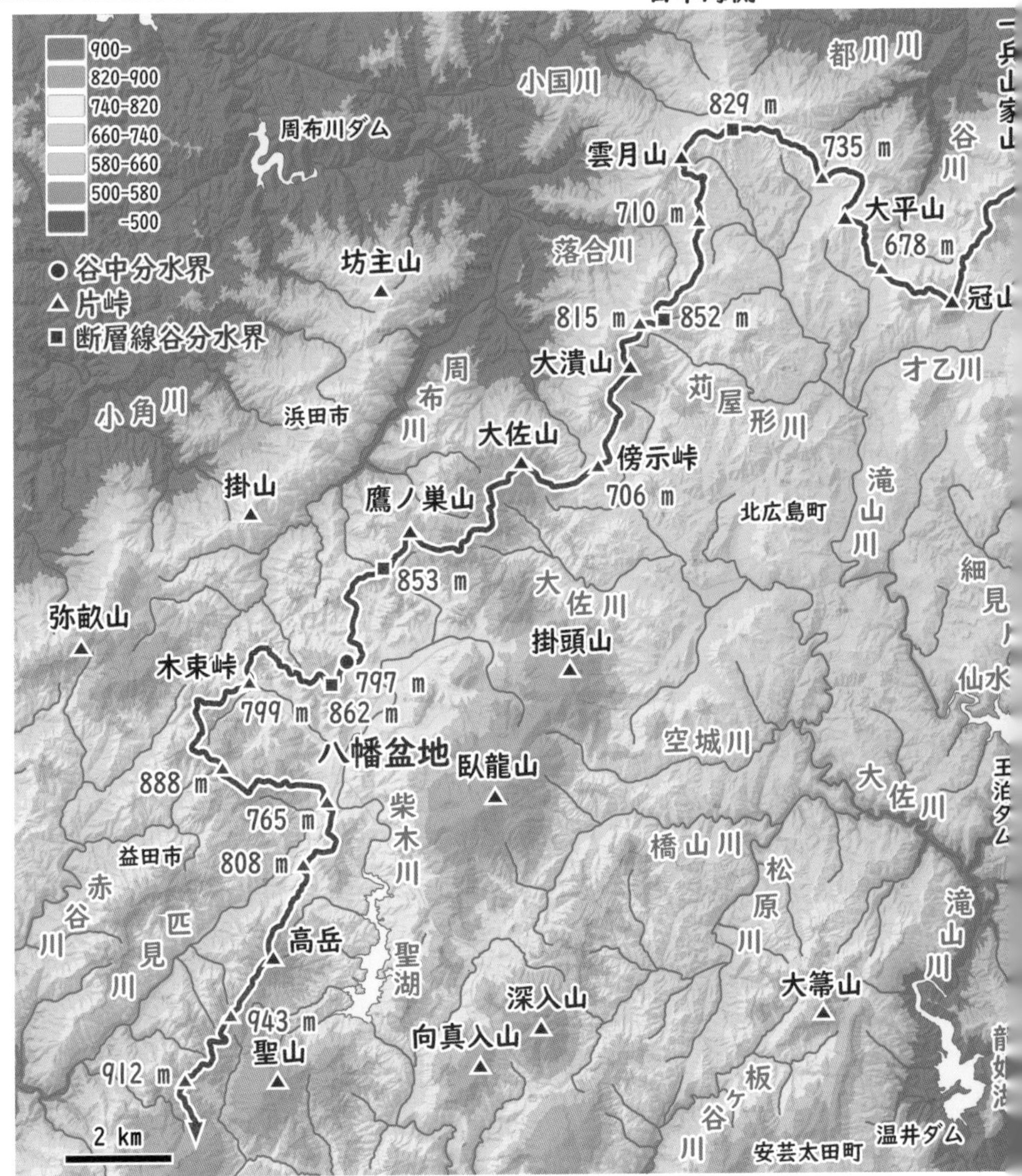

図 9-6 峠が谷から聖山までの分水嶺。

片峠がいくつもあり、今から楽しみです。八幡盆地を越えても片峠の連続です。峠の標高は８００～９００mと、さらに高度を上げています。さっそく、最初のチェックポイントである狼峠に移動しましょう。

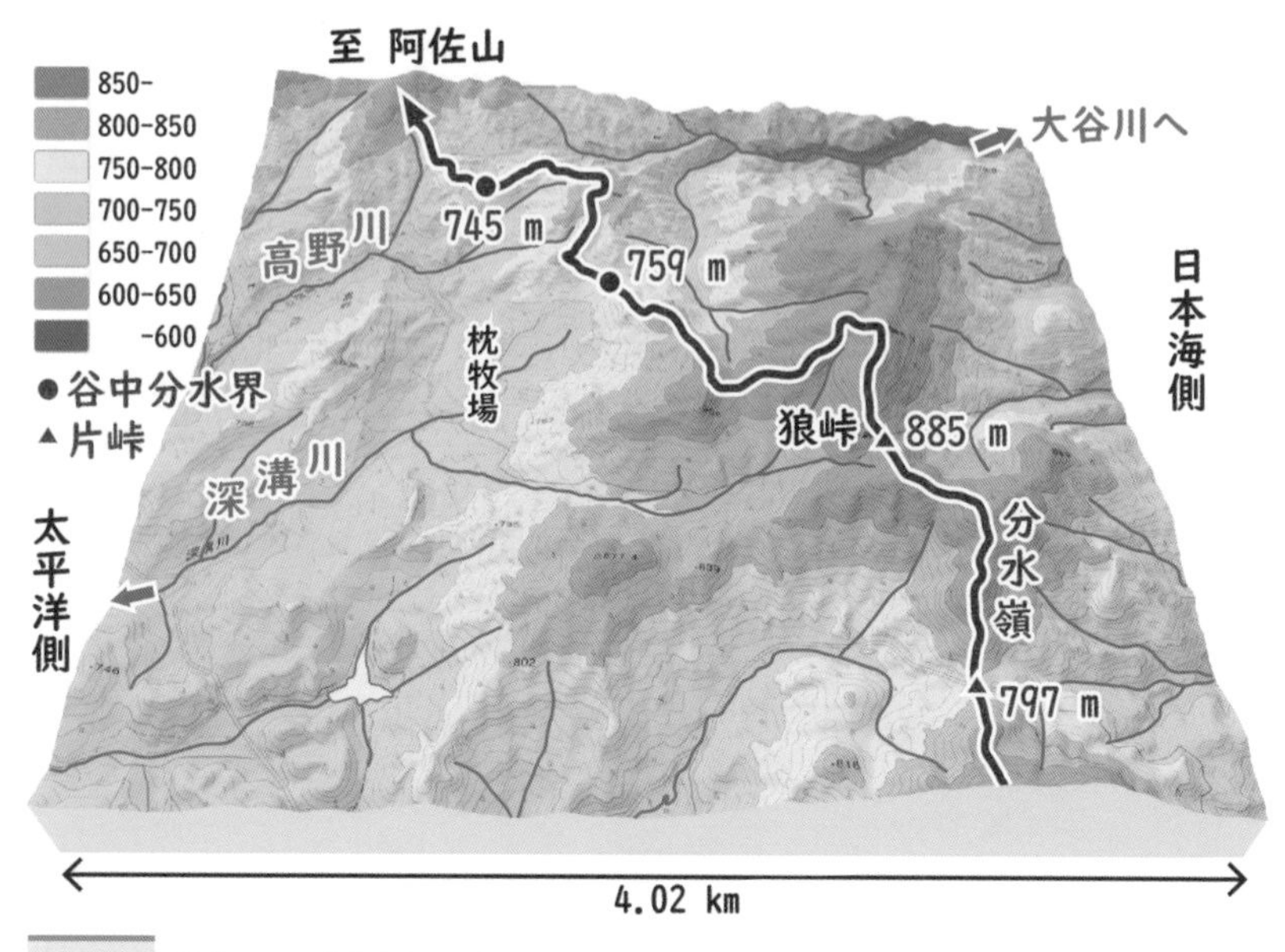

図 9-7 狼峠周辺の谷中分水界。〔34.75,132.39〕

季節のレジャーは地形のおかげ

日本海側が急傾斜した狼峠は太平洋側もいくらか傾斜しているので、普通の峠（両峠）に分類したほうがよいかもしれません。峠の標高は885mで、片峠としては、狼峠の手前の峠（797m）のほうが典型的ですね（図9-7）。

分水嶺の西側は太平洋側で、なだらかな地形は牧場に利用されています。山の緩斜面は、スキー場として利用されているようですね。太平洋側のなだらかな地形を縁取るように続く分水嶺は、枕牧場付近で標高が750m前後の谷中分水界を二つ通過しています。日本海側の侵食フロントが迫っていて、いずれは片峠になるのでしょう。

分水嶺は阿佐山（1218m）から三ツ石山（1164m）、さらに天狗石山（1192m）を越えたら一気に下り、来尾峠（798m）を横切ります（図9-8）。来尾峠は日本海側が深く侵食された見事な片峠です。天狗石山と一兵

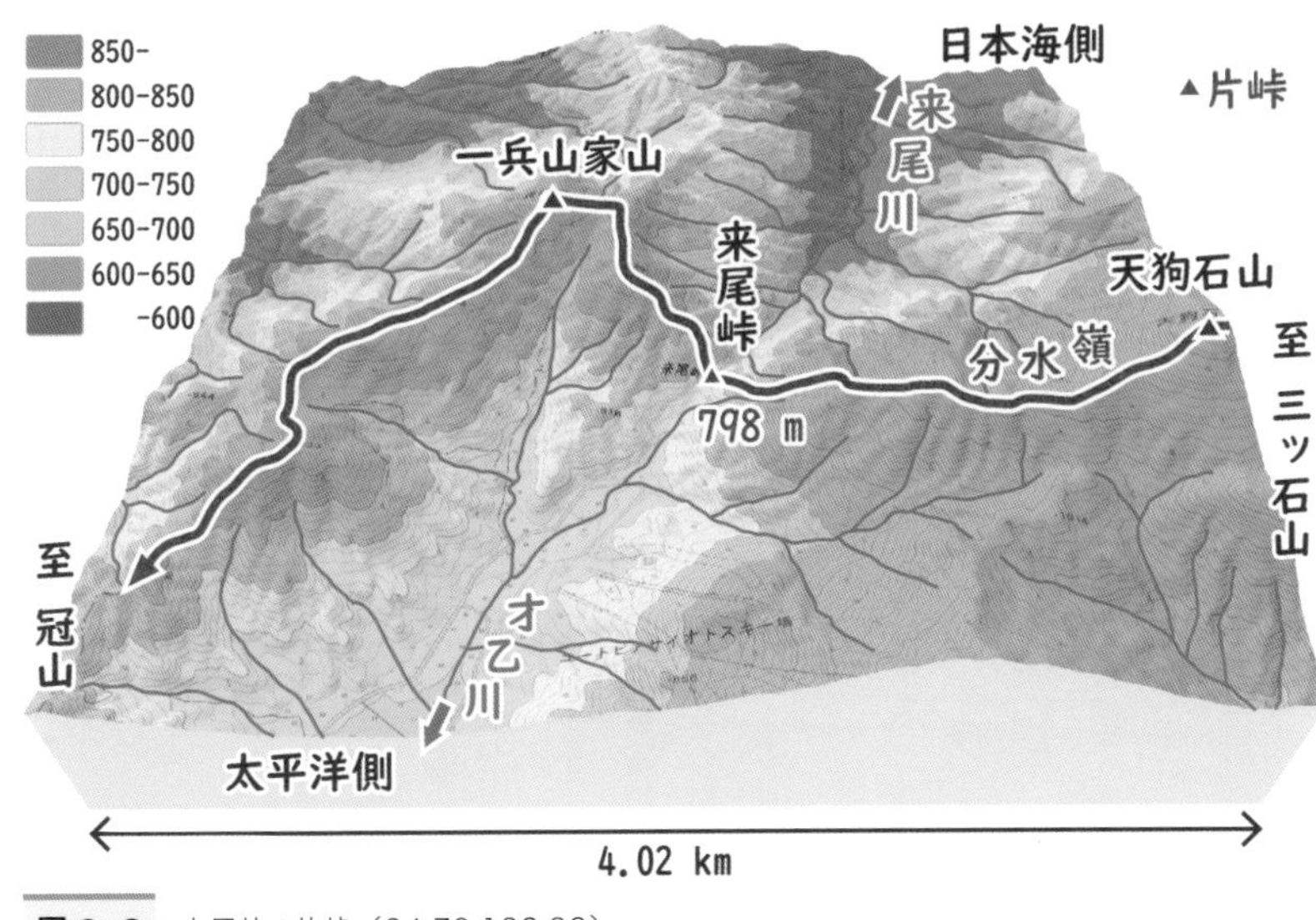

図9-8 来尾峠の片峠。〔34.79,132.32〕

山家山（952m）に挟まれ、分水嶺の太平洋側は、そのまま幅の広いなだらかな谷へ連続しています。山の緩斜面はスキー場として利用されていますね。

それに対し、来尾峠の北側は深く狭い谷で、峠から下る道路はヘアピンカーブを繰り返しながら高度を下げています。冬のスキーシーズンに、日本海側から自動車でこの峠を上ってくるのは結構緊張しそうです。それでも、浜田自動車道が近くを通っているので、山陰地方からのアプローチはよさそうです。

中国山地の分水嶺は少し高いお盆の縁

雲月山から下りきった所の片峠（710m）は迫力があります（図9-9）。

太平洋側は滝山川の源流域で、標高が650～700mの幅の広い谷からなるなだらかな地形が広がっています。これに対し日本海側は、字のごとく150m以上も一気に下る落谷川で、真っすぐ西に流れて周布川に合流しています（図9-6）。地理院地図を見ると、峠から落谷川の谷底にかけて、等高線に沿うように曲がりくねった細い道が描かれていますが、自動車での通行は無理そうです。

大潰山（997m）を越えて南に下ると傍示峠（706m）に到着です（図9-10）。傍示とは、杭を立ててここが国境であることを示したことに由来するそうです。この峠は、島根県の浜田市から日本海に流れ出る周布川の支流（長田川）と、広島市から瀬戸内海に流れ出る太田川水系の馬ノ原川を分ける分水界です。川が峠の手前

図9-9 雲月山の片峠。(34.79,132.24)

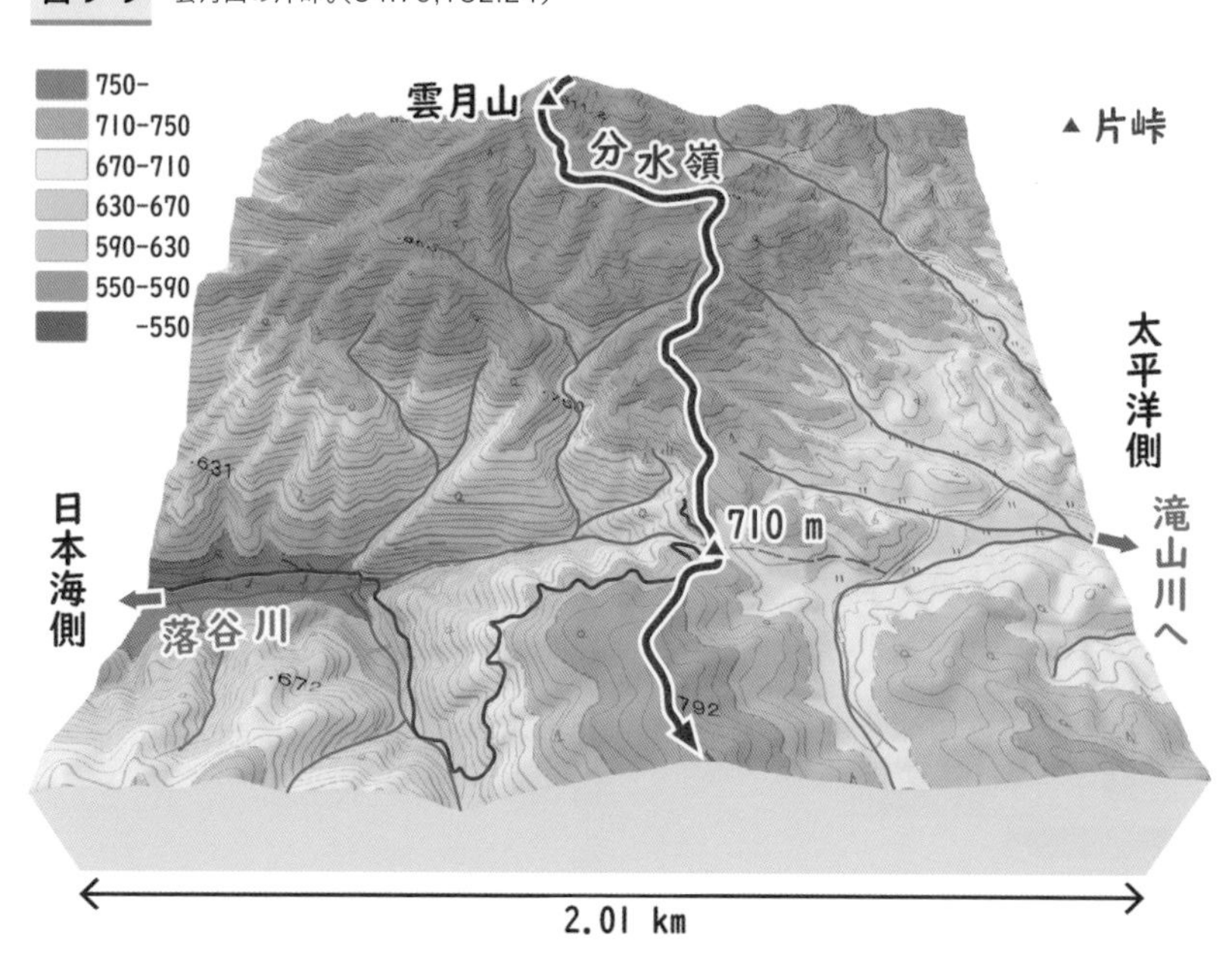

で流れの向きを大きく変えるのは、いつも通りです。

傍示峠の標高（７０６ｍ）は、先ほど見た雲月山の片峠の標高（７１０ｍ）と４ｍしか違いません。雲月山と冠山の間にも、標高が７３５ｍと６７８ｍの片峠がありました。さらに、今朝観察した枕牧場付近の谷中分水界の標高は、７５９ｍと７４５ｍでした（図９-７）。

滝山川の源流域を縁取る分水嶺の片峠や谷中分水界は、これだけ離れているのに標高の差が１００ｍもありません。さらに、分水嶺に囲まれた太平洋側の平坦面の標高とも、おおよそ一致しています。７日目に歩いた吉備高原から世羅台地の分水嶺は、三次盆地を取り囲む丸いお盆の縁のようでした。滝山川源流域のなだらかな地形を囲む分水嶺は、縁が少し高いお盆に例えることができそうです。

図 9-10 傍示峠の片峠。〔34.75,132.22〕

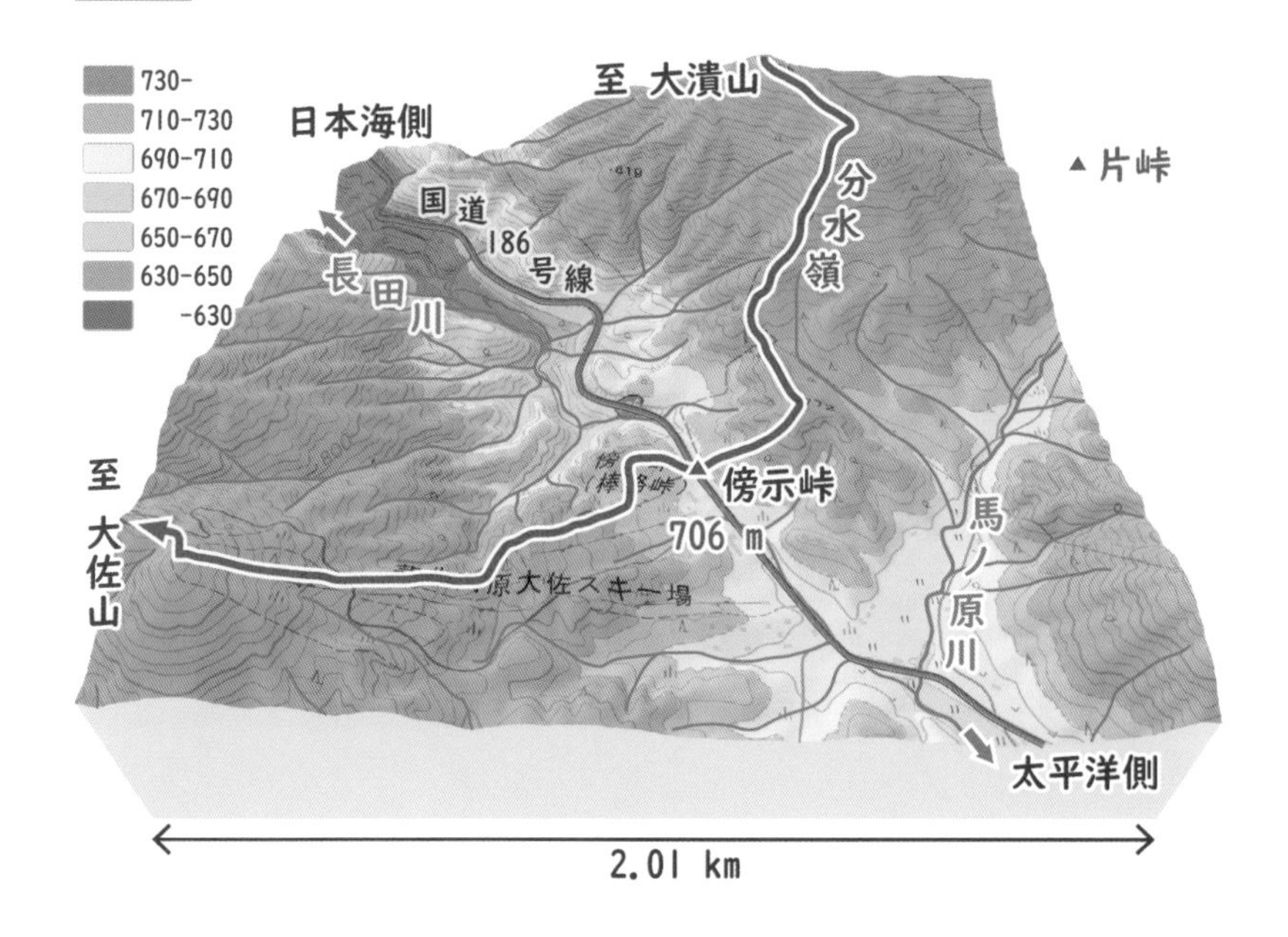

八幡盆地は中国地方の高野山

傍示峠から大佐山（おおさやま）（1069ｍ）に登り鷹ノ巣山（943ｍ）を越えると、1段高い八幡盆地を縁取るように分水嶺は続いています（図9-11上）。八幡盆地は、柴木川の源流に広がる標高が800ｍ前後の平坦な盆地です。木束原（きつかばら）とか八幡原（やはたばら）など、平らな地形を反映した「原」の名が付いた地名がありますね。八幡湿原まであります。

柴木川は太田川の最上流域の支流です。侵食基準面である瀬戸内海からかなり離れているため侵食フロントが到達せず、平坦な地形が残されているのでしょう。中国山地では標高が最も高い盆地の一つで、まるで天空の聖地、和歌山県の高野山のようです。八幡盆地と高野山を、比較のために並べてみました（図9-11）。

図の上は八幡盆地で、下は高野山です。縮尺は高野山のほうが拡大しているので、八幡盆地のほうがかなり広いことが分かります。標高はいずれも800ｍほどと高地に位置し、盆地の周囲を山並みに囲まれ、その周りは深い谷に刻まれています。

ここで高野山を囲む分水界を描くと、標高が800～850ｍの谷中分水界や片峠をいくつも横切っていることが分かります。高野山に降った雨水は有田川を経て紀伊水道に流れ出ます。図では、有田川水系に属する河川を緑色で区別しました。そして、高野山の南側に降った雨も有田川に合流するので、高野山の南縁（なんえん）の分水界は有田川水系の中の分水界です。

一方、高野山の西から北側に降った雨は、紀（き）の川（かわ）を経由して紀伊水道に注ぎます。有田川と紀の川はいずれも紀伊水道に流出しますが、高野山までの道のりの違いが侵食の差を生み出しているのでしょう。太平洋側と日本海側を分ける分水嶺だけでなく、あらゆる分水界は、侵食基準面である海までの道のりとその違いが、峠のタイプを分けているのかもしれません。海からの道のりが長ければ長いほど、侵食をまぬがれているようです。

図 9-11 八幡盆地を縁取る分水嶺(上)と、和歌山県の高野山(下)。
〔34.71,132.17〕および〔34.21,135.59〕

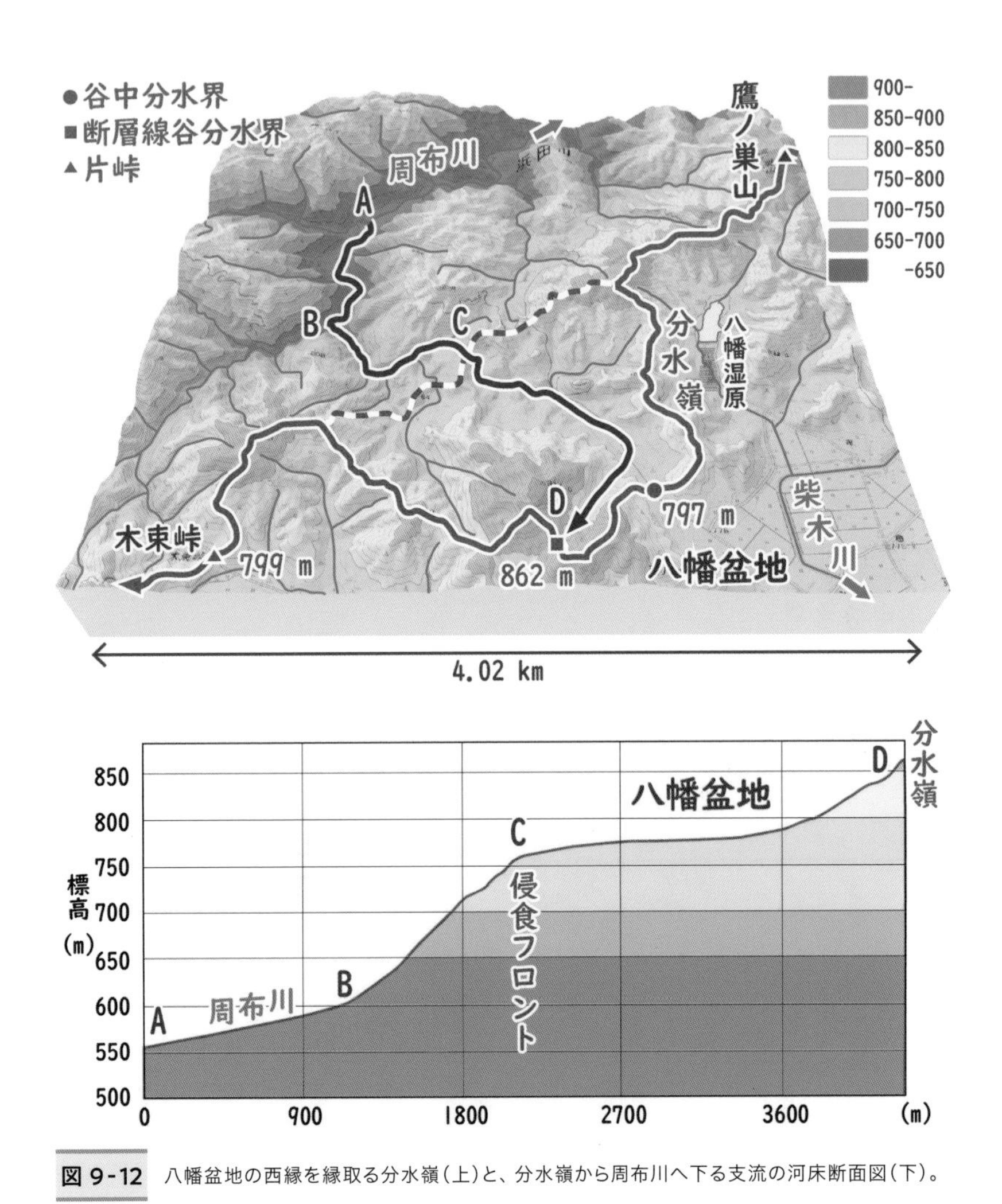

図 9-12 八幡盆地の西縁を縁取る分水嶺(上)と、分水嶺から周布川へ下る支流の河床断面図(下)。

八幡盆地では、臥龍山（1223m）や掛頭山（1126m）など、盆地の底との高度差が300~400mもある山塊が東縁を区切っています。それとは対照的に、盆地の西縁は高度差が100m以下の低山が縁取っています（図9-11上）。そのうち、木束峠（799m）は日本海側が落ち込んだ見事な片峠ですが、注目すべきは盆地の中ほどにある谷中分水界（797m）です（図9-12上）。一見すると、分水嶺は鷹ノ巣山から木束峠へ、そのままなめらかに続いているように思えます（図9-12上の赤点線）。しかし、地形を丁寧に観察すると、分水嶺は八幡盆地の内側に入り込んでいることが分かります。そして、その途中で明確な谷中分水界(797m）を通過しています。

もともと分水嶺は図の赤点線で示された位置にあって、周布川の支流の侵食フロントが八幡盆地に侵入してきたために、分水嶺が南に湾曲した、そう考えることもできるでしょう。つまり、周布川が柴木川を争奪しているとする解釈です。

ところが、周布川の支流の谷筋は谷中分水界の手前で流れの向きを90度変え、標高が862mの断層線谷分水界を水源としています。もし周布川からの侵食フロントが河川（柴木川）を争奪しながら八幡盆地の中に侵入してきたのであるならば、なぜそのまま現在の柴木川のほうへ、侵食の手を伸ばさなかったのでしょうか。上根峠（図9-2）の谷中分水界の河川争奪説に対する疑問と全く同じです。

侵食フロントは分水嶺を乗り越えない

ここで、周布川本流の河床から支流を経て、分水嶺までの河床縦断面図をつくってみました（図9-12下）。標高が550mほどのA地点からさかのぼると、本流から支流が分岐した場所（B）で河床の傾斜が急になり、C地点で傾斜が緩くなって八幡盆地へ続いています。すなわち、周布川支流の遷急点はC地点で、八幡盆地の谷中分水界まで到達していません。つまり、南に湾曲した分水嶺は最初から湾曲していて、河川の争奪によって八幡盆地の内側に湾入したわけではないのです。

これまでは、片峠や谷中分水界は、侵食の進んだ片側の河川による争奪によって形成されたと考えられてきました。谷中分水界には、現在の水流では到底つくれないような、幅の広い平坦な谷（無能河川）が残されているからです。

ところが、2日目に見た石生や5日目に見た野原、7日目に見た向原や、さらにここ八幡盆地の谷中分水界では、そもそも河川の争奪が起こったようには思えません。これらの谷中分水界では、河川による侵食作用が働いた痕跡が全く見られないのです。侵食フロントは、谷中分水界のいずれの側にも到達していないし、争奪する気配すらないのです。

八幡盆地の谷中分水界は、周布川支流の侵食が進めば日本海側が切れ落ちた片峠になるでしょう。ただし、峠の手前で流路が90度向きを変える片峠の特徴は、侵食フロントが到達していない現在の八幡盆地の谷中分水界にすでに見られます。つまり、谷中分水界で流れの向きが90度変わる不可思議な特徴は、分水界の両側とも平坦な地形だった段階（厳密な谷中分水界）ですでにあったのです。

分水嶺と谷中分水界、そして流路の折れ曲がりは、川が流れ始めたときにはすでにできていたのではないかと思うのです。言い換えるならば、川は最初から現在のように流れていたと思えるのです。

太平洋側ないし日本海側からの侵食フロントが、分水嶺が横切る谷中分水界に到達すれば、谷中分水界は片峠に変わるでしょう。さらに、もう片側の侵食フロントが到達すれば、両峠になると予想できます。しかし、分水嶺の高まりが高くても低くても、侵食フロントが分水嶺を越えることはないはずです。河川の侵食は流れる水が原動力なので、水流のない尾根には、そもそも河川による侵食作用が及ばないはずです。デービスが提唱し、100年以上にわたって地形研究者に信じ続けられてきた河川争奪説は、地質学者である私には受け入れがたいのです。

　木束峠の先にも、標高が765mの見事な片峠があります（図9-11上）。片峠の太平洋側は柴木川、日本海側は匹見川の源流域です。日本海側から匹見川に沿って迫ってくる侵食フロントは、片峠の手前で向きを変えてしまうため、太平洋側の柴木川は平坦な地形の上を蛇行しながら穏やかに流れています。これから匹見川によって争奪されるとは全く思っていないでしょうし、匹見川も争奪するつもりなどさらさらないように私には見えるのです。

河川争奪は谷中分水界の成因ではない？

河川争奪は起こらない

八幡盆地に別れを告げ、さらに進んでいきましょう。高岳（1054m）を越え、日本海側が切れ落ちた尾根を下っていくと、聖山（1113m）の真西で見事な片峠に出会います（図9-13）。片峠の標高は912mで、木束峠（799m）より100m以上も高くなりました。

　太平洋側は田代川の小さな支流で、幅の広い平坦な谷が分水嶺まで続いています。この支流はすぐ田代川に合流すると、蛇行した峡谷やいくつもの滝を経て柴木川に流れ込みます。つまり、太平洋側の侵食フロントはすぐ近くまで迫っています。一方、日本海側は匹見川の支流で、侵食フロントはすでに分水嶺のすぐ近くまで到達しています（図9-13★印）。

　興味深いのは、匹見川からの侵食フロントが二つ、この片峠に迫っていることです。西から迫っている侵食フロントは奥匹見峡がある支流②の谷頭で、三の滝など顕著な侵食作用が地形図から読み取れます。一方、片峠の北西側の支流①の侵食フロントも、分水嶺に迫っています。いずれの侵食フロントも、匹見川から侵入してきています。

もし、二つの侵食フロントの片方、例えば奥匹見峡（支流②）の侵食フロントが分水嶺を越えて田代川の支流（③）を争奪したとしたら、他方（支流①）の侵食フロントはどうなるのでしょうか。それまで侵食の手を緩めず、頑張って分水嶺の手前までやって来たのに、ライバルに先を越された瞬間、河川の争奪を諦めるのでしょうか。

しかし、隣の侵食フロントに先を越されようが越されまいが、侵食作用のエネルギー源である雨水の供給は変わらないはずです。したがって、支流①の侵食フロントは、相変わらず上流を目指して進行し続けるでしょう。

とすると、支流①の侵食フロントがそのまま前進し続けたら、先に田代川の支流を争奪した支流②を争奪するのでしょうか。そうしたら、支流②によって争奪された田代川の支流は、支流①によって横取りされてしまうことになります。言い換えるならば、匹見川の支流による兄弟喧嘩に巻き込まれてしまいます。その喧嘩は、いつまで続くのでしょうか。そのようなことが起こるとは、にわかには信じられません。もはや、河川の争奪はあり得ないと思うのです。

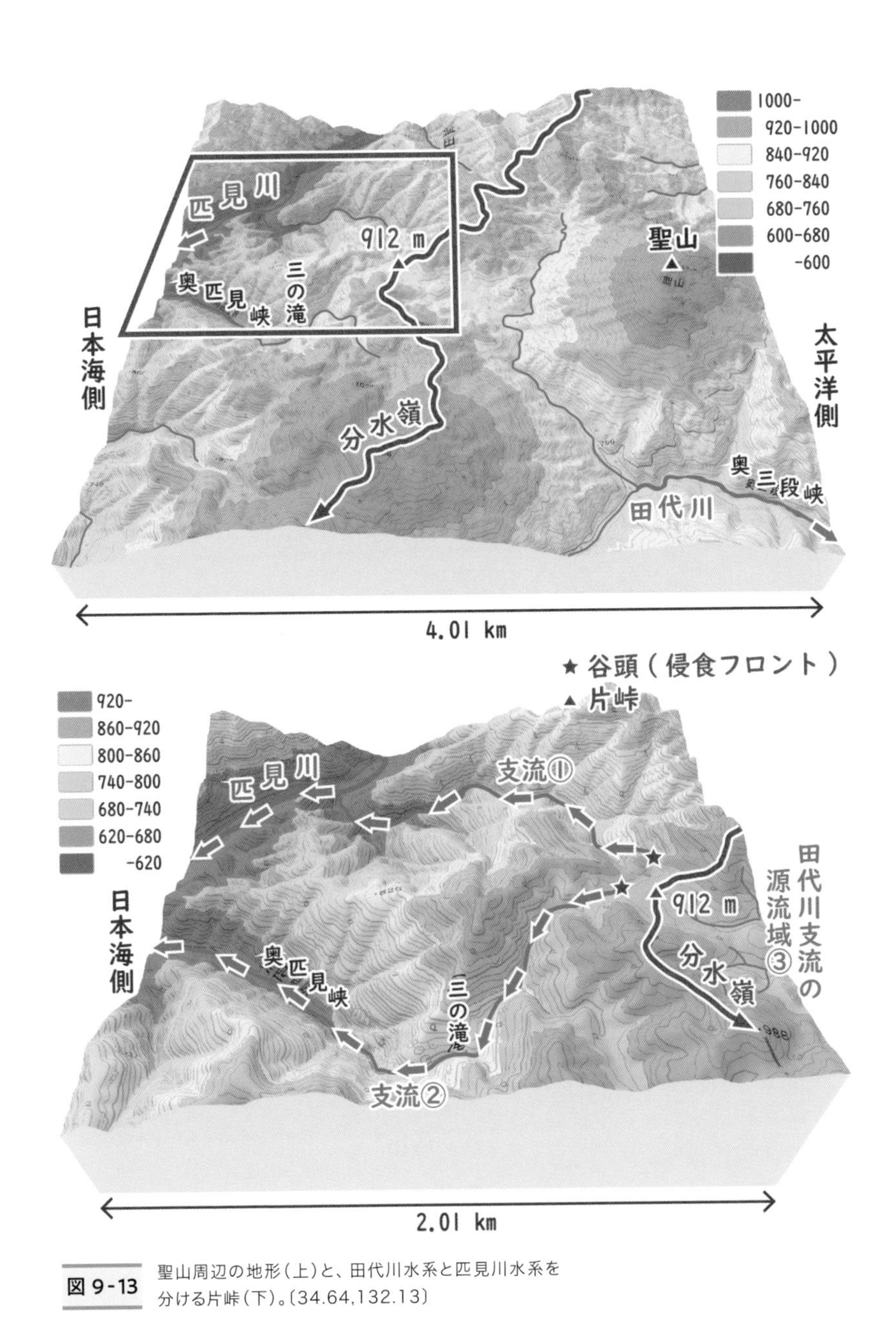

図 9-13 聖山周辺の地形(上)と、田代川水系と匹見川水系を分ける片峠(下)。〔34.64,132.13〕

1000-
850-1000
700-850
550-700
400-550
250-400
-250
片峠
峠
春日山
岩倉山
砥石郷山
田代川
横川川
落合川
1000 m
恐羅漢山
広見山
匹見川
益田市
丸子頭
横川越
十方山
安芸太田町
1023 m
小原川
広見川
分水嶺
立岩ダム
竜神湖
五里山
紙祖川
細見谷
高鉢山
赤谷山
三坂山
主川
女鹿平山
952 m
1084 m
廿日市市
安蔵寺山
額々山
広高山
中津谷川
1183 m
太田川
加下川
河津越
813 m
寂地山
冠山
右谷山
太平洋側
容谷山
宇佐川
小五郎山
加森山
鬼ヶ城山
大虫川
深谷川
七瀬川
岩国市
小瀬川
384 m
中道川
田野原
星坂
江堂峠
高津川
400 m
2 km
羅漢山

図 9-14 恐羅漢山から田野原までの分水嶺。

分水嶺で停止する侵食フロント

さらに先の様子を地形図で確認しておきましょう（図9-14）。ここからも、標高が1000mを超える中国山地を進んでいきます。分水嶺は、北東-南西方向に延びる山列に沿って続いていきます。最初のチェックポイントは、恐羅漢山（おそらかんざん）（1346m）の手前の片峠です（図9-15）。ここも詳しく観察してみましょう。

この片峠では、太平洋側の田代川は侵食が進んでおらず、標高が1000mほどの谷底は平坦な地形を保っています。谷の両側の斜面に見られる谷筋も、それほど深くは侵食されていません。これに対し、日本海側の亀井谷川は、西から東に向かってどんどん侵食してきています。そのため、片峠の日本海側は、太平洋側に比べて150m以上も深く下刻されています。亀井谷川の両側の斜面はいずれも傾斜が大きく、川から派生する無数の谷は斜面を下刻し、その谷頭（侵食フロント）は尾根付近まで到達してい

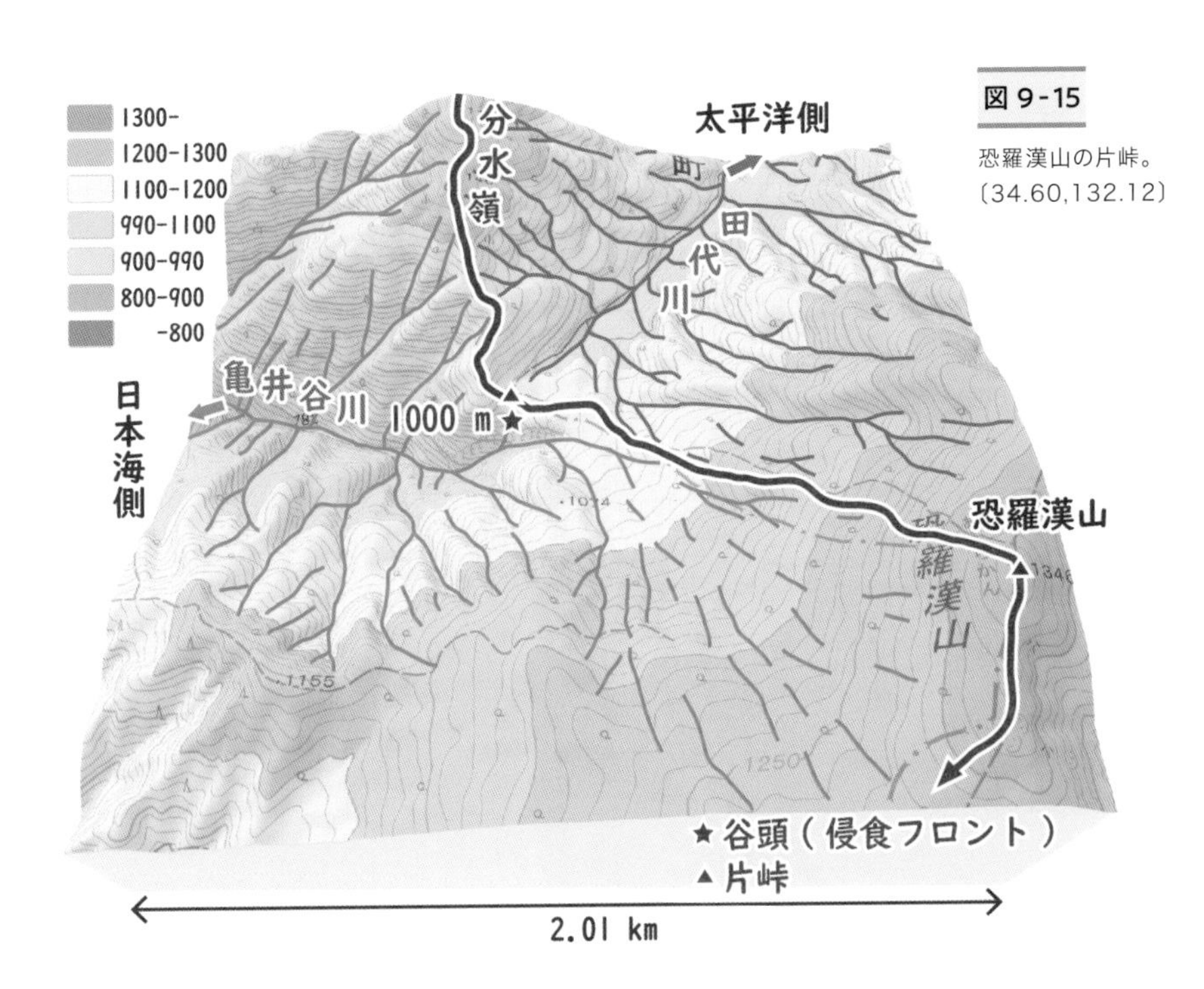

図 9-15 恐羅漢山の片峠。〔34.60,132.12〕

ます。

　ここで、田代川と亀井谷川の細かい谷筋をそれぞれ青色と緑色でトレースしてみると、当然ですがそれらの境界を分水嶺が通過しています。そして、緑色で示した亀井谷川の無数の谷の個々の谷頭（侵食フロント）は、すぐ横の田代川との境界（分水嶺）ではなく、東に向かって恐羅漢山（おそらかんざん）のほうへ伸びていることが分かります。このことは、侵食フロントは尾根（分水界）に到達した時点でそれ以上は前進せず、もっぱら下刻作用が進行していることを示唆しています。

　斜面に刻まれた谷の下刻が進行して斜面の角度が限界になれば、河床の低下に伴い一定の割合で尾根は崩落し、稜線は反対側の斜面側に多少は移動するでしょう。しかし、谷頭侵食によって尾根がそのまま削られることはなく、尾根はほとんど移動しないのではないでしょうか。

　そして、両側の斜面が限界の角度まで急傾斜になれば、尾根はその位置を保ったまま低下していくでしょう。しかし、それまで尾根は移動せず、片峠の形態を保持し続けると考えられます。言い換えるならば、谷頭侵食によって河川が争奪されることは、めったに起こらないのではないかと思うのです。もう一度、河川の争奪を調べ直してみましょう。

争奪する河川と争奪しない河川

　図9-16の上は、『地形の辞典』（日本地形学連合編、２０１７：朝倉書店）の河川争奪の項目に添えられた図から作成したものです。図のように、二つの河川ＡとＢが平行に流れていて、それらの川の水系を分ける分水界が尾根に沿って続いています。ここで、河川Ａの支流の谷頭侵食が尾根に向かって前進し、分水界を越えて隣の河川Ｂに侵入する現象が河川の争奪です。

　また、河川の争奪によってつくられる特徴的な地形も示されています。河川を争奪した地点で大きく向きを変える流路の転向は争奪の肱、上流域を奪われて水量を失ったかつての谷は風

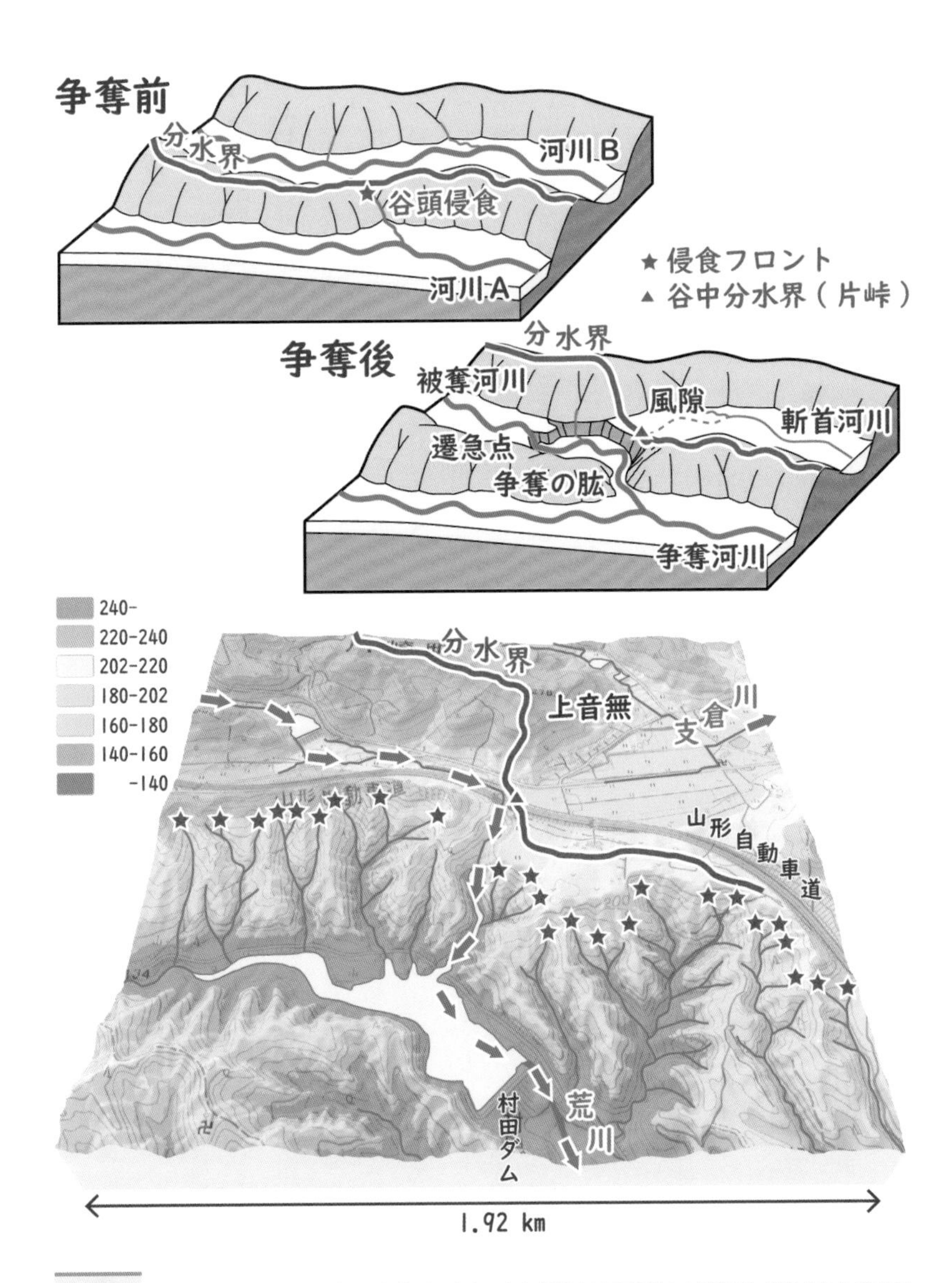

図 9-16 河川争奪の概念図(上)と、支倉川を争奪したと想像させる荒川の支流(下)。(38.16,140.69)

隙など。さらに、河川の争奪によって分水界は大きく変わり、水流を失ったかつての谷を横切る谷中分水界（片峠）がつくられるわけです。

気になったので地理院地図で探してみると、宮城県柴田郡の村田町と川崎町の境に、そっくりな地形を見つけました（図9-16下）。確かに、阿武隈川の支流である荒川が、名取川の支流である支倉川を争奪しているように見えます。争奪の肱や争奪河川の下刻による谷中分水界（片峠）、風隙や無能河川と化した支倉川など、すべての条件を満たしています。

しかし、不思議です。図に星印で示したように、荒川から北に延びる小さな谷の谷頭（侵食フロント）は、いずれも河川の争奪を行っていません。これらの谷の幅は、河川の争奪を行った支流の幅と大差ないのに、どうして争奪していないのでしょうか。

河川を争奪した支流も、争奪を始める前は周囲の谷と同じような地形であったはずです。つまり、ほかの谷と条件は同じだったということです。争奪を行った支流だけが集水域が広く豊富な水量があったため、谷頭侵食が著しかったとは思えません。

すなわち、デービスの河川争奪説は、河川を争奪したと考えられる地形については説明できますが、その周囲にある数多の河川は、なぜ河川を争奪していないのか説明できないのです。圧倒的に多数を占める、争奪を行わなかった河川の存在を説明しなければ、河川の争奪説はあまりにも都合のよい解釈に過ぎません。もはや、河川争奪説を鵜呑みにはできないのです。先を急ぎましょう。

谷中分水界で河川争奪は起きなかった

平らな谷を横切る渓谷と分水嶺

谷が少なく雄大な恐羅漢山を越え、定高性(ていこうせい)のある尾根を南西に進んでいきましょう（図9-14）。地形図を見ると、このあたりは、中国山地のなかでも冠山山地(かんむりやまさんち)と呼ばれているようです。三坂山（1169m）から広高山（1271m）を通過し、冠山（1339m）を左手に見たら、西にルートを変更して寂地山(じゃくちさん)（1337m）を目指します。ここで広島県とはお別れで、ここからは島根県と山口県の県境を進んで行きます。

額々山（1279m）を越え河津越（813m）を横切り、左手の深谷川から離れないように尾根を進んで行きます。とくに気になる地形は見当たらないので、地形図を確認しながら稜線を進んで行くと、突然田野原の谷中分水界にぶつかります（図9-17）。

南北方向に延びる田野原の広い谷は深谷川（太平洋側）に切断され、平坦な水田地帯は島根県の益田市(ますだし)から日本海に流出する高津川の水源で

図9-17 田野原の谷中分水界（片峠）。〔34.38,132.01〕

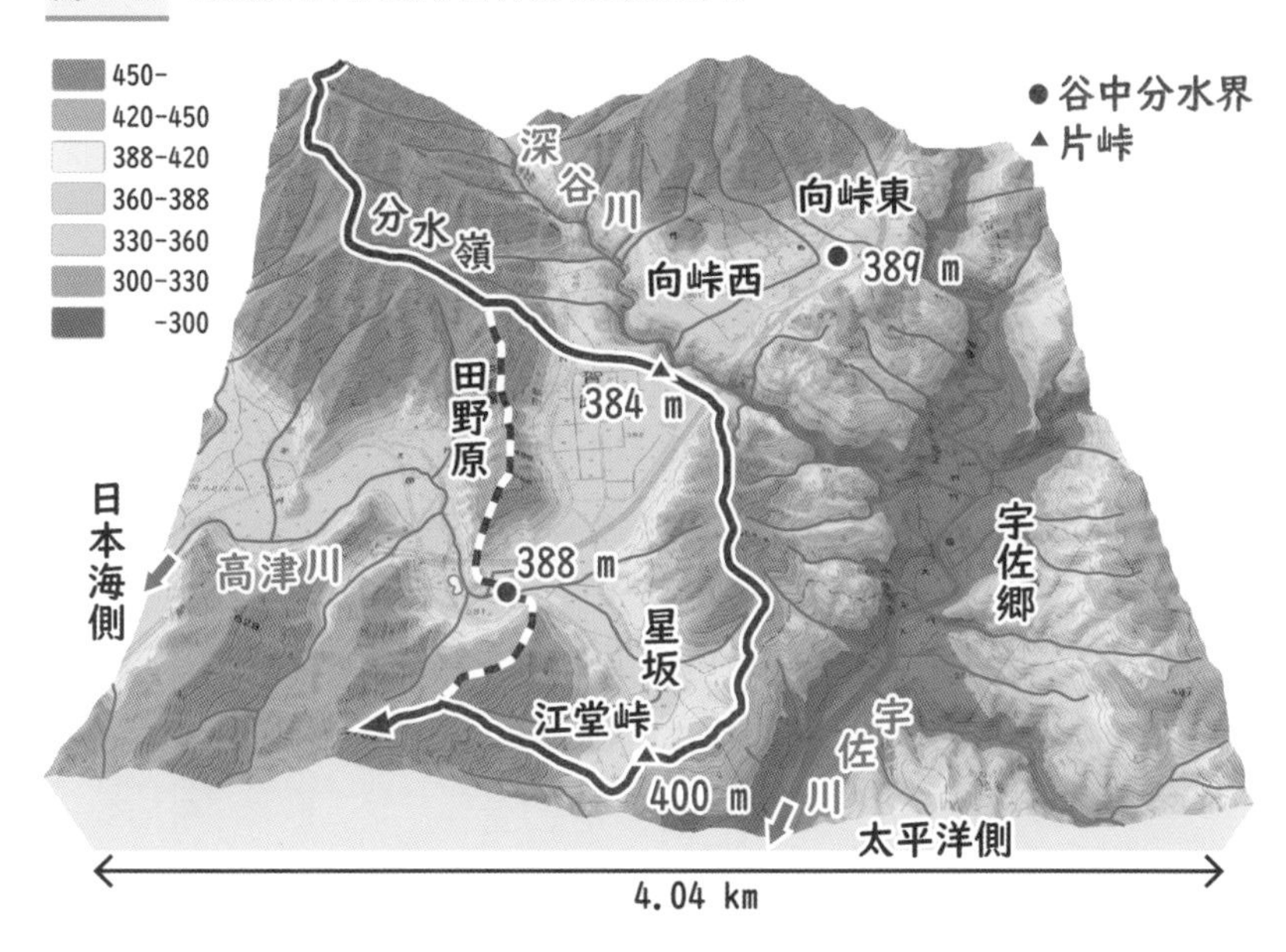

す。平坦面の標高は380mほどで、分水嶺は水田地帯を横切っています。

　といっても、谷中分水界の正確な位置は、地形図を詳しく見てもよく分かりません。地理院地図の標高を1m刻みで着色すると、谷中分水界は田野原の南に延びる尾根から江堂峠の西尾根に続いているようです（図9-17の赤点線）。実際、Google Earthのストリートビューで覗いてみると、その地点には水源会館・公園と書かれた看板が確認できます。ネットで検索すると、水源公園の一本杉の池が高津川の水源とされる写真や、河川争奪の看板を確認することができます。

　ところが、地理院地図を見ると、高津川の細流はこの分水界を横切って、さらに奥の水田地帯へ続いていています。再びGoogle Earthのストリートビューで道路に降り立ち、周囲の景色と側溝の傾きを確認しながらあちこち歩き回ると、分水嶺は図の赤線のラインにあるようです。

　実際に現地に赴（おもむ）かないと、分水嶺の正確な通過位置は難しそうです。とりあえず今回のエア旅では、深谷川の右岸の崖に沿った、図の赤色の実線で描かれたラインを分水嶺としました。深谷川の下刻によって太平洋側が100m以上も深く切れ落ち、片峠というよりは崖です。分水界の標高は384mと見積もられます。

争奪しない理由が鍵

　現在の高津川のわずかな水流で、幅の広い平らなこの谷がつくられたとは思えません。田野原の谷中分水界が河川の争奪によって誕生したとする考えは、80年以上も前にはすでに報告されています（真道、1938）。その後、地形学の概説書などにも取り上げられ、最近でも、地形研究者による詳しい調査がなされています（山内・白石、2010）。いずれも、この不思議な地形は河川の争奪によってできたと結論付けています。ここでは、堀淳一さんの著書『意外な水源・不思議な分水ドラマを秘めた川たち』で紹介されている、河川争奪の概念図を示しましょう（図9-18）。

それによると、「かつて宇佐川の上流域は高津川として流れ下り、向峠から田野原にかけて幅の広い谷をつくっていた（図の下左）。そして、深谷川は田野原で高津川に合流していた。ところが、宇佐川の谷頭侵食が進み、向峠の北で高津川を争奪して向峠東の片峠がつくられた（図の下中の赤丸）。さらに、宇佐郷付近の宇佐川右岸から谷頭侵食が西に向かって前進し、向峠西付近で高津川とその上流である深谷川を争奪（図の下右の赤丸）。その結果、田野原の谷中分水界がつくられた」と考えられているようです。ということは、かつての分水嶺は、図9-18上の赤点線の位置にあったことになります。

でも、やっぱり不可解です。宇佐川は、最初は向峠の北側で高津川を争奪し、続いて向峠の南側で、再び高津川を争奪しました。であるならば、宇佐川はその後も高津川の下流を争奪すると予想されます。しかし、宇佐川の河川争奪は、これ以降起こっていません。宇佐川が2回高津川を争奪したというのであるならば、3回目の争奪を行わなかった理由は何なのでしょうか。

もう一つ、腑に落ちない点があります。単に高津川だけでなく、深谷川まで同時に争奪するように、宇佐川の侵食フロントが宇佐郷で発生したのはなぜでしょうか。この侵食フロントが深谷川と高津川の合流点をピンポイントで目指し、西に向かって前進していったのは単なる偶然でしょうか。宇佐郷のすぐ南にある江堂峠（400m）の片峠では、侵食フロントが西に進んでいるようには見えません。宇佐川から西に向かう侵食フロントが発生したとき、どうして江堂峠でなく宇佐郷だったのでしょうか。宇佐郷から侵食が始まった理由が分からないのです。

さらに、高津川や宇佐川の上流は、冠山山地の水源まで直線距離で10kmほどしかありません。高津川に沿う幅の広い谷地形をつくろうにも、大きな川を生み出すために必要な、広大な集水

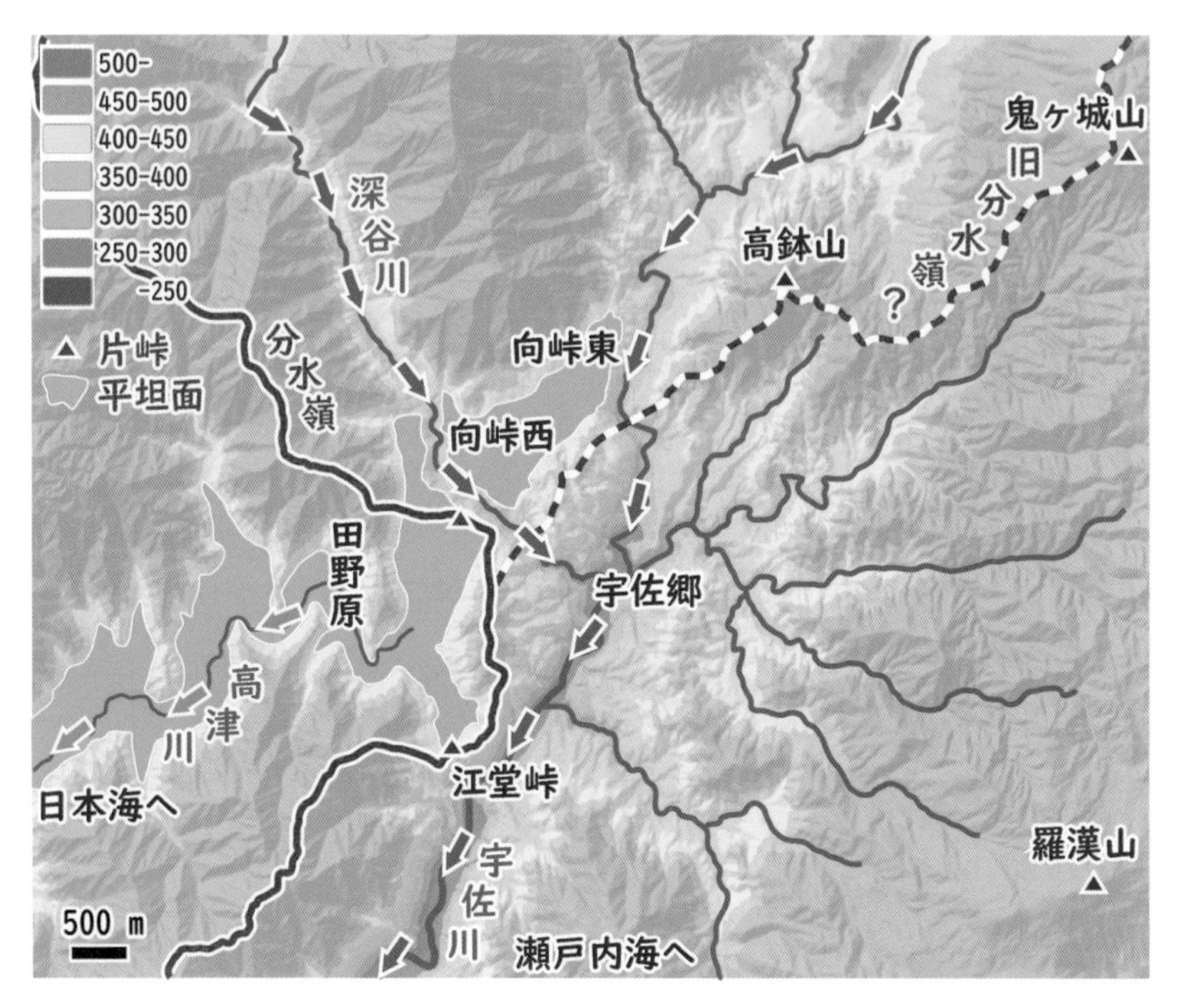

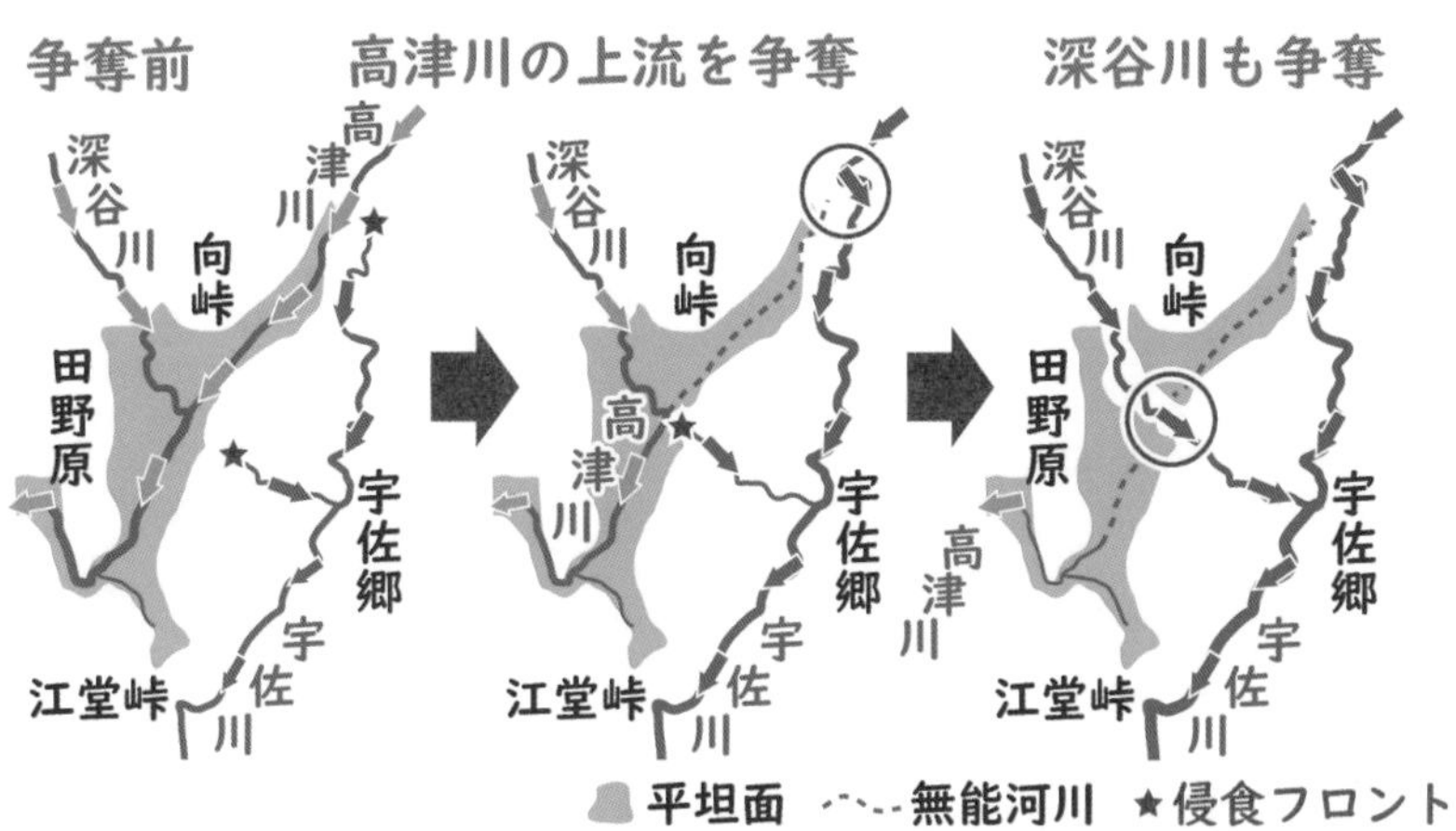

図 9-18　田野原周辺の地形(上)と、高津川を2度争奪する宇佐川の概念図(下)。堀(1996)より作成。

域はそもそも存在していないのです。今以上に水量の豊富な川が、かつて流れていたとは思えないのです。

①「水が流れていない幅の広い谷（無能河川）」
②「両側に緩く傾斜する谷中分水界」

の二つの条件が組み合わさると、いずれも河川の争奪によってつくられたと説明されています。ところが、ここまで見てきた谷中分水界や片峠は、私には河川の争奪が起こったようには見えないのです。谷中分水界、侵食の進んだ片峠、峠の手前の流向の変更、そして水流のない幅の広い谷。これらは一体どのようにしてつくられたのでしょうか。本州を太平洋側と日本海側に分ける分水嶺は、どうしてこれらの地形を横切るのでしょうか。

深谷川の北東側に続く平坦な地形には、向峠東と向峠西の地名が見られます。南北を山に阻まれ、東西を川に断ち切られた小さな平坦地の真ん中には、山から湧き出た清水を両側の水田に分けるわずかな高まり（分水界）があるのでしょう。

そろそろ日が傾いてきました。河川争奪の謎を解くヒントをいくつか手に入れました。今日も一日盛りだくさんでした。星坂という美しい地名が気に入ったので、ここでひと晩明かすことにします。

分水嶺をつなぐのは谷中分水界

谷中分水界は、河川の争奪によってつくられた地形ではありません。谷中分水界は、谷中分水界として誕生したのです。

いよいよ旅の最終日

今日は星坂から目的地の下関を目指します（図10－1）。南に続く尾根を大将陣（1022m）まで登ると、左手の斜面は宇佐川の谷底まで800m以上も一気に落ち込んでいて目がくらみそうです。分水嶺は城将山（827m）の手前で北西に大きく向きを変え、稜線を下り切っ

図10-1 田野原から大土路までの分水嶺。

た所で、傍示ヶ峠（376m）の谷中分水界を横切ります。昨日通過したのは傍示峠（706m）でしたね。最初のチェックポイントです。

その先は、平家ヶ岳（1066m）から高岳（962m）、さらに小峰山（930m）－莇ヶ岳（1004m）－弟見山（1085m）など、標高1000m前後の山並みが続きます。小峰山から下り切った小峰峠（717m）は典型的な片峠ですが、二つ目のチェックポイントは三ツヶ峰（969m）の手前の仏峠（653m）にしましょう。

仏峠から三ツヶ峰に登ると、目の前には徳佐盆地の真っ平な地形が広がります。徳佐盆地は山口県の萩市から日本海に流れ出る阿武川の水系なので進めません。したがって、仏峠を水源とする佐波川の北側の尾根に沿って、南西に進んでいきます。ここで島根県ともお別れ、山口県に入っていきます。

そして、三つ目のチェックポイントは大土路の谷中分水界です（328m）。標高が300mほどの平坦な徳佐盆地と、深く谷を刻む佐波川との間の典型的な谷中分水界です。

谷中分水界は上流のない尾根

最初のチェックポイントである傍示ヶ峠の谷中分水界は、南に流れる大野川（太平洋側）と北に流れる幸地川（日本海側）の間をつなぐ幅の広い谷を通過していて、8日目の朝に出発した向原の谷中分水界に似ています（図10－2）。大野川はその先で宇佐川に、幸地川は高津川に合流するので、傍示ヶ峠の谷中分水界が分ける水系は、江堂峠の片峠と組み合わせが一緒です。

幸地川が合流する高津川に沿っては標高300m前後の平坦な谷が広がっていて、幅の広い谷は昨晩野宿した星坂、つまり田野原の平坦面（標高380mほど）まで続いています。傍示ヶ峠の谷中分水界は標高が376mで、田野原の谷中分水界の標高（384m）と10mも違いません。これは単なる偶然でしょうか。

一方、標高300mほどを流れる大野川は南に下って滝をつくり、200mほど高度を下げて宇佐川に合流しています。つまり、大野川の侵食フロントは、傍示ヶ峠の谷中分水界の近くまで迫っています。大野川の河床がこのまま深く下刻されれば、傍示ヶ峠の谷中分水界は片峠に変貌するかもしれません。

しかし、傍示ヶ峠の谷中分水界から大野川までは、水流のない平坦な谷が700mほど続いています。この平坦な谷を侵食するのは大野川を流れる水流ではなく、この平坦な谷に集められた雨水です。それは、平坦な谷を下刻するにはあまりにも貧弱です。集水域が狭いからです。そのため、大野川が下刻されていくら深い渓谷になったとしても、傍示ヶ峠が片峠になることはないでしょう。

同様の理由から、傍示ヶ峠の日本海側（北側）の平坦な地形も、そのまま保存されるでしょう。その結果、この場所がどんどん隆起して標高が1000mを超す山地になったとしても、大野

図10-2 傍示ヶ峠の谷中分水界。〔34.33,131.94〕

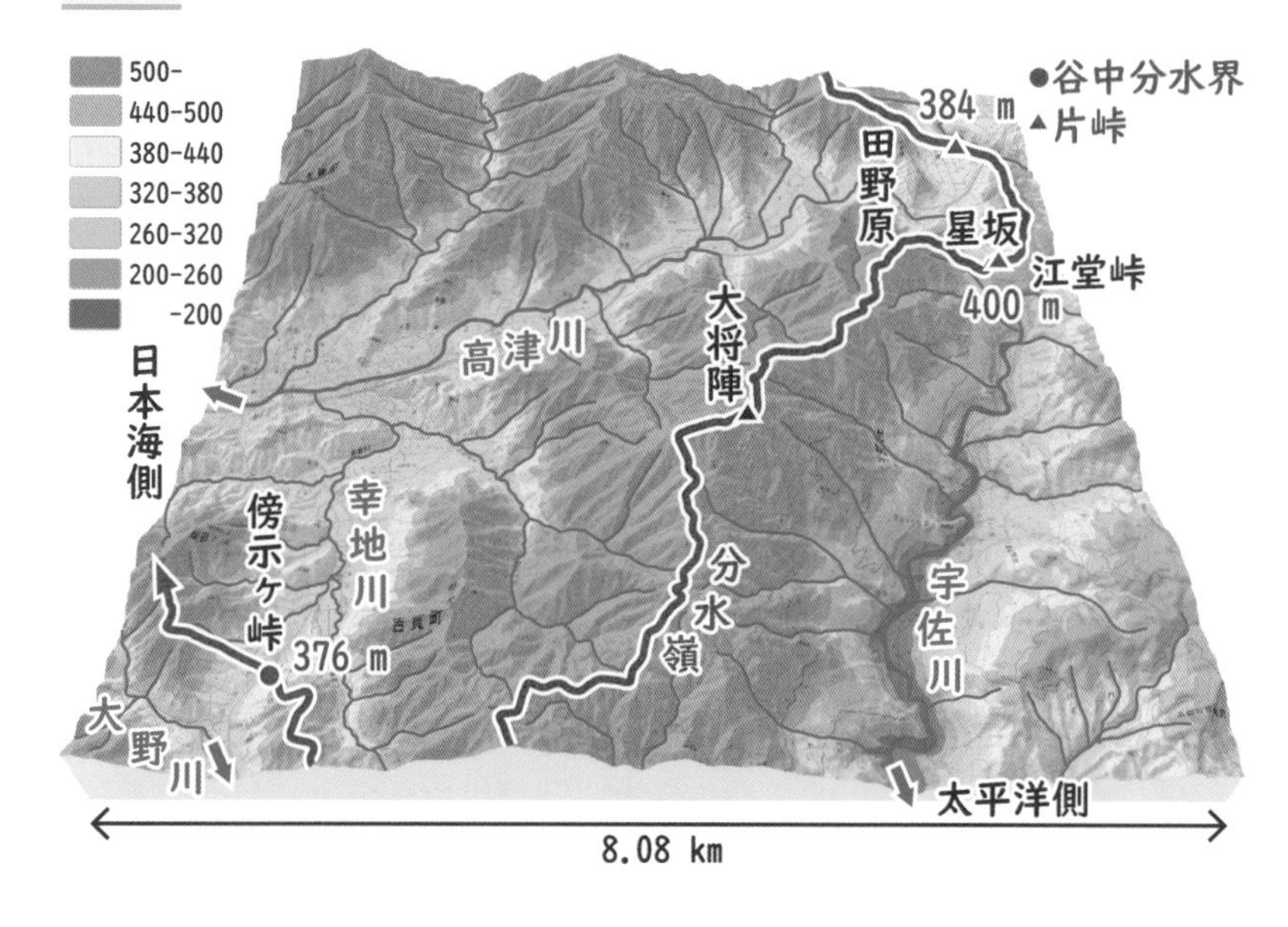

川と幸地川に挟まれた傍示ヶ峠の谷中分水界は、標高の高い稜線にそのまま残されるはずです。

　標高が高くても低くても、谷中分水界を侵食することは難しいはずです。なぜなら、谷中分水界は〝上流のない尾根〟だからです。上流がなければ、侵食作用のエネルギーの源である水流は期待できません。

　谷中分水界の成因が、少しずつ見えてきました。長年にわたってその成因と考えられてきた河川の争奪は、めったに起こらないのではないかと考えられます。河川を争奪するためには、争奪される河川との間の分水界（尾根）を、争奪する河川の侵食フロントが越えなければなりません。たとえその尾根が人の目には分からないほど低くても、水流のない尾根を侵食フロントが越えることはできません。尾根である谷中分水界を侵食フロントが越えることはあり得ないはずです。

仏の峠は生まれた時から片峠

　次のチェックポイントの仏峠は、太平洋側が深く切れ落ちた標高653mの典型的な片峠です（図10-3）。峠の西側は佐波川の源流で、山口県の防府市から瀬戸内海に流れ出ているので太平洋側です。一方、峠の東側は古江堂谷川の源流で、福川川から高津川へと合流して日本海に注ぎます。途中で通過した小峰峠の片峠は日本海側が落ちこんでいましたが、ここ仏峠では太平洋側が深く落ち込んでいます。太平洋側が錦川水系から佐波川水系に変わったことが原因でしょう。

　古江堂谷川の流れが、片峠の手前で90度向きを変えているのはいつもの通りです。そして、仏峠とすぐ脇を流れる古江堂谷川の河床との高度差は10mもないのに、古江堂谷川の水が仏峠を越流しそうな雰囲気はありません。さらに、佐波川の侵食フロントが仏峠を越えて、古江堂谷川に侵入する気配もありません。私には、仏峠は誕生したときからずっと、分水嶺としてこの場所に存在し続けてきたように見えるのです。

図10-3 仏峠の片峠。(34.37,131.77)

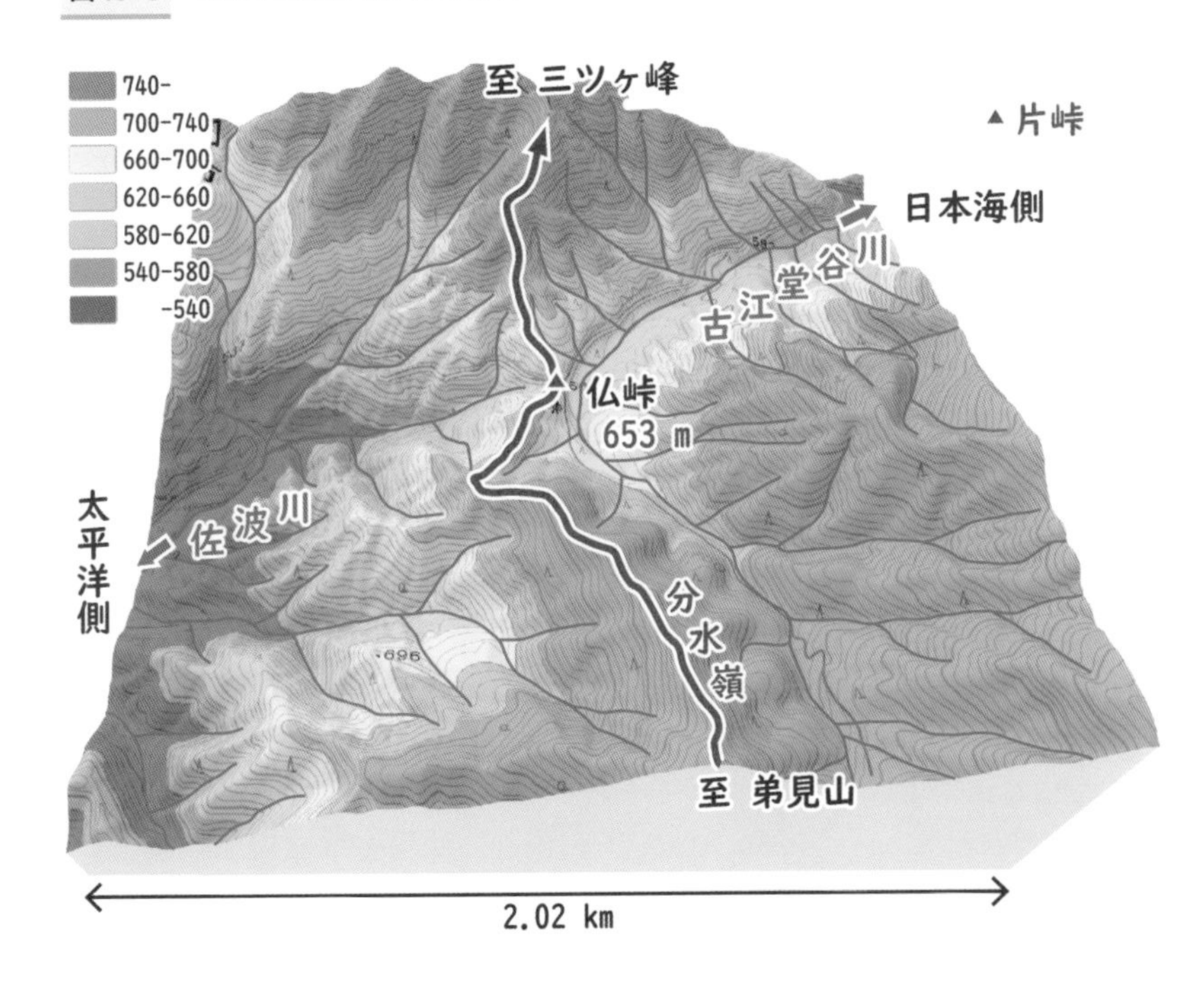

分水嶺に守られ続ける平坦な地形

本日三つ目のチェックポイントは、標高が328mの大土路の谷中分水界です（図10-4）。朴川（ほおのきがわ）はその先で、徳佐盆地を流れる阿武川（日本海側）に合流します。朴葉味噌など、食べものを包んだり焼いたりする朴の木の大きな葉のように、朴川が流れる谷は広くなだらかで穏やかです。

一方、下の谷川は、100mほど一気に高度を下げて佐波川（太平洋側）に合流しています。大土路の下の谷川の侵食が進んでいるようで、大土路の谷中分水界は片峠になりかけています。ただし、下の谷川の流れは谷中分水界の手前で流れの向きを大きく変えていて、分水嶺のほうに侵食の手を伸ばしてはいません。朴川に沿って広がる水田地帯では、いつまでも稲作が続けられるでしょう。

図10-4　大土路の谷中分水界。〔34.33,131.68〕

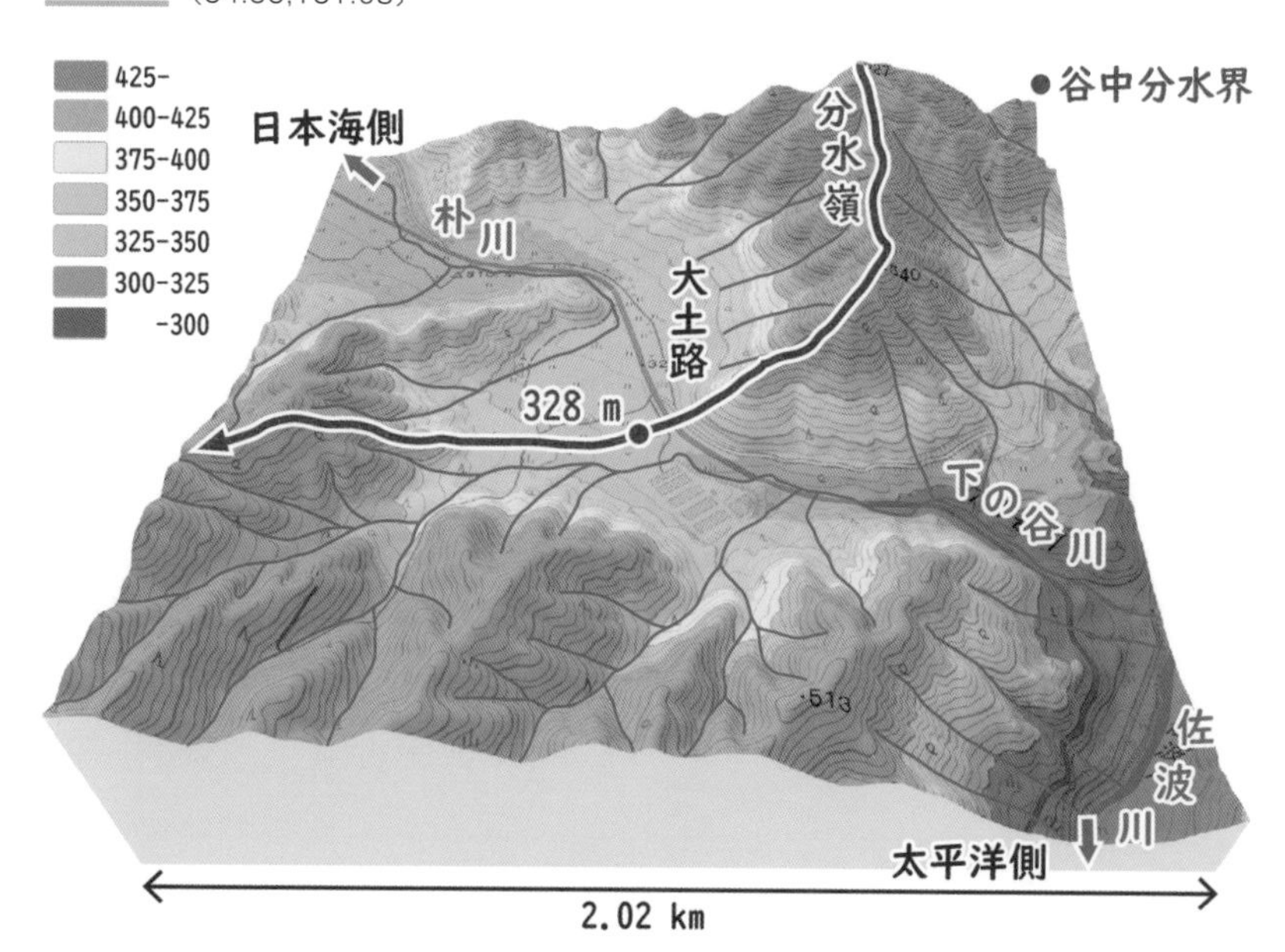

旅の終着地、下関はもうすぐ

　ここまでずいぶん歩きましたが、典型的な片峠や谷中分水界はそれほど多くはなかったですね。その分、一気に距離を稼ぐことができました。ここから先の地形を確認してみると、分水嶺は徐々に高度を下げていって、中国山地から脱出することになります（図10-5）。標高が下がると谷中分水界や片峠が多くなるのは、吉備高原や世羅台地で経験してきました。この先は、谷中分水界や片峠が連続するので気が抜けません。

　大土路から南西に分水嶺を進んでいくと、龍野岳（583m）の先でJR山口線と交差します。山口線は、標高が数十mの山口盆地と250〜300mの徳佐盆地をつないでいます。高度差200mほどを一気に上らなければならないので、山口線は大きくループを描きながら徐々に高度を上げ、さらに長いトンネルで分水嶺を横切っています。このあたりから八丁越付近は片峠の宝庫なので要チェックです。

　分水嶺が大きくカーブしながら、日本海に注ぐ佐々並川の源流域を縁取っている西鳳翩山（742m）の周辺も確認しましょう。標高の低い山口盆地や秋吉台は大海原で、1段高い西鳳翩山は波をかき分け南西に進む船の舳先のように見えます。

　その後、分水嶺は北に向かって徐々に高度を下げて、雲雀峠（247m）あたりで中国山地を脱出します。雲雀峠から鯨ヶ岳（616m）、さらに山中峠（264m）周辺は谷中分水界の宝庫なので楽しみです。大平峠（279m）を越えて権現山（560m）に到着したら、山頂でお昼のお弁当を食べましょう。

図10-5　大土路から権現山までの分水嶺。

徳佐盆地の南の端の双子の片峠

平坦な徳佐盆地は南に向かって幅が狭くなり、途中から阿武川が流れる幅の広い谷に続いています（図10-5）。南西に流れる阿武川は大野岳（516m）の南で突然向きを90度変え、山地を深く穿（うが）つ長門峡の先行谷に続いています。地形図をちょっと見ただけでは、阿武川が徳佐盆地のどこから流れ出ているのか分かりません。

徳佐盆地の平坦な地形はそのまま南西に続き、幅の広い谷を流れる篠目川（しのめがわ）は、上流に向かって手の指のようにいくつかの支流に分かれています。その支流の源流はいずれも片峠になっていて、木戸峠（きどだお）（378m）と大峠（おおたお）（369m）は標高が10mほどしか違わない双子の片峠です（図10-6）。

日本海側
日本海
500-
400-500
300-400
200-300
100-200
50-100
-50
谷中分水界
片峠
断層線谷分水界
峠
山陰本線
阿武川
焼下山
碁盤ヶ嶽
天越山
熊ヶ峠山
萩市
日尾山
長門市
三隅川
大藤山
鯨ヶ岳
阿武川ダム
佐々並川
江舟岳
扇山
権現山
大水峠
大平峠
天井山
279 m
明木川
とうじ山
貞女ヶ
野地ヶ岳
山中峠
鯨ヶ岳
笹目峠
278 m
259 m
根引山
野丸岳
桂木山
雲雀峠
247 m
264 m
428 m
如意岳
石蔵山
高羽山
566 m
526 m
御茶山
ダツヤ山
大峠
龍門岳
369 m
男岳
秋吉台
権現山
板堂峠
東鳳翩山
438 m
417 m
407 m
378
桂坂峠
434 m
地蔵峠
八丁越
383 m
矢櫃山
美祢市
486 m
油ノ峠
539 m
椹野川
明敷峠
537 m
449 m
西鳳翩山
579 m
大田川
厚東川
長田川
吉敷川
山口盆地
2 km
宇部市
太平洋側

隣り合った二つの片峠は、山口市から瀬戸内海に流れ出る椹野川の水系と、日本海に流れ出る阿武川の水系を分けています。いずれも、太平洋側が深く侵食された片峠です。分水嶺が横切る谷は直線状に続いているので、断層に起因する侵食地形でしょう。太平洋側が一気に落ちこむ木戸峠は見事です。

分水嶺の防護壁

大峠から龍門岳（688ｍ）を登ってすぐ下ると、今度は八丁越の片峠に到着します（図10-7）。八丁越の片峠は、阿武川支流の日南瀬川（日本海側）と椹野川（太平洋側）を分ける分水界です。にもかかわらず、片峠の標高が383ｍと、先ほど見た木戸峠（378ｍ）や大峠（369ｍ）の標高と大差ありません。

八丁越の片峠は太平洋側が深く切れ落ちていて、椹野川の河床との高度差は250ｍもあります。八丁越を上る県道は、ヘアピンカーブを

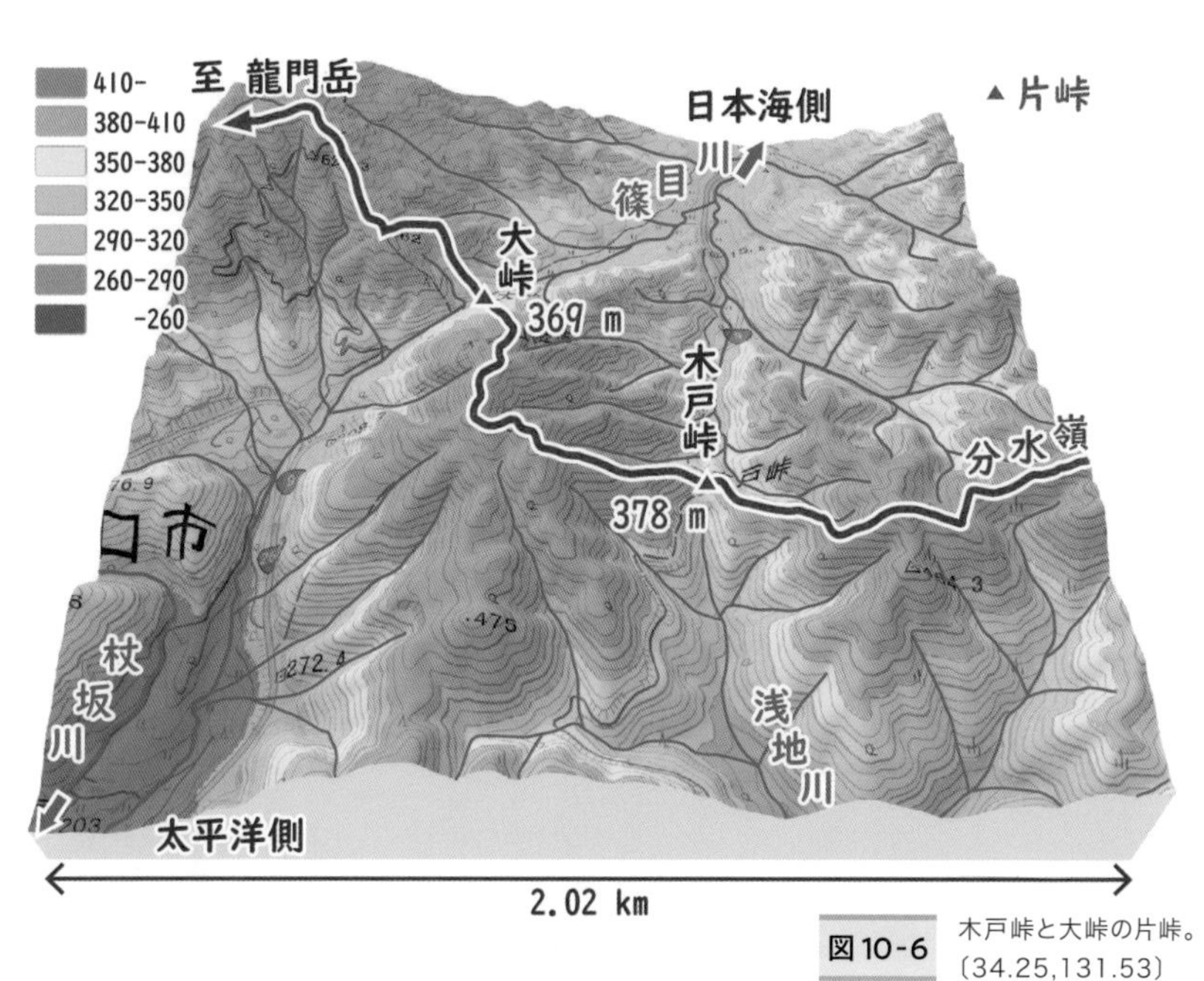

図10-6 木戸峠と大峠の片峠。〔34.25,131.53〕

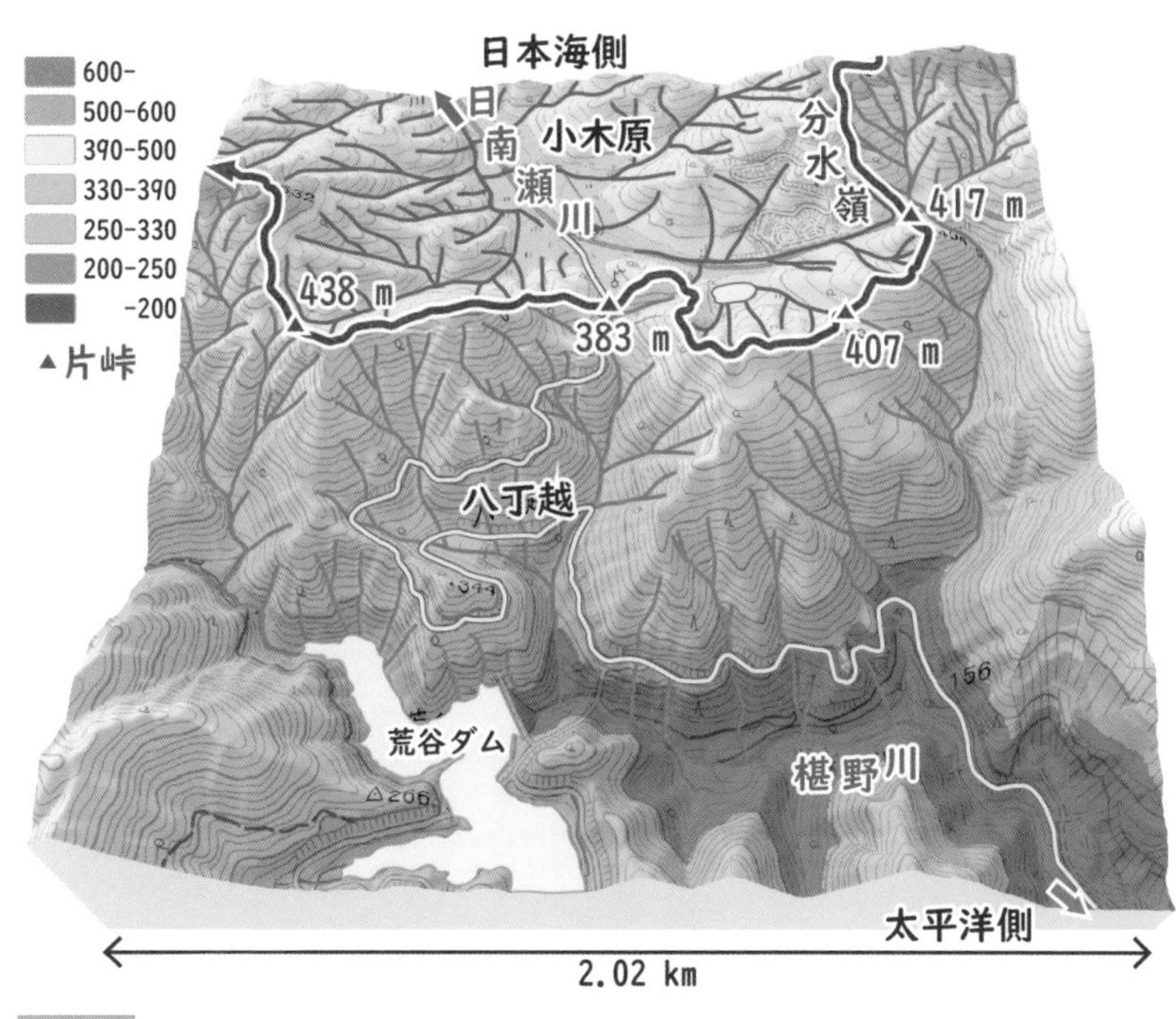

図10-7 八丁越の片峠。(34.24,131.49)

繰り返しながら、等高線に沿って高度を上げていますね。「旅の準備」で紹介した、碓氷峠を上る国道18号線のようです。碓氷峠を上り切るとその先は平坦な軽井沢の高原ですが、ここ八丁越を上り切ると小木原の水田地帯が広がっています。

ここで、分水嶺の両側の斜面について、谷地形をトレースしてみましょう。椹野川の側は急斜面なのに、谷頭（侵食フロント）はすべて分水嶺で止まっているように見えます。8日目に見た恐羅漢山の片峠と全く同じですね。

太平洋側からの侵食フロントは分水嶺の脇まで迫っているのに、日本海側の平坦面は全くどこ吹く風です。源流域である日南瀬川は水量が少なく、水田の脇をゆっくり流れてのどかな雰囲気です。まるで分水嶺の防護壁（バリア）によって、河川の争奪から守られているようです。

至る所に河川の争奪説

何度も説明しているように、河川の争奪とは、デービスが100年以上も前に提唱した仮説です。隣り合う二つの川の侵食力に差があるとき、侵食力の大きいほうの川の谷頭が分水界に食い入り、ついには隣の川の上流域の流水をすべて奪ってしまう現象が河川の争奪です。そして、河川の争奪後には、争奪された川は水量を失って無能河川となり、争奪河川との境に谷中分水界がつくられます。つまり、分水界に沿って無能河川が存在する片峠や谷中分水界は、間違いなく河川の争奪によってつくられたと信じられてきたのです。

ところが、デービスの河川争奪概念図（図1-20）を見ると、不可思議なことに気が付きます。これから河川を争奪しようとする川の谷頭（侵食フロント）は水源なので水量は少なく、侵食能力は小さいはずです。河川の下刻のエネルギー源である水流がなければ、侵食作用は期待できません。

また、仮に谷頭侵食が分水界を越えて隣の河川に食い込んだとしても、なぜ無能河川のほうへは侵食が進まないのでしょうか。上根峠や恐羅漢山、田野原の片峠は、すべて無能河川のほうに侵食が進んでいません。

もちろん、「無能河川側からの水流はないので、侵食作用が働かないから」と反論することも可能でしょう。しかし、争奪河川が分水界を侵犯する直前も、同様に分水界からの水流は期待できません。そもそも尾根には上流がないので、水流による侵食作用は働かないはずです。

谷中分水界が河川の争奪によってつくられたとする例は、中国地方やその周辺にはいくつもあります。兵庫県の篠山川と加古川の境界の牛ケ瀬の谷中分水界（野村、1984）や、三田盆地を流れる武庫川と相野川を分かつ相野の谷中分水界（小林、2002）。山口県の伊陸盆地の由良川と四割川の河川争奪（藤山・金折、2009）や、鳥取県の野坂川上流部では、断層線谷に沿った河川の争奪が報告されています（柏木、2017）。

島根大学におられた小畑浩先生は中国地方の空中写真を調べ、827カ所の河川争奪地形を発見しています（図10-8：小畑、1991）。もちろん、ここまで歩いて見てきた谷中分水界も含まれています。そして、河川争奪の認定基準として、①争奪の肱、②無能河川、③風隙、④河床縦断面、⑤河床礫などが挙げられています。それらのうち、とくに中国地方では、④の河床縦断面の特徴が普遍的に認められると指摘しています。

すなわち、下流から上流に向かって高くなる河床が、明瞭な尾根を通過せずに向こう側の谷に下って行く地形です。言い換えるならば、谷中分水界の地形の特徴を根拠として、800カ所を超える河川争奪地形を発見したというのです。ということは、図10-8に示す河川争奪地点は厳密には谷中分水界を表していて、河川の争奪があったかどうかは不明なのです。

ところが、ほとんどの地形研究者は、谷中分水界の成因＝河川争奪とする図式を受け入れているために、河川の争奪はありふれた自然現象であると考えています。もちろん私も、中国地方の谷中分水界を、おそらく300カ所以上は地形図で確認しています。ところが、河川の争奪があったと判断できる地形は、私には一つも見つかりませんでした。私にはもう少しで河川が争奪されそうなのだけれど、争奪されていない片峠にしか見えないのです。

河川の争奪による谷中分水界の報告は、中国地方に止まりません。「旅の準備」で紹介した、琵琶湖北西の野坂山地の例のほかにもたくさんあります。

岐阜県の養老山地の西側では、揖斐川支流の牧田川が町屋川の上流を争奪した結果、谷中分水界ができたとされています（大矢、1998）。愛知県の天竜川と豊川の谷中分水界は、中央構造線の断層線谷に沿った河川の争奪によって誕生し（富田、1966）、東北地方では、宮城・

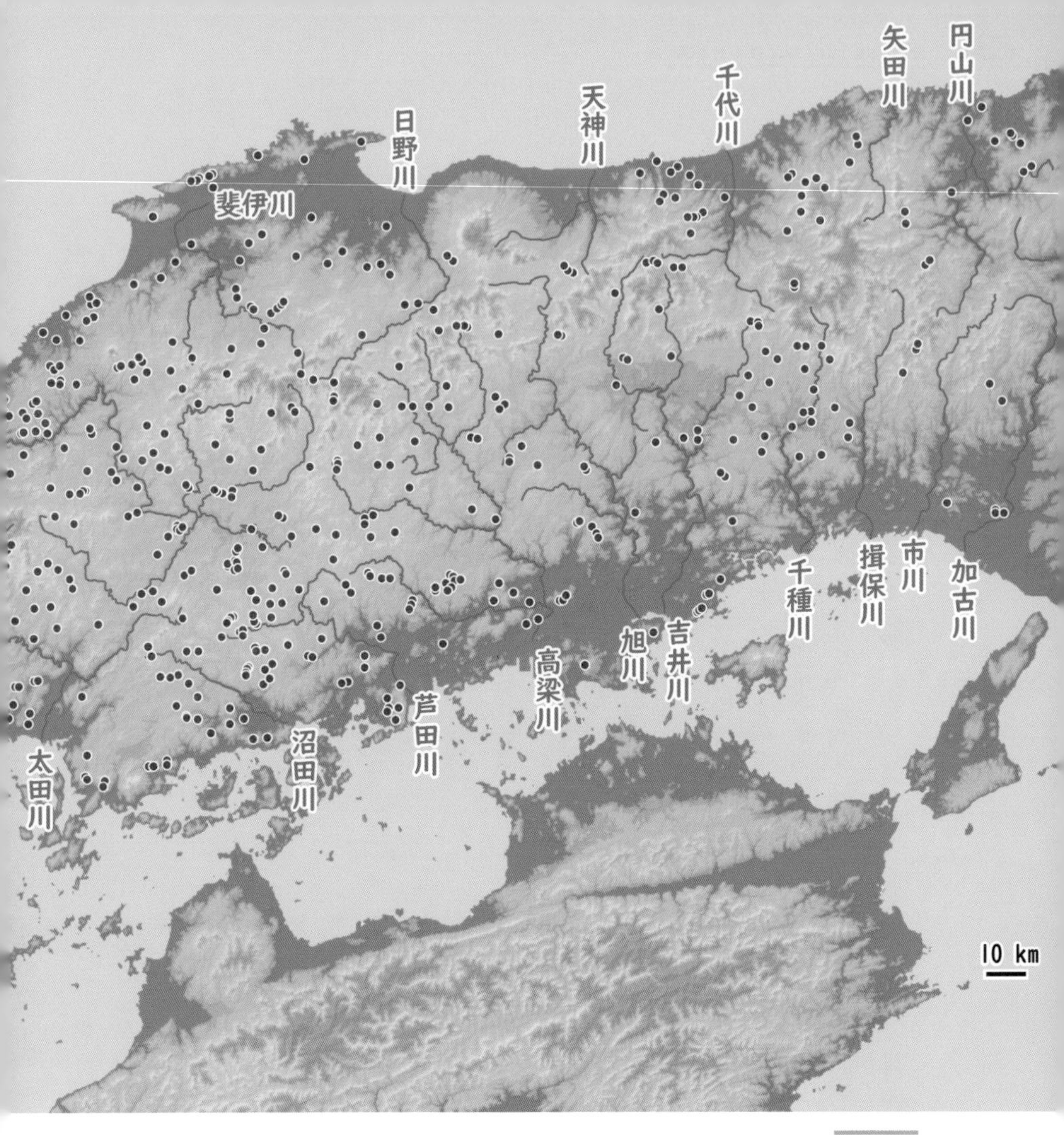

図10-8

中国地方に確認された河川の争奪とされる地形。小畑(1991)より作成。

山形県境の二井宿峠の片峠（浅野、1976）や安達太良山の東斜面（中村他、1985）でも、河川の争奪が起こったとされています。しかしながら、当たり前ですが、争奪の現場（瞬間）を誰も目撃してはいないのです。あくまでも、現在の地形である状況証拠から考えられた推測、あるいは解釈なのです。

　河川の争奪はめったに起こらないのではないかと考えている研究者は、国内、もしかすると世界中で私一

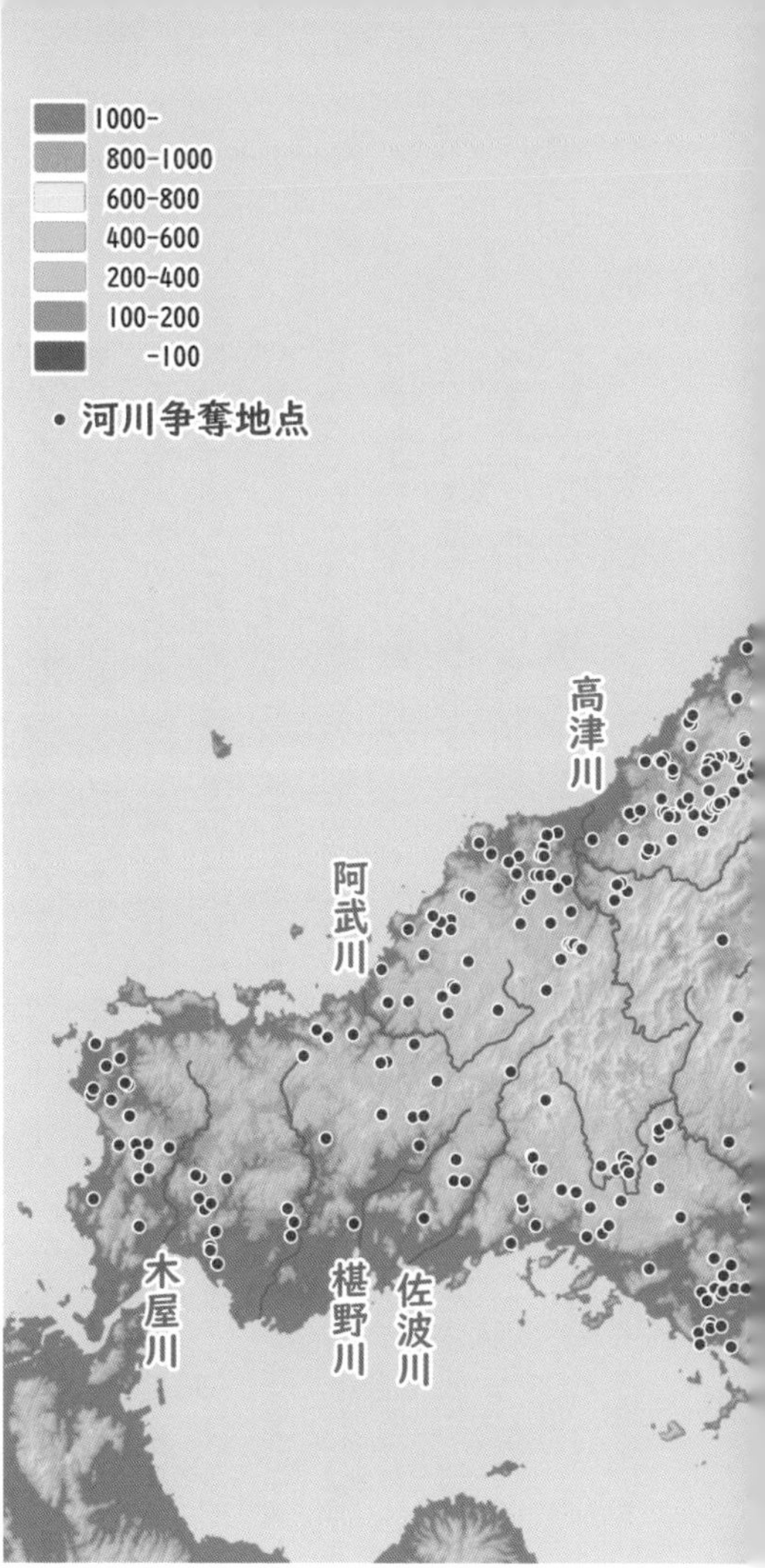

人だけかもしれません。私は地質学者なので、地形の判読の仕方が地形の専門家と異なっているのかもしれません。同じ地形を観察していながら、解釈が全く反対なのです。谷中分水界の成因について文献を調べると、河川の争奪による説明ばかりが出てくるのに、「河川の争奪ではない」とする指摘は全く見当たらないのです。

谷中分水界をネットで検索すると、たくさんの実例が引っかかります。そのほとんどは、河川の争奪と関連付けて考察されています。谷中分水界と河川争奪は、もはや切っても切れない関係なのです。しかし、どのようにして谷頭が水流のない尾根（分水界）を侵食するのでしょうか。河川を争奪するためには、川と川の間の高まり（尾根）を突破しなければならないのに。

どこにも見当たらない河川の争奪

河川争奪による地形は、どこかにあるのでしょうか。今回のエア旅では、中国地方の分水嶺に沿って見られる谷中分水界や片峠しか観察していません。もしかすると、日本のどこかに、河川争奪による典型的な地形があるかもしれません。そこで、中国地方を離れ、日本中の地形を探してみました。その結果、もしかすると河川の争奪があったかもしれないと思える地形を発見しました。

図10-9は岐阜県郡上市（ぐじょうし）の大和町万場（やまとちょうまんば）付近で、長良川（ながらがわ）の右岸側に位置する長良川鉄道の上（かみ）万場（まんば）駅周辺の地形図です。図の左のほうにある1036m峰を水源に、東に流れ下るA谷がありますね。図では谷筋を赤色の半透明線で表し、水の流れを赤矢印で示しました。また、1036m峰のすぐ脇には、南に流れるはかま谷があります。こちらは青色で示しました。一方、緑色で示した落部谷川（おちべだにがわ）は、はかま谷と平行に南に下っています。落部谷川に沿って幅の広い谷が続いています。

ここで落部谷川に沿って上流に向かって地形を観察していくと、幅の広い谷地形はA谷を通り越して662m峰まで追跡することができます。一見すると、落部谷川とA谷は、交差しているようです。そして、その交差付近は、標高566mの典型的な片峠になっています。

この地形を見つけたとき、もしかすると河川の争奪が起こったのではないかと思いました。すなわち、落部谷川はもともと662m峰を水源として南に流れていたが、東から前進してきたA谷の谷頭侵食によって、その上流部を争奪されたのではないかと。

しかし、A谷は1036m峰の手前ではかま谷にかなり接近していますが、はかま谷を争奪していません。にもかかわらず、はかま谷との間には、標高941mの典型的な片峠があります。A谷は落部谷川を争奪したのに、どうしてはかま谷を争奪していないのでしょうか。争奪していないはかま谷との間に、なぜ片峠があるのでしょうか。

さらに、落部谷川を争奪する直前のA谷の集水域は、南隣のB谷とおおよそ同じだったはずです。それなのに、B谷の谷頭はいずれも落部谷川を争奪していません。つまり、河川を争奪

図10-9 岐阜県郡上市、長良川右岸の河川争奪と思われる地形。
〔35.84,136.86〕

950-
700-950
580-700
500-580
420-500
340-420
-340
片峠
300 m
長良川鉄道
長良川
上万場
662 m峰
分水界
A谷
566 m
1036 m峰
B谷
941 m
大和町落部
乙原
はかま谷
落部谷川
地ケ野
大和町落部

したのはA谷だけで、そのA谷は、はかま谷には目もくれず、落部谷川だけを争奪したことになります。となると、A谷が落部谷川を争奪して片峠ができたとする解釈は、あまりにも都合がよすぎます。「ああ、そうですか」と安易に受け入れられるものではありません。

争奪ではなく崩落？

一方、図10-10上は大分県中津市を北に流れる山移川と、その支流の長谷川の合流付近の地形図です。このあたりは台地状の地形を取り囲む断崖が連なって、耶馬溪として知られています。

地形図を見ると、台地の上を上ノ畑から北に下る幅の広い谷が、鎌野を通過して下長谷まで続いているように見えます。しかし、この谷を流れる水は、鎌野の手前で東に逸れて、馬場付近で山移川に合流しています。そして、鎌野より下流側の幅の広いなだらかな谷とは対照的に、深く削られたV字谷になっています。

さらに、幅の広い谷から山移川に下るその場所で川は向きを90度変え、標高315mの片峠まであります。当然のことながら、鎌野付近の幅の広い谷は無能河川になっています。すなわち、河川争奪のすべての条件を満たしています。しかしそれでも、私には河川の争奪が起こったとは思えません。

実はこの地域の地質は特徴的で、台地を構成するのは耶馬溪火砕流堆積物と呼ばれる硬い溶結凝灰岩です（図10-10下）。一方、耶馬溪火砕流堆積物に覆われる地層は新期宇佐火山岩類で、円礫岩や凝灰角礫岩、および凝灰質シルト岩や凝灰質砂岩などからなる堆積岩です。強溶結して柱状節理が発達する耶馬溪火砕流堆積物は溶岩のように硬質ですが、その下の堆積岩は比較的脆く、侵食されやすい地質です。そのため、歯槽膿漏が悪化してぐらぐらした歯がついには抜けてしまうように、堆積岩が侵食されると溶結凝灰岩は崩落してしまいます。図10-10下はそのような崩落現場の調査結果（久保田他、

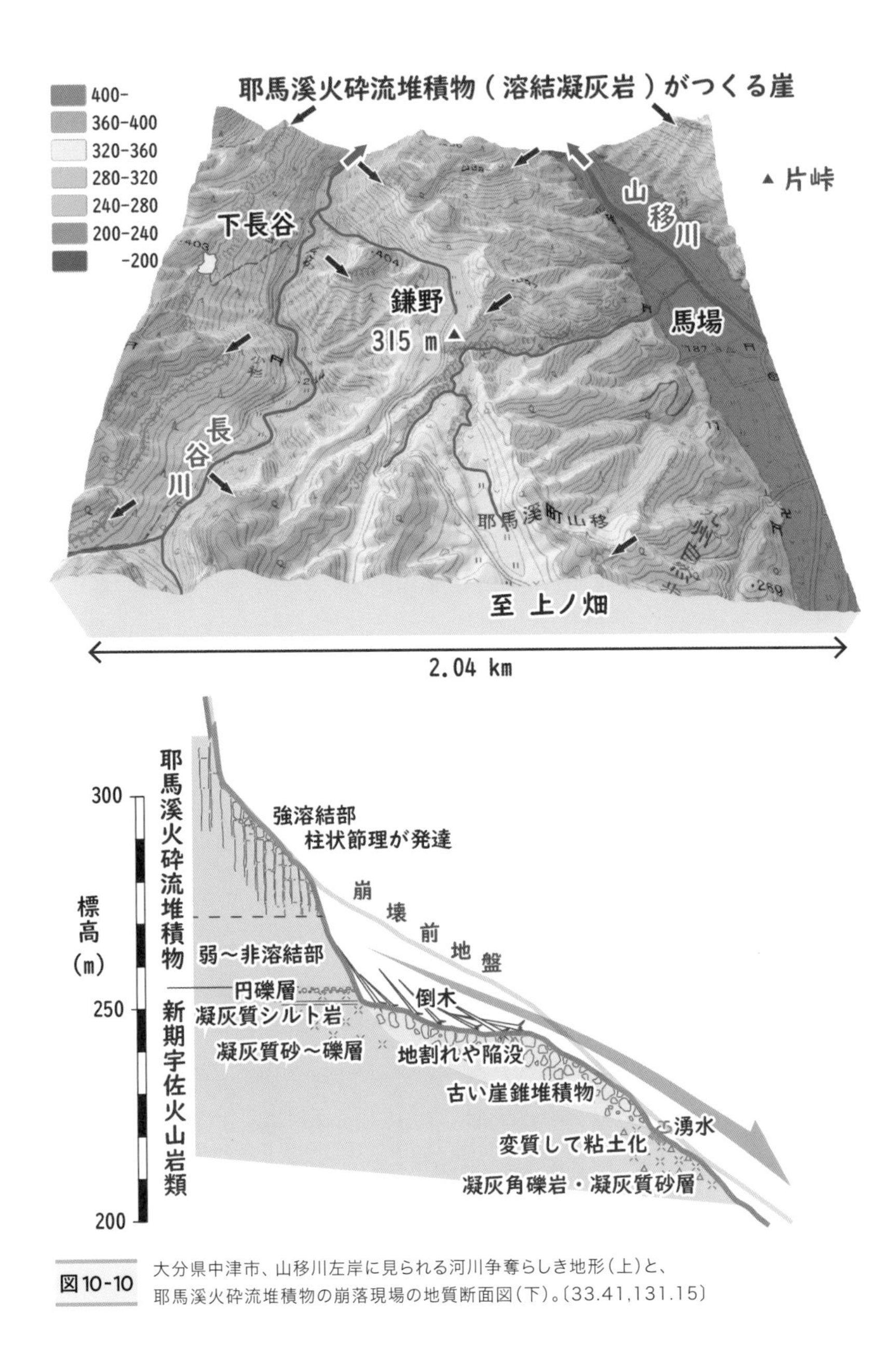

図10-10 大分県中津市、山移川左岸に見られる河川争奪らしき地形（上）と、耶馬溪火砕流堆積物の崩落現場の地質断面図（下）。〔33.41,131.15〕

2018）です。

もう一度、図10-10上の地形図を詳しく見ると、茶色の矢印で示した崖がほぼ同じ高さに続いているのが確認できますね。この崖は、柱状節理の発達した耶馬溪火砕流堆積物が侵食に耐えてできた地形です。とすると、鎌野付近における河川争奪と思われる地形は、山移川の側の斜面の下部が侵食され、崖を構成していた溶結凝灰岩が崩落したために、台地の上を流れる川が山移川に向かって流出したものと考えられます。言い換えるなら、馬場付近で発生した谷頭侵食が鎌野に向かって前進し、ついには尾根を越えて河川を争奪したものではないでしょう。

このように、日本列島のあちこち探してみても、河川の争奪があったと納得できる地形を私は見つけることはできませんでした。絶対にないとは言い切れませんが、自信を持って河川争奪があったとも言えません。多数の状況証拠から、河川の争奪は起こらないのではないかと考えているのです。

どこもかしこも谷中分水界

先を急ぎましょう。八丁越の片峠（図10-7）から板堂峠（539m）の片峠を通過し、東鳳翩山（734m）から地蔵峠（537m）と油ノ峠（579m）の片峠を経て、西鳳翩山（742m）を越えていくと、標高449mの明敷峠の片峠に到着します（図10-11）。

明敷峠は太平洋側が侵食された片峠で、日本海側には標高が350~380mほどの平坦な地形が広がっています。平坦面の標高は、先ほどの八丁越の片峠（383m）と同じですね。

一方、太平洋側は宇部港から瀬戸内海に注ぐ厚東川の水系で、麓から峠に続く道路は、等高線に沿うようにカーブを繰り返しながら、高度差200mほどを上っています。坂を上り切ると、それまでの急登が嘘だったかのように、なだらかな地形が続いています。

雲雀峠（247m）からは、谷中分水界のオンパレードです（図10-12）。雲雀峠は断層線谷

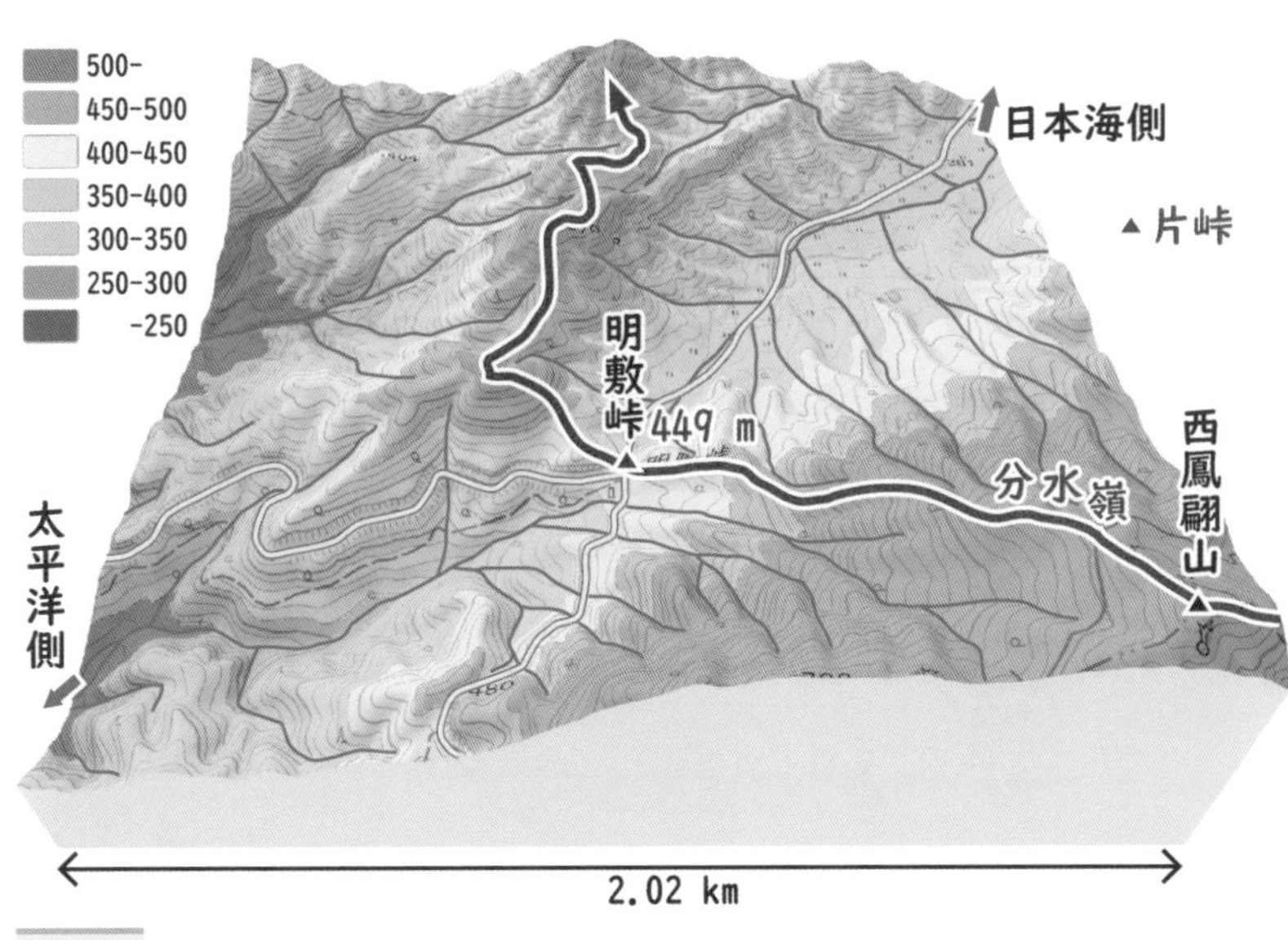

図10-11 明敷峠周辺の片峠。〔34.21,131.40〕

に由来する谷中分水界で、ずいぶん標高が下がりました。明敷峠に比べて侵食小起伏面を1段ないし2段下がったのでしょう。周囲には起伏の小さい地形が広がっています。

分水嶺は雲雀峠と標高がさほど違わない片峠(259m)を一つ横切り、断層線谷分水界(だんそうせんこくぶんすいかい)の笹目峠(278m)を通過して、鯨ヶ岳を越えていきます。そのまま西に尾根を下っていくと、山中峠(264m)の谷中分水界に到着です。

山中峠の周囲には、標高がそろった谷中分水界がたくさんありますね。北東にある小野峠(おのだお)(258m)は山中峠と標高が数mしか違いません。それらは分水嶺が通過する谷中分水界ではありませんが、地形の特徴は雲雀峠や山中峠と全く同じです。

さらに、桂木山(702m)から北に進み、大平峠(279m)の幅の狭い谷中分水界を横切って、急斜面を一気に登ると権現山(560m)に到着です。日本海までの直線距離はわずか5kmほど。一方、瀬戸内海までは40kmくらい離れ

日本海側

太平洋側

図10-12 雲雀峠から山中峠の周辺の谷中分水界。〔34.30,131.35〕

ているので、分水嶺はずいぶんと日本海側に偏っていますね。

「旅の準備」で見たように、東北地方の分水嶺は本州のほぼ中央部を縦断していました。それに対し、中国地方の分水嶺は、太平洋側に近づいたり日本海側に迫ったりと、あちこち寄り道しているようです。これも、分水嶺の気まぐれなのでしょうか、何か意味がありそうです。ようやくここで昼食です。

下関が見えてきた

お腹も一段落したところで、下関までの地形を確認しておきましょう（図10-13）。権現山から南西に向かい、ＪＲ美祢線が横切るあたりで大ヶ峠（２８９ｍ）と、山中峠（３３４ｍ）を横切ります。瀬戸内海に面する厚狭駅と日本海を臨む長門市駅を結ぶ美祢線は、トンネルで分水嶺を横切っています。美祢線は、本州を横断する最も短い鉄道といえるかもしれません。鉄道が横切っている場所は要チェックです。

山中峠を過ぎると、分水嶺は木屋川の源流域を迂回するように、大きく北に遠回りしていきます。次のチェックポイントは大寧寺峠（２１４ｍ）です。日本海がすぐそこなので、日本海側が切れ落ちた片峠になってます。

分水嶺は大笹峠（３５９ｍ）で向きを西に変え、大笹山（４６８ｍ）から一位ヶ岳（６７２ｍ）、さらに勇山（５０４ｍ）を越えていきます。その間、日本海側が落ちこんだ標高３００ｍ前後の片

日本海側
日本海
300-
200-300
150-200
100-150
50-100
25-50
-25
谷中分水界
片峠
断層線谷分水界
峠
長門市
大笹山
大笹峠
権現山
天井山
大水峠
330 m
315 m
355 m
大寧寺峠
214 m
270 m
砂利ヶ峠
258 m
289 m
荒ヶ峠
一位ヶ岳
粟野川
堂ヶ岳
山中峠
334 m
大ヶ峠
花尾山
勇山
分水嶺
龍護峰
下関市
雁飛山
木屋川ダム
山陰本線
狗留孫山
八道
152 m
108 m
105 m
129 m
170 m
厚東川
厚狭川
白岩山
貴飯峠
京ヶ嶽
日野川
多々良
華山
128 m
115 m
127 m
江船山
桜山
美祢線
石畑峠
木屋川
美祢市
田部川
亀ヶ原
128 m
山陽新幹線
有帆川
厚東川
宇部市
127 m
105 m
山陽本線
山陽小野田市
四王司山
小野田線
宇部線
火の山公園
関門海峡
下関市
瀬戸内海
3 km
太平洋側

図10-13 権現山から下関までの分水嶺。

峠をいくつも通過しますが、注目すべきは八道の谷中分水界です。分水嶺が低いお盆の縁となって、日本海側の盆地を囲んでいます。三次盆地のミニチュア版といったところでしょうか。

　さらに、京ヶ嶽（668m）を過ぎると、標高が100mほどの谷中分水界が続きます。分水嶺をたどるエア旅の仕上げは、多々良（115m）と亀ヶ原（128m）の谷中分水界です。

峠の下のトンネル工事は難航

　分水嶺とJR美祢線や国道316号線が交差する場所に、大ヶ峠が位置しています（図10-14）。大ヶ峠の太平洋側は厚狭川の源流、日本海側は深川川の支流の大地川です。大ヶ峠は南北方向の断層に起因する断層線谷分水界で、日本海側の侵食が進んだ片峠といってもいいでしょう。

　これまで見てきたように、分水嶺の鞍部は峠として、古くから人々が行き交う道として利用されてきました。それらのうち、緩やかに上り、

図10-14 大ヶ峠と山中峠の断層線谷分水界。
〔34.28,131.19〕

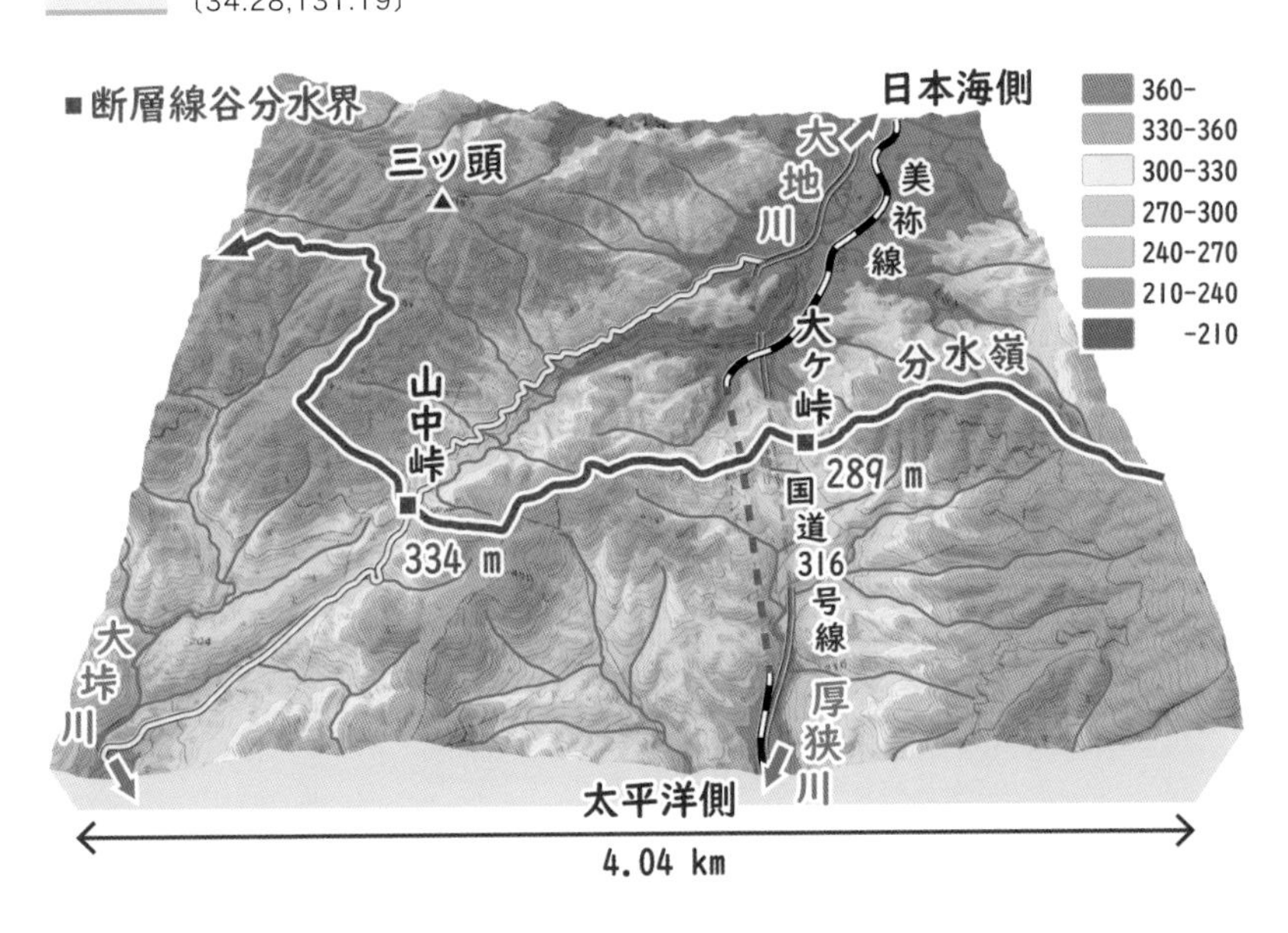

緩やかに下る谷中分水界は主要な街道となり、近代では鉄道が敷かれて、太平洋と日本海を結ぶ物流の大動脈となっています。

これら谷中分水界の多くは片峠になっていたり、あるいは真っすぐな断層線谷分水界だったり、いくつかのタイプに分かれます。ただし、それらの地形は連続的で、数値で分類するのは難しいでしょう。そもそも自然界はアナログなので、連続的な形態を無理に区別することは、自然の本質を理解するには不向きなのです。ちょっと言い訳です。

話を大ヶ峠に戻しましょう。大ヶ峠は断層に起因した分水嶺の鞍部でしょうから、その地下の地質は、断層運動によって破砕(はさい)されているはずです。真っすぐな断層線谷は鉄道を敷設するには好都合ですが、分水嶺を越えられなければトンネルを掘って通過するしかありません。しかし、断層線谷分水界の真下を貫く工事は、岩盤の崩落や突然の出水など困難を極めたはずです。美祢線が通過する大ヶ峠トンネルの工事はどうだったのでしょうか。歩いて越えるには好都合の峠も、トンネルを掘るには不都合だったのではないでしょうか。

他方、大ヶ峠に隣接する山中峠は、北東ｰ南西方向の断層に起因する侵食地形です。峠の日本海側は大地川ですが、太平洋側は木屋川の支流の大(おお)垰川(とうがわ)です。大ヶ峠と山中峠は1・6㎞しか離れていませんが、峠の太平洋側に降った雨は、瀬戸内海に注ぐまで交わることはありません。

日本海側の侵食が進んでいる大ヶ峠に対し、山中峠の両側の谷はいずれも緩やかに下り、真っすぐな谷筋に沿っては県道が続いています。一見すると、上り下りの少ない山中峠のほうが、分水嶺を越える鉄道のルートとして適切に思えます。なぜ美祢線は、大垰川ではなく厚狭川に沿って敷設されたのでしょうか。厚狭川に沿っては、幅の広い谷が分水嶺近くまで続いているからでしょうか。その理由は、地形に隠されていると思うのです。

断層に起因する片峠

大寧寺峠は、日本海側が深く落ちこんだ典型的な片峠です（図10-15）。太平洋側は木屋川の支流の木津川で、直線距離で30kmほど離れた瀬戸内海の周防灘に注いでいます。一方、日本海側は大寧寺川の源流で、7kmほど先の日本海に深川川として流れ出ます。日本海まで近いので、日本海側の侵食が進んでいるのでしょう。

大寧寺峠は北東-南西方向の断層に起因した侵食地形です。太平洋側は峠に向かって緩やかに上り、明瞭な尾根を越えずに日本海側へ一気に下る見事な片峠です。瀬戸内海側から木津川に沿って真っすぐ進んできた国道は、大寧寺峠を通過すると突然ヘアピンカーブが繰り返す、典型的な峠の山道に変わります。片峠を通過する自動車は、必然的にブレーキとハンドル操作が忙しくなるでしょう。

図10-15　大寧寺峠の片峠。〔34.31,131.15〕

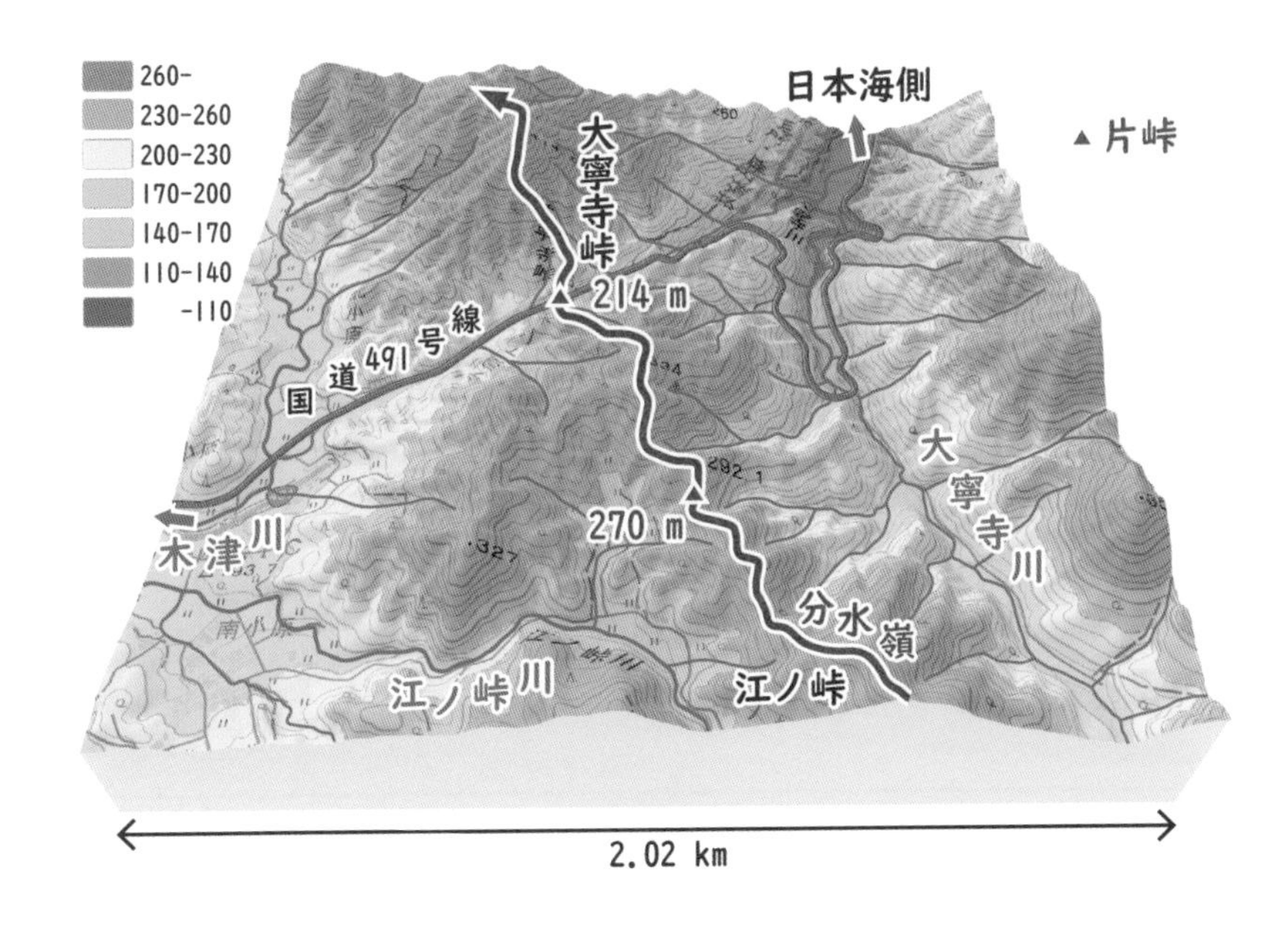

八道盆地を縁取る分水嶺

一位ヶ岳から勇山を経てそのまま南下し続けると、なんとも低く狭い分水嶺が盆地を横切っています。これはもはや、谷中分水界ではなく〝盆中分水界〟です（図10-16）。わずかな地形の高まりを細心の注意を払って西に渡り、京ヶ嶽まで登るとひと安心。ここも興味深い地形です。

粟野川の源流域である八道は、東側と西側を山地に阻まれ、南縁は低い分水嶺に囲まれた盆地状の地形です。盆地の内側は起伏の小さな山と幅の広い平坦な谷が広がり、7日目に見た世羅台地を思い出します。この範囲をとりあえず八道盆地と名付けましょう。

八道盆地では、西側の鷹子山（597m）から鷹子川が分水嶺に沿って東に下り、盆地に入って流路の向きを北に変えたあと、粟野川として盆地の外に流出しています。一方、盆地の東縁から流れてきた川も分水嶺と平行に下り、盆地

図10-16 八道盆地の南縁を縁取る分水嶺と谷中分水界。〔34.21,131.06〕

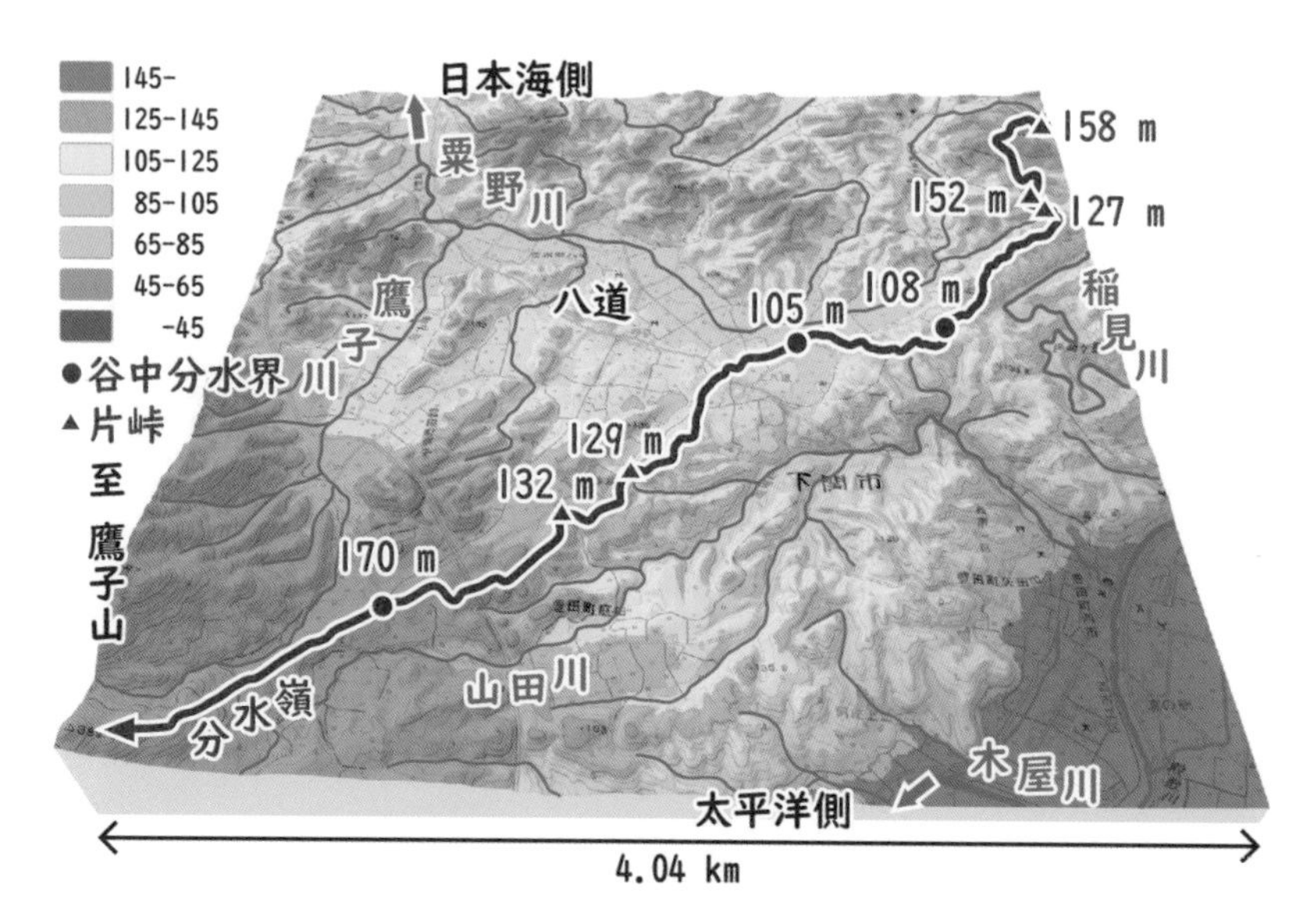

に入って流向を北西に変え、粟野川に合流して盆地の北に流れ出ます。八道盆地から流出するのは粟野川だけで、そちらに流れ出る川はありません。地形としては南東側に開けていますが、そちらに流れ出る川はありません。

これに対し、分水嶺の南東側は、下関市から瀬戸内海に流れ出る木屋川の水系です。山田川は分水嶺と平行に東に流れ、途中で急に流れの向きを90度変えて木屋川に合流しています。稲見川も途中で流れの向きを大きく変えるのは、これまで見てきた片峠の特徴そのものです。

木屋川の河床の標高は40m程度と、八道の盆地底（100mほど）に比べて60mほど低いため、木屋川の側の侵食が進んで片峠になりかけています。分水嶺に沿って流れ下るこれらの川は途中で向きを変え、分水嶺から離れるように流れています。分水嶺を越えて八道盆地側の河川を争奪する気配は全く感じられません。

海の気配が謎を解く鍵

八道の谷中分水界を後にして、標高が115mの多々良の谷中分水界にやって来ました（図10-17）。本州の分水嶺として最も低い石生（いそう）の谷中分水界の標高は95mなので、多々良の谷中分水界は、初日に見た胡麻（ごま）の谷中分水界（205m）を抜いて第2位です。

といっても、ここから日本海までは4kmもなく、瀬戸内海から日本海までは、自動車で30分もかからないでしょう。なので、多々良の谷中分水界が、本州を太平洋側と日本海側に分ける分水嶺と声高に叫んでも、誰も関心を持ってはくれないでしょう。多々良の谷中分水界は確かに低いですが、標高を競うことに意味があるとは思えません。

しかし、ここまできて納得しました。谷中分水界が河川の争奪でつくられたとは、もはや信じていません。谷中分水界も片峠も、そして断層線谷分水界も、河川の争奪でつくられた地形

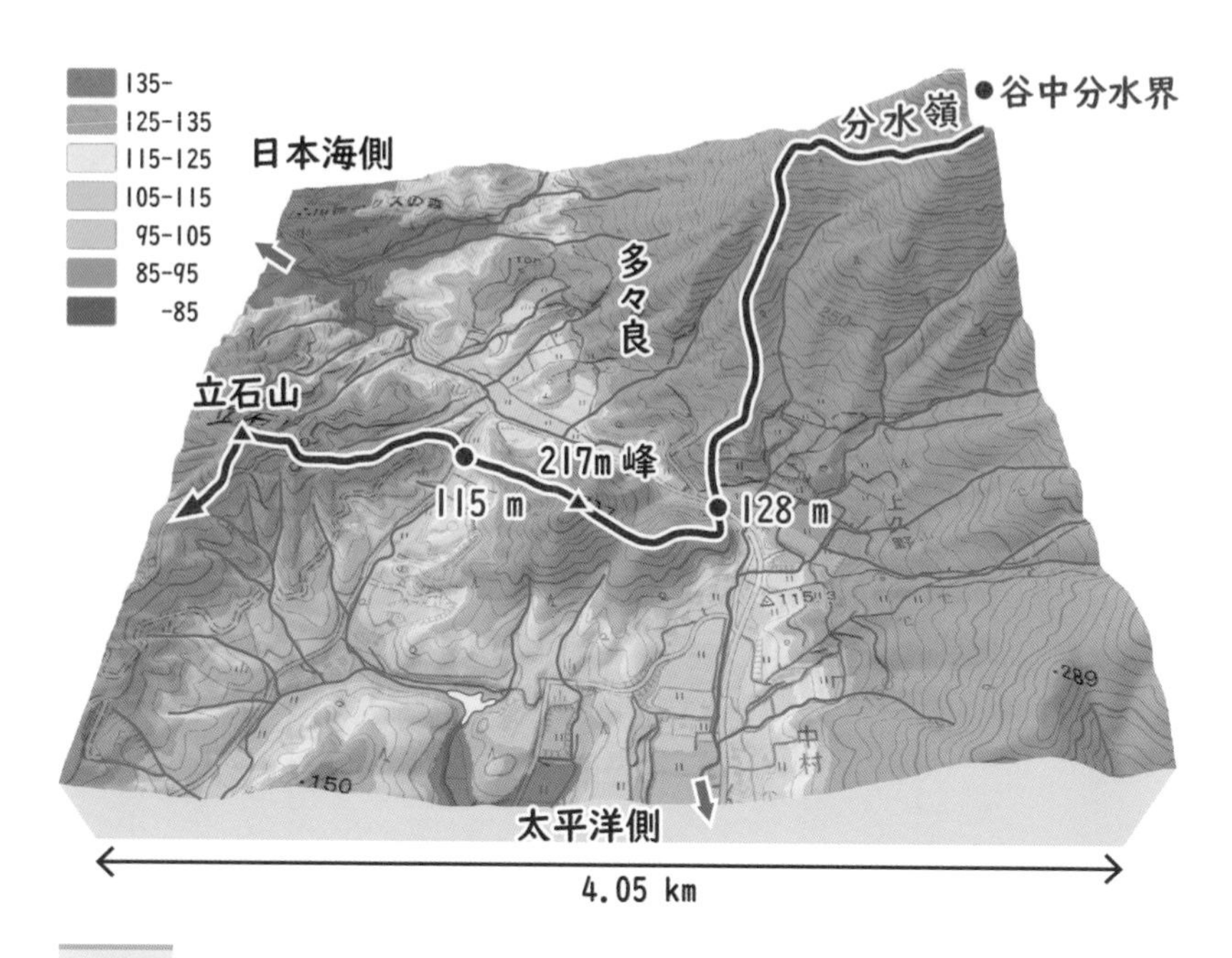

図10-17 多々良周辺の谷中分水界。〔34.16,130.97〕

ではないのです。潮の香りはしないけれど、海の気配を感じます。私にははっきり、海の気配が感じられるのです。

答えは目の前に見えている

多々良の谷中分水界を丁寧に観察したら、分水嶺に沿ってどんどん南下していきましょう。石畑峠（229m）を横切り鬼ヶ城（619m）の独立峰を登り詰めると、360度の大パノラマです（図10-18）。ここまで来ると、太平洋と日本海を同時に眺めることができるので、旅の終わりが近づいていることを実感できます。

稜線は南に続いていますが分水嶺は途中で斜面を東に下り、隣の山並みに乗り移ります。もう分水嶺の気まぐれに、惑わされることはありません。斜面を下り切ると、分水嶺の旅の最後を締めくくる亀ヶ原の谷中分水界に到着です（図10-18）。

幅が1000mもある平坦な谷の真ん中を横切る亀ヶ原の谷中分水界は、谷底からの高度差が400～500mに達する山並みに挟まれています。周囲には小高い丘と無数のため池が散点し、6日目に見た日野原の谷中分水界（624m）にそっくりです。

図10-18 亀ヶ原の谷中分水界。〔34.08,130.96〕

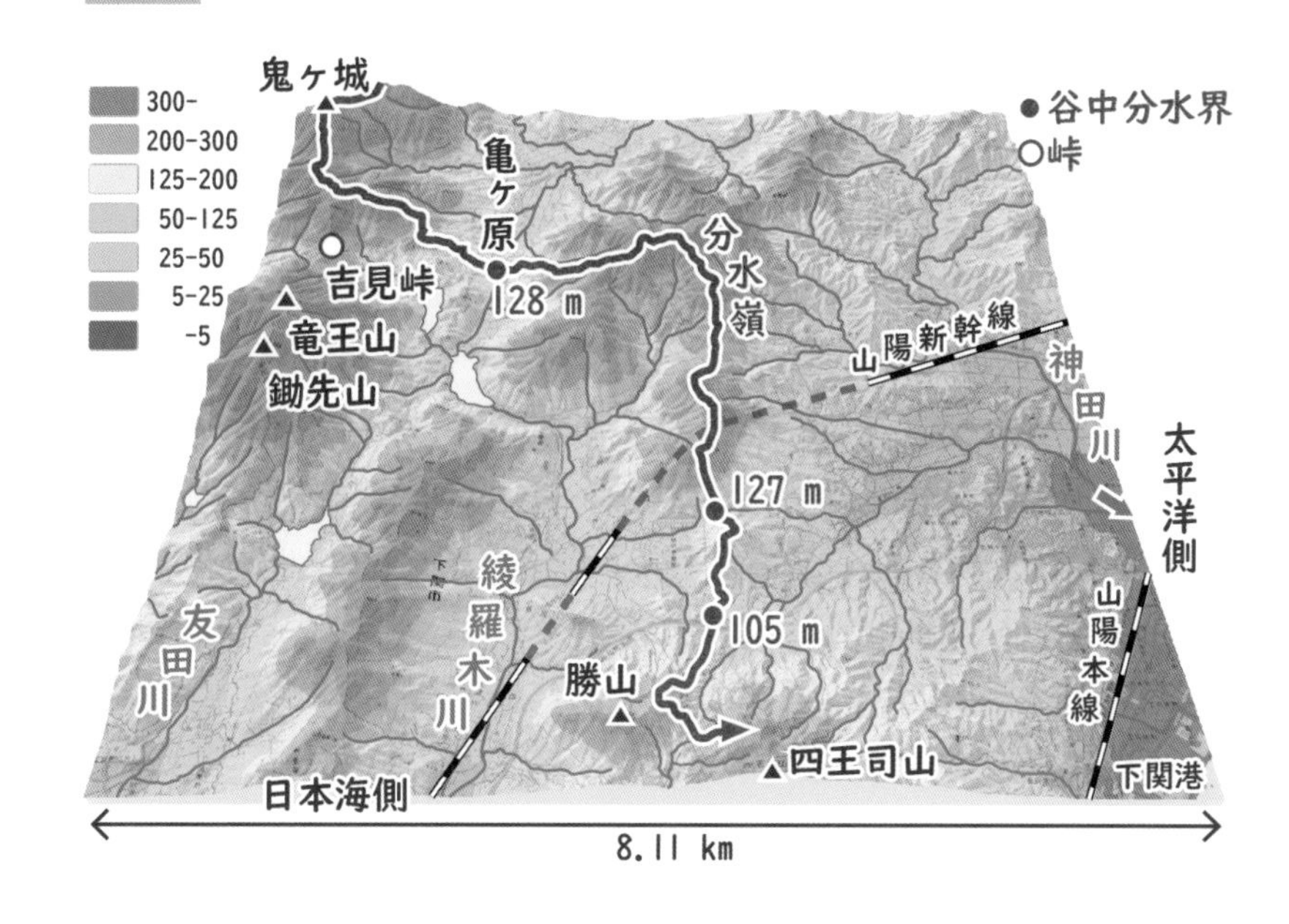

亀ヶ原の谷中分水界は間違いなく、本州を太平洋側と日本海側に分ける分水嶺です。しかし、そう言われたからといって、たいしてインパクトはないでしょう。標高はわずか128mしかないし、そもそもこのあたりでは、瀬戸内海と日本海は10㎞くらいしか離れていません。

もし亀ヶ原の谷中分水界が海から離れた山奥にあって、標高が数百mを超えていたら、鉄道が通過する地形マニアの聖地になっていたでしょう。残念ながら、海に近い亀ヶ原の谷中分水界がいくら見事な地形でも、ここ亀ヶ原の谷中分水界に注目する研究者はいないはずです。もちろん、地質学者である私を除いて。

周囲の地形を見渡せば、山も尾根も、そしてそれらの最も低い場所を流れる川も、最初からこのような地形として生まれたとしか考えられません。そう、目の前の地形は、誕生したときからすでにこのような地形であったはず。もう確信しました。分水嶺の謎、そして分水嶺をつないでいる谷中分水界の謎。その答えはすぐ近くにあります。誰の目にも見える景色の中に、何の疑いもなく日々眺めている風景の中に、その答えがちゃんと見えています。隠れているわけではありません。見えているのに、誰も気が付かなかっただけなのです。

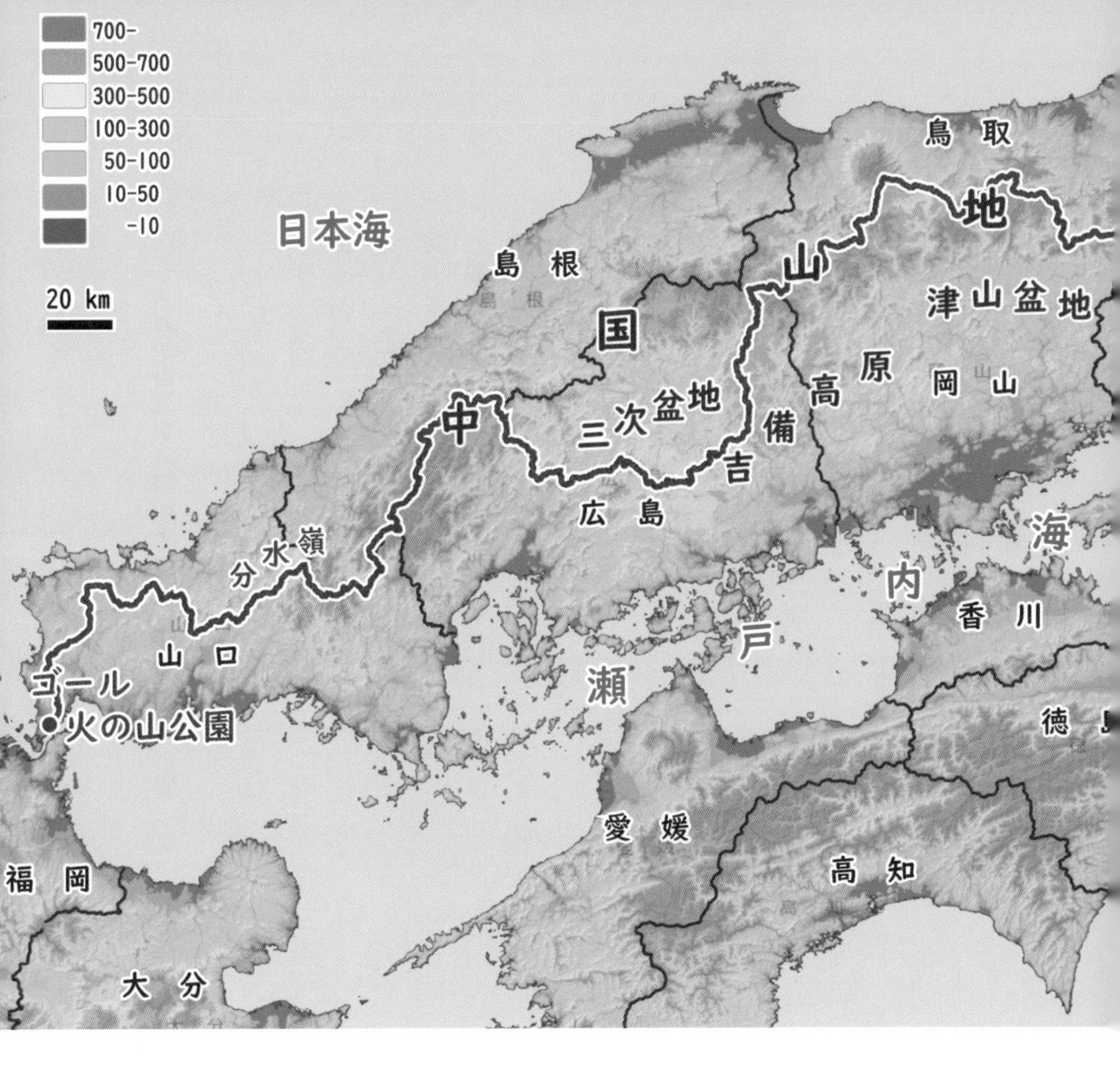

図10-19

中国地方を縦断する分水嶺。分水嶺は、下関で分水の役目を終え、関門海峡に沈んでいく。

旅のゴール、下関に到着

亀ヶ原を出発したら尾根に沿って南下を続け、小さな谷中分水界を二つ通過したら、2本の送電線の間の尾根を南に登ります。勝山（361m）の山頂には登らず、峠の道路を横切って隣の四王司山（しおうじさん）（392m）に乗り移り、南に下ると住宅地に突入。もはや地形図は当てにはならず、こういうときは、直感を信じてひたすら送電線の下を歩いていきます。住宅が密集する峠を横切って霊鷲山（りょうじゅせん）（288m）まで登ったら、ゴールはもうすぐそこ。小さな峠を二つ越え、真っすぐ南に上り詰めると、旅の終点である火の山公園に到着です。

海が合流する場所で役目を終える分水嶺

関門海峡(かんもんかいきょう)が太平洋側と日本海側のいずれかは分かりませんが、本州を分ける分水嶺がここ下関で消滅しているのは間違いありません（図10-19）。「旅の準備」で説明したように、川と川を分ける尾根は、川が合流する場所で消滅します。それとともに、雨水を二つの水系に分ける分水界は、川の合流点で消滅してその役目を終えます。

本州を太平洋側と日本海側に分ける分水嶺も、太平洋と日本海が会合するここ関門海峡で消滅し、その役目を終えています。もはやこの場所では、太平洋側と日本海側を定義することも、区別することもできないからです。

ようやく下関に到着しました。火の山の山頂には公園が整備されていて、展望台からは、関門海峡を隔てて九州の大地に手が届きそうです。本当にお疲れ様でした。9日間の旅にお付き合いいただき、心から感謝しています。まだ日は高いので、以前に宿泊した下関駅前のビジネスホテルにチェックインし、シャワーを浴びたら唐戸市場に出かけて美味しい魚でも食べましょうか。ひと休みしたら、分水嶺の謎を解いてみましょう。

第2章

分水嶺の謎

1

関門海峡の謎　本州で最も低かった分水嶺

「関門海峡はなぜできたのですか？」 そんな他愛のない質問が、分水嶺の謎解きの始まりでした。

なぜ関門海峡はできたのか

2018年の4月2日、私は一人でここ火の山公園にいました（図11-1）。月曜日だったので満開の桜を楽しむ観光客も少なく、静かな公園から関門海峡を行き来する船を眺めていました。春なのに霞もなく、花粉のシーズンも終わっていて、関東よりは白い日差しを受けながら、心地よい風を感じていました。

リュックにはヘルメットとクリノメーター（方位磁石）、足下は登山靴で腰にはハンマーをぶら下げ、今から始まる大仕事に、緊張とワクワク感が入り交じった懐かしい気持ちを味わっていました。できることならこのまま永遠に、今の気分を味わい続けたい。あのときから2年しか経っていないのに、私にとっては白亜紀よりもはるか遠くの出来事です。

ディレクターの郡司真理さんから連絡を受けたのは、2018年の2月でした。その1年前にNHK番組「ブラタモリ」の「秩父」と「長瀞」に案内人として出演した私は、番組のロケ地が決まるごとに、その地域の地形や地質について、担当のディレクターから相談を受けてきました。「秩父」と「長瀞」を担当した良鉄

図11-1　火の山公園から見下ろす関門海峡（2018年の春）。

矢ディレクターから彼の後輩である郡司さんのサポートを頼まれ、その第1弾が「下関（しものせき）」でした。当然、ジオのテーマは関門海峡の成り立ちに絞られました。

郡司さんからの最初の質問は、「なぜ関門海峡ができたのですか？」。そんなこと、考えたこともありません。関門海峡はそこにあるから、関門海峡と名前を付けただけです。関門海峡がそこになければ名前を付けることもないので、関門海峡は存在しません。科学者に「なぜ？」と聞いてはいけません。ほとんどの「なぜ？」に答えられないことを知っている人が、科学者だからです。

とはいうものの、ロケまでの時間は限られているし、若いディレクターの頼みだからなんとかしてあげたい。ネットでいろいろ調べてみると、「大きな川に海が入ってきて関門海峡になった」という説明しかありません。川は山から海に向かって流れるのに、関門海峡は両側とも海ではないか。仕方がないから、地形図と地質図、そしてＧｏｏｇｌｅ Ｅａｒｔｈを見比べながら、1週間かけてひねり出した答えが「関門海峡は、日本（本州）で最も低い分水嶺だったから！」でした。簡単に説明しましょう。

瀬戸内海が広大な平原だったころ

関門海峡の両側には、山が迫っています（図11-1）。本州側は火の山（268m）で、九州側は古城山（175m）です。どちらも小さい山ですが、急斜面に囲まれた孤立した山塊をなしています。そして、それらの背後にはそれぞれ山並みが続いていて、二つの山並みの間を海水が横切って関門海峡になっているのです。ただし、関門海峡は、昔からずっと海峡だったわけではありません。というより、海峡である期間のほうが短いのです。

関門海峡の成り立ちを探るためには、海面が周期的に上昇したり下降したりする海水準変動について、理解しておかなくてはなりません。海面が1日2回、規則的に干潮と満潮を繰り返すことはご存じですね。地球と太陽と月が一直線に並ぶ大潮のときは、干潮と満潮の差（干満差）が最も大きくなり、日本海側では40㎝、太平洋側では2mほど、九州の有明海では6m以上になります。しかし、今から解説する海水準変動は、1万年単位の周期で上昇・下降を繰り返す変化で、100mを超える海面の変動です。

地球は太陽の周りを楕円軌道で公転していて、その軌道はおよそ10万年の周期で円に近くなったり、長い楕円になったりと規則的に繰り返しています。また、公転面に対して傾いている地球の自転軸は、傾斜角度がおよそ4万1000年周期で変動しています。さらに、この自転軸は回転が遅くなったコマが首振りするように、およそ2万6000年の周期で傾斜の向きが変化します（歳差運動）。これらの惑星の運動によって地球に注ぐ太陽エネルギーは増減し、さらに極地方に入射する太陽光が変化して、温暖期と寒冷期が繰り返されるのです。海水準変動を引き起こすこのサイクルはミランコビッチ・サイクルと呼ばれていて、地球の気候は規則的に変化します。

太陽からのエネルギーを受けて海面から蒸発した水は雲になって移動し、最終的には雨や雪となって、海だけでなく地表にも降り注ぎます。日本列島のように、温暖な地域に降った雨は川によって海に戻ります。冬に降った雪も春から夏には解けて川となり、ほとんどが海に戻ります。現在の地球は温暖な時期（後氷期）です。降った雨や雪がすべて海に戻れば海水量は変わらないので、海水準が大きく変化することはありません（図11-2右）。

ところが、最終氷期の極大期だったおよそ2万年前の地球は非常に寒冷でした。海水から蒸発した水蒸気は、大気の大循環にしたがって高緯度地方にも運ばれます。地球が寒冷化して氷期になると、北アメリカ大陸の北部やヨーロッパなどの高緯度地方に降った雪は、夏になっても解けずに残り、後から後から降り積もる雪の重みで、いつしか厚い大陸氷河（氷床）となって陸地に残ります。海の水が氷床として陸地に貯蔵されるので、海水量は減少して海水準は低下します（図11-2左）。2万年前の最終氷期の極大期には、海水準は現在よりも120mほど低下していました。

およそ100万年前以降の地球は、寒冷な氷期と温暖な間氷期が、およそ10万年の周期で規則的に繰り返しています。この気候変動の変換点には、海洋酸素同位体ステージ（MIS）の番号が割り当てられていて、研究者はこの番号を使っています。この気候変動によって海面は規則的に昇降を繰り返すので、海水準変動

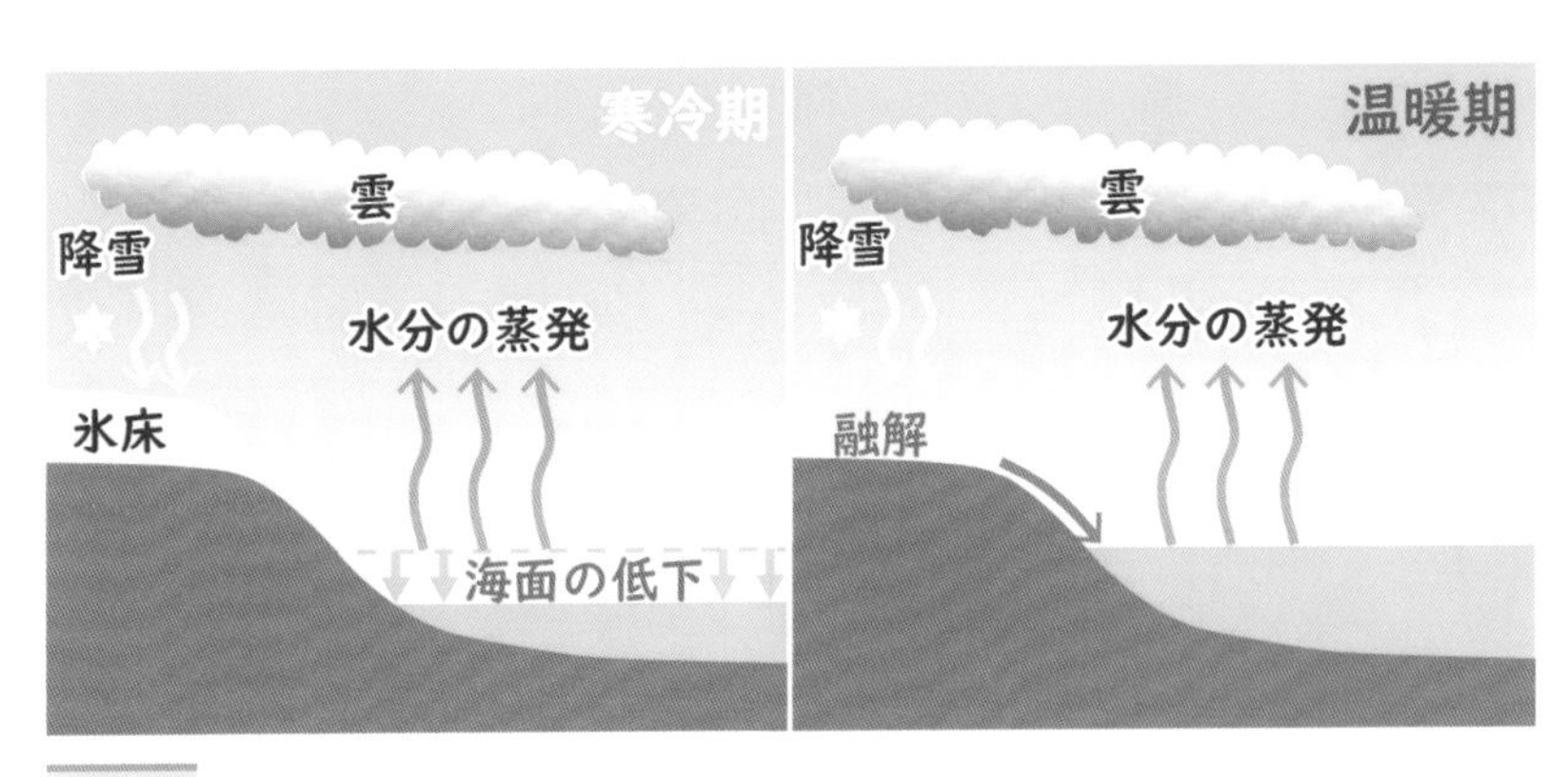

図11-2　気候変動に伴う海水準変動の概念図。

と呼ばれています（図11-3）。

この海水準変動は、陸と海の分布を大きく変えてしまいます。海水準が低下すれば、海岸線は現在よりも沖に後退します。沿岸の海底が遠浅なら、海岸線の移動はなおさらです。したがって、氷期の侵食フロントは、ずっと沖合からスタートしたはずです。その結果、地表を流れる川の侵食作用も大きく影響を受けてしまいます。

この海水準変動は地球規模の変動なので、日本列島も例外ではありません。2万年前、日本列島の周囲の浅い海底は広い範囲が陸化していました。地殻変動による隆起速度は最大でも1年間に数㎜程度です。仮に隆起速度を年間1㎜とすると、2万年で20ｍ隆起します。一方、海水準変動は2万年で120ｍほど上昇したので、地殻変動の速度は急速な海水準変動に比べれば緩慢です。ここで、仮に現在の海底地形を用いて海水準を120ｍ低下させてみると、最終氷期の極大期である2万年前の、おおよその海陸分布を推定することができます（図11-4）。

水深が浅い九州地方と朝鮮半島の間の日本海は、最終氷期の極大期には広い範囲が陸地でした。そして、平均水深が30ｍほどの瀬戸内海もすべて陸でした。瀬戸内海は、かつて北側を中国山地に、南側を険しい四国山地に挟まれた、東西に延びる幅の広い平原だった

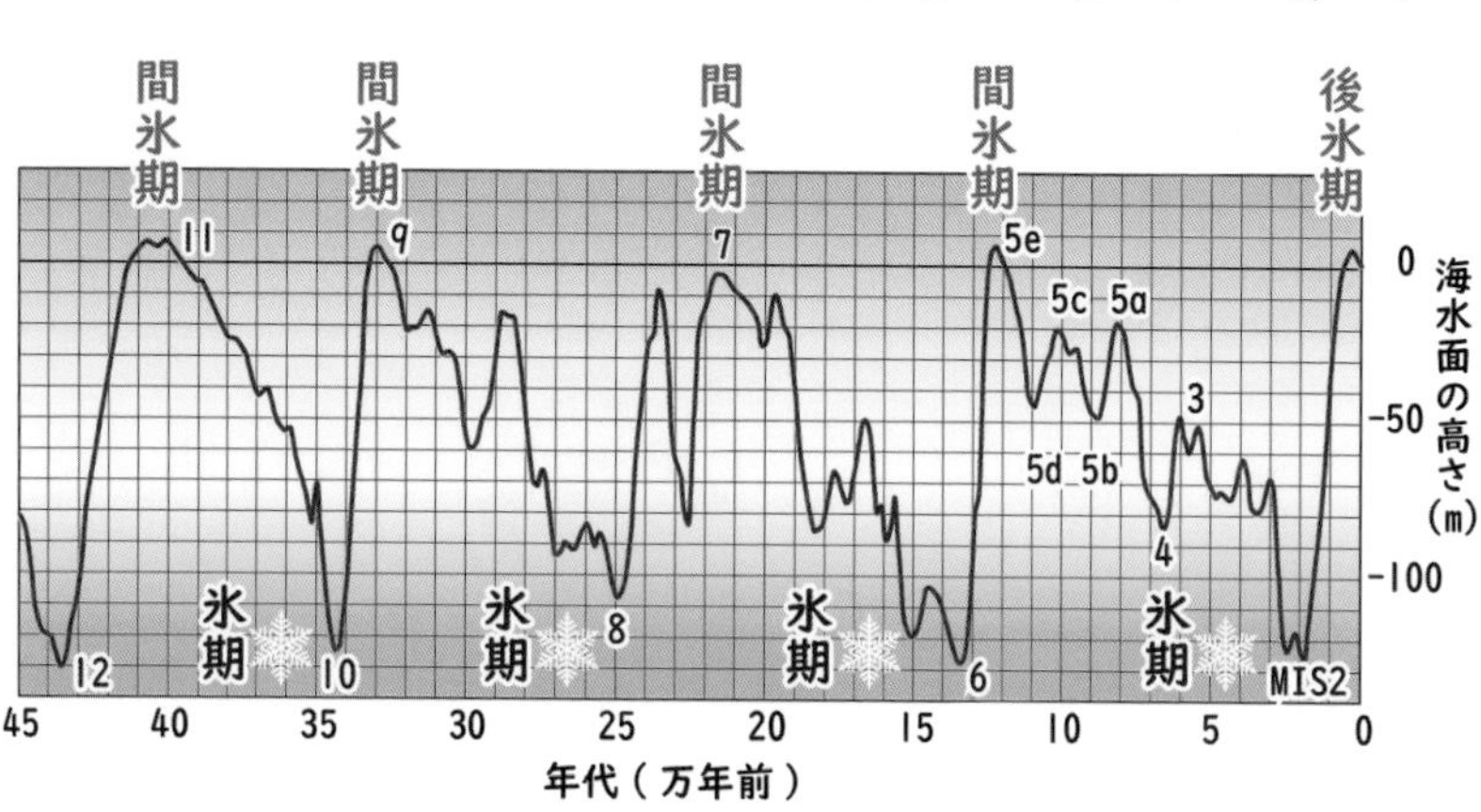

図11-3 気候変動による過去45万年間の海水準変動。Waelbroeck他（2002）より作成。

のです。この平原を仮に〝古瀬戸内低地帯〟と呼びましょう。〝古瀬戸内低地帯〟には、小さな山が点在していたはずです。ちょうど、奥羽山脈と北上山地（高地）に挟まれている、東北地方の北上低地帯のような地形です。

　そして、九州と四国は本州と陸続きで、当時は広大な〝古本州島〟だったことが分かります。このとき、北海道とサハリンの間の宗谷海峡や、サハリンと大陸の間の間宮海峡も陸化していました。ただし、北海道と〝古本州島〟の間は、狭い津軽海峡が陸を分断していたと考えられています。当時の日本海は狭く浅い対馬海峡と津軽海峡によって、かろうじて太平洋とつながっていたのです。

関門海峡は本州で最も低い分水嶺だった

　ここで2万年前の〝古本州島〟に、現在の水系に加えて、瀬戸内海や紀伊水道、さらに豊後水道の海底下の埋没谷を描き加え、当時の古水系を描いてみました（図11-4）。埋没谷とは海水準の上昇に伴って、土砂に埋め立てられてしまった谷地形です。地下に隠れていて直接見ることができず、埋没谷と呼ばれています。

　現在の水系と埋没谷を統合すると、〝古本州島〟を太平洋側と日本海側に分ける当時の分水嶺を描くことができます。分水嶺の南側に降った雨は、後の瀬戸内海となる〝古瀬戸内低地帯〟に流れ下ったあと、香川県高松市の北あたりで東西に分水され、それぞれ現在の紀伊水道と豊後水道を南流して太平洋に流れ出ていたことが分かります。〝古瀬戸内低地帯〟には、東に流れる紀淡川と西に流れる豊予川と呼ばれる長大な河川が流れていたのです（中野・小林、1959）。

　そして、太平洋と日本海に流出する河川を分ける〝古本州島〟の分水嶺は現在の分水嶺にほぼ一致し、西に続く分水嶺は関門海峡を通過して、九州地方の分水嶺に続いていたと考えられます。つまり、2万

図11-4　最終氷期の極大期(およそ2万年前)の海陸分布と古水系。

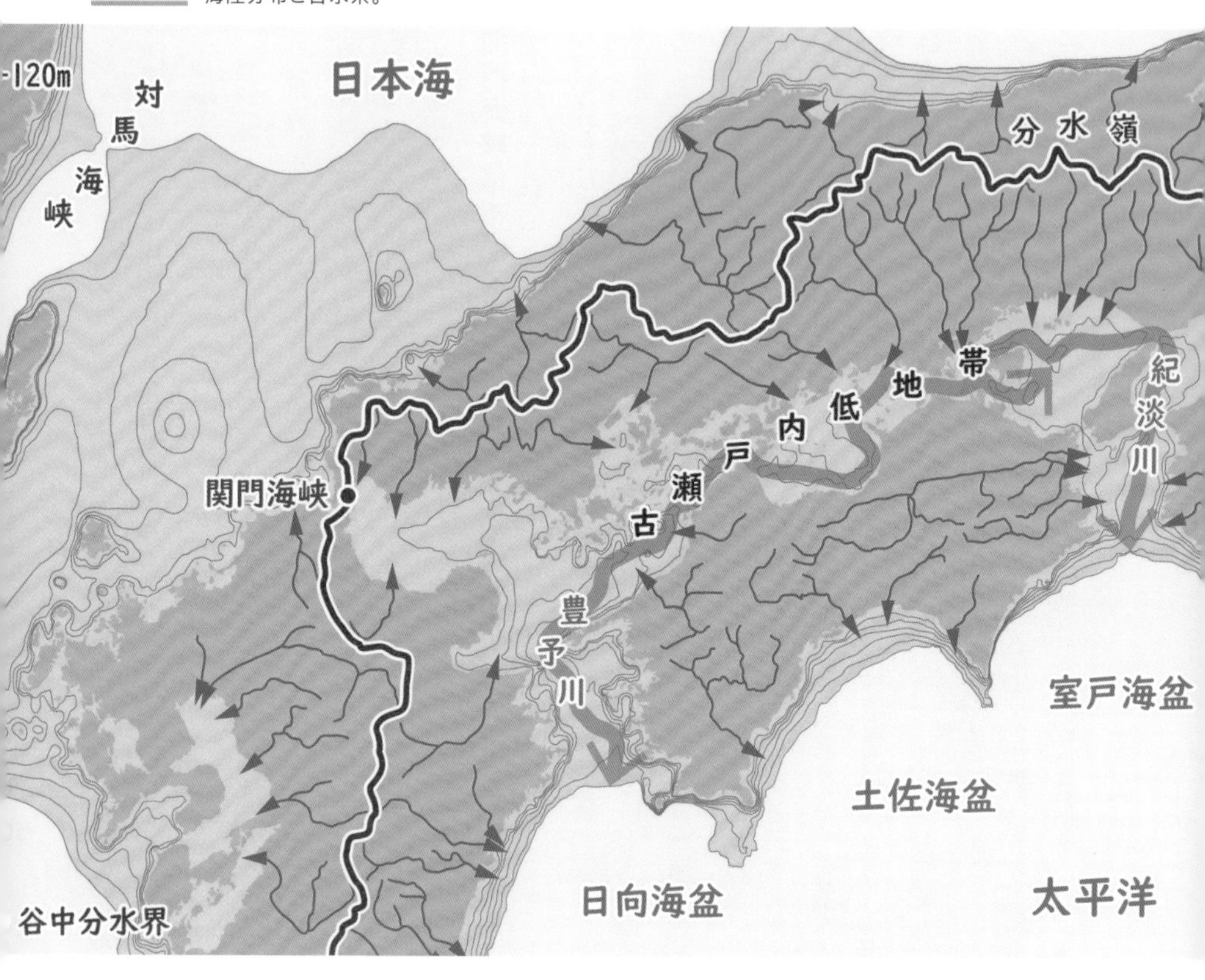

年前の最終氷期の極大期には、関門海峡は分水嶺だったのです。谷ではなく尾根だったのです。単なる尾根ではなく、太平洋側と日本海側を分かつ分水嶺だったのです。

ここで、2万年前の関門海峡周辺の様子を、もう少し詳しく見てみましょう（図11-5）。標高は現在の海面を基準にしていますが、当時の海水準は120mほど低下していたので、120mを加えた値が当時の標高になります。この図を見ると、当時は本州側の火の山と九州側の古城山の二つのピークの間に、尾根の鞍部(あんぶ)が存在していたことが分かります。

関門海峡の浅い場所は水深が13〜14mしかないので、大型船船が通行するために、海底の土砂を取り除く浚渫作業が定期的に行われています。また、関門海峡は速い潮流のため海底に露岩している部分が多く、当時の地形は若干削られているかもしれません。それでも、当時の関門海峡は、高度差が２００ｍほどの火の山と古城山に挟まれた、幅の広い分水嶺の鞍部だったはずです。

この鞍部の幅は現在の関門海峡の幅と同じ６００ｍほどで、北東（瀬戸内海側）と南西（日本海側）に緩く傾斜する峠だったことが分かります。その峠から両側の緩斜面に沿って川が流れ下っていたことは、沖積層（１万年前以降に堆積した地層）の分布から復元された当時の谷

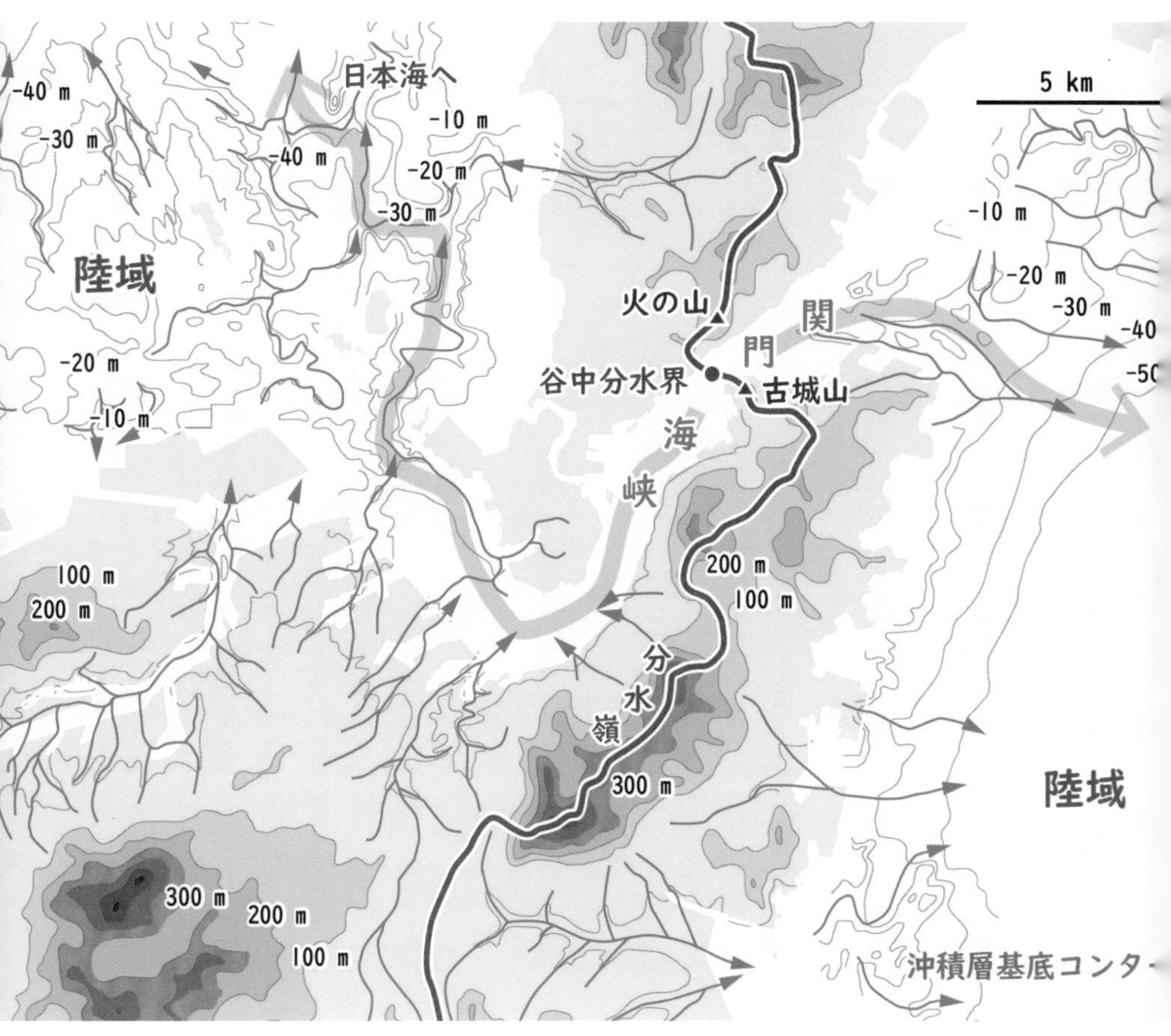

図11-5　関門海峡周辺の古地形と古水系。中江他（1998）より作成。

地形が表しています（図11－5）。つまり、関門海峡はかつて、典型的な谷中分水界だったのです。

それでは、火の山と古城山の間にあった尾根の鞍部、つまり関門海峡はいつ水没して海峡になったのでしょうか。海水準変動の曲線（図11－3）を見ると、海水準が上昇して関門海峡の最浅部（マイナス14ｍ）が水没したのは、およそ8000年前（縄文時代）だったと考えられます。すなわち、現在の関門海峡は、およそ8000年前に誕生しました。本州〝古本州島〟で最も低い分水嶺（谷中分水界）だった関門海峡は、規則的な気候変動による海水準の上昇に伴って、およそ8000年前に海峡として現れたのです。本州で唯一水没している谷中分水界が、実は関門海峡なのです。

関門海峡の誕生を模型で再現

ブラタモリのロケに合わせて急いで関門海峡の模型（図11－6）を製作し、ロケの適地としてようやく見つけた串崎の浜では、入浴剤で青く着色した水を海水に例えて模型に流し込み、タモリさんと一緒に海水準変動を再現しました。灯油ストーブ用のポンプの先にジョーロの先を差し込んで、たぶん林田理沙アナウンサーは灯油ストーブを使ったことがないだろうと予想して、あらかじめポンプの栓を開けておくと期待通りの展開。

白亜紀の花崗岩マグマの接触熱変成による硬いホルンフェルスが火の山と古城山の二つのピークをつくり、冷えた花崗岩は真砂化して雨水に流され、火の山と古城山の間の凹地が〝古本州島〟（本州）で最も低い分水嶺となりました。後氷期の温暖化に伴って海水準は上昇し、およそ8000年前に瀬戸内海と日本海がつながって、ついに関門海峡が誕生したのです。タモリさんも納得の展開でしたが、放送枠の関係で放送ではばっさりカット。幻の〝ブラタモ実験コーナー〟となってしまいました。もしかすると、この本のために残しておいてくれたのかもしれません。

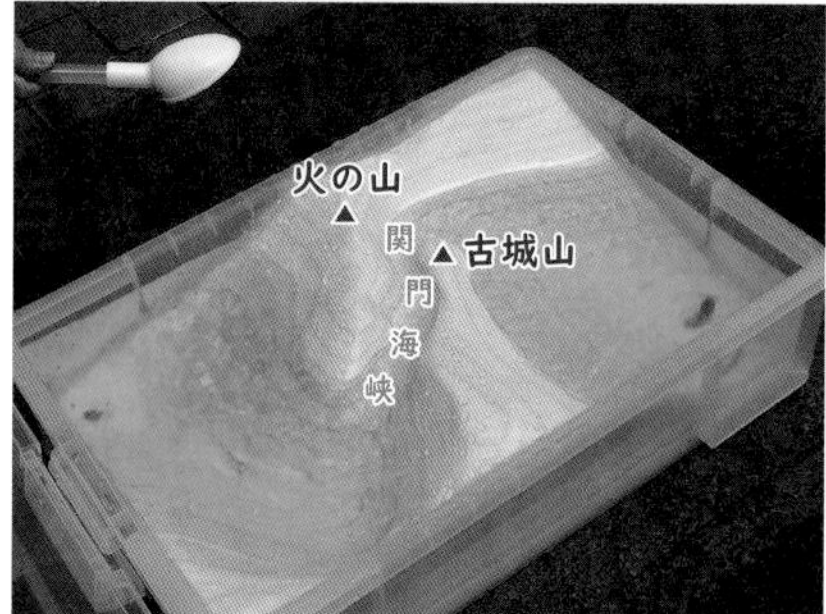

図11-6 関門海峡の模型（2019年9月に山口大学で開催した地学普及イベントにて）。

2

谷中分水界は海峡だった

中国地方に多数存在する不思議な地形、谷中分水界の正体は、海峡でした。島と島の間の海峡が離水（陸化）して、谷中分水界がつくられたのです。

谷中分水界の誕生

今度は海水準が現在よりも20m低かった、およそ1万年前の様子を復元してみましょう（図12-1）。この図を見ると関門海峡はまだ陸で、本州と九州はつながっていました。一方、四国と九州の間の豊後水道にはすでに海水が浸入し、紀伊水道から大阪湾や播磨灘にも海水が入り込んでいます。これに対し、四国と本州は何カ所か陸がつながっていて、周囲を陸で取り囲まれた内海がいくつか残っています。これらの内海には周囲の山地から河川水が流入し、海水は薄められてついには湖になったでしょう。湖からあふれ出した水は川となって、太平洋へ流出したはずです。

湖底には周囲から流れ込んだ砂や泥が水平に堆積し、湖は徐々に浅くなって湿地帯になったでしょう。その周囲には小さな山が点在し、中国山地と四国山地を流れ下った川は、それらの小山を迂回するように、平原を蛇行しながら流れていたと推定されます。そして、合流を続けて大河となった紀淡川と豊予川の二つの川は東と西に向かって流れ、それぞれ紀伊水道と豊後水道から太平洋に流出していたと考えられます。

ここまで来ると、もうお分かりでしょう。私は谷中分水界が、かつての海峡だと考えているのです。

図12-1 海水準が20mほど低かった、およそ1万年前の海陸分布と水系。

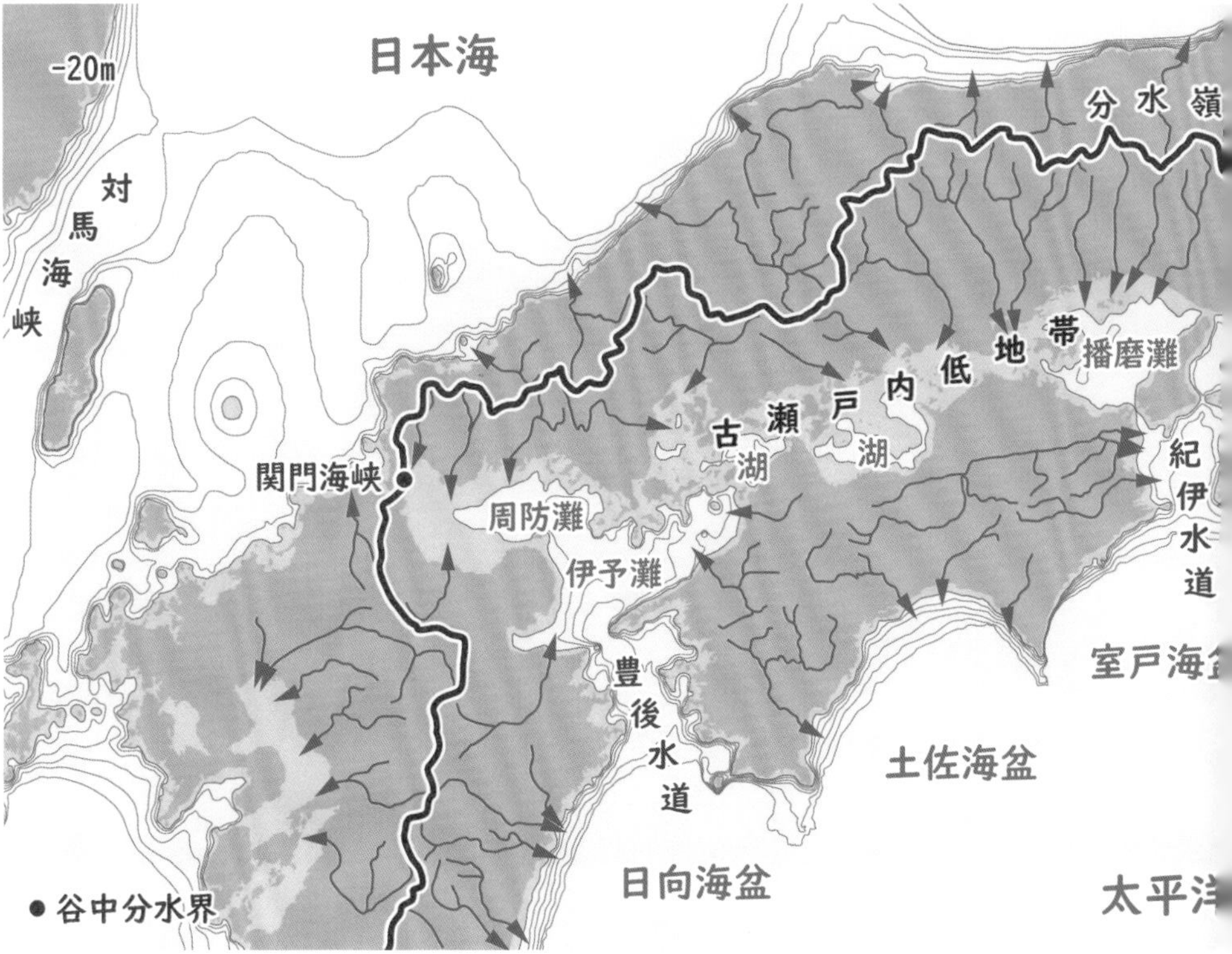

島と島の間の海峡が離水（陸化）して、谷中分水界として残っていると考えているのです（図12-2）。言い換えるならば、9日間の旅で訪ねた谷中分水界の成因が、「中国地方が多島海から隆起して山地に成長したからだ」と考えているのです。

日本の地形学においては、谷中分水界はデービスが提唱した河川の争奪によってできたとずっと信じられてきました。しかし、私は河川の争奪説を全く受け入れていません。また、中国地方の大地形は、デービスの侵食輪廻説が説くように、準

図12-2　谷中分水界の誕生の瞬間。伊豆半島と三四郎島（西伊豆町堂ヶ島）の間に出現したトンボロ（陸繋砂州）。

平原(へいげん)が隆起してつくられたと信じられてきました。しかし、私が描く中国地方の地形の成り立ちは、全く異なります。すなわち、中国地方は多島海から隆起して、山地に成長したと考えているのです。陸ではなく、海から誕生したと考えているのです。

図12-3は、本州で最も低い兵庫県丹波市氷上町(ひかみちょう)の石生(いそう)の谷中分水界と、瀬戸内しまなみ海道の上空から瀬戸内海の島々を見た景色です。標高が95mの石生の谷中分水界は、1万年前以降に堆積した沖積層(ちゅうせきそう)からなる立派な陸地です。しかし、海面が100mほど上昇すれば、瀬戸内海と日本海をつなぐ海峡になります。海面が上昇しなくても、陸地が沈降すれば海峡になります。陸地が沈降しなくても、過去にさかのぼれば海峡になります。なぜなら、中国地方はゆっくり隆起し続けているからです。

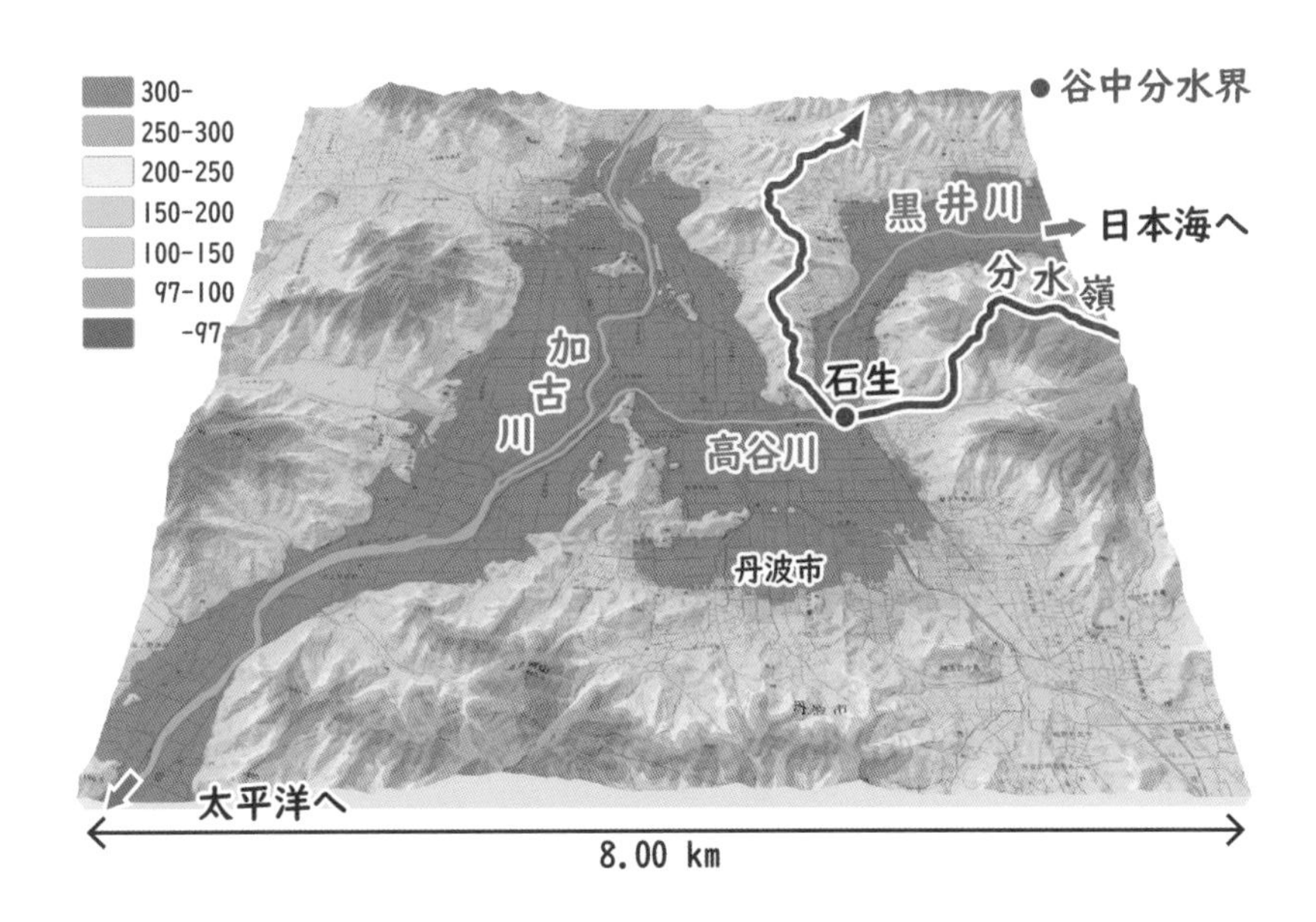

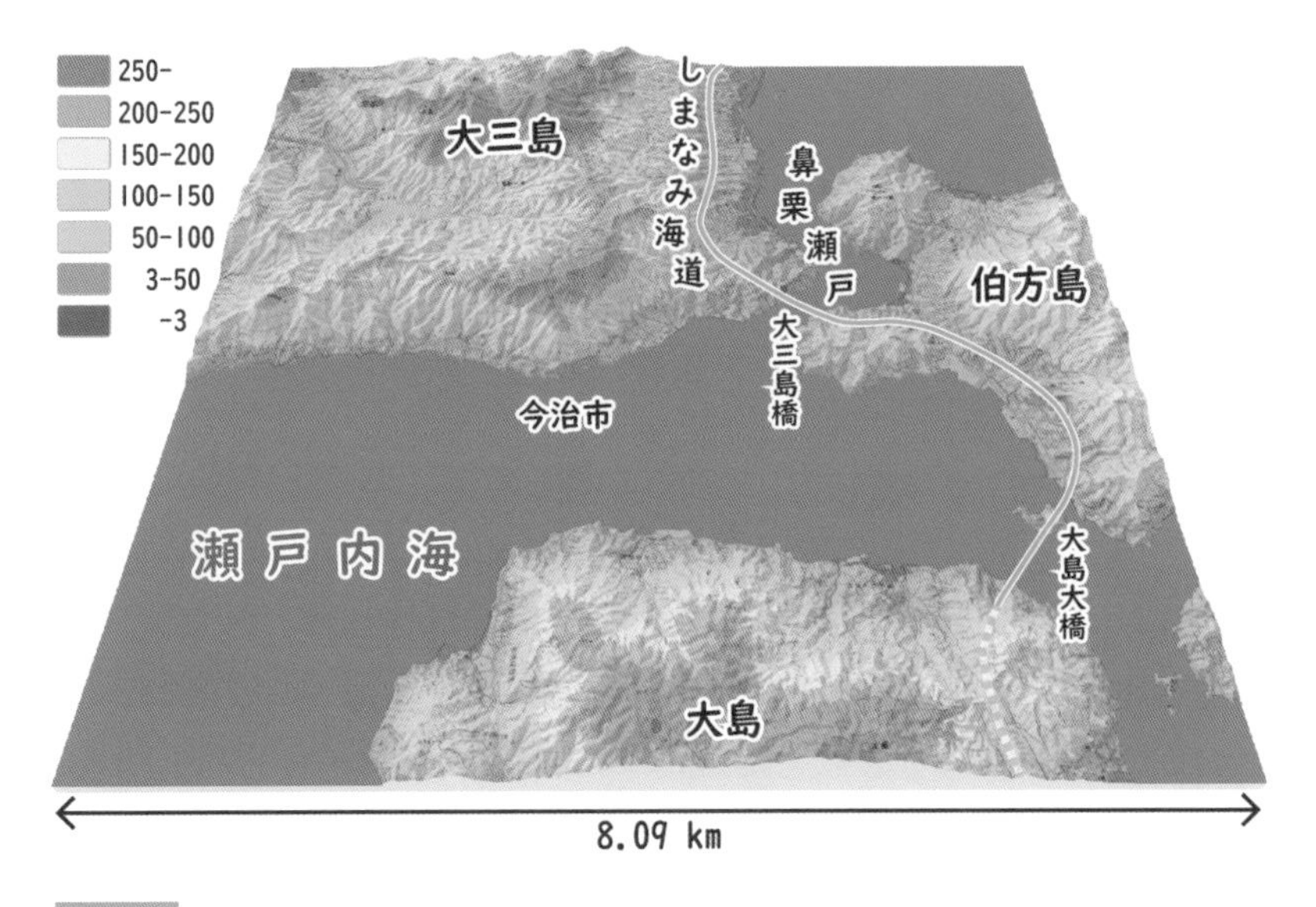

図12-3 本州で最も低い石生の谷中分水界(上)と、瀬戸内海の多島海(下)。

陸を削る海

もし中国山地が隆起をやめたらどうなるでしょうか。山は川に侵食され、ついには海面の高さまで削られて、起伏の少ない平坦な地形「準平原」になってしまうとデービスは考えました。でも大地を削るのは、川だけではありません。海も大地を削ります。

地球深部のマントルから上昇してきた大量のマグマが海底に噴出して、太平洋の真ん中にハワイ諸島が誕生しました（図12-4）。ホットスポットと呼ばれている、固定したマグマの噴出口です。ホットスポットに位置するハワイ島は火山活動が活発で、マウナ・ケア山の標高は4205mもあります。ハワイ諸島の周辺の海底は水深が5000mを超えるので、海底から山頂までの高度差が9000mを超える超巨大火山です。

ところが、太平洋プレートの運動によって西に移動してしまった火山島は、ホットスポットから離れたためにマグマの供給が止まり、火山活動はすでに停止しています。その結果、ハワイ島から西に離れた火山島ほど、火山の年齢が古くなります。プレートテクトニクスの基本ですね。

火山活動が停止すると、火山島はそのままの地形ではいられません。雨量の多いハワイの島々はどんどん侵食されて、火山の斜面には深い谷が刻まれています。映画『ジュラシック・パーク』のロケ地にはぴったりの風景です。そして、山の高さは徐々に低くなって、ついには海面近くまで侵食されてしまいます。ハワイ諸島の古い島ほど山が低い理由は、プレートの冷却に伴う沈降と風雨による侵食でしょう。

さらに、海岸では波浪による侵食も進行します。つまり、幸運にも太平洋の真ん中に誕生したハワイ諸島は、山は上から降ってくる雨によって、海岸は横から押し寄せる波によって侵食され続けているの

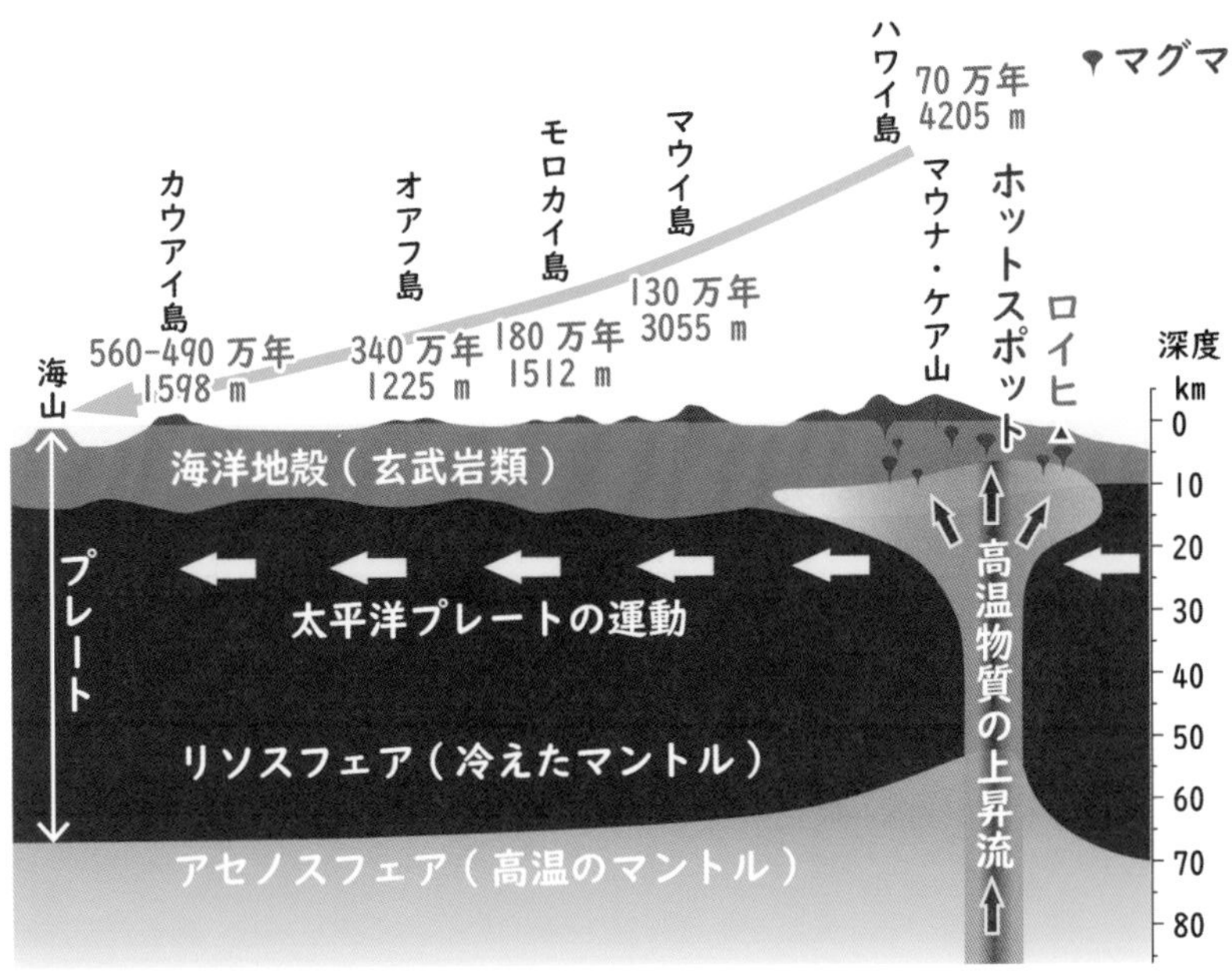

図12-4 ハワイ諸島のホットスポット火山列（上）と、侵食による標高の低下（下）。Sinkin他（2006）を参考に作成。

です。そして、低くなった大地は、最終的には波浪によってきれいに削り去られ、わずかに水没したまっ平な地形が残るのです。

それだけではありません。規則的な気候変動によって、海水準は100m以上も昇降します。間氷期から氷期にかけて海水準はゆっくり低下するので、わずかに残った火山島の、海面下にあった裾野はさらに削られてしまうでしょう。そして、間氷期になって海面が上昇すると、プリンのように頂部が平らな火山島が残ります。海面上に露岩できないくらいまで侵食されると、もはや波浪によって侵食されることはありません。そして、ホットスポットから離れるにつれプレートは冷却し、海底は徐々に沈降していきます。その結果、山頂部が平らに削られた火山島の名残（海山）が、海洋底に点々と続いているのです。

深海底に残されているこのような海山を、平頂海山（へいちょうかいざん）とかギヨーといいます。日本海溝から今まさに沈み込もうとしている第一鹿島海山（だいいちかしまかいざん）はその典型です。このギヨーの特徴的な地形は、波浪による侵食の強さを物語っています。ゆっくり沈降すると、海面を通過するとき、波浪によってまっ平に侵食されてしまうのです。ということは、中国山地が隆起をやめたら、山は山ではいられなくなってしまいます。それどころか、大地そのものがなくなってしまうのです。

隆起速度はさじ加減

それでは、中国地方がどんどん隆起すれば、不可思議な地形、すなわち谷中分水界をつくることができるのかというと、そうではありません。物事には分相応というものがあるように、中国地方には中国地方の隆起の速さがあるようです。

図12-5は、静岡市から赤石山脈（南アルプス）にかけての地形です。海岸沿いの平地を除いて、丘陵や山地になっています。赤石山脈の隆起速度は1年間に3～4㎜と非常に大きく、100万年で3000～4000mの山脈がつくられる計算になります。100万年というと、想像できないほど長い年月に思われるでしょう。しかし、46億年の地球の歴史に比べれば、100万年は非常に短いのです。赤石山脈は、地質学的にはごく最近にできた山なのです。

このように、海底が急激に隆起すると、地表に現れた海底面（侵食された平坦な海食台）はどんどん侵食され、地質学的時間スケール（100万年のオーダー）では、あっという間に消失してしまうでしょう。赤石山脈の地質を構成するのは、中生代の白亜紀以降に形成された四万十帯と呼ばれる付加体です。現在、赤石山脈を侵食した河川は大量の土砂を駿河湾に排出し、駿河トラフから南海トラフに運ばれた土砂が付加体をつくっています。この付加体が何千万年かのちに隆起して、また山脈をつくるのです。

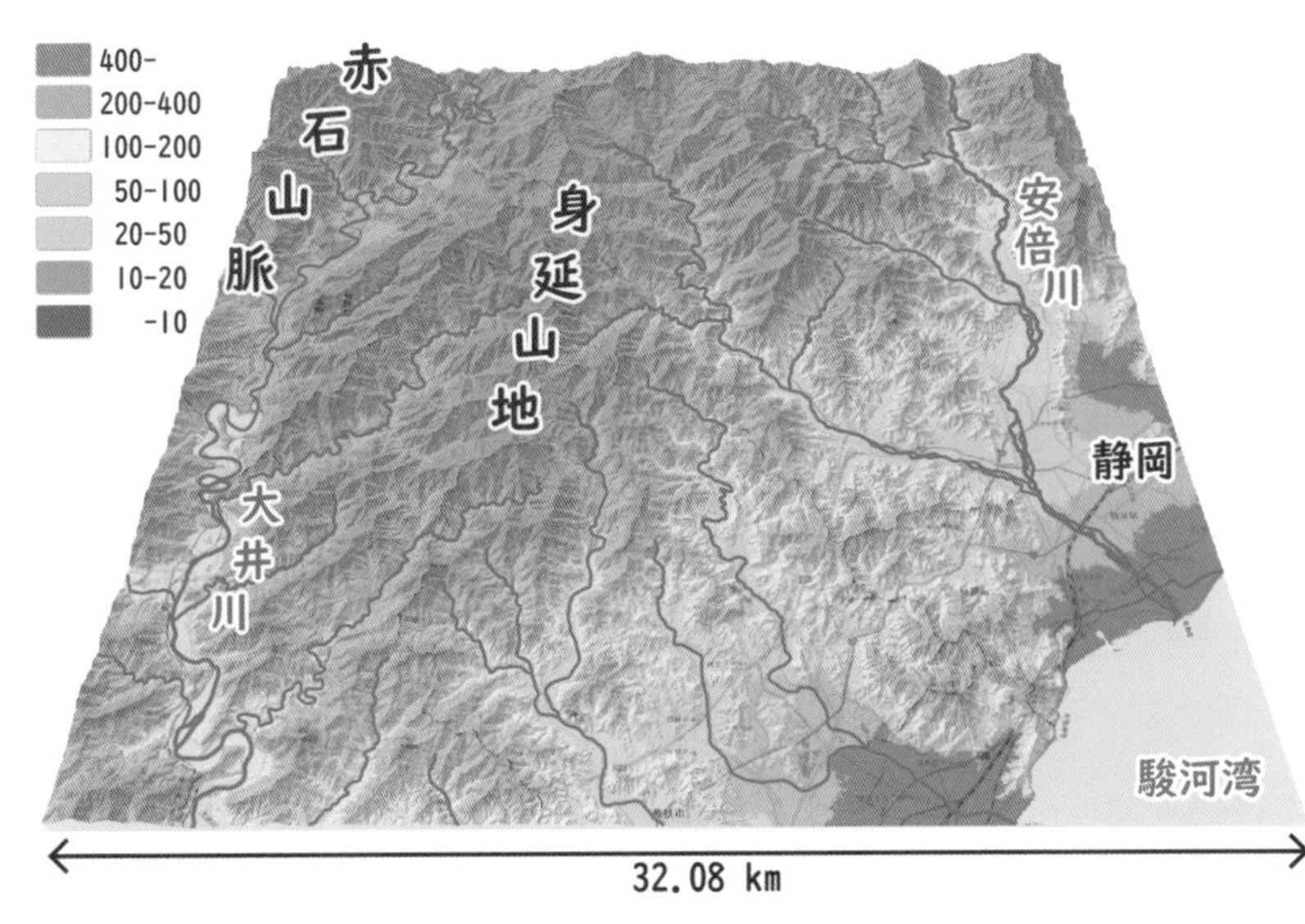

図12-5 静岡市から身延山地、さらに赤石山脈にかけての地形。

一方、図12-6は四国の室戸岬で、赤石山脈と同じ四万十帯の付加体が隆起してできた平坦な地形は海成段丘（かいせいだんきゅう）です。標高が200mほどの平坦な地形は、最終間氷期（12万5000年前）に形成された海食台なので、割り算すれば1年間に1・6㎜の隆起速度が算出されます。赤石山脈の隆起速度の半分くらいですね。

間氷期に海面近くあった平らな海底面（海食台）は、氷期になって海水準が低下すると離水して平らな陸になります。その10万年後、再び間氷期を迎えて海水準が元の高さまで上昇しても、1年間に1・6㎜の隆起速度だと10万年間に160m隆起するので、陸化した海底面は二度と水没しません。潮流や波浪による侵食から離脱できたわけです。そして、海水準の高い次の間氷期に、平坦な大地が波浪によってすべて削り去られなければ、残った地形が海成段丘となるわけです。

そして、図12-7は三重県の英虞湾（あごわん）周辺で、リアス海岸と真珠の養殖で有名です。私が高校生だった頃はリアス〝式〟海岸とされ、沈降してできたと習った記憶があります。しかし、英虞湾の周辺には標高が40m前後の海成段丘があるので、ゆっくり隆起しているのでしょう。

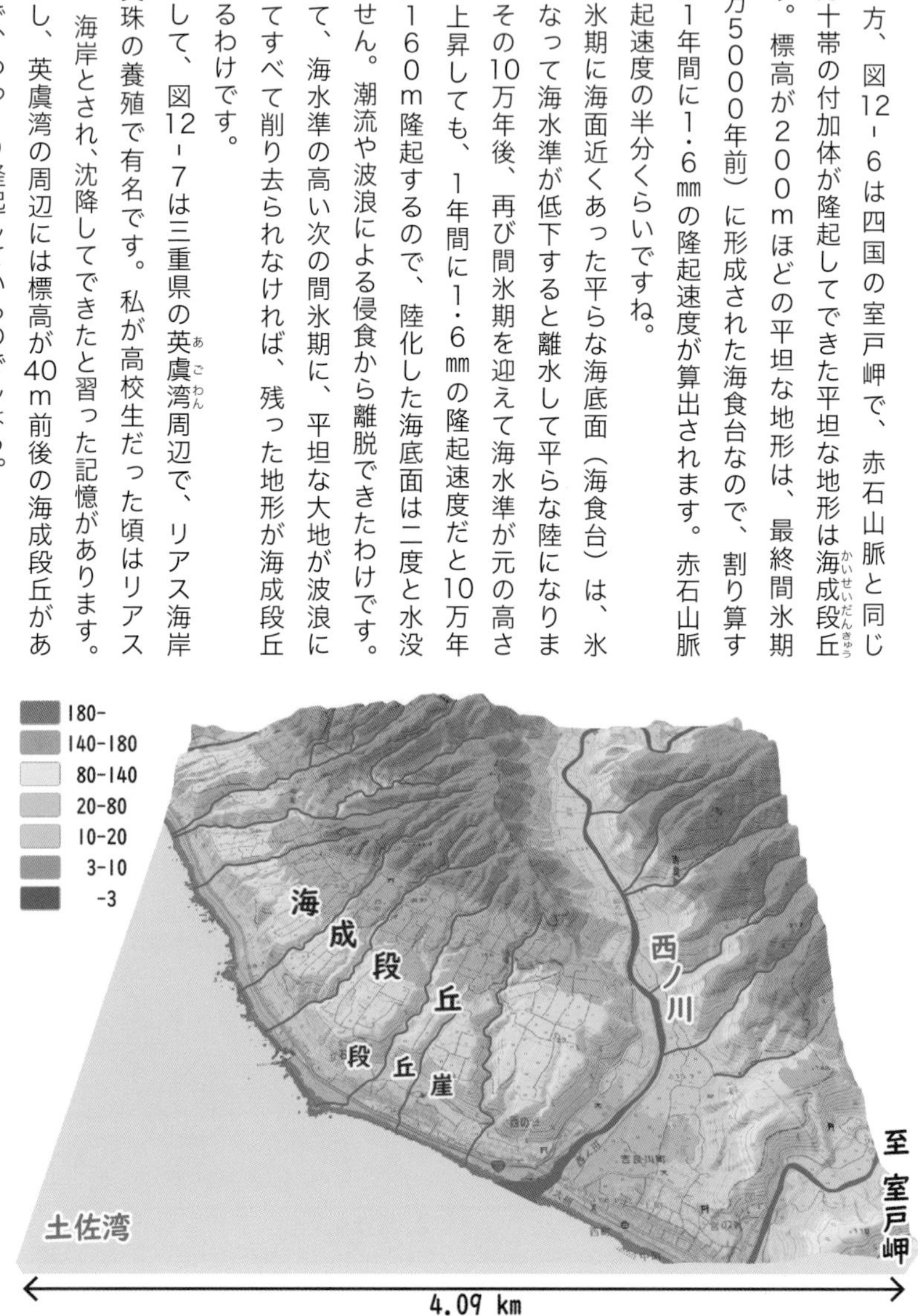

図12-6 室戸岬の西岸に沿って発達する海成段丘。

２万年前の最終氷期の極大期には海水準が１２０ｍ低下し、露出した海底面には無数の谷が刻まれました。その後、後氷期になって海水準が上昇し、かつての谷に海水が浸入しました。リアス海岸の無数の小さな湾は、谷が水没してできた溺れ谷なのです。入り組んだリアス海岸の海岸線は、侵食が進んだ山地の等高線と同じですね。

日本列島はおよそ３００万年前に東西圧縮の地殻変動が始まって、大地が隆起して山地が形成されたことが明らかにされています（Ｔａｋａｈａｓｈｉ、２０１７）。仮に、中国山地が過去３００万年間で１５００ｍ隆起したとすると、隆起速度は１年間で０・５㎜になります。その程度の隆起速度なら、中国地方にリアス海岸をつくることは可能でしょう。

英虞湾の地形はリアス海岸だけではなく、多数の島々からなる多島海で特徴付けられます。ハワイ諸島の例で示したように陸が隆起しなければ、陸地は波浪によって侵食されつくされ、なくなってしまいます。なおさら陸が、たとえゆっくりでも沈降していたら、陸地はすべて水没してしまうでしょう。つまり、リアス海岸や多海島は、大地がゆっくり隆起していることを示しているのです。

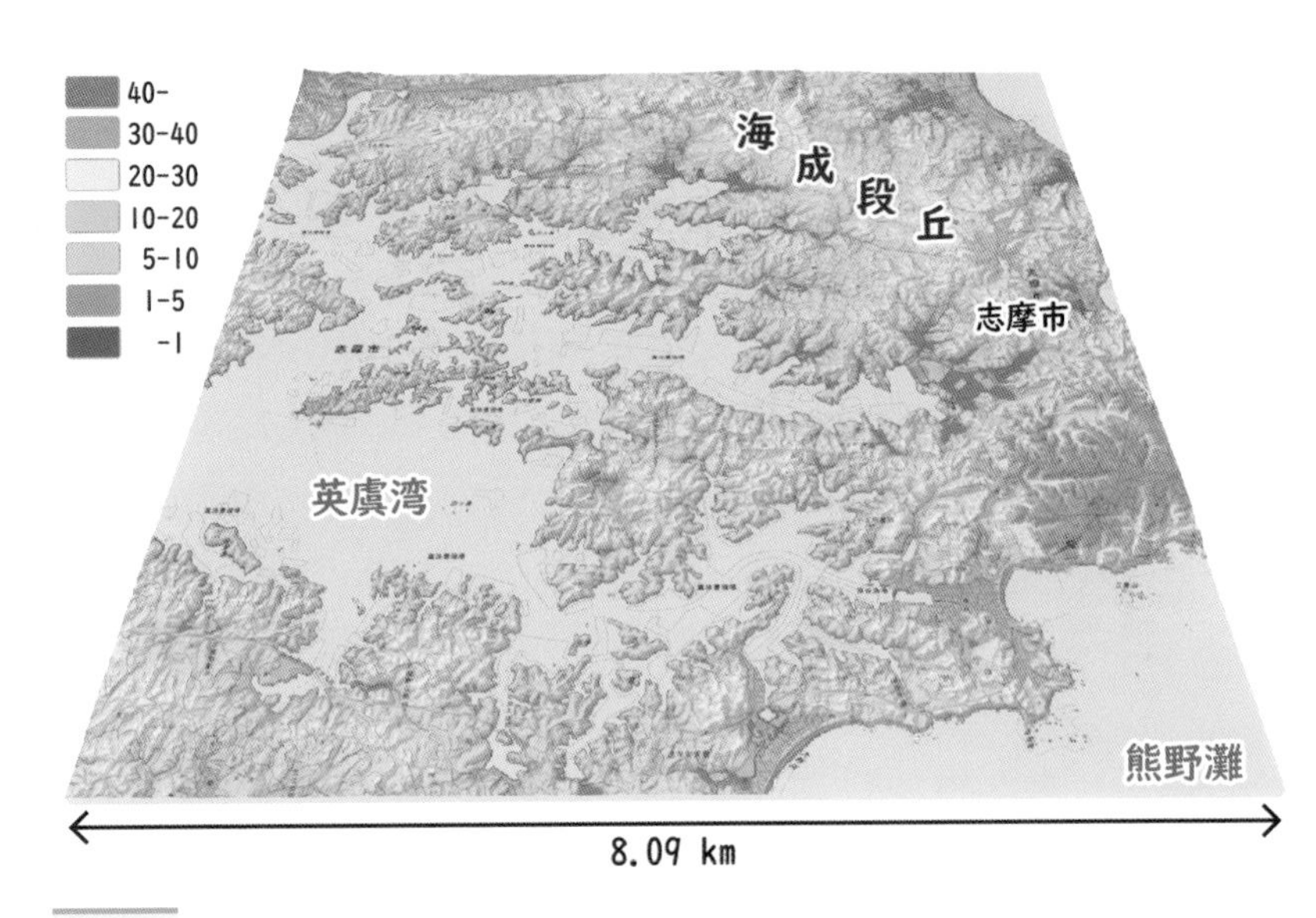

図12-7 志摩半島南部の英虞湾のリアス海岸と多島海。

3

隆起の原因は東西圧縮

中国地方の海底を隆起させたのは、およそ300万年前に始まった東西圧縮。半世紀にわたって解くことができなかったその地殻変動の原因は、手作りの模型が解明しました。日本列島を誕生させ山国に成長させたのは、実はフィリピン海プレートの運動だったのです。

大陸と海洋に分かれている地球

みなさんは、日本列島に陸地が広がっていることに、何の疑問も持たないでしょう。日本列島は私たちが生まれる前から存在しているので、陸がなかった日本列島など考えたことはないはずです。関門海峡(かんもんかいきょう)がなかったなどと考えたことがないように、水没していた日本列島など全く想像できないでしょう。しかし、日本列島の陸地がこれほど広がっているのは、地質学的にはごく最近だけなのです。

地球の構造が地殻とマントル、そして核(コア)に三分されることをご存じでしょうか(図13-1)。卵に例えると、殻の部分が地殻で白身がマントル、そして黄味の部分が核(コア)です。これらは物質の違いによる区分です。これに対し、よく耳にするプレートとは、地球表層のほとんど変形しない硬い部分を指しています。プレートは冷えたマントルとその上に重なる地殻で構成されるので、物質の違いによる区分ではありません。

冷えたマントルは強度が大きく、ほとんど変形しないまま地球の表面を移動します。その上に乗る地殻はマントルに比べて変形しやすいのですが、硬いマントルに支えられているので変形しないまま移動します。ちょうど、テーブルの上のテーブルクロスのように。テーブルが変形しなければ、テーブルクロスにはしわが寄りません。南極大陸やオーストラリア大陸は硬いマントルの上に載っていて、周囲の海域も硬いマントルなので、地殻変動がほとんどないのです。

ところが、同じ大陸でもインド亜大陸が衝突（図13-2）しているユーラシア大陸は広い範囲が変形して、ときどき大きな地震が発生します。世界の屋根といわれるヒマラヤ山脈は、大陸の地殻が変形しやすいことを物語っています。変形せずに地球の表面を移動することが、プレートテクトニクスの最も重要な視点です。しかし、大陸に関していえば、プレートテクトニクス理論には合致しないのです。

地球の表層をおおう地殻は、私たちが普段よく目にする岩石から構成されています。海洋底（沿岸部を除く深海底）の地殻は玄武岩質の岩石からなり、厚さは世界中どこでも6～7㎞程度です。海洋底は海嶺でプレートが誕生したときにつくられて以降、新たに地殻が付け加わることはめったにないので厚さが一定なのです。

これに対し、大陸や日本のような島国では、地殻は花崗岩（かこうがん）や玄武岩（げんぶがん）など多種多様な岩石で構成されています。地殻の厚さは日本列島などの島国で20～30㎞ほど、大陸で数十㎞を超えます。

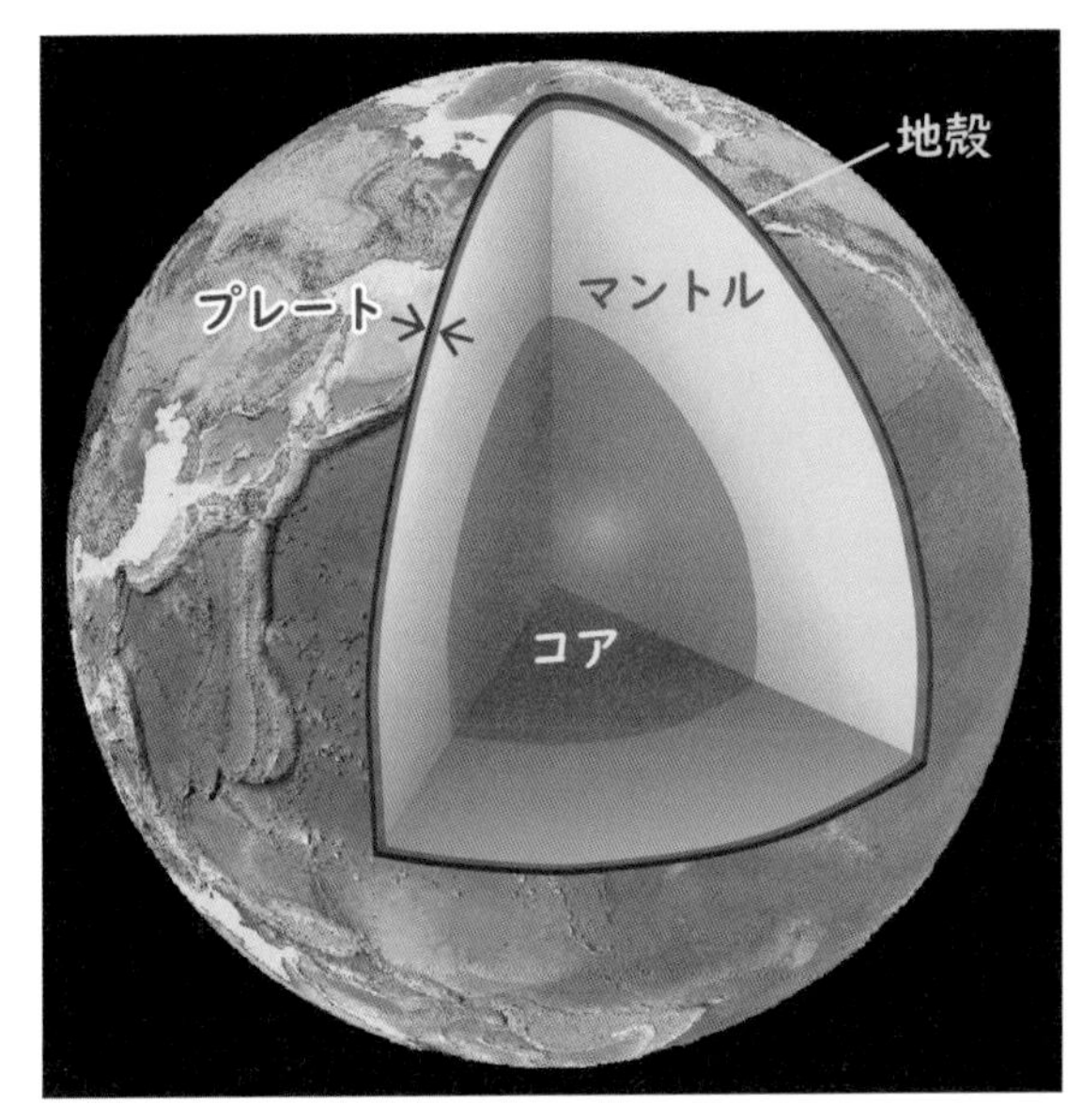

図13-1 地球の構造（物質による区分）。

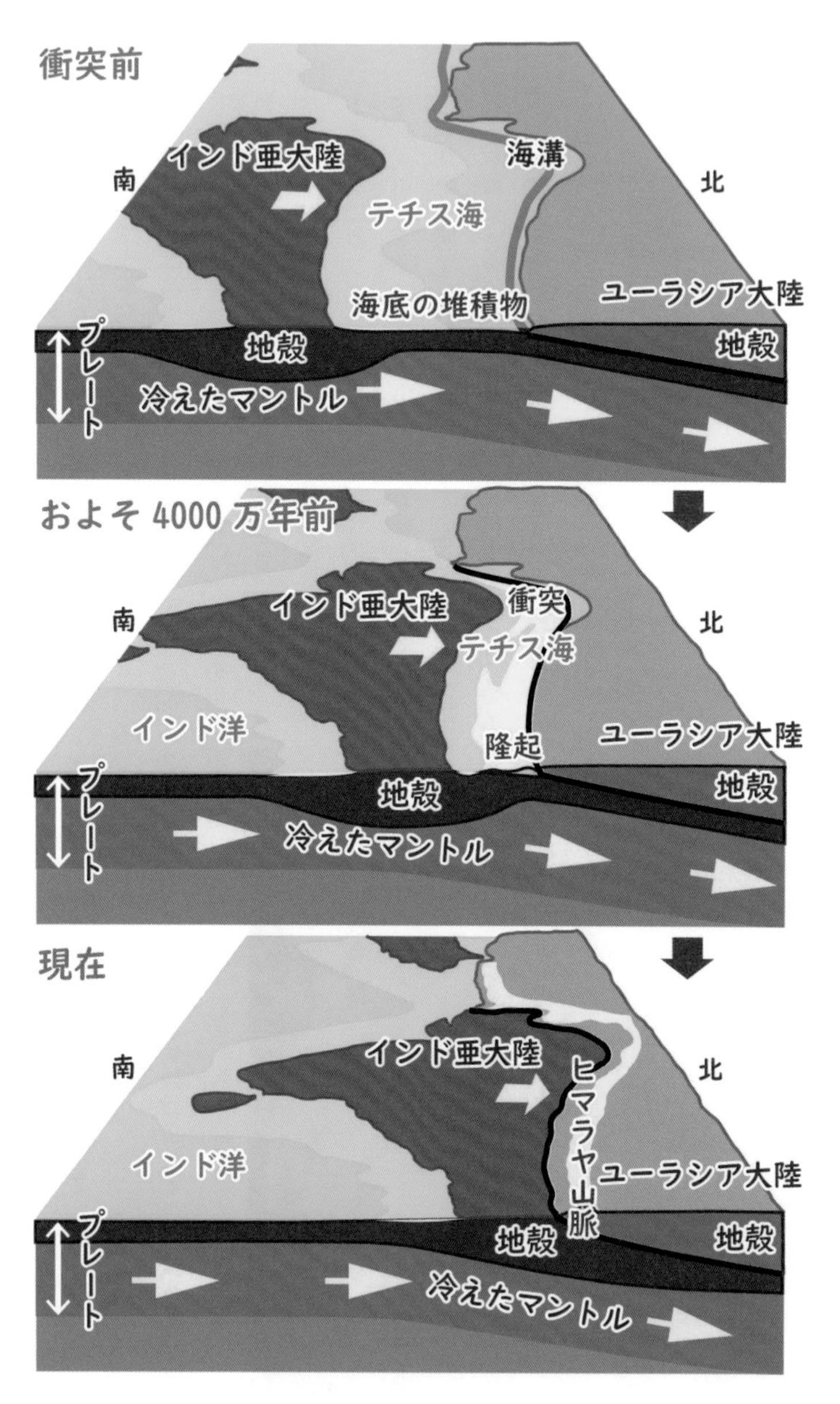

図13-2 インド亜大陸の衝突の概念図。ユーラシア大陸はインド亜大陸の地殻が底付けされて厚くなり、広い範囲が隆起してチベット高原ができた。

日本列島のようにプレートが沈み込む場所では火山が活動し、地下には大量のマグマがつくられます。また、海溝に集積した堆積物はプレートの沈み込みによって陸地の下に運ばれ、さらに陸の地殻の下に底付けされていきます。そのため、海洋底の地殻に比べて厚くなります。古い大陸が厚いのは、長い期間にわたって地殻物質が付け加わったからなのです。

さらに、大陸では大陸同士の衝突によって地殻が2段重ねになったりすることがあり、地殻の厚さは非常に厚くなっています。衝突を続けるインド亜大陸の厚い地殻はユーラシア大陸の下に押し込められ、チベット高原は標高が高くなりました（図13-2）。世界の地質図を見ると、地球は何度も大陸の合体と分裂を繰り返してきたことが分かります。

大陸の高さはどう決まる？

地殻の厚さが30㎞に満たない日本列島は、隆起しなければ陸地は存在できません。実際、ほぼ同じ厚さの地殻からなる千島列島や伊豆諸島では、巨大な海底火山の山頂部しか海面上に露出していません。大地の高さはどのようにして決まるのでしょうか。ここで重要な考え方がアイソスタシー（地殻均衡（ちかくきんこう））です（図13-3）。比較的密度の小さい地殻が、密度が大きく多少の流動性がある最上部マントルに浮かんでいるとする考えです。ちょうど、水に木の板を浮かべた状態と同じです。

プレートは、冷えたマントルとその上に乗る地殻で構成されています。地殻はマントルに比べて密度が小さい（軽い）ので、マントルの中に沈み込んでいくことはありません。大陸が地球創世以降ずっと地球の表面に存在し続けた理由は、大陸は密度の大きい（重い）マントルの上に浮かぶ、軽くて厚い地殻でつくられているからです。反対に冷えて重くなったマントル（海洋のプレートの大部分）は、海溝から地球深部へと沈み込んでしまいます。2億年より古い岩石が海洋底に存在しない理由は、海洋底を構成するプレートの大部分が順次海溝で消滅してしまうからです。

海洋底を構成する地殻は玄武岩質の岩石のみで、厚さが6〜7㎞程度と非常に薄いのが特徴です。水に浮かべた木の板が薄ければ、水面上に露出する板の高さはわずかです。海洋底では重いマントルに浮かぶ軽い地殻が薄いので、海底は海面よりも低くなってしまいます。だから、海底なのですね。

これに対し、大陸や列島の地殻を構成する岩石は、花崗岩質の岩石と玄武岩質の岩石に大別されます。玄武岩質の岩石は花崗岩質の岩石よりも密度が大きいので、大局的には地殻の下部を構成します。つまり、地殻の上部を花崗岩質の岩石が、下部を玄武岩質の岩石が構成し、これらの浮力によって陸地の標高が保たれています。

大陸の地殻は非常に厚いので、海面を超えて高い標高を維持することができるのです。地球の表面が大陸と海洋に分かれているのは、マントルに浮かぶ軽い地殻の厚さの違いに起因しているのです。

図13-3 アイソスタシー（地殻均衡）の概念図。

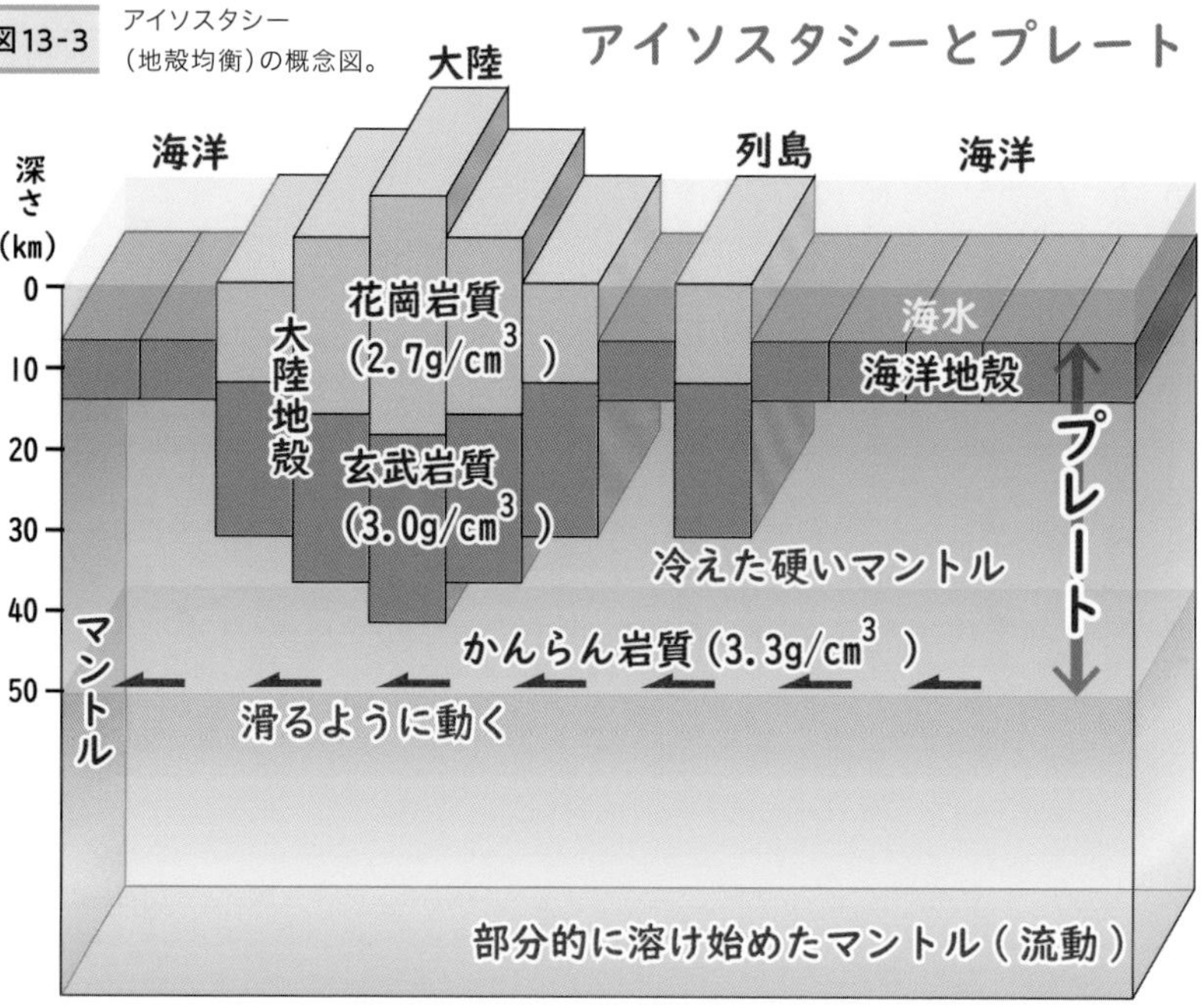

隆起の原因は東西圧縮

大陸に比べて地殻が薄い日本列島は、浮力がそれほど大きくありません。実際に簡単な計算を行ってみると、日本列島は標高の高い火山の山頂部がようやく海面上に顔を出す程度であることが分かります。噴火を続ける伊豆諸島の西之島くらい巨大な海底火山でないと、海面上に露出することはできません。言い換えるなら、本州は異常に陸地が広いのです。

なぜ日本列島は、これほど広い範囲が陸なのでしょうか。その理由は、日本列島が東西方向から強く押されていて、地殻が変形しているからです。およそ300万年前に開始したこの地殻変動は地質学で詳しく調べられていて、島弧変動とか六甲変動、あるいはネオテクトニクスと呼ばれてきました。最近では、単に東西圧縮と呼ばれています。

しかし、この地殻変動がなぜ起こったのか、その原因は地質学でも地球物理学でも解くことができませんでした。ところが、日本列島の地殻変動の原因を研究していた私は、今から20年くらい前、偶然その謎解きに成功しました。ここでは、その概要だけを説明しましょう。

東西圧縮の謎は模型が解いた

日本列島には東から太平洋プレートが、南からフィリピン海プレートが沈み込んでいます（図13-4）。太平洋プレートは伊豆-小笠原海溝からフィリピン海プレートにも沈み込んでいるので、関東地方の下にはフィリピン海プレートと太平洋プレートが沈み込んでいます。関東地方に地震が多いのは、2枚のプレートが沈み込んでいるからなのです。

1年間に10㎝ほどの速さで日本海溝から沈み込む太平洋プレートは、世界中のプレートのなかでは最も速いプレートの一つです。しかも、東北日本に対してほぼ西向きに沈み込んでいます。そのため、日本列島の東西圧縮の原因は、太平洋プレートの運動であると信じられてきました。

一方、フィリピン海プレートは北海道の北東方（千島列島付近）を中心に時計回りに回転していて、西南日本に対しては北西に沈み込んでいます。北西に沈み込むフィリピン海プレートが、まさか東西圧縮の原因だとは誰も思わないでしょう。プレート運動の向き（北西）と圧縮の方向（東西）が、大きく異なっているからです。しかも、フィリピン海プレートは西南日本に沈み込んでいて、東北日本には沈み込んでいません。ところが、東西圧縮によって引き起こされる逆断層の活動や地層の折れ曲がり（褶曲）は、西南日本よりも東北日本のほうがはるかに活発です。

プレートテクトニクス理論では、沈み込むプレー

図13-4 日本列島周辺のプレート。

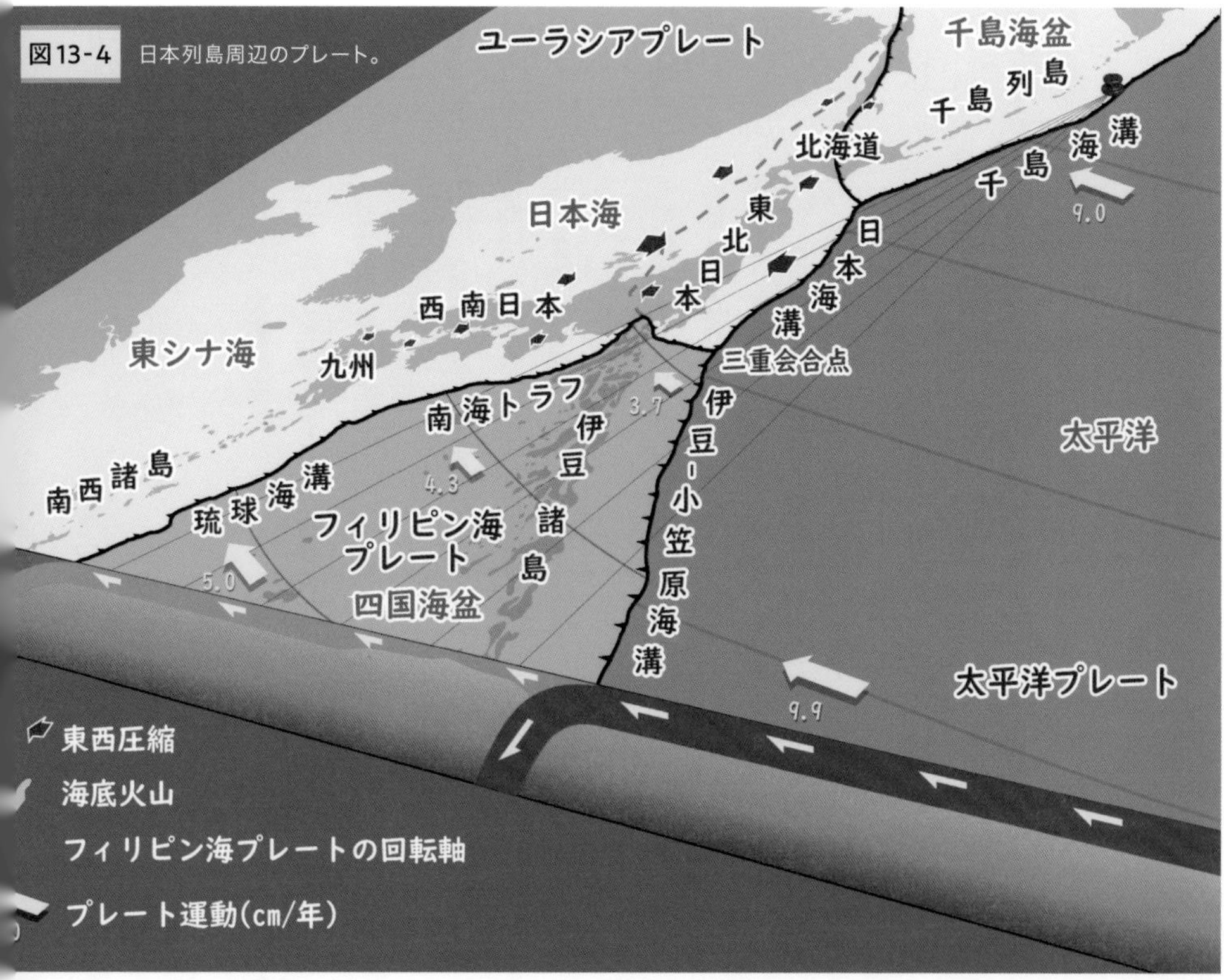

トの運動が地殻変動の原因であると考えられています。そのため、東北日本に沈み込んでいないフィリピン海プレートの運動が、東北日本の東西圧縮の原因であると考える研究者は一人もいませんでした。私も、フィリピン海プレートの運動が東西圧縮の原因などと考えたことは、一度もありませんでした。もちろん、模型をつくるまでは。

地質学者である私は、長い間、フィリピン海プレートの過去の運動問題と格闘してきました。日本列島の成り立ちをプレートの運動で説明するためには、太平洋プレートとフィリピン海プレートの過去の動きを明らかにしなければなりません。ところが、世界の主要なプレートのうち、フィリピン海プレートだけ過去の運動が全く不明だったのです。ところが、地球科学の難問がそう簡単に解けるわけがなく、研究に行き詰まった私はホームセンターで材料を買い集め、研究室でプレートの模型を製作しては思考実験を繰り返していました。30代の後半ころです。そんなある日、壊れずに動く模型が完成しました。その模型を動かした瞬間、東西圧縮の謎が解けたのです。解けたというより、模型が解いたという表現のほうが適切でしょう。私はたまたま、その場に居合わせたのです。

ところが、フィリピン海プレートの運動と東西圧縮の因果関係は、自分で実際に模型を動かさないと、研究者でも理解することが難しいのです。そこで、厚紙模型をたくさんつくって学会の会場で配布し、研究者に模型を組み立ててもらって私の説を広めました（図13-5）。論文を公表して記者発表しNHKスペシャルで放映されたのは、それから十数年後の2017年でした。

厚紙模型の原図（PDF）は、私が所属していた研究所のホームページに公開されています。PDFをダウンロードして、マット紙のような少し厚めのA4用紙に印刷し、ホームセンターなどで割ピンを購入すれば、誰でも簡単に模型を組み立てて確認することができます。厚紙模型のつくり方や解説記事も、研究所のホームページからダウンロードできます。ここでは、結果だけを簡単に解説しましょう。

日本海溝移動説

図13－5がその厚紙模型です。最も重要なのは、フィリピン海プレートのシートの伊豆－小笠原海溝に沿ってスリットを入れ、日本海溝の南端に穴を空けて割ピンでつないでいる点です。日本海溝と伊豆－小笠原海溝がずれてしまうと、その場所で太平洋プレートが裂けてしまうので、それを回避するためです。

ところが、この状態では模型は動かないので、思い切って東北日本の範囲を切り取ってしまいました。そして、東北日本はサハリン北部のオハ付近を中心に回転していることが地震学的に明らかにされていたので、その場所に割ピンを挿しました。すると、模型は壊れずに動いたのです。

フィリピン海プレートを北西に動かすと伊豆－小笠原海溝が西に移動し、割ピンでつながっている日本海溝も西に移動します（図13－5の赤矢印）。東北日本の東端が日本海溝なので、日本海溝が西に移動すると東北日本も西に移動します。ところが、硬いマントルが支えている日本海の海洋地殻は変形しません。そのため、西に移動する東北日本の地殻は東西に短縮せざるを得ないのです。東西に押しつぶされた地殻は上下に押し出され、東北日本の大地は隆起して山地や山間盆地がつくられているのです。

この東西圧縮の影響は、中部地方から近畿地方を越えて、中国地方や四国まで及んでいます。本州の広い範囲が陸地である原因は、実はフィリピン海プレートの運動だったのです。

フィリピン海プレートによって日本列島が東西圧縮となり、大地が隆起して山国に成長したとするこの考えは、日経サイエンス誌に特集記事をまとめた中島林彦さんによって、「日本海溝移動説」と名付けられました。海溝が移動することは珍しくありませんが、日本海溝が西に移動していることを、世界で初めて論理的に証明したからでしょう。模型が解明したこのアイデアを、私も日本海溝移動説として普及を進めています。

300万年前

現在

図13-5 フィリピン海プレートの運動による日本列島の東西圧縮を再現した厚紙模型。厚紙模型のPDFは高橋雅紀（2017a）日本列島の東西短縮地殻変動のメカニズムを再現したアナログ模型，地質調査研究資料集，no. 644。解説記事は高橋雅紀（2017b）サイエンスの舞台裏-東西短縮地殻変動厚紙模型の作り方-GSJ 地質ニュース，vol. 7，no. 1，p. 3-13.

厚紙模型キット

つくり方と解説

4

中国地方は瀬戸内海だった

なだらかな高原や起伏の少ない台地に小山が散在し、多数の谷中分水界で特徴付けられる中国地方の地形の原点は多島海でした。中国地方は、もともとは瀬戸内海だったのです。海底の隆起と海水準の昇降によって、中国地方の地形の骨格がつくられたのです。

過去にさかのぼれば海の底

およそ３００万年前に始まった東西圧縮によって日本列島が隆起しているとすれば、現在から過去にさかのぼると徐々に山地は低くなり、ついには海面下に戻されるでしょう。地質図を丁寧に解読すると、日本列島は東西圧縮が始まるまで、広い範囲が海面下に水没していたことが分かります。

実際、関東平野をはじめとして、海岸平野の地下には３００万年前よりも新しい海成層（海底に堆積した地層）が伏在しています。平野だけでなく、海成層が構成する丘陵もたくさんあります。つまり、現在は平野や丘陵など陸地ですが、当時は海底だったのです。平野や丘陵だけでなく、山地の多くも海面下に水没していたのではないかと考えられるのです。

アイソスタシーの効果だけでは日本列島はこれほど陸が広がらず、東西圧縮によって大地が隆起し続けていることを考慮すると、瀬戸内海や中国山地もゆっくり隆起していると考えられます。中国地方で、谷中分水界や片峠など見たこともない不思議な地形がたくさんつくられているのは、私が研究している

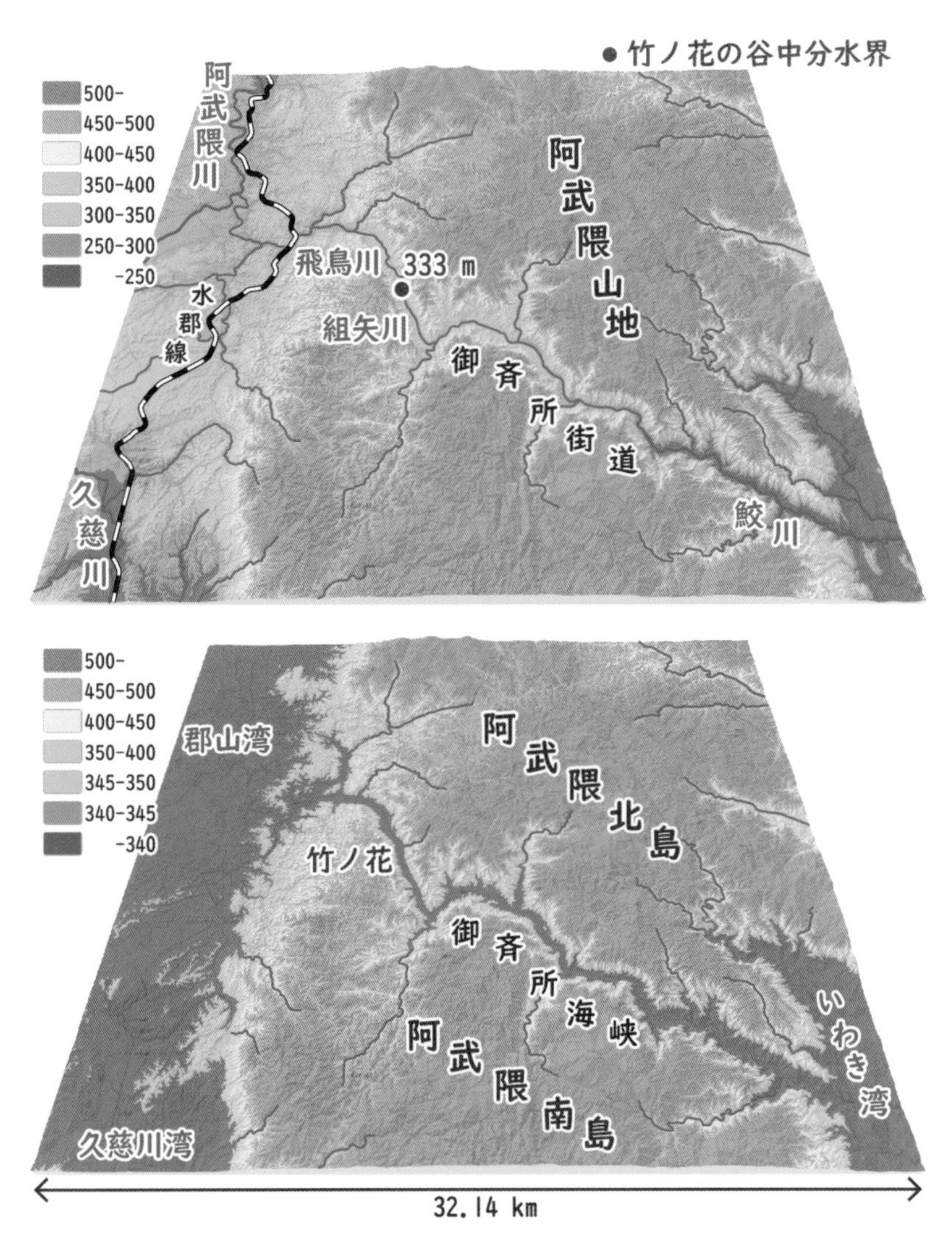

図14-1 竹ノ花の谷中分水界周辺の地形図(上)と、標高350m以下を青系統の色で塗色した地形図(下)。

関東地方や東北地方に比べて隆起のスピードが緩慢だからでしょう。

ここで、「旅の準備」で説明した福島県の竹ノ花の谷中分水界をもう一度訪れてみましょう（図14－1）。標高が333mの竹ノ花の谷中分水界は、鮫川支流の組矢川と阿武隈川支流の飛鳥川を分ける見事な谷中分水界でしたね。竹ノ花を通過する分水界は阿武隈山地（高地）を浜通り側と中通り側に分けるので、竹ノ花は阿武隈山地を横断する最もなだらかな峠です。そのため、古くから御斉所街道として利用されてきました。

図14－1上は通常の標高区分で色付けした地形図ですが、下の図は350m以下を青色系統に塗色しています。同じ範囲の地形図なのに、ずいぶん印象が変わりますね。下の図は、まるで二つの島に挟まれた、幅の狭い海峡に見えませんか。この海峡を、仮に〝御斉所海峡〟と呼びましょう。〝御斉所海峡〟は、本州と九州を分断する関門海峡に似ています。

竹ノ花の谷中分水界は標高が333mなので、阿武隈山地の隆起速度が1年間に1㎜とすると三十数万年前、年0・5㎜だと70万年前には海面下に戻されます。その結果、御在所街道はすべて水没して、太平洋に面する〝いわき湾〟と郡山盆地側の〝郡山湾〟をつなぐ海峡になります。このとき阿武隈山地は大きな島で、〝御斉所海峡〟によって〝阿武隈北島〟と〝阿武隈南島〟に分けられていたことが分かります。

その後、阿武隈山地が隆起する過程で〝御斉所海峡〟は徐々に浅くなり、ついに竹ノ花付近で海峡が離水（陸化）します。その結果、細く曲がりくねった〝御斉所海峡〟は二つに分断され、さらに浅い海底が干上がると、組矢川と飛鳥川が流れる幅の広い平らな谷が残されます。そして、最初に離水した場所が、竹ノ花の谷中分水界になったのです。

中国地方の過去を復元する

　このように、隆起を続ける日本列島を過去に戻していけば、大地はある時点で海面下まで下がります。そして、そこから現在に向かって隆起させると、谷中分水界の成り立ちを再現することができます。中国地方についても、竹ノ花の谷中分水界と同様に過去にさかのぼれば、地形の謎が解けるはずです。ただし、具体的な隆起速度を見積もることは、容易ではありません。地域によっても異なるでしょう。それでも、隆起速度を仮定して一つの可能性を考察することには意味があります。ここでは、中国地方を含む西南日本が、1年間に0・5㎜の速度で隆起し続けてきたと仮定して考えてみましょう。

　1年間に0・5㎜の隆起速度だと、10万年間で50m隆起します。反対に、10万年前の標高は、現在よりも50m低かったことになります。そこで、過去の海水準(かいすいじゅん)の高さが現在と同じであったとし、隆起速度を1年間に0・5㎜と仮定して、中国地方の過去の地形を復元してみましょう。

　具体的には、24万年前には120m、44万年前には220m低かったとし、それよりも標高が低い部分を海域と考えて青く着色します。すると、当時のおおよその海陸分布を推定することができます（図14-2）。その結果、西南日本には、かつて本州を分断する海峡があった可能性が見えてきました。

　図14-2上は陸が現在に比べて120m低かったと仮定した復元図で、標高が95mの石生(いそう)の谷中分水界は水没しています。瀬戸内海と日本海をつなぐ氷上回廊(ひかみかいろう)で最も標高が高いのは石生の谷中分水界なので、陸が120m低かった時期には、瀬戸内海と日本海はつながっていました。つまり、氷上回廊は海峡だったのです。この海峡を、仮に〝石生海峡〟と呼びましょう。

　〝石生海峡〟は兵庫県加古川市から石生を抜けて京都府舞鶴市まで続く細長い海峡で、瀬戸内海と日本海をつなぐ本州を横断する唯一の海峡です。藤田和夫先生が提唱した氷上回廊は、実は陸化した〝石生

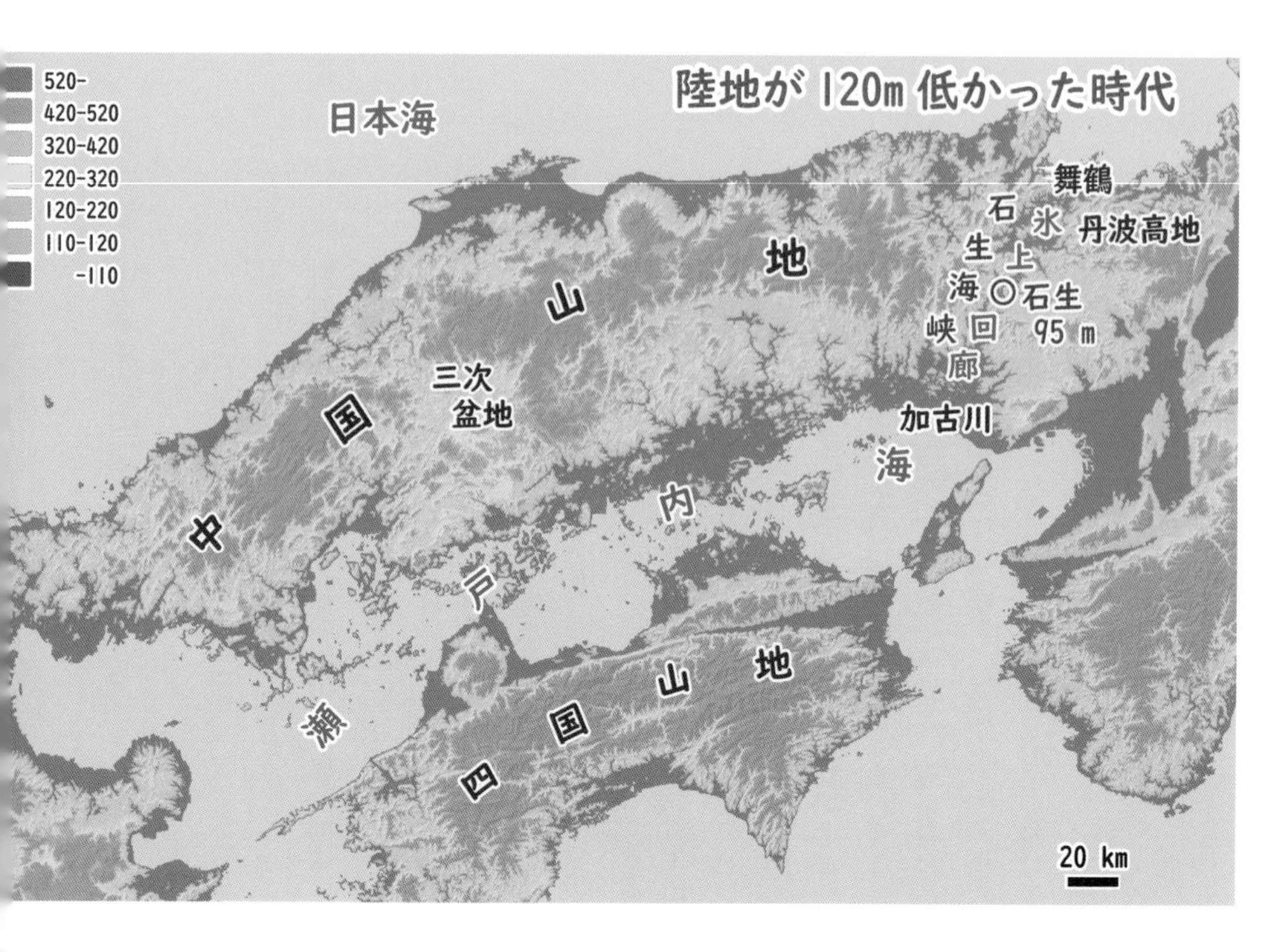

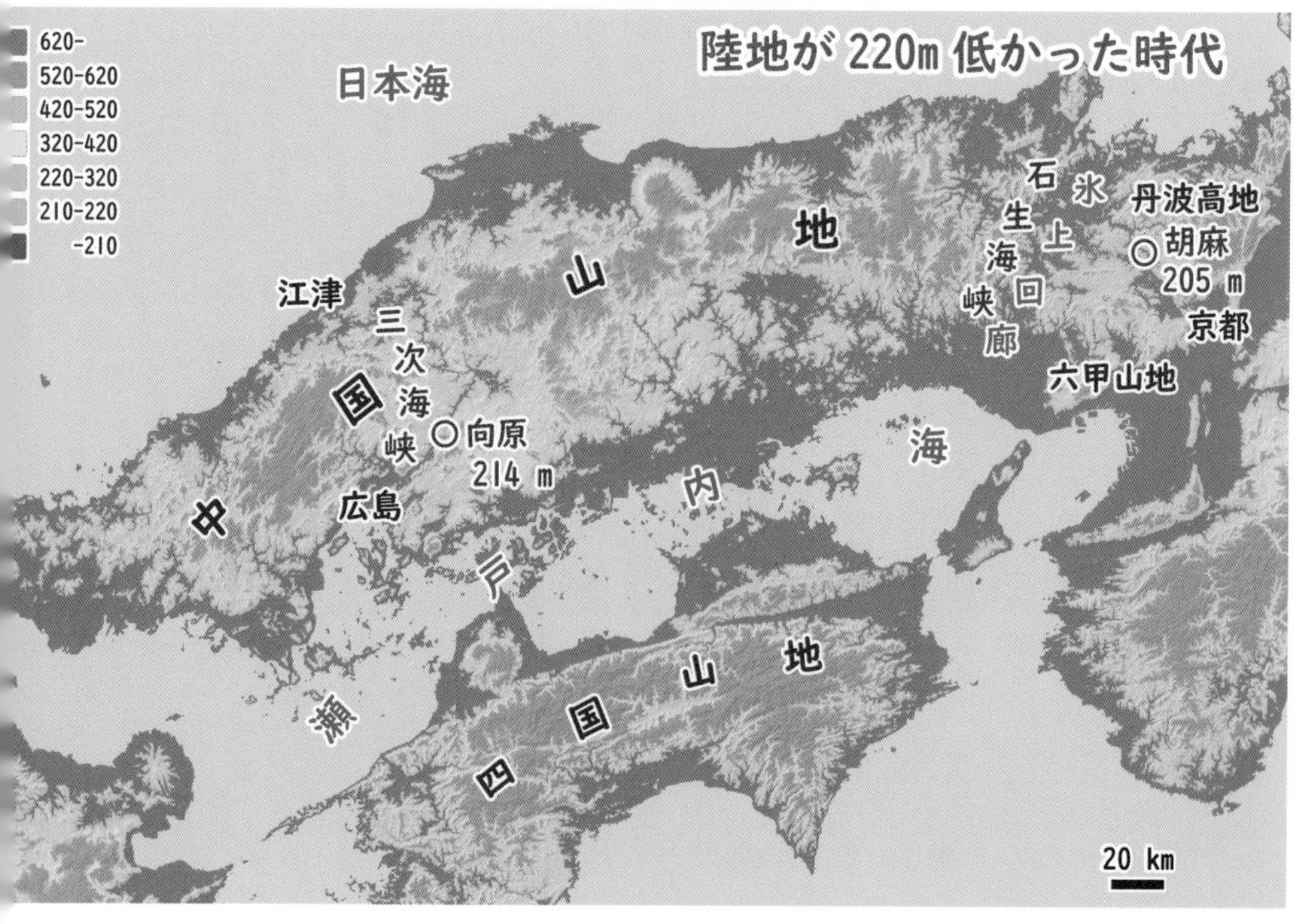

図14-2 西南日本にかつて存在した"石生海峡"（上）と"三次海峡"（下）。

海峡〟だったのです。

さらに、陸が220m低かった頃の復元図を見ると、向原の谷中分水界（標高214m）も水没しています（図14-2下）。したがって、その頃には、〝石生海峡〟とは別に、広島市から三次盆地を経て、島根県江津市に抜ける曲がりくねった海峡が西南日本を分断していたことが分かります。この海峡を仮に〝三次海峡〟と呼びましょう。

このように、陸が220m低かった頃には、〝石生海峡〟と〝三次海峡〟によって、西南日本は大きく三つの島に分割されていました。隆起速度が1年間に0・5㎜であったとしたら、その年代は44万年前になります。それでは、今度は海水準変動も考慮して、もう少し詳しく考察してみましょう。

石生海峡と胡麻海峡

地殻変動による隆起速度を1年間に0・5㎜と仮定しましたが、気候変動による海水準変動は、2万年で100m（1年間に5㎜）以上も上昇することがあります。そのため、地殻変動だけを考えても、過去の海陸分布は分かりません。海水準変動のほうが速く、効果も大きいからです。

そこで、地殻変動によって隆起し続ける石生と胡麻の谷中分水界の標高の変化を海水準変動のグラフに重ね、双方の関係から、過去に陸（谷中分水界）だったのか、それとも海（海峡）だったのかを推定することにしました（図14-3）。

1年間に0・5㎜隆起してきたと仮定しているので、過去に10万年さかのぼるごとに50mずつ標高が下がっていきます。したがって、標高が95mの石生の谷中分水界はおよそ20万年前、標高が205mの胡麻の谷中分水界はおよそ40万年前に、標高0m付近に戻されます。隆起速度を一定と仮定しているので、いずれのグラフも右上がりの直線になります。直線は現在の標高を通過するので、胡麻の谷中分水界のほうが石生の谷中分水界よりも上側に表示されます。

一方、気候変動に伴い上昇と下降を繰り返す海水準変動は、グラフでは赤線で示しました。したがって、当時の海面である赤線よりも、石生や胡麻の谷中分水界の標高が高ければ陸、低ければ海だったことになります。すなわち、グラフのオレンジ色の線で示されたときは谷中分水界（陸）で、青色の線のときは海峡（海）だったことになります。

今からおよそ40万年前は温暖な間氷期で、現在と同様に海面の高い時期でした。その頃の大地は現在よりも200mほど低下していたと計算されるので、当時の海はかなり内陸まで侵入していたはずです（図14-4）。

標高が95mの石生の谷中分水界はマイナス100mくらいに戻されるので、太平洋と日本海をつなぐ海峡〝石生海峡〟だったことが分かりま

図14-3 隆起速度を1年間に0・5㎜と仮定した場合の、石生と胡麻の谷中分水界の過去の標高。海水準変動曲線より下の時代（青色の線）は海峡、上の時代（オレンジ色の線）は谷中分水界（陸）だった。

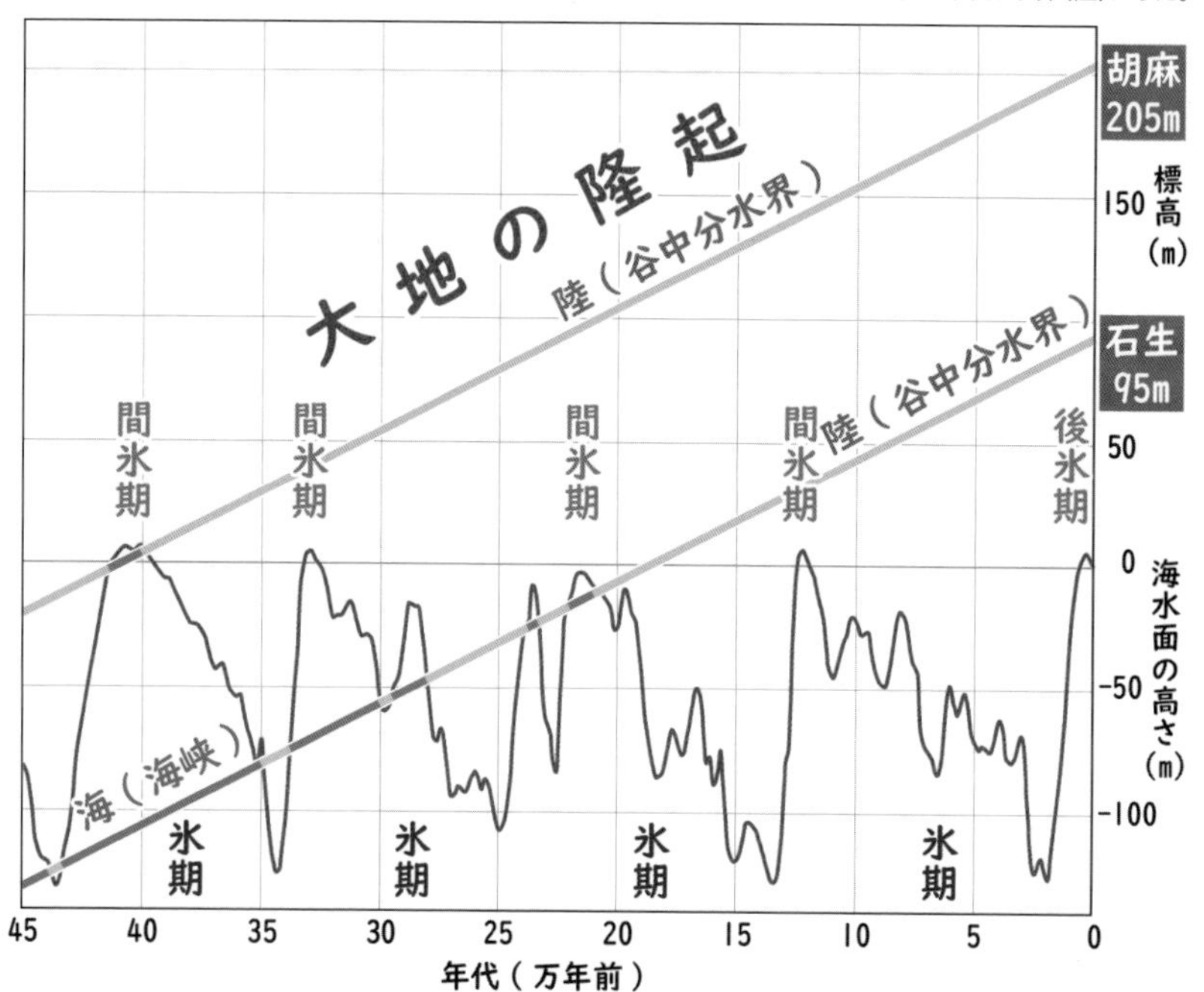

す。海水準変動を考慮しても、やはり40万年前には〝石生海峡〟によって瀬戸内海と日本海がつながっていたことが確認できました。

40万年前には、胡麻の谷中分水界（205m）は、海面すれすれの状況でした。1万年で5mずつ戻されるので、41万年前には胡麻の谷中分水界は標高0mに戻されます。もちろん、そこまで厳密に計算しても意味はないでしょう。図14-3を見ると、海水準変動のグラフにも不確実性があります。ギリギリ水没していた時期が短期間あったようです。

およそ40万年前に胡麻の谷中分水界が水没していれば、京都府の亀岡盆地から福知山盆地にかけて、〝胡麻海峡〟が通じていたことになります（図14-4）。その結果、丹波高地から六甲山地にかけての陸地は、〝胡麻海峡〟によって北東側と南西側に分けられていました。

また、〝胡麻海峡〟は綾部市付近で〝石生海峡〟に合流していたので、六甲山地側は、二つの海峡に挟まれた淡路島のような島だったと考えられます。40万年前の〝石生海峡〟と〝胡麻海峡〟は、渦潮で有名な鳴

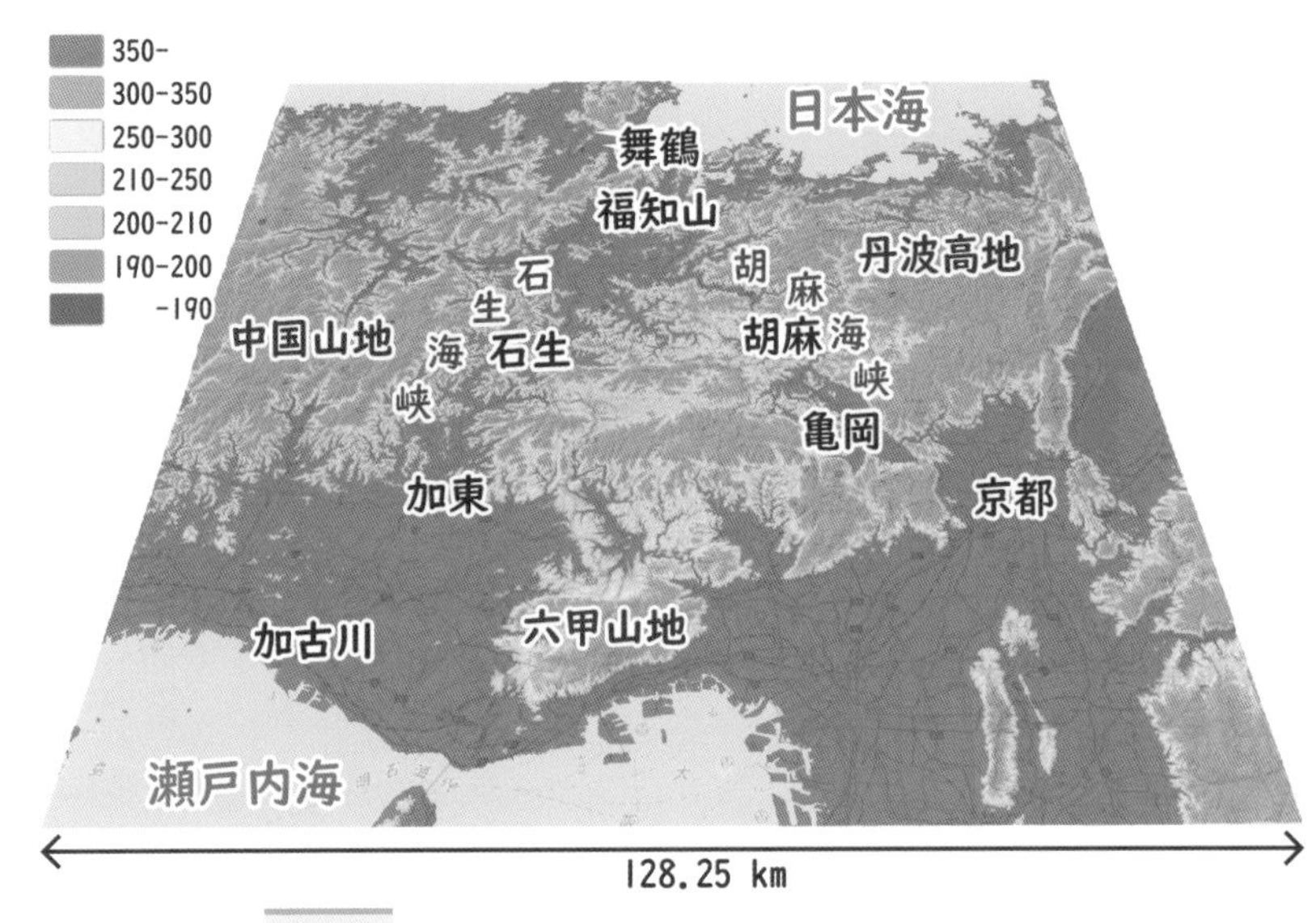

図14-4　西南日本にかつて存在した〝石生海峡〟と〝胡麻海峡〟。

門海峡のようだったのかもしれません。

およそ40万年前の間氷期が終わって氷期に向かうと海面は低下し、海面すれすれだった〝胡麻海峡〟はすぐ陸化して谷中分水界になりました。胡麻の谷中分水界は隆起を続け、このあと水没することはありませんでした。

一方、〝石生海峡〟は〝胡麻海峡〟よりも100mほど深かったので、海峡だった期間が継続しました。しかし、およそ35万年前になると海面の高さが石生の標高を下回り、〝石生海峡〟はいったん離水して谷中分水界になりました。

その後も少しずつ隆起する大地と規則的に昇降する海水準変動の重ね合わせで、石生は水没（海峡）と離水（谷中分水界）を繰り返しました。そして、およそ20万年前に氷期が始まって海面が低下すると、石生は二度と水没することはありませんでした。ようやく海の時代を離脱して、陸の時代に移行したわけです。

三次盆地はミニ瀬戸内海だった

広島県の向原の谷中分水界（214m）も、40万年前には海面すれすれでした。もちろん、さらに一つ前の間氷期には、胡麻と向原の谷中分水界はいずれも完全に水没していました。例えば、標高を300m低下させると、広島市から三次盆地を経て、江の川（ごうのかわ）に沿って島根県の江津市に抜ける、幅の狭い大きく蛇行した〝三次海峡〟が存在していたことが分かります（図14-5）。〝三次海峡〟は、関門海峡を非常に長くしたような海峡だったのでしょう。干潮と満潮の繰り返しによって、速い潮の流れが海峡を行き来していたはずです。

この頃、三次盆地の周辺は、〝三次海峡〟によって外海とつながった多島海〝三次湾〟だったことが分かります。いわば、〝ミニ瀬戸内海〟です。起伏の小さい三次盆地は、当時は潮が引くと広大な干潟が広がったでしょう。

ここで、瀬戸内海から〝三次湾〟をつなぐ部分を〝向原海峡〟、〝三次湾〟から日本海に通じる部分を〝江の川海峡〟として細分してみましょう。この後、中国地方が隆起する過程で三次盆地の多島海は陸となり、島は山に、海底は盆地の底の平らな低地（盆地底）になりました。

そして、向原付近の海峡が最後に離水すると〝向原海峡〟は消滅し、日本海に流れ出る江の川水系と、瀬戸内海に流れ出る三篠川水系を分ける向原の谷中分水界が残ったのです。反対に、〝江の川海峡〟は、そのまま江の川に引き継がれました。かつての早瀬が江の川の流れになったわけです。

このように、多島海である〝古瀬戸内海〟が隆起を続け、規則的な海水準変動との兼ね合いで海峡が閉じたり水没したりを繰り返し、中国地方の大地がつくられてきたのです。瀬戸内海は、実は中国地方のかつての姿だったのです。

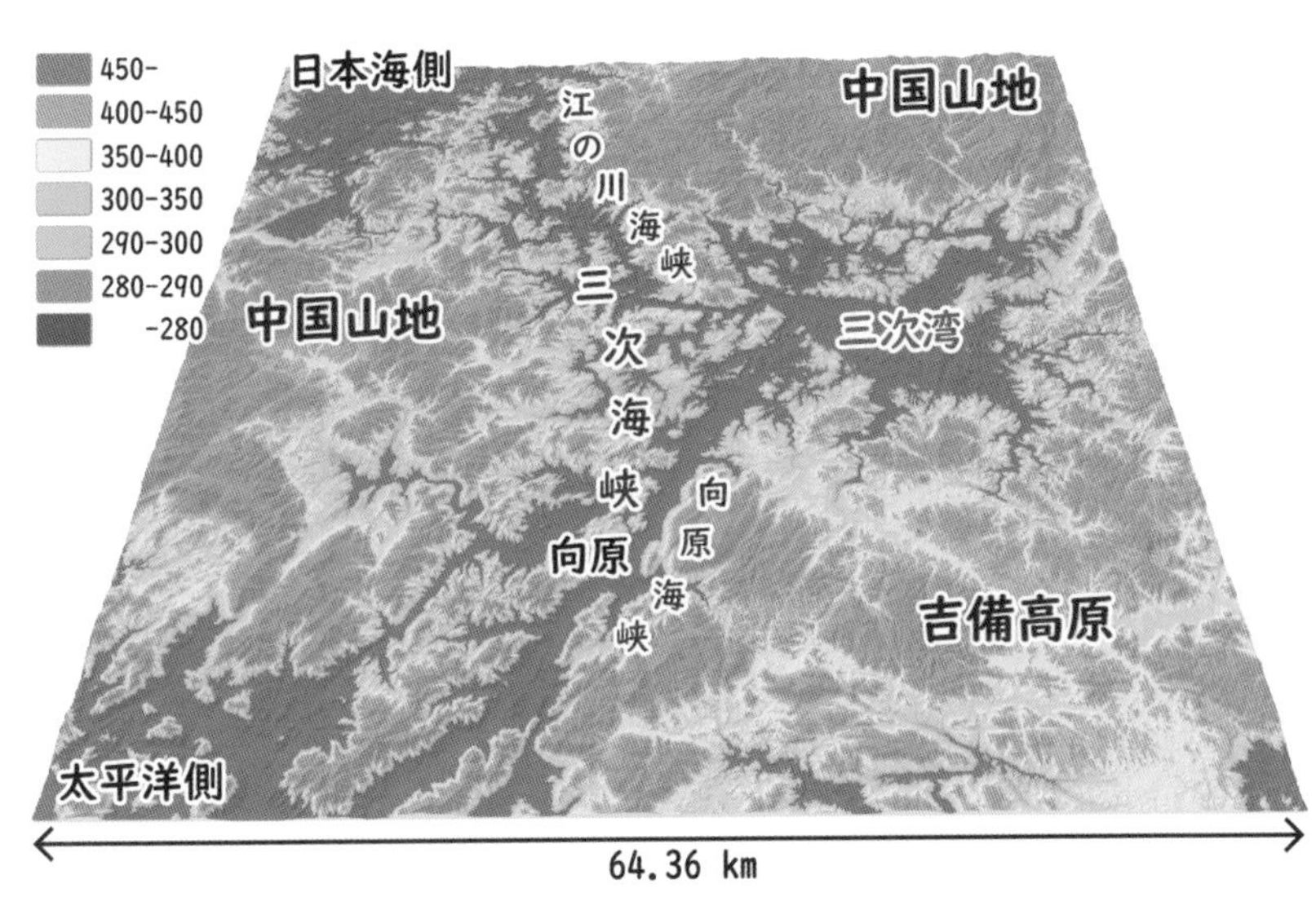

図14-5 現在より300m低かった頃（数十万年前）に存在した、"向原海峡"と"江の川海峡"。三次盆地は"ミニ瀬戸内海"だった。

5

謎の答えは地形が語ってくれる

峠の手前で90度向きを変える川、上っても下らない片峠、高さのそろった尾根、そして平らな谷を横切る分水嶺。9日間のエア旅で見た不思議な地形の謎を解く鍵は、瀬戸内海に隠されていました。〝古瀬戸内海〟が隆起したとき、すべてがつくられたのです。

分水界のつながりは海峡次第

〝古瀬戸内海〟が隆起して中国地方の地形がつくられたというのなら、現在の瀬戸内海に出かければ、過去の中国地方を見ることができるはずです。そこで今度は、瀬戸内海に浮かぶ広島県の江田島と、その隣にある倉橋島の地形を見てみましょう(図15-1)。アルファベットのYの字のような形の江田島は、その東縁(高須ノ浜)を海峡によって本州と隔てられています。一方、江田島の南東側は早瀬瀬戸の海峡によって倉橋島と隔てられ、倉橋島は音戸ノ瀬戸の海峡によって本州と隔てられています。

ここで、江田島の西端の豪頭鼻からスタートして、江田島を北側と南側に分ける分水界を描いてみましょう。すると、分水界は江田島湾を南に大きく迂回して、迫田と梅迫の2カ所で谷中分水界を横切り、島の北東端の高須ノ浜に続いています(図15-1赤ライン)。津久茂瀬戸があるため、分水界はそのまま東には進めず、遠回りしているのです。

では、瀬戸内海の海底が隆起して、陸が広がっていったらどうなるでしょうか。津久茂瀬戸が陸化し

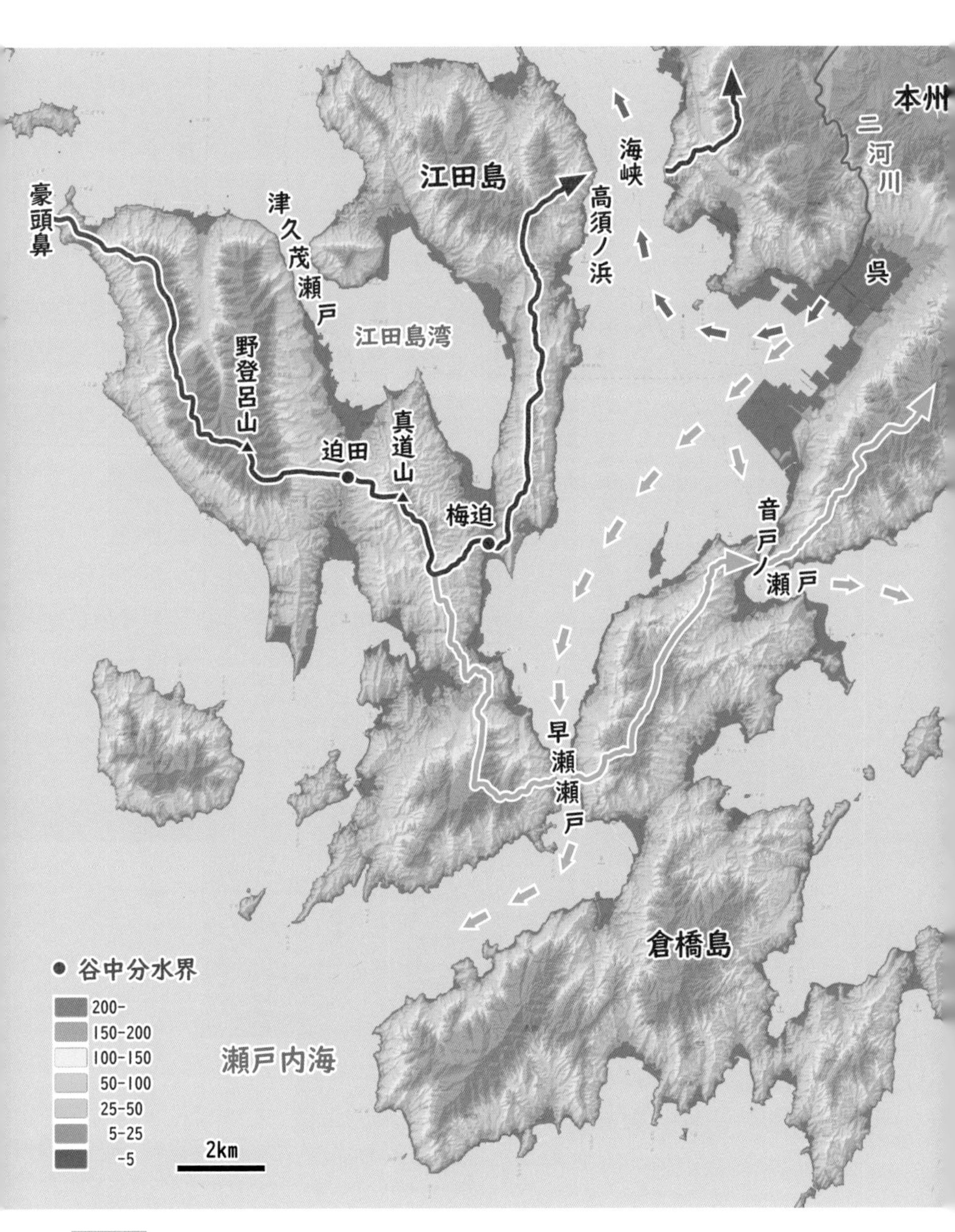

図15-1 広島県江田島周辺の地形と分水界。[34.20,132.46]

て谷中分水界〝津久茂の谷中分水界〟になれば、分水界は〝津久茂の谷中分水界〟を通り、高須ノ浜まで最短経路でつながるかもしれません。

しかし、津久茂瀬戸が谷中分水界になることはありません。江田島湾に流れ込んだ雨水は、必ず1カ所から海に流出するからです。その場所は最も低い分水界の切れ目です。そのため、江田島がいくら隆起しても、陸化を試みる津久茂瀬戸は川によって下刻(かこく)され、分水界にはなれないのです。最も低い（深い）ために最後に離水(りすい)（陸化）した海峡は、谷中分水界として残ることができないのです。

一方、本州との接合も、し烈な競争です。江田島の北東端（高須ノ浜）と本州が先につながれば、赤いラインが分水界となります。ところが、早瀬瀬戸と音戸ノ瀬戸の二つの海峡がその前に陸化してしまうと、分水界は江田島から倉橋島を通って本州に続いていくことになります（緑のライン）。どちらが先につながるのか、それはどちらの海峡がより浅いのかによって決まります。地形図を見ると、海峡の幅が狭い倉橋島経由のほうが優位そうですね。

ところで、もし高須ノ浜の海峡が先に閉じて分水界が本州につながると、本州を流れている二河川(にこうがわ)を流れ下った雨水は、音戸ノ瀬戸と早瀬瀬戸を通じて瀬戸内海へ流れ出ます。その後、音戸ノ瀬戸が先に離水（陸化）して谷中分水界になると、二河川の水は早瀬瀬戸から瀬戸内海に流出するしかありません。つまり、早瀬瀬戸が二河川の河口になるわけです。逆に、早瀬瀬戸が先に閉じれば、二河川の河口は音戸ノ瀬戸になります。

これに対し、早瀬瀬戸と音戸ノ瀬戸が高須ノ浜の海峡よりも先に離水して谷中分水界になると、高須ノ浜が二河川の河口になります。海峡の閉じる順番が変わると、川の流路も大きく変わってしまうのです。

分水嶺の気まぐれの理由

ところで、今回の旅では、分水嶺が尾根の途中から突然斜面を下って谷（谷中分水界）を横切り、隣の尾根に乗り移る〝分水嶺の気まぐれ〟にずいぶんと振り回されました。この〝分水嶺の気まぐれ〟も、谷中分水界が離水した海峡であると考えれば納得できます。今度は、江田島の中央部を詳しく見てみましょう（図15-2）。

海水準に対して江田島が現在よりも数十m（図15-2上では60m）低かった頃、西側の野登呂山（542m）と東側の真道山（286m）は、迫田付近の海峡〝迫田海峡〟によって分断された別々の島でした。それぞれを、〝野登呂島〟および〝真道島〟と仮称しましょう。さらに、〝野登呂島〟は、才越峠（47m）がまだ浅い海峡〝才越海峡〟だったので、南側の島〝才越島〟とも分かれていました。

南北方向に細長く伸びた〝野登呂島〟〝真道島〟には、それぞれの島の中央部を南北に縦走する稜線に沿って分水界が続いていました。〝野登呂島〟では①から②に、〝真道島〟では④から⑤を経て⑥に続く分水界です。江田島が海水準に対してマイナス47mまで隆起すると、〝才越海峡〟が離水して小さな谷中分水界（才越峠）となり、〝野登呂島〟の分水界は②からさらに③へと延びていきます。

この間、〝野登呂島〟の尾根（分水界）から〝迫田海峡〟に向かう斜面は雨水によって侵食され、幾筋もの谷（図15-2上の青線）と、谷と谷に挟まれた小さな尾根がつくられていました。そして、それらの谷を流下した雨水は、そのまま〝迫田海峡〟に流れ出ていました。

〝野登呂島〟と〝真道島〟が海水準に対してマイナス17mまで隆起すると、二つの島の間の〝迫田海峡〟は迫田付近から離水し始め、迫田の谷中分水界が誕生します。そのまま隆起が継続するとかつての海底は陸化して、南北方向に延びた幅の広い谷が露出します（図15-2下）。そして、この谷に流れ込んだ

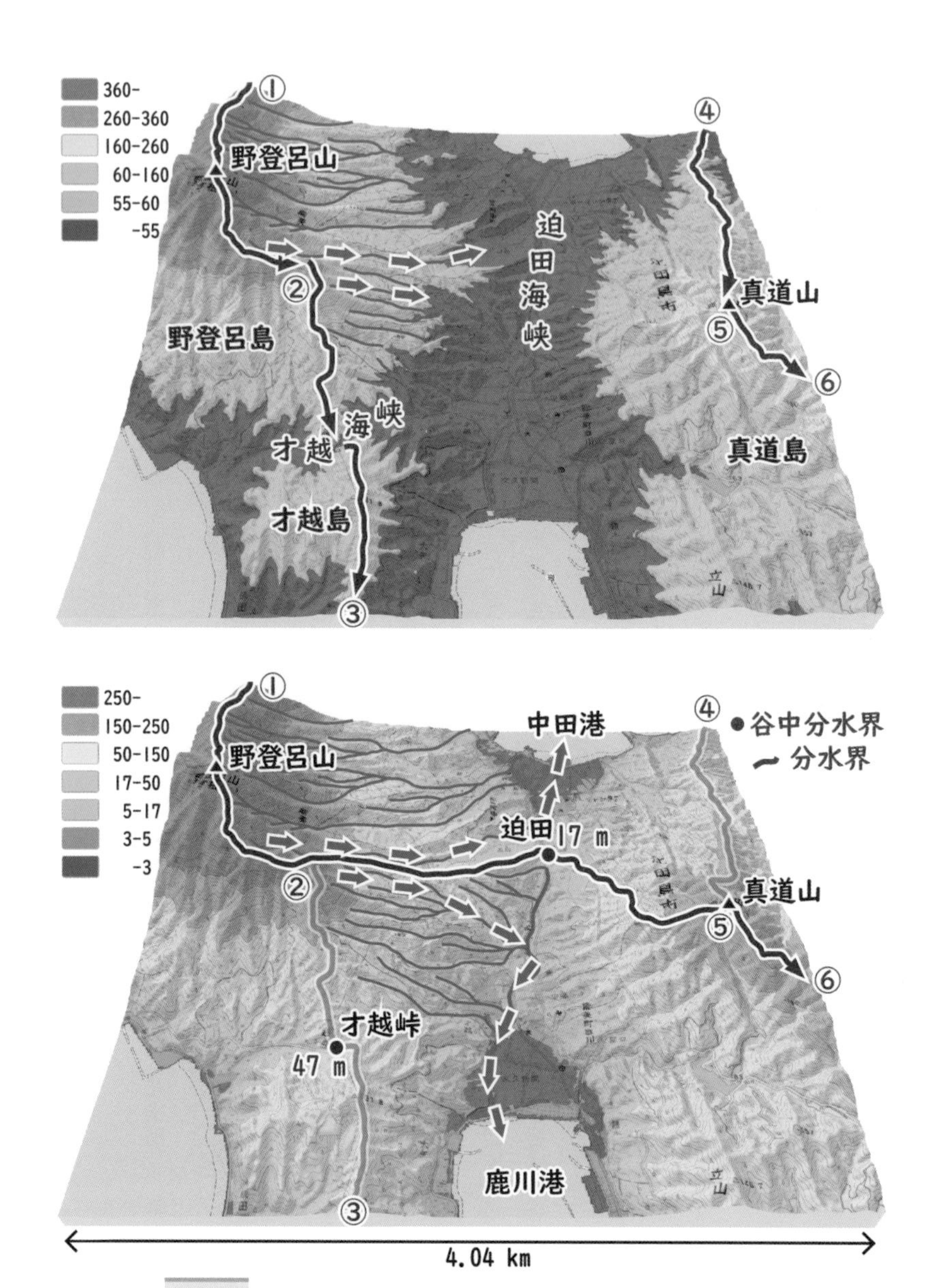

図15-2 海峡の離水(陸化)と谷中分水界の誕生、および流路の転向。

雨水は、迫田の谷中分水界を境に両側に流れ下ります。北に流れる川は中田港に、南に流れる川は鹿川港に流出するわけです。

さらに、二つの島が一つの島になったため、分水界は図15 - 2下の①⬇②⬇迫田の谷中分水界⬇⑤⬇⑥のルートに変更になります。その結果、それぞれの島の稜線に続いていた分水界は、尾根の途中から谷中分水界に向かって突然斜面を下降することになります。

谷中分水界に向かって下る小さな尾根に沿っては、尾根と平行に下る谷がすでに刻まれていました。その谷を流れてきた水は島と島に挟まれた海峡に注ぎ、海峡に沿って両側に流出していきます。細長い島と島の間の海峡は、島の方向におおよそ平行です。ところが、海峡に向かって流下する島の斜面の谷は、海峡の方向と大きく斜交します。雨水は斜面の最大傾斜方向に流下するからです。

その後、島と島の間の海峡が離水すると、かつての海峡は幅の広いなだらかな谷になります。その幅の広い谷には両側の斜面からいくつもの谷が合流しますが、幅の広い谷（かつての海峡）と斜面に刻まれた谷の向きは大きく斜交しています。そのため、斜面を流下した雨水が幅の広い谷に合流すると、流れの向きを大きく変えるのです。

海峡が離水するとき、海峡が閉じて最初に陸続きになるのは、海峡の最も浅い場所です。その場所が陸化すると、幅の広い谷のなかで最も標高が高い場所になります。非常に緩やかな高まりですが、雨水を両側に分けるには十分立派な尾根なので分水界です。その尾根こそ、幅の広いほとんど平らな谷を横切る谷中分水界なのです。

さらに、山（かつての島）の斜面を流下した雨水は、谷中分水界を境に両側に流れ下っていきます。その結果、谷中分水界や片峠では、川の流れる向きが大きく変わるのです。それをデービスは〝争奪（そうだつ）の肱（ひじ）〟と解釈しました。

しかし〝争奪の肱〟は、雨水によって刻まれた島の斜面の谷と、島と島の間の海峡の向きの違いに起因します。言い換えるならば、雨がつくる地形（谷）と海がつくる地形（海峡）の向きが違うことが原因です。どちらも水によってつくられる地形ですが、成因は全く異なります。全く別々のメカニズムによってつくられた侵食地形が出会う場所が、実は谷中分水界といえるでしょう。

このように、島の尾根－海峡－島の尾根－海峡……とつながって分水界は延伸していきます。その結果、分水嶺は尾根－谷中分水界－尾根－谷中分水界……とつながっていくのです。中国地方の分水嶺で出会った多くの谷中分水界は、実は海峡だったのです。

片峠はいつできた？

谷中分水界のもう一つのタイプである片峠も、瀬戸内海の島で探してみました。図15－３は山口県の周防大島（屋代島）で、本州との間は大畠瀬戸（海峡）で隔てられています。島の中央には標高６９１ｍの嘉納山がそびえ、北西に流れる屋代川を、標高４００ｍ以上の山並みが分水界として囲んでいます。屋代川は標高３３９ｍの笛吹峠付近を水源とし、河口までの７㎞をなだらかに下っています。一方、笛吹峠の南側は海岸まで１・５㎞ほどしかなく、３００ｍ以上の高度差を一気に下っています。そのため、笛吹峠は南側が急斜面の、典型的な片峠になっています。

このような片峠は、中国地方の分水嶺でたくさん見てきました。そのいくつかは、河川の争奪によってつくられた谷中分水界とされてきました。しかし、周防大島は小さな島です。笛吹峠の片峠が、河川の争奪によってつくられたと考える人はいないでしょう。

水不足に悩む瀬戸内海の島々には、利水用の池やダムがたくさんつくられています。周防大島で最も大きい屋代川でさえ、その中流部にダム湖が設けられています。つまり、周防大島では、現在の屋代川よりも水量が多くて侵食力の大きい川が、かつて存在していたとは思えません。ましてや、侵食力の大きな川の谷頭（こくとう）が南側から侵食を続け、屋代川の上流部を争奪して笛吹峠の片峠ができたとは考えられません。笛吹峠の片峠は屋代川が流れる以前から、言い換えるならば、島が誕生したときには、すでにつくられていたのです。

　ということは、河川争奪の典型例として「旅の準備」で確認した大草川の谷中分水界（片峠）も、海から陸になるときにつくられたのでしょう。そこで、大草川周辺の地形を例に考察してみましょう。具体的には、大草川周辺が現在よりも３５０ｍ低かったと仮定して、地形図を着色してみました（図15－４下）。

　図15－４上の図と下の図は、全く同じ範囲について標高ごとの色分けを変えたものです。上の図は通常の色分けですが、下の図は標高３５０ｍ以下を青系統に塗りつぶしたので、広い範囲が海面下に水没しているように見えますね。

　図を見ると、この地域が３５０ｍ低かった時期には阿

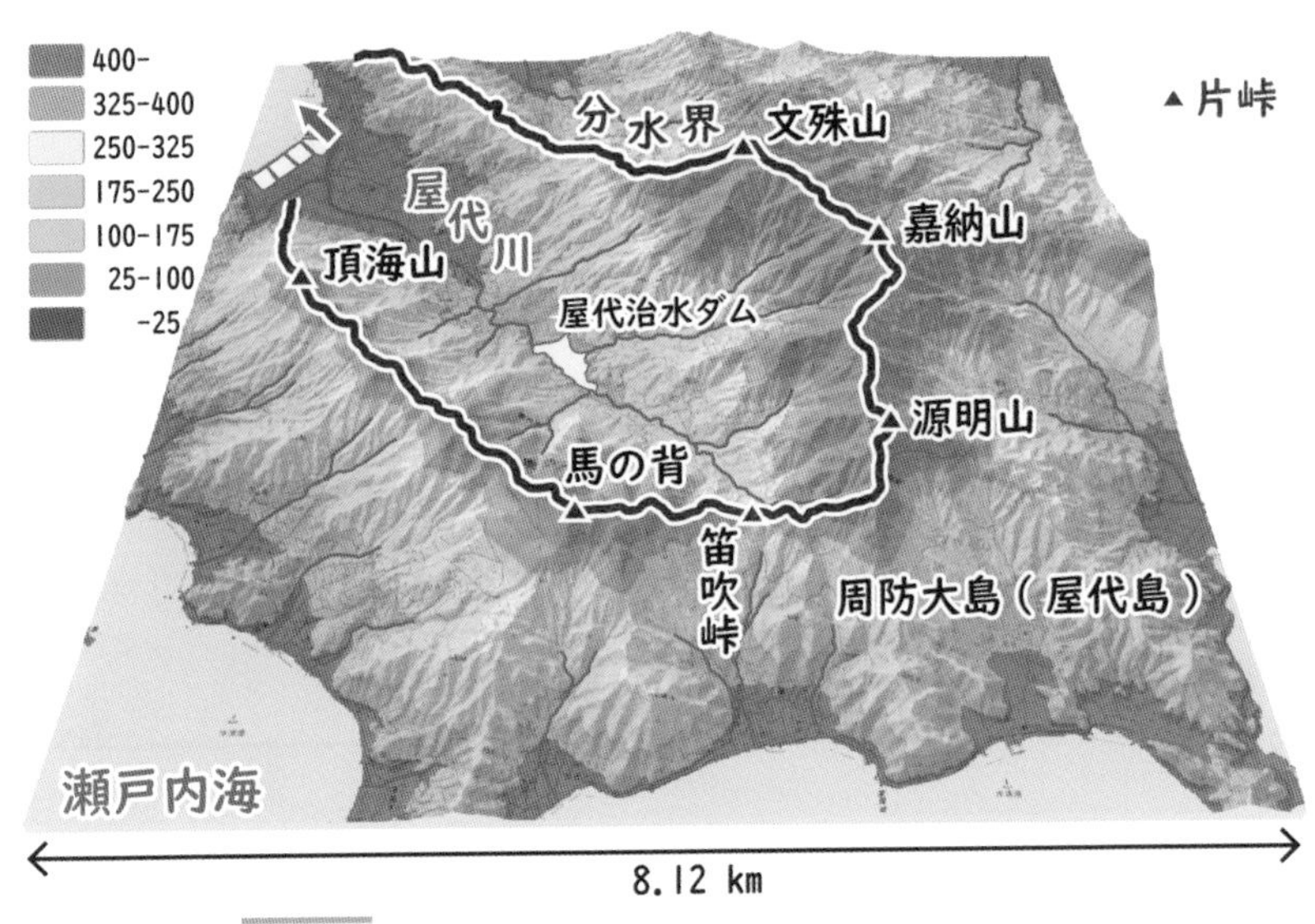

図15-3　山口県周防大島（屋代島）の地形と片峠。〔33.90,132.22〕

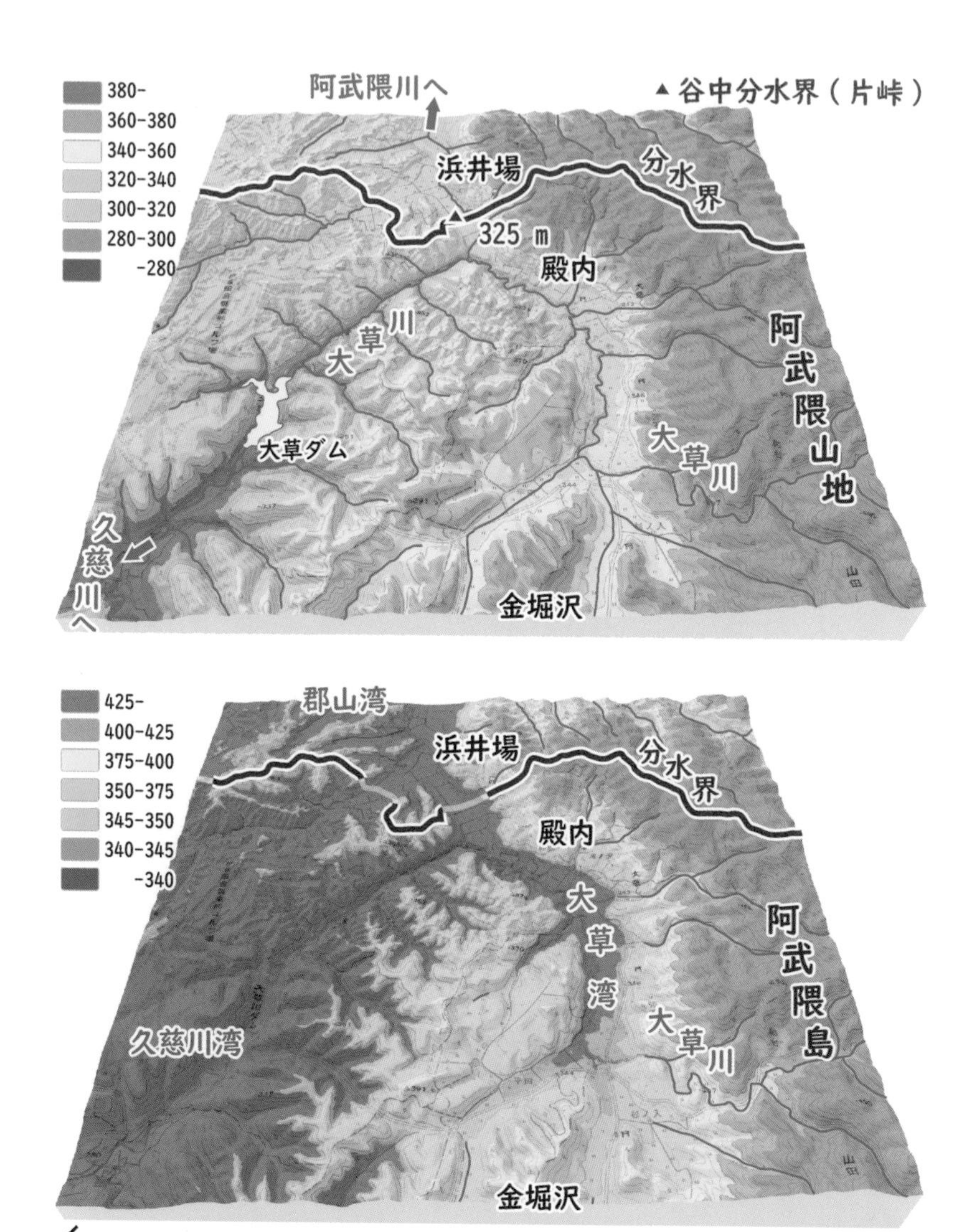

図15-4 殿内の片峠（上）と、この地域が350m低かったと仮定した場合の海陸分布図（下）。〔37.04,140.43〕

武隈川と久慈川はいずれも海域で、二つの海はつながっていました。それぞれを仮に〝郡山湾〟と〝久慈川湾〟と呼びましょう。現在の阿武隈山地を阿武隈川水系と久慈川水系に分ける分水界は、350m低かった当時には、殿内あたりで海面下に水没して消滅しています。ちょうど、関門海峡で消滅する分水嶺と同じです。

そして、浜井場から殿内を経て金堀沢に続く幅の広いまっすぐな谷は、当時は金堀沢を湾奥とする細長い内湾〝大草湾〟だったと考えられます。つまり、現在見られる幅の広い谷は、もともと浅い湾の海底だったのです。内湾の海底だったので、まっ平なのですね。

その後、阿武隈山地が隆起する過程で〝大草湾〟は離水し、殿内付近で北の浜井場へ退く〝郡山湾〟と、南西に退く〝久慈川湾〟に分かれました。海が分かれるその場所にはまずトンボロ（図12-2）が出現し、その後、トンボロの両側の海底面が陸化して谷中分水界になったのです。殿内の谷中分水界の誕生です。さらに、南西に退く〝久慈川湾〟を追うように、〝大草湾〟も殿内から南西へと移動していきます。そして、〝大草湾〟が退いてできた平坦な陸地を、大草川が延伸していったと考えられます。

集水域の広い大草川は平坦な谷を深く下刻しましたが、集水域がほとんどない浜井場周辺は河川の侵食をまぬがれ、干上がった海底地形がそのまま残されました。殿内の谷中分水界を境に谷の深さが対照的な地形がつくられ、現在は片峠になっているのです。

定高性のある尾根の謎

ほかにも気になる地形がありました。分水嶺の旅の初日に見た高さのそろった尾根、すなわち定高性のある尾根です。これについても考えてみましょう。

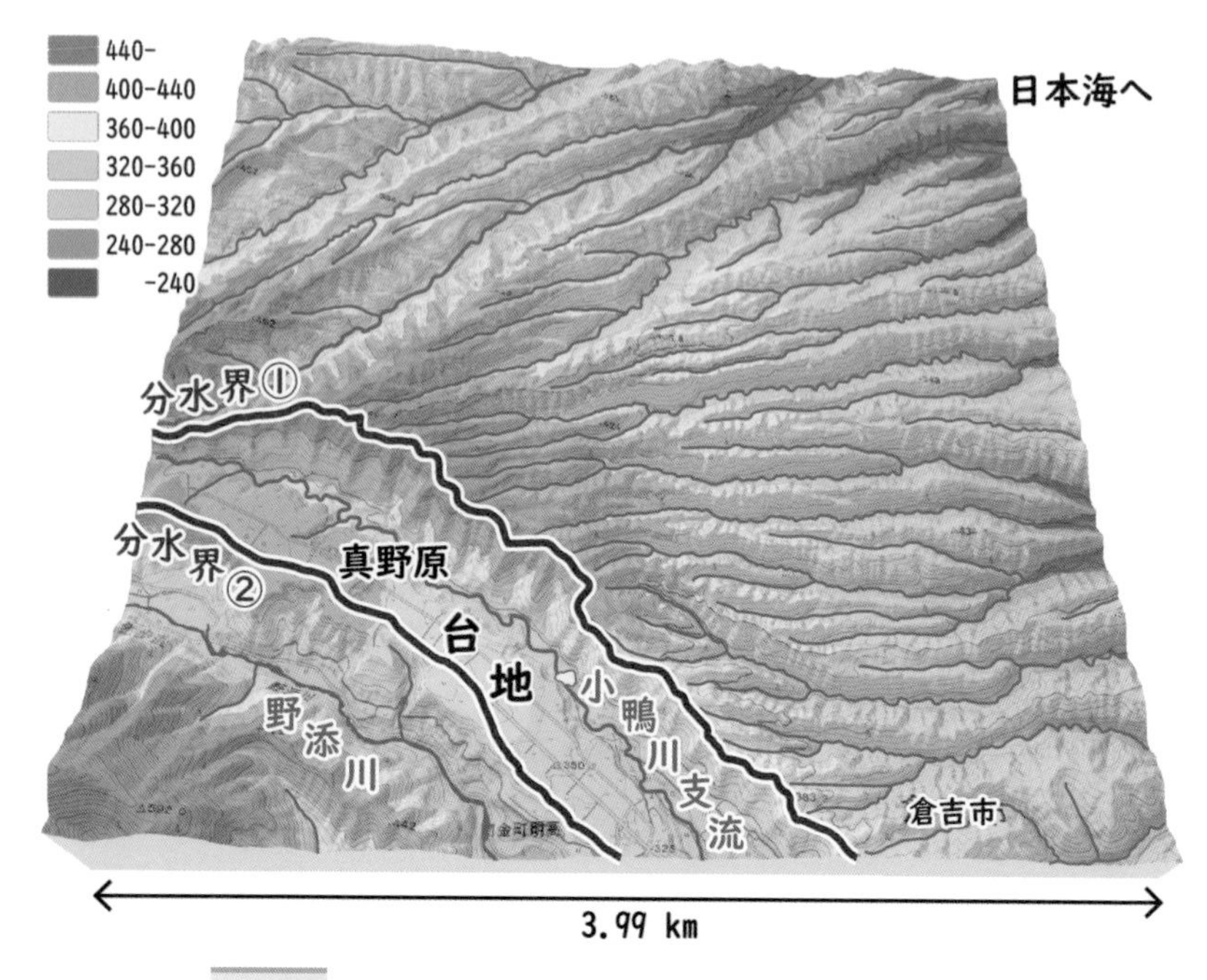

図15-5 大山のすそ野を下刻する谷（鳥取県倉吉市）。〔35.39,133.67〕

図15-5は、山陰を代表する第四紀火山の大山のすそ野です。大山の東側なので、すそ野は東ないし北東に緩く傾斜しています。なだらかなすそ野は流水によって下刻され、小鴨川支流の北東側（分水界①の北東側）は、ギャザースカートのヒダのような細かい谷地形が見事です。

一方、小鴨川支流の南西側には、東に緩く傾斜するもともとの平坦なすそ野が残されています。この真野原周辺の台地状の地形は、平行に流れる小鴨川支流と野添川に挟まれていて、二つの河川の分水界②は、台地の南寄りに続いています。両側の河川からの侵食がそれほど進んでいないために、平坦な地形が残されているのです。

ここで、まず分水界①に注目してみましょう。北東側の多くの支流の谷頭は分水界近くまで到達し、一方、南西側からの谷頭侵食も迫っていて、平坦な地形はすでに失われています。そのため、分水界①は明瞭な尾根になっています。そして、分水界はなめらかに続いています。

もともとの平坦な緩斜面が侵食のせめぎ合いによって削られ、この尾根が残されたとしたら、これだけ多くの谷頭が分水界に迫っているのに、分水界を越えて反対側（南西側）まで侵食した谷が一つもないのはなぜでしょうか。同様に、南西側の急傾斜な谷も、分水界を越えて北東側には侵犯していません。いずれの側の谷の谷頭はすべて分水界まで迫っているのに、もうそれ以上は侵食を進めていないのです。

まるで、横断歩道の停止線の前で、規律正しく立ち止まっている小学生の登校班のようです。もし誰かが交通規則を守らず車道に歩き出したら、小学生の列は乱れてしまうでしょう。同様に、一つでも谷頭が分水界を越えて反対側に侵食の手を伸ばしたら、尾根はなめらかには続かずギザギザに折れ曲がってしまうはずです。なめらかに続く分水界①の尾根は、谷頭侵食が分水界を越境していないことを示しています。それは、河川の争奪がめったに起こらないことを意味しています。

さらに、平坦な地形が残されている真野原周辺を見てみましょう。真野原周辺の平坦な地形の上にも、小鴨川支流と野添川を分ける分水界②が確認できます。真野原の台地の上に降った雨はこの分水界を横切ることなく、地形の傾斜に従って台地の上を流下します。そして、台地の縁から急斜面を下る流水によって、台地は縁から少しずつ侵食されていきます。ここで、この台地の平坦面が消失するまで侵食が続いたとしたら、どのような地形になるでしょうか。

分水界②の南西側（野添川側）は急斜面が迫っているので、最終的には分水界①の南西側斜面のような地形になるでしょう。一方、平坦面が広く残されている分水界②の北東側（小鴨川支流側）は、大地の緩斜面に従って、東に流れ下る小川に沿って下刻が進むでしょう。そして、最終的には分水界①の北東側のような地形になると予想されます。その結果、現在の分水界②に沿って、東に向かって緩く低下する定高性のある尾根が残り、分水界②はそのまま分水界として機能し続けるでしょう。

つまり、分水界②のなれの果てが、分水界①になるわけです。言い換えるなら、緩く傾斜した大山のすそ野に雨が降り、最初に雨水を分けた分水界は最後まで残り続けるのです。そして、分水界まで侵食が迫ると谷頭侵食はそれ以上前進せず、定高性の高い尾根として残されるのです。言い換えるならば、定高性のある尾根は、もともとの地形に誕生した分水界をずっと保存しているのです。

大山脈に刻まれた海底の記憶

ということは、北アルプスや南アルプスの定高性のある尾根も、かつて海底だったのでしょうか。登山をされる方なら気が付いていると思いますが、日本の山を登ると稜線までは急登が続くのに、尾根に上がった途端、起伏の少ない登山道が続いているルートがたくさんあります。

例えば、北アルプスの爺ケ岳(じいがたけ)から南北に続く稜線では、標高が2000mを越える起伏の小さい快適な登山を楽しめます(図15-6上)。また、南アルプスを大きく蛇行しながら流れる三峰川(みぶがわ)に囲まれた尾根は、両側の谷底までの高度差が500mを超える急斜面なのに、驚くほど起伏が小さく幅の広いなだらかな稜線が続いています(図15-6下)。

もしこれらの定高性のある尾根がもともと平らな海底だった時の痕跡だとしたら、少なくとも現在の標高まで隆起したことを意味します。その隆起こそ、北アルプスや南アルプスをつくったと考えられます。北アルプスや南アルプスなど日本有数の大山脈の稜線に、その証拠が残されているでしょうか。その視点で見直したいです。

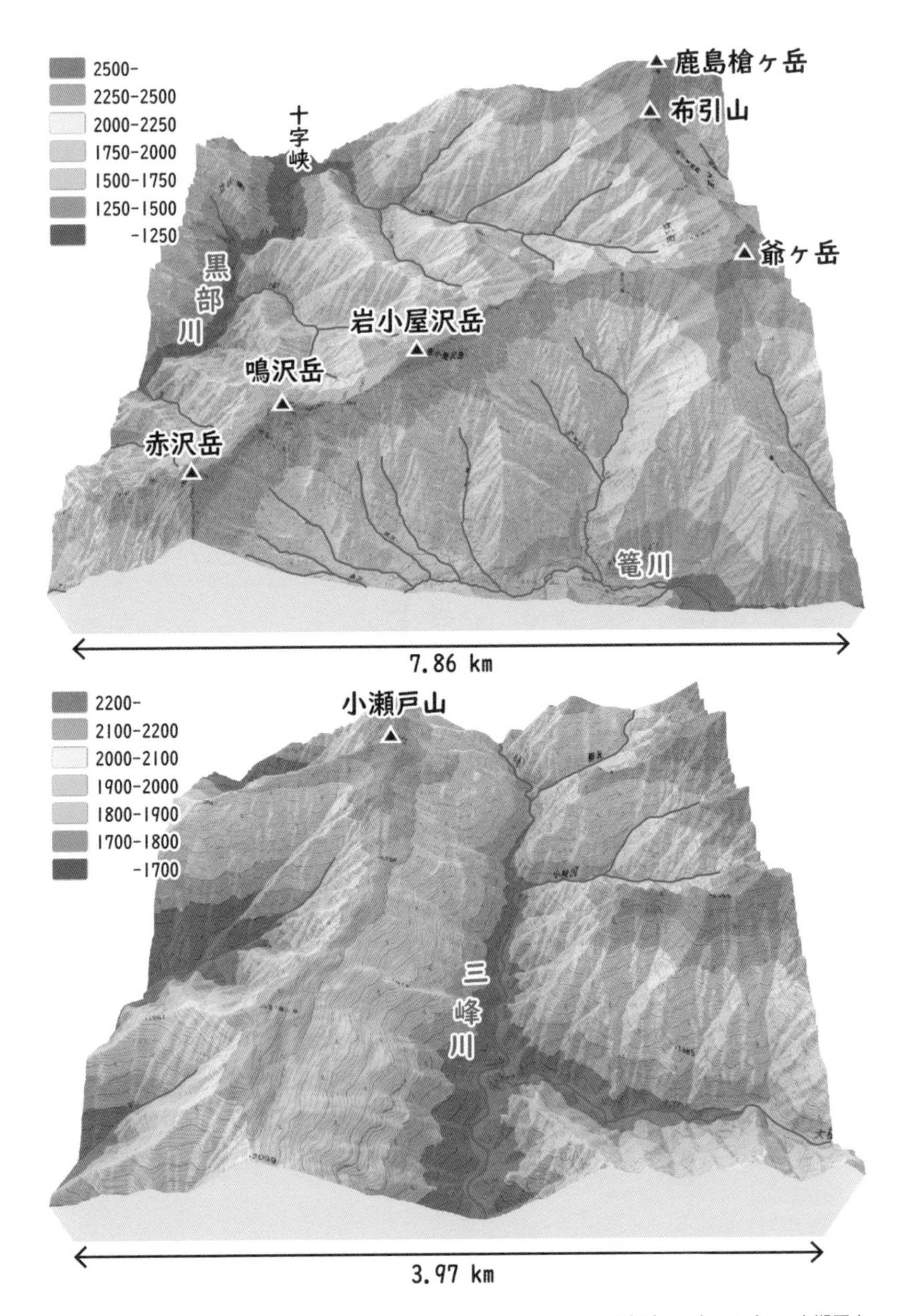

図15-6 北アルプスの鹿島槍ヶ岳から赤沢岳に至る起伏の小さい稜線（上）と、南アルプスの小瀬戸山から南に続く定高性のある尾根（下）。〔36.58,137.71〕および〔35.67,138.17〕

6

盛り上がり続ける中国山地

海底が盛り上がって大地が誕生し、隆起し続けることで中国地方の地形がつくられました。隆起量の違いによって、山地や盆地、高原や台地、平野や低地がつくられたのです。

鍵は隆起運動

中国地方の地形を詳しく調べた小畑浩先生は、その著書において興味深いグラフを示しています（図16-1：小畑、1991）。図は中国地方の地形の高度と、風隙の標高の頻度分布を表しています。風隙とは、河川争奪の結果できたとされる、水流のない平らな幅の広い谷のことでしたね。

このグラフを見ると、地形の頻度は標高の低い沿岸部だけでなく、500~100mの範囲でも高くなっています。これは、吉備高原面や世羅台地面、さらに低い瀬戸内面などのなだらかな地形が広がっていることを反映しています。そして、風隙の頻度分布も、地形の頻度分布と調和的に、なだらかな地形が広い標高600m以下で高くなっています。

一定の面積の地形において一定の割合で風隙がつくられる

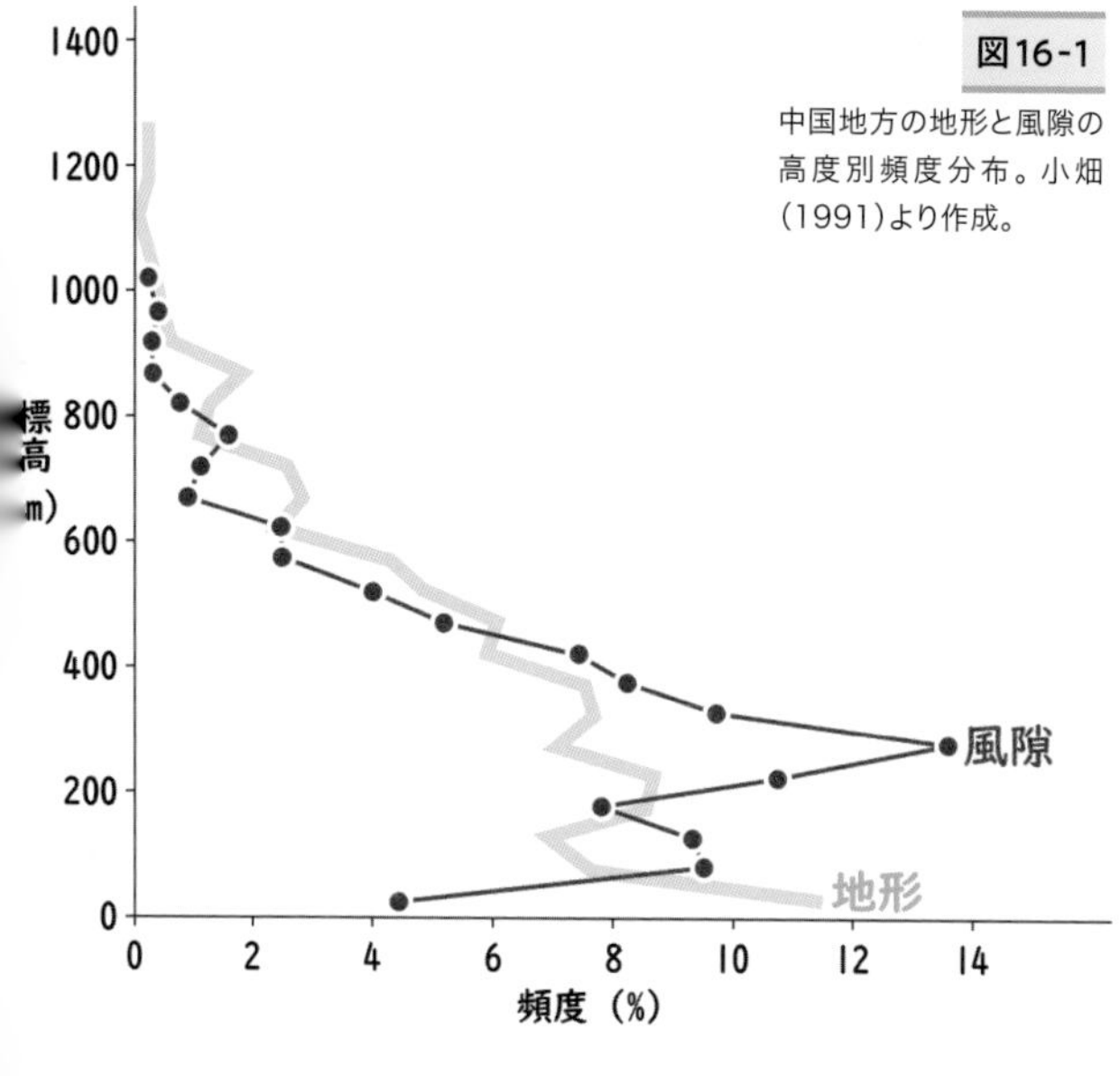

図16-1

中国地方の地形と風隙の高度別頻度分布。小畑（1991）より作成。

とすれば、地形の頻度と風隙の頻度が連動するのは当然でしょう。地形が広ければ広いほど、風隙も多くなります。ところが、標高200〜500mの範囲では、地形の頻度よりも風隙の頻度が高くなっています。すなわち、吉備高原や世羅台地などのなだらかな地形ほど、風隙がつくられやすいことを示唆しているのです。

このことから、なだらかな地形ほど河川の争奪が起こりやすいと小畑先生は結論付けました。風隙は、河川の争奪によって陸上で形成されると考えられていたからです。隣の河川を争奪するためには、川と川の間の尾根（分水界）を突破しなければなりません。起伏の小さいなだらかな地形ほど尾根と谷底の高度差（比高）は小さいので、この解釈は直感的には理解することができます。

しかし、私はこれらの風隙が河川の争奪によってできたのではなく、離水したかつての海峡だと考えています。島と島の間の海峡の一つ一つが陸化して谷中分水界となり、風隙として地形に残されていると考えているのです。言い換えるならば、小畑先生が示された風隙の標高の頻度グラフはその場所がかつて海底で、その高度まで隆起したことを示すと私は考えているのです。その隆起運動が、中国地方の大地形をつくったと考えているのです。

仮に隆起速度を1年間に0・5㎜とすると、300万年で1500m隆起します。日本列島の東西圧縮が始まったのはおよそ300万年前なので、海底が隆起して現在の中国地方の大地形がつくられたと考えることは、あながち不可能ではありません。中国地方は隆起し続けてきたのでしょうか。

内陸部ほど難しい隆起量の推定

12万5000年前の最終間氷期（海洋酸素同位体ステージのMIS 5e）に形成された海食台は、

現在ではさまざまな高さまで隆起して海成段丘を形成しています。その標高は、過去12万5000年間の隆起量を表しています（図16-2）。この図を見ると、東北日本では日本海側で隆起量が大きく、太平洋側では小さくなっています。内陸地震が頻発し、地層を褶曲させている日本海側の活発な地殻変動と、活断層が少なく、北上山地（高地）や阿武隈山地など老年期を思わせるなだらかな山地が広がる太平洋側の違いは、隆起速度の違いにも明瞭に現れています。

一方、西南日本では太平洋側で隆起量が大きく、瀬戸内海や日本海側で小さくなっています。急峻な四国山地とは対照的に吉備高原や中国山地の地形がなだらかなのは、隆起速度の差に起因しているのでしょう。このように、隆起速度は場所によって異なり、現在の地形の特徴は、大局的には隆起速度を反映していることが示唆されます。

隆起速度が小さい瀬戸内海の沿岸では、海成段丘による隆起量の情報が非常に限られています。兵庫県の加古川に沿う台地において、標高50〜60mの山手台面を12万5000年前の海成面に対比した八木（1983）に基づけば、1年間に0・5㎜の隆起速度が算出されます。

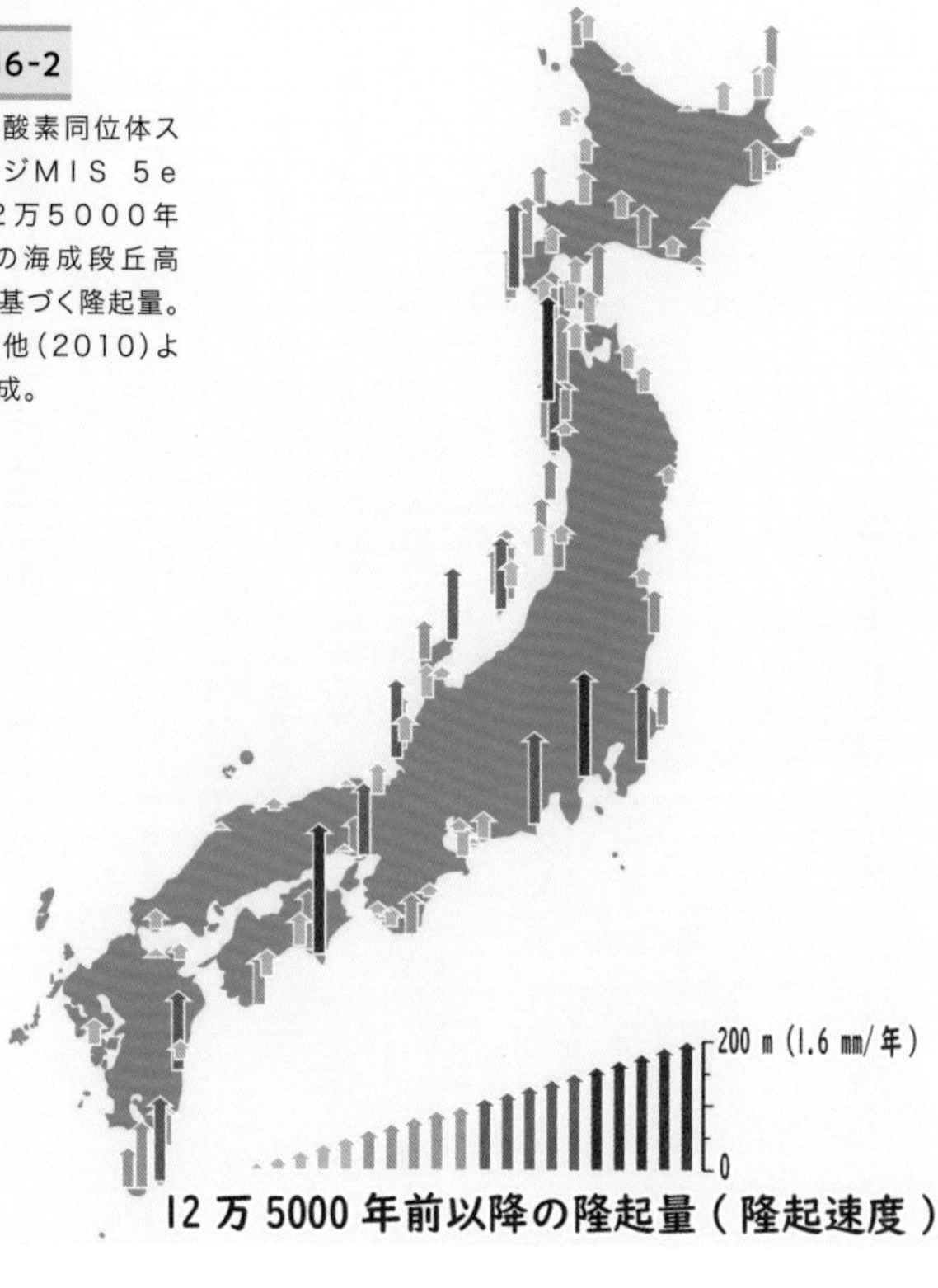

図16-2

海洋酸素同位体ステージMIS 5e（12万5000年前）の海成段丘高度に基づく隆起量。太田他（2010）より作成。

200 m（1.6 mm/年）
0
12万5000年前以降の隆起量（隆起速度）

その加古川から、標高95mの石生（いそう）の谷中分水界を経て若狭湾に抜ける氷上回廊（ひかみかいろう）は、太平洋と日本海を横断する本州で最も低いルートです。その理由は、隆起速度が小さかったからかもしれません。隆起速度が1年間に0・5㎜の場合、石生を通過していた海峡が完全に離水（陸化）して谷中分水界が誕生したのは、およそ20万年前であったと算出されます。

このように、海成段丘の標高と形成年代から沿岸部の隆起速度を見積もることはできますが、一方で内陸部の隆起速度を推定することはなかなか難しい問題です。内陸部の地形は形成された時点の標高（基準の高度）が分からないため、そもそも隆起量を直接見積もることができません。さらに、河川によって侵食が進むために、目印となる古い地形が消失してしまうからです。

中国山地の標高の違いは隆起量の違い

瀬戸内海や日本海に面した海岸平野に比べて中国山地は標高が高いので、内陸部は沿岸部よりも隆起速度が大きいことが予想されます。そこで、古い時代に海底で堆積した地層の基底（きてい）の現在の標高から、中国山地の隆起量を算定する試みがなされています（多井、1975）。

中国地方に分布する備北層群（びほくそうぐん）は、およそ1800〜1500万年前、主に海底に堆積した地層の総称です（図16-3）。その分布は散点的ですが、かつては広い範囲を覆っていたと考えられています。その後の侵食によって大部分は削剥されてしまい、現在では山間部の谷底など、地形の凹地（おうち）にわずかに残されています。

この備北層群は、200〜300万年間かけて堆積した割には地層の厚さが100m以下と非常に薄く、広く比較的平坦な海底にゆっくり堆積した地層であることが分かります。すなわち、少なくとも

１８００〜１５００万年前の中国地方は、起伏の小さい海底だったのです。

海底で堆積した備北層群が現在では陸上に露出しているのですから、少なくとも１５００万年前以降に中国地方が隆起したことは明らかです。そして、備北層群が標高の異なるさまざまな場所に分布していることは、中国地方の隆起量が一様ではなかったことを表しています（図16-4）。

すなわち、標高が１０００ｍを超える中国山地は隆起量が大きく、標高が４００〜６００ｍほどの吉備高原は中くらいで、標高が２００〜３００ｍの三次盆地（みよしぼんち）や津山盆地は隆起量が小さかったといえます。さらに、瀬戸内海や日本海に面した海岸平野や丘陵部は、隆起量がさらに小さいことが明らかです。

問題は、これらの隆起量の違いが隆起速度の違いに起因するのか、あるいは隆起の開始時期の違いによるのかが分かりません。例えば、およそ３００万年前に日本列島が強い東西圧縮になって、中国地方がいっせいに隆起し始めたとしたら、隆起量の違いは隆起速度の違いを表します。反対に、隆起速度が同じ場合は、隆起量の違いが隆起の開始時期の違いを表します。最初に中国山地が隆起し始め、遅れて吉備高原が隆起を開始したというわけです。

残念ながら、どちらの効果が大きかったのか、現在では判断できま

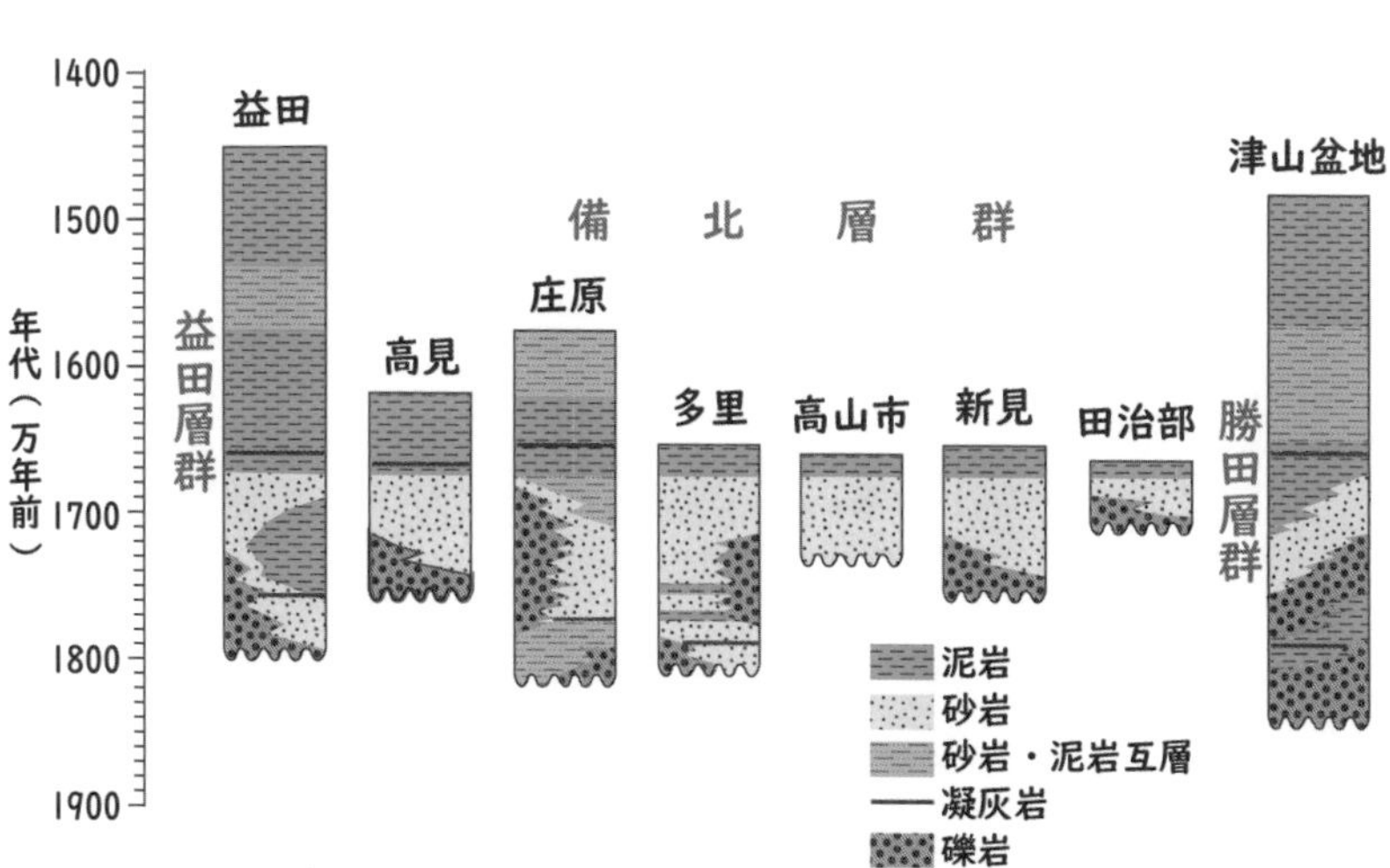

図16-3 備北層群の地層の重なり（地質柱状図）と堆積した年代。後藤他（2013）より作成。

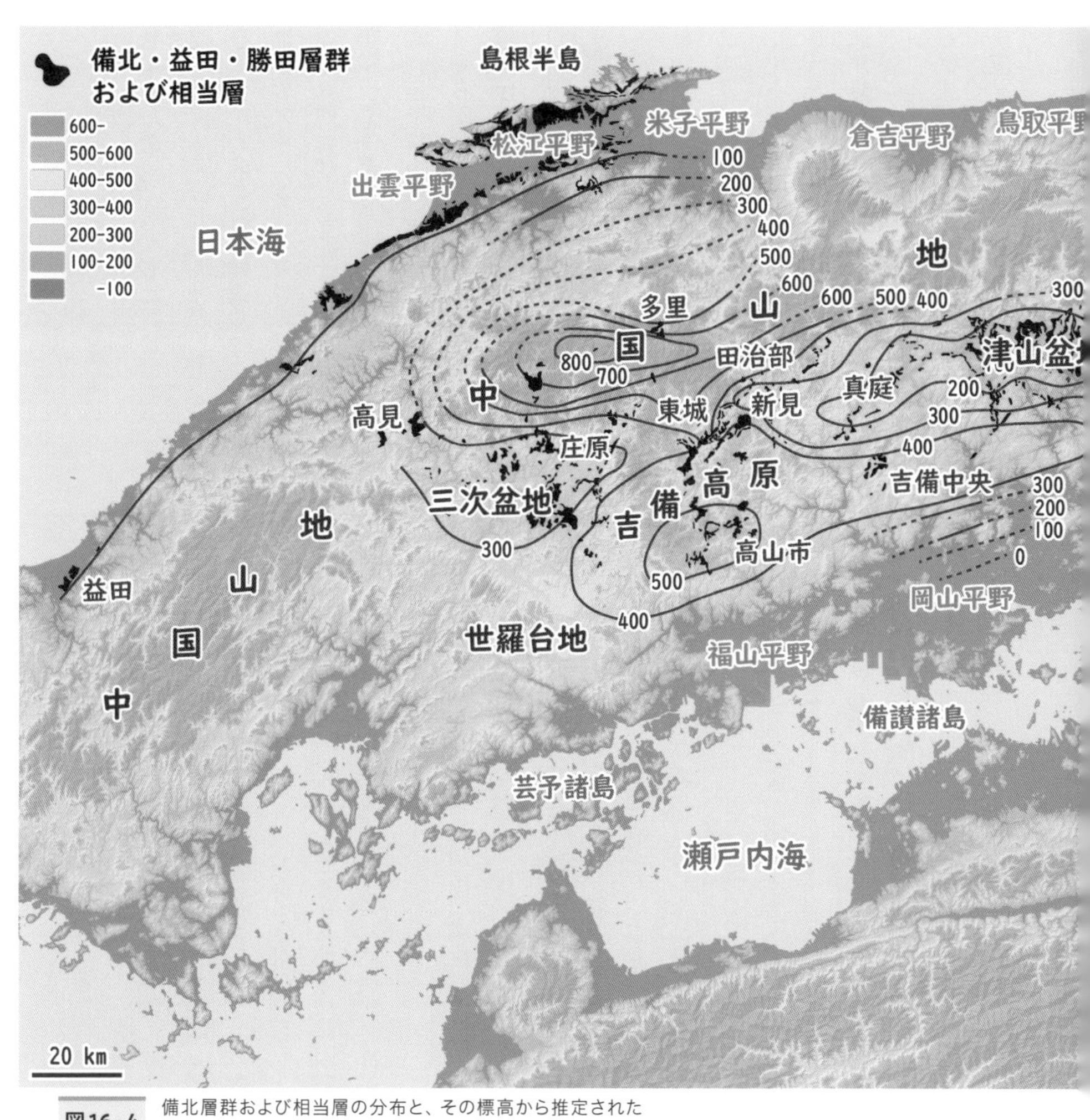

図16-4 備北層群および相当層の分布と、その標高から推定された隆起量。コンターは多井（1975）を参考に作成。

せん。しかし、もともと同じ標高だった備北層群の分布と中国地方の大地形は、大局的にはよく対応していることから、中国山地が盛り上がるように、中国地方の大地形が成長してきたのは間違いないでしょう。デービスの侵食輪廻説（しんしょくりんねせつ）では、標高の違いは侵食量の違いによると考えられています。しかし、中国地方の大地形は侵食量の違いではなく、隆起量の違いによってつくられたと考えるのが妥当でしょう。

日本列島は、およそ300万年前から東西方向に強く押され、大地を構成する地殻は東西方向に短縮変形しています。地殻が水平方向に短縮する量は、大地の隆起と沈降運動によって相殺されるので、日本列島では山地と盆地（低地）が交互に形成されているのです。

もちろん、西南日本も例外ではありません。東西方向に押され始めた西南日本は、波打つように変形しながら全体が隆起してきたと考えられます。その結果、相対的な隆起・沈降は、東から丹波高地（たんばこうち）（隆起）－氷上回廊（沈降）－中国山地東部（隆起）－津山盆地（沈降）－中国山地中央部（隆起）－三次盆地（沈降）－冠山山地（かんむりやまさんち）（中国山地西部：隆起）－山口平野（沈降）と、緩く波打つ大地形が形づくられたのでしょう。

そして、隆起速度が大きい場所ほど海峡は早い段階で離水して、島と島がつながっていったと考えられます。つまり、高い場所に残っている谷中分水界ほど、早い時期に陸化した海峡だったと考えられるのです。

このように、中国地方の地形は海底が盛り上がって大地が誕生し、隆起し続けることによって形づくられたと考えられます。そして、中国地方に降り注いだ雨を太平洋側と日本海側に分ける分水嶺は、海底が隆起して海面上に現れた島の、ほんの小さな分水界として誕生しました。島と島の間の海峡が離水して谷中分水界となり、分水嶺は少しずつ延伸していったのです。分水嶺は、中国地方の隆起運動とともに成長してきました。言い換えるならば、多島海（たとうかい）からなる〝古瀬戸内海〟が隆起して、中国地方の大地形が形成されていったのです（図16－5）。

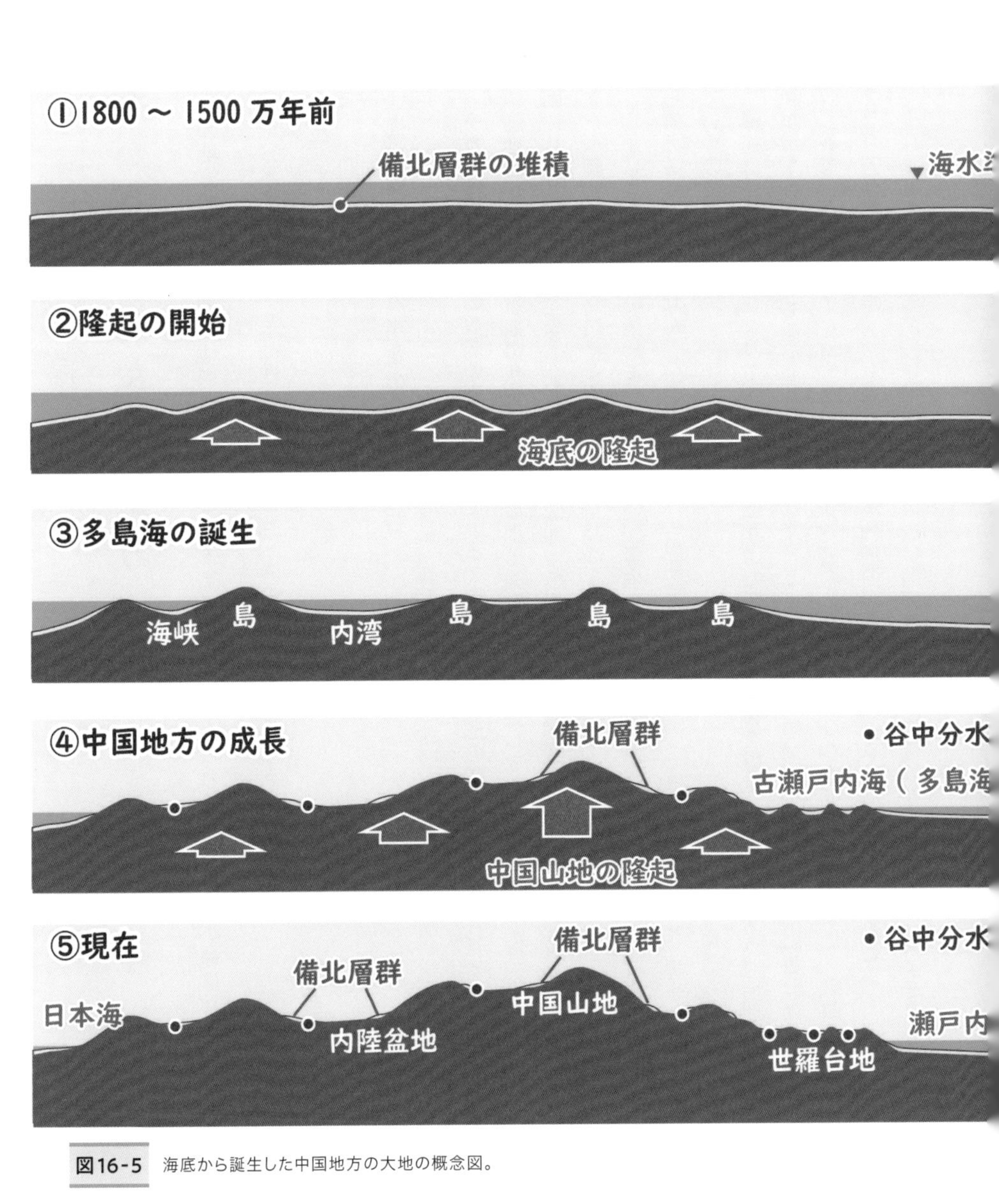

図16-5 海底から誕生した中国地方の大地の概念図。

7

海から生まれた中国地方

中国地方の不可思議な地形は、海から誕生する過程でつくられました。分水嶺になれなかった谷中分水界や片峠、定高性のある尾根も、海の記憶を保存しているのです。

それでは最後に、私の頭の中に描かれている、中国地方の地形の成り立ちをお話ししましょう。まず、中国地方が隆起する以前の状況を、現在の地形図を使って推定してみます。ここでは、隆起速度を1年間に0.5㎜と仮定します。もちろん、中国地方の全域で、隆起速度が一様だったわけではないでしょう。また、陸化した後、河川による侵食もあったはずです。

しかし、中国地方の隆起に伴って分水嶺が誕生していく様子を理解するためには、この基本モデルから考えるしかありません。基本モデルは今後の研究の進展によって少しずつ改良され、将来の仮説となっていくのです。

大海に誕生した分水嶺の子どもたち

最初は、標高が現在よりも1100m低かった頃の海陸分布を推定してみましょう。地理院地図で標高が1100mよりも低い部分を青色に塗色して海域とし、陸域は100mごとに色分けします（図17-1）。1年間に0.5㎜の隆起速度だと、現在よりも1100m低かった時期は、第四紀の前半の220万年前になります。もちろん、日本列島の東西圧縮は、すでに始まっていました。およそ300万年前少なくとも数百万年前には、中国地方の広い範囲は海面下に水没していました。

図17-1　海水準に対して1100m低かった頃の中国地方。赤線および半透明の白線は、最終的につながった分水嶺。

に東西圧縮が始まると、日本列島は隆起し始めました。東北地方では断層運動が活発でしたが、中国地方は顕著な断層運動を伴わず、全体が波打ちながら盛り上がるように、緩やかに隆起していきました。

ようやく海面上に露出した海底は、波浪や潮流によって侵食されます。海面が最も上昇した間氷期になっても水没しない部分は、島となって残りました。陸地の誕生です。

現在よりも1100m低かった当時、海面上に露出していたのは、東から氷ノ山（1510m）や那岐山（1255m）、道後山（1271m）や阿佐山（1218m）、恐羅漢山（1346m）など、後の中国山地の骨格となる山だけです（図17-1）。瀬戸内海はもちろん、日本海を定義することすらできません。広大な太平洋の北西端の大海原に、小さな島が点々と顔を出し始めた状況です。

図には、個々の島の分水界のうち、のちに分水嶺になる部分を赤線で示しました。また、どこから陸が生まれてくるのか分からない海域についても、最終的につながった分水嶺を半透明の白線で描き加えました。この状況で分水嶺がどのルートにつながっていくのか、誰にも分からないでしょう。無から有が生まれた瞬間です。

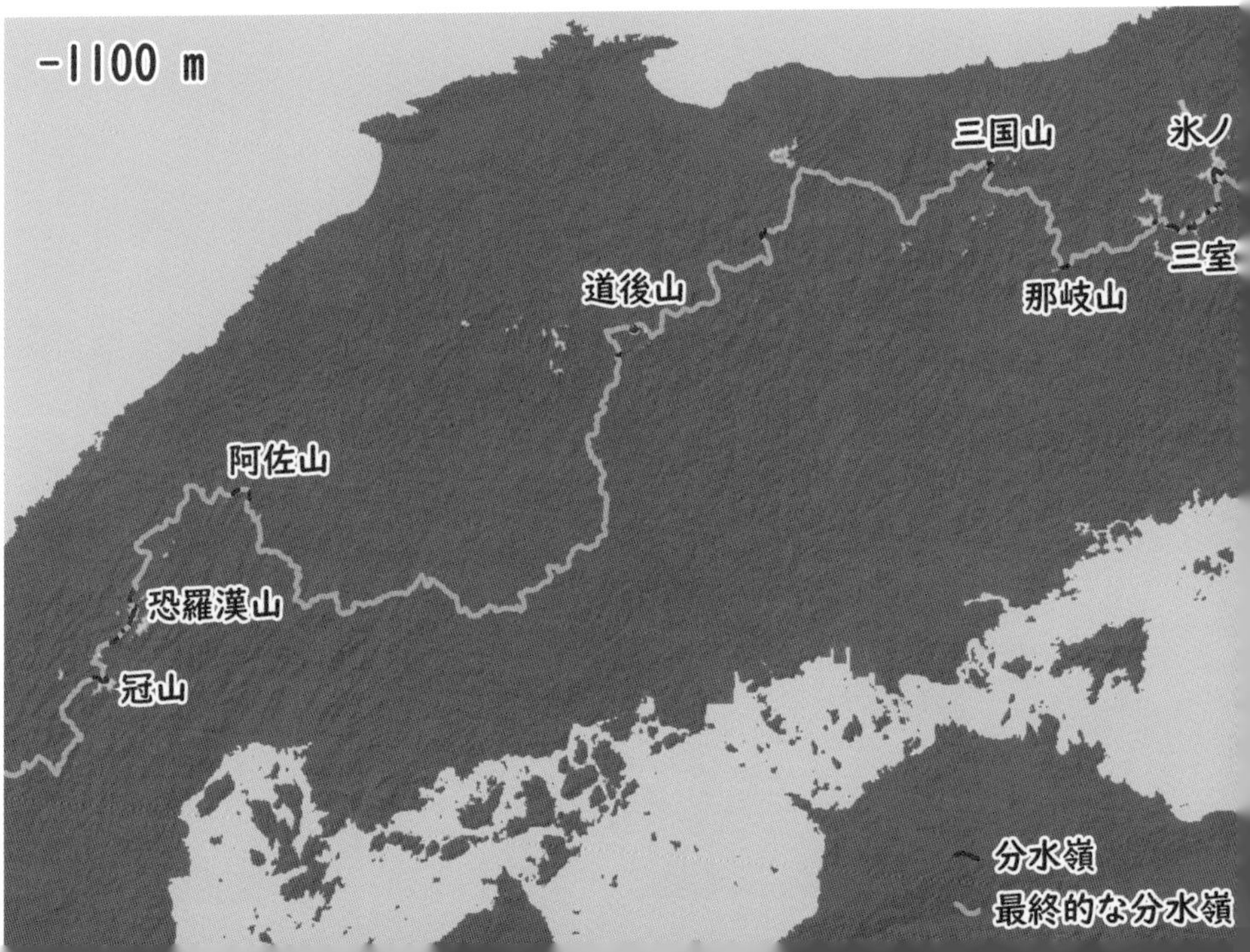

つながり始めた分水嶺

　100m隆起して、中国地方が現在よりも1000m低かった頃になると、若杉峠（1047m）などの片峠が誕生し始めました（図17-2）。例えば恐羅漢山（図9-14）は、当時は南北方向の細長い島〝恐羅漢島〟で、島を東西に分ける分水界は五里山まで延伸していました（図17-3）。南から三坂山（1169m）まで延びてきた分水界と、もう少しでつながりそうです。〝恐羅漢島〟の東側には、同じ形の〝十方島〟が並走していました。いずれも標高が300mを超える立派な島で、二つの島の間の細い海峡は、すでに陸化して水越峠となっています。もちろん、当時は峠というよりも、二つの島をつなぐ細くて短い陸橋でした。

　このように、ようやく海上に現れた陸地は波浪による侵食作用からまぬがれて島となり、島と島の間の海峡が閉じて陸地の骨格がつくられ始めたのです。

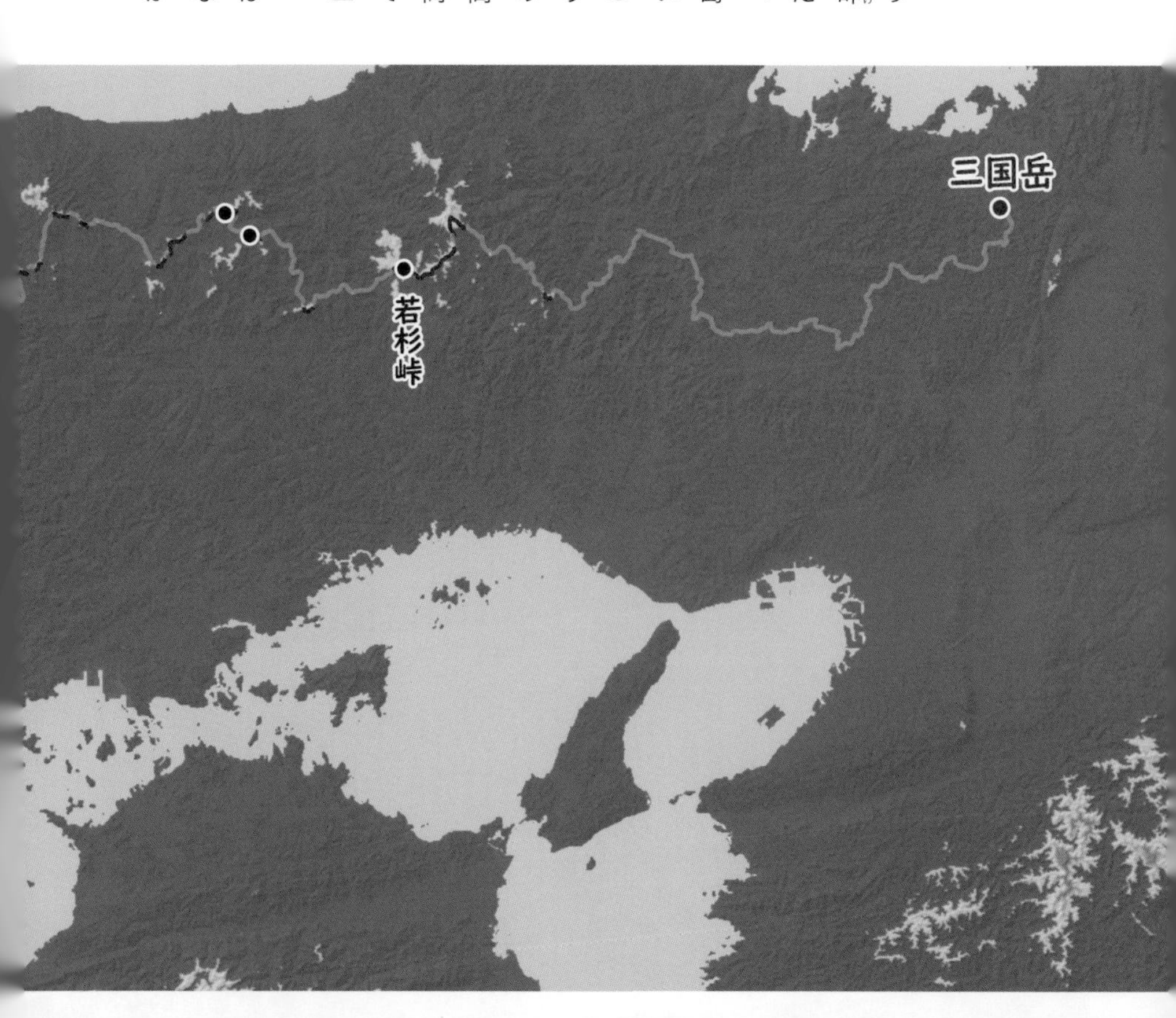

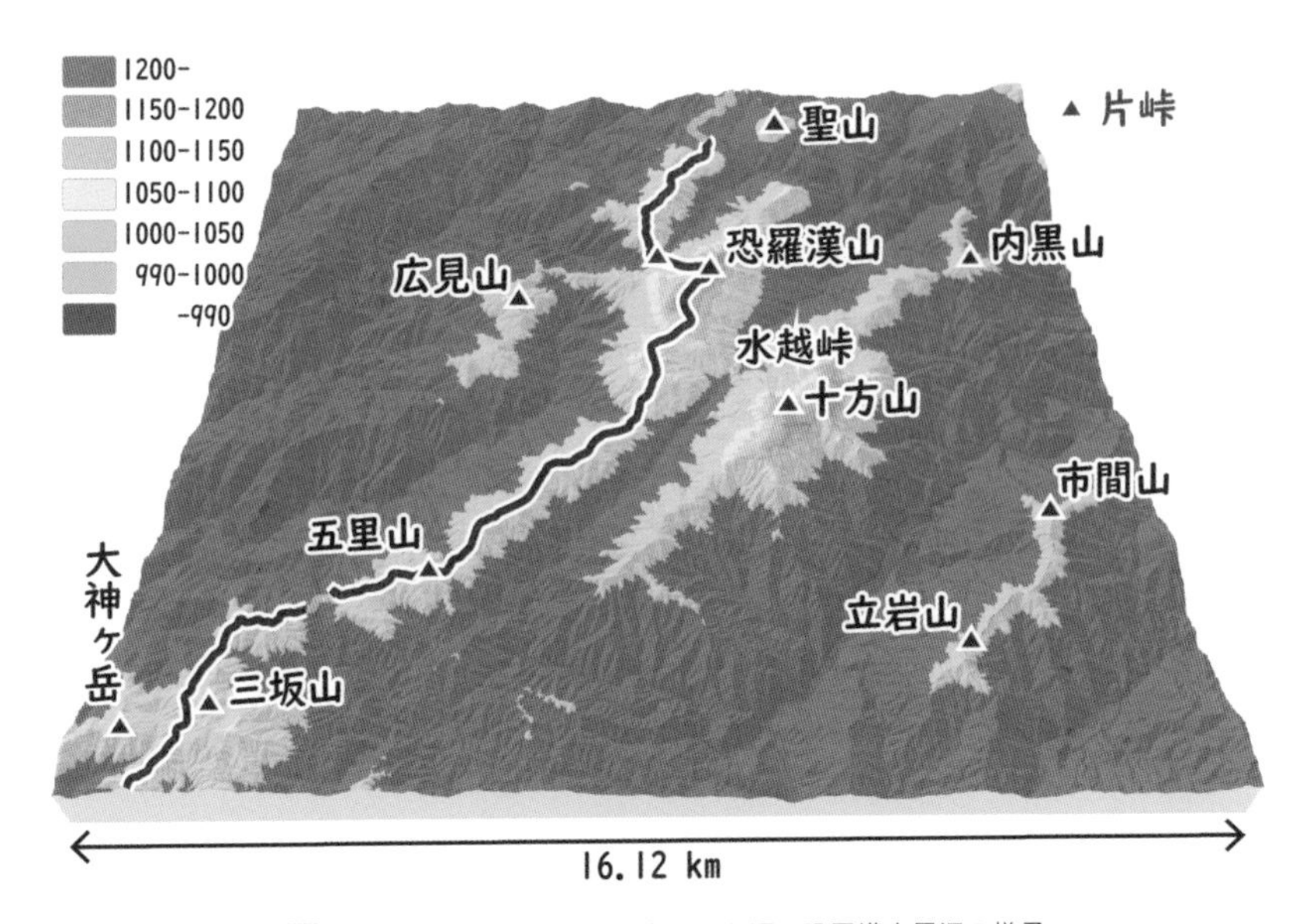

図17-3 海水準に対して1000m低かった頃の恐羅漢山周辺の様子。〔34.56,132.11〕

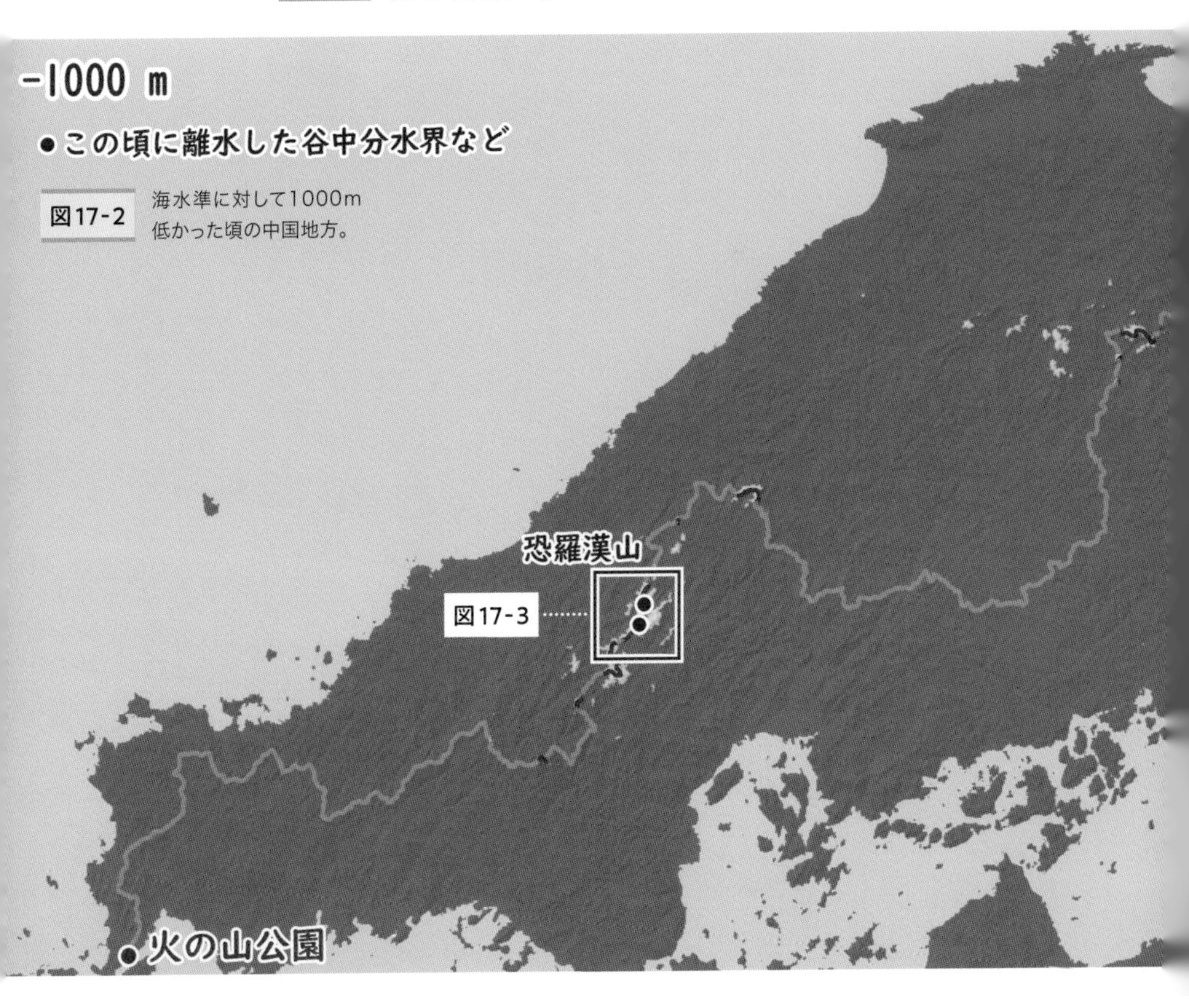

図17-2 海水準に対して1000m低かった頃の中国地方。

分水嶺の首飾り

中国地方が150m隆起して、現在よりも850m低かった頃になると、道後山から東に続く分水嶺と八幡盆地から南西に続く分水嶺が、つながりかけてきました（図17-4）。一方、旅のスタート地点の三国岳から段ヶ峰（1103m）までと、道後山から狼峠までは、分水嶺をつなぐ島はほとんど出現していません。前者は最終的には本州で最も低い氷上回廊に、後者は三次盆地になるわけですが、この状況では、大地がどこから誕生するのか誰も予想できないでしょう。徳佐盆地に隣接する三ツケ峰（969m）から旅の終点である下関（火の山公園）までも、分水嶺は全く姿を現していません。

ここで、道後山周辺の様子を見てみましょう（図17-5）。現在に比べて1000m低かった頃、三国山（1129m）と道後山は、細い陸橋によってかろうじてつながっていま

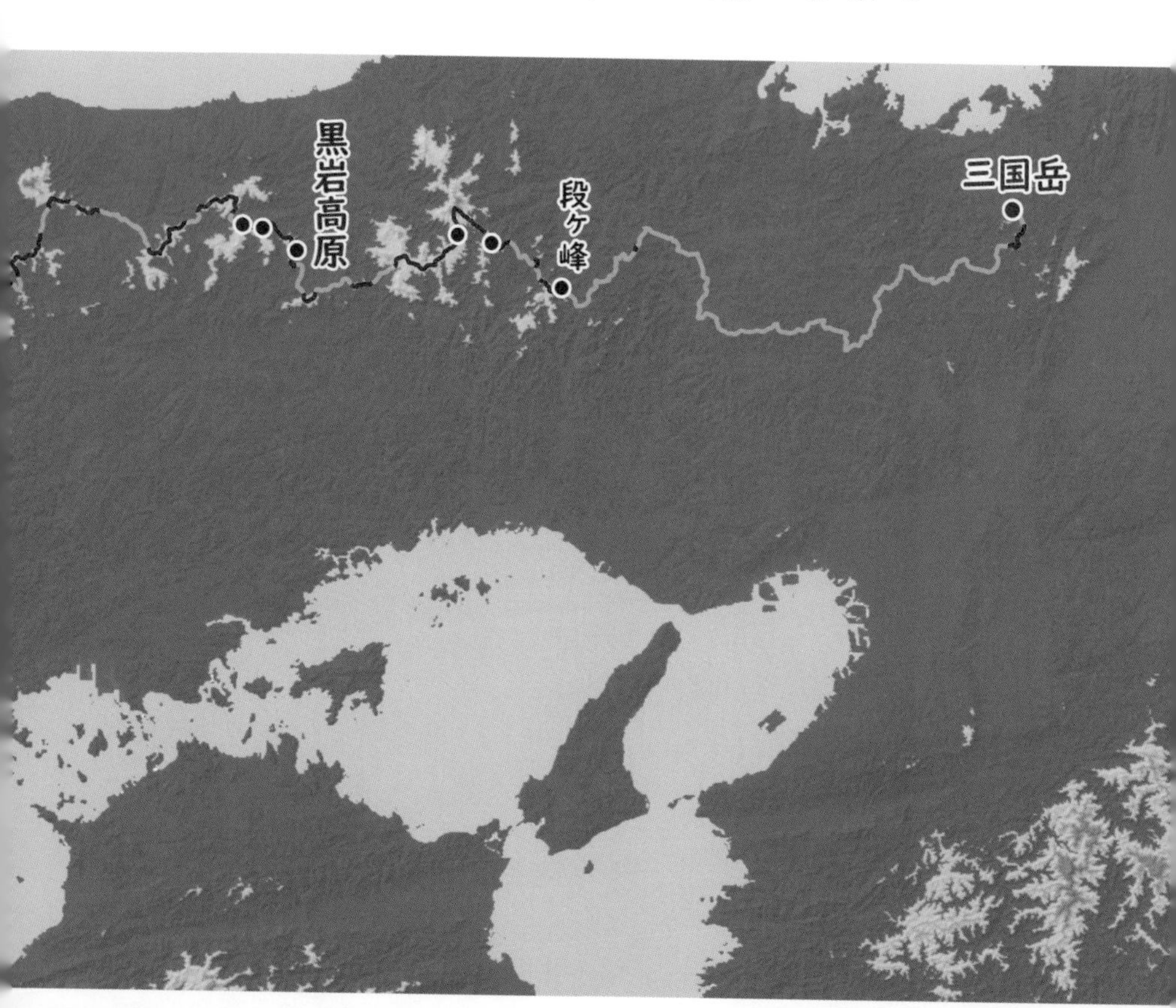

した（図17－5右上）。一方、三国山からは南西に、古頃山（1158m）から鳶ノ巣山（1144m）まで半島が延びています。東から三国山まで続いている分水嶺は、このあと猫山（1195m）につながっていくわけです。

150mほど隆起して現在に比べて850mほど低かった頃になると、道後山と岩樋山（1271m）を核とする山塊はさらに大きな島に成長しています（図17－5左上）。三国山から続く分水嶺は岩樋山の西で途切れていますが、西隣の島との間の海峡は、今にも干上がりそうです。この海峡が離水して断層線谷分水界になると、分水嶺はさらに西に延びていきます。そして、次の〝鍵掛海峡〟が干上がるまで一時停止です。

一方、三国山から鳶ノ巣山まで延びていた半島も、猫山に向かって手を伸ばしています。一見すると、三国山まで延びてきた分水嶺は、そのまま南西に向かって鳶ノ巣山から猫山に

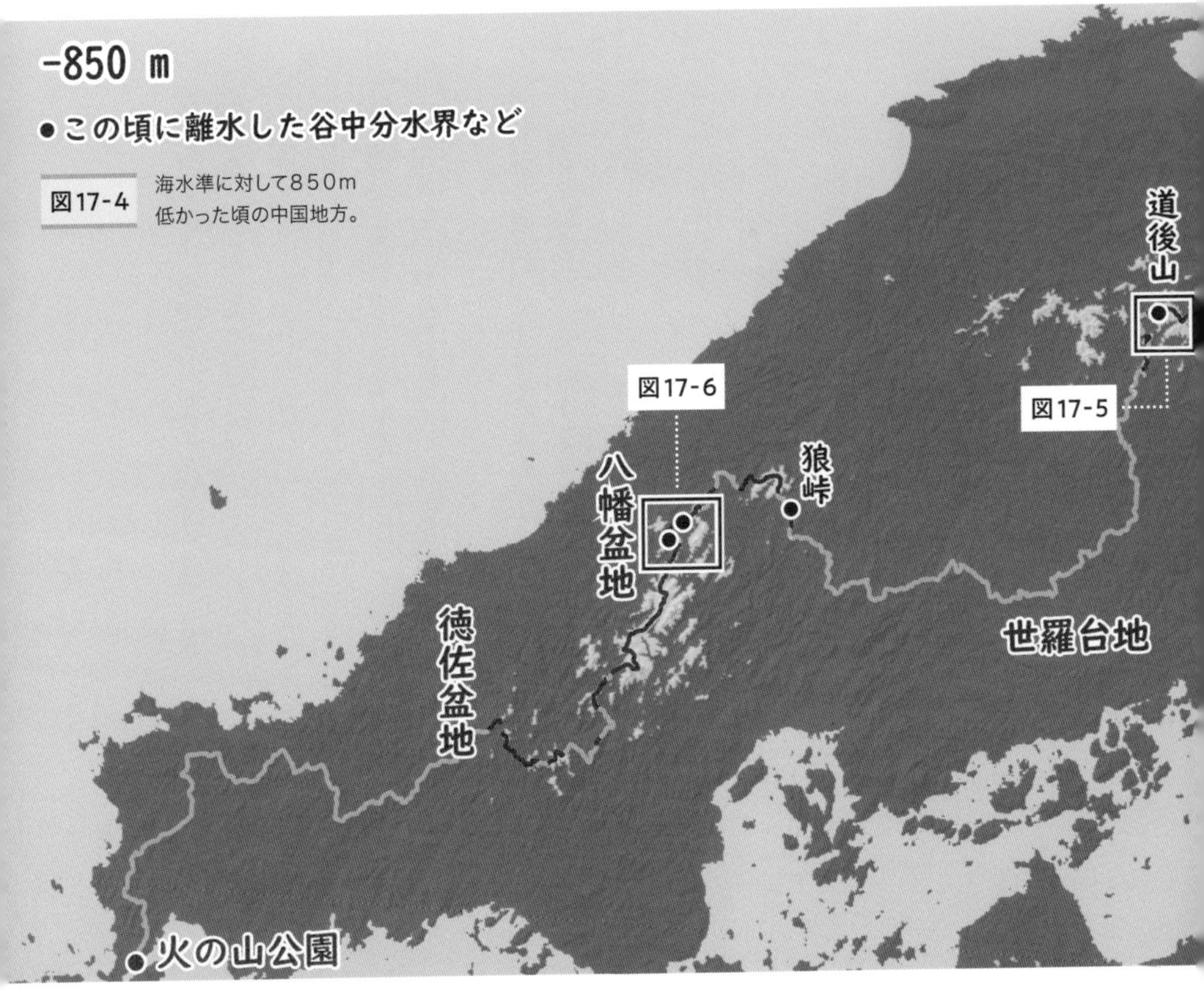

図17-4 海水準に対して850m低かった頃の中国地方。

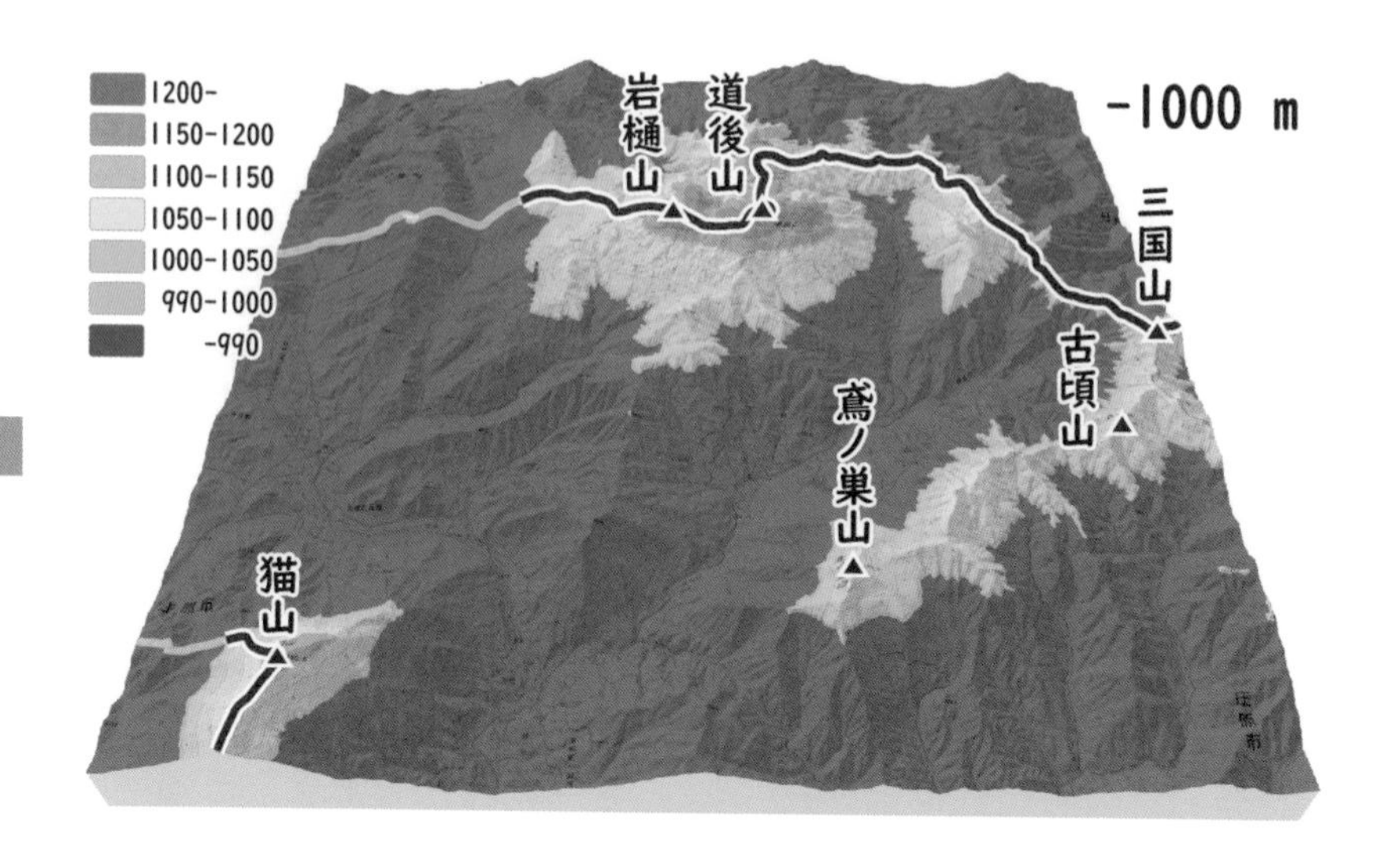

続いていきそうです。しかし実際には、分水嶺は道後山を越えて西に大きく遠回りしてから南下して、猫山につながっていきました。そして、分水嶺の迂回路に囲まれた範囲は、後に道後山高原になりました。

もちろん、私たちは現在の地形を知っているから、そのように話せるのです。当時のこの状況を見ただけでは、分水嶺がどのルートになるのかなど、全く知る由もありません。

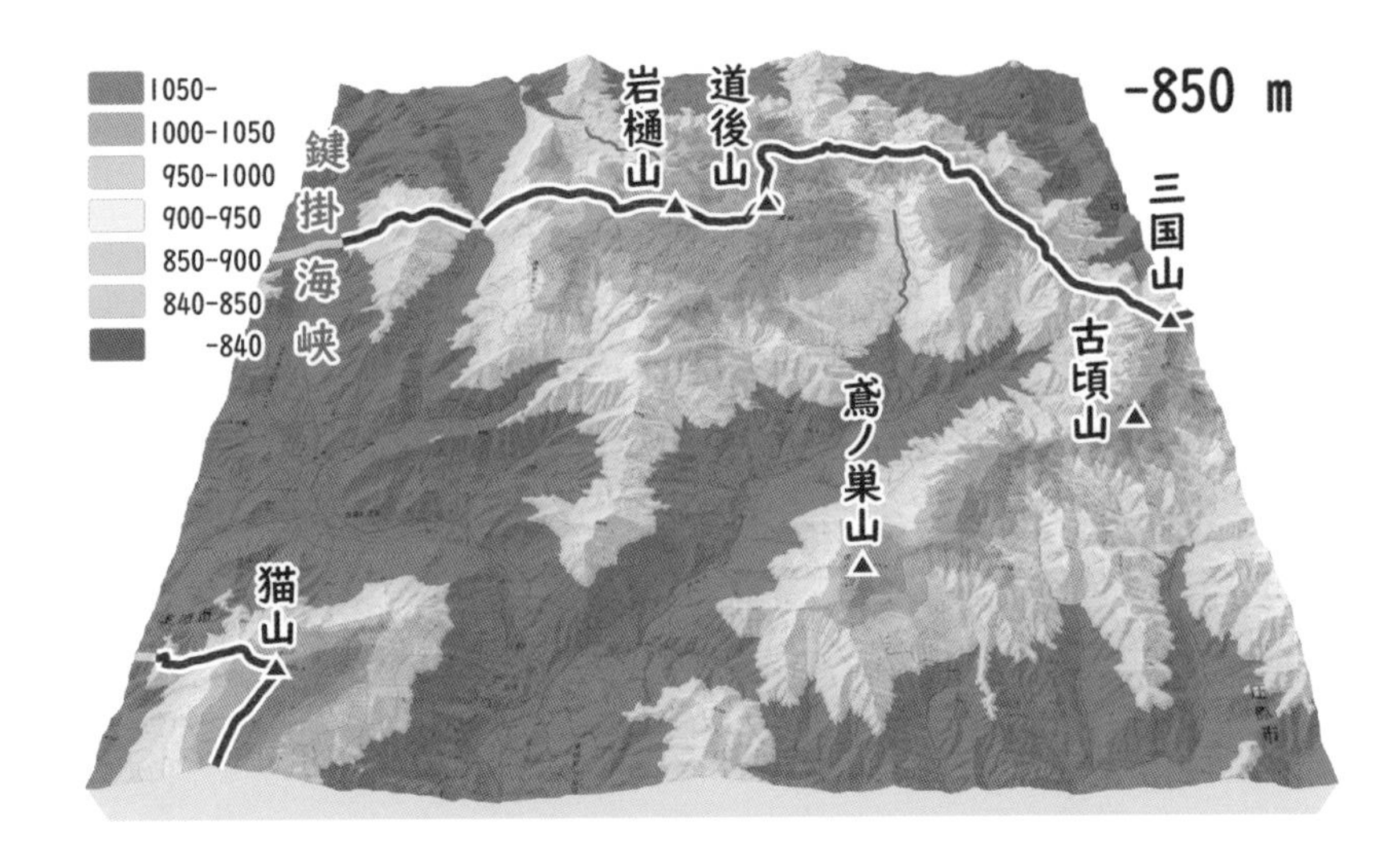

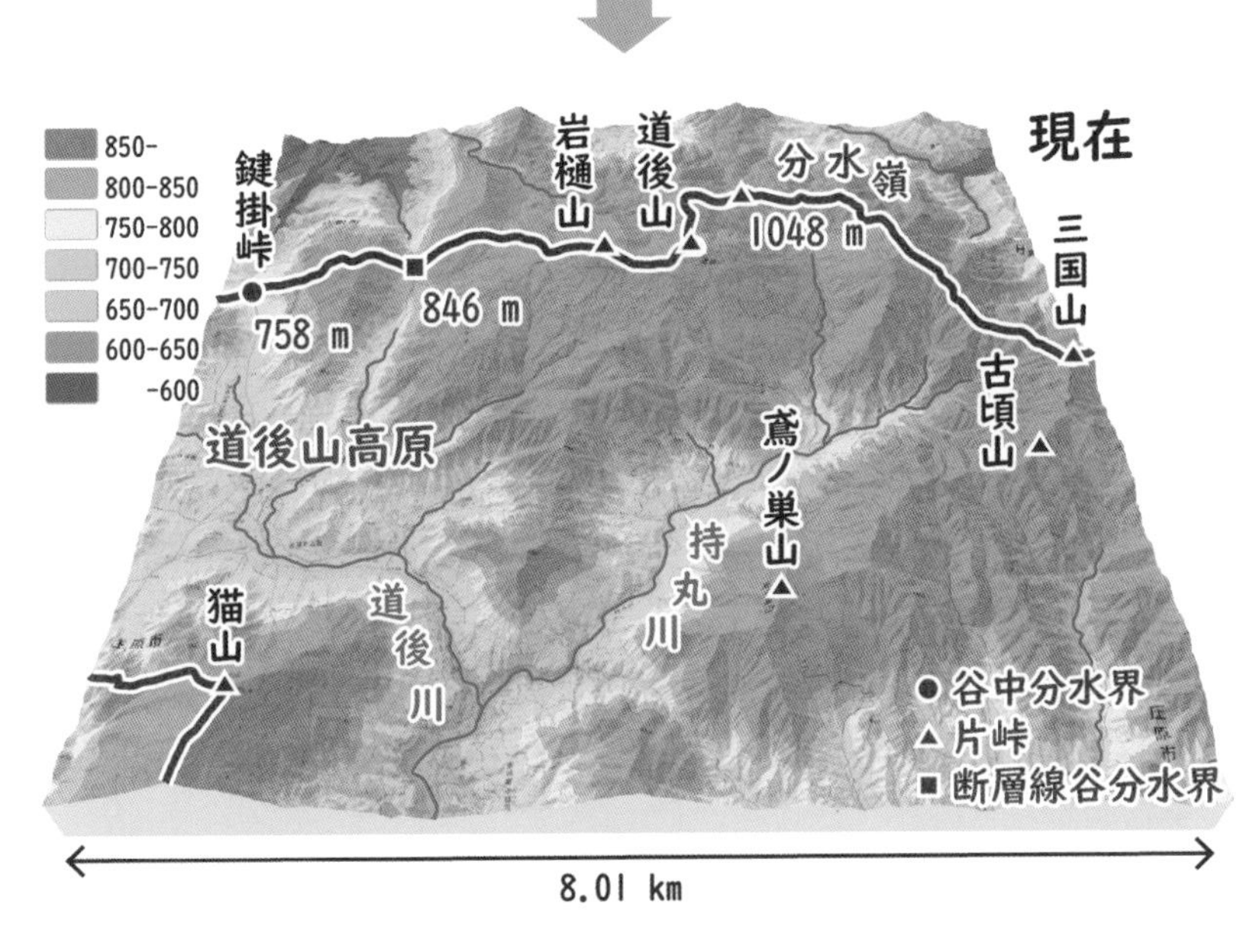

図17-5 海水準に対して1000m(右上)および850m(左上)低かった頃の道後山周辺の様子と現在の地形(左下)。〔35.05,133.23〕

今度は八幡盆地周辺を見てみましょう（図17-6）。現在に比べて850m低かった頃、臥龍山（1223m）はすでに立派な島に成長していますが、その周囲には小さな島が散点していてまるで瀬戸内海のようです（図17-6上）。島と島の間はすべて幅の狭い海峡で、小さなボートでも簡単に渡れそうです。

真珠の穴に糸を通して一連の首飾りを作るように、分水嶺は島と島をつないでいきます。首飾りの糸を引っ張れば真珠同士がつながるように、島と島の間の海峡が離水すれば、分水嶺の首飾りが完成します。そして、真珠と真珠の間が谷中分水界になるわけです。

分水嶺の首飾りは、大佐山（1069m）から掛頭山（1126m）を経て、臥龍山に続くルートではありませんでした。分水嶺は、西に続く小島をつないでいったのです。ただし、真珠（島）と真珠（島）の間の糸（海峡）はまだ緩んでいます。海峡（糸）はのちに閉じて、谷中分水界になっていくのです。一連の真珠の首飾りが完成すると、囲まれた範囲は天空の聖地になるでしょう。周囲を山並みで護られた、標高800mのなだらかで穏やかな八幡盆地です。もし平安の都が近くにあったなら、空海（弘法大師）が密教の修行場をここに置いたかもしれません。

もちろん、分水嶺は自然の摂理に従って、島と島をつないでいくだけです。そこには宗教も、人間の念いや欲も関係なく、隆起する海底と海とのせめぎ合いだけが支配していました。自然によって創世された地形を、人は使わせていただいているのです。

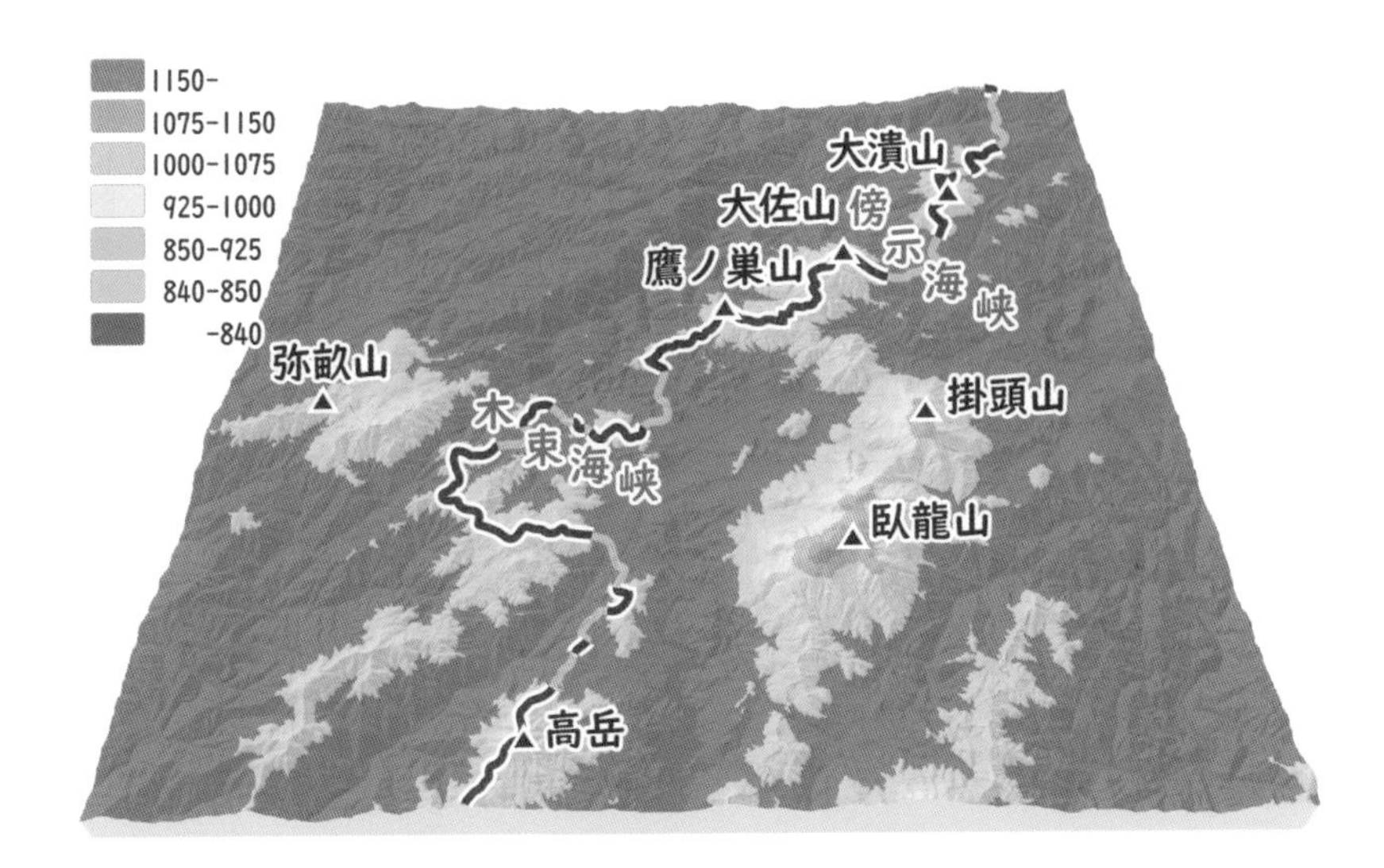

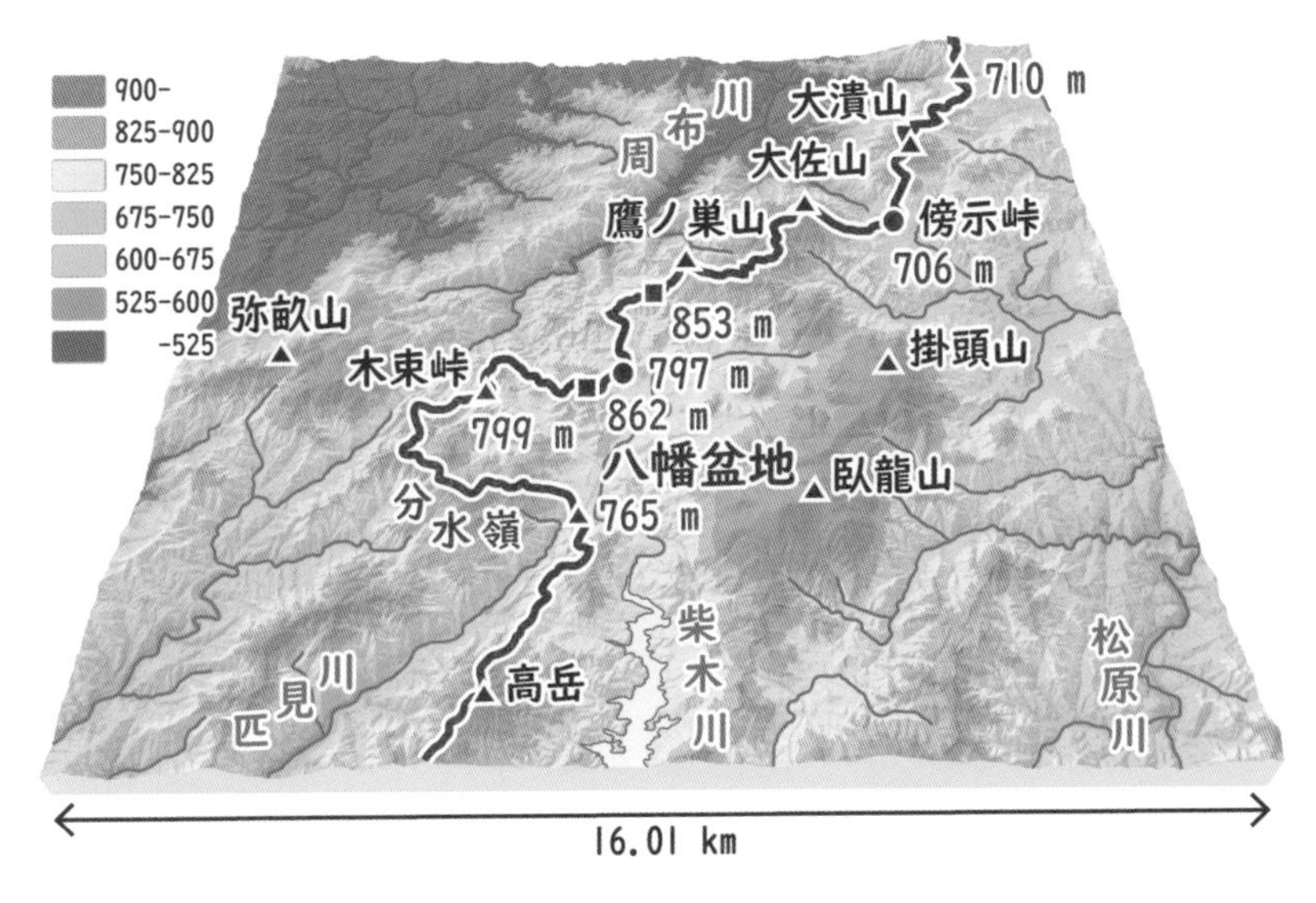

図17-6 海水準に対して850m低かった頃(上)と現在(下)の八幡盆地周辺の様子。〔34.70,132.17〕

か細い腕を精一杯伸ばして

中国地方が現在よりもマイナス700mまで隆起すると、島と島の間の海峡が離水して、島は少しずつ大きく成長していきました（図17-7）。陸化した海峡は谷中分水界となり、島ごとに存在していた短い分水界は、谷中分水界によって連結されていきました。中国地方の西部では、雲月山（うんげつやま）や傍示峠（ぼうじだお）周辺の海峡が次々と閉じて、中国山地の核心部がつくられ始めました。

中国地方の中央部でも続々と島が誕生し、島と島の間の海峡が閉じて、大きな島がいくつもつくられ始めました。道後山を核とした島はさらに大きく成長し、少しずつ拡張する地衣類のように、周りの島々を取り込んでいきました。

道後山から西には、三国山（1004m）から吾妻山（あづまやま）（1238m）を経て王貫峠（おうぬきだわ）（639m）に至る、長さが30km以上の分水

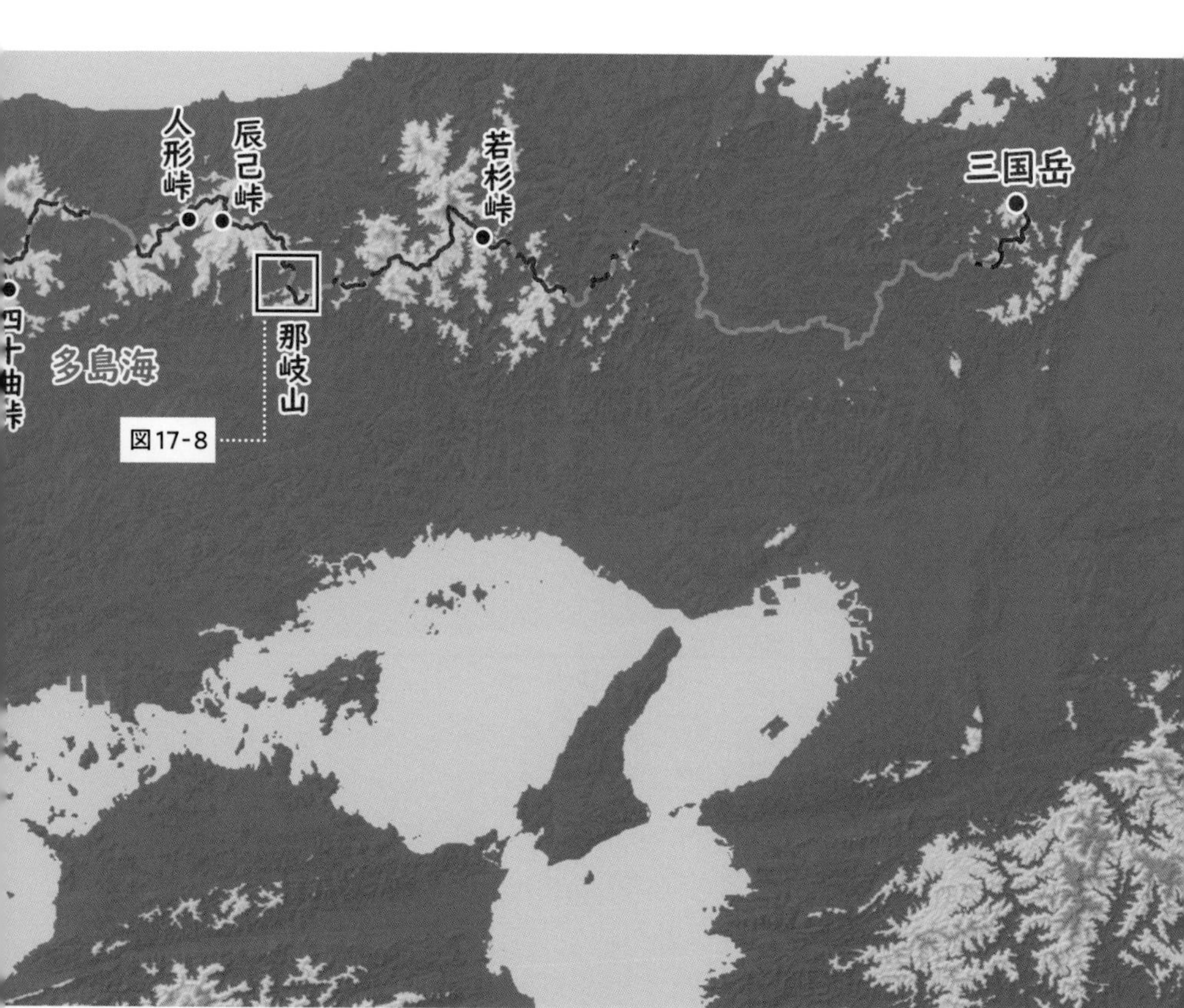

界がすでに完成していました（図17－7）。ところが分水嶺は、尾根の途中から南に折れて、猫山へと続いています（図17－5）。この後、猫山と白滝山（1053ｍ）の間の海峡が離水して日野原の谷中分水界（624ｍ）となり、最終的にはこちらのルートが分水嶺になったのです。

王貫峠は見事な片峠で、日野原の谷中分水界との標高の差は十数ｍしかありません。二つの峠はほとんど同時に離水しましたが、西に続く分水界は後述するように、のちの江の川となる〝江の川海峡〟を越えることができませんでした。

そのほか、若杉峠（719ｍ）や人形峠（742ｍ）、四十曲峠（777ｍ）や茗荷峠（725ｍ）なども、この頃に離水しました。大きな島の周りには多数の小島が次々と誕生し、多島海も徐々に広がっていきました。

しかし、瀬戸内海と呼べるほど閉じた内海は、まだつくられていません。広大な太平洋

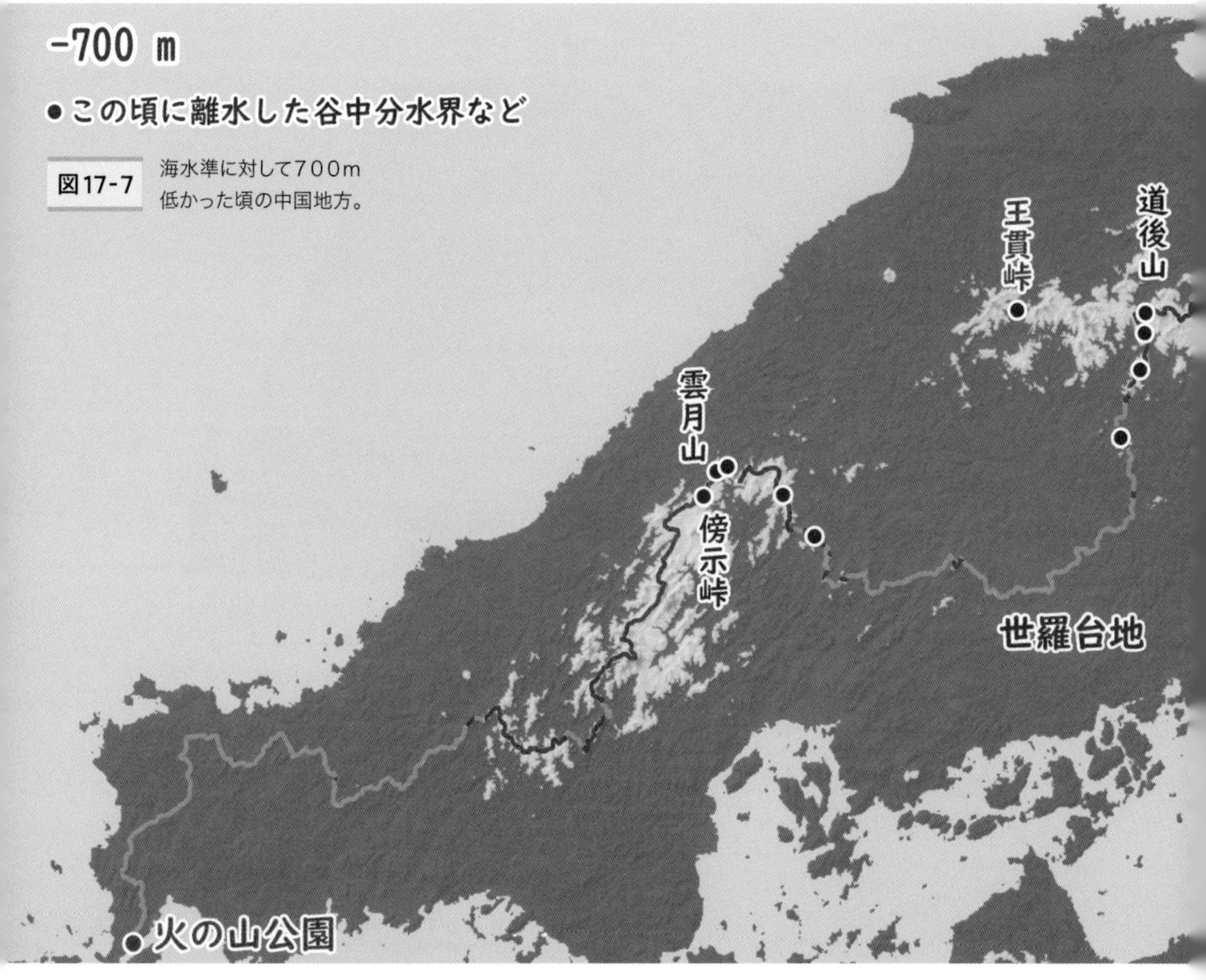

-700 m

●この頃に離水した谷中分水界など

図17-7 海水準に対して700m低かった頃の中国地方。

の北西端の、ユーラシア大陸の東縁（とうえん）に、ようやく島々が誕生し始めた状況です。

ここでちょっと、那岐山周辺に近づいてみましょう（図17-8）。標高1255mの那岐山から西に、滝山（たきやま）（1197m）から広戸仙（ひろどせん）（1115m）へ続く高い尾根がつくられています。

ところが、分水嶺は滝山の手前で突然北斜面を下り、桜尾山（さくらおやま）（956m）を目指しています。釈山（753m）は当時はまだ小さな島〝釈島〟だったため、分水嶺は狭い海峡によって途切れています。この海峡〝物見海峡〟は離水して、最終的に物見峠（ものみとうげ）になるわけです。

ところで、〝釈島〟の手前から西へ続く、幅の狭い半島は見事です。この景色、私は見たことがあります。四国の西端、愛媛県宇和島市（うわじまし）から西に延びる、細く折れ曲がった半島にそっくりです（図17-9）。定高性（ていこうせい）のある尾根の原点ですね。か細い腕を伸ばすようにこの半島は、今にも戸島と手がつながりそうです。分水嶺の成長を彷彿させる地形です。

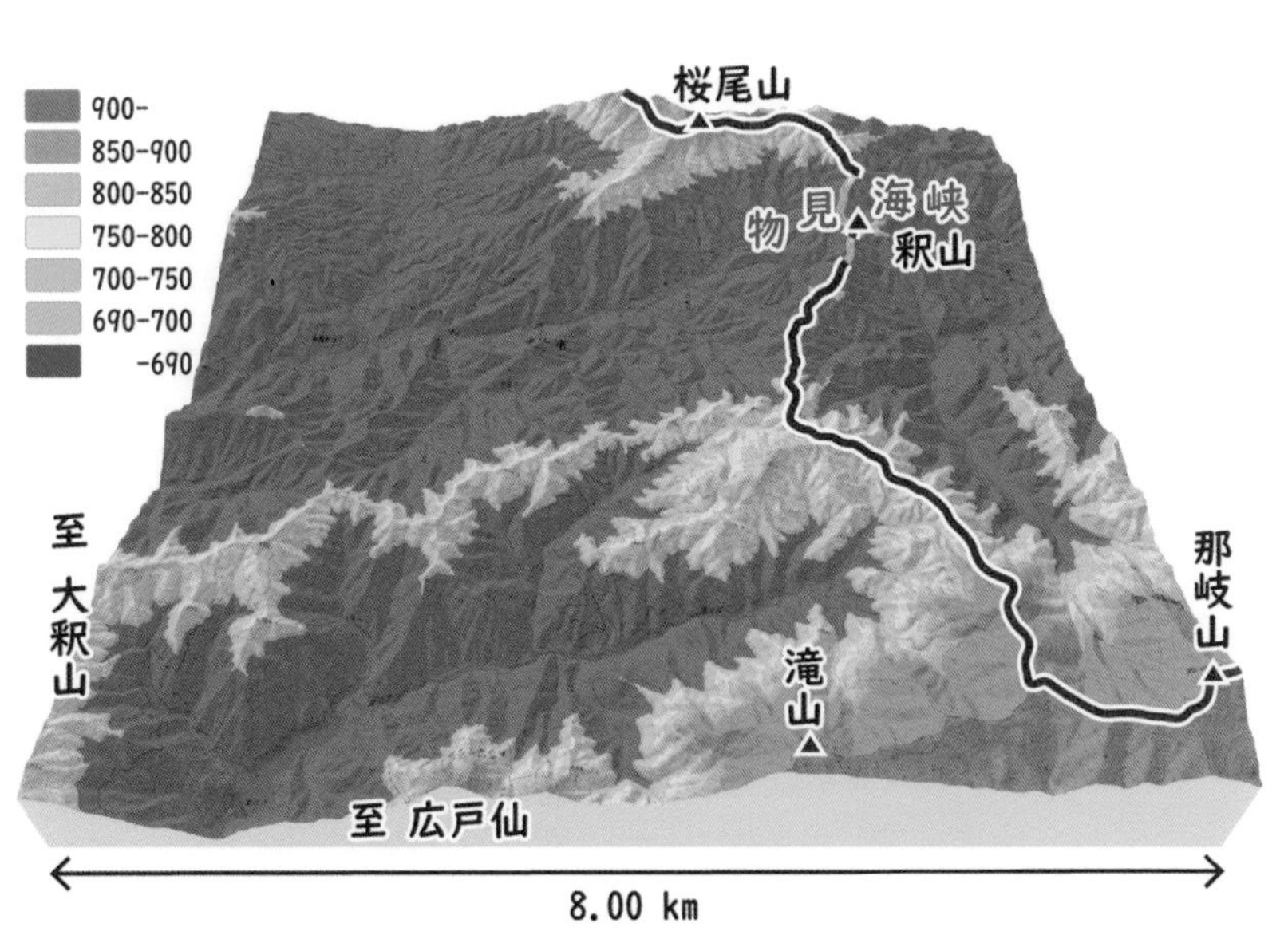

図17-8 海水準に対して700m低かった頃の那岐山周辺の様子。
〔35.19,134.14〕

とはいえ、分水嶺はまだ切れ切れで、太平洋と日本海を分けられる状況ではありませんでした。それどころか、島と島がこのあとどのように接合していくのか全く分かりません。

図には最終的につながった分水嶺を示しています。ただし、それらのラインは最終的な結果であって、最初から決められていたわけではありません。それらのほかにも、無数の分水界が存在していたのです。

吉備高原や世羅台地、津山盆地や三次盆地はまだ海の底でした（図17-7）。丹波高地も水没していました。このあと海面から現れてくる島と島がつながって、分水嶺はつくられていくのです。

しかし、分水嶺が遠く離れた小島まで、どのようにつながっていくのか、この段階で予想することはできません。島ごとに存在する無数の分水界によって、無限の組み合わせがあったからです。そのうちの一つが最終的につながって、分水嶺になるのです。

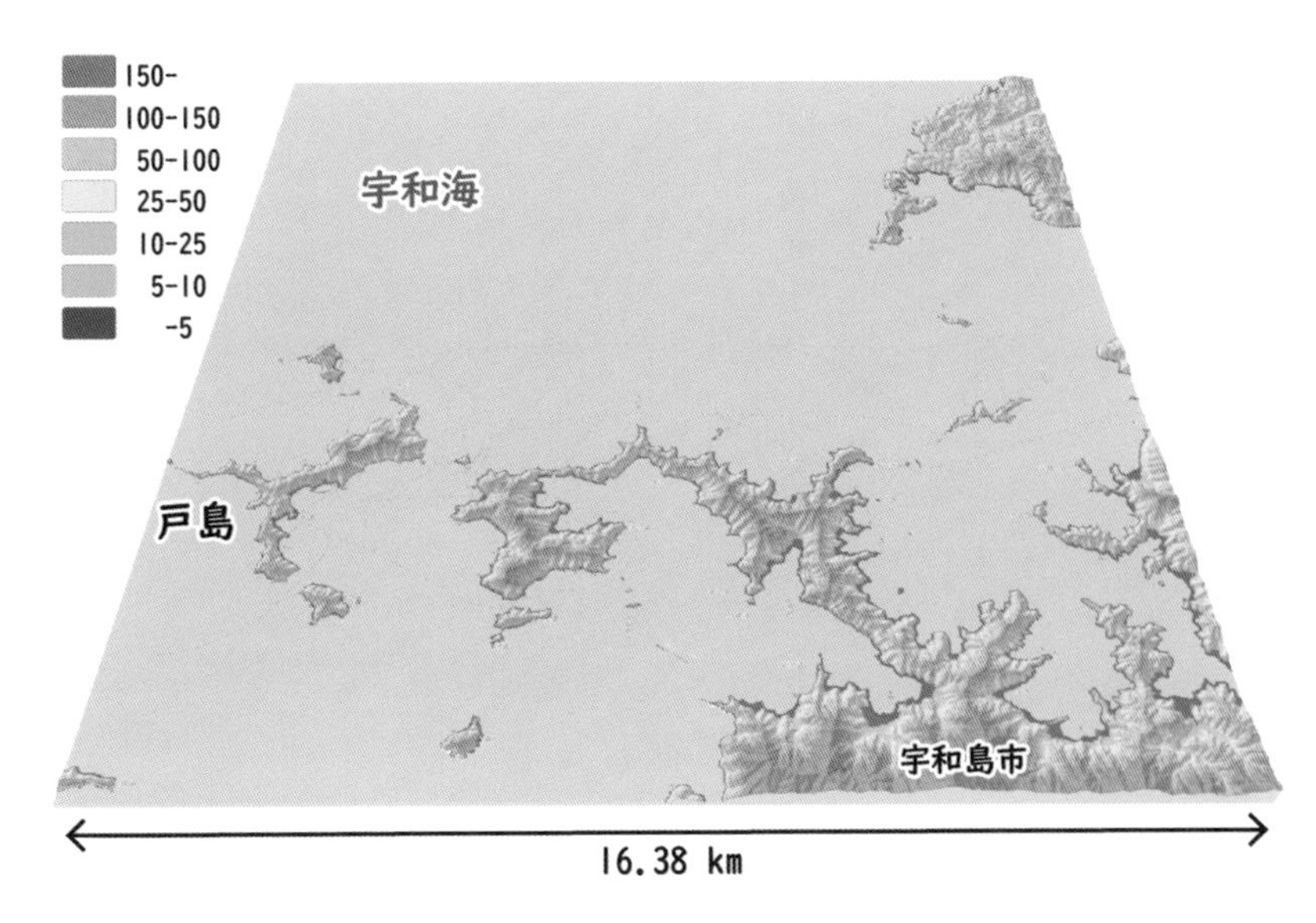

図17-9 愛媛県宇和島市から豊後水道に向かって続く細く曲がりくねった半島。〔33.20,132.43〕

島列の成長

さらにマイナス550mまで隆起すると、志戸坂峠（589m）や野原盆地の周辺のほか、吉備高原周辺の海峡がつながって、あちらこちらで島の列（島列）が生まれてきました（図17-10）。大きく成長した島々も互いにつながって、東西に延びるさらに細長い島に成長していきました。ただし、三次盆地は相変わらず広い範囲が海域で、水越峠（567m）付近でわずかに島が顔を出し始めた状況です。

三次盆地の東と西に延びる分水嶺が、このあと水越峠を通過するなど、誰が想像できるでしょう。答えを知っているから図に分水嶺を描き込めますが、この海陸分布から将来の分水嶺を予想するなど不可能です。

陸地が広がり続ける島列の端では、新しい島が次々と誕生していきました。例えば、冠山山地の南西端の大将陣（1022m）から

城将山（じょうしょうざん）（８２７ｍ）に続く山並みは、当時はまだ小さな細長い島〝大将陣島〟でした（図17-11）。〝大将陣島〟の北縁（ほくえん）は〝田野原海峡〟によって、西縁（せいえん）は〝傍示ヶ峠（ぼうじがたお）海峡〟によって、さらに東側には後の宇佐川となる〝宇佐川海峡〟によって、周囲の島と隔てられていました。

田野原（３８４ｍ）や傍示ヶ峠（３７６ｍ）の谷中分水界はまだ深い海底でしたが、このあと二つの海峡が離水して分水嶺がつながります。もし〝宇佐川海峡〟が〝田野原海峡〟より浅く先に陸化していたら、分水嶺は〝大将陣島〟から東方の法華山（９６２ｍ）を経て、羅漢山（らかんざん）（１１０９ｍ）へつながっていたでしょう。

その場合、現在の宇佐川の上流域に降った雨は田野原付近で深谷川と合流し、そのまま高津川として日本海に注いでいたはずです。その結果、田野原の谷中分水界は高津川の流路となり、谷中分水界になることはなかったでしょう。

一方、三次盆地の東に広がる吉備高原も、

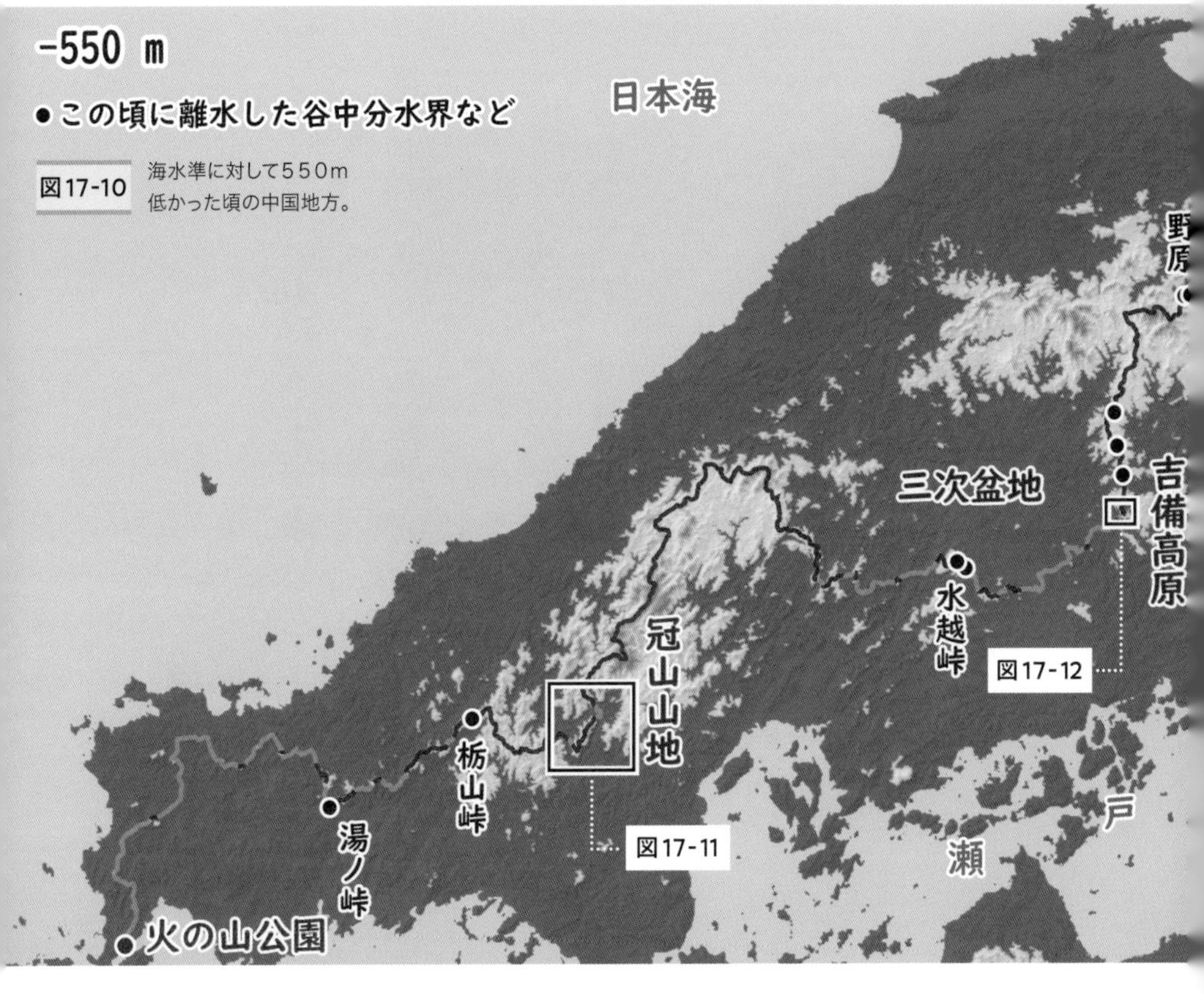

図17-10 海水準に対して５５０ｍ低かった頃の中国地方。

徐々に陸が広がってきました（図17-12）。平坦な海底が隆起して陸化し、最初は平原が広がります。平らな大地には無数の蛇行河川が流れ、シダの葉のような浅く細かい谷が刻まれました。

その後、海水準変動によって再び海水が谷間に侵入すると、典型的なリアス海岸になります。当時の吉備高原には、三重県の英虞湾のような風景が広がっていたでしょう（図17-13）。

入り組んだ入り江と多島海が干上がって、海峡が離水した場所に谷中分水界がつくられます。その谷中分水界によって、分水嶺はつながっていきます。ところが、龍王山から南下してきた分水嶺は、すでに陸が広がっている南東ではなく、まだ海域だった南西ルートを選んだようです（図17-12）。

もちろん、別の選択肢もあったでしょう。しかし、分水嶺がどのルートになるのかは、吉備高原だけで決めることはできません。旅のスタートである三国岳と、ゴールである火の山公園が1本の分水界でつながったとき、吉備高原の分水界の1本が分水嶺として確定するのです。

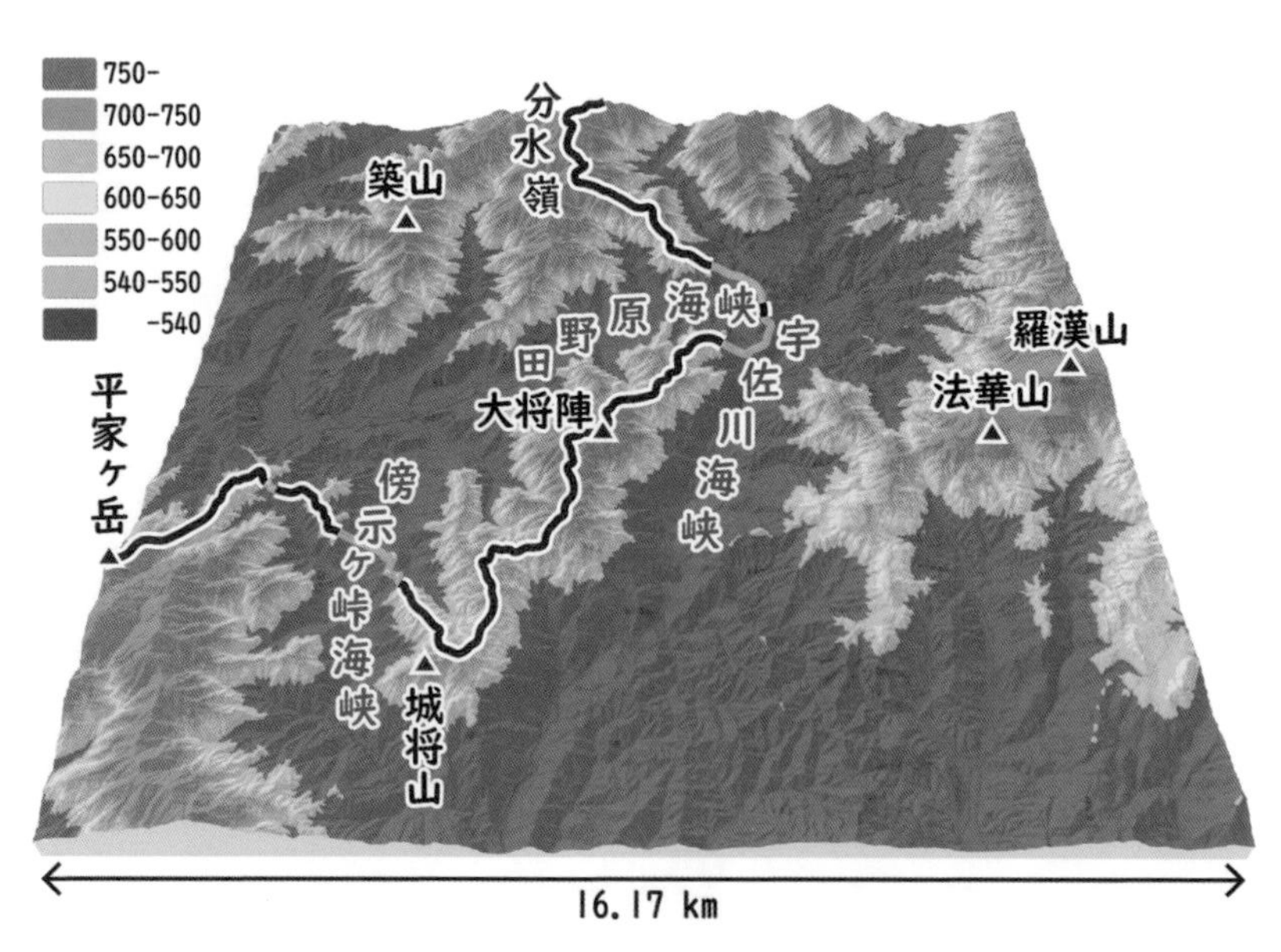

図17-11 海水準に対して550m低かった頃の田野原から傍示ヶ峠周辺の様子。〔34.34,131.98〕

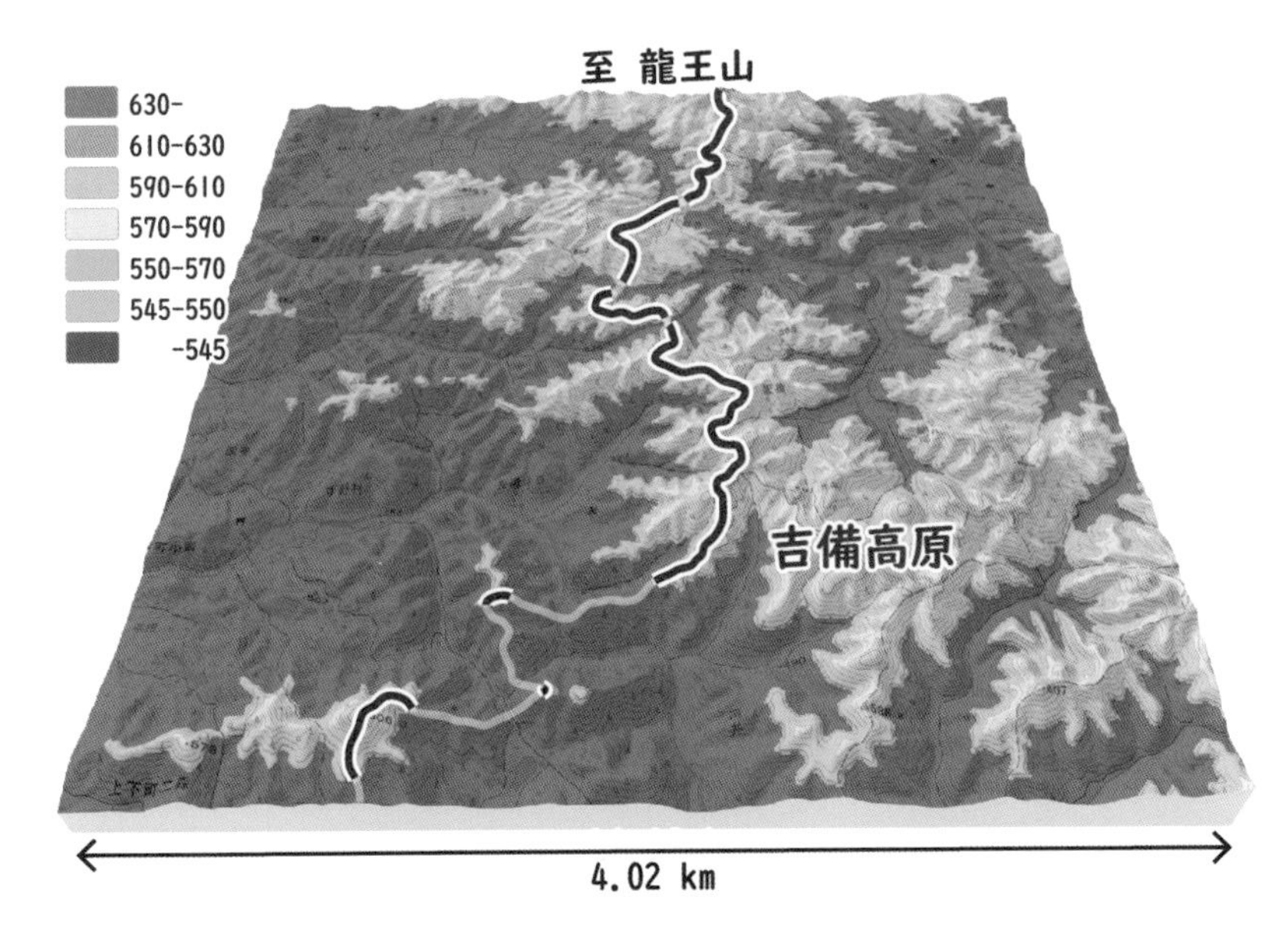

図17-12 海水準に対して５５０ｍ低かった頃の吉備高原の様子。〔34.72,133.17〕

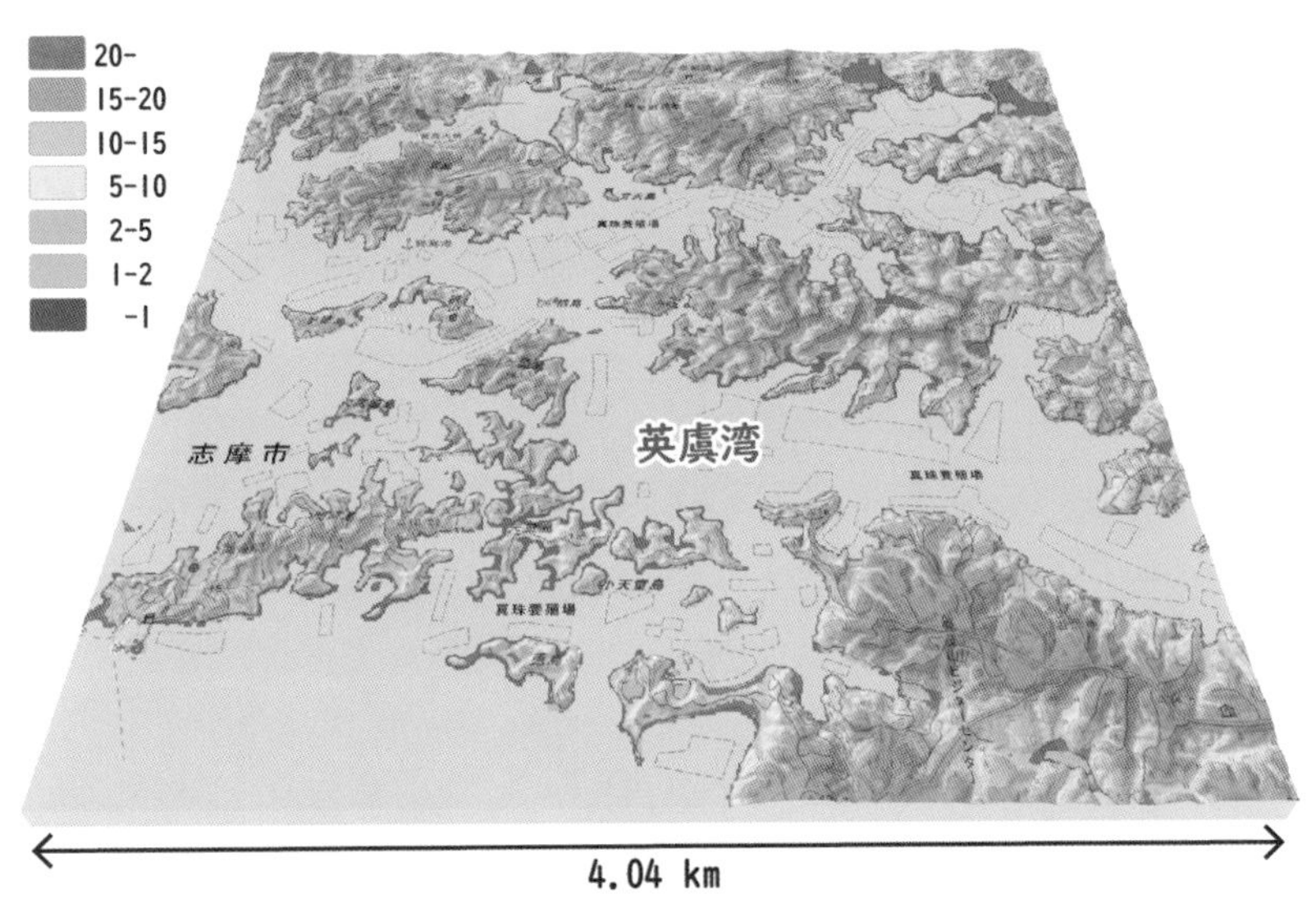

図17-13 三重県英虞湾を特徴付けるリアス海岸と多島海。〔34.29,136.83〕

標高がそろう谷中分水界の謎

現在に比べてマイナス450mまで隆起すると、吉備高原では海底が一気に露出して、平坦な陸地が広がりました。一方、1段低い世羅台地では多島海が誕生し、島と島の間の海峡が離水して分水嶺がつながり始めました。中国地方の分水嶺は、三次盆地を除いてほぼつながったのです（図17-14）。

しかしこの段階でも、赤線で示したラインが最終的に分水嶺になるのかどうか、誰にも分かりません。無数の分水界をつなぐ無限の組み合わせのうち、最終的につながった唯一の分水嶺を赤線で描いているだけです。

例えば、三次盆地の南側と北側には、点々と島が現れ始めています。しかし、東西に分かれている中国山地の分水嶺が、北と南のどちらのルートでつながるのか、この段階では分かりません。

もし北側のルートが先につながると、分水

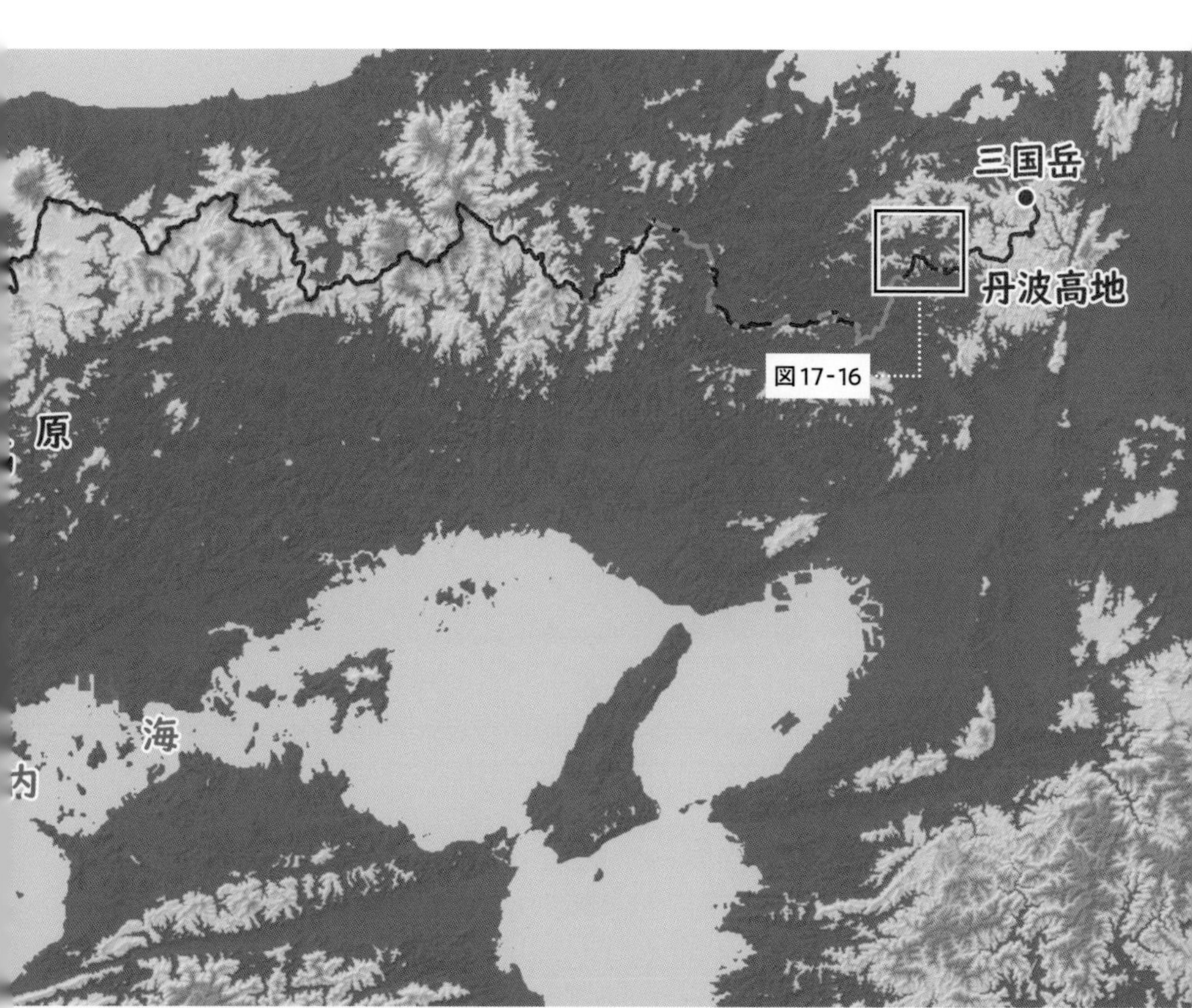

嶺は世羅台地を通過しません。反対に、南側のルートが先につながると、分水嶺は中国山地を通過しません。実際には、標高の高い中国山地ではなく、標高が低くなだらかな地形の世羅台地が選ばれました。私たちは結果を知っているから、図に分水嶺を描くことができるのです。

最終的な分水嶺のつながりの鍵となる三次盆地は広い範囲が水没していて、南側は世羅台地の多島海を隔てて太平洋とつながっていました（図17-15）。青水（あおみず）（418m）から野原（406m）にかけて、当時は浅い海域が広がっていました。一方、水の別（みずのわかれ）（447m）は、低くなだらかな島と島の間の海峡〝水の別海峡〟でした。幅が狭く非常に浅い〝水の別海峡〟は、潮が引いたらトンボロが出現したでしょう。

世羅台地の多島海は現在の瀬戸内海のように浅く、波浪による侵食をまぬがれた無数の小島が散在していたでしょう。島と島の間は

図17-14 海水準に対して450m低かった頃の中国地方。

すべて浅い海峡で、少しでも海面が低下すると海峡は干上がって、すべて谷中分水界になりました。

無数の島と島の間の海峡がすべて谷中分水界になるのですから、吉備高原や世羅台地に谷中分水界がたくさんあるのもうなずけます。もともと起伏の小さい海底が陸化したので、谷中分水界の標高もそろっているのです。

他方、旅の初日に歩いた丹波高地も、どんどん陸が広がってきました（図17-16）。陸といっても吉備高原や世羅台地のような、起伏のない低く広がった大地ではありません。折れ曲がった細長い半島が延びていくだけで、陸地の面積は大したことはありません。

一つの島から細長い半島が四方に延びていく様子は、まるで線香花火のようです。あるいは、クモヒトデのほうが似ているかもしれません。もしくは、雪の結晶でしょうか。

分水嶺は平均台の上を恐る恐る歩く子どものように、細長い半島に沿って上手に乗り

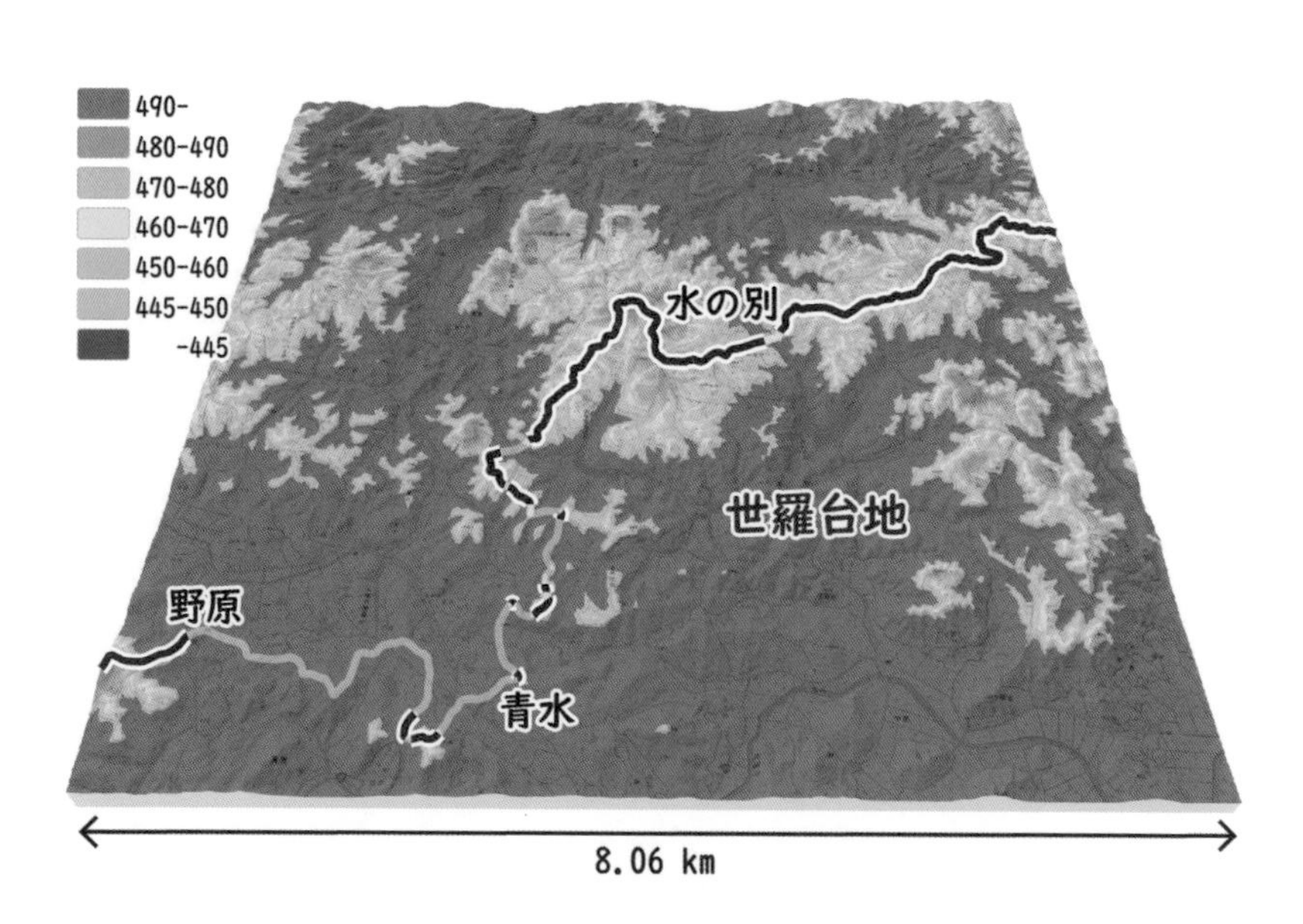

図17-15 海水準に対して450m低かった頃の世羅台地の様子。〔34.62,133.01〕

移っています。丹波高地の分水嶺は原峠(はらとうげ)とそのすぐ西の峠で途切れていますが、つながるのは時間の問題でしょう。

だからといって、それらが離水して半島がつながったとしても、このルートが遠い将来に分水嶺になるのかどうか、この時点では分かりません。すべての島のすべての分水界は、将来分水嶺になる可能性を秘めているのです。

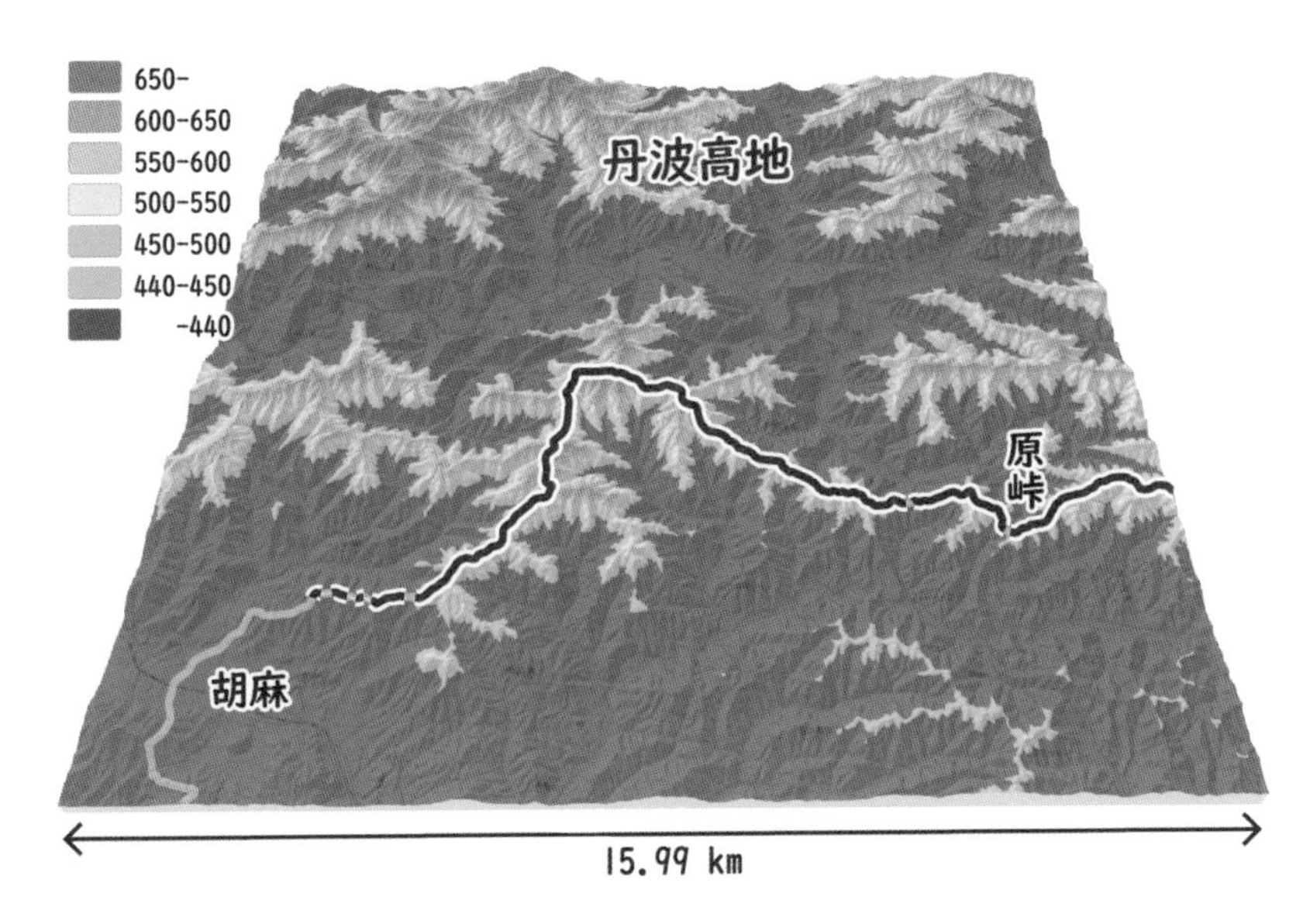

図17-16 海水準に対して450m低かった頃の丹波高地の様子。〔35.25,135.51〕

先につながった吉備高原

現在に比べてマイナス350mまで隆起すると、世羅台地の無数の海峡は陸化して、東西に分かれていた中国山地の分水嶺が連結するまであとわずかです（図17-17）。分水嶺で離水していないのは、上根峠（267m）と向原（214m）だけです。

一方、中国山地の東の端は、生野北峠（320m）までつながりました。あと数10m隆起すれば、分水嶺は石生まで一気につながるでしょう。

ただ、石生から東方はまだ海域が広がっていて、丹波高地につながるのはまだまだ先のようです。〝石生海峡〟と〝胡麻海峡〟も海峡というほど狭くはなく、島の少ない海域といったほうが適切です。分水嶺がどのようなルートになるのか、この段階で予想するのはまだ無理でしょう。

他方、中国山地の西の端は、大土路（328

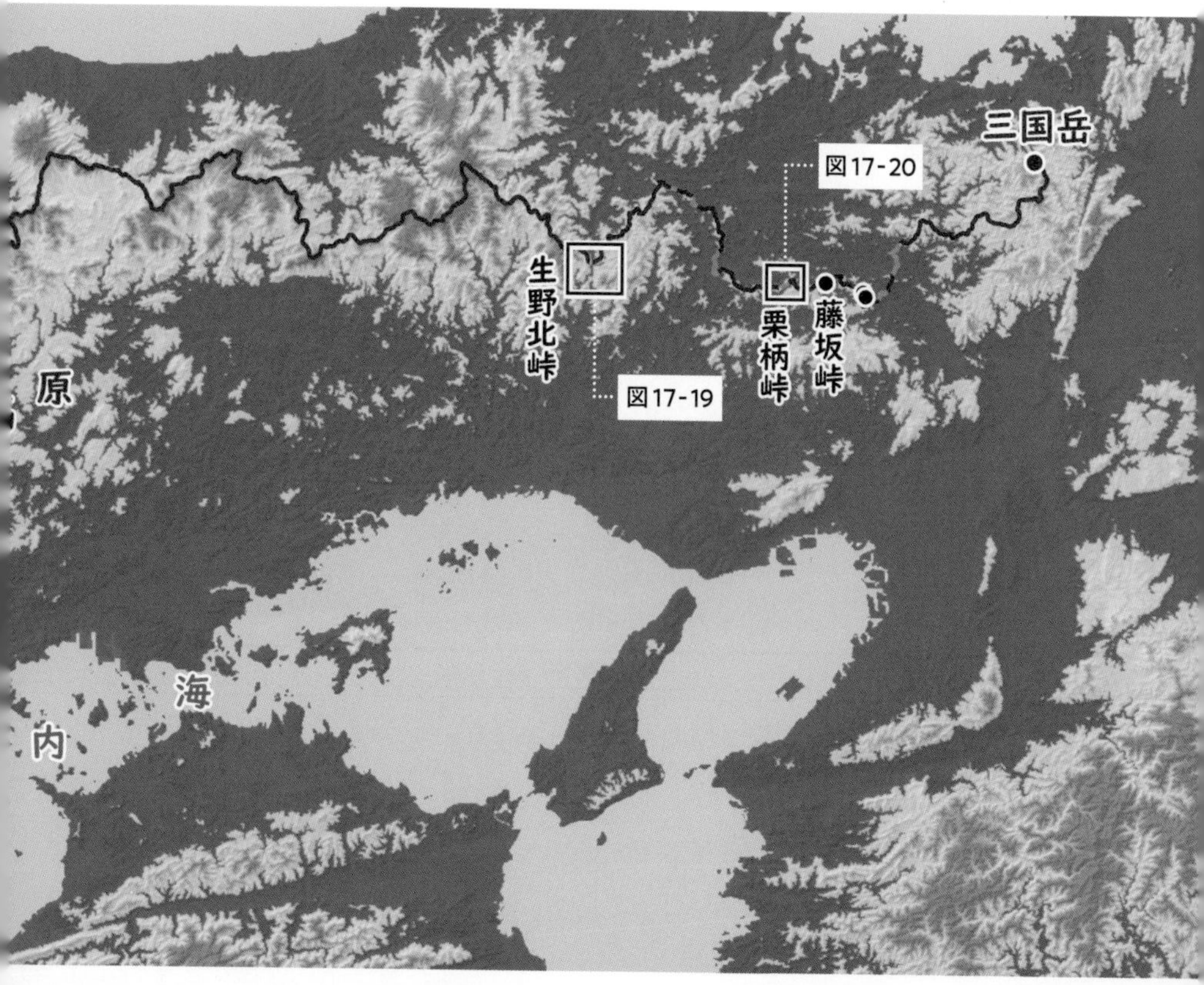

ｍ）まで延びています。広島県から山口県にかけては、田野原（384ｍ）や傍示ヶ峠（376ｍ）の海峡が離水し、木戸峠（378ｍ）や八丁越（382ｍ）の海峡も陸化して、分水界は西へ西へと延びています。

ただし、大土路から西の陸地は雲雀峠（247ｍ）で行き止まりとなり、そこから火の山公園までは、散点的に島が出現し始めた程度です。分水嶺は気配すらありません。

この頃の三次盆地は、周囲を陸地に囲まれた内湾〝三次湾〟で、複雑に入り組んだリアス海岸と無数の小島が散在する〝ミニ瀬戸内海〟でした（図17-18）。〝三次湾〟の北側には、道後山（1271ｍ）から西方へ、烏帽子山（1225ｍ）、吾妻山（1238ｍ）、猿政山（1268ｍ）、大万木山（1218ｍ）が続いています。当時でも標高が900ｍを超える立派な山並みで、後の中国山地の脊梁となりました。

これに対し、〝三次湾〟の南側は、標高が数

図17-17 海水準に対して350m低かった頃の中国地方。

図17-18 海水準に対して３５０m低かった頃の三次盆地周辺の様子。

百ｍ前後の吉備高原や世羅台地が広がっています。現在よりも３５０ｍ低かった当時、吉備高原の標高は２００ｍほど、世羅台地は１００ｍ以下なので、高原というよりは低くなだらかな平原というべきでしょう。

この頃、道後山まで延びてきた分水嶺には、西に向かって二つのルートが用意されていました。一つは中国山地を通過する北ルート、そして他方が吉備高原から世羅台地を通過する南ルートです（図17-18）。

北ルートはすでに〝江の川海峡〟の手前まで低い山並みが到達していて、狭い海峡を渡るのはたやすそうです。一方、南ルートは〝向原海峡〟まで到達していますが、その先で〝上根海峡〟も渡らなければなりません。分水嶺の先頭争いは、最後のデッドヒートです。

もちろん、私たちは、分水嶺が最終的に南ルートを選択したことを知っています。しかし、南ルートには目立った山並みが全くなく、こちらのルートが分水嶺になるなど誰が予想できたでしょう。

〝三次湾〟を囲む分水嶺の先頭争いに比べれば、〝生野北海峡〟の離水はシンプルです（図17-19）。南北に続く幅の狭い〝生野北海峡〟には両側から山が迫っていて、海峡が閉じるのは時間の問題です。

もし、生野北峠の数km南で海峡が閉じたなら、分水嶺は白岩山から生野峠を通過するルートになったでしょう。海峡が離水した場所には谷中分水界が誕生し、それとは対照的に、生野北峠は円山川の流れとなって谷中分水界にはなれません。

さらに、〝生野北海峡〟の東方では、三嶽（７９３ｍ）を核とする島が拡大しています（図17-20上）。硬いチャートからなる三嶽は、東に小金ケ嶽（７２５ｍ）、西に西ケ嶽（７２７ｍ）を携え、低山ながら多紀アルプスとして親しまれています。多紀アルプスの登山者は、多紀アルプスがかつて多島海のなかで、ひときわそそり立つ〝多紀島〟であったことなど、想像すらしないでしょう。

その多紀アルプスの北側にある鼓峠（331m）と栗柄峠（268m）はまだ水没していて、多紀アルプスの分水嶺は西へはそこで途切れています（図17-20上）。〝鼓海峡〟はすぐつながりそうですが、〝栗柄海峡〟が離水するにはあと100mほど隆起する必要があります（図17-20上）。

当時の〝栗柄海峡〟の周辺は、起伏のない海底が広がっていたと考えられます。徐々に隆起した海底は、分水嶺のラインに沿って海面上に露出し始め、最初はトンボロがつくられたでしょう。そのトンボロが満潮時になっても水没しなくなり、最終的に太平洋と日本海を分ける分水嶺になります。人の目には分からないほんのわずかな地形の起伏によって、分水嶺が決められるのです。

この〝栗柄海峡〟が離水すると、分水嶺は一気に西に石生まで延伸します。とはいえ、氷上回廊に沿って続く石生（95m）の海峡はさらに深く、丹波高地の分水嶺が中国山地とつながるためには、さらに150mほど隆起しなければなりません。分水嶺の完成までの最後の難関です。

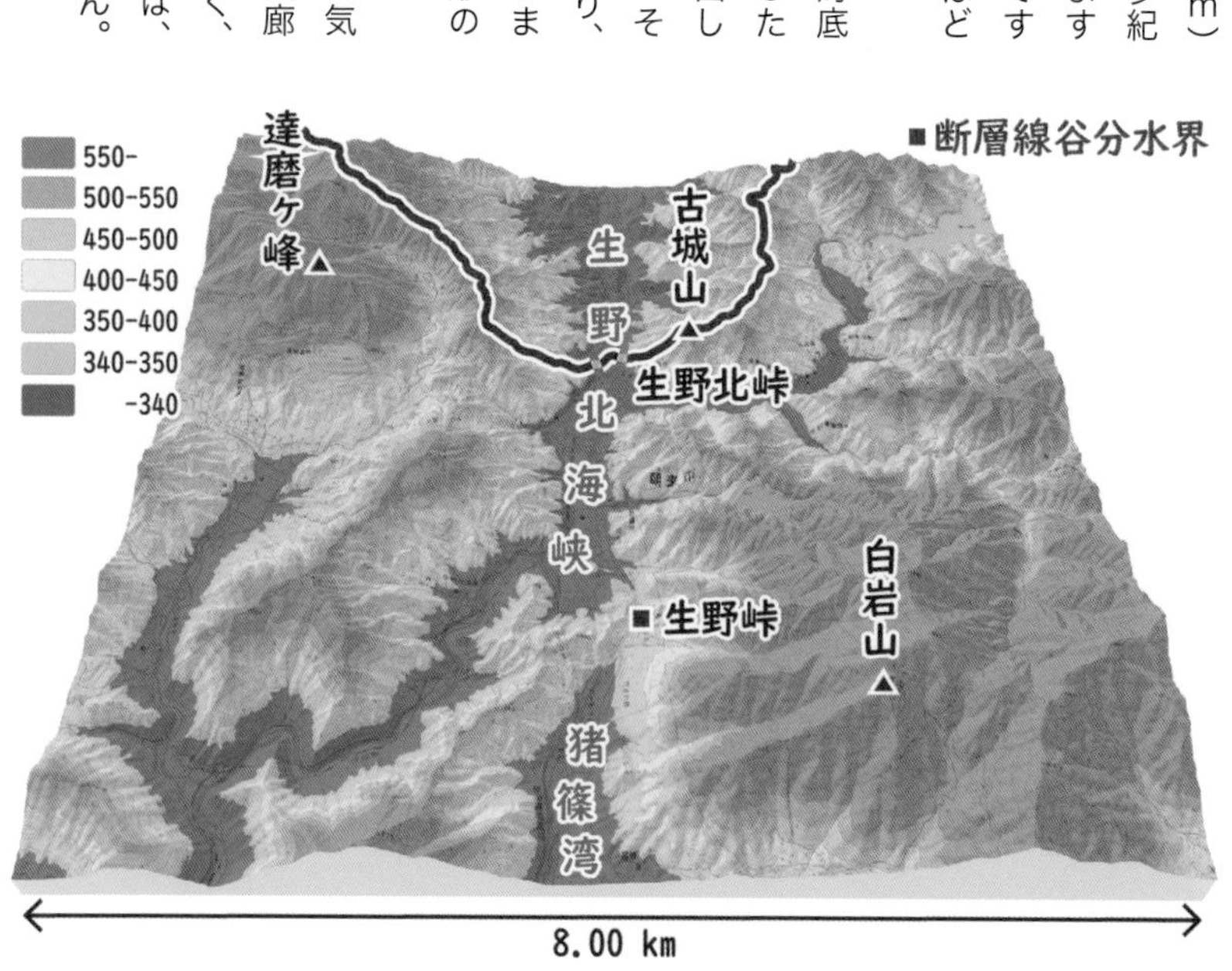

図17-19 海水準に対して350m低かった頃の生野北峠周辺の様子。〔35.17,134.79〕

図17-20 海水準に対して350m低かった頃(上)と、離水直後(マイナス267m)の栗柄峠周辺の様子(下)。〔35.14,135.22〕

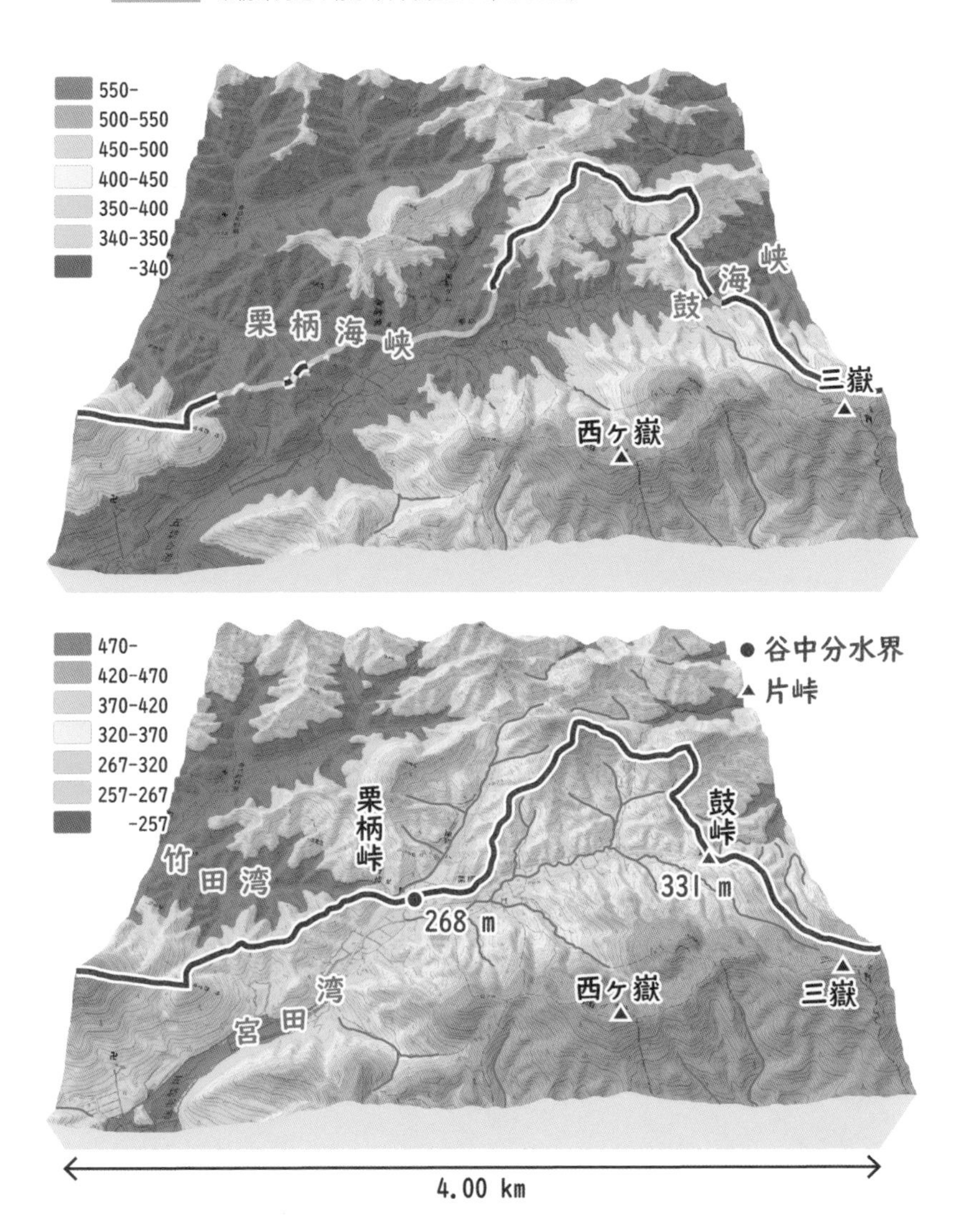

幻の分水嶺

マイナス200mまで隆起すると、〝三次海峡〟によって東西に分かれていた中国地方の分水嶺は、ようやく連結しました。分水嶺は、東方へは石生まで、西方へは八道盆地（やじぼんち）の手前まで1本につながったのです(図17-21)。〝胡麻海峡〟は離水して当時は標高5mの谷中分水界となり、丹波高地の分水嶺も完成しました。

長い間、中国山地を東西に分断していた〝三次湾〟は、〝向原海峡〟と〝上根海峡〟によって瀬戸内海と、〝江の川海峡〟によって日本海と通じていました。その後、先に〝上根海峡〟が閉じて標高67mの谷中分水界(片峠)となり、続いて〝向原海峡〟が離水して標高14mの谷中分水界になりました。その結果、分水嶺は吉備高原から世羅台地を通過する南ルートとなり、〝三次湾〟は日本海側になったのです。

といっても、その頃の〝三次湾〟は完全に

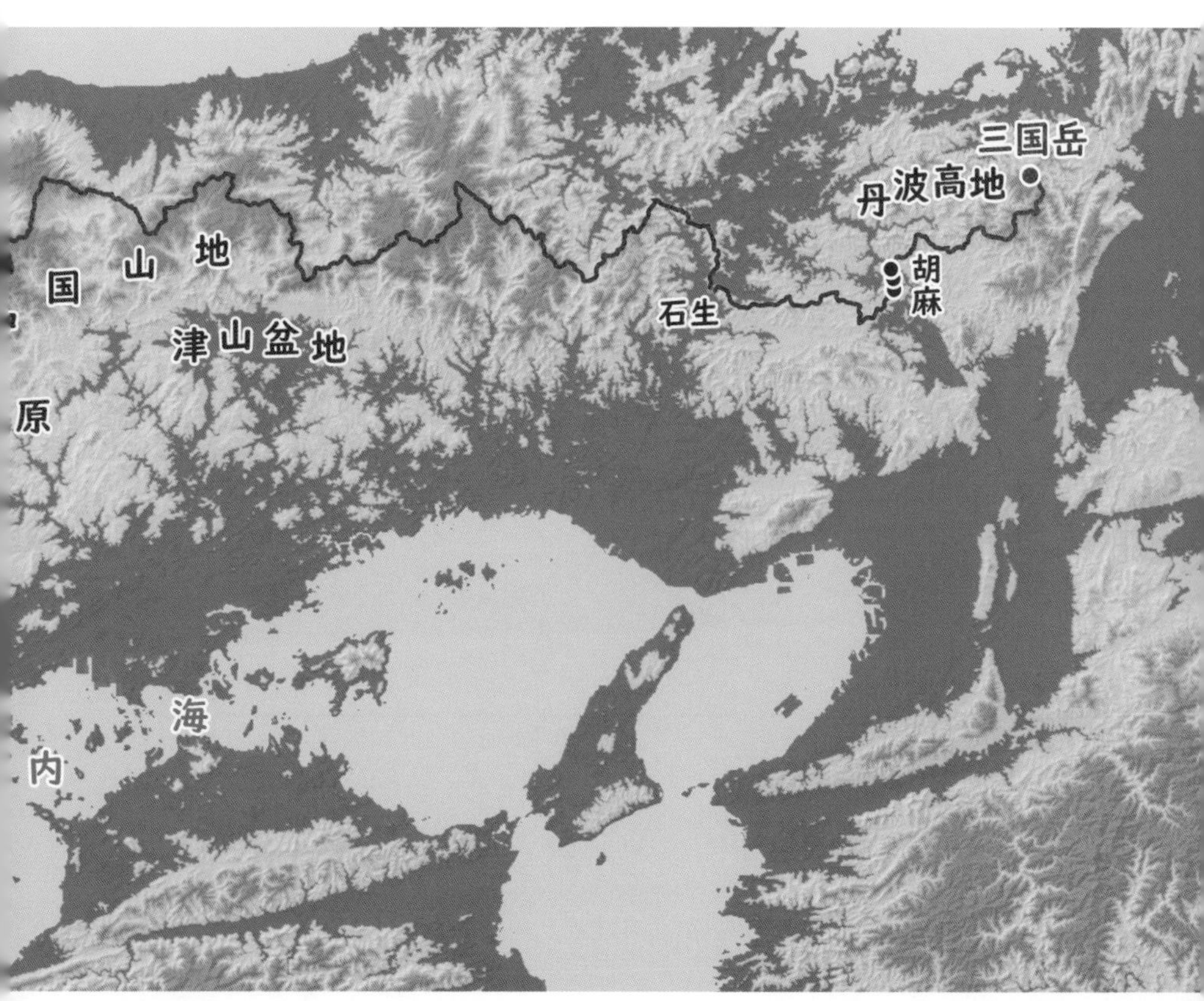

陸化していて、すでに三次盆地になっていました。そして、最後に陸化した〝江の川海峡〟は日本有数の大河、江の川の流れとなり、谷中分水界にはなれませんでした。〝江の川海峡〟の最浅部は、〝向原海峡〟よりも深かったのです。当時の江の川の河口は、現在の河口の10㎞ほど手前まで延びていました。

もし〝江の川海峡〟が〝向原海峡〟よりも浅かったら、分水嶺のルートは大きく異なっていたでしょう。例えば、〝江の川海峡〟の最浅部が広島県邑南町（おおなんちょう）の下郷付近にあったとしたら、向原が離水する前に下郷付近が干上がって、〝下郷の谷中分水界〟になっていたでしょう（図17-22）。その結果、分水嶺はその場所を通過していたはずです。

つまり、〝幻の分水嶺〟が、三次盆地の北側の中国山地を縦断していたことになります。そして、三次盆地に集められた大量の雨水は向原を通過して、瀬戸内海に注いでいたはずです。芸備線（げいびせん）の車窓からは、日本有数の大河

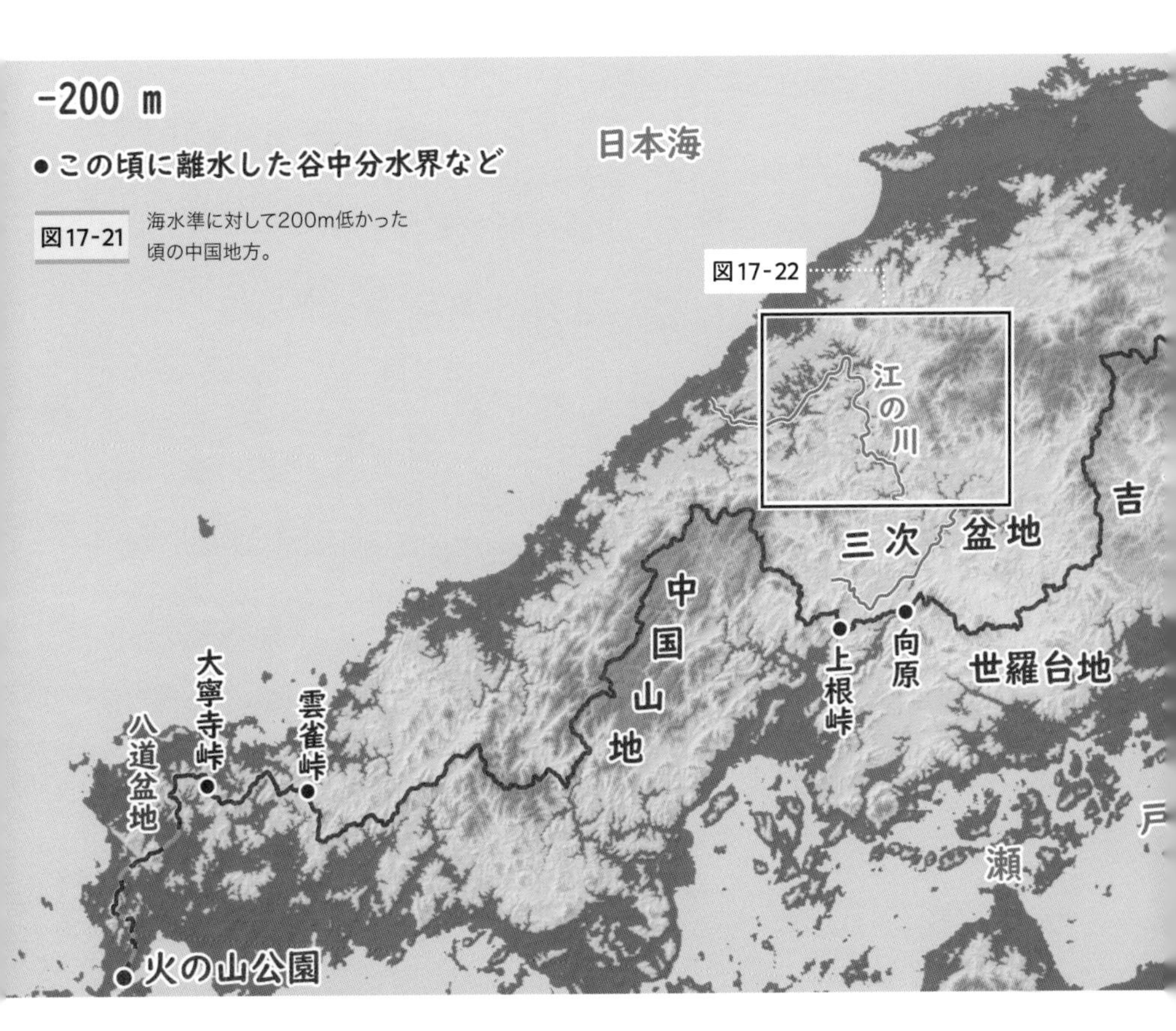

図17-21 海水準に対して200m低かった頃の中国地方。

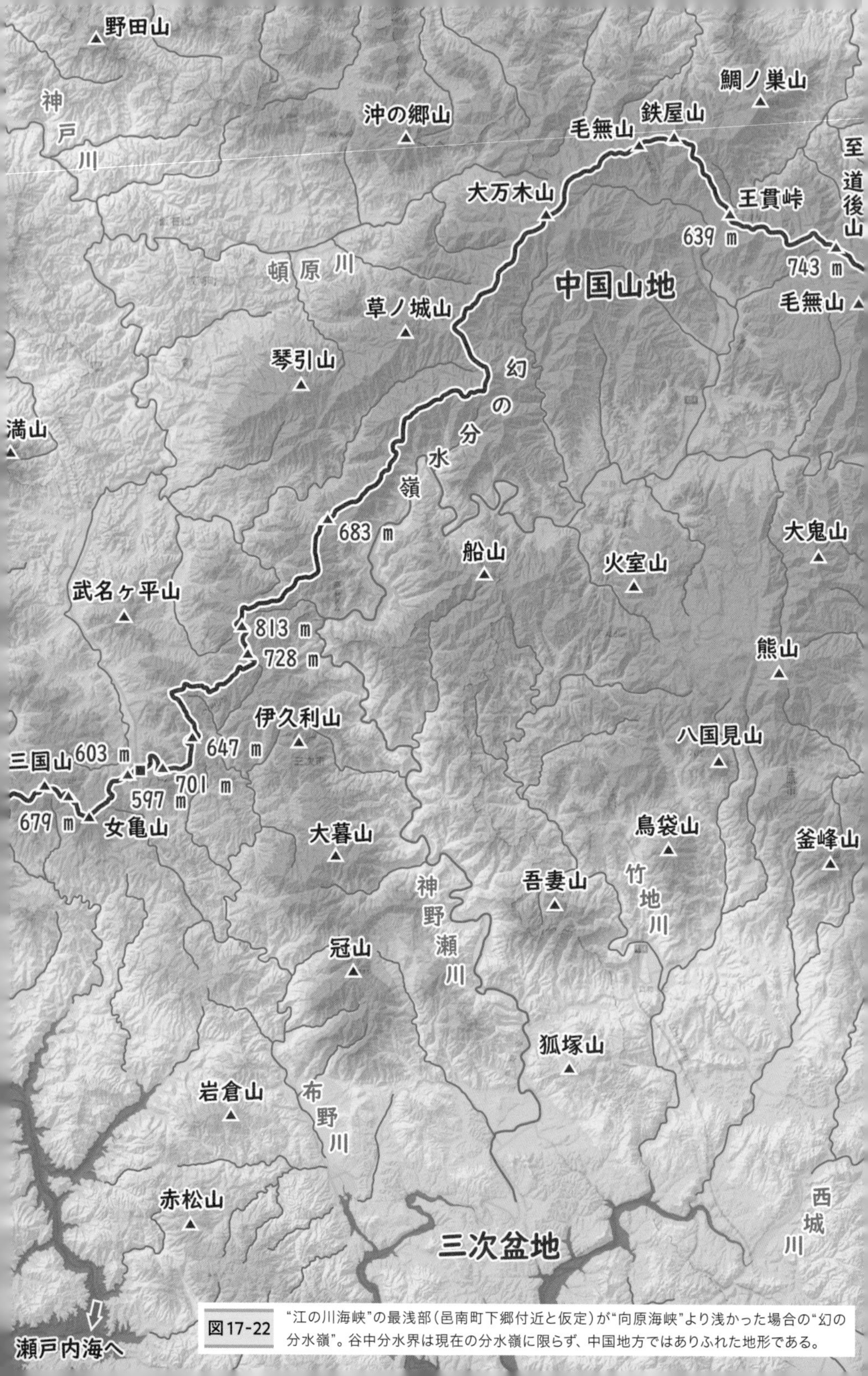

図17-22　“江の川海峡”の最浅部（邑南町下郷付近と仮定）が“向原海峡”より浅かった場合の“幻の分水嶺”。谷中分水界は現在の分水嶺に限らず、中国地方ではありふれた地形である。

600-
500-600
400-500
300-400
200-300
190-200
-190
谷中分水界
片峠
断層線谷分水界
三瓶山
石見山
石見山
唐渓山
大平山
高堀山
日本海へ
新造地山
江
の
川
海
峡
623 m
火室山
359 m
388 m
防路峠
367
434 m
410 m
355 m
邑南町下郷
萩原山
冠山
439 m
435 m
荷メ峠
329 m
出羽川
ニツ山
367 m
353 m
357 m
478 m
447 m
397 m
伴蔵山
一本木山
大原山
中国山地
長瀬川
2 km

となった三篠川（みささがわ）の流れを眺めることができたかもしれません。

〝幻の分水嶺〟に沿っても、見事な谷中分水界や片峠が見られます。江の川の東側は標高の高い中国山地が続き、〝幻の分水嶺〟はなめらかに続いています。なかでも、王貫峠の片峠（639m）は見事です（図17-23）。日野原の谷中分水界（624m）とほとんど同じ標高で、〝幻の分水嶺〟のなかでは、いち押しの片峠です。

中国地方が現在に比べてマイナス600mまで隆起した段階では、道後山から30km離れた王貫峠まで尾根は続いていて、さらに20km西まで分水界は仕上がっていました。当時、三次盆地の南縁（なんえん）にはほとんど島がなかったのに、中国山地の分水界は、江の川までわずか2kmほどまで迫っていたのです。

ところがその後、吉備高原や世羅台地が一気に陸化して分水界の南ルートが追いつき、最後に〝向原海峡〟が離水して逆転したのです。

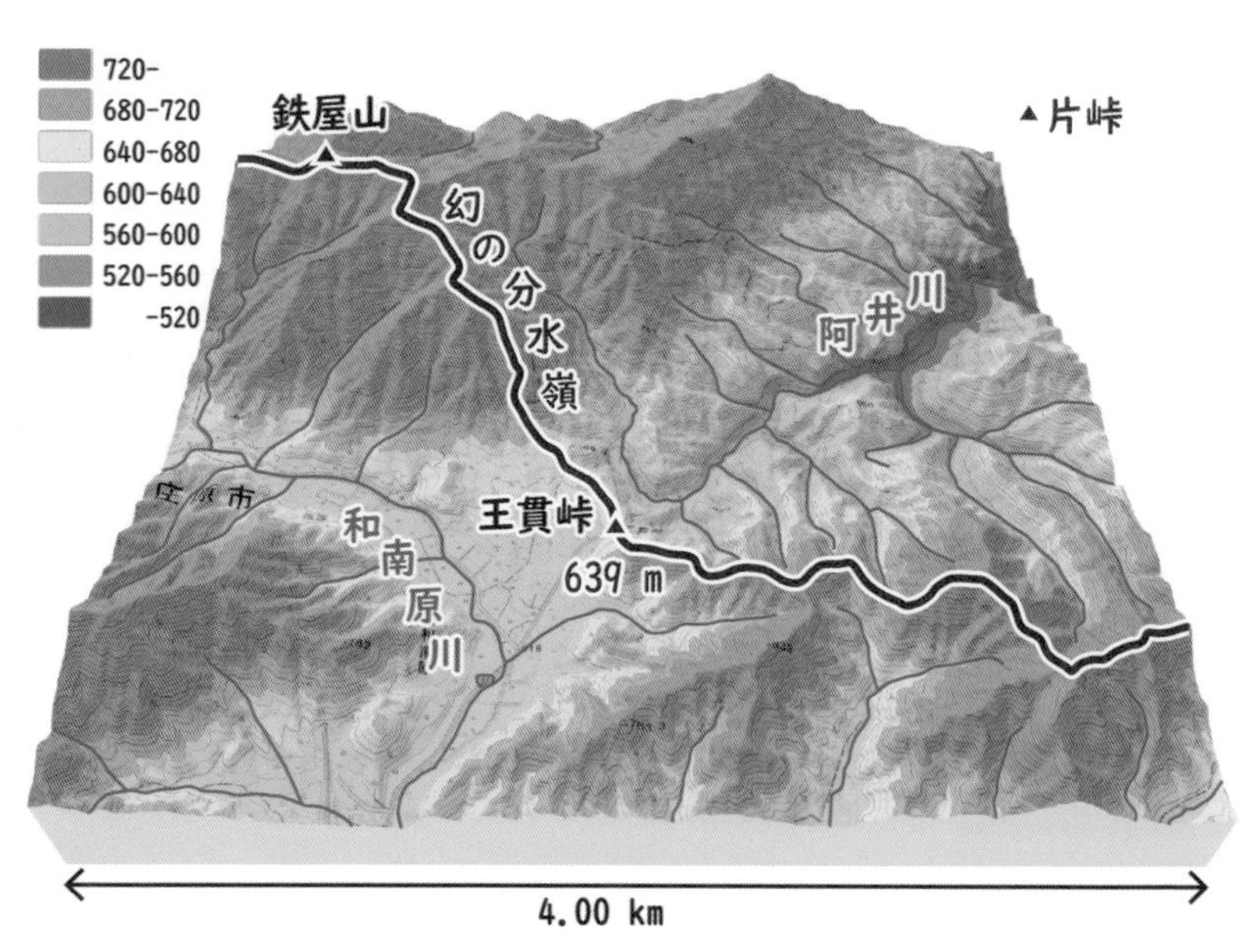

図17-23 王貫峠の片峠。〔35.09,132.91〕

中国山地を縦走する北ルートはずっと足踏みしていたのに、結局分水嶺にはなれず、さぞかし悔しいことでしょう。でもそのおかげで、江の川は日本有数の大河になることができたのです。

一方、江の川の西側は標高が１０００ｍに満たない山が散点し、その周囲は世羅台地のような起伏のない地形が広がっていました。起伏が小さいので谷中分水界が多く、その標高も吉備高原や世羅台地のようにそろっています。幅が広く平坦な谷の真ん中を分水界が横切る光景は、今回の旅で何度も見て来ました。

例えば、標高３２９ｍの荷〆峠は典型的な谷中分水界です（図17-24）。安田川と馬野原川を分ける荷〆峠は、標高５００ｍほどの山に挟まれたまっすぐの谷を横切っています。川の流れが峠の手前で90度向きを変えるのも、いつも通りです。ただし、安田川と馬野原川は現在はいずれも江の川に合流するので、荷〆峠の谷中分水界は分水嶺ではありません。

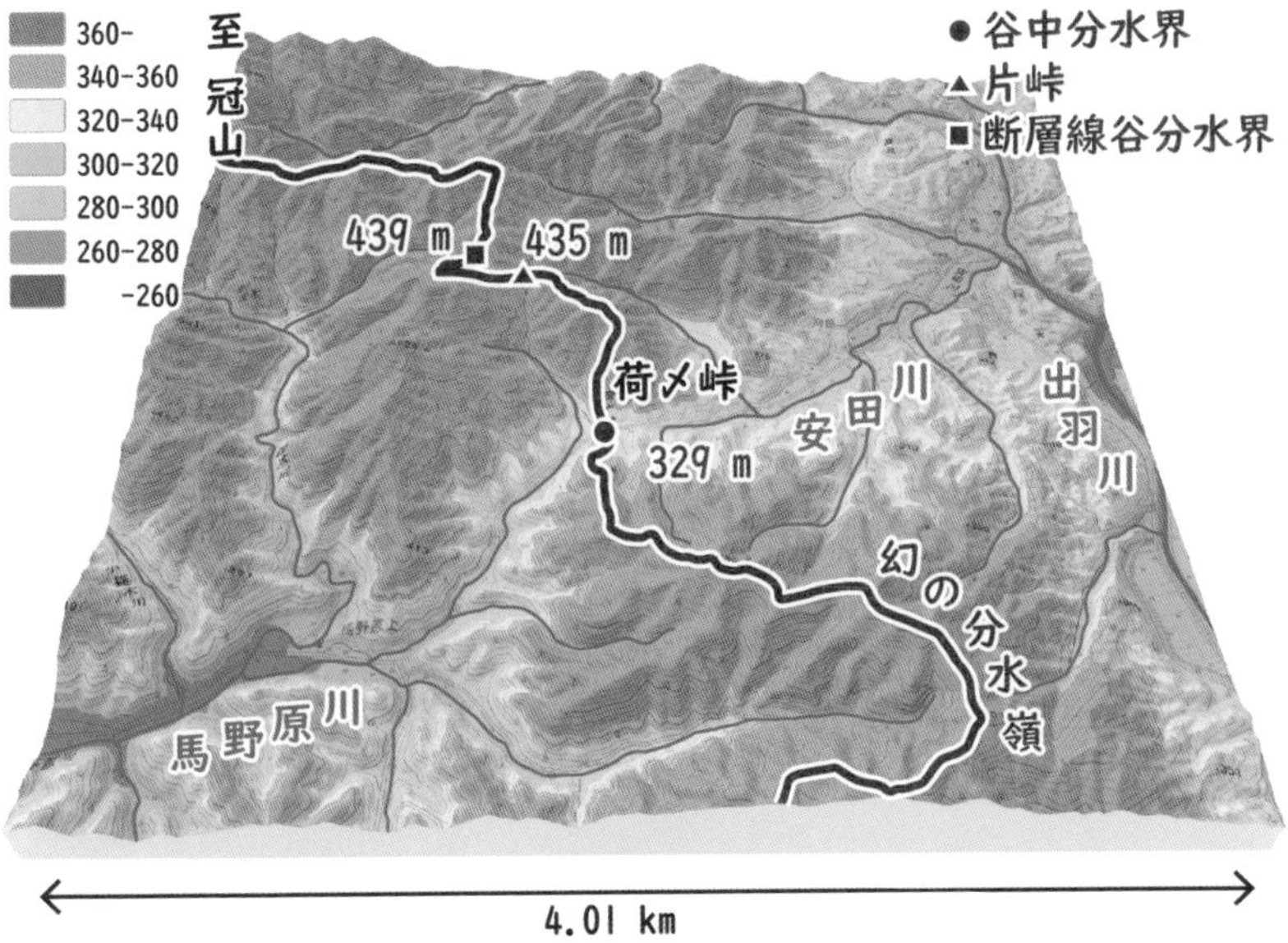

図17-24 荷〆峠の谷中分水界。〔34.89,132.53〕

このように中国地方では、谷中分水界は分水嶺に限らず、あちこちに見られるありふれた地形です。それは、中国地方の大地が多島海から誕生したことを物語っているのです。

この段階で残された海峡は〝石生海峡〟だけになりました。石生の谷中分水界の標高は95mなので、さらに100mほど隆起すると、今回旅した分水嶺はすべて連結します。その年代は、およそ20万年前でしょう。

陸化した〝石生海峡〟はその後も少しずつ隆起を続け、現在では谷中分水界としてかつての海の記憶を残しています。そして、本州を最後まで二分したこの海峡は、現在では氷上回廊として目の前に広がっています。

しかし、海の記憶を留めているのは、石生の谷中分水界だけではありません。胡麻（205m）や田野原（384m）、野原（537m）や日野原（624m）の谷中分水界、さらに木束峠（799m）や恐羅漢山手前の片峠（1000m）などなど、標高が1000mを超える高所にも、海の記憶が保存されているのです。

それだけではありません。分水嶺になれなかった谷中分水界も、すべて海の記憶を保存しています。典型的な谷中分水界だけでなく、片峠や断層線谷分水界、峠の手前で流れの向きを変える谷、そして定高性のある尾根など、中国地方の地形は海の記憶を保存しているのです（図17-25）。

図17-25 雲海の三次盆地。まるで海のような光景だが、かつては実際に多島海だった。

8

分水嶺のあみだくじ

最後の最後まで分からない分水嶺のつながり。それでも、分水界は腕を伸ばして、隣の分水界と手をつないでいくのです。

隆起？　それとも沈降？

私は海底が隆起して、中国地方の地形がつくられたと考えています。言い換えるなら、瀬戸内海の多島海が中国地方の地形の原点であり、原風景だと考えています。それに対し、瀬戸内海の島々は、中国地方の大地が沈降して、山々の頂だけが海面上に顔を出しているのではないかと考える人もおられるでしょう。そこで、瀬戸内海の海底の下の地質について調べてみました。

図18-1は、瀬戸内海の海底に堆積している沖積層の基底の等深線を表しています。沖積層とはおよそ1万年前以降に堆積した地層で、平野や盆地の表層を覆っている軟弱な堆積物です。およそ2万年前の最終氷期の極大期には、海水準は120m低下していました。そのため、海岸平野は川によって下刻され、深い谷がつくられました。さらに、沿岸の浅い海底も陸化して、無数の谷に下刻されたのです。その後、後氷期に向かって海水準が上昇し、かつての谷は砂や泥によって埋積されました。最終氷期の極大期に下刻された谷を埋めた軟弱な堆積物も沖積層です。

沖積層によって埋め尽くされた古い谷は、地下に隠れているので埋没谷と呼ばれています。そして、これらの沖積層を削除すれば、2万年前の古地形を復元することができます。図18-1に示した瀬戸内

図18-1 瀬戸内海の沖積層の基底の深度。2万年前の地形にほぼ相当。井内(2001)より作成。

海の沖積層の基底の等深線は、当時のおおよその地形を表しているのです。

この図を見ると、2万年前の陸化していた瀬戸内海の地形は、その広がりに比べて起伏が少なく、なだらかな平原だったことが分かります。現在の瀬戸内海に浮かぶ島は、当時は平原に散点する小山だったわけです。そして、この平原は、現在の瀬戸内海の周囲に分布する地層や岩石から構成されていたはずです。言い換えるなら、瀬戸内海の下に、中国山地のような起伏のある古地形が隠れているわけではありません。

中国山地のような山岳地帯が水没し、その山頂部だけが海面から露出しているとしたら、瀬戸内海に浮かぶ島の周りの海底下には、起伏に富んだ古地形を埋め尽くす軟弱層が厚く堆積しているはずです。ところが、瀬戸内海の沖積層は薄いので、その下に、起伏のある古地形が隠れているとは思えません。瀬戸内海の島々は、水没した山地ではないのです。瀬戸内海の多島海は、海底が隆起する過程でつくられた絶景なのです。

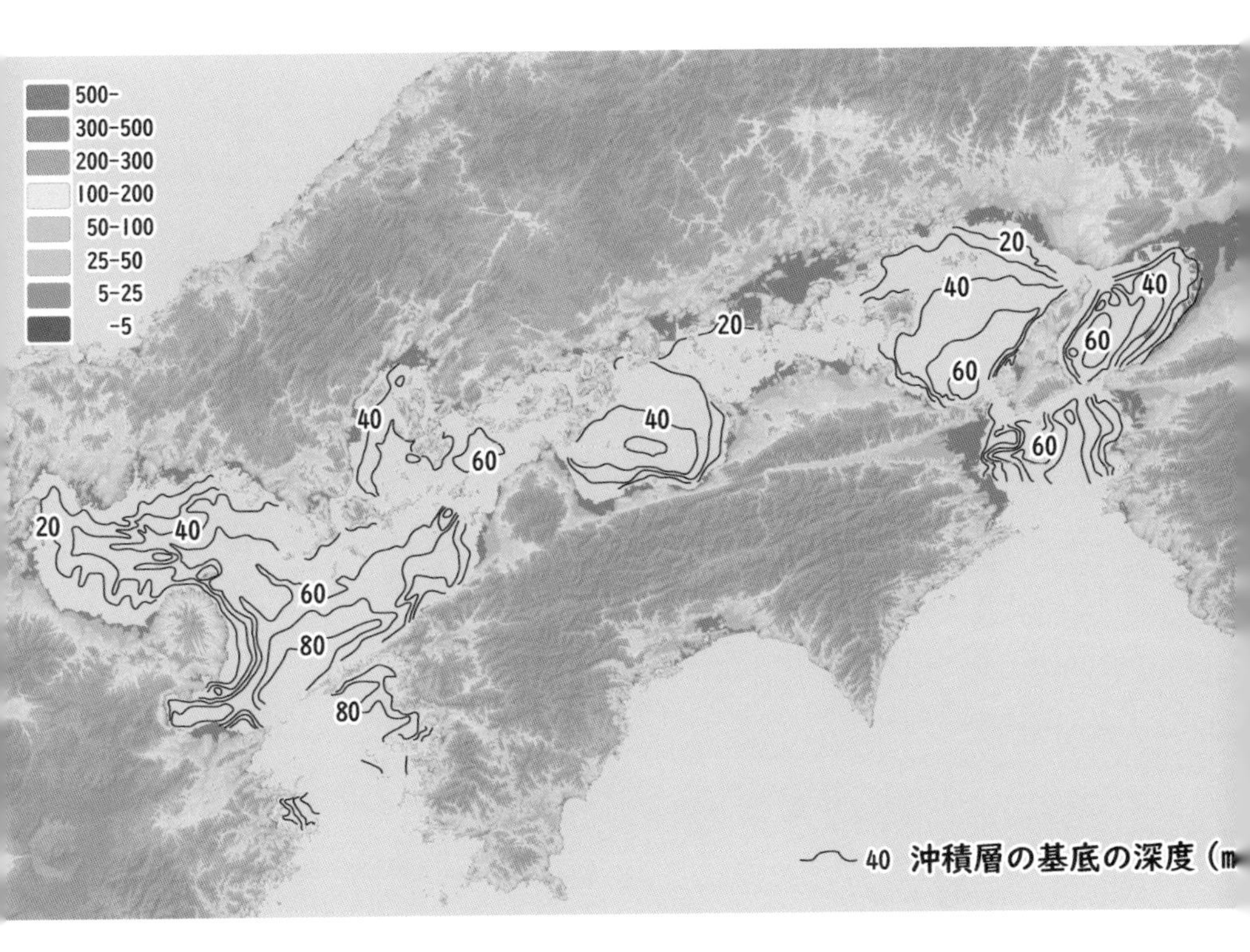

もう一つ、考えなければならない問題があります。中国地方の地形は、1回だけの隆起運動によってつくられたのかどうかという問題です。いま目の前に広がる地形はこれまで何度も隆起と沈降を経たのち、最後に海から陸に移行する過程を見ているのではないかという疑問です。もちろん、その可能性は十分あるでしょう。

ただ、その疑問に答えるためには、地質を詳しく調べるしかありません。地形は古い岩石だけでなく、新しい岩石も削ってつくられています。古い時代の岩石に刻まれた地形は、その岩石が誕生したあと削られたものですが、新しい岩石がつくる地形は新しい時代に削られたものです。

例えば、100万年前の岩石が削られてできた地形なら、その地形は少なくとも100万年前よりも後につくられたはずです。地形を構成している地層や岩石の年代を丁寧に整理すれば、少なくともどのくらい新しい時代につくられた地形かどうかを判断することができます。それは、次の課題です。

そして、もう一つの疑問。かつて中国地方がすべて海だったら、タヌキやキツネ、カタツムリやカエルなどの陸上生物は、いつ、どこからやって来たのでしょうか。仮に、中国地方に陸地が誕生したのが100万年前だったとすると、それ以前にはそれらの陸上生物は棲息していなかったことになります。しかし、それらの生物は、それ以前から、ずっと日本に棲息していたでしょう。したがって、日本列島の全域が海面下に水没していたのではなく、海水準の上昇期にも、島などの陸地が残っていたと考えられます。この課題は、動物学の専門家と議論しなければならないでしょう。

最後にもう一度、およそ2万年前の西南日本の海陸分布図（図11 - 4）を見てみましょう。現在は温暖な後氷期なので海水準は非常に高くなっていますが、氷期には海水準は100m以上も低下してしまいます。日本列島の周辺には浅い大陸棚が広がっているので、氷期になって海水準が低下すると一気に陸域が広がります。つまり、海水準変動の振幅が大きい80～70万年以降、現在の浅い海域は、海だった時期よりも陸だった時間のほうが長いのです。

　この本のなかでは、中国地方の成り立ちを数枚の復元図で再現しましたが、それらは海水準変動のうち、温暖で海水準が最も高かった間氷期を想定しています。間氷期が終わって氷期に移行し始めると、浅い海域はすぐ陸になり、海峡は谷中分水界（こくちゅうぶんすいかい）になったはずです。つまり、中国地方は海⬇陸⬇海⬇陸と繰り返しながら、長期的には海から陸に移行してきたと考えているのです。

分水嶺のあみだくじ

　さて、分水嶺が最終的にどのようなルートになるのかは、〝あみだくじ〟のように最後まで分かりません（図18-2）。海峡が閉じて谷中分水界が誕生するたびに、分水界はルートを変更しながら成長していくからです。そして、〝あみだくじ〟の途中に1本線を描き加えると、最終的な結果が大きく変わってしまうように、分水界もどこか別の海峡が先に閉じてしまうと、最終的なルートである分水嶺も大きく変わってしまいます。

　例えば、江の川（ごうのかわ）に沿って存在していた海峡〝江の川海峡〟が、向原（むかいはら）の海峡〝向原海峡〟よりも浅かったとしたら、〝江の川海峡〟が先に閉じてしまいますね。その後、〝向原海峡〟が離水（りすい）して陸化しても、向原は谷中分水界にはなれません。三次盆地（みよしぼんち）に集められた雨水は、必ず1カ所から海に流出するからです。その場所は、最も低い（深い）ために最後に陸化した〝向原海峡〟です。

　最後に陸化した海峡は必ず河川となって下刻され、谷中分水界として残ることはできないのです。その結果、分水嶺は三次盆地の南を迂回する現在のルートではなく、中国山地に沿って山陰側を東西に続くルートになっていたでしょう。向原の谷中分水界は、三次盆地を取り巻く分水界のうち、最後から2

図18-2 海峡の離水（陸化）によってつながる分水嶺（赤のライン）。途中に星島（緑色の★）が現れて先にそちらと接合すると、最終的な分水嶺のルートは大きく変わってしまう（緑のライン）。

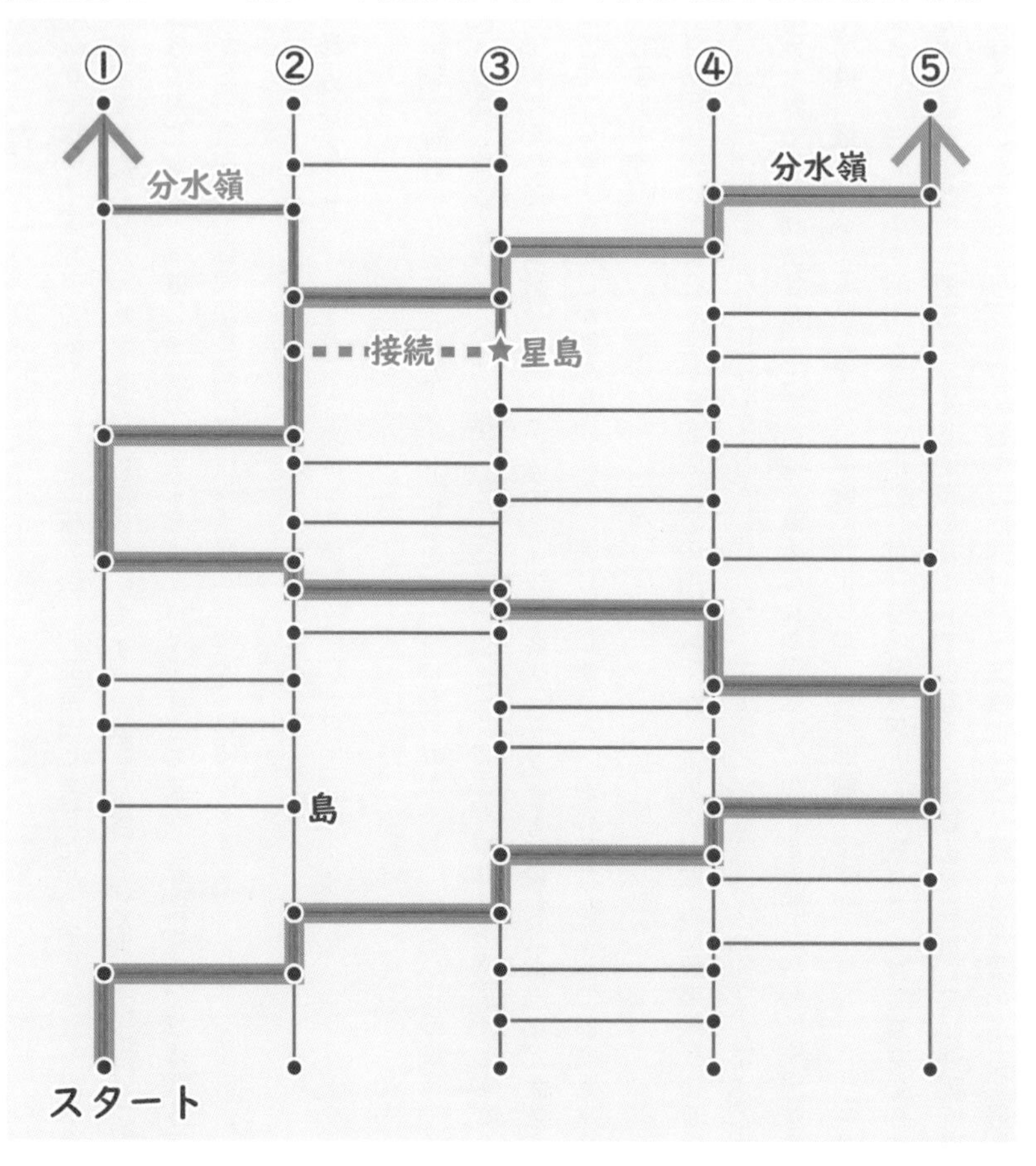

番目に陸化した海峡だったのです。最後から2番目だったので、ブービー賞として谷中分水界として残ることができたのです。

一方、最後に離水した〝江の川海峡〟は江の川の流路となって、残念ながら谷中分水界として残ることはできませんでした。しかし、江の川は知っていても、向原の谷中分水界を知っている人はほとんどいないでしょう。言い換えるならば、谷中分水界になれなかった最後の海峡だったからこそ、日本有数の大河川の流路になれたのです。

分水嶺になれるのかどうか、最後の最後まで分からないまま、多島海は陸となり山地となっていきました。必ずしも、近い島と島が先につながっていくわけでも、高い山が分水嶺になるわけでもありません。浅い海峡から離水して島と島が連結し、分水界が延びていくからです。

だからといって、長い島列が最終的に分水嶺になるわけではありません。端から端まで完全につながった段階で、分水嶺は完成するのです。完成するまでは、分水嶺がどのルートを通るのか、誰にも分かりません。海面上に誕生した島のほんの小さな分水界は、先が見えないまま隣の島とつながり続け、最終的に1本につながった段階で、どの分水界が分水嶺になったのかが分かるのです。

それでも、ひとたび分水嶺が完成すると、後から隆起してきた山がいくら高くても、どれほど豊富な水量を有する川が流れようとも、水は分水嶺を越えることはできません。もし分水嶺になりたいのであるならば、いったん分水嶺を海面下に水没させ、再び海面上に現れるときが唯一のチャンスです。そして、誰よりも早く端から端まで分水界をつなぐことができれば、晴れて分水嶺になることができるのです。

人と人の心がつながって信頼の輪がつくられるように、島と島がつながって分水嶺はつくられるのです。いったんつくられたつながりは、風雨の侵食によって壊されることはなく、ずっと存在し続けるのです。

おわりに——私の分水嶺

追憶の分水嶺

1987年の夏、23歳の私は修士論文の研究のため、群馬県と新潟県の境界の谷川連峰を一人で調査していました。調査対象は地質学的に価値が低い地域か、地形が険しいため研究されていない地域しか残っておらず、覚悟して後者を選んだわけです。

スパイク付きの地下足袋を履き、深い瀞（とろ）をへつり、滝を越え、崖をよじ登り、最後の急斜面はクマザサと格闘し、稜線まで登っては登山道を下山する毎日でした。そして、一人ではどうしても調査することができない難所が2ルート残り、修士課程2年の夏に指導教官の大槻憲四郎先生と登ったルートの一つが利根川の支流、「旅の準備」で紹介した赤谷川（あかやがわ）源流の阿弥陀沢でした（図1-3）。

調査道具を優先するためザイルなどの安全装置はいっさい持たず、腰まで水につかりながら何度も急流を渡渉（としょう）

図19-1 谷川連峰の分水嶺（1986年の夏）。

し、いくつもの大滝を登って森林限界を超えた所で野宿。シュラフは持っていったけれどテントはなく、適当な棒を立ててビニールを斜めに張り、夜露を避けてひと晩を過ごしました。翌日も調査を続け、水流が消えた源流域の斜面を登り、オジカ沢ノ頭（1840m）の手前で上越国境の稜線にたどり着いたとき撮影したのがこの写真です。私のイメージする分水嶺（ぶんすいれい）は、まさにこの景色なのです（図19-1）。

サイエンスの種子

コロナ禍に伴い自宅でテレワークを始めた2020年の4月、自宅の2階の8畳間で気になっていた書籍の執筆を始めると、勝手に気持ちが高まって一気にこの本を書き上げました。全く無計画に書き始めたので何度もルートを間違えましたが、そのまま記述を進めました。そのため、スタートとゴールは最短距離で結ばれていません。しかし、人生とはそのようなもの。あとからきれいに整理してまとめ上げるのではなく、その瞬間を、その過程をそのまま綴（つづ）ることによって、私の気持ちのリアリティーを残したいと思ったからです。

実際、研究の現場では、そのようなことが日々繰り返されています。今回の分水嶺のエア旅では、地質学者〝まさき先生〟が地形を見るごとに、「不思議です」とか「気になります」とかブツブツ独り言を言っていましたね。「でも、どう不思議なんですか？　なぜ気になるんですか？」と問われても、実は明確には答えられないのです。

サイエンスは、最初は感覚的な引っかかりから始まります。科学者本人ですら言葉で表すことができないほど、非常に軽微で繊細な引っかかりです。それは、これまで誰も指摘していないので、概念がない世界です。有限の言葉で表すことなどできません。

そのような、「なぜだか分からないけれど"なんか変"」としかいえないモワっとした世界。説明できなくて歯がゆいけれど、なんとなく感じる世界。その世界に足を踏み入れたとき、科学者は違和感を覚えるのです。サイエンスが誕生した瞬間です。

科学者は、有限の言葉の世界の間に、広大な無限の世界が広がっていることを知っています。言葉で表現できる有限の世界から無限の世界に迷い込んだとき、最初に感じるのが違和感です。そして、違和感というサイエンスの種子を拾い上げ、大切に育て始めるのです。

その種子のほとんどは芽が出なかったり、途中で枯れてしまうけれど、千粒か一万粒の種子の中の一つが育ち、ゆくゆくは大木となって見事な果実を実らせることを科学者は知っています。ただし、自分が拾った種子が、のちに果実を実らせるたった一つの種子かどうかは最後まで分かりません。ちょうど海峡が離水して、小さな谷中分水界(こくちゅうぶんすいかい)が誕生したとしても、最終的に分水嶺になるのかどうか分からないように。それでも、サイエンスの種子を見つけると、科学者は必ず拾ってポケットに入れます。今回私は、地形の種子を拾いました。

旅の初日に三国岳で拾ったその種子に9日間のエア旅を通じて水と肥料を与え、下関(しものせき)ではしっかりと根がはった木まで育ちました。私はこの木がのちに大木に成長して、果実がたわわに実ることを夢見ています。その果実を、多くの人に食べてもらいたいと夢を見ているのです。それがサイエンスのロマンなのです。

サイエンスはロマン

そのようなロマンを感じさせる言葉が、ジオにはいくつもあります。分水嶺や準平原(じゅんへいげん)はもちろん、フォッサマグナや中央構造線もその一つでしょう。誰でも一度は聞いたことがあるけれど、そのことを誰も説明することができない言葉。

でも、無理して説明する必要はないと思うのです。説明とは、専門用語を論理的に組み合わせて解説すること。人体を構成するタンパク質や脂肪、DNAやそれらの関係……、などなど説明されたとしても、一緒に喫茶店でお喋りする気の合う仲間や、隣にいるだけでも楽しい恋人の魅力を理解することはできません。魅力とは、言葉では説明できない感覚だからです。

分水嶺や準平原に惹かれたのも、なんとなく見聞きしてきた経験からの引力でした。谷川連峰の稜線に登り詰めたとき、初めて分水嶺というものを実感しました。30年以上も忘れていましたが、その魅力は私の心の奥底に、小さく、でも確実に残されていたのです。一瞬かもしれませんが、仕事に忙殺される日々から多少解放されたいま、乾いた種子に初めて雨が降り注ぎ、芽が出始めたのかもしれません。

自然の目線

本のタイトルを『分水嶺の謎』にしてよかったと思っています。当初は分水嶺にしようか、それとも学術的に適切な表現である分水界にしようかずいぶん悩みました。しかし、この本で書いたように、ほんのわずかな高まりでも、谷頭(こくとう)の侵食はその先に進むことができません(図19-2)。高まりのこちら側に降った雨は高まりのこちら側だけを侵食し、あちら側を削ることはできないからです。人にとってはわずかな高まりでも、水にとっては越えることができないので分水嶺なのです。分水嶺とは人間にとっての嶺(みね)ではなく、水にとっての嶺だったのです。人間目線ではなく、自然の目線で考える意識の大切さを再認識しました。

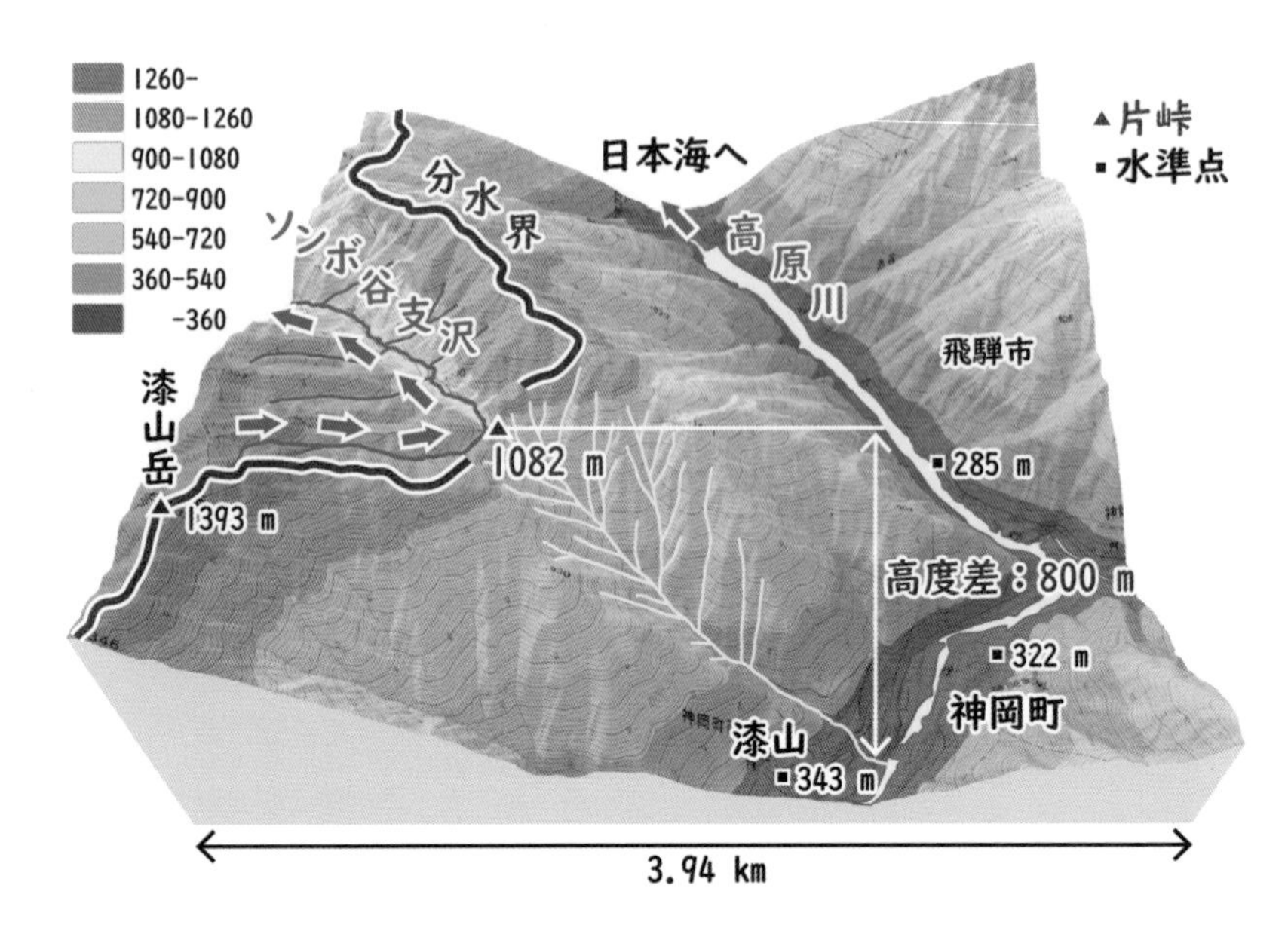

図19-2　わずか10mに満たない高まり（片峠）を越えられない、高原川からの侵食フロント（岐阜県飛騨市）。〔36.40,137.28〕

キャンバスは海

この本は、地図や地形に興味のある一般の方を対象に書きました。しかし、日本の地形を研究している専門家にとって、この本が気楽に読めるものではないことは承知しています。

中国地方の地形が第四紀の地殻変動によって形成されたという考えは、100年を超す本邦地形学の集大成である『日本の地形6近畿・中国・四国』（太田他編、2004）を読めば、概ね受け入れられていることが分かります。そして、中国地方の地形が、デービスが100年以上も前に提唱した準平原（侵食小起伏面）から始まったと、暗黙裏に考えていることも明らかです。

海面付近まで侵食された数百万年前の平坦な地形（準平原）というまっ白なキャンバスの上に、地殻変動（隆起）と河川による侵食作用という絵の具によって描かれた作品が、いま目の前に広がっている中国地方の地形であると、日本の地形研究者は考えているのです。

しかし、私が描く作品は、海底が陸になる過程で骨格がつくられたと考えています。言い換えるなら、私のキャンバスは、陸ではなく海なのです。そして、その後の陸上における河川の侵食は、単なる装飾にすぎないと考えています。

この違いは、最終的な結果に大きく影響します。〝あみだくじ〟のように、海峡が閉じる順番が一つでも異なると、分水嶺のつながりは大きく変わってしまいます。そして、谷頭侵食によって川が尾根を越えられないことは、河川の争奪がめったに起こらないことを意味しています。

このことは、分水嶺はもちろん、小さな尾根も、消滅するまでその位置を大きく変えないことを意味しています。その結果、水系が大きく変わることはめったに起こりません。山は隆起し、川が深く下刻しても、海底が盛り上がって陸（多島海）が誕生したときの記憶を地形は保持し続けているのです。

海底が盛り上がって誕生した大地は、中国地方だけでしょうか。そんなことはありません。数百万年前に始まり３００万年前以降に活発になった日本列島の東西圧縮は、東北地方はもちろん、関東地方や中部地方、近畿地方や四国地方にも波及しました。中国地方だけでなく、日本列島のほとんどは海から誕生し、その記憶は現在の大地形に残されていると考えているのです。その視点で見直せば、日本列島誕生の痕跡が、至る所に地形として残されていると期待しているのです。

旅の終わりは新たな旅の始まり

この本が、単に河川の争奪説を否定しただけのものではないことに、みなさんは気付いているかもしれません。この本が、デービスの侵食輪廻説（しんしょくりんねせつ）そのものを棄却し、さらに全く新しい地形学の枠組みの序章にすぎないと感じている読者も、おられるかもしれません。そして、私はすでにその答えに気が付いているということも。

中国地方の準平原と呼ばれた地形は、どのようにしてつくられたのでしょうか。なぜ日本の川はまっすぐ海を目指さず、不可解な蛇行をしているのでしょうか。どうして数百万年前頃から、古琵琶湖や古東海湖、そして『分水嶺の旅』で見た人形峠の湖が誕生したのでしょうか。河岸段丘は、本当に川がつくった地形なのでしょうか。大地を下刻し、山を削ったのは、本当に川なのでしょうか。

分水嶺の旅を終えた私には、これまでの地形学の常識を、にわかには受け入れられません。ほんの小さな違和感は、もはや安易に妥協できるほどの、わずかな疑問ではなくなっているのです。分水嶺の旅の終わりは、実は地形の謎解きの旅の始まりなのです。

縁をつなぐのは谷中分水界

執筆を始めてから3カ月ほど。朝起きてから夜寝るまで、国土地理院の地形図と産総研のシームレス地質図、そしてときどきＧｏｏｇｌｅ Ｅａｒｔｈの画像を見比べながら、夢中になってこの本を書き上げました。図面を仕上げながらの執筆だったので歯が抜けるほど大変でしたが、それ以上に夢中にさせる魅力が地形にあることを初めて実感しました。その興奮をこの本にまとめるにあたり、多くの方に感謝の気持ちを伝えなければなりません。

東京都立大学名誉教授の山崎晴雄さんは、私が尊敬する地形研究の第一人者です。ご自宅に伺ってこの本の内容を聞いていただき、半日議論に付き合っていただきました。

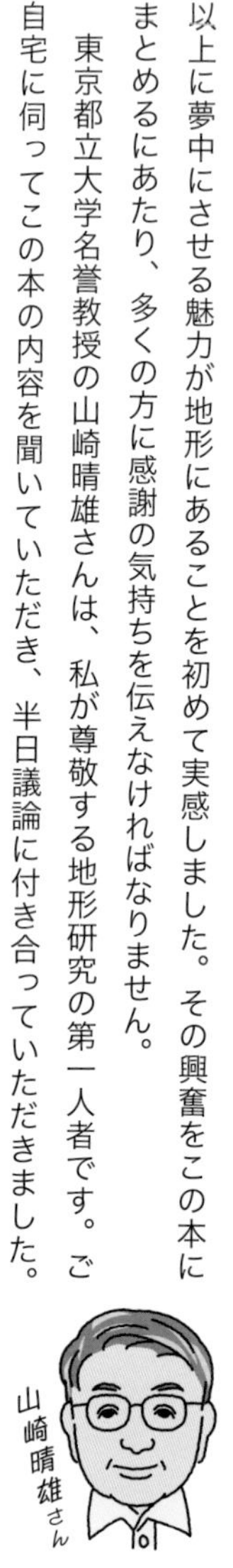

埼玉県立自然の博物館の井上素子さんも地形が専門で、2017年にNHK番組ブラタモリの「秩父（ちちぶ）」と「長瀞（ながとろ）」に案内人として一緒に出演して以来、地形と地質に関する議論にたびたび付き合っていただいています。私は地形学の専門家ではないので、ちょっと不安だったのです。

茨城大学の岡田誠先生は大学院時代からの知り合いで、私はこれまで3回、茨城大学の集中講義を引き受けました。2021年夏の集中講義では、地形に関する私の研究内容を学生と一緒に熱心に聴講し、地形学の新たな展開を期待してくれました。

岡田先生は地質時代のチバニアンが認定されるまで、その中軸として活躍してきました。そのドラマチックな過程は、『チバニアン誕生 方位磁針のN極が南をさす時代へ』（ポプラ社）として出版されています。なぜ、チバニアンを記録する地層が房総半島に露出しているのか。わずか77万年前の深い海底に堆積した地層が、どうしていま地表に現れているのか。集中講義では、誰でも気になるこの問いをフィリピン海プレートの変形で説明し、納得してもらいました。

岡田誠先生

それがきっかけとなり、編集者の籔下純子さんとの縁が始まりました。籔下さんは岡田先生の著作の担当者で、地質や地形の目線で新たな旅を提案する旅行記事（新幹線車内サービス誌）の制作に、私が協力したのが知り合うきっかけでした。ジオに関する知識と長年の経験を備えるだけでなく、研究者並みのパッション（情熱）をもって地質や地形を熱く語る希有な編集者です。地質学者である私と読者の間の海峡は幅があまりにも広く、一本の吊り橋でつなぐことは不可能でした。籔下さんが海峡の途中の島となって、私と読者を橋渡ししてくれました。

デザイナーの本多翔さんも、この本にとってはなくてはならない存在です。本多さんは、『分水嶺の謎』

の誌面にときどき登場するキャラクター〝まさき先生〟の生みの親です。〝まさき先生〟は新幹線車内サービス誌2022年8月号の特集記事で初登場し、11月号でも案内人として出演しています。この本でも、本多さんが描く〝まさき先生〟が9日間の旅を案内しました。NHK番組のブラタモリに案内人として何度か出演している私は、毎回〝まさき先生〟のコスプレを楽しんでいます。

そして、本書の出版にあたり、技術評論社の大倉誠二さんとの出会いも衝撃でした。技術評論社を訪問し、パソコンを使って1時間ほど本の概要を説明すると、腕組みしたまま黙ってしばらく考えた後は「分かりました」のひと言だけ。完成していた原稿（第1稿）をいっさい見ることなく企画書を仕上げ、1カ月後には出版に向けた編集作業が開始。私にとってこの本は初めての単著だったので不安でしたが、大倉さんには根気強く背中を押していただきました。

NHK番組のブラタモリ「下関」を担当した郡司真理さんの質問「なぜ関門海峡はできたんですか？」は、この本の原点です。「なぜ？どうして？」と質問責めにする子どものように、郡司さんの質問は研究者にとっては想定外です。たいていの研究者は、関門海峡がそこにあることを当たり前と考えていて、関門海峡がないことなど考えもしません。聞かれなければ、考えることなどあり得ないのです。郡司さんは私に、考えるきっかけを与えてくれました。

図19-3 ディレクターの良さんと番組のスタッフのみなさん。ブラタモリ「秩父」・「長瀞」のリハーサルにて（2017年5月3・4日）。

図19-4 ブラタモリ「日本の岩石SP」で使用した“おにぎり石”（2021年4月17日放送）。

もう一人お礼を述べなければならないのは、ブラタモリの良鉄矢ディレクターです。ブラタモリ「下関」を担当した郡司さんの先輩で、ブラタモリ「秩父」と「長瀞」で、初めて一緒に仕事をさせていただきました（図19-3）。若いのに仕事に対するプロ意識の高さに脱帽し、番組の主役はタモリさんではなくディレクター（影の主役）であることを知りました。最初に言われた「〝まさき先生〟は案内人として、〝黒子〟に徹してください！」のひと言は、それまで研究者として常に主役であった自身の自惚れから解き放してくれました。

その後も、ブラタモリのロケ地が決まるたびに、地質や地形に関する相談を良さんから受けてきました。ブラタモリ「京都東山」、「那須」、「ローマ」、「パリ」、「熊野」、「秋田」、「淡路島」、「日田」などなど。そして、2021年の4月に放送されたブラタモリ「日本の岩石SP」では、わずか2週間で岩石ネタを二人でひねり出して準備。私は学術的に貴重な岩石をいくつも提案しましたが、良さんが最終的に採用したのは、足尾山地の河原で拾った〝おにぎり〟の形の石ころでした（図19-4）。焼きおにぎりのごとく七輪の上に置いて、タモリさんに突っ込んでもらう狙いでした。

河添有祐さん

初めてのスタジオ収録では、心地よい緊張感に包まれながら、生き生きと動き回る若いスタッフの仕事ぶりを眺めていました。そして、〝チーム良〟のみなさんと、同じ空間・同じ時間を共有する幸せを感じていました。これらの経験が地質から地形の研究に視野を広げるきっかけになり、その第1弾がこの本になったわけです。

ブラタモリ「日本の岩石SP」は撮影の2週間後に放送され、その年の

8月には、良さんの同僚の河添有祐ディレクター（図19－3）と、ブラタモリ「つくば」の打ち合わせが始まりました。良さんからは事前に、「〝ゾエ〟をよろしく！」と頼まれていました。そして、私の研究室で〝ゾエ〟（河添）さんと最初の打ち合わせを行っていたその日の朝、良さんは都内の自宅で倒れ亡くなりました。

河添さんが良さんの訃報を知ったのは翌朝、私はその翌日に井上素子さんから連絡を受けました。気持ちの整理などつくはずもなく、それでも翌月には研究室でロケが行われます。良さんから受け取った言葉「〝黒子〟に徹してください」は、今でも大切にしています。自分に与えられた役割をまっとうする。今夢中になっている地形の研究も、私に与えられた役割だと思っています。

もちろん、家族にはいつも感謝しています。私は研究者としては標準偏差の範囲内でしょうが、気難しい学者の相手を続けるのは、普通の人にはかなりストレスになるでしょう。私は生活のほとんどを、令和ではなく1500万年前の新生代中新世という時代で過ごしているので、夫婦の会話がギクシャクするのは仕方がありません。

昔のテレビの衛星放送のような時差は避けられず、しかも私の頭のCPUはたった一つで、さらにインテルは入っておらず、情報処理速度はMS-DOS並の年代ものです。現在主流のマルチタスクなど全く不可能で、黒電話やそろばんや鉛筆のように、一つのことしかできないモノタスク人間です（図19-5）。そのため、骨董品のような私は何事にも根を詰めてしまい、体調を心配する家内は、ときどき愛犬こまちとの散歩に私を誘ってくれます。30年間も飽きずに応援し続けてくれていることに感謝しています。

家内
こまち

図19-5 スマホはおろか、ケータイすら持っていない私の家の黒電話は今でも現役。

そう、私に関わってくださった多くの方々は、私にとっては〝島〞なのです。30年前に家内と結婚し、谷中分水界〝縁〞によって、初めて二つの〝島〞がつながりました。その後、多くの出会いがあり、〝縁〞によって私の世界は四方に広がっていきました。そのいくつかは水没してしまい、〝縁〞が切れて海峡に戻ってしまったこともありました。また、〝縁〞がどんどんつながって、遠くまで長い島列が続いたこともありました。

これからも続く私の分水嶺

いま振り返ってみると、現在の私につながる1本の分水嶺を、はっきり見ることができます。そして、このあとも、私の周りの海峡が閉じて谷中分水界となり、私だけの分水嶺がつくられていきます。もちろん、いまこの本を読んでくださっているみなさんとの間にも、谷中分水界がつくられ始めています。その一つが私の分水嶺となり、私の人生として続いていくのです。みなさんの人生も、谷中分水界によってつながっていくのです。

さて、このあとはどのような展開になるのでしょうか。たぶん、今回の旅のように、行き当たりばったりで進むのでしょう。次回はどの地方の分水嶺を旅しましょうか。中央分水界（ちゅうおうぶんすいかい）のない四国も魅力的です。四国を旅するなら、紀伊半島も外せません。北海道は驚くような場所です。東北地方も手応えがあります。九州は……、難しそうです。なんせ火山が多すぎて、かつての分水嶺が乱されているかもしれません。

一つの山地に焦点を当てても面白いでしょう。北上山地（高地）や阿武隈山地（あぶくまさんち）は、地質学的には中国地方の延長です。老年期のなだらかな地形は、中国山地の地形発達に類似していると予想されます。関東山地を流れる荒川は、どうしてあれほど蛇行しているのでしょうか。南東に向かって平行に流れる足尾山地の川は、関東平野の成り立ちと関係しているはずです。南に流れる北上川と北に流れる阿武隈川が、どちらも仙台湾に注いでいる理由もあるはずです。

谷中分水界⬇片峠⬇〝両峠〟（峠）の図式が成り立つのかどうか、ほかの地域でも確認しなければなりません。片峠では、川の流れが分水界の手前で90度向きを変えていました。その理由は、降った雨はかつて島だったときに刻まれた斜面（谷）を流れ下り、谷中分水界に

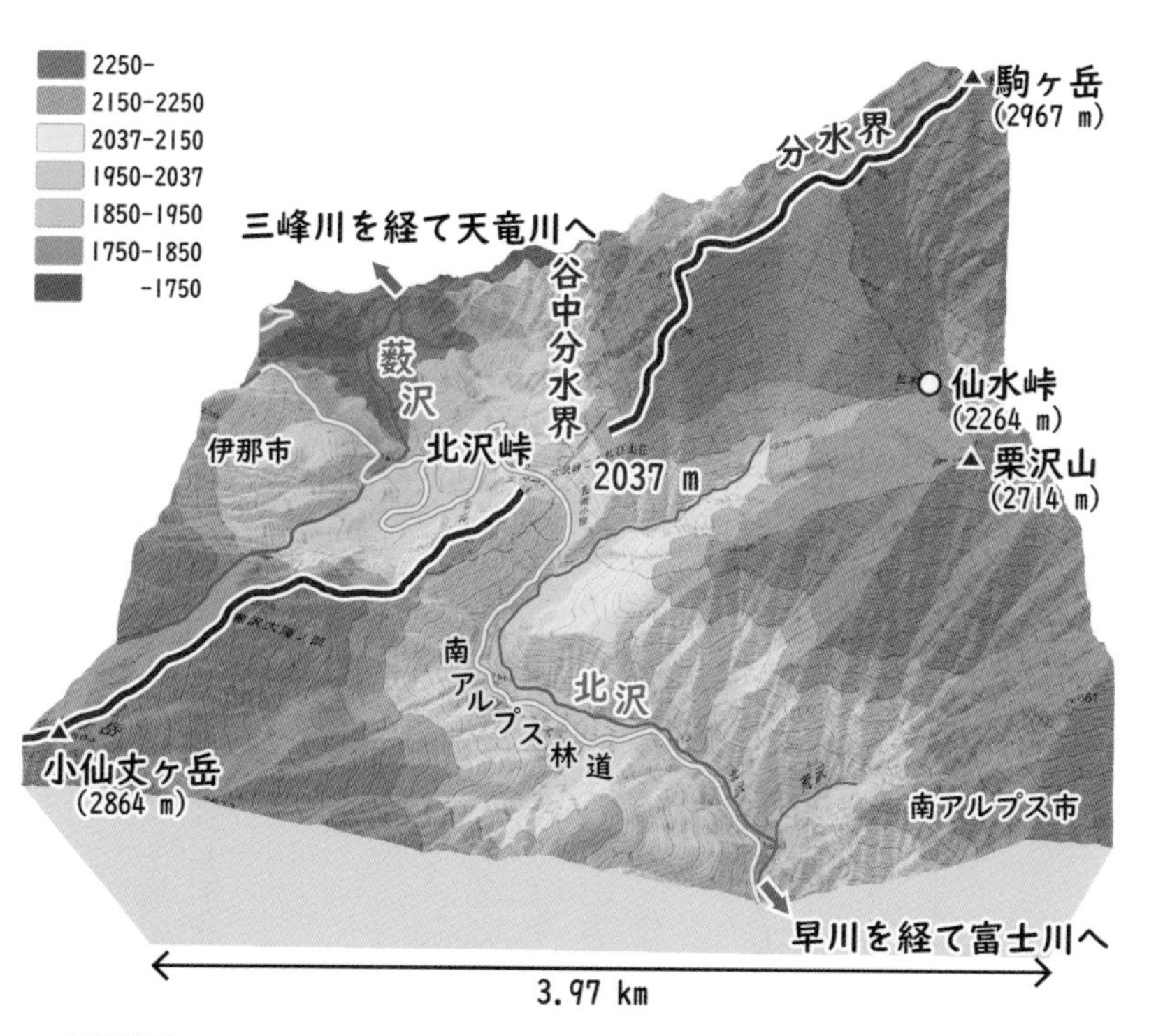

図19-6 南アルプス（赤石山脈）の北沢峠の谷中分水界。
もともとは、傍示ヶ峠のような峠だったのだろうか。〔35.74,138.22〕

到達すると、海峡だった幅の広い谷に沿って流れて行くからです。であるならば、普通の峠〝両峠〟の手前で川の流れが90度向きを変えていたなら、その峠はもともと海峡だったと予想できます。

とすると、日本中に存在する無数の峠のうち、同じような特徴を持つ峠があったならば、それらは海峡（海底）が隆起して、少なくともその高さまで持ち上げられたことを意味します。北アルプスや南アルプスの峠（図19-6）は、かつての海峡だったのでしょうか。となると、峠の両側の山塊は、かつては島だったのでしょうか。その視点で見直してみたいです。

準平原の謎解きも外せません。準平原とは、長い時間をかけて、海面近くまで侵食されたなだらかな陸地です。陸ではなく海、つまり〝古瀬戸内海〟が隆起して中国山地が形成されたというのであるならば、中国地方のなだらかな地形もそのときにつくられたはずです。

室戸岬のように速すぎず、かといって英虞湾のように遅すぎず、ちょうどいい速度で隆起すれば、多島海からなだらかな地形がつくられる。それが本当なら、北上山地や阿武隈山地など、ほかの地域でも確認できるでしょう。いや多島海の存在から、隆起速度を見積もることができるかもしれません。

地形図を見ていると、妄想の連鎖にきりはありません。パリやローマやニューヨークでなく、京都や奈良の神社仏閣巡りでもなく、函館や横浜や神戸の港町でなくても魅力的な場所はいくらでもあります。またどこかに行きたくなってしまいました。そのときはお声がけしますから、また一緒に旅に出かけましょう。

第1稿　2020年9月2日　高橋雅紀

大矢雅彦 (1998) 河川の争奪 - 長江上流を例として -. Micro Review, vol. 10, no. 1, p. 69-71.
下村彦一 (1928) 廣島縣高田郡上根附近の地貌 . 地理学評論 , vol. 4, no. 11, p. 1077-1087.
真道永次 (1938) 岩国川流域の地域景 , 地理学 , vol. 6, p. 1210-1219.
Sinkin, T., Tilling, R.I., Vogt, P.R., Kirby, S.H., Kimberly, P. and Stewart, D.B. (2006) World map of volcanoes, earthquakes, impact craters, and plate tectonics. Geological investigations series map I-2800 This dynamic planet-. https://pubs.usgs.gov/imap/2800/TDPback-screen.pdf
鈴木隆介 (2000)「建設技術者のための地形図読図入門 第3巻 段丘・丘陵・山地」. p. 555-942, 古今書院 .
多井義郎 (1975) 中新世古地理からみた中国山地の準平原問題 . 地学雑誌 , vol. 84, no. 3, p. 23-29.
Takahashi, M. (2017) The cause of the east-west contraction of Northeast Japan. Bulletin of the Geological Survey of Japan, vol. 68, no. 4, p. 155-161.
高橋雅紀（2017a）日本列島の東西短縮地殻変動のメカニズムを再現したアナログ模型 . 地質調査研究資料集 , no. 644.
高橋雅紀（2017b）サイエンスの舞台裏 - 東西短縮地殻変動厚紙模型の作り方 -. GSJ 地質ニュース , vol. 7. no. 1, p. 3-13.
高瀬　博（1981）「人形峠ウラン鉱床露頭発見の地」記念碑建立にちなんで . 地質ニュース , no. 325, 46-47.
田中眞吾 (2007)「兵庫の地理 地形でよむ大地の歴史」. 222 pp., 神戸新聞総合出版センター .
冨田芳郎 (1966) 天竜川・豊川の流路争奪に対する問題点 . 地理学評論 , vol. 39, no. 8, p. 555-563.
上治寅次郎 (1927) 丹波胡麻郷付近分水界の地貌 . 地理教育 , vol. 5, p. 435-439.
植村善博 (1995) 7 都をささえた奥座敷 丹波 . 大場秀章・藤田和夫・鎮西清高、編、「日本の自然 地域編 5 近畿」, p. 128-138, 岩波書店 .
植村善博 (2001)「比較変動地形論 - プレート境界域の地形と第四紀地殻変動」. 203 pp., 古今書院 .
Waelbroeck, C., Labeyrie, L., Michel, E., Duplessy, J.C., McManus, J.F., Lambeck, K., Balbon, E. and Labracherie, M. (2002) Sea-level and deep water temperature changes derived from benthic foraminifera isotopic records. Quaternary Science Reviews, vol. 21, p. 295-305.
八木浩司 (1983) 播磨灘北東岸地域における段丘面の時代対比 . 地理学評論 , vol. 56, no. 5, p. 324-344.
山内一彦 (2002) 丹波高地西部 , 大堰川・由良川上流部における河川争奪とその原因 . 立命館地理学 , no. 14, p. 17-35.
山内一彦・白石健一郎 (2010) 中国山地西部、錦川水系・宇佐川における河川争奪 . 立命館地理学 , no. 22, p. 39-57.
吉川虎雄・杉村　新・貝塚爽平・太田陽子・阪口　豊 (1973)「新編 日本地形論」. 415 pp., 東京大学出版会 .

本書の引用例

高橋雅紀（2023）「分水嶺の謎 峠は海から生まれた」. 技術評論社 , 416 pp.

Takahashi, Masaki (2023) *Mystery of the Watershed: The Mountain Pass was Born from the Sea.* Tokyo, Japan: Gijutsu Hyohron Co., Ltd.

文献リスト(アルファベット順)

浅野　隆 (1976) 二井宿峠の河川争奪について．東北地理，vol. 28, no. 2, p. 121-123.

藤山　敦・金折裕司 (2009) 山口県南東部伊陸盆地における河川争奪のプロセスとネオテクトニクス．応用地質，vol. 50, no. 4, p. 202-215.

後藤隆嗣・入月俊明・林　広樹・田中裕一郎・松山和馬・岩谷北斗 (2013) 岡山県新見市田治部地域に分布する中新統の層序と堆積環境．地質学雑誌，vol. 119, no. 4, p. 321-333.

蒜山原団体研究グループ（1975a）岡山県蒜山原の第四系 (1). 地球科学，vol. 29, no. 4, p. 153-160.

蒜山原団体研究グループ（1975b）岡山県蒜山原の第四系 (2). 地球科学，vol. 29, no. 5, p. 227-237.

堀　淳一 (1996)「誰でも行ける意外な水源･不思議な分水 ドラマを秘めた川たち」. 216 pp., 東京書籍．

井内美郎（2001）瀬戸内海の海砂問題と砂堆の形成．地球環境，vol. 6, no. 1, p. 53-59.

角縁　進・永尾隆志・加々美寛雄・藤林紀枝 (1995) 西南日本，後期新生代玄武岩類の起源マントルの特徴．地質学論集，no. 44, p. 321-335.

貝塚爽平・太田陽子・小疇　尚・小池一之・野上道男・町田　洋・米倉伸之、編、久保純子・鈴木毅彦、増補 (2019)「写真と図で見る地形学 増補新装版」. 272 pp., 東京大学出版会．

柏木修一 (2017) 鳥取市南部、岩坪断層付近にみられる河川争奪．新地理 65-1, p. 34-38.

小林文夫 (2002) 三田盆地西部の谷中分水界 兵庫県三田盆地西部における武庫川水系と加古川水系の谷中分水界．人と自然，no. 13, p. 29-35.

久保田哲也・地頭薗隆・長井義樹・清水　収・水野秀明・野村康裕・鈴木大和・山越隆雄・厚井高志・大石博之・平川泰之（2018）砂防学会誌，vol. 71, no. 2, p. 34-41.

町田　貞・井口正男・貝塚爽平・佐藤　正・榧根　勇・小野有五，編 (1981)「地形学事典」. 767 pp., 二宮書店．

松倉公憲 (2021)「地形学」. 308 pp., 朝倉書店．

松下勝秀･藤田郁男･小山内熙（1972）札幌･苫小牧地帯およびその周辺山地の形成過程．地質学論集，no. 7, p. 13-26.

松浦旅人 (1999) 琵琶湖北岸、野坂山地における谷中分水界の形成過程．季刊地理学，vol. 51, p. 179-187.

水山高幸 (1964) 丹波山地の河岸段丘の分布図の作成．京都学芸大学報，A25, p. 167-186.

水山高幸・守田　優，訳 (1969)「W. M. デービス著 地形の説明的記載」. 517 pp., 大明堂．

中江　訓・尾崎正紀・太田正道・藪本美孝・松浦浩久・富田宰臣 (1998) 小倉地域の地質．地域地質研究報告 (5 万分の 1 地質図幅), 地質調査所，126 pp.

中村嘉男・田崎敬修・高橋正之 (1985) 安達太良山東麓岳凹地における河川争奪と地形発達について．福島大学教育学部論集，no. 37, p, 1-7.

中野尊正・小林国夫 (1959)「日本の自然」, 203 pp., 岩波書店．

日本地形学連合、編（2017）「地形の辞典」. 1018 pp., 朝倉書店．

野村亮太郎 (1984) 加古川上流部、篠山盆地における河川争奪現象．地理学評論，vol. 57 (ser. A), no. 8, p. 537-548.

小畑　浩 (1991)「中国地方の地形」. 262 pp., 古今書院．

大上隆史 (2015) 三陸海岸北部における遷急点を伴う河床縦断形の中期更新世以降の変化．第四紀研究，vol. 54, no. 3, p. 113-128.

太田陽子・小池一之・鎮西清高・野上道男・町田　洋・松田時彦 (2010)「日本列島の地形学」. 204 pp., 東京大学出版会．

太田陽子・成瀬敏郎・田中眞吾・岡田篤正 (2004)「日本の地形 6 近畿・中国・四国」. 383 pp., 東京大学出版会．

高橋 雅紀 たかはし まさき

1962年、群馬県前橋市生まれ。1990年に東北大学大学院理学研究科博士課程を修了後、日本学術振興会特別研究員および科学技術特別研究員を経たのち、1992年に通商産業省(現経済産業省)工業技術院地質調査所(現産総研)に入所。専門は地質学、テクトニクス、層序学。大学の卒業研究以来、関東地方の地質を調べ日本列島の成り立ちを研究。NHKスペシャル列島誕生ジオ・ジャパンやジオ・ジャパン絶景100の旅のほか、ブラタモリ秩父、長瀞、下関、つくば、東京湾、前橋、行田などに出演。著書に『日本地方地質誌3 関東地方』(朝倉書店、分担)のほか、『日本海の拡大と伊豆弧の衝突-神奈川の大地の生い立ち-』(有隣堂、分担)や『トコトンやさしい地質の本』(B&Tブックス日刊工業新聞社、分担)など。好きな言葉は「放牧、放任、放し飼い」、座右の銘は「退路を断たないと、次の扉は開かない」。いつも心がけている自身の矜持は「初代で一代限り」。

装丁・デザイン・イラスト　本多 翔

図・写真　高橋雅紀

写真提供　武藤奈緒美(著者近影、p.63、p.183)
鶴田孝介(p.32)
工藤和弥(p.392)

図版校正　青木佐千子

編　集　籔下純子

分水嶺(ぶんすいれい)の謎(なぞ) 峠(とうげ)は海(うみ)から生(う)まれた

分水嶺の謎
書籍ページ

2023年 9月29日　初版　第1刷発行
2023年11月10日　初版　第2刷発行

発行者　片岡 巖
発行所　株式会社技術評論社
東京都新宿区市谷左内町 21-13
電　話　03-3513-6150　販売促進部
03-3267-2270　書籍編集部
印刷／製本　大日本印刷株式会社

ISBN978-4-297-13697-0 C3044
Printed in Japan